渔用饲料加工与质量控制技术

王玉堂　主编

海洋出版社

2016年 · 北京

图书在版编目（CIP）数据

渔用饲料加工与质量控制技术/王玉堂主编．—北京：海洋出版社，2016.6
ISBN 978－7－5027－9458－3

Ⅰ．①渔… Ⅱ．①王… Ⅲ．①水产养殖－饲料加工②水产养殖－饲料－质量控制 Ⅳ．①S986.5

中国版本图书馆 CIP 数据核字（2016）第 100825 号

责任编辑：杨海萍　杨　明
责任印制：赵麟苏
海洋出版社　**出版发行**

http://www.oceanpress.com.cn
北京市海淀区大慧寺路 8 号　邮编：100081
北京朝阳印刷厂有限责任公司印刷　　新华书店北京发行所经销
2016 年 6 月第 1 版　2016 年 6 月第 1 次印刷
开本：787 mm×1092 mm　1/16　印张：33
字数：665 千字　定价：80.00 元
发行部：62132549　邮购部：68038093　总编室：62114335

《渔用饲料加工与质量控制技术》编委会

前　言

近20多年来，我国水产养殖业快速发展，养殖区域和范围不断扩大，养殖种类和养殖产量连年增加，已成为令世界瞩目的世界第一渔业大国和水产养殖大国。2014年我国水产养殖产量达4 748万吨，占当年全国水产品总产量的73.49%，对农业和农村经济的发展做出了重要贡献。

随着我国水产养殖业的高速发展，对渔用饲料的依赖性也日益增强，但我国渔用饲料工业与水产养殖业发展的需求极不适应。渔用商业性成品饲料不仅产量少，质量上也存在一定问题。因此渔用饲料问题已成为长期以来限制我国水产养殖业发展的“三大瓶颈”因素之一，必须下大力气尽快加以解决。

关于我国渔用饲料问题，究其根本原因有以下几个方面：一是多年来只注重国外硬件（机械设备）的引进，缺少软件（纯技术与管理技术）的引进、消化和吸收；二是缺乏对国内外渔用饲料生产新技术进行系统而全面的总结、处理和采纳；三是许多研究工作还不太深入；四是缺乏渔用饲料生产的质量管理意识和监督管理体系；五是养殖生产者对应用优质的渔用饲料认知程度不高等，因此，造成我国渔用饲料的生产供应体系远远落后于世界发达国家。目前，全国渔用饲料的需求量至少超过2 000万吨，但商业性饲料只有需求量的一半左右，优质的商业饲料所占比例更低。这不仅浪费了饲料原料，也影响了水产养殖业最佳经济效益的获得，甚至还造成养殖水域自身污染等一系列问题。

为加快我国渔用饲料的产业化和优质化进程，保证我国水产养殖业的持续、健康和协调发展，笔者在收集了大量国内外有关渔用饲料方面资料的基础上，加以整理，编辑汇总成书。全书共分为十一章，分别介绍了水产养殖动物的营养生理、饲料原料成分及其质量检测技术、添加剂技术、原料的质量管理技术、饲料配方的设计原则与方法、渔用饲料的种类及典型配方、加工工艺与机械，以及加工过程中的质量控制技术等内容，供广大渔用饲料科研、教学、生产及养殖生产者参考。

编者

2015年12月

目　次

第一章　绪论

随着我国水产养殖业的高速发展，尤其是淡水养殖业的高速和超常规发展，对人工配合颗粒饲料的需要量和依赖性越来越大。然而，长期以来，我国的渔用饲料工业发展缓慢，一直处于徘徊不前的局面。究其原因，饲料质量较差的问题一直没有得到很好地解决，质量管理意识不强，饲料设计、加工及质量控制技术未能很好地了解和掌握，以及饲料生产经营单位的经营作风不正常等。因此，尽快普及渔用饲料质量控制技术，加强质量管理，全面提高渔用饲料的质量已成为当前我国水产养殖业发展中亟待解决的问题。苗种、饲料、水质、病害等因素已成为当前制约我国水产养殖业发展的“瓶颈”，尤其是渔用饲料质量问题再得不到解决，即使有再好的苗种与再先进的养殖技术，也很难发挥技术本身的最佳转化效果。

一、我国渔用饲料的需求与生产状况

渔用饲料是水产养殖的基础性物质或投入品。饲料的质量和数量直接关系到我国水产养殖业的发展，尤其是对养殖成本的控制、养殖效益和养殖水域的环境保护。因此，了解和掌握我国渔用饲料的生产和应用状态，科学决策以促进我国水产养殖业的健康可持续发展具有重大意义。

（一）总量

随着我国水产养殖业的快速发展，渔用饲料产业经过20世纪80年代萌芽阶段、90年代初步发展阶段、2000年至今的规模化发展阶段，现已成为世界上水产饲料市场需求量最大的国家。1991年我国水产饲料产量仅有75万吨，仅占全国当年饲料产量的2.1%。1999年产量增长到400万吨，占当年全国饲料产量的5.8%。2001—2010年期间，我国水产饲料行业快速发展，产量由627万吨增长到1 502万吨，年均增幅10.19%。

2010年，全国渔用饲料的产量为1 502万吨，主要集中在以下几个省份：华南（粤、桂、闽、琼）462万吨，华东三省（江、浙、沪）321万吨，华中四省（湘、鄂、赣、皖）319万吨，渤海湾（辽、津、冀）116万吨。产量前10名的省份分别为广东、江苏、湖北、湖南、浙江、福建、河南、四川、辽宁、河北，10省总量占全国总量的78.9%。其中普通淡水鱼饲料占主流，占水产饲料总量的80%以上。目前水产饲料中80%以上为沉性颗粒饲料，膨化颗粒饲料集中在高档海水鱼类和淡水鱼类品种上。近几年，罗非鱼、草鱼、青鱼、鮰鱼饲料开始逐渐普及，总量估计已突破200万吨；部分品种，如大黄鱼、加州鲈、鳜鱼等全程饲料高效率投喂仍是难题。

目前，我国21家水产饲料集团化公司水产饲料的总量约为650万吨，约占全国渔用饲料总量的43%，非集团化的小型公司占57%。

2011年全国商品饲料的总产量为18 061万吨，其中水产饲料为1 652万吨，同比增长12%左右；其中水产浓缩饲料10万吨，同比增长65.5%；水产预混饲料22万吨，同比下降3%。

2012年我国饲料生产总量1.9亿吨，超过第二名的美国3 000万吨。其中水产饲料快速增长，总量为1 855万吨；一些膨化饲料、虾饲料的需求量持续增长。水产饲料的主要销售区集中在华南、华中、华东三个区域。颗粒饲料（1 377万吨）占水产饲料总量的75%，膨化饲料量约为250万吨，占普通淡水饲料总量的10%。目前，全国膨化饲料生产线超过300条，生产能力约在500万吨；其中华南地区超过200条。

（二）膨化颗粒饲料的生产情况

膨化饲料的主要应用对象有草鱼、罗非鱼等。膨化饲料具有以下特征：一是从营养消化吸收的基本原理上看，其优点是淀粉的熟化程度高，抗营养因子减少；缺点是膨化过程会破坏热敏性维生素，美拉德反应会影响消化吸收。二是由于物理性状的差异，颗粒饲料在运输、储存、投喂过程中的粉化率远大于膨化饲料，如混养时，花、白鲢能有效利用粉料，在高产单品种养殖模式下，颗粒饲料的粉化料将多于膨化饲料而产生浪费。三是投喂膨化饲料的鱼类摄食情况容易观察，可从投喂量上加以控制，从而减少饲料的浪费，对水环境的影响也会有所降低。

二、我国渔用饲料工业中存在的问题

目前，我国渔用饲料工业中主要存在两方面的问题。一是优质饲料数量严重不足。无论是设计生产能力，还是实际产量都严重不足；此外，由于名特优新品种的水产养殖业发展迅速，饲料的相应设计、研制和开发力度不够，跟不上生产发展的需要，许多种类的专用饲料空白或质量不高或要其他种类的饲料代用。二是质量差。这也是造成饲料加工企业开工不足的主要原因。具体地表现在以下几个方面。

（一）入水稳定性差

造成这一问题的原因：一是粉碎细度不够，而且不均匀；二是加工工艺问题，如用水湿化而且没有采取通过蒸气湿化的工艺，从而出现碳水化合物的乳化程度不足；三是加工机械本身的加工质量问题。据实地调查了解，大多数饲料入水后几分钟即已散失，不但养殖动物难以摄食利用，而且还严重地污染了养殖水体，造成养殖水域的富营养化，进而引发各种养殖动物的疾病等。与此同时，还造成养殖成本上升。以鲤鱼饲料为例，一般优质的饲料系数为1.2～1.6，中等质量的饲料系数为1.8～2.2，劣质饲料系数达2.5以上，甚至高达3～8；中等和劣质饲料所造成的原料浪费相当大。

（二）设计质量差

饲料的设计可以说是饲料质量好坏的第一关。如果饲料的设计质量差，就很难生产出优质的产品。设计上的问题主要表现在设计方法上，有些饲料配方的设计不是根据不同养殖种类、不同饲养阶段的营养生理需要来设计的，如对比筛选法。

（三）饲料原料的质量差

许多商业性饲料生产单位对于饲料原料的质量把关不严，为了降低生产成本，甚至有意采用低质原料；此外，原料随意堆放，有些原料甚至发霉仍然使用等。这种不负责任的做法，不但影响养殖生产，而且还会失去客源。

（四）加工机械上的问题

渔用饲料加工机械上的质量差也是影响饲料质量的原因之一。加工机械上的问题主要表现在：一是机具材质差，经不住长时间的使用即已磨损，而磨损后仍使用就会造成饲料质量上的问题；二是加工工艺差，达不到优质饲料的生产工艺要求；三是没有按要求正确操作，也会造成饲料质量欠缺。

（五）加工时的质量把关不严

有些饲料生产厂家的技术人员或管理人员专业水平低也是造成饲料质量问题的重要原因。如有的对使用的添加剂不注意质量检测，甚至不用或使用过期产品或替代品；有的甚至随意改变原饲料或添加剂配方及原料的配比。

（六）加工工艺上的问题

这个问题主要表现在使用维生素、矿物质、氨基酸等微量元素的添加剂方面。例如，因不了解添加剂的物理和化学特性而造成在添加方法、添加时机及添加量等加工工艺上的不正确或不科学，从而导致饲料成分间产生拮抗作用、热压分解流失，产生化学反应固化而不能被养殖动物利用等，使饲料的总体质量达不到技术或设计要求。

（七）加工后处理上的问题

此类问题大多是因管理水平低下和没有质量观念造成的。其表现是多方面的。例如，饲料加工后在露天条件下堆放，因阳光直射、紫外线的作用、温度升高、湿度大等原因造成营养成分上的损失；或直接放于库房内的地上，因潮湿等原因而造成饲料营养成分流失，甚至发生霉变等。

三、加强渔用饲料的质量管理

为了使我国的渔用饲料工业走上健康发展的轨道，提高饲料质量，确保养殖生产的需要，并在国际竞争中立于不败之地，必须全面加强我国渔用饲料的质量管理，提高总体质量管理水平。具体可采取如下措施：

① 全面推广渔用饲料质量管理技术，普及质量管理知识，加强对渔用饲料加工企业人员的专业知识培训，提高他们的质量管理意识和管理水平。

② 建立渔用饲料及饲料添加剂质量监督和检测制度，建立质量监督管理体系，开展定期或不定期的质量抽检，向社会公布检测结果，加强社会监督，以此来共同促进我国渔用饲料质量的提高。并由此促进质量差的生产企业加强质量管理，提高质量。

③ 鼓励创立名牌产品和名牌企业，并对名牌产品加以保护。与此同时，对名牌企业，要有目的引导他们建立大型渔用饲料企业集团，整合那些浪费原料、产品质量差的企业，从而建立起商业性的集中生产与服务体系。

④ 大力组织开发名特优新品种养殖用饲料，以满足其养殖业快速发展的需要。

⑤ 加强我国渔用饲料方面的科学研究与开发工作，大力改善加工工艺及机具设备质量，并提高综合设计水平。

第二章　鱼类的营养生理

优质的渔用饲料配方是在大量的饲养对象营养生理研究的基础上而设计出来的。不了解养殖对象的营养生理就很难研究设计出有针对性的优质饲料配方。因此，本章以鱼类为例，介绍其消化系统的解剖学知识、消化作用及其营养生理。

第一节　鱼类的消化系统及其消化作用

一、鱼类的消化系统

鱼类的消化系统由口腔、咽、食道、胃、肠、肛门及消化腺构成。

（一）肠道及其区分

鱼类的肠道同其他动物一样呈管状结构，始于口腔，终于肛门，一般分为4个部分：头肠、前肠、中肠和后肠。最前部称为头肠，包括口腔和咽两部分。前肠始于鳃的后沿，包括食道、胃及幽门3部分。中肠指与幽门相连的后部肠道，包括幽门附近不定数量的幽门垂（无胃的鱼类无此结构）；中肠是肠道中最长的部分，当其长于内脏腔时，可能会盘成错综复杂的环状。中肠之后是后肠。中肠与后肠之间一般无明显的界线，但有些鱼类后肠的始端直径明显增大。后肠的终端是肛门。与高等哺乳动物相比，鱼类是低等动物，少有后肠盲囊。真骨鱼类中除肺鱼外都有泄殖孔。

（二）消化道的演化与个体发育

原索动物的肠是一根直管，食物经纤毛的推动作用通过肠道。七鳃鳗的肠已有了初步的发展，有了一些肠内褶，增加了肠的吸收面积。鲨鱼、鳐鱼及矛尾鱼的肠具有与七鳃鳗相同的内褶，不过呈螺旋瓣状。七鳃鳗的肠壁已有斜纹肌肉纤维，但还不能蠕动。真骨鱼类的肠在许多方面有了高等脊椎动物的特点，但还没有中肠绒毛，只有起吸收营养作用的乳头状突起。

肠在个体发育过程中很早就分化形成，而且一些发育过程与脊椎动物肠的演化是相同的。例如一些幼鱼的肠，其一部分有纤毛。肠一般特点，甚至长度在发育过程中会发生变化。如幼鱼阶段为草食性，而成鱼阶段为肉食性鱼类的肠，它的肠在成体后似乎有所缩短。大多数鱼类的肠，其整个生命过程中，其长度与个体大小成一定比例。

（三）关于消化道的一般概念

通常人们认为草食性鱼类的肠较肉食性鱼类的长，其实并不完全如此。对真骨鱼类来说，肉食性、杂食性和草食性鱼类，其肠的长度分别为其体长的0.2～2.5倍、0.6～8.0倍、0.8～15倍。不过，有些草食性鱼类的肠却短于某些肉食性鱼类的肠。可能是食物的构成及颗粒的大小影响了肠的构型。

目前发现无胃的鱼类，即使其中肠前端发育成像胃一样的囊袋，但却没有胃的功能，因为在食物消化过程中没有分泌消化酶的过程。

经研究发现，鱼类的食性与肠的形态关系很大。就肠道本身而言，对新的食物、环境及机遇适应性很强，与此同时，对新的食物适应性又有严格限制因素。因为鱼生活于水中，胃的增大和中肠的加长都会使腹部膨大，从而改变了鱼的形态，进而影响鱼在水中的游动。鱼的摄食活动不会影响鳃的功能。总之，真骨鱼类的内脏结构已非常紧凑，消化系统的任何改变会引起其他许多系统的相应改变。

二、肠的功能性解剖学与普通生理学

（一）肠的功能性解剖

鱼的口腔具有捕捉、咬住、切断、分选食物等多方面功能。它可将食物送入食道或在食物进入胃之前对食物加以控制。

遮目鱼的鳃腔背部每侧各有一个鳃上器官。鳃上器官多由盲囊或螺旋线状的导管组成。低级真骨鱼类的几个科的种类都有这种鳃上器官，而且，这种鳃上器官与其摄食的食物种类有明显关系。虽然其作用并不十分清楚，但据推测是为了将浮游性饵料集中起来。因为具有简单导管性鳃上器官的鱼类大都以摄食大型浮游生物为主，而且具有较粗导管性鳃上器官的鱼类大都以摄食小型浮游动物性饵料为主。

鲤科和鳅科鱼类大都没有用于咀嚼的下颌齿，但却有咽齿，许多种类的鳃弓部位也有磨碎食物的作用。鲤鱼鳃弓下端的肌肉系统十分发达，有两端对插的牙齿，起到磨碎植物性食物的作用，将植物性食物磨成细小的颗粒，便于消化酶较好地附在食物颗粒的表面。许多鱼在咀嚼的同时能分泌黏液，但这种黏液并没有表现出酶的活性。

大多数鱼类的食道短而宽，居于口腔与胃之间。味蕾通常分布在黏液细胞上。通常淡水鱼类食道肌肉纤维较海水鱼类的肌肉纤维长，也许还更发达一些。据分析，这可能与将食物中的水分排出，而有利于渗透调节作用有关（海水鱼类在摄食时会饮进少许海水，而淡水鱼类必须排出多余的水分）。鳗鲡属鱼类的食道与其他鱼类相反，呈长而窄状，当其吸入的海水到达胃以前能及时将其稀释。

鱼胃的构型有4种：一种是直而腔大者，如狗鱼；一种是呈“U”形，腔亦较大，如白鲑、鲱鱼；一种是呈“Y”形，其底部有一盲囊，如鳗鲡属的种类；还有一种是无胃的，如鲤科、鳉科鱼类等。无论是哪一种构型的胃，其优点主要在于便于容纳所摄入的食物。摄食小颗粒食物的鱼类，其胃较小；而“Y”形胃的鱼类大都捕食大型食物，甚至胃向后延伸而不干扰肠系膜及其他器官。各种构型的胃，其功能相同，即具有产生盐酸、酶和胃蛋白酶的作用。

食物由胃进入肠受括约肌及幽门的控制。但鱼类幽门的控制作用只是假设与高等脊椎动物相同，而并未得到证实。鱼类幽门的发育因种类的不同而异，甚至有些种类没有幽门，原因不十分清楚。没有幽门的鱼类，胃附近的肌肉有替代幽门的作用。那些无胃的鱼类也没幽门，但食道括约肌有阻止食物倒流的作用。

中肠的消化过程只在组织学方面做过研究，但就目前所知，与高等脊椎动物相似。中肠内是微碱性的，内有来自胰脏和肠壁分泌的酶以及肝脏分泌的胆汁。这些酶作用于蛋白质、脂质及碳水化合物三大类食物，但肉食性鱼类大都缺乏糖酶。据研究表明，幽门垂的结构有增加中肠表面积的作用。

从解剖学角度看，中肠与后肠的界限很小，不明显；但从组织学角度看，其区别却较大。后肠中富有黏液细胞，但大多数种类缺乏分泌细胞。后肠的血液供应通常与中肠后端相同，由此推断其作用与中肠大体相同。

（二）蠕动及其控制

蠕动系指由肠壁上的环形和纵向的肌肉层的收缩而产生的行进波，由此而推动肠内容物的移动。通过对隔离的鳟鱼的肠道做药理学研究证实，肠道内存在的一个神经网络在控制着蠕动。胆碱类的药物有促进肠蠕动的作用，而肾上腺素类药物则有抑制肠蠕动作用。

食道和胃的外部也受迷走神经分枝的支配。但除测定过胃的排空时间和整个食物通过的时间外，对真骨鱼类肠道中食物传动的有关细节至今尚未做过研究。

（三）胃排空时间及相关的研究

胃排空时间受饲养量相关的变动因子有许多，例如，温度、季节、活动情况、规格大小、肠的容量、饥饿感和代谢率等。迄今为止的大量研究所取得的结果是：胃的排空率（或时间）或多或少呈几何级数下降，有时甚至呈直线下降。较大的饲料颗粒开始时的消化速度并不比小颗粒快，所产生的胃蛋白酶或酸的量与胃的膨胀程度呈一定比例关系，且多呈正比。胃的活动随着胃的膨胀程度而增加。随着温度的下降，其食欲也会下降，分泌物减少，消化速度也减慢。在胃排空后，食量会在几天内持续增加，这也说明鱼代谢机理或神经机理在起作用。

迄今为止的有关研究都只是短时间或阶段性的，并没有对一次投喂的饲料通过肠道至饲料中不消化的成分作为粪便排出的全过程进行测定。例如，当水温23～

26℃时，鲣鱼的胃排空时间和食物通过肠道的全过程约需 12 小时；肠道在吃食后 4 小时填得最满，14 小时后排空；一般在吃食后 2 ~ 3 小时开始排便，但排出的是上次喂的食物；如果只喂 1 次，则吃食 24 小时甚至 96 小时才发现粪便。可见食物通过肠道的时间差异很大，这可能与饲料的消化率有关。同时，研究还发现，食物在鲣鱼肠道内通过的速度至少比其他种类快一倍。

（四）消化与吸收

消化和吸收是两个皆然不同的概念。消化是指使摄入的食物变成很小的颗粒或具有其他适宜特性的分子，以便于吸收的过程。即：使蛋白质水解成氨基酸或一些多肽链氨基；使碳水化合物变为多糖；使脂质类物质变为脂肪酸和甘油。而吸收则是机体把各种营养品成分转变为肌体自身成分或转化为能量加以利用的过程。未被吸收的部分被称为不可消化的，最终作为粪便排出体外。消化率的变动范围很大，从葡萄糖的 100% 到生淀粉的 5%，或含大量纤维素的植物物质的 5% ~15%。大多数天然蛋白质和脂质的消化率为 80% ~90%。

消化是一个渐进过程，从胃开始可能直到食物成为粪便排出为止。大多数研究只是将食物中的蛋白质、脂质和碳水化合物与粪便中的同类物质含量相比较而得出吸收量的结果，这并不是很科学的。1973 年，Smith 和 Lovell 对斑点叉尾鮰所做的消化率研究表明，食物通过消化道的每部分时，其中蛋白质被不断吸收，这可以从消化道各段的蛋白质消化率反映出来。绝大部分蛋白质是在胃里消化的，部分在肠道消化。

温度与 pH 值对消化酶的作用起决定性作用。在适温范围内，酶的活性与温度成正比关系；当超出适温范围时，酶的数量会减少。通常酶的反应速率随着温度升高而升高，即使温度升高到对某些种类来说是致死温度，但酶的反应速率仍继续提高，直到 50 ~60℃，酶开始变性为止。相反，酶作用的 pH 值范围却很有限，常常低于 2 个 pH 值单位。对于斑点叉尾鮰来说，实验数据能代表许多真骨鱼类。其胃内的 pH 值为 2 ~4，幽门垂下为 7 ~9，肠的前端最高达 8.6，后肠中接近 7。无胃的鱼在消化过程中无产酸阶段。

真骨鱼类胃的分泌部位有一种能产生酸和分泌酶的细胞（对于哺乳动物来说，其产酸和产酶的细胞是分开的）。除了酶和酸以外，胃壁还分泌黏液，用于保护胃，使之不受侵蚀。只要黏液的分泌速度大于黏液被食物带走的速度，胃肠壁就能得到很好的保护。反之，当黏液产生的速度较慢或不产生时，肠壁会被肠内本身的酶所腐蚀，以至穿孔。

中肠中有两个部位产生酶，即胰腺和肠壁。肠壁有简单的皱褶和脊突，产生黏液和 3 种酶的分泌细胞在皱褶深处发育，向脊突顶部移动，然后排出分泌物；胰腺细胞所产生的酶和碱性液体通过胰腺分泌控制作用，目前尚未见到研究资料。

食物通过肠道的情况随鱼的种类而异，与食物类型也有很大关系。例如，捕食较大型食物的鲑鳟鱼类在消化时，被捕食的食物会一层层缩小。只要食物与胃壁一接触，胃就开始分泌黏液、酸和酶，将食物包被，进行胃的消化作用。食物是在中肠内消化的，在形成粪便时才再次硬化呈固体状。商品饲料的消化过程也大体相同。在海洋中捕获的太平洋大麻哈鱼幼鱼，其胃内含物有处于不同溶解阶段的浆液，并含有大量不能消化的砂粒。鲤鱼也是如此，其摄食泥土和植物的混合物，这些食物通过肠道时，体积和外观变化极小。摄食微生物性食物的遮目鱼，其吃进去的悬浮微粒很低，可能在通过整个肠道时一直保持原来的形状不变。通常情况下，鱼摄入的食物，其消化程度与哺乳动物不同。吸收可溶性食物是从胃开始的，但主要是在中肠中进行的；后肠也吸收一部分。关于吸收的机理和吸收部位，除在组织学方面做了一些研究外，其他方面基本未做工作。许多组织学研究发现，吃了富含脂质性食物的鱼，其肠道上皮细胞内有脂肪颗粒（脂肪球）。假设，白细胞进入肠腔，吸收脂肪小滴后又回到血液中。鱼类虽有肠壁皱褶和脊突，可增加吸收面积，但没有像哺乳动物那样的内有淋巴导管（乳糜管）的绒毛。哺乳动物的乳糜管有吸收乳化脂质小滴的作用。真骨鱼类的淋巴系统包括其延伸到肠壁部分，其在脂质吸收中的作用并不清楚。目前，对各种氨基酸、肽及简单碳水化合物的吸收作用研究不多，据推测，是通过肠上皮扩散或穿过肠上皮转移到血液中的。

（五）特种生热作用

被消化的食物，特别是蛋白质，即使吸收到血液中，也不能被鱼类充分利用。氨基酸如用于生成新组织，则可以吸收利用。不过，氨基酸要氧化成能量，则首先必须发生脱氨基作用，这是需要投入能量的反应。这种反应过程被称为特种生热作用。这可在鱼体外测出来。当鱼开始摄食时，氧消耗量增加，随后氨排泄量增加。

氨基酸脱氨基的比例随食物及环境而异。由于温度低而不生长或投喂处于维持水平或更低一些的鱼类，其氨基酸大部分脱氨基或全部脱氨基。相反，鱼类在高温下饲养或活动频繁时，其代谢率也同样很高。另一方面，生长速度快、吸收蛋白质高的鱼，消化的蛋白质脱氨基比例也比较少，虽然脱氨基的氨基酸绝对量仍大得足以产生相当大的特种生热作用。脱氨基的能量并不一定来自氨基酸，在条件允许的情况下，将首先来自碳水化合物及脂肪。

（六）渗透调节作用与消化作用间的关系

研究人员在研究渗透调节作用和消化作用时都很少关心对方的研究数据。海水鱼吸入大量的海水，而大多数的鱼出于消化需要其胃内 pH 值为 4 或更低的酸性状态。若整个胃内灌满了海水，要使海水刚好酸化，需要的盐酸数量会很大。胃呈“Y”形的鱼类，海水可以直接从食道进入幽门，只经过胃表面的一小部分。若消化功能只是接触消化，则消化作用与渗透作用会大体分开。与此相反的是，研究人员发现海水中的鲑鱼的胃内装满了液体稠浆，而这种稠浆又会阻碍二者的分开。据此，研究人员推测，很可能消化作用和海水的吸收是交替进行的。但经观察，鱼似乎在一直不停地进食，没有吸入海水的时间。

海水的pH值（8.5左右）对于肠的消化作用没什么影响。但肠内盐度过高可能会超过一些酶的适应范围，从而使消化率降低。不过，胃在渗透调节作用方面的功能，其中之一是稀释不断吸入的海水，直到相当于血液中的渗透压为止，从而保护肠道。

肠的渗透调节作用的最终产物是镁和其二价离子组成的直肠液，其总浓度与血液相同。从鳞片损失情况的研究证明，当血液中镁达到有毒水平时即发生死亡。镁含量过高的原因可能是因直肠停止蠕动，使直肠液滞留积累，镁离子再次被吸收，而不是被排泄掉。

由此可见，消化作用与渗透作用的关系非常密切，一个系统出现问题必然会破坏另一个系统的正常功能。但研究人员对鱼类在此方面的自身调节作用研究的不多。

三、酶与其他消化分泌物的特性

任何动物的消化作用过程都有一定的酶及消化分泌物的参与。即动物的消化作用，对某种物质消化能力的大小，主要取决于是否有适当的酶和酶发生作用的条件。下面介绍鱼类的酶及其分泌物部位的条件。

（一）口腔与食道的消化作用

大多数真骨鱼类的口腔内表面较坚硬，没有任何分泌物的分泌作用。但据报道，有些种类的咽喉齿或类似结构在咀嚼过程中会产生黏液。迄今为止的实验结果表明，鱼类口腔黏膜的酶活性均为阴性；对食道黏液细胞的组织学检查也表明不含任何酶颗粒。

（二）胃的消化作用

胃蛋白酶是包括鱼类在内的各种脊椎动物的主要胃酶。一些种类最适pH值分别为：① 狗鱼、高眼鲽：pH值为2；② 鮰：pH值为3～4；③ 鲑鱼、金枪鱼：pH值为1.3、pH值为2.5～3.5。

许多养殖种类，如日本鳗鲡、罗非鱼、鲽、鲑、大麻哈鱼等都有分泌胃蛋白酶的活性。

目前，对鱼类胃的研究不多，但大多数报道差不多都认为只有一种类型的分泌细胞，而且这种细胞对胃朊酶原（胃蛋白酶的前体物）细胞的指示剂染色呈阳性。有人曾设法查明鱼的胃内是否有分泌酸的细胞存在，但所得到的结果不是否定的就是相互矛盾的。也有人提出过其他胃酶，但最终却未能得到证实。有人称鲑鱼等种类的胃内有分解几丁质的活性物质，且最适pH值为4.5。但据分析，具有这种活性的物质可能是外源性的。

（三）中肠和幽门的消化作用

中肠内的酶有两个来源，即胰腺和肠壁分泌细胞。可能胰腺分泌的酶，其数量和种类均较多。由于鱼的种类不同，所产生的酶也有所不同。因此，有人曾将酶的活性与日投饵情况联系起来研究，但有关的研究不全面，组织学方面的研究也未得到有说服力的数据。有关鱼类肠的作用，需要做的研究工作还相当多。

胰蛋白酶是中肠内的主要蛋白酶。因为这种酶很难分离出来，因此，许多人就pH值为7~11的蛋白水解活性进行实验研究，并报道了胰蛋白酶活性的实验结果。由于胰腺组织很分散，许多研究者只能从混合组织中摄取比较粗的食物，而很难确定这种酶的确切的分泌位置。在日本鰤鱼、2种鲈鱼和1种河鲀4种无胃鱼中发现有胰蛋白酶活性。从鲈鱼及罗非鱼属种类的胰腺提取物以及罗非鱼的肠道提取物中都发现有胰蛋白酶活性，其最适pH值为8.0~8.2。草鱼肠道内的胰蛋白酶活性高于胰腺中提取的胰蛋白酶活性。在大鳞大麻哈鱼的胰腺和幽门垂混合组织中，酪蛋白的消化作用在pH值为9时最强。也有些实验证实，一些鱼类肝脏提取物中同样存在胰蛋白酶活性，这可能是胰腺组织分散，伸入到肝脏内的结果。当胰腺提取物与肠道提取物相混合时，胰蛋白酶的活性将提高10多倍，这说明鱼的肠壁内有肠激酶。这种肠激酶在胰蛋白酶到达肠道后被激活。

中肠的消化作用还涉及其他胰酶，其中许多种类还有待于去发现。例如，日本的研究人员正在研究几种鱼的胰胶原酶的发生及其特性。此外，也有关于吃甲壳动物的鱼类肠道内有分解几丁质的活性物质的报告。这也可能是由于细菌活动产生的。

目前的研究已经证实，某些鱼类有脂酶，但只发现1种脂酶。而且鲤鱼、青鱼将肠的提取物有解脂活性。鲫鱼的肝与胰腺混合组织提取物中亦有脂酶活性。硬头鳟的肝、脾、胆、肠、幽门和胃中均发现有脂酶。用放射性同味素标记法实验表明，鳕鱼脂酶的作用方式同哺乳动物的胰腺脂酶相同。不论来源如何，脂酶对鱼类是不可缺少的，因为脂肪酸是渔饲料中必不可少的成分。

糖酶也许可以激活所有的酶，使它们发挥最大作用。特别是鲑鳟鱼类，不能很好地消化吸收大分子碳水化合物，许多科研工作者都想找出其原因。另外，因为鱼类中存在几种不同的糖酶，不同酶的组合可能适用于不同的饲料成分，草食性鱼类与肉食性鱼类及杂食性鱼类的糖酶相比，可能其活性高一些，而胰蛋白酶的活性却较低。

淀粉酶是一种分布很广的淀粉消化酶。在鲫鱼和蓝鳃太阳鱼的肝、胰腺、食道及肠的混合组织提取物内发现有淀粉酶的活性，但大口黑鲈却没有。同样的活性也出现于硬头鳟、鲈鱼、罗非鱼、太平洋鲑、鲤鱼及鳗鱼中。胰腺分散的鱼类可能是因为没有胰腺管，淀粉酶才出现于胆汁中。

目前已经分离鉴定出来的糖酶有：糖甙酶（硬头鳟、大麻哈鱼、鲤鱼）、麦芽糖酶（鲤鱼、鲷、海水香鱼等）、蔗糖酶、乳糖酶、密二糖酶、纤维二糖酶（鲤鱼）。肉食性鱼类可能缺少一种或几种糖酶的假设现已基本被否定，因为，鲑鱼等其他肉食性鱼类都普遍存在淀粉酶，鲷和香鱼有麦芽糖酶。鲤鱼的糖酶种类显然多于其他鱼类，这也可能是对鲤鱼的研究更为广泛而深入的缘故。各种研究资料表明，各种酶的数量可能与饲料有关。在对竹荚鱼、鲐鱼、鲻鱼、鲽鱼以及捕食性鱼的研究中，发现竹荚鱼和鲐鱼的解朊活性与解脂活性最高，而主要摄食浮游动物的鲻鱼的解朊活性最低，淀粉分解能力最强。罗非鱼与鲈鱼的解朊活性差异很小，对其他一些种类所做的研究也未发现差异。但较明显的是，凡是摄食饵料种类专一的鱼类，其酶活性差异很明显。

（四）胆汁、胆囊和肝在消化中的作用

对于鱼胆汁的功能很少有人研究，只是推测其与高等动物基本相同。哺乳动物的胆汁主要是由胆红素和胆绿素组成。它们分别具备红蛋白的分解产物，并不断地产生。这些盐类起着洗涤剂的作用，使脂质乳化，更接近于酶。由于表面积的扩大，使部分脂质能够作为微滴，在未经消化即可吸收。在哺乳动物中，80%的胆汁通过肝脏与胆囊再循环。

一些研究表明，各种鱼的胆汁有着相同的功能。几位组织学家从组织化学的角度鉴定出了鱼中肠上皮的脂质微粒。像哺乳动物一样，鱼的胆囊吸收水，这一点已被证实。鱼不停地分泌胆汁是根据下列现象提出的：在产卵鲑鱼的萎缩肠腔中出现绿色黏液。对于鱼胆囊的收缩，或在消化过程中控制胆汁释放的其他机理还没有进行过研究。鲑鱼的胆囊阻塞似与饲料有关，因将干的颗粒饲料改为湿的颗粒饲料时，胆囊即恢复正常。胆囊阻塞的鱼，其他方面的功能是正常的，表现在其生长率与同群体中胆囊正常的鱼相比没有什么差别。

解剖学家们多年来一直想将肝脏的形状和胆囊在肝脏中的位置与其功能联系起来。肝脏在加工已经消化和吸收的饲料时，其基本功能完全属于细胞和分子学范畴。从细胞学上讲，对其形状没有任何功能上的要求，即肝脏可以是任何形状的。从另一方面看，由于肝脏位于肠道和心脏之间所处的位置，门静脉和肝静脉、肝动脉和胆汁管的纵横交错也产生了一些困难。鲤鱼的肝脏似乎没有固定形状，只是回转重叠填满在肠道空间。许多鱼类肝脏的形状和颜色都有很大不同。其大小和形状可以说明在饲料或其他方面存在的问题。例如，肝脏大而黄，并带有白斑时，说明饲料中淀粉成分含量太多或使用了饱和脂肪而引起了肝脏脂肪变性。

四、消化作用的方法及其分析

由于自然界的食物种类繁多，再加上水产养殖动物种类众多、个体小，肠道在解剖学及其功能方面的反映多种多样，因而，消化作用的研究分析方法也各有不同，很难在不同种群之间进行比较，也很难用不同方法在不同种类间比较。尽管在科学研究中，研究方法的不同对阐明结果的作用十分重要，但研究水产养殖动物的消化

作用的方法比起其他大多数实验方法显得尤为重要。此外，有关鱼类的消化作用，特别是控制肠道机理方面的资料还十分匮乏，即使是鲤鱼、罗非鱼以及斑点叉尾鮰的研究已相当深入，但仍不够充分。这可能是因为缺乏适当的研究方法。

（一）胃内容物的测定方法

测定胃排空的时间及胃消化作用最常用的方法是分批宰杀。即将一批鱼喂至规定的水平（通常是以鱼体重的百分比计算），然后再分若干批，在不同的时间内宰杀，分析胃中残留的食物。这种分析方法有一定的缺陷，即不同个体摄食量上的差异以及在捕捉每批样品时给鱼群体造成的生理压力。因为追逐和惊吓会抑制其消化作用，但目前却没有更好的研究方法，只是在操作上力争将这种人为的影响降到最低。

目前，这种基本分析方法在具体操作上有了一些变化。即将鱼捕出后立即速冻，在鱼体解剖后，整块取出胃内容物，以保证这些胃内容物确实是在特定的肠段中取出的，而且是完整的、可以复原的，然后，对胃内容物进行分析。有的研究人员专门设计了一种“胃唧筒”。最常用的是一支直径与食道大小相适应的注射器，截去针头部分，使开口与鱼食道内径相同。进行分析时，先将鱼麻醉，然后将注射器插入，把胃内的食物抽出。此方法只适用于定性分析，如测定酶的作用、酸化率等，而不能用于定量分析。为测定肉食性鱼类的胃排空作用和时间，有的研究人员用预先准确称重的整尾的小鱼做饲料，将吃了食物的鱼放入狭窄的蓄养槽中，随后，通过拍摄的 X 光片监视和分析食物被摄入后的消化过程，以了解消化作用情况。这种研究方法的优点是无需去捉鱼，也不用进行宰杀来测定，并且可以由一条鱼体上得到连续的测定值。也有的研究人员通过在食道中添加不易消化吸收的惰性物质，来定期测定其在胃内的剩余量。所采用的惰性物质多为三氧化二铬和放射性同位素。如锌 141 等。

也有人将惰性物质放入食物中是为了便于取胃液标本。即将鱼麻醉后，将海绵状泡沫塑料塞入鱼胃，过些时间后再取出；然后，将其中胃液挤出，分析胃内酸和酶的含量。也有将玻璃珠塞入鱼的胃内，来测定胃壁的扩张作用。这种研究方法的缺陷是，向鱼的胃内塞入物质后，胃中的酸度高于吃食后的酸度，因为没有食物起稀释作用。

（二）消化率及其相关因素的测定

通过在饲料中添加三氧化二铬，然后测定鱼粪便中的三氧化二铬，从而得出饲料的总消化率。其计算公式如下：

$$P = 100 - \frac{W_1}{W_2}$$

式中：P——消化率；W_1——粪便中三氧化二铬的含量（%）；W_2——饲料中

三氧化二铬的含量（%）。

某些比较特殊的测定消化率的方法正在逐步取代用三氧化二铬作为指示物的方法。从鱼类摄入的食物与排出粪便的热能含量所测得的数据，为估计鱼类的能量平衡（还需要耗氧量和生长率的测定）提供了一条途径。此外，也可以测定食物及粪便中的蛋白质（以含氮量来测定）和脂质含量。对于这两种方法，可通过下列公式计算：

$$P = \frac{P_1 - P_2}{P} \times 100$$

式中：P——消化率（%）；P_1——养分摄入量（克）；P_2——粪便中的养分含量（克）。

$$P = \frac{R_1 - (R_2 - R_3)}{R_1} \times 100$$

式中：P——消化率（%）；R_1——氮摄入量（克）；R_2——粪便中氮的含量（克）；R_3——代谢氮（克）。

在测定蛋白氮时，应考虑到来自脱掉氨基酸的氮，即需要测定鳃排出的氮（R_3）。

有的研究人员将几种测定方法结合起来使用。例如，把蛋白质与三氧化二铬方法结合起来测定，则计算方法为：

$$P = 100 - W_2/W_1 \times L_1/L_2$$

式中：L_1——粪便中的蛋白质含量（%）；L_2——饲料中的蛋白质含量（%）。

曾有研究人员采用同样方法，以饲料和粪便中的热能含量来代替上述公式中的三氧化二铬的含量。也有研究人员通过对饲料中的纯蛋白质和蛋白质消化率进行比较，从而得出下列结论：采用联合批示物的方法对鲇鱼所做的实验结果与牲畜的精饲料饲养表中的消化系数基本相似。

五、对于几种鱼的消化解剖研究

这里主要介绍不同食性，且研究较透彻的4种主要养殖种类，与之摄食及消化作用相关的解剖学研究情况。

（一）鲤鱼

鲤鱼是鲤科鱼类的代表。大多数鲤科鱼类都是杂食的。但其杂食性与鲇鱼既有很多相似的地方，也有诸多的不同点。鲤鱼有下颌须，在泥土中搜寻食物。但鲤鱼所摄取的食物中，植物性的成分较鲇鱼多，并用食道前部交错的咽喉齿咀嚼。鲤鱼没有胃，但肠道很长，盘绕于整个内脏内。胆囊位于中肠前端的背面，胆管仅在胆囊前端与肠道相通。另外，肝脏的形状不定，填充于肠道间的空腺。鲤鱼不停地摄食小颗粒食物，而不是间断性地一次性摄食大量食物，即鲤鱼的摄食习性对胃的贮存功能没有什么特殊要求。这也可能就是鲤鱼胃不发达的原因。

(二) 斑点叉尾鮰

斑点叉尾鮰亦为杂食性的鱼类。口大而宽，口缘有味觉触须，主要摄食昆虫、螺蛳、植物以及有机碎屑等。口腔可以完全闭合，而从鳃耙和鳃弓中滤出摄食时所带入的泥土。其食道较鲑鱼和鳟鱼类的长，直通到位于腹部的圆形胃。肠始于胃的腹侧，向背面延伸，围绕着胃转几个弯，接着向后行。

斑点叉尾鮰鱼鳔的每一侧有一个凸起部分，可使其浮力的中心高于重力的中心。因此，其不会像鲑鳟鱼类那样，在生病和失去知觉时腹部朝上。这些凸起部分离身体表面很近，可能会提高听力。鱼鳔位置很高，向前部背侧移位，这样会有一部分覆盖着胃。胆囊位于紧贴肝脏的隔膜之间。

斑点叉尾鮰可以说是鲇科鱼类的代表。鲇科鱼类中有许多杂食性的种类。其不太活泼，大都生活并摄食于水域的底层，可以说没有一种具有较高游动速度的流线体形，只有少数几种鱼的尾鳍分叉，可视为是某种程度上的游泳功能的转化。下颚和其他触须大大增强了在夜间及混浊水条件下的感觉能力，弥补了视力的不足。

(三) 硬头鳟

硬头鳟是肉食性的鱼类，从解剖学上看，它在摄食和消化动物性饵料的特异性方面并不明显。其牙齿小而简单，没有其他辅助捕捉、抓住及吞咽食物的精致结构。整个鲑鳟鱼类的食道宽大，饵料可整个通过食道进入胃内。胃呈“Y”形。许多幽门垂在中肠的幽门一端附近分叉，其分叉数量的不同成为不同种类分类学上的依据之一。胰腺分布于幽门垂四周的脂肪和结缔组织中，不易看到。胆囊从肝的中叶伸出，胆管通中肠的上端。中肠与后肠之间没有特殊界线。

此外，在其他方面，其内脏壁很薄，鳔几乎透明，肾紧贴鳔后，很长，被覆于脊椎前部表面上的后主动脉，并包被后腔静脉。尿道管通常可见于肾的前部表面，而在肾后端的侧面略靠前端汇合，并下行成一管状，位于鳔的一侧。尿道管下行的延伸部分扩张，起着膀胱的作用。膀胱与尿道乳头相连接，像成熟的雄鱼精巢一样。

(四) 遮目鱼

遮目鱼的器官和组织有所特化。其体形、眼外侧呈流线型，尾鳍大分叉等都与游泳速度快有关。因为此鱼有纤细的几乎呈膜状的鳃耙，而被认为是滤食性鱼类，其主要摄食浮游生物。其鳃上方及后面的鳃上器官有助于微型浮游生物的集中。胃只是一个简单的管道，稍微卷曲，中等大小。胃的幽门端有厚的肌肉壁，有的称之为砂囊。肠道狭长，在幽门处有许多幽门垂，直径很小。鳔和内脏腔的壁为膜质，与鲑鳟鱼相似，但乌黑发亮。

第二节　鱼类的能量代谢

所有生物体的活动和维持生命都需要能量，各种水生生物也不例外。但不同生物体的能量来源及能量代谢过程有很大差异。大多数动物不能利用太阳辐射能，其必须通过所摄取的食物在氧化过程中获得所需能量；所以，我们又称这类生物为“异养生物”。饲料（饵料）中的能量只在复合分子经消化分解为简单的分子过程中才会释放出来。动物正是在这些饵料的氧化分解过程中获得其所需能量，并将消化产物吸收到体内。我们将动物体这种利用能量的过程称之为“能量代谢”。

鱼类的能量代谢与哺乳动物以及家畜大致相同，但有两点不同：其一是鱼类不用消耗能量来保持不同于环境温度的体温，故鱼类又称为变温动物、冷血动物；其二是鱼类排泄废氮所需的能量少于陆生恒温动物。

不同种类的鱼，其消化和利用饲料的能力有很大差异。就鱼类食性而言，大体上可分为草食性、杂食性和肉食性三大类。不同种类的鱼对于饲料的要求也有很大差异。从事鱼类研究以及水产养殖饲料及其营养研究的根本目的是确定动物的需要，并据此找到能够满足其营养需要最经济的各种饲料成分。

一、动物的能量流动

（一）能量的分布

鱼类的生物能量分配情况大体如下。

进食总能量分为可消化能和粪能两部分；

粪能分化为残留食物和代谢产物、黏膜、细菌、酶；

可消化能分为代谢能、尿能、鳃能、消化的气体产物（以气体形式或丧失的能量）；

尿能分化为养分代谢（食物来源）和内源（体内来源）；

代谢能分化为净能和增热能；

净能又分化为生产净能和维持净能；

生产净能又分化为胎儿及贮存于雌雄个体内的妊娠净能、增重净能、产卵净能、活动净能（一部分以热能形式消耗）；

维持净能又分为基础代谢、随意活动、使体温下降所需热能（仅在适温区以上）、使体温上升所需热能（仅在临界温度以下及所需热能多于增热耗所提供的时候）；

增热能又分为发酵的热能和养分代谢热能。

值得注意的是，在能量分配方面，动物体必须首先满足维持基本生理和随意活动所需要的能量（基础代谢能），其次才是生长。同样，在饲料摄入量较低时，动物体要从体内提取脂肪和蛋白质供其维持基本生命活动所需要的能量，这种情况下，动物的体重会下降。

（二）能量的丧失

鱼类体内的热能主要通过粪便、尿及鳃的分泌物排出体外，由体表散失的热能较少。作为以热量形式而丧失的能量主要有以下 3 个来源：

① 标准代谢。这是维持生命所需的能量，即基础代谢。由于很难使鱼类“静止不动”，故“基础代谢”这个术语不太适用于鱼类，所以，我们将含随意活动内容在内的鱼的“基础代谢”改为“标准代谢”。即一尾鱼在不受惊吓的前提下，在静水中，在肠内食物刚刚被吸收完时所产生最低限度的热能。

② 随意活动，也称为增热耗或特种生热能。这是与摄入饲料消化有关的化学反应释放的热能。它包括消化、吸收、输送和增重活动所需要的能量，也包括废物排泄所消耗的能量。

③ 养分代谢能。这是与摄入饲料加工有关的化学反应释放的热能。它包括消化、吸收、输送和增重活动所需的能量，也包括废物排泄所消耗的能量。

二、能量的来源

鱼类所需能量贮存于饲料复合分子的化学结构中，在发生生物氧化时才能释放出来而被利用。这种释放能量的过程为生物化学反应所控制，并用以维持各种生命活动的各种需要能量的反应。鱼类的能量来源于脂肪、碳水化合物及蛋白质。

（一）脂肪

脂肪是在动植物体中贮备能量的主要形式，每 1 克脂肪可能提供的能量为 8.9 大卡*/克，高于其他任何动物产品。添加脂肪不仅可以大大提高饲料的适口性，也可以给饲养动物提供足够的能量来源。通常脂肪很容易为鱼类消化和利用。有关鱼类消化不同熔点脂肪能力的研究数据还很少。大多数鱼类都很好地利用消化所产生的脂肪酸产物。但许多材料表明，短链脂肪酸水平高会抑制鱼类的生长；不过，实际使用的饲料中很少遇到此类问题。

天然饵料中所含的脂肪较高，可能会达 50% 之多。如果其他营养成分充足，可在配合饲料中多加些脂肪，但应充分注意饲料中的蛋白质与能量比。

（二）碳水化合物

对于大多数动物来说，碳水化合物是最重要最便宜最丰富的能量来源。大部分

---

* 大卡为非法定计量单位，1 大卡 =4.182 千焦耳。

植物性的饲料原料中含有丰富的碳水化合物。饲料中的碳水化合物包括从容易消化的糖类到动物不能消化的复杂纤维素分子。只有通过其与细菌的共生关系，反刍动物才能利用纤维素。对于鱼类用饲料中的碳水化合物的价值争议颇多。不过，若其他养分能保持平衡，可消化的碳水化合物也能作为能量来源而很好地被利用。

对于鱼类而言，碳水化合物的能量代谢值差异很大，其中纤维素值接近于零，糖类的值为3.8大卡/克，未加工的淀粉为5.02～8.37大卡/克，蒸煮后的淀粉为3.2大卡/克。在颗粒饲料加工过程中，通过加热和加水可以大大提高淀粉性饲料原料的可消化率。鱼饲料中碳水化合物的价值取决于碳水化合物的来源和加工方法。

（三）蛋白质

在自然界中，肉食性鱼类所摄食的天然饵料中蛋白质的含量约占50%。鱼类有一整套排泄蛋白质中废氮的有效系统。蛋白质经分解代谢产生能量。因此，蛋白质含量高的饲料是无害的。但蛋白质往往是饲料中价格较高的能量性原料，是饲料成本的主要部分。因此，饲料中蛋白质含量越高，饲料成本也越高。所以，在保证鱼类良好生长及饲料良好转化率的前提下，应尽量少用蛋白质，以降低饲料及养殖成本，取得最佳养殖经济效益。蛋白质的代谢能量值约为4.5大卡/克，较哺乳动物及家畜高。

通常动物性来源的蛋白质较植物性来源的蛋白质易于消化。饲料的加工方法会影响蛋白质的质量。例如，加热既可以提高某些蛋白质的消化利用率，也会降低另外一些蛋白质的消化利用率。若将蛋白质作为能量来源，鱼类会很有效地加以利用；但就养殖效益而言，不宜将蛋白质作为能量来源，那样会大大提高养殖成本。一般情况是在保持鱼类良好生长的前提下尽量少用蛋白质；而是将较多的碳水化合物及脂肪作为能量的主要来源。

三、鱼类的能量需要量

必须氨基酸在满足维持与活动所需的能量后，多出部分的能量才能用于生长，而我们养鱼的目的是尽最大可能地促进鱼的生长，以获得较高的产量和养殖效益。因此，饲养水平必须提高到足以满足维持能量的需要，并且还要有剩余的能量供生长使用。最重要是找到这样一种水平的饲料：即提高饲料效率，使能量利用率得到尽可能的提高，以至达到能量利用率提高部分抵掉被消化降低的部分。

（一）能量分布与饲养水平的关系

在环境稳定不变的条件下，鱼类的基础代谢或标准代谢相当稳定。但这种代谢随着温高的变化、特别是鱼体大小的不同而发生变化。随意活动所消耗的能量往往随着饲养水平的提高而略有增加。处于饥饿状态的鱼，其活动量小于饱食状态的鱼，这种活动所消耗的能量也就少一些。养分代谢的热能与饲养水平呈正比。尿和鳃的分泌排出的能量也与饲养水平呈一定的正相关。当饲养水平过高时，能量利用率会下降。在维持饲养的水平时，留存供生长的能量为零；当饲养水平提高时，能量则按比例增加，直到由于消化率下降而加以抵消。

（二）维持能量

由于标准代谢、养分代谢的热能和鱼体活动所消耗的全部能量都以热能形式出现，只要测定生产的热能就可能确定维持能的需要量。所产生的热能可用测热器直接测定，亦可根据氧的测定和应用适当的热当量来估计。最常用的系数为3.42大卡/毫克氧。此数据是根据哺乳动物数据推算得出的，尚未直接用于鱼类。氧的热当量是随着氧化底质的类型而变化的。维持能量亦可通过测定饥饿时所消耗的能量来估计。

（三）生长消耗的能量

对鱼类生长所消耗能量的研究极少，目前还没有定论。但哺乳动物的研究表明，从饲喂的代谢能量中减去维持能量后，生长所消耗的能量是相当稳定的。据此推测鱼类的情况也大概如此，但仍需要进一步研究证明。

（四）改变能量需要量的因素

有几个因素会改变鱼类对于能量的需要量，应注意通过调整投喂量来补偿这些因素，以免造成过量投喂，增大养殖成本；但必须要提供足够的能量来保持最佳生长。

1. 温度

当环境温度下降时，恒温动物要保持体温不变，就必须提高代谢以补充额外消耗的热能。但大多数水生动物不用保持与环境不同而变化的体温。因为环境温度的下降，鱼类体温亦随之下降，代谢率也随之降低。低温下的低代谢率仍能使鱼类在食物很少的环境下存活很长的时间。不同种类的鱼类对于环境变化的代谢适应性差异很大。每个种类似乎都有其最有效的适温范围。通常这一温度范围就是维持需要量和随意活动量最大、而且对生长最为适宜的温度。

2. 水流

由于大多数鱼类具有顶水习性。这些逆流游动的鱼所消耗的能量本可用于生长，但因水流的存在而消耗，而且这样消耗的能量与水流速度的大小成正比。但静水会出现分层现象并使废物沉积，应确定较适宜的水流速度。鱼类饲养设备设计应使水能极大限度地得以利用，而又不给鱼类带来不利影响。

3. 个体的大小

个体小的动物单位体重所产生的热能往往小于个体较大的动物。按体重的比例投喂，小鱼的投喂量应小于大鱼。

4. 饲养水平

饲养水平不同，造成鱼对能量消耗也有影响。这一点在鱼饲料的设计中很重要。溶解氧通常是鱼类养殖中的主要限制因素。由于摄食活动以营养成分的代谢产生热能，在投饲后不久氧的消耗量就会增加。在设计养殖设施时必须充分考虑。单位重量饲料所需的氧量也因饲养水平而异；在保持较高水平时，所有食物都被氧化；而在饲养水平提高时，更多的能量被贮存起来，用于生长。

5. 其他因素

还有许多因素也会引起鱼类对能量需要量的增加。当鱼感到不适时，其活动量就会增加，对能量的消耗量加大，而用于生长的能量减少，使得生长速度减慢。造成鱼不适的原因很多，如温度变化、放养量过大、水体中溶氧量不足、水污染严重、异物刺激、敌害生物的侵袭等。因此，在从事水生动物养殖时，应力争将各环境因子调节并控制在所养种类的最适范围内。

第三节　鱼类的营养

水产养殖动物的营养学研究成果对水产养殖业起到了极大推动作用。关于水产养殖动物营养学方面的研究目的主要有两方面：一是从营养角度设法利用有限的饲料资源，生产出尽可能多的水产品，为人类提供高质量的食物；二是充分了解这些养殖动物对各种营养成分的需求状况，确保其在基本营养条件下的最大生长率。但有关研究还不够广泛和深入，迄今为止的大部分研究多集中于鲑鳟鱼类、鲤鱼、罗非鱼、鲕鱼、鲷鱼等少数种类上，还有许多有待于进一步研究的养殖种类及问题。

任何动物的生存都取决于其摄取的食物与营养，水产养殖动物也不例外。就鱼类而言，其食性特点因种类不同而有很大差异，尽管可分为草食性、肉食性、杂食性等几类，但其在幼鱼阶段大都以浮游生物、特别是浮游动物为食，而到成体阶段才产生了食物的分化，不同食性的种类，其营养方式及各种营养物的需求状况有所不同，这也是从事研究养殖用饲料设计离不开营养生理研究的关键所在。生产中，鱼类的饲料是通过直接投放方式或在养殖水体中施肥等方式来增加水体中可食性生物来解决的。鱼类的食物差异性虽然很大，但所食食物中的营养成分基本相同，主要为蛋白质、脂肪、碳水化合物、无机盐、维生素等，只不过构成的种类、含量和方式不同。

生活的鱼类始终在进行着新陈代谢活动，通过新陈代谢来完成各种生命活动。在新陈代谢中，重要的一点是通过消化系统吸收营养。鱼类消化系统的机理就在于借助于物理和化学作用，将食物消化分解为能被机体吸收利用的简单结构，例如，氨基酸、单糖、脂肪酸、甘油等分子。这些简单分子再通过肠壁血管与淋巴管加以吸收，变为机体成分或能量加以利用。

鱼体靠食物中不断供应必需氨基酸等营养物质来完成正常的生长、繁殖等各种生命活动。若缺少一种或几种营养要素，且长时间得不到补充，则鱼体会发病、行动迟缓甚至死亡。

各种饲料的干物质均由有机物和无机盐组成。其中，① 有机物为含氮和无氮的有机物构成；② 无机盐类主要是由钾、磷、硫等构成。含氮有机物主要是脂肪、碳水化合物等。碳水化合物又包括粗纤维和无氮浸出物。无氮浸出物主要包括糖、淀粉。此外，有机物中还有纤维素酶。

一、蛋白质与氨基酸

（一）蛋白质

蛋白质是由多种氨基酸组成的复合有机物。这些氨基酸通过肽键连接在一起，并通过硫氢键、氢键和范（德瓦尔）氏力在键之间交联而成。蛋白质化学成分的变化很大，大于其他任何具有生物活性的化合物。各种不同生物细胞中的蛋白质使得这些组织具有不同的生物特异性。

1. 蛋白质的分类

蛋白质大体上可分为三大类。

（1）简单蛋白质

水解时只产生若干种氨基酸，偶尔也产生少量碳水化合物的复合物，例如，白蛋白、球蛋白、谷蛋白、类蛋白、组蛋白和鱼精蛋白。

（2）结合蛋白质

由体内简单蛋白和一些非蛋白物质结合而成的蛋白质，例如，核蛋白、糖蛋白、磷蛋白、卵磷蛋白。

（3）衍生蛋白质

由物理和化学作用而产生的简单蛋白或结合蛋白衍生出的蛋白质，例如，变性蛋白和肽。

2. 蛋白质的结构

蛋白质分子的化学结构非常复杂，致使可组成多种类型的蛋白质分子。例如，在血液有很薄的膜或无膜的不定型的球状组织液中发现有球蛋白；在毛发、肌肉和结缔组织中发现有纤维蛋白；在眼球晶体和类似组织中发现有结晶蛋白。酶是有特殊化学作用的蛋白质，传递大多数生命的生理过程。几种少量的多肽在控制不同生命的化学和生理过程的组织系统中起着激素的作用。肌肉蛋白是由几种多肽组成的，在全身活动时可使肌肉收缩和放松。

3. 蛋白质的特性

蛋白质的特性多用其化学反应的不同来表明。大多数蛋白质可溶于水、乙醇、稀碱和各种盐溶液。蛋白质具有双螺旋结构，它是由初级多肽链中的氨基酸序列及其附属于每一种氨基酸 a – 碳的基族为主体结构型所决定的。这种结构上的特点决定了它的特性，即对热的不稳定性。根据蛋白质的类型、溶液、温度状况表现出不同程度的不稳定性。蛋白质的这种对热的不稳定性也许是可逆的，也许是不可逆的；它会因加热、盐的浓缩作用、冷冻、超声波影响而发生变性。蛋白质在所谓的类蛋白反应过程中，与其他蛋白质进行有特性的结合，并与碳水化合物中游离的醛基和羟基结合，形成麦拉德（Maillard）型化合物。

4. 蛋白质含量的测定

直接测定各种组织中蛋白质含量很难，目前还没有找到直接测定蛋白质含量的方法。现在普遍采用的是测定氮推算法，即先测定某一组织中氮的含量，然后按一定比例折算。尽管这种测定方法得出的数据不是很精确，但亦能反应一定的问题。通常，动物、果仁及谷物组织中的大部分蛋白质的含氮量约为16%，因此，蛋白质含量通常是以含氮量的6.25倍来表示的。

即：蛋白质 = 含氮量 ×6.25。

（二）蛋白质的消化和代谢

动物所摄入的蛋白质首先经胃中的胃蛋白酶或胰脏中的胰蛋白酶或胰凝乳蛋白酶分解成较小的片段，然后，这些片段（肽）经羧肽酶或氨肽酶进一步还原。羧肽酶在分子的游离羧基端开始，一次水解一种氨基酸。氨肽酶在多肽链游离的氨基末端开始分裂一种氨基酸。分解释放到消化系统内的游离氨基酸通过胃肠道内壁吸收进入血液，再合成为新组织蛋白质，或者分解代谢产生能量或片段，供组织进一步代谢用。

（三）蛋白质的总需要量

对于蛋白质的总需要量已在少数几种鱼体上进行了测定研究（表2 – 1）。

表2 – 1　几种鱼对饲料蛋白质需要量的测定值

种类	饲料中粗蛋白水平（克/千克）	种类	饲料中粗蛋白水平（克/千克）
硬头鳟	400 ~ 460	草鱼	410 ~ 430
鲤鱼	380	南美脂鲤	356
大鳞大麻合	400	鲷	550
鳗鲡	445	鰤鱼	550
鲽	500		

注：以上测定值是在各种鱼的最适生长速度条件下测定的。

以上测定的做法是：实验用饲料中的模拟化全蛋白质成分含有过量的必需氨基酸，将总蛋白质和可消化碳水化合物调整到规定范围，使饲料保持大致的等热量平衡水平，因为，这种蛋白质饲料的处理随实验的范围变化。

通过对不同种鱼苗及1龄鱼的饲养实验表明，在鱼苗初期，总蛋白质需要量达到最高，并随鱼体长大需要量下降。为使鱼苗达到最快生长速度，鱼苗饲料中必须有近50%的可消化成分是平衡蛋白质组成的（表2－2）。而6～8龄时的鲑、鳟鱼，对饲料中蛋白质需要量降至40%左右。在标准环境温度下饲养的鲑、鳟鱼类，其1龄鱼对蛋白质的需要量大约为35%。用鲑鱼所做的实验表明，幼鱼蛋白质的需要量变化与水温变化有直接关系。在水温7℃条件下，确保大麻哈鱼的最快生长速度，饲料中约需要40%的全蛋白质；而在15℃水温条件下，则需要5%的全蛋白质。通常为使鱼达到最快生长速度，饲料中的蛋白质使用量要高于需要量。因为，通过鳃可以有效地将氮废物以可溶氮的化合物形式直接排放到水体中。只要维持最快生长水平所需要的蛋白质得到满足，那么，饲料中过剩的蛋白质将由可消化的碳水化合物和脂肪节省下来。

表2－2　幼鱼对饲料中蛋白质的需要量

种类	蛋白源	需要量（%）
鲤鱼	酪蛋白	31～38
鲇鱼	鸡蛋蛋白	32～36
河鳟	酪蛋白、精氨酸＋胱氨酸	44.5
草鱼	酪蛋白	41～43
河鲀	金枪鱼肌肉粉	50
河口脂鲤	酪蛋白	40～50
遮目鱼（苗）	酪蛋白	40
真鲷	酪蛋白和鱼浓缩物	55
小嘴鲈鱼	酪蛋白和鱼浓缩物	45
罗非鱼（苗）	酪蛋白和鸡蛋蛋白	50
罗非鱼（成鱼）	酪蛋白和鸡蛋蛋白	34
莫桑比克罗非鱼	白鱼粉	40
吉列罗非鱼	酪蛋白	35
大嘴鲈鱼	酪蛋白	40

在鱼类饲养过程中，需要在很长时间内投喂含有不同梯度水平的优质蛋白质饲料，即对饲料中的必需氨基酸、维生素和矿物质充分平衡。某些鱼类如草鱼，其在最快生长速度下，对蛋白质的需要量极高；而南美脂鲤和淡水白鲳等种类，投喂蛋白质含量很低的饲料即可满足其需要量。有人认为，不同鱼类对蛋白质需要量的差

异如此之大是与养殖技术和饲料构成的不同有关（表2－3）。

表2－3　我国几种淡水鱼类对蛋白质的需要量

种类	实验鱼体重（克）	实验水温（℃）	蛋白源	蛋白质需要量（%）
青鱼	1～1.6		酪蛋白	41
	3.5	22～29	酪蛋白和明胶	35～40
	47～48.32	24～34	酪蛋白	29～40.85
草鱼	2.4	26～30.5	鱼肉粉	37.70
	5.5		酪蛋白	27.81
	8.0		鱼肉粉	26.50
	2.4～8.0	26～30.5	酶颗粒	22～27.66
	5～7.32	23～30	酪蛋白	36.70
鲮鱼	5～5.9	29～32		36～38.86

鱼类同其他动物一样，不要求饵料中的蛋白质为完全蛋白质（全蛋白），但要求在必需氨基酸与非必需氨基酸之间有良好平衡。最经济的氨基酸源是在饲料中加入天然蛋白质。饲料中标准蛋白质最小需要量必须具有足够的各种氨基酸含量，并能使鱼类产生最大的生产率。这已经通过对各种温水性鱼类和甲壳类的喂养实验所证实。在进行饲养实验时，其他环境因素会产生一定影响，例如，鱼类的大小、水温、放养密度、天然饵料的可利用率、日投饵量、食物中非蛋白源的数量以及蛋白质的质量。

（四）氨基酸

氨基酸是蛋白质的基本结构单元。目前已从天然蛋白质中分离出23种氨基酸。其中有10种是鱼类所不可缺少的，而其自身又不能合成，必须从饲料中获得，故又称为必需氨基酸。

1. 必需氨基酸与非必需氨基酸

鲑鱼、鳟鱼和斑点叉尾鮰的饲养实验证明，当其摄取缺乏精氨酸、组氨酸、异亮氨酸、亮氨酸、赖氨酸、苯丙氨酸、苏氨酸、色氨酸或缬氨酸的饲料时则不能生长。但这些鱼如果摄食缺乏其他L－氨基酸饲料时，却能和摄食其他含有18种经过实验的氨基酸的鱼类生长得同样好。实验组用饲料中的氨基酸成分是由在全蛋白质中发现的18种L－氨基酸组成的。供实验的鱼，当饲料中所缺乏的氨基酸补齐时，会得到迅速恢复，恢复组生长曲线的斜率与摄食含有全部氨基酸的鱼的曲线斜率相似。

经过实验的非必需氨基酸需要量的定量研究是采用添加结晶L－氨基酸的酪蛋白和白明胶混合物测定的。在饲料中用40%全蛋白质的氨基酸组成形式作为氮的组成成分。以鲤鱼和鳗鱼作为实验对象，结果表明，饲料中只缺少一种必需氨基酸时，鱼类同样不能生长。

2. 必需氨基酸与蛋白质质量

如果了解了鱼类对必需氨基酸的需要量，就可以从若干种不同的方法、用不同的食物蛋白或几种蛋白质的组合通过养殖体系来满足其需要。

苯丙氨酸可由酪氨酸来代替。苯丙氨基很稳定，在饲料蛋白质的加工过程中不会引起化学变化，也不会变得不可利用。对于蛋白质中的苯丙氨酸测定并不复杂，提供和评价实用饲料中所含蛋白质中的苯丙氨酸价值也不是很难。

赖氨酸是一种碱性氨基酸。在正常肽键结合α－氨基以外另有一个ε－氨基。ε－氨基一定是游离的和能起反应的，否则，赖氨酸即使可以测定出化学成分，但在生物学上是不能利用的。在饲料加工过程中，赖氨酸的ε－氨基可以与饲料中的非蛋白质分子反应，形成在生物学上难以被利用的化合物。

蛋氨酸可由胱氨酸代替。但饲料蛋白质中蛋氨酸的含量不易测定，因为这种氨基酸在加工过程中易于氧化。加工后，蛋氨酸会以原形式或以亚砜甚至砜的形式存在。亚砜可能在测定饲料蛋白质的氨基酸组成前的酸解过程中由蛋氨基形成。蛋白质在分析以前酸解会打破这种化合物原有的平衡，因而，这种水解产物的组成就再次反映出蛋白质的组成。在测定纯蛋白质中蛋氨酸含量时，由这种氨基酸氧化形成的磺基蛋氨酸是可以定量的。但在饲料蛋白质中，并不能确定在氧化和水解作用前蛋白质中究竟含有多少蛋氨酸或蛋氨酸亚砜。

蛋氨酸亚砜对于鱼类来说具有生物利用价值。因为鱼类能够使蛋氨酸亚砜转化为蛋氨酸，由此可弥补饲料加工过程中因氧化而损失的蛋氨酸。

目前，常见的测定蛋白质中蛋氨酸的方法如下：在用三氯化钛还原之前和之后，用碘铂酸盐试剂测出原来蛋白质中蛋氨酸和亚砜的值。此外，还有用溴化氰裂解法来测定蛋氨酸的，微生物法也是较有价值的一种测定方法，但蛋氨酸的氧化物对微生物活性可能会有影响，从而会得出不真实甚至是错误的结论，因此，必须首先确定样品中无蛋氨酸氧化物。

3. 氨基酸的需要量

迄今为止已做的实验表明，所有种类对10种必需氨基酸都有绝对的需求。对必需氨基酸需要量的测定有赖于剂量反应曲线，而剂量反应曲线所制定的依据是鱼体重量的增加值。即每次在饲料中按线性增加一种氨基酸的含量，然后加以投喂。这种实验用饲料中氨基酸组成除了要测定的那一种氨基酸外，与全蛋白质中氨基酸完全相同，通过测定不同梯度氨基酸含量下的鱼的生长速度，做出生长曲线，从而确定在这种特定实验条件下最快生长所需要的氨基酸水平。在实际养殖中，可按该品种在实验条件下对蛋白质的最适需要量或略低于最适需要量来确定饲料中蛋白质含量，以保证最大限度地利用有限的氨基酸。目前，大多数研究人员所采用的饲料，其含氮成分是由氨基酸（或氨基酸混合物）、酪蛋白和明胶构成的。经过调配，这种实验用饲料能提供与参考蛋白质（如全卵蛋白质肌肉蛋白质）具有相同水平的必需氨基酸。

最近，用于必需氨基酸定量分析方法的蛋白质，是一种与实际需求有实质差异且氨基酸不全面的蛋白质，如玉米醇溶蛋白、玉米明胶等。在使用不完全蛋白质的基础上，用少量晶体氨基酸平衡蛋白质中的氨基酸，并使某一种氨基酸缺乏。这种研究方法主要是用于确定对蛋白质的消化能力，确定氨基酸的生物可利用率及转化率，以及确定被补充游离氨基酸与饲料中蛋白质所含氨基酸在吸收上的差异。但氨基酸不平衡的蛋白质可能存在某种氨基酸含量过高的问题，这样会降低其他氨基酸的同化作用（表2－4）。

表2－4　几种鱼的氨基酸需要量　　%

氨基酸	鳗鲡鱼种	鳗鲡成鱼	鲤鱼苗	鲤成鱼	斑点叉尾鮰	大鳞大麻哈鱼	鲇鱼
精氨酸	3.9 (1.7/42)	4.5 (1.7/37.7)	4.3 (1.7/38.5)	4.2 (1.65/38.5)		6.0 (2.4/40)	4.3 (1.03/24)
组氨酸	1.9 (0.8/42)	2.1 (0.8/37.7)		2.1 (0.8/38.5)		1.8 (0.7/40)	1.5 (0.37/24)
异亮氨酸	3.6 (1.5/42)	4.4 (1.5/37.7)	2.6 (1.0/38.5)	2.3 (0.9/38.5)		2.2 (0.9/41)	2.6 (0.62/24)
亮氨酸	4.1 (1.7/42)	5.3 (2.0/37.7)	3.9 (1.5/38.5)	3.4 (1.3/38.5)		3.9 (1.6/41)	3.5 (0.84/24)
赖氨酸	4.8 (2.0/42)	5.3 (2.0/37.7)		5.7 (2.2/38.5)	5.1 (1.23/24)	5.0 (2.0/40)	5.0 (1.5/24)
蛋氨酸	4.5 (2.1/42)	5.0 (1.9/37.7)	3.1 (1.2/38.5)	3.1 (1.2/38.5)	2.3 (0.56/24)	4.0 (1.6/40)	2.3 (0.56/24)
苯丙氨酸		5.8 (2.2/37.7)		6.5 (2.5/38.5)		5.1 (2.1/41)	5.0 (1.2/24)
苏氨酸	3.5 (1.5/42)	4.0 (1.5/37.7)		3.9 (1.5/38.5)		2.2 (0.9/40)	2.0 (0.53/24)
色氨酸	1.0 (0.4/42)	1.1 (0.4/37.7)		0.8 (0.3/38.5)		0.5 (0.2/40)	0.5 (0.12/24)
缬氨酸	3.6 (1.5/42)	4.0 (1.5/37.7)		3.6 (1.4/38.5)		3.2 (1.3/40)	3.0 (0.71/24)

注：(1) 用在饲料中的百分比表示。() 中，分子为干饲料百分比表示的需要量，分母是饲料中总蛋白质百分比。(2) 在没有胱氨酸的情况下。(3) 蛋氨酸＋胱氨酸。(4) 在没有酪氨酸的情况下。(5) 苯丙氨酸＋酪氨酸。

4. 氨基酸需求与蛋白质摄入间的关系

对于恒温动物而言，在其必需氨基酸的需求量与满足其最大生长率的蛋白质摄入水平之间存在着固定关系。数种必需氨基酸的摄入量与增重量之间存在着明显的线性关系，而据推测，这种关系适用于所有必需氨基酸。鱼类对必需氨基酸的需求量是在此基础上，以占饲料蛋白质百分比来表示的。

最近研究发现，这种关系并不是明显的线性关系，而应是指数关系。动物对某一限制性营养因子在饲料中增加的反应，不会在某一特定点上被打破。当反应达到最大时，反应曲线上的“缩减回归区”的精确值用在估价饲料氨基酸增加效率上是很危险的。这些研究说明，以饲料蛋白质的百分比来表示氨基酸的需求量并不是最佳的。但因为剂量反应关系大部分是直线，确有其实际应用价值。

在这些氨基酸需求中提到的限定饲料的含氮成分是由酪蛋白、明胶和晶体氨基酸组成的。纯化学蛋白质中氨基酸构成与实际饲料需求的氨基酸构成不同，并与一些补充的氨基酸共同提供大量的氮。所采用的天然饲料成分通常为鱼粉、大豆粉、血粉以及粗麦粉。

在对一般氨基酸的需求上，某些鱼类对某种氨基酸的需求可能会存在数种结果。造成这一现象的原因可能有生长率的差异、氨基酸来源的不同、食物摄入量的差异以及研究方法的不同。

5. 不同氨基酸之间的关系

胱氨酸可以从饲料中的蛋氨酸通过代谢形成，并能充分满足鱼类的需要。但这种反应是不可逆的。鱼对蛋氨酸有绝对的需求，尽管某些方面的需求可由胱氨酸满足。

虹鳟可在分子基础上用D－蛋氨酸取代L－蛋氨酸。在D－蛋氨酸氧化酶的作用下，D－蛋氨酸脱去氨基，转化为L－蛋氨酸。其他鱼类也具有这种代谢能力。

类似的关系在芳香类氨基酸中也存在。鱼类很容易将苯丙氨酸转化为酪氨酸。因此，仅靠苯丙氨酸就能满足鱼对芳香类氨基酸的需求。但饲料中酪氨酸的存在会降低鱼对苯丙氨酸的需求。

当饲料中的氨基酸不平衡时，氨基酸之间的不利反应就可能发生。在恒温动物饲料中最典型的例子是饲料中赖氨酸与精氨酸间的拮抗作用，但鱼类的情况不同。给斑点叉尾鮰喂以精氨酸含量适中或达临界水平，而赖氨酸过量的饲料时，并未对鱼产生任何影响，也没有发现两者之间有明显的拮抗作用。给虹鳟喂以精氨酸含量低而赖氨酸含量高的饲料时，也没有对其产生影响。

当亮氨酸过高，且高于异亮氨酸和缬氨酸时，哺乳动物会出现支链氨基酸间的拮抗作用；所有具有3个支链的氨基酸最初两个分解过程均由同一种酶作用。但鱼类却未表现出明显的拮抗作用。但不同的实验结果并不相同。当饲料中的亮氨酸增加时，大鳞大麻哈鱼对异亮氨酸的需求会有所增加。在给定的饲料中增加缬氨酸的含量，会使虹鳟产生支链氨基酸浓度的改变；当缬氨酸缺乏时，血浆中的亮氨酸和异亮氨酸浓度会升高，反之则降低，直到超过饲料中所需求的缬氨酸含量时，血浆中的缬氨酸浓度才开始变化。虹鳟对于饲料中的亮氨酸有较高的耐受性，即使含量高达9.2%，也不会引起生长下降；甚至当含量超过13.4%的毒性界限时，其血浆、肝脏和肌肉中的游离缬氨酸及异亮氨酸的浓度也没有下降。

6. 补充氨基酸的饲料

饲料中必需氨基酸的种类、含量和比率是决定蛋白质价值的主要因素。由于饲料中必需氨基酸的种类和数量不同，饲料被鱼类利用的情况也不一致。故营养学上以饲料蛋白质的生理价（生物价值）为指标表示。即：

蛋白质的生理价 =（氮的保留量／氮的吸收量）×100%

饲料中蛋白质所含的必需氨基酸种类与数量越接近鱼体的需要，其生理价就愈高。蛋白质的生理价实际上是蛋白质之间平衡的结果。

解决实用饲料中相对缺乏的一种或数种氨基酸的办法，是把所缺乏的那种氨基酸以足够的数量补充进去。鱼类利用各种游离氨基酸的效率各有不同。

幼鲤食用总组分相似的氨基酸混合物替代蛋白质组分（由酪蛋白和明胶构成）的饲料是不能生长的。酪蛋白的胰蛋白酶水解产物也无效。但如果含有作为蛋白质组分的游离氨基酸的饲料经氢氧化钠中和至pH值为6.5~6.7时，则幼鲤会有一定程度上的生长和发育，但这种生长发育程度不如在同样条件下摄食酪蛋白饲料的鱼类明显。

斑点叉尾鮰也不能利用游离氨基酸补充其缺少的蛋白质，在等氮情况下，用豆粉代替油鲱鱼粉，其生长和饲料转化率会大大下降。

通过明胶等取代酪蛋白，把鲇鱼饲料的精氨酸水平从每千克饲料11克增加到17克，鱼的增重效果明显提高。但在酪蛋白中添加游离精氨酸、胱氨酸、色氨酸或蛋氨酸时，对于提高生长发育率和饲料转化率的作用很小。

在含有作为蛋白质成分的鱼粉和骨粉，以及酵母和抽油豆粉的饲料中补充胱氨酸（10千克）和色氨酸（5千克），饲料的质量会大大提高。

7. 氨基酸缺乏的病理反应

对于大多数必需氨基酸而言，缺乏的明显表现是增重速度下降，甚至还会减重。有些鱼类缺乏蛋氨酸或色氨酸时会导致病理症状。因为，这两种氨基酸不仅是蛋白质的构成成分，而且是用于合成其他氨基酸的材料。

鲑鳟鱼类缺乏蛋氨酸时，可出现白内障症状。2~3个月后眼晶体会变得不透光。这种变化程度取决于含硫氨基酸的缺乏程度；严重缺乏时，眼睛逐渐失明。当色氨酸缺乏时，也会使虹鳟产生白内障，其发展与缺乏蛋氨酸的情况相似。

色氨酸的缺乏也会导致一些鲑鳟鱼类如虹鳟、大鳞大麻哈鱼、秋大麻哈鱼等产生脊椎侧突及矿物质代谢紊乱症状。而当饲料中色氨酸含量恢复到正常水平后，可使这种症状缓解并有可能完全消失。因此，在色氨酸缺乏的饲料中添加五羟基色氨酸，会在很大程度避免脊椎侧突症状的产生。

二、脂肪和脂肪酸

脂质是动植物组织中发现的一组脂溶性化合物的总称，大体上可分为脂肪、磷脂类、（神经）鞘磷脂类、蜡类和甾醇类。

脂肪类是脂肪酸甘油酯，是各种动物的主要能量贮存物。在活动量大或食物能量摄取不足时，脂肪类可作为主要能量来源，满足动物生长的需要。鱼类可以很容易使脂肪产生代谢变化，因此，即使在缺乏食物的条件下仍能生存。例如，鲑鱼在产卵季节洄游溯河的过程中，主要依靠其体内所贮存的脂质作为能量来源，支持整个洄游活动及产卵活动。从洄游开始到产卵结束这段时间内，基本不摄食。

磷脂类是脂肪和磷酸的酯类。它们是构成细胞的主要脂质成分，使膜的表面产生亲水性或疏水性。亲水与疏水这两种截然相反的作用不是因脂质的不同造成的，而是取决于脂质化合物在细胞内或细胞外间隙中的位置。鞘磷脂类是鞘氨醇的脂肪酸脂，存在于脑与神经组织中。

蜡类是长链醇类脂肪酸酯。这类化合物通过代谢转化为能量，并通过一些植物和几种动物化合物储存的脂质显示其物理和化学特性。

甾醇类是多环状物长链醇类，主要存在于性成熟和与性活动有关的生理功能中，起着激素类的作用。

脂肪酸以直链或支链形式存在。许多种鱼类所含的脂肪为不饱和脂肪酸，即在脂肪酸结构中有无数不饱和的双键结构，这一点与畜禽类有很大不同。脂肪酸的双键符号将用ω数量确定从甲基末端数起的第一个双键位置，例如，亚麻酸表示为18:3ω3，其中，18为碳原子数量，第一个3为双键的数量，后一个3为第一个双键的位置。

（一）鱼类脂肪酸的组成

1. 环境的影响

环境条件不同会影响到鱼类脂肪酸的组成。其中最重要的环境因子是盐度与温度。

（1）盐度

许多研究人员发现海水鱼类与淡水鱼类的脂肪酸构成有较大差异（表2－5）。虽然许多鱼类ω3脂肪酸的类脂质较高，但淡水鱼ω6脂肪酸水平高于海水鱼类。淡水鱼类和海水鱼类的平均ω6/ω3比值分别为0.37和0.16。一般来说，鱼类所含的ω3多不饱和脂肪酸要高于ω6多不饱和脂肪酸，因此，对含ω3多不饱和脂肪酸的饲料需要量要大一些；而海洋鱼类对含ω3多不饱和脂肪酸的饲料中的必需氨基酸的需要量可能会大于淡水鱼类。

表 2-5　淡水鱼类和海水鱼类全鱼和鱼肉脂质的脂肪酸结构

%

脂肪酸	淡水鱼类					海水鱼类						
	淡水石首鱼(2)	淡水大眼鲱(2)	淡水大眼鲱(3)	鳀状锯腹鲱(2)	硬头鳟(3)	大西洋鲱(2)	太平洋鲱(3)	大西洋鳕(2)	大鳞大麻哈鱼(3)	斜竹筴鱼(3)	油鲱(3)	胡瓜鱼(2)
14:0	2.8	4.6	5.5	6.7	2.1	5.1	7.6	3.7	2.2	4.9	8.0	1.4
16:0	16.6	13.8	17.7	14.6	11.9	10.9	18.3	12.6	17.0	28.2	28.9	17.2
16:1	17.7	21.5	7.1	14.7	8.2	12.0	8.3	9.3	4.1	5.3	7.9	11.0
18:0	3.3	2.9	3.0	1.5	4.1	1.2	2.2	2.3	3.2	3.9	4.0	3.7
18:1	26.1	25.2	18.1	18.2	19.8	12.6	16.9	22.7	21.4	19.3	13.4	31.4
18:2ω6	4.3	1.9	4.3	3.7	4.6	0.7	1.6	1.5	2.0	1.1	1.1	0.2
18:3ω3	3.6	2.6	3.4	3.6	5.2	0.3	0.6	0.6	1.0	1.3	0.9	–
18:4ω3	0.9	1.5	1.8	2.9	1.5	1.5	2.8	0.6	2.0	3.4	1.9	–
20:1	2.4	1.3	1.2	1.6	3.0	16.1	9.4	7.5	5.4	3.1	0.9	4.8
20:4ω6	2.6	1.7	3.4	2.4	2.2	0.4	0.4	1.4	0.9	3.9	1.2	2.5
20:4ω3	0.7	0.8	–	1.5	–	0.4	–	0.6	–	–	–	–
20:5ω3	4.7	6.2	5.9	8.2	5.0	7.4	8.6	12.9	6.7	7.1	10.2	3.6
22:1	0.3	0.3	2.8	0.4	1.3	19.8	11.6	6.2	9.4	2.8	1.7	2.5
22:5ω6	0.4	0.5	–	1.3	0.6	0.4	–	0.3	0.6	–	0.7	2.5
22:5ω3	2.0	1.8	3.3	1.5	2.6	1.1	1.3	1.7	2.3	1.2	1.6	0.3
22:6ω3	2.0	3.8	13.3	6.0	19.0	3.9	7.6	12.7	16.1	10.8	12.8	15.0

续表

脂肪酸	淡水鱼类					海水鱼类						
	淡水 石首鱼 (2)	淡水 大眼鲱 (2)	淡水 大眼鲱 (3)	鳀状 锯腹鲱 (2)	硬头鳟 (3)	大西洋 鲱 (2)	太平洋 鲱 (3)	大西洋 鳕 (2)	大鳞 大麻哈鱼 (3)	斜竹筴鱼 (3)	油鲱 (3)	胡瓜鱼 (2)
ε sat	25.5	23.2	27.2	24.9	18.1	17.8	20.1	19.7	22.4	37.0	40.9	22.3
ε mono	49.1	49.6	33.6	36.5	32.3	61.5	46.2	47.1	40.3	30.5	23.9	49.7
ε ω6	8.5	5.4	9.9	9.4	8.0	1.9	2.0	3.7	4.2	5.0	3.0	5.2
ε ω3	14.3	17.0	31.1	24.2	33.3	14.6	20.9	29.1	28.1	23.8	27.4	18.9
ω6/ω3	0.59	0.32	0.32	0.39	0.24	0.13	0.10	0.13	0.15	0.21	0.11	0.28
平均	ω6/ω3 0.37 ±0.12					ω6/ω3 0.16 ±0.06						

注:表中的(2)代表全鱼脂质,(3)代表鱼肉脂质。

某些溯河洄游鱼类从海洋洄游到淡水中时，可以看到 ω6/ω3 的比值在海水和淡水之间会发生同类型的差异。例如，香鱼从海洋洄游到淡水河流中时，其多不饱和脂肪酸的比例在一个月内会发生剧烈变化。大鳞大麻哈鱼从淡水洄游到海水中时，也会发生情况相反的变化。

海洋鱼类和淡水鱼类的差异可能与饲料中脂肪酸含量的不同以及鱼类对环境的生理适应性有关。一般磷脂类被视为结构和功能性脂质，与细胞膜结构和亚细胞颗粒结合。与磷脂相比，甘油三酯在更多的情况下是贮存的脂质，并在很大程度上反映出饲料脂肪酸的组成。鱼类脂质的甘油三酯和磷脂部分的脂肪酸构成见表 2-6。

表 2-6　鱼类洄游前后鱼体脂质脂肪酸组成的改变情况　%

脂肪酸	香鱼（2）				马苏大麻哈鱼（3）			
	4 月（海水）		5 月（淡水）		5 月（淡水）		6 月（海水）	
	甘油三酯	磷脂	甘油三酯	磷脂	甘油三酯	磷脂	甘油三酯	磷脂
14:0	8.0	2.3	10.0	8.6	5.2	1.9	5.7	2.2
16:0	21.6	22.6	18.7	31.8	19.9	30.1	20.0	27.0
16:1	10.0	3.2	17.0	11.3	11.6	4.5	8.7	2.9
18:0	2.8	4.4	2.9	8.1	4.6	4.0	3.9	5.9
18:1	12.8	9.6	11.5	18.9	23.3	11.2	21.7	13.5
18:2ω6	2.8	0.9	4.3	1.5	3.9	1.3	1.7	0.6
18:3ω3	3.0	0.8	5.1	0.9	3.0	1.2	1.3	0.5
18:4ω3	5.1	1.0	4.3	0.7	1.4	0.4	2.3	0.5
20:1	1.1	0.5	–	–	3.0	0.6	6.7	1.8
20:4ω6	1.4	1.3	1.5	1.3	1.0	2.3	0.6	0.9
20:4ω3	1.9	0.7	1.8	0.7	1.5	1.3	1.2	0.9
20:5ω3	8.2	10.9	6.3	1.4	4.2	8.5	7.0	7.6
22:1	–	–	–	–	1.9	–	4.2	0.5
22:5ω6	–	–	1.1	–	–	–	–	–
22:5ω3	1.4	1.5	1.2	1.1	1.8	2.1	2.4	2.2
22:6ω3	12.1	34.5	5.2	2.1	6.7	26.3	9.0	31.6
ε sat	34.9	31.8	35.1	53.8	31.9	37.5	31.0	36.0
ε mono	27.4	16.1	32.0	35.9	43.0	18.6	43.1	19.2
ε ω6	4.4	2.2	7.2	3.2	5.7	4.0	2.3	1.5
ε ω3	31.7	49.4	23.9	6.9	18.6	39.8	23.2	43.3
ω6/ω3	0.14	0.04	0.30	0.46	0.31	0.10	0.10	0.03

注：1. 表中（2）代表全鱼脂质，（3）代表鱼肉脂质；2. 本表记录了香鱼从海水到淡水和淡水到海水的洄游过程中鱼体脂质脂肪酸变化情况。

（2）温度

淡水中的鲑鳟鱼类与其他鱼类相比，其20和22碳链长的总的多不饱和脂肪含量较高，ω6/ω3的比值较低。因为，鲑鳟鱼多为冷水性鱼类。有一些实验表明环境温度对水生动物脂肪酸的影响，即在较低温度下，长链多不饱和脂肪酸的含量较高；ω6/ω3比值随温度下降而降低。

2. 饲料的影响

表2－7中举例的部分脂肪酸组成可能会受到饲料中脂质的影响。例如，用鳟鱼的颗粒饲料饲养食蚊鱼和虹鳉时，其ω6/ω3的比例为2.75；用补充肉牛牛脂或油鲱鱼油的饲料饲养鲇鱼，其ω6/ω3的比例分别为18.13和0.15。这些鱼能够改变饲料的ω6/ω3的比值，即使在较高的温度条件下，也可将ω3脂肪酸掺入鱼肉脂质中。目前，商品性虹鳟鱼饲料中大多是ω3多不饱和脂肪酸含量低，ω6脂肪酸含量高。饲料中的脂肪酸组成会影响到鱼体的脂肪酸组成。在饲料由植物提供的ω6脂肪酸的比例高时，鱼类就会按其对ω3脂肪酸的需要而改变多不饱和脂肪酸的比例。而当饲料中ω3脂肪酸比例高时，鱼体脂质的ω6/ω3的比例则不会有较大变化。

3. 季节性变化

通过大量研究已发现季节的变化对鱼体内脂质脂肪酸的组成影响较大。例如，鲱鱼鱼油中的总脂质和碘值的季节性变化：鱼油的碘值（或不饱和脂肪酸）在4月最低，6月最高。经研究还证明，不饱和度最高增加量与春季投喂饲料开始的时间是一致的。

鲱鱼肉和内脏中脂质的含量分别为3.9%～10.77%和10.9%～38.3%不等。与必需氨基酸代谢作用有重要关系的是20:4ω6、20:5ω3和22:6ω3脂肪酸。在不同组织中的中性和极化脂质中，所有脂肪酸的变化都很大。在鱼肉内，中性脂质中的20:4ω6一直高于极化脂质，极化脂质中的20:5ω3＋22:6ω3始终高于中性脂质。因此，即使饲料组成中脂肪酸成分的变化和不同季节温度的变化会使鱼体脂肪酸发生重大变化，但仍需将ω3系的多不饱和脂肪酸纳入脂质的极性和磷脂部分。

研究对鱼的必需氨基酸需求量，是结合其后代或卵的脂质中氨基酸成分进行的。鱼类的产卵繁殖活动，对鱼体脂质的季节性变化影响很大。不同种类鱼卵脂质中的脂肪酸成分不同。通常同一尾雌鱼卵内脂质中的16:0、20:4ω6、20:5ω3、22: 6ω3水平要高于肝脏中的脂质含量。

（二）鱼体脂肪组成与饲料脂质需要量

关于鱼类对饲料中脂质的需要量的研究还较少，但有关鱼油中脂肪酸构成的研究却较多。根据鱼类体内脂质构成方面的研究材料，可以推测出其对脂质的需要量。

许多研究人员推断，鱼类需要ω6脂肪酸。他们在研究过程中，开始阶段在鱼饲料中补充植物油，如玉米油、花生油、向日葵籽油等，这些油中的亚麻酸含量很

表 2－7　环境温度对鱼体脂质的脂肪酸组成的影响

%

脂肪酸	食蚊鱼(2)		虹鳟(2)		虹鳟(3)		鲫鱼鱼肠		鲇鱼肝脏(4)			
									肉牛牛脂		油鲱鱼油	
	14～15℃	26～27℃	14～15℃	26～27℃	17℃	24℃	3℃	32℃	20℃	33℃	20℃	33℃
14:0	1.3	1.6	3.9	3.7	1.5	0.9	–	–	0.6	1.1	0.8	1.3
16:0	14.7	16.0	19.2	22.5	22.9	36.0	15.6	17.3	16.4	18.9	17.4	18.1
16:1	20.0	19.8	10.1	14.1	15.9	8.9	2.2	0.9	4.2	4.6	2.1	3.0
18:0	5.4	6.5	10.4	7.7	8.2	9.8	12.4	19.5	9.1	6.7	10.6	10.7
18:1	31.8	30.8	26.6	25.7	18.3	15.0	7.7	11.9	45.4	56.1	26.5	40.0
18:2ω6	7.3	7.9	15.0	8.0	微量	微量	14.3	21.1	1.7	1.7	2.2	2.0
18:3ω3	微量	微量	0.1	1.7	1.4	0.8	–	–	2.4	1.6	1.0	1.9
18:4ω3	0.4	1.0	0.8	1.3	–	–	–	–	–	–	–	–
20:1	5.0	5.1	2.5	3.6	–	–	2.2	1.2	–	–	–	–
20:2	–	–	–	–	–	–	1.6	4.2	–	–	–	–
20:3	–	–	–	–	–	–	3.9	6.4	6.5	2.6	1.2	0.4
20:4ω6	4.0	4.5	1.5	2.7	2.0	2.0	13.7	6.0	3.8	0.9	2.6	1.1
20:5ω3	1.2	1.2	0.5	0.7	4.8	4.6	–	–	1.4	0.9	8.5	5.5
22:1	–	–	–	–	–	–	–	–	–	–	–	–
22:4ω6	0.4	–	0.3	–	1.3	1.0	–	–	0.6	0.7	0.4	0.5
22:5ω6	–	–	–	–	–	–	–	–	+	+	+	+
22:5ω3	2.1	1.4	1.5	0.6	6.1	7.3	3.0	2.9	1.3	1.7	3.6	2.8

续表

脂肪酸	食蚊鱼(2)		虹鳟(2)		虹鳟(3)		鲫鱼鱼肠		鲇鱼肝脏(4)			
									肉牛牛脂		油鲱鱼油	
	14～15℃	26～27℃	14～15℃	26～27℃	17℃	24℃	3℃	32℃	20℃	33℃	20℃	33℃
22:6ω3	5.9	3.6	5.1	4.0	16.5	11.5	18.2	5.0	2.8	0.6	22.0	10.4
ε sat	21.4	24.1	33.5	33.9	32.6	46.7	28.0	36.8	26.1	26.7	28.8	30.1
ε mono	56.8	55.7	39.2	43.4	34.2	23.9	12.1	14.0	-	-	-	-
ε ω6	11.3	12.4	16.5	10.7	3.2	3.0	28.0	27.1	7.1	4.5	5.0	4.1
ε ω3	9.6	7.2	8.0	8.3	28.8	24.2	21.2	8.4	8.3	4.5	35.9	21.2
ω6/ω3	1.18	1.72	2.06	1.30	0.11	0.12	1.32	3.23	0.86	1.00	0.14	0.19

注：1. 表中(2)代表投喂鳟鱼颗粒饲料，(3)代表投喂卤虫，(4)代表投喂以酪蛋白为基础、并补充11%脂质的配合饲料。2. 表中“-”表示没有，“+”表示含有、但未测定含量。3. ε sat代表设定值。4. ε mono代表单无酸。

高。在食无脂肪酸饲料的大鳞大麻哈鱼所出现的必需脂肪酸缺乏症期间，所观察到的主要症状是脱色明显，而添加了1%三亚油精后，即可防止这种症状的出现，但若添加0.1%的亚油酸却无效。由此推测，ω6脂肪酸是鱼类所必需的，但一般鱼油中ω6脂肪酸含量却很低，而ω3脂肪酸含量却较高。有材料表明，ω3系多不饱和脂肪酸，对鱼类起着必需脂肪酸的作用，而且多不饱和脂肪酸在鱼油中的含量也相当高。

用含13%的玉米油和2%的鳕鱼鱼肝油的饲料饲养硬头鳟一段时间后，再将饲料中的鱼肝油撤去，结果会抑制其生长，而且其肾也在某种程度上退化。这可能是由于缺乏鳕鱼鱼肝油中大量存在的ω3多不饱和脂肪酸所致。此实验还反映出，在饲料中添加鱼油时，其对促进硬功夫头鳟及鰤鱼生长的作用要优于玉米油。

许多研究人员都认为鱼油中20:5ω3和22:6ω3脂肪酸的含量是与脂质的不饱和性和某种脂质相关的。鱼类磷脂中脂肪酸的不饱和度很大，使得细胞膜在较低温度下具有较好的屈曲性。ω3结构的脂肪酸不饱和度大于ω6和ω9结构的脂肪酸。冷水性鱼类对ω3脂肪酸的营养需要量较大，而一些温水性鱼类对必需脂肪酸的需要量则由ω6+ω3的混合物才能满足。这一事实证明了上述理论。

（三）鱼饲料中类脂的实际应用

若不考虑类脂类型及其和蛋白质的能量成分，就得不出确切的类脂百分比。许多研究人员认为，对于某些鱼类而言，若饲料中类脂过高时，会使DE/CP（能量与蛋白比）比例不平衡，以及脂肪在鱼类肝脏和组织中的大量沉积。这对鱼类的养殖产量、产品质量及贮存是不利的。饲料中类脂的脂肪酸组成对鱼体组织中的脂肪组成影响很大。

在鱼饲料中应用类脂最好是使用抗氧化物质，以避免因类脂的氧化而影响饲料质量。

（四）几种鱼类对必需脂肪酸的需要量

1. 鲤鱼

温水性的鲤鱼还需要ω3和ω6脂肪酸作为必需脂肪酸。当食用含有1%的18:2ω6和1%的18:3ω3脂肪酸的饲料时，增重最快，饲料的转化率也最高。对于鲤鱼来说，在饲料中添加0.5%的20:5ω3和22:6ω3脂肪酸时，其饲养效果优于添加1%的18:3ω3脂肪酸的饲料。食用无脂肪酸或缺乏必需脂肪酸饲料的鲤鱼，会将大量的20:3ω9纳入脂质，而且主要是纳入磷脂。

2. 鳗鱼（日本鳗鲡）

日本鳗鲡也是一种温水性鱼类。他对于ω3和ω6脂肪酸都需要。2:1的玉米油（ω6的含量高）和鳕鱼鱼肝油（ω3的含量高）的混合物添加于饲料中，用于饲养日本鳗鲡，对其生长非常有利。日本鳗鲡需要ω3和ω6脂肪酸的比例与鲤鱼相同，但在饲料中的添加量却较低，一般每种多不饱和脂肪0.5%，而不是1%。

3. 鲽

鲽在食用无脂肪酸的饲料时，其体内的ω3和ω6多不饱和脂肪酸会耗尽。若在其饲料中添加12∶0和14∶0的脂肪酸时，则其会合成链长C18的饱和单烯脂肪酸；食用含有18∶2ω6和18∶3ω3饲料的鲽不会产生大量的20∶4ω6、20∶5ω3和22∶6ω3。

4. 大鲮鲆

大鲮鲆主要产于欧洲，尤其是英国和法国的产量最大，现已成为当地海水网箱养殖的主要种类。此鱼已引进我国养殖，目前正在逐步扩大养殖规模。

当大鲮鲆食用含有ω3多不饱和脂肪酸的饲料时，其生长速度要比食用含有ω3饱和脂肪酸的饲料时快得多。当其食用含有玉米油的饲料时，不能将饲料中的18∶2ω6转化成20∶4ω6；食用含有必需脂肪酸的饲料时，也不能将其中的18∶1ω9转化成20∶3ω9。虽然其需要像鳕鱼鱼肝油中所含的ω3脂肪酸作为必需脂肪酸，但却不能以18∶3ω3来满足其需要。大鲮鲆所需ω3脂肪酸水平一般为饲料的0.8%。

5. 斑点叉尾鮰

斑点叉尾鮰又称美国鮰、美洲胡子鲇，此鱼已于1983年引入我国，目前已在20多个省（自治区、直辖市）养殖。

此鱼的必需脂肪酸需要量尚未测定确切。不过，定性及粗定量分析表明，其对20∶4ω6、20∶5ω3和22∶6ω3脂肪酸的需要量都很低。其对总脂肪酸的需要量分别为0.8%～5.5%、0.2%～1.3%和0.6%～6.1%。

（五）鱼类脂肪酸的代谢作用

实验表明，食用含C—18ω3或ω3脂肪酸水平过高的饲料时，会抑制鱼体中18∶1ω9的合成及代谢。斑点叉尾鮰在食用了含有18∶2ω6或18∶3ω3的饲料后，就表现出生长抑制作用。饲料中含有18∶2ω6或18∶3ω3时，会使鱼体脂质中的18∶1脂肪酸水平下降。同样，无论饲料中添加哪种多不饱和脂肪酸，鲷鱼肝中的磷脂含量都会有下降。

由某一系脂肪酸的成分去加长和去饱和另一成分时，其所产生的抑制作用机制已经研究清楚。这种抑制作用能力的大小，通常是ω3大于ω6大于ω9。

鱼类能利用醋酸盐合成偶链饱和脂肪酸。无线电追踪剂研究表明，鱼类能把16∶0脂肪酸转化为ω7单双键，把18∶0脂肪酸转化为ω9单双键。鱼类脂肪酸的代谢途径：① 饱和脂肪酸和单烯脂肪酸合成；② 多不饱和脂肪酸合成。

若饲料中没有ω结构的前体物，鱼类是不能合成ω6和ω3系的任何种类脂肪酸。鱼类能够使ω9、ω6或ω3系的脂肪酸去饱和加长。但存在着其他系的成分加长和去饱和另一系的脂肪酸的竞争抑制作用。ω3脂肪酸是有效的抑制物，ω9则是最

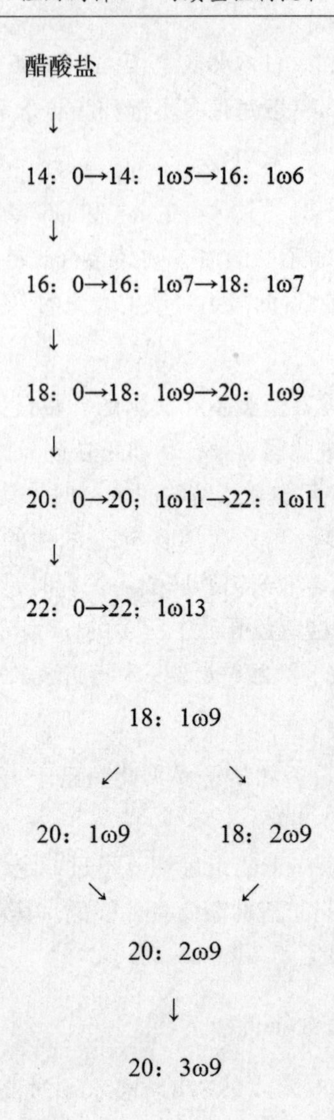

差的抑制物。使脂肪加长及去饱和的能力因鱼的种类而异。

各种必需脂肪酸能够提供能量的能力不同。鱼类脂肪酸的 ß－氧化作用与哺乳动物基本相同。必需脂肪酸、饱和的及其单烯脂肪酸都能被鱼类利用来产生能量。

不饱和脂肪酸对其他脂质的转移起着重要作用。喂以含多不饱和脂肪酸的饲料，会使血液中脂质和胆固醇含量超正常水平的动物体内胆固醇含量下降。鱼油降低胆固醇的作用大于在饲料中所添加的其他脂类。

（六）脂质在鱼类营养中的作用

因鱼类所需的 ω3 系多不饱和脂肪酸必须在饲料中予以添加，这给渔用饲料的贮存带来了新的问题。即，因这些脂质极易氧化，氧化后所产生的物质与饲料中的蛋白质、维生素等营养成分产生反应，从而降低了饲料的营养价值；或产生有毒的

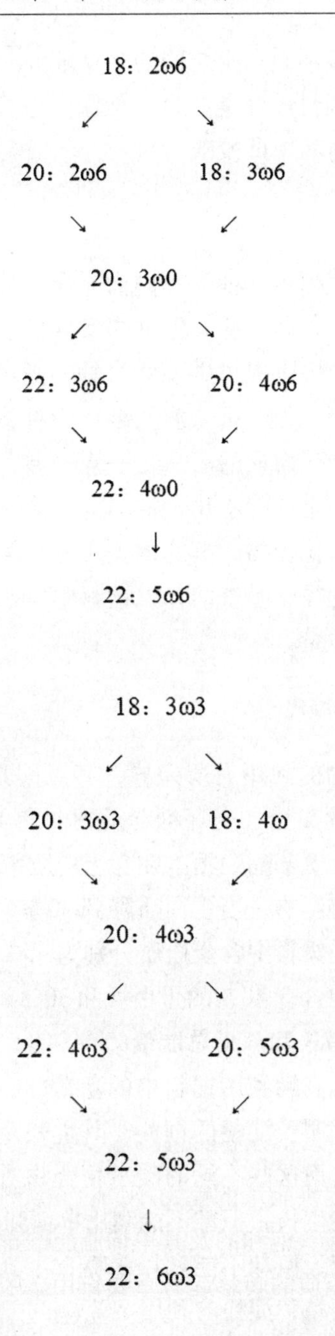

氧化物而引起饲养鱼类的中毒。

实验证明，在鱼饲料中含有酸败的鲱鱼和无须鳕鱼粉会引起大鳞大马哈鱼出现黑色素加重、贫血、嗜眠、肝脏呈棕色等症状；此外，还会引起肾功能异常、鳃畸形等。但在酸败的鱼粉中添加α－生育酚可减轻上述症状。上述α－生育酚的作用也适合用于酸败的鲤鱼饲料。

在渔用饲料中最好使用过氧化物值低的新鲜鱼油，应尽可能地保护饲料的营养成分不受氧化。若饲料中多不饱和脂肪酸的含量较高时，应适当提高维生素 E 的添加量。有可能的话，渔用饲料最好是贮存于低温、避光、密封的容器内，以降低脂质氧化程度；或加工后短时间内即投喂。

三、碳水化合物

碳水化合物的营养价值因鱼的种类不同而有所差异。温水性鱼类较海洋鱼类和冷水性鱼类相比，对其利用率高一些，但许多实验证明，鱼类对于饲料中的碳水化合物没有特殊需求。若饲料中不提供碳水化合物，则饲料中的其他成分，如蛋白质和类脂等物质就会被分解而作为能量来源及合成各种重要的生物化合物，而这些化合物通常是由碳水化合物转化而成的。从这一点来看，即使鱼类对碳水化合物没有特殊需求，但饲料中添加适量的碳水化合物仍是必要的。

鱼体中存在着消化碳水化合物的酶。但关于各种酶动态方面的研究还很少，尽管各种糖的代谢及其代谢途径已经查明，但饲料中碳水化合物的作用及葡萄糖对于鱼类所需能量的贡献还不清楚。

（一）碳水化合物的利用

鱼对饲料中碳水化合物的利用有所差异，其原因是与碳水化合物的组成有关。在诸多的碳水化合物中，葡萄糖、麦芽糖、蔗糖对鱼类生长最有益，其次是糊精、果糖、半乳糖、土豆淀粉、氨基葡萄糖。在含蛋白质45%的虹鳟鱼饲料中添加 30%的葡萄糖，对鱼的生长没有影响，当蛋白质降到 30%时，就会产生负生长作用，饲料的转化率也大大降低。在饲料中含蛋白质分别为 35%和 55%时，蔗糖也会对虹鳟产生类似的影响。当饲料中含有 48%的蛋白质和 30%的碳水化合物时，虹鳟鱼可利用其中的葡萄糖总能量的 57%和蔗糖总能量的 64%。

到目前为止，对鲤鱼及真鲷利用饲料中的葡萄糖、糊精、明胶的情况已做了大量的研究。给鲤鱼投喂含有明胶淀粉的饲料，其生长及饲料转化率都较高；其次是含有糊精和葡萄糖的饲料。而这些不同的碳水化合物对真鲷却没有影响。斑点叉尾鮰可利用糊精和淀粉来保持生长，但却不能利用单糖和双糖。秋鲑可以利用葡萄糖、麦芽糖、蔗糖、糊精和明胶，但却不能利用果糖、半乳糖和乳糖。白鲟利用葡萄糖和麦芽糖的效果要好于对糊精和淀粉的利用。

鱼类利用饲料中碳水化合物的能力因鱼的种类而异。经研究表明，鲤鱼、斑点叉尾鮰、真鲷、罗非鱼利用碳水化合物的水平要高于黄尾鱼和鲑鳟鱼。就总体而言，虹鳟、鲽鱼、黄尾鱼在糊精或明胶淀粉量低于 25%时，可利用其作为能量来源。相反，斑点叉尾鮰和鲤鱼对其利用率却很高。

（二）鱼饲料中碳水化合物的价值

尽管鱼类对饲料中碳水化合物没有特殊需求，但饲料中加入适量的碳水化合物是有益的。例如，斑点叉尾鮰饲料中加入一些碳水化合物，其饲料效果比单纯加入类脂作为非蛋白饲料要好。因为，碳水化合物可以作为非必需氨基酸和核酸的前提，并且是生长代谢中所需要的物质。由于碳水化合物是最廉价的饲料能量来源，根据鱼的种类，适量添加碳水化合物可以大大节省饲料成本。

谷物是温水性鱼类廉价的碳水化合物来源，但对于冷水性鱼类而言却并非如此。淀粉类对保证膨化饲料及颗粒饲料的黏合性十分重要，但在做颗粒饲料时，最好是采取特殊加工工艺加以乳化。

四、维生素

维生素是与氨基酸、碳水化合物、类脂不同的有机化合物，是保证动物正常生长、繁殖和健康所需要的外源性微量物质。维生素可分为水溶性维生素和脂溶性维生素两大类。其中相对需求量较少的水溶性维生素有 8 种，被称之为 B 族维生素；其主要功能是起辅酶作用。需求量较大的水溶性维生素有胆碱、肌醇和维生素 C3，它们还具有辅酶以外的其他功能。脂溶性维生素有维生素 A、维生素 D、维生素 E、维生素 K 等几种；其主要功能是作为独立的酶，但有些情况下也作为辅酶。动物对各种维生素的需要量都很微少，但又不能缺少，缺乏任何一种维生素都会导致相应的缺乏症。

某些维生素可在鱼体内利用其他营养物质合成，并满足自身的需要。例如，斑点叉尾鮰合成胆碱。但有些维生素不能在鱼体内合成，必须通过外源途径予以补充。下面对各种维生素分别加以介绍。

（一）水溶性维生素

水溶性维生素包括硫胺素、核黄素、吡哆醇、泛酸、尼克酸、生物素、叶酸、维生素 B_{12}、胆碱、肌醇和抗坏血酸。前 8 种又称为 B 族维生素，在渔用饲料中只需添加少量即可起到重要的生长、生理和代谢作用；后 3 种在渔用饲料中的添加量较大。

1. 硫胺素

硫胺素是 1926 年从细米糠中分离出来的一种物质，1936 年开始人工合成。目前，市售用于饲料的产品为盐酸硫胺素。它是水溶性、无色的单斜晶体化合物，热稳定性较好，但在水中或碱性溶液中会迅速分解为嘧啶和噻唑两部分。其衍生物对热稳定，但在弱碱溶液中较硫胺素更易完全溶解，而且在动物体内还表现出生物活性。其衍生物的主要种类是丙二硫硫胺素、二硫苯甲酰硫胺素、苯甲酰硫胺素和磷酸苯甲酰硫胺素。

硫胺素作为辅酶、辅羧酶，其焦磷酸硫胺素在所有细胞中起作用，参与丙酮酸的氧化脱羧作用，转化成乙酸盐而进入三羧酸循环。焦磷酸硫胺素是转化羧基乙醛酶体系中的一种辅酶，通过磷酸戊糖途径使葡萄糖在细胞质中直接发生氧化作用。

硫胺素对于增进食欲、维持正常消化、生长和繁殖都是必不可少的，为发挥神经组织的正常机能所必须。

鱼类对硫胺素的需要量取决于饲料中的热量情况。但在决定鱼类对饲料中硫胺素需要量时，必须考虑到饲料的组成成分。饲料中脂肪的含量不仅会影响热量的摄入量，而且会影响硫胺素的需要量。因为辅酶通过 α－酮戊二酸参与辅羧酶的氧化作用。因为，鱼类摄入脂肪含量高而硫胺素含量较低的饲料，可能会在较长时间内才反映缺乏症来，若据此推算实际需要量，将会得出错误的结论。

硫胺素的普通来源是干豌豆、菜豆、禾谷类的糠麸和干酵母。新鲜的动物腺体组织也是硫胺素及 B 族维生素的来源，但在渔用饲料中很少采用，而大量使用的是人工合成产品。饲料各成分或饲料贮存时间过长，或在含有少量碱或亚硫酸盐的情况下制作饲料，硫胺素会很容易丧失。湿的或冷冻的饲料也会因为含水量较大而引起分解，从而破坏硫胺素。因此，用鳟鱼及贝类组织制成的饲料应立即投喂。乙酰胆碱是硫胺素和吡啶硫胺素的拮抗物，而羟基硫胺素和丁基硫胺素是特殊的抗代谢物。有几种破坏硫胺素的硫胺素酶会在硫胺素的硫键处使噻唑环裂开，从而使之失活。淡水鱼组织的硫胺素酶活性很高，蛤、虾、贻贝的组织也是如此。另外，还发现菜豆、芥菜籽和几种微生物中也有硫胺素酶。但大多数海水鱼组织中的硫胺素酶活性较低，加热或延长低温灭菌时间时，酶即失活。

鱼类长期缺乏硫胺素时，会表现出相应的缺乏症。主要的缺乏症包括碳水化合物代谢作用受阻、神经紊乱、食欲不振、生长缓慢、易于休克等。在缺乏硫胺素时，鳗鲡还有躯体变曲和鳍基部分出血；鲤鱼皮肤充血、皮下出血；海水产的鲆鲽类在神经瘫痪的同时，因休克而迅速死亡（表 2－8）。

表 2－8　维生素缺乏症的综合症状

维生素	鱼的种类
	鲑鱼、鲤鱼、鳟鱼、鲇鱼
硫胺素	不吃食、肌肉萎缩、惊厥、平衡失调、水肿、生长缓慢
核黄素	角膜血管形成、晶体混浊、眼出血、畏光、视力模糊、共济失调、虹膜色素异常、腹膜狭窄并呈纹状、黑色素沉着、不吃食、贫血、生长缓慢
吡哆醇	神经系统紊乱、癫痫、极度烦躁、共济失调、贫血、不吃食、腹膜水肿、呼吸急促、鳃盖挠曲、体有无色浆液出现并很快发生尸僵
泛酸	鳃畸形、衰竭、不吃食、坏死和结疤、细胞萎缩、鳃表面有渗出液、游动及生长缓慢
肌醇	生长缓慢、胃胀、空胃时间增长、皮肤损害
生物素	不吃食、结肠损害、色素沉着、肌肉萎缩、痉挛性抽搐、红血球碎裂、皮肤损害、生长缓慢
叶酸	生长缓慢、嗜眠、尾鳍易折、黑色素沉着、大红细胞性贫血
胆碱	生长缓慢、饲料转化率低、肾和肠出血

续表

维生素	鱼的种类
	鲑鱼、鲤鱼、鳟鱼、鲇鱼
尼克酸	不吃食、结肠损害、平衡失调、体弱、胃和结肠水肿、休息时肌肉痉挛、生长缓慢
维生素 B_{12}	食欲减退、血红蛋白含量低、红细胞断裂、大红细胞性贫血
抗坏血酸	脊柱侧凸、脊柱前弯曲、胶原组织组成受损、软骨变质、眼受损害，皮肤、肝、肾、肠和肌肉组织出血
对氨基苯甲酸	生长异常、食欲下降、死亡率高

2. 核黄素

核黄素是1879年分离出来的由黄绿色组成的促生长素。有人将其命名为维生素G，也有人将其命名为维生素 B_2，现通用名称为核黄素。纯核黄素包括乳黄素、肝黄素和卵黄素3种，而游离的核黄素仅存在于眼睛、乳清及尿液中，它是一种褐黄色的晶体，微溶于水，溶于碱溶液，而不溶于大多数有机溶剂；对于强酸和中性水溶液，其性能是稳定的，对于热也较稳定，而对于紫外光和可见光照会发生不可逆转的变化，分解为光黄素。核黄素磷酸是有化学活性的华伯氏黄酶。

核黄素是以黄素腺嘌呤二核苷酸的形式或作为黄素单核苷酸在各组织中起作用的。黄素蛋白是作为组织呼吸酶而起作用的，参与氢转移催化还原型吡啶酸氧化过程（还原型辅酶Ⅰ和辅酶Ⅱ）。因此，相对于氧化和还原酶来说是起辅酶作用，例如，细胞色素C还原酶、D－和L－氨基酸氧化酶、黄嘌呤和醛氧化酶、琥珀酸脱氢酶、葡萄糖氧化酶等。核黄素与吡哆醇一起参与氨基酸转化成尼克酸的过程。其对血管形成较差的组织，如眼角膜的呼吸作用很重要。此外，还与眼睛的适应性有关。

核黄素广泛分布于植物及动物的腺体组织中，如奶、肝、肾、心、酵母、发芽的谷物、花生、大豆和蛋类等都是其丰富来源。为使饲料原料中的核黄素少受损失，应避免使其在阳光下直射。半乳糖核黄素是核黄素的拮抗物。当饲料中含有这种拮抗物时，会使动物的生长受到抑制，当分子中的核糖基为其他基团所代替时，其所形成的类似物不是活性降低便是变成抗菌素代谢物。黄素单硫酸盐能抑制D－氨基酸氧化酶的活性。

在水温10～15℃条件下，鱼类对核黄素的需要量见表2－9。据报道，鳟鱼的需要量低于鲑鱼。但具体需要量因饲料成分的比例、热量提供情况及饲养鱼类的环境而异。在标准实验条件下，所确定的这些需要量数值一般都能满足鱼类正常生长及生理需要。例如，摄食海产鲑鱼，其肝脏组织中每克鲜组织中含有6～8微克的核黄素，而淡水鱼类中，在15℃水温条件下摄食时，每克肝脏组织中贮存核黄素3.5～4微克。

鱼类在缺乏核黄素时也会得相应的缺乏症（表2－9）。鲑鳟鱼类幼鱼在15℃条

表 2-9　鱼类生长所需的维生素量

微克/千克(干饲料)

维生素	硬头鲜	溪点红鲑	河鳟	大西洋鲑	大鳞大麻哈鱼	银大麻哈鱼	鲤鱼	斑点叉尾鮰	鳄鲡	鲷鱼	鲆鱼	鲕鱼
硫胺素	10~12	10~12	10~12	10~15	10~15	10~15	2~3	1~3	2~5	+	2~4	+
核黄素	20~30	20~30	20~30	5~10	20~25	20~25	7~10	+	+	+	+	-
吡哆醇	10~15	10~15	10~15	10~15	15~20	15~20	5~10	+	+	2-5	+	+
泛酸	40~50	40~50	40~50	+	40~50	40~50	30~40	25~30	+	+	+	+
尼克酸	120~150	120~150	120~150	+	150~200	150~200	30~50	+	-	+	-	-
叶酸	6~10	6~10	6~10	5~10	6~10	6~10	-	+	+	-	+	-
氰钴氨酸	+	+	+	+	0.015~0.02	0.015~0.02	-	+	-	+	-	-
肌醇	200~300	+	+	+	300~400	300~400	200~300	+	-	300~500	-	-
胆碱	+	+	+	+	600~800	600~800	500~600	+	-	+	+	-
生物素	1~1.5	1~1.5	1.5~2.0	-	1~1.5	1~1.5	1~1.5	+	+	-	+	+
抗坏血酸	100~150	+	+	+	100~150	50~80	30~50	30~50	-	+	-	+
维生素 A	2 000~2 500IU	+	+	-	+	+	1 000~2 000 国际单位	+	-	-	-	+
维生素 E2	+	+	+	-	40~50	+	80~100	+	-	-	-	+
维生素 K	+	+	+	-	+	+	+	+	-	-	-	-

注:1. 在标准条件下,使用大体能满足蛋白质需要量时的饲料;2. 需要量直接受到所使用的饲料中不饱和脂肪能量和类型的影响;3. " + "表示有一定的需要量,但其数量未确定;4. " - "表示尚未发现有需要。

件下，饲料中缺乏核黄素10～12周后，其自身组织内的核黄素会消失殆尽。最初出现的症状是食欲不振，饲料效率下降；随后出现畏光症状，一侧或双侧眼生白内障、角膜血管形成、眼出血、供给失调以及全身贫血。对鲑鳟鱼的成鱼，可以看到色素沉着，腹壁狭窄，并呈纹状。有些鱼类还会出现皮肤萎缩，皮肤和虹膜色素沉着等症状。若在饲料中补充核黄素，除白内障外，其他症状都会有所缓解。但已得了白内障的鱼是不可治愈的，结果是大部分鱼因觅食困难而死亡。

3. 吡哆醇

1936年分离出了一种能防治鼠皮炎的生理活性物质，并把这种物质命名为维生素B_6，其后，这种物质又被合成为吡哆醇。1944年有人开始研究鱼类对这种物质的需要量，并加以描述。以后，不断报道了关于鲑鳟鱼类的吡哆醇缺乏症的情况。具有维生素B_6活性的化合物有吡哆醇、吡哆醛和吡哆胺。盐酸吡哆醇易溶于水，但在酸或碱溶液中却具有耐热性。吡哆醇在中性和碱性溶液中对紫外线很敏感。稀释溶液中的吡哆醛和吡哆胺很不稳定，遇空气、热和光会迅速分解而遭到破坏。因此，这些物质大多是以盐酸吡哆醇形式存在的。用微生物学测定方法分析饲料成分中的吡哆醇活性可能会测出磷酸吡哆醇及其他中间产物。

磷酸吡哆醛是其氨基酸脱羧作用中所包含的辅酶，即辅脱羧酶，也是动物组织中22种不同氨基酸转移酶的辅酶因素。作为辅脱羧酶，磷酸吡哆醛参与5－羟基色氨酸的脱羧作用，并产生5－羟基色胺。作为这种酶的辅助因素，脱硫基酶使半胱氨酸转化成丙酮酸。磷酸吡哆醛是合成8－氨基－酮戊酸的辅助因素，而后者是血红色素的前体。在脂肪代谢，尤其是必需脂肪酸代谢过程中也离不开吡哆醇。它与在决定多肽合成中氨基酸顺序的信使核糖核酸合成有关。吡哆醇在蛋白质代谢过程中也起着重要作用。因此，肉食性鱼类对于饲料中这种维生素的需要量是很严格的。

吡哆醇的来源有酵母、整粒的谷物种子、蛋黄、肝脏组织及腺体组织。在农产品中，以磷酸化形式存在的吡哆醇化合物相当稳定，但对于紫外线的辐射较敏感。有些磷酸吡哆醛与空气接触会氧化分解而失去其活性。游离形式的吡哆醇、吡哆醛和吡哆胺在含水分较大时会很容易被破坏。脱氧吡哆醇是吡哆醇的拮抗物，会与吡哆醇争夺脱辅基酶蛋白反应部位或与磷酸吡哆醛反应，形成非活性化合物；但同时又是使动物迅速出现缺乏症的有效剂。这种化合物也对酪氨酸脱羧酶有抑制作用。甲氧基吡哆醇也是一种拮抗物；氧嘧啶（2－甲基－4－氨基－5－羟甲基嘧啶）会造成肝损害，并对谷氨酸脱羧酶有抑制作用。

一般情况下，血浆及红血球氨基转移酶活性能反映出鱼类的吡哆醇状况，虽然饲料中色氨酸含量高有可能增加对吡哆醇的需要量。鱼类对吡哆醇的需要量见表2－9。

鱼类对吡哆醇的缺乏症见表2－8。鲑鳟鱼、鲇鱼类及幼小的鲤科鱼类的食性是偏肉食性的，对饲料蛋白质的需要量为40%～50%；当饲料中缺乏吡哆醇时，其体内所在地贮存的吡哆醇会很快消耗殆尽。在12～15 ℃条件下，鲑鱼在食用缺乏吡哆醇、但蛋白质含量较高的饲料时，14～21天内即会出现急性吡哆醇缺乏症，并在28天内死亡。在缺乏症出现后，神经系统全面紊乱，黑色素细胞收缩，死亡后很快尸僵。在一些实验性治疗时，常见鳃盖弯曲，呼吸急促，气喘，腹腔空，且有无色浆液，水肿等症状。缺乏症出现初期，在饲料中添加适量吡哆醇，状态即可迅速缓解，并在1～2天内完全消失；但后期治疗无效。

4. 泛酸

泛酸是1940年合成的一种物质，最早发现于1935年。泛酸的化学名称为二羟基二甲基丁酸。游离的泛酸是一种黄色黏性油。在渔饲料中使用的是泛酸钙盐，为白色结晶粉末，易溶于水，微酸性，几乎不溶于有机溶剂；对于氧化剂、还原剂及高压稳定性较好，对于热、热酸、热碱不稳定。

泛酸是乙酰辅酶A的组成成分。乙酰辅酶A体系与芳香族胺和胆碱的乙酰化作用，与乙酸盐、脂肪酸、柠檬酸合成的缩合反应，与丙酮酸、乙醛的氧化反应均有关；是神经中枢系统发育必不可少的成分；与肾上腺功能和产生胆固醇均有关。在各种碳水化合物、脂肪和蛋白质中间代谢的许多步骤中都含有乙酰辅酶A。

泛酸大量存在于糠麸、酵母以及动物的肝、肾、心、脾和肺中，鱼肉中的含量也比较丰富，动物腺体中的含量最高，每克干重中泛酸醇的含量高达500微克。泛酸的钙盐和钠盐比较稳定，可直接用于饲料添加，但在高压和高热条件下会有一定量的损失。因此，在饲料加工过程中应控制好温度。因为，作为游离有泛酸对热和酸碱不是很稳定，因此，在制作饲料及饲料贮存过程中会有一些损失。又因鱼类对谷物糠麸不能完全消化，所以，不应将糠麸作为渔用饲料泛酸的唯一来源。

抑制肿瘤生长的化合物是泛酸的拮抗物，因为泛酸影响着许多类型细胞的呼吸。较明显的拮抗物有6－硫基嘌呤，2、6－二氨基嘌呤，8－氮鸟嘌呤。泛磺酸是泛酸的抗代谢物，常用于实验动物以加速缺乏症的出现。饲料中泛酸钙含量较高时，可以抑制鲑鱼的洄游要求。

要测定饲料中泛酸的含量时，要充分注意原料的水解情况，否则，会得出错误的结论。因为，泛酸的溶出缓慢。用酶制品进行完全水解时，会使动物腺体组织、鱼肉、酵母及糠麸中有活性的物质中释放出所有的泛酸。

在10～15℃条件下，用缺乏泛酸的标准饲料饲养鲑鳟鱼类，在8～12周内，鱼会消耗完体内所贮存的泛酸，并发生鳃丝和鳃瓣水肿、畸形以及上表皮增生，鳃盖肿胀、鳃表面有渗出液，软鳃部分坏死、结疤，细胞萎缩，鱼体游动缓慢，体力衰竭。长期患缺乏症时，还会出现贫血。若饲料中添加泛酸，摄食正常的鱼类在4周内即可恢复健康，但坏死的组织及结疤不会消失。

5. 尼克酸

尼克酸是1873年合成的一种物质，1937年被假定为鱼类的H要素，又称为维生素H；1947年后开始有鱼类缺乏尼克酸的报道。尼克酸是其通用名称，尼克酸胺则是具有生理活性的维生素名称。尼克酸是白色的晶状体，能溶于水和乙醇，在干燥条件下较稳定，但在酸、碱条件下不稳定。尼克酸是一种羧酸，又是一种胺，由于其具有碱性，因而，可以形成季胺化合物。此外，还易于酯化，进而转化为氨化物。尼克酸是一种能溶于水和乙醇的结晶粉，其干品在60℃左右稳定，是在辅酶Ⅰ和辅酶Ⅱ中出现的形式。

辅酶Ⅰ和辅酶Ⅱ中尼克酸的作用是在中间代谢过程中的氢传递。这些酶系统大多数是在辅酶Ⅰ——还原型辅酶Ⅰ和辅酶Ⅱ——还原型辅酶Ⅱ的氧化和还原状态之间交替作用。当丙酮酸盐起氢受体作用时，乳酸盐形成，或这种反应可能与作用最终受体的氧化进行电子传递体系相偶合时，氧化还原反应可能是厌氧的。辅酶Ⅰ和辅酶Ⅱ参与高磷酸键的合成。高磷酸键为糖酵解、丙酮酸盐代谢、氨基酸和蛋白质代谢以及光合作用的某些步骤提供能量。硫胺素和尼克酸之间存在着某种联系，因为这两种维生素在中间代谢中都是辅酶。

在大多数动物和植物中都发现有尼克酸，但酵母、动物的肾、肝、心及植物中的豆荚、绿色蔬菜中最为丰富。小麦中的含量高于玉米。因为饲料原料中的尼克酸一般是以辅酶形式存在的，故很稳定。吡啶－3－磺酸和3－乙酰吡啶在化学结构上是与尼克酸有关的化合物，是尼克酸的抗菌素代谢物。添加尼克酸可消除抗菌素代谢影响。对于鱼类而言，硫代乙酰胺是尼克酸的拮抗物。

在摄食正常的海产鲑鱼中，每克鲜肝组织中含尼克酸70～80微克。在12～15℃条件下，用含有40%～50%蛋白质和尼克酸（每千克干饲料中添加500～700毫克）的饲料饲养淡水产的幼鲑时，其肝脏中的尼克酸约为上述含量的50%。鱼类对尼克酸的需要量约为相同饲养条件下硫胺素需要量的20～30倍。

鱼类对尼克酸的缺乏症是在20世纪40年代后期和50年代初用含尼克酸较低的基础饲料诱发发现的。其中，食欲不振和饲料转化率低是最早发现的症状，也是最初症状；其后，鱼体变黑，不吃食；随后结肠受损害，平衡失调，胃和结肠水肿；当鱼处于静止状态时，会出现肌肉痉挛。鲤鱼还表现有皮肤充血、皮下出血。总之，肌肉无力和痉挛，生长缓慢和饲料转化率低落是鱼类普遍存在的尼克酸缺乏症症状。

6. 生物素

生物素是1941年分离出来的一种物质，有人称其为“辅酶R”，也有人称其为维生素H。1943年首次合成了生物素。生物素溶于水和醇，不溶于单羧酸。其水溶液或干物质在100℃条件下和光照条件下都很稳定。但却会被各种酸、碱、过氧化物和高锰酸钾所破坏。生物胞素是从酵母、植物和动物组织中分离出来的一种结合形式的生物素。此种维生素及其他结合形式一般都可由肽化而释放出来。氧化生物素有部分生物素的活性，但氧化生物素磺酸和其他类似物均是抑制细菌生长的代谢物。

动物的肝、肾、奶制品、蛋黄和酵母中含有丰富的生物素。坚果类的果肉中也含有丰富的生物素。为保存好饲料中的生物素，要注意在加工和贮存过程中免受强氧化剂成分的氧化。氧代谢生物素中的硫为氧所置换时，其生物活性与天然生物素的生物活性大体相同。氧代谢生物素磺酸会抑制生物素的生物活性。

生物素是渔用饲料中所添加的维生素中较昂贵的一种物质。在摄食正常的海产鲑鱼中，其每克鲜肝组织中的含量为 10 ~ 12 微克；而在淡水产的幼鲑鱼的肝组织中的含量为 6 ~ 8 微克。

生物素的生理作用主要是参与几种特殊的羧化和脱羧反应，是固定二氧化碳的几种羧化辅酶的一部分。例如，在甲基丙二酸单酰辅酶 A 中，丙酮酸转化为琥珀酸过程中所包含的丙酰辅酶 A。在形成长链脂肪酸过程中，乙酰辅酶 A 转化为丙二酸单酰辅酶 A 中也包含生物素。生物素还参与瓜氨酸的合成，并对嘌呤和嘧啶的合成有作用。在有生物素活性的脂肪酸合成中，不饱和脂肪酸转化为稳定的形式中也有生物素的参与。

鲑鳟鱼类生物素的缺乏症表现为皮肤病、肌肉萎缩、结肠损害、不吃食及痉挛性抽搐，生长缓慢也是常见的缺乏症状，而鲤鱼、鲫鱼及鳗鱼也都有这种表现。在 10 ~ 15℃条件下，若饲料中缺乏生物素时，鱼类体内所积蓄的生物素会在 8 ~ 12 周内消耗殆尽，并出现厌食、饲料转化率低、不爱活动，最后出现急性症状。

7. 叶酸

叶酸在 1935 年曾定名为维生素 M，1939 年人们又在肝脏中发现有一种抗贫血因子，并经其定名为维生素 BC，后经证实，他们与叶酸是同一种物质。叶酸在 1946 年经人工合成，其后不久被用于渔用饲料添加剂，来防止纯营养性贫血。叶酸为黄色小片状结晶，能溶于水和稀释的醇，与重金属盐沉淀。在中性及碱性溶液中较耐热，但在酸溶液中不稳定。受阳光照射或长时间贮存时会变质。其几种类似物都有相同的生物活性，如蝶酸、根霉蝶呤、亚叶酸、黄蝶呤以及几种四酰四氢蝶酰谷氨酸衍生物。

叶酸的生物作用是参与正常的细胞的形成，在碳原子转移机制中与辅酶相关。在出现抗坏血酸的情况下，叶酸会转化为有活性的（5 – 甲酰 – 5，6，7，8）四氢叶酸。在许多单碳原子的代谢系统中都含有叶酸，如丝氨酸和甘氨酸、蛋氨酸——高半胱氨酸的合成、组氨酸的合成与嘧啶的合成过程中。此外，还有调节血液中葡萄糖浓度，提高细胞膜功能和卵的孵化率的作用。

酵母、绿色蔬菜以及动物的肝、肾、腺体组织及鱼组织中的叶酸含量均很高。4 – 氨蝶酰谷氨酸是叶酸的拮抗物。叶酸是很有效的抗大红细胞贫血的 H 因子。但在鱼类养殖过程中，叶酸主要来自于饲料。这避免饲料中的叶酸受损失，在饲料贮存时要避免其与阳光接触；尤其是湿的饲料更要注意精心保存。

鱼类缺乏叶酸时，会发生大红细胞性贫血；当叶酸缺乏症严重时，鱼的血液中会发现仅有一些衰退的旧细胞，而且老的细胞会逐渐增多；此外，还伴有生长缓慢、厌食、全身性贫血、嗜眠、鳍发脆、皮肤黑色素沉着、脾梗塞等症状。

8. 维生素 B_{12}

这种维生素是20世纪40年代中期被发现，并分离出来制成结晶物的，而且发现者命名为维生素 B_{12}。此物质在中性溶液中对微热稳定，但在稀释的酸及碱溶液中，加热会很快受到破坏。浓缩的粗制品比较不稳定，很快会失去活性。其衍生物有羟钴胺素、硝钴胺素、氯钴氨素和硫酸钴胺素等。

氯钴胺素与血生成中的叶酸有关，是许多动物的促生长因子。维生素 B_{12} 于1949年用于鱼体实验，证明其对血液的生成有积极作用。其后还发现他参与醇代谢、嘌呤和嘧啶的生物合成及乙二醇代谢。

维生素 B_{12} 大量存在于鱼肉、内脏及动物的肝、肾、腺体组织。

当鱼类缺乏此种维生素时，会出现红血球碎裂，并伴有畸形红血球产生，血红蛋白水平不稳定，食欲不振，生长缓慢，饲料转化率低和黑色素沉着等症状。

9. 抗坏血酸（维生素C）

抗坏血酸于1933年首次合成。1934年后用于鱼体实验。20世纪60年代确定了鲑鳟鱼的L－抗坏血酸临界需要量。L－抗坏血酸为一种白色、无味的结晶化合物，能溶于水，但不溶于脂肪性溶剂，易于氧化生成生物活性较差的脱氢抗坏血酸。抗坏血酸因为保存着内脂环，在酸溶液中很稳定，但在碱性溶液中很快水解而失去活性。对热极不稳定，在空气中也极易氧化，尤其是遇有铜、铁或者其他金属催化剂时，便易于氧化。还原形式的生物活性极强，可产生不同程度的抗坏血酸盐活性的衍生物及其盐类。

L－抗坏血酸在氢转移过程中起着生物还原剂的作用。在起羟化作用的许多系统中都含有L－抗坏血酸，例如，色氨酸、酪氨酸、脯氨酸的羟化作用。此外，还与芳香族药物的解毒作用有关，在产生肾上腺类固醇中也发挥重要作用。抗坏血酸对羟脯氨酸的形成较重要。羟脯氨酸是胶原的一种成分，是骨骼和软组织中细胞间质的成分。抗坏血酸与作为细胞间抗氧化剂和游离的维生素E起到增效作用。叶酸在转化为亚叶酸过程中也需要抗坏血酸。硫酸软骨素和细胞间质基质形成中也包括抗坏血酸。实验表明，用标记的抗坏血酸饲料饲养缺乏这种维生素的鱼类时，抗坏血酸很快即被转移固定在胶原迅速合成的部位，并被皮肤和软骨性骨骼的厚胶原处，以及前肾的腺体处聚集，另外，抗坏血酸还与红血球的成熟有关。

抗坏血酸又称为维生素C，在自然界中广泛存在于柑橘果实、圆白菜以及动物的肝、肾组织和鱼组织中。目前市售产品大都是合成产品，近几年国外又大量推出鱼、兽用抗氧化型维生素C。为使渔用饲料中的维生C少受损失，应注意饲料加工条件、维生素C的添加工艺、维生素C的剂型及化学特性及饲料贮存条件等，最好将其密封保存于阴冷而干燥的条件下，也不要让其受阳光的直接照射。D－抗坏血酸（激活型旋光异构体）无生物活性，且与以L－抗坏血酸为媒介的几种酶争夺化学反应位置。6－脱氧－L－抗坏血酸、脱氢抗坏血酸和L－葡萄抗坏血酸的活性很小。

在实验过程中，用分析组织中抗坏血酸盐含量的办法来确定动物组织中抗坏血酸含量及分布状况。就鱼体组织而言，血和肝组织不能充分反映出抗坏血酸的摄入量和抗坏血酸在这些组织中的分布状况，只有含有肾上腺组织的前肾组织中贮存的维生素 C 的情况才较有代表性，因此，对这种分析方法要根据具体情况分析后再采用。同时，还应注意，外界压力的变化也会影响某些组织内的抗坏血酸含量的分布，肾组织即是如此；与此同时，肾组织还会产生肾上腺类固醇。相反，在鱼体缺乏维生素 C 时，必须在饲料中添加相当于其体内贮存量的 4～5 倍的抗坏血酸，否则，仍会发现争性缺乏症状。

不同种类的鱼在不同饲养条件下的维生素 C 的需要量并不完全相同。例如，硬头鳟在 10～15℃条件下时，投喂每千克饲料含有 100 毫克维生素 C 的饲料，其血液和前肾组织中的维生素 C 贮存量才较为合理。而在伤口愈合实验开始时，或者鱼类受到外界不同因素影响时，其对维生素 C 需要量要高出正常需要量的 1～2 倍。在幼鱼腹部及肌肉间严重受损时，每千克干饲料中至少要含 500 毫克具有生物活性的抗坏血酸盐，才能有利于组织的恢复。而鲤鱼即使能够自身合成部分抗坏血酸，但远不能满足其生理需要，仍需在其饲料中添加。

鱼类对维生素 C 的缺乏症与胶原的形成和受损害有关。当鱼类缺乏维生素 C 时，很快便表现出下颌及口吻部增生，肾上腺组织肥大，鳍基部出血。若早期缺乏症，则饲料中添加抗坏血酸，缺乏症状会停止发展，恢复正常的生长；而晚期缺乏症状时，会发展为贫血症状，脊柱侧凸，脊柱前弯曲，即使在饲料中补足抗坏血酸，也不会使上述症状得以恢复，只是会在其周围长出新的组织。

10. 肌醇

1850 年发现了肌醇，1887 年命名为肌醇。目前，已发现了 7 种非旋光和两种旋光性六羟基环乙烷异构体。肌醇是一种具有旋光活性的白色结晶状粉末，能溶于水，不溶于醇和酯。此物质易于合成，游离态的肌醇易于形成活性的物质而分离出来。异构体的活性很低，但在化学反应中很活泼。肌醇本身是高稳定性的化合物。

生物组织中普遍含有大量的肌醇，例如，在小麦胚芽、干豌豆及菜豆中其含量很丰富。肌醇是动物肠内由微生物合成的一种有生物活性的物质。若在饲料中添加大量的合成非旋光异构物质，就会干扰用于组织生长及正常生理功能的肌醇代谢。无生物活性的异构体不会在代谢中竞争关键部位。因鱼类本身能合成这种物质，一般无需在饲料中添加。

11. 胆碱

胆碱是很强的有机碱，广泛分布于动植物组织中。胆碱的吸湿性较强，极易溶于水，在酸性溶液中对热较稳定，但在碱性溶液中则较易分解。

胆碱的衍生物较多。其中，乙酰胆碱参与通过突触传递的神经冲动。胆碱在转移甲基反应中起着甲基供体的作用；是抗脂肪肝和抗出血因子，可以防止脂肪肝的发展；与磷脂的合成与脂肪的转移也有关系；对鱼类的生长及提供饲料转化率是必不可少的。

小麦芽、菜豆以及动物的脑和心组织中胆碱的含量较丰富。市售商品的盐酸胆碱若遇到α-生育酚和维生素K时，则会使这两种维生素失活。因此，在渔用饲料中所添加的胆碱，应选择有适当保护的脂溶性维生素。

胆碱缺乏症主要表现为生长缓慢，饲料转化率低，并伴随脂肪代谢受损等。

此外，还有对氨基苯甲酸和硫辛酸亦属水溶性维生素。但其在鱼类方面的实验较少，亦没有确定的需要量，此处从略。

（二）脂溶性维生素

脂溶性维生素共有维生素A、维生素D、维生素K、维生素E_4。他们不溶于水溶性维生素，鱼类及其他动物大量摄入任何一种脂溶性维生素时，都会发生过多症，又称中毒症。维生素A与维生素D的中毒症与缺乏症较难区分，但维生素E和维生素K的中毒症与缺乏症无关。下面分别加以介绍。

1. 维生素A

活性维生素A是于20世纪30年代中期合成的。维生素A是保养上皮细胞必不可少的一种物质，可防止上皮细胞的萎缩和角化。维生素A与视紫红质中的蛋白质相结合，对夜视觉有着重要作用。此外，维生素A还有促进新生细胞生长，保持抗感染力的作用。

维生素A大量存在于鱼油中。已知鳕鱼肝油中维生素A的含量最为丰富。合成的维生素A制品为维生素A软脂酸，常用于渔用饲料中的维生素A的补充物。有些种类的鱼，能利用ß-胡萝卜素作为维生素A源。

在明光条件下，鱼类摄入正常量的维生素A会促进生长，但在暗光条件下则不然。因此，最大限度地生长和繁殖过程对维生素A的需要量与光照时间有关。当鱼类缺乏维生素A时，其缺乏症主要表现为生长缓慢、视力差、上皮组织角化、干眼病、夜盲、眼前房出血、鳍基部出血和骨骼发育不正常等。而当维生素A摄入量不足时，会发生中毒症，主要表现为肝和脾肿大、发育不正常、皮肤损伤、上皮组织角化、头部软骨增生、骨骼发育不正常（关节强硬、脊椎骨融合等）。

2. 维生素D

维生素D有维生素D_2和维生素D_3两种。维生素D_2又称麦角钙化醇，维生素D_3又称钙化醇（胆钙化醇）。维生素D_3是一种白色结晶状化合物，能溶于脂肪及有机溶剂，在弱酸和弱碱溶液中对热及氧化剂较稳定。维生素D_2的形成与转化过程见图2-1。

维生素D是保持动物体内钙和无机磷酸盐平衡所不可缺少的物质。他与碱性磷

紫外线　　加热

麦角固醇 ⟷ 原维生素 D_2 ⟷ 维生素 D_2

↙↗　　↘

速甾醇　　光甾醇

图 2-1　维生素 D_2 形成及转化示意

酸酶的活性有关，可促进肠吸收钙，并影响甲状腺素对骨骼的作用。鱼类可以通过鳃膜将水中的钙分离出来。因此，对鱼类而言，鱼类对维生素 D 的需要量并非十分重要。因此，迄今为止，鱼类对维生素 D 的需要量尚无任何描述，故鱼类对维生素 D 的需要量也不十分清楚。所以，此处不再多述。

3. 维生素 E

维生素 E 是由一类由称作生育酚的化合物组成的。其中，最为主要的一种是 α-生育酚。到目前为止，已从天然物质中分离出 8 种生育酚衍生物，均属于 D 组。人工合成的 α-生育酚是一种外消旋的 DL-α-生育酚的混合物。纯生育酚是脂溶性的油，能够酯化形成结晶化合物。生育在缺氧条件下和各种酸稳定，但在出现新生氧、过氧化物或其他氧化剂的情况下会迅速氧化。生育酚对于紫外线敏感，是最好的游离态抗氧化剂。其各种酯类都比较稳定，常作为饲料的补充物，预期在肠内进行水解作用，吸收游离的乙醇，起着细胞间和细胞内抗氧化剂的作用。α-生育酚的氧化物用亚硫酸氢盐还原成 α-生育基氢醌或在出现抗坏血酸的情况下还原成 α-生育酚。

各种生育酚起着细胞外和细胞内抗氧化剂作用，以保持细胞和组织血浆中不稳定的代谢物的体内平衡。作为生理抗氧化剂，这些生育酚可保护各种易氧化的维生素和不稳定的不饱和脂肪酸，并与动物繁殖相关联。

各种植物油中生育酚的含量均较丰富。酯化乙酸盐或磷酸盐形式合成的 α-生育酚常用作饲料补充物。这些酯类较游离态稳定。游离态经空气氧化或在含多不饱和鱼油情况下会迅速流失。添加抗氧化剂可保护脂肪及饲料中其他不稳定化合物形式的维生素 E 不受氧化，但这些抗氧化剂必须无维生素 E 活性。

鱼类对维生素 E 的实际需要量取决于饲料中多不饱和脂肪酯的含量及类型。不稳定的多不饱和脂肪酸或鱼油可能会引起细胞内抗菌素氧化剂需要量的增加。此外，作为饲料用添加剂，生育酚的添加量取决于所使用的维生素的形式、饲料加工工艺及加工后的贮存条件与时间的长短。

4. 维生素 K

维生素 K 于 1939 年分离出来，并于同年合成成功。维生素 K 组中的维生素 K_2 含带有 30~45 个碳原子的侧链 6、7 或 9 个异戊二烯单位。

维生素 K 参与凝血蛋白——凝血酶原和原转变酶的肝合成作用。各种代用形式的维生素K，其抑菌作用很强，可作为防止细菌感染物使用。其主要作用是保持快速但不失为正常的凝血速度，这对于以水为生活环境的鱼来说是很重要的。

维生素K主要来源于绿色的叶菜类。苜蓿叶是维生素K最好的来源之一。在大豆及动物肝脏中含量最低。合成维生素K_3也可用作饲料添加剂。为保持饲料中维生素K不受破坏，在饲料加工及加工后的贮存过程中，应尽量避免长时间的光照及与空气接触。

鱼类对维生素K的营养性缺乏症在10~14周内出现。但鱼类对维生素K的确切需要量还不十分清楚。当食用缺乏维生素K的饲料时，鲑鱼的凝血时间将延长3~5倍；若长期处于缺乏维生素K时，鱼的鳃、眼、血管组织会出现出血或贫血。

五、矿物质

矿物质也是一类水产养殖动物生理功能所必需的微量成分。其种类很多，而且在动物体内的用途多种多样。就目前已知的情况而言，鱼类所必需的矿物质有钙、磷、钠、钼、氯、镁、铁、硒、碘、锰、铜、钴、锌、氟、铬。

每一种矿物质在鱼类体组织中的作用与其生理功能密切相关。作为骨骼和牙齿的主要成分，这些物质可使其结构致密，坚固有力。这些元素在体内处于游离状态时，对于保持体液酸碱平衡及与水生环境的渗透调节相关联；同时，对于神经和内分泌系统的整体活动也是必不可少的；此外，与血色素以及组织器官中的酶和有机化合物的结成相关，并参与气体交换及能量的转换。

矿物质与维生素类一样，当机体缺乏时会造成生理功能失调，并产生相应的缺乏症。下面分别加以描述。

（一）钙和磷

钙和磷在动物体内有着相似的功能，且二者间无论是哪一种数量不足，都会影响两者的营养价值，故放在一起共同讨论。

鱼体内钙贮存量的99%和磷贮存量的80%都存在于骨骼、牙齿和鱼鳞中。即使由于饲料中缺少钙和磷，骨须减少，而骨质组成的变化却很小。通常钙与磷的需要量成一定比例，约为2∶1。

除骨骼以外，另外1%的钙分布于各器官和组织中。体液中的钙以两种形式存在着，即扩散的和不扩散的。不扩散的钙与蛋白质结合，而扩散的钙大都以磷酸盐和重碳酸盐化合物的形式存在。只有这种扩散的钙对营养才有意义。细胞外液以循环系统中的离子钙参与肌肉活动和渗透调节。

骨骼以外大量的磷与各种蛋白、脂质、糖类、核酸和其他有机化合物结合存在。这些磷酸化合物是生命过程中储存流通必不可少的组分，并分布于各种器官和组织中。有些种类的鱼，其皮肤与骨骼一样，似乎是饲料中磷的重要储存仓库。

尽管鱼类天然饵料中钙含量丰富，但大多数鱼都能通过鳃从所在的水域中提取溶解钙。经过24小时的适应期，斑点叉尾鮰能有效地从含有5克/米^{3}浓度的矿物元素的水域中提取钙。相反，鱼类鳃对于天然水域中磷的提取利用能力却很低，仅靠这一途径难以满足机体对磷的需要量，必须从饵料中获得充足的磷。

鱼类吸收饲料中的钙和磷是从胃肠道上端开始的。其中，钙很快作为钙盐沉积于骨骼中；但所吸收的磷却分布于所有的主要组织中，如内脏、骨骼、皮肤和肌肉等。提高饲养水温和饲料中葡萄糖的含量，可以增加对磷的吸收量。各组织中磷的含量会随着从饲料中吸收量的提高而增大。相反，提高饲料中钙的量却不会使鱼体各组织中钙的含量增加。此外，鱼类对饲料中磷的吸收不受钙的影响。不过，饲料中含磷水平却与鱼体内钙的储存比例直接相关。鲤鱼全身钙与磷的比值约为1.4，但饲料中若严重缺磷则例外。原因是鱼类能控制钙的吸收和分泌，便于这两种元素得到最适利用，并从而保持钙与磷的比例平衡。据报道，使鲤鱼和真鲷最大限度生长时的饲料含磷水平为0.7%。

鱼类对于钙的缺乏症尚无报道。只是表明饲料中磷含量有限时，鱼的生长缓慢。鲤鱼长期缺磷，其骨骼发育会不正常，从而引起钙化，造成脊椎向前弯曲和头部畸形，头骨和鳃盖骨部分的骨骼生长减慢。最近的研究还发现，真鲷在缺乏磷时，肝脏和肌肉中会出现脂肪浸润表现。

各种饲料成分中钙和磷的含量差异较大。鱼粉是渔用饲料的主要原料，钙和磷的含量都很丰富；但植物性的原料往往缺钙，尽管磷的含量较高，但主要是以肌醇六磷酸钙镁或肌醇六磷酸的形式存在，鱼类难以吸收利用。对于水产养殖动物而言，动物性来源的钙与磷易于吸收。

（二）镁

镁在动物体内的分布及代谢作用与钙和磷有着密切关系。鱼类体内镁的大部分含量分布于骨骼中。鲤鱼骨骼内所储存的镁约占全身镁总含量的60%。镁在骨骼灰分中的含量约为0.6%，而钙的含量为30%，磷为15%。鱼体内其余40%的镁分布于各种组织器官及胞外液中，镁在这些组织器官中的作用主要是构成酶的辅助因素和细胞膜结构。

鱼类大多数能从环境中吸收镁，尽管鲤鱼的实验表明其鳃吸收的作用很有限。由于淡水中镁的浓度极低，在人工养殖时，大量的镁应在饲料中加以补充；而海水鱼类却不必在饲料中添加。对于鲤鱼及硬头鳟来说，饲料中镁的水平高低不会影响其全身骨骼中钙和磷的组成；但其饲料中缺少镁时（含量在80克/吨饲料），其体内各组织中镁的含量会急剧下降，甚至会下降到正常含量的50%以下，同时，还会见到生长受阻及行为异常等现象。

鲤鱼的实验显示出镁的缺乏症状为食欲不振，生长缓慢，活动能力下降，以至肌肉强直、惊厥、死亡率升高等。

（三）其他必需的无机元素

迄今为止，鱼类对大多数矿物质元素的实际需要量还未能得以清楚的确定，只了解到少数鱼对几种矿物质缺乏引起的不良表现。例如，真鲷缺乏铁时，会引起红细胞低色性贫血。投喂未补充铁的饲料饲养鲤鱼时，生长仍正常，但会出现小红细胞性低色性贫血；鳟鱼缺乏碘时，会引起甲状腺肿大；食用缺锌饲料的硬头鳟，其死亡率会升高，患白内障，鳍和皮肤糜烂，对蛋白质的消化率也大大下降。

到目前为止，尽管许多微量元素在鱼体内的作用不清楚，但在人工养殖某些种类时，则必须在饲料中添加矿物质成分。鱼类对各种矿物质的需要量情况见表2－10。

表2－10　鱼类对矿物质的需要量

矿物质	主要的代谢活动	缺乏症	需要量（千克/干饲料）
钙	骨骼与软骨组织形成，血液凝固，肌肉收缩	未确定	5克
磷	骨骼与软骨组织形成，高能磷酸酯，其他有机磷化合物	脊椎弯曲，生长缓慢	7克
镁	脂肪、碳水化合物和蛋白质代谢中大量存在酶辅助因素	食欲减退，生长缓慢，肌肉强直	500毫克
钠	细胞间液的主要单价阳离子，参与酸碱平衡和渗透调节作用	未确定	1～3克
钾	细胞间液的主要单价阳离子，参与神经作用和渗透调节作用	未确定	1～3克
硫	含硫氨基酸和胶原蛋白质的必需组成成分，参与芳香族化合物的解毒作用	未确定	3～5克
氯	细胞液中主要单价阴离子，消化液（盐酸）的成分，酸碱平衡	未确定	1～5克
铁	血红蛋白、细胞色素、过氧化物等的血红素的必要成分	小红细胞性同色贫血	50～100毫克
铜	血清蛋白中血红素成分（主要是头足类及软体动物），酪氨酸酶和抗坏血酸氧化酶中的辅酶因素	未确定	1～4克
锰	精氨酸和某些其他代谢酶中的辅助因素，参与骨骼形成和红血球再生	未确定	20～50毫克
钴	氰钴氨素的金属成分，防止贫血，参与C1和C3代谢	未确定	30～100毫克
碘	甲状腺素的成分，调节代谢率	甲状腺素增生	100～300微克

续表

矿物质	主要的代谢活动	缺乏症	需要量/千克（干饲料）
锌	胰岛胺素结构和功能所必需成分，碳酸酐酶的辅助因素	未确定	30 ~ 100 毫克
钼	黄嘌 呤、氧化酶、氢化酶和还原酶的辅助因素	未确定	微量
铬	参与胶原形成和调节葡萄糖代谢	未确定	微量
氟	组成骨骼的微量元素	未确定	微量

第三章 原料成分及其质量检测技术

各种渔用饲料都是由多种成分按一定比例配合并加工而成的。了解各种饲料原料特性及其质量，是加工生产优质饲料的前提。

第一节 原料的分类及其化学特性

各种饲料原料按其化学成分及其在饲料中的特性等可分为能量饲料、蛋白质补充物及添加剂三大类。这种分类方法是否科学还有待深入探讨。

一、能量饲料

按一般的分类方法，能量饲料即为低蛋白饲料，并规定蛋白质含量的上限为20%。据此，一般谷物的籽实均属能量饲料。主要能量饲料的营养成分及营养要素指标见表3－1。

表3－1 主要谷物及其成分 %

原料种类	粗蛋白	乙醚抽出物	碳消化合物		矿物质	
			粗纤维	无氮浸出物	钙	磷
大麦（粒）	11.6	1.9	5.0	68.2	0.08	0.42
玉米（粒）	9.3	4.3	2.0	71.2	0.02	0.29
燕麦（粒）	11.8	4.5	11.0	58.5	0.10	0.35
黑麦（粒）	11.9	1.6	2.0	71.8	0.06	0.34
高梁（粒）	11.0	2.8	2.0	71.6	0.04	0.29
小麦（粒）	12.7	1.7	3.0	70.0	0.05	0.36
平均值	11.4	2.8	4.2	6.8	0.06	0.34

（一）化学特性

1. 蛋白质

从表3－1可以看出，一种能量饲料约含12%的蛋白质，且其中75%～80%是可以消化（指表观消化率）的。实际上，用定量法评定能量饲料中蛋白质的生物价值会是很低的。表3－1中的一组饲料成分全部是以赖氨酸为第一限制性氨基酸，这对于选择平衡成品饲料中蛋白质补充物很重要。同时，这也说明为什么这些能量饲料之间的代用品不太可能明显地改变成品混合饲料中蛋白质质量的原因。

2. 灰分

能量饲料原料中的钙含量较低。在实际混合饲料配制时也常将其忽略不计；相反，磷的含量却很充足，但因磷的特性所限，在饲料加工过程中会受到不同程度的破坏，而且有些存在形式的磷，水产养殖动物难以吸收利用，因此，渔用饲料中必须另外添加一定量的磷。

3. 碳水化合物

植物籽实重量1/3左右是淀粉，通常，只有其中95%是可消化的。

4. 脂肪

谷物通常含有2%～5%的乙酰氨抽出物，但其中一些副产品中可能会含有高达13%以上的脂肪。不含油的植物种子的脂肪多集中于胚芽中，任何加工方式都可能做到除去相当部分的蛋白质或碳水化合物，但没有哪一种胚芽的副产品的含油量会超过加工前的种子。了解这一点，有助于我们了解原料特性。

5. 粗纤维

能量饲料原料中粗纤维的含量约占6%，但不同的种类差异很大。一般精料的上限为18%，超过此值被视为粗饲料。纤维含量的多少明显地影响着有效能量值，从而影响饲料价值。能量饲料中不同种类的相互取代作用主要取决于粗纤维的含量。纤维的来源不同，其营养价值差异也很大。

（二）能量饲料的非化学特性

就能量饲料而言，主要是指能量饲料的体积。通常体积大的种类，其生物有效能产量相对低一些，可消化率或总消化养分与密度呈正相关。这一点在配制饲料时，对于物料的替代作用很重要。用密度差异大的物料相互替代，其成品饲料的可消化率会有所不同。

（三）能量饲料的品质

不同样品间的质量差异会影响配合饲料的质量。因此，应充分考虑各种饲料原料的质量，确保生产出高品质渔用饲料。关于不同原料的营养成分、含量及质量检测技术将在后面介绍。

二、蛋白质补充物

蛋白质补充物又称为蛋白质性原料。对渔用饲料而言，蛋白质饲料大体上可分为植物性和动物性两大类，也有人将其分为植物性、动物性和微生物性三大类。

（一）植物性蛋白源

植物性蛋白源又称为植物性蛋白质补充物或植物性蛋白原料。通常，将植物性来源的蛋白原料分为两大类：一类是总蛋白含量为20%～30%的饲料；另一类为总蛋白含量为30%～45%的饲料。这两大类补充物的主要区别就在于蛋白质的含量。一般来说，某种饲料的成分中，若蛋白质含量较高，则碳水化合物含量就会较低（表3－2）。

表3－2 植物性蛋白补充物营养情况 %

名称	粗蛋白		粗脂肪	碳水化合物		矿物质	
	总量	可消化量		无氮浸出物	粗纤维	钙	磷
玉米面筋	25	21	2	48	8	0.1	0.6
啤酒糟	26	21	6	41	15	0.3	0.5
大麦芽	26	19	1	44	14	0.2	0.7
烧酒糟	27	20	0	41	12	0.1	0.4
平均数	26	20	5	44	12	0.1	0.5
经溶剂提取后的饲料原料							
亚麻籽	35	30	2	39	9	0.4	0.8
棉籽	42	33	2	30	11	0.2	1.1
玉米面筋粉	43	36	2	40	4	0.2	0.4
向日葵籽	47	43	3	24	11	0.4	1.0
大豆	46	42	1	31	5	0.3	0.7
花生	47	42	1	26	13	0.2	0.7
油菜籽	46	–	1	28	14	0.3	0.7
平均数	44	34	2	31	10	0.3	0.8

1. 溶剂提取后的含油种子残渣

尽管亚麻籽和棉籽的质量各方面都比较好，但其第一限制性氨基酸是赖氨酸；花生饼中含有含硫氨基酸，但蛋氨酸和胱氨酸却比较缺乏，赖氨酸的含量也不是很丰富。相反，大豆蛋白可能是植物性蛋白源中最好的。因此，除了抽油豆粉外，任何一种植物性蛋白原料都不可能提高生物价值。因为，他们大都缺乏赖氨酸，其在饲料中所用量过多时，会使饲料效果受到影响。表3－3列出了几种重要饲料原料的氨基酸含量。

表3-3 含油种子的部分氨基酸含量

氨基酸	含氨基酸百分比（%）							
	1	2	3	4	5	6	7	8
精氨酸	1.46	2.04	2.61	3.11	1.30	4.46	2.45	0.36
组氨酸	0.85	0.49	1.03	1.09	0.71	0.95	1.20	0.22
赖氨酸	2.55	0.82	2.43	1.13	0.46	1.35	2.45	0.23
酪氨酸	1.80	1.68	1.85	1.34	2.60	1.98	0.98	0.55
色氨酸	0.54	0.63	0.63	0.55	0.25	0.45	0.55	0.05
苯丙氨酸	1.93	1.85	1.83	2.77	2.77	2.43	1.75	0.41
胱氨酸	0.37	0.63	0.59	0.84	0.50	0.72	0.58	0.10
蛋氨酸	1.12	0.99	0.81	0.67	2.31	0.41	0.87	-
苏氨酸	1.56	1.68	1.80	1.26	1.68	0.68	1.87	0.32
亮氨酸	5.10	-	3.60	5.88	10.50	4.50	3.00	1.94
异亮氨酸	1.53	1.15	1.80	1.47	2.10	1.58	1.68	0.32
缬氨酸	2.20	1.98	1.58	2.94	2.10	3.15	2.15	0.41
甘氨酸	0.13	-	0.45	2.22	1.80	2.52	2.18	-

注：表头中："1"代表干脱脂乳，含蛋白质35%；"2"代表亚麻籽饼粉，含蛋白质33%；"3"代表抽油豆粉，含蛋白质45%；"4"代表棉籽饼粉，含蛋白质45%；"5"代表玉米面筋，含蛋白质42%；"6"代表花生饼粉，含蛋白质45%；"7"代表菜籽饼粉，含蛋白质46%；"8"代表整粒玉米，含蛋白质9%。

2. 粗纤维

属于低蛋白含量的成分，一般其粗纤维含量较高，从而会影响颗粒饲料的体积，进而会影响到投饵方法、日投饵量及投饵次数。

3. 脂肪

含油种子，如大豆、花生等在提取油后仍含有一部分脂质，一般为0~12%。含脂量的多少取决于榨油方法。

4. 有毒因子

大多数种类的油饼粉对于鱼类而言都是良好的饲料原料，饲料效果会较好。但也有一些种类中含有不利于鱼类生长的有毒因子。如棉籽油饼中的棉酚（不育酚），大豆油饼中的尿素酶、胰蛋白酶，菜籽饼中的葡萄糖甙等，这类油饼粉必须妥善处理后方能使用。

（二）动物性蛋白源

对于水产养殖动物而言，动物性来源的饲料蛋白源较植物性蛋源有更好的饲料效果。动物性饲料蛋白源多为畜禽及水产加工副产品。他们通常是用来提供高能量饲料的总蛋白质含量。另外，动物性蛋白的氨基酸构成与植物性蛋白的氨基酸构成有很大不同。例如，植物性的原料通常缺乏赖氨酸，但动物性蛋白源的赖氨酸含量很丰富，尽管有的种类可能缺乏胱氨酸或蛋氨酸。这类高蛋白产品的蛋白质水平平均较其他种类的原料变化大，而且每一种饲料都有可能影响或限制其使用的特性（表3－4和表3－5）。

表3－4　动物性蛋白源成分　%

种类	蛋白质		乙醚抽出物	灰分	
	总量	可消化量		钙	磷
肉粉	53	48	10	8.0	4.03
肉骨粉	51	45	10	11.0	5.07
血粉	80	62	2	0.3	0.22
脱脂肉骨粉：					
低脂肪	68	60	3		
高脂肪	61	45	15		
含蛋白55%	58	36	11		
含蛋白70%	73	70	12		
鱼粉：					
低灰分	71	66	6		
高灰分	52	48	1		
含蛋白50%	53	49	4		
含蛋白70%	74	71	1		
含蛋白65%	68	65	10		
奶：					
脱脂奶粉	34	33	1	1.2	1.00
乳清粉	14	13	1	0.9	0.80

一般动物性蛋白源的蛋白质含量在34%～82%、脂肪含量在0%～15%，但经过特殊处理的原料除外。

表3－5　动物性蛋白源必需氨基酸含量（占总蛋白的%）

氨基酸	脱脂肉骨粉	肉粉	血粉	鱼粉	奶	蛋	谷物	动物
精氨酸	5.9	7.0	3.7	7.4	4.3	6.4	4.8	5.7

续表

氨基酸	脱脂肉骨粉	肉粉	血粉	鱼粉	奶	蛋	谷物	动物
组氨酸	2.7	2.0	4.9	2.4	2.6	2.1	2.1	3.3
赖氨酸	7.2	7.0	8.8	7.8	7.5	7.2	3.1	7.7
酷氨酸	2.9	3.2	3.7	4.4	5.3	4.5	4.8	3.9
色氨酸	0.7	0.7	1.3	1.3	1.6	1.5	1.2	1.1
苯丙氨酸	5.1	4.5	7.3	4.5	5.7	6.3	5.7	5.4
胱氨酸	–	1.0	1.8	1.2	1.0	2.4	1.7	1.2
蛋氨酸	–	2.0	1.5	3.5	3.4	4.1	2.3	2.6
苏氨酸	3.0	4.0	6.5	4.5	4.5	4.9	3.4	4.5
亮氨酸	2.7	8.0	12.2	7.1	11.3	9.1	7.1	9.2
异亮氨酸	2.7	6.3	1.1	6.0	8.5	8.0	4.3	4.9
缬氨酸	5.4	5.8	7.7	5.8	8.4	7.3	5.2	6.6

注：1. 谷物是指小麦、玉米、黑麦和燕麦的平均值；2. 动物性原料是指表中前5种的平均值。

肉粉、鱼粉中的异亮氨酸较谷物的混合蛋白多50%左右，但脱脂肉骨粉却较低。此类蛋白源中赖氨酸和异亮氨酸的含量较高。另外，灰分中钙的含量一般为5%～11%、磷的含量多为3%～5%。

三、维生素及矿物质添加剂

（一）维生素

渔用人工配合饲料的原料中都不同程度地含有各种维生素。从原料的各种维生素含量理论值看，似乎可以满足水产养殖动物的需要量，但实际上存在差异。因为渔用人工配合颗粒饲料的加工工艺与畜禽用饲料不同，在加工过程中的挤压及生热作用会使部分维生素、尤其是对热不稳定的B族维生素破坏严重，损失量较大。实际上，若不采取其他措施，颗粒饲料中的部分维生素含量已很难满足水产养殖动物的营养需要，必须额外添加来补充，尤其是维生素C。关于各种饲料原料中的维生素含量情况见后述。

（二）矿物质

渔用人工配合颗粒饲料的各种原料中的矿物质含量一般都比较丰富，但某些矿物质种类仍显不足，有的种类因饲料加工过程中的损失而难以满足水产养殖动物的营养需要。例如，磷以及稀有元素等。因此，要充分了解各种饲料原料中的矿物质含量及其物理、化学特性，以及在饲料加工过程中的损失情况，以便于采取其他添加方法予以补充。

第二节　渔用饲料原料及其质量检测方法

渔用人工配合饲料的原料种类很多，而且因产地、生产时间的不同，以及养殖习惯的不同等，不同种类的原料使用有其一定的区域特点。另外，各种原料因其营养生理作用不同，使用目的也各不相同。为方便起见，本节以不同生理作用进行分类介绍。对于饲料中的添加剂类，因其过于复杂，将单独介绍。

一、渔用饲料中常采用的成分

（一）谷物加工副产品

1. 小麦胚芽粉

小麦胚芽粉主要由去皮小麦粒的胚芽和一些麦麸及粗面粉组成。因其产地和生产技术的不同，其质量也并不完全相同，不过，小麦胚芽粉的质量主要取决于是否已过筛及其他小麦产物含量多少。此类成分会降低脂肪及蛋白质水平。贮存时间过长可能会由于含量较高的脂肪氧化而造成饲料腐败。一般情况下，小麦胚芽粉含粗蛋白量为25%～30%、粗脂肪含量为7%～12%、粗纤维含量为3%～6%。

2. 小麦饲用粉（次粉）

小麦饲用粉是由磨面加工剩下的碎屑、细麦麸、胚芽和面粉组成的。小麦饲用粉是一种浅色、细颗粒状的粉状饲料成分，由于小麦加工类型的不同，次粉的色泽也会有所变化，多为乳白色、浅褐色或淡红色。在渔用配合颗粒饲料中，次粉可起到多重作用：它既可起到颗粒黏合剂的作用，又可为饲料提供蛋白质、碳水化合物、矿物质和维生素。次粉中含粗蛋白15.5%～17.5%、粗脂肪3.5%～4.5%和粗纤维2.8%～4.0%。

3. 麦麸

麦麸是麦粒外层粗糙的表皮，是小麦初级加工产物，可作为渔用饲料的原料成分之一。麦麸是各种碳水化合物、蛋白质、矿物质和维生素的来源，通常情况下，麦麸含粗蛋白质14%～17%、粗脂肪3%～4.5%和粗纤维10.5%～12%。

4. 粗面粉

粗面粉是由细麦麸、次麦粉、麦胚芽、面粉以及小麦加工剩下的碎屑组成。在小麦加工过程中，筛渣的粒度及碾磨的细度都会影响粗面粉的质量；特别是在湿热气候条件下，当粗面粉中含量不超过14%时，会很快引起其质量上发生变化。粗面粉的蛋白质含量为15%～17%、粗脂肪含量为34%和粗纤维含量8.5%～9.5%。

5. 普通小麦粉

普通小麦粉由麦麸、细麦麸、次麦粉、麦胚芽、面粉以及面粉加工剩下的副产品所组成。它也是良好的渔用饲料原料。这种饲料原料较丰富，尤以美国西部为多，价格便宜。普通小麦粉含粗蛋白14%～17%、粗脂肪3%～4%和粗纤维8.5%～9.5%。

6. 玉米面筋

饲料用玉米面筋是用去皮的商品玉米，经水磨制作玉米淀粉或者糖浆的方法而提取的大部分淀粉、面筋和胚芽的残余物。通常，玉米面筋含粗蛋白质21%～22%、粗脂肪1%～2.5%和粗纤维8%～10%。此外，还有一种玉米面筋粉也常用作饲料。它是在上述加工方法的基础上，去掉麸皮后的干残余物，可能含有发酵的玉米提取物和玉米胚芽粉。其粗蛋白质含量41%～43%、粗脂肪含量1%～3%、粗纤维含量4%～6%和叶黄素含量140～220毫克/千克。

7. 米粒

这是去壳的碎米粒，约含粗蛋白质8.6%、粗脂肪1.2%和粗纤维1.0%。

8. 米糠

带胚芽的米糠主要是糠皮和米粒的胚芽部分，其中含粗蛋白质约13.3%、粗脂肪15%、粗纤维11%。细米糠是米粒加工精白米后的副产物，其中粗蛋白质含量11.8%、粗脂肪含量13.2%、粗纤维含量3.0%。

（二）抽油提取物

1. 抽油豆粉及豆饼

此类产品为大豆提取油后的残余物，所不同的是，豆粉为粉状，而豆饼为饼状或片状。用不同的加工方法生产的抽油豆粉或豆饼，其产品的蛋白质含量会有所不同。抽油豆粉必须经加热到一定程度，以破坏其中的胰蛋白酶抑制因子。抽油豆粉一般是用机械提取的，粗蛋白质含量为44%左右，粗脂肪含量为4.8%，粗纤维含量6.0%。抽油豆粉经溶剂萃取后可制成高蛋白质含量的产品，其蛋白质含量高达48%，粗脂肪含量为0.9%，粗纤维含量为2.8%。

2. 棉籽饼粉

棉籽饼粉为棉籽榨取油后的副产品，也是良好的饲料原料。棉籽饼因蛋白质含量不同可分为三大类。若游离棉酚含量低于0.04%，则称为低棉酚含量的棉籽饼，此为第一类；第二类棉籽饼含蛋白质41%，粗脂肪2%，粗纤维12%；第三类产品均为溶剂萃取产品，与普通棉籽饼不相同，棉酚的含量也大大降低，但蛋白质含量较低的一类产品中可能含有部分碎过。

3. 花生饼粉

花生饼粉是将用机械或溶剂萃取法从花生仁中榨取大部分油后的花生饼，再经磨碎而成的。其粗蛋白质含量46%，粗脂肪含量1%～7%，粗纤维含量10%～13%。

4. 油菜籽饼粉

此产品为油菜籽提取油后的副产品，目前在我国大量用作渔用饲料原料。其产品中含粗蛋白质36%，粗脂肪7.8%，粗纤维11%。

5. 芝麻饼

芝麻饼为芝麻提取油后的副产品，是良好的渔用饲料原料。芝麻饼中的蛋白质含量较高，约为39%，粗脂肪含量10.3%，粗纤维含量7.2%。

此外，还有一些其他豆类及其副产品也都是较好的渔用饲料原料。

(三) 动物性副产品

1. 鱼粉

鱼粉是将鱼蒸煮、加压，去除水分和油后再干燥、粉碎制成的。鱼粉多用单一种类的鱼制成，如鲱鱼、鳕鱼、沙丁鱼、鳀鱼等；但也有的是用多种鱼混合制成或鱼品加工下脚料制成的，单一种的鱼粉质量较好，而且较均匀（表3-6）。

表3-6　不同种鱼粉的营养成分　%

鱼粉的种类	粗蛋白质含量	粗脂肪含量	粗纤维含量	钠
鲱鱼粉	70	7.5	1	0.5
油鲱鱼粉	60	7.5	–	0.3
鳀鱼粉	64	6.0	1	0.8
鲤鱼粉（全体）	75	9.5	–	–
虾粉	36～48	3.0	11	–
蟹粉	30	1.7	11	–
底层鱼类鱼粉	60	–	–	–

2. 肉骨粉

肉骨粉是哺乳动物的组织经过炼油后的干燥物，但不含毛、蹄角等。肉骨粉中的脂肪含量比较高。一般肉骨粉中含粗蛋白质50%，粗脂肪8%～11%，粗纤维3%，磷4%～4.5%，钙8.8%～11%，灰分30%左右。

3. 水解的蹄角和羽毛粉

畜禽的蹄角和羽毛经磨碎和加压水解后，可制成蛋白质含量较高的饲料原料，在加工过程中，胱氨酸键断裂，提高了其产品的营养价值。经实验，75%以上的粗蛋白质是可以消化利用的。通常，水解的蹄角和羽毛粉蛋白质含量为80%～85%，粗脂肪含量2.5%，粗纤维含量1.5%，磷含量0.75%，灰分含量约为3%。

4. 血粉

血粉是用无病的动物血液制成，且主要是畜禽屠宰加工厂的副产品。血粉的粗蛋白质含量一般为85%，粗脂肪含量为0.5%～3%，粗纤维含量为2.5%，灰分6%，赖氨酸含量9%～11%。

5. 胶原蛋白

胶原蛋白是用动物的皮革加工制成的。无论是牲畜宰杀后的原皮，还是经鞣制皮革的下脚料均可用来加工胶原蛋白。但后者需经过脱铬、除味等特殊加工处理。胶原蛋白不但是良好的动物饲料蛋白源，而且还是良好的黏合剂。一般胶原蛋白商品是用胶体蛋白浆液经载体吸附，并烘干后制成的干粉状物，其含粗蛋白56%～65%，粗脂肪2.8%～7%，粗纤维1%左右。

6. 液体蛋白

液体蛋白为液体状态的动物体蛋白提取物。目前，已形成商品生产的有液体鱼蛋白和液体贻贝蛋白两种，前者是用野杂鱼或鱼品加工下脚料经水解或酶解后提取的，后者是用贻贝肉制成的，一般蛋白质含量为28%～50%。此外，液体蛋白也可经载体吸附、干燥后制成蛋白粉。此外，还有蚕蛹粉、虾粉、蚯蚓粉等也是可作为良好的动物性饲料原料加以利用，而且饲养效果较好。

（四）其他种类

1. 啤酒酵母

啤酒干酵母是未经提取过的无菌酵母，是酿制啤酒的副产品。其粗蛋白含量45%左右，粗脂肪含量1%，粗纤维含量2.7%。

相同类型的饲料原料还有面包酵母、脂肪酵母、石油酵母以及饲料专用酵母（饲料酵母）等，其中以饲料酵母较好，粗蛋白含量高达50%以上，可取代70%的鱼粉用量。

2. 干啤酒糟

干啤酒糟仅是大麦芽提取后的干残余物或与其他谷物以及制作麦芽汁或啤酒的谷物产品的混合物。其粗蛋白质含量24%～30%，粗脂肪含量4.5%～8.5%，粗纤维含量10.5%～16%。类似的物质还有土霉素发酵渣等。

3. 烧酒糟

这是用玉米或玉米混合物经发酵、蒸馏出乙醇产物后的干燥物。这种产物含粗蛋白质26%～27%，粗脂肪7%～8%，粗纤维8.5%～9.5%。

4. 干乳清

干乳清是干燥乳清的残余物，是制作干酪的副产品。其中乳糖含量较高，在65%以上，粗蛋白质含量13%，粗脂肪含量0.8%，无粗纤维。此外，还有光合细菌、植物叶绿体提取物等。

二、渔用饲料原料的质量检测方法

了解、掌握和准确应用渔用饲料原料的质量检测方法和技术，可有效地帮助我们控制原料质量关，这是生产高质量的饲料，即优质饲料的前提。饲料原料的质量检测技术有物理和化学两种方法，对于不同的检测内容所采用的检测方法不同。下面选择一些重要的原料及检测内容具体介绍几种检测方法。

（一）影响饲料原料质量的因素

无论是饲料原料还是配合饲料，都会有质量上的变化，而且原料本身质量的不同也会引起配合饲料质量变化。影响饲料原料质量的因素大体上有以下几种。

1. 自然因素

植物性来源的饲料原料的化学成分，因土壤的条件、肥力、自然气候条件以及植物品种的品质而有所差异。动物性来源的饲料原料也会因种类、品质、生产时间以及保鲜等的不同，而引起产品质量上的差异。相对而言，谷物及其副产品的营养成分含量较蛋白质补充物，尤其是鱼粉等要稳定一些。大豆粕是一种营养成分变化较小的蛋白质来源。我们一般将饲料原料营养成分含量的平均自然变异系数设定为±10%。

2. 加工

由于农产品加工技术的不同，所生产的产品或副产品也会有质量上的差异。高标准成套碾米设备所生产的米糠主要含有胚芽和米粒种皮的外层；而低标准的碾米机生产出的米糠质量较差，混杂有相当部分谷壳。在溶剂浸出过程中，热处理温度过低或过高，所产生的大豆粕的质量差异很大。

3. 掺假

颗粒细小的饲料易于掺假。掺假不仅改变了被掺假饲料原料的化学成分，而且会降低饲料原料的营养价值。掺假是一种不道德的经营行为，即以一种或多种可能或没有营养价值的廉价细粒状物料混合于饲料原料中。例如，鱼粉中可能会掺入粉碎的贝壳、羽毛、皮革以及尿素等，米糠中可能会掺入稻壳、石灰粉、滑石粉等。

4. 损坏与变质

在不适当的运输、贮存及加工过程中，饲料原料会发生损坏与变质，从而降低了其质量。含水分较大的玉米，收获后在不适宜的情况下装运时很容易被真菌侵害。高水分含量的米糠以及鱼粉，在装袋及运输过程中也很容易引起酸败。酸败不仅产生不利于动物生长的物质，还会使脂溶性维生素尤其是维生素A的损坏。此外，贮存条件的不适宜还会引起生虫、鼠害等，从而降低原料的质量。

（二）饲料原料质量检测方法

饲料原料质量的好坏会直接影响所配制饲料的质量，因此，应切实把住原料质量关，其关键是对所选择的原料在选购及采用时进行质量检测。原料质量检测有下列几种方法。

1. 化学分析

这种方法是测定各种原料化学成分，通常测定内容有水分、蛋白质、油脂（乙醚抽提物）、粗纤维、灰分、钙和磷等，并通过与标准含量做比较，以评价其质量。此外，也可以进一步测定氨基酸及脂肪酸的组成，以获得更多的数据资料。因化学分析方法所显示的是原料的真实营养成分含量，其数据可直接用于饲料配合。

采用这种分析方法需要装备精良的实验室，并配备训练有素的技术操作人员。另外，这种方法对每个样品的分析费用较高，适用于大型饲料生产企业。

饲料原料中最重要的营养成分是蛋白质，一般用凯氏定氮法测定，所测得的结果仅是提供含量方面的信息，但并不能揭示氮源到底来自原料中蛋白质还是其他含氮物质；此外，也不能提供原料所含营养成分的可利用情况。因此，为了使这种方法能得到最佳应用，可利用其他饲料质量检测分析方法，对化学分析方法得出的数据做相应的分析处理，从而起到互相补充的作用。

2. 显微镜检测

显微镜检测的目的是借助体视显微镜，观察原料的外表特征，借助复式显微镜观察原料的细胞特点，对单独的或混合的饲料原料及杂质进行鉴别和评价。若将饲料原料与掺杂物、污染物分离出来，并作比例上的测量，则可以对各种饲料原料进行定量测量。无论是掺假还是污染的饲料原料，其化学成分与当地推荐或报告或平均标准值都应是很接近的。

与化学分析方法相比，此法不仅分析设备简单，而且对每个样品的分析费用也较低；无论是大型还是小型饲料生产企业，或是渔民自己生产饲料时都有可以采用。

3. 点滴实验与快速实验

近年来，为了快速检测某种影响饲料原料质量的物质是否存在，而研究设计出了快速化学实验法和点滴化学实验法。事实上，这种方法在鉴定饲料原料和全价饲料的质量上，对化学分析法和显微镜检测法也是有互相补充作用的。例如，大豆制品中尿素酶活性分析，可以反映出制油过程中蒸炒的是否充分，以及营养成分的可利用性；由尿素的定性实验分析，很容易检测饲料原料中（如鱼粉）所掺杂的尿素；加上几滴盐酸液（浓度为18%），并注意观察二氧化碳气泡的形成，即可鉴别出米糠中掺和的石灰粉末，或者用四氯化碳分离出其中掺和的掺杂物。

点滴实验方法主要是针对原料、预混料以及全价配合饲料是否含有某种药物而研究设计的，也可用于测定其他饲料添加剂、矿物质和维生素。这两种方法都较简单、实用。但有些技术还是相当复杂的，而且需要价格较高的化学试剂。

第三节　饲料原料的质量检测技术

由于饲料原料的种类很多，不同种类及不同检测内容所选用的方法不尽相同，故此处选择重要原料种类及检测内容介绍几种具体的技术操作方法。

一、显微镜检测法

采用显微镜检测可以鉴别原料的结构，测定混合饲料的比例，掺假情况。为了恰当地评价饲料质量，应将显微镜检测法与化学分析方法所取得的结果进行综合分析。

用于鉴别饲料结构与特征的显微镜有两种：即体视显微镜和复式显微镜。前者用于鉴别饲料内部结构，后者用于鉴别饲料外部结构和特征。

（一）样品的制备

供分析的样品应是随机选取的。在观察前将样品充分混合均匀；若样本过大，应采用四方技术缩小样本。因饲料原料有多种多样的形态，如粉状、颗粒状、碎粒状及饼状等；若将他们的原样放于显微镜下观察，是很难观察到饲料结构的，应在检测前制备样品，以获得可靠的检测结果。

一般样品的制备有两种方法，即筛分法和浮选法。

1. 筛分法

单一饲料或粉状混合饲料具有不同粒度，应通过手工筛分，将混合物分离出来。通常使用10目、20目、30目的样品筛筛分，将微细粒从饲料颗粒中除去。呈饼状、块状以及碎粒状的样品，应先用研钵研碎，但不能用粉碎机粉碎，因粉碎机粉碎得太细，会丧失体视显微镜观察的优越性。

2. 浮选法

对于有些饲料，必须用四氯化碳或氯仿将有机物和无机物分离出来。浮选法就是将样品浸泡在溶液里，然后搅动，并使其沉淀到有机成分，和无机成分明显地分离出来。一般上部是有机成分，下部是无机成分。然后，将各部分分别取出，置于陪替氏培养皿内，并让其在室温条件下干燥。采用四氯化碳和氯仿不仅能分离有机成分，而且还能除去样品中的油，提高镜检观测的清晰度。

（二）体视显微镜检测的装备

① 带有灯的体视显微镜。
② 具有10目、20目和10目筛子和底盘的样品筛。
③ 尖头镊子和解剖针。
④ 陪替氏培养皿。
⑤ 容积为100~150毫升的烧杯和不锈钢匙。
⑥ 试剂瓶。
⑦ 研钵和研杵。

（三）观察

无论是单样品还是混合样品，其观察程序都相同。首先要确定样品的颜色和组织结构，以获得最基本的资料；然后，通过饲料的气味（焦味、霉味、哈味、发酵味）和味道（肥皂味、苦味、酸味）获得进一步的资料 ；最后将样品品制备好后，进行显微镜观察。观察方法如下：① 将体视显微镜设置在较低的放大倍数上，调准焦点。② 从制备好的样品中取出一部分，铺散在陪替氏培养皿内，置于显微镜下观察。从颗粒较大的开始，并从培养皿的一端逐渐移动观察到另一端。③ 在观察的同时，应把多余的样品和相似的样品组分扒到一边，然后，再观察研究，以辨认出某几种不同的组分。④ 调节到适当的放大倍数，仔细观察样品的特征，以便于准确辨认。⑤ 通过观察物理特点，如颜色、硬度、柔性、透明度、表面组织结构等，鉴别饲料的结构。⑥ 检测人员必须事先练习和观察、熟记各种饲料的物理特点。⑦ 不是饲料的试样组分，含量少时称之为杂质；含量大时称之为掺杂物。

（四）观察合格产品说明

1. 谷物及其副产品

谷物为禾本科植物的果实。其主要外观是果皮和种皮相融合的一种颖果。种子一般在结构上分为3部分：一是融合在一起的种子外皮，即果皮和种皮；二是胚，又称胚芽，是含油量较大的部分；三是胚乳，是贮存部分，主要含有硬的和软的淀粉。上述各部分都可在体视显微镜下清晰的观察。

（1）玉米

玉米有多种，而一般用作饲料的是黄色和白色的玉米。玉米的籽实呈齿状，由皮层、胚乳和胚芽构成。

立体显微特征是：皮层光滑，半透明，薄而带有平行排列的不规则碎片状物。胚乳具有软、硬淀粉；硬淀粉又称角质淀粉，有黄色和半透明特点；软淀粉为粉质、白色、不透明、有光泽。胚芽呈奶油色，质软，含油。

（2）高粱

高粱的种类也有很多，其籽实的形状、粒度和颜色有所差别。颗粒多少呈圆形，端部不尖锐，直径4~8毫米，一端带有黑色斑痕，另一端有两个花柱的皱缩残留。高粱籽实的颜色有白色、黄色、褐色和黑色。籽实的局部被颖片覆盖，其颜色各异，有黄色、红色和深紫色，并带毛。深色的籽实通常有点苦味。与玉米一样，其仁粒有两种淀粉；胚乳外层淀粉可能硬，系角质淀粉；内层淀粉为白色，软而粉质化。高粱粉碎后的皮层一般仍附在角质的淀粉上。

立体显微特征：可以看见皮层很紧，除非在角质淀粉上，呈白色、红褐色或淡黄色，因品种而异。角质淀粉不透明，表面粗糙；软质淀粉呈白色，粉状，有光泽。颖片硬而光滑，具有光泽的表面上有毛显现，颜色为淡黄、红褐色乃至深紫色。

（3）稻米副产品

稻谷窄而长，品种各异，有较厚的纤维状外壳。稻壳约占稻谷重量的20%，富含硅，由外稃和内稃构成，外表面有横纹线及针刺状茸毛。无花的颖片附在稻谷的底端，有的品种有顶芒。

稻谷脱壳后即为糙米，仍被糠层包裹，经研削后可除去糊粉层和胚芽。碾米加工可得到3种主要副产品，即统糠、米糠和碎米，都是良好的饲料原料。统糠中含有大量稻壳，少量的米糠和一些米粞。米糠中含果皮、胚芽和一些米粞。碎米是碾米过程中从较大的米粒中分离出来的小碎米。

立体显微特征：稻壳呈不规则片状，外表面有光泽的横纹线，颜色为黄到褐色。米糠为很小的片状物，含油，呈奶油色或浅黄色，并结成团块状；脱脂米糠则不结成团块状。米粞表面光滑，开头不规则，质硬，半透明，白色，蒸谷米的碎米则为黄褐色；碎米的粒度大于米糠或统糠中的米粞粒度，载面呈椭圆形。胚芽呈椭圆形，平凸状，与米粒相连的一边弧度大，含油；有时可看到胚芽已破碎成屑。

（4）小麦及其副产品

小麦粒为椭圆形，黄褐色。顶端不尖锐，并具有毛簇。腹沟深，长6~8毫米，贯穿麦粒。背部的底部是胚芽，约占麦粒的6%，麦粒含黏性淀粉82%~86%，麸皮或种子外皮层占13%，胚芽占2%。磨粉后麸皮和胚芽同胚乳分离开来。副产品主要有4种：小麦胚芽、麸皮、粗尾粉和细尾粉。对于小麦的副产品可根据籽粒特征予以判断。

立体显微特征：小麦麸皮粒片大小不一，呈黄色，较薄，外表面有细皱纹，内表面黏附有不透明的白色淀粉粒。麦粒尖端的麸皮粒片薄，透明，附有一簇长长的有光泽的毛。胚芽看上去软而平，近乎椭圆形，含油，色淡黄。淀粉颗粒小，呈白色，质硬，形状不规则，半透明，有些不透明或有光泽的淀粉粒附着在麸皮上。

（5）大麦

整粒的大麦为纺锤形，有5个棱角，腹沟宽而浅。大多数品种的大麦，其包被籽仁的外壳占整个麦粒重量的10%。外壳的颜色为淡黄色或黄褐色，背部表面光滑而不太亮，腹部有皱纹。有些品种有芒，去芒后的外壳仍附在颖果上。与小麦的外壳相比，大麦的外壳较薄，并且光泽较淡。大麦的仁（米）较硬，粉质性较大。大麦产品的种类很多，如麦芽、啤酒糟、大麦面粉及其副产品、大麦制品及其副产品等。这些均可根据颖果的一些特征来予以判别。

立体显微特征：外壳碎片呈三角形，具有突筋（脉），较薄；外表面光滑而色泽较暗淡，组织结构粗糙，呈淡黄色。麸皮光泽而暗淡，褐色，仍黏附有麦仁碎粒。淀粉为粉质性，白色，不透明，有光泽。

2. 油料饼粕

多种单子叶植物和双子叶植物以油脂的形式贮存食物。有些植物将油脂贮存在子叶里，而有些植物则主要贮存于胚乳中。

油料的饼粕是油料提出油后的副产品，他们富含蛋白质。从渍料中提取油的方法有两种：一种是压榨法；另一种是溶剂浸出法，通常的溶剂是烷类。一般只有含油量低于35%的油料才适用于溶剂浸出法制油；含油量较大的油料多采用挤压法挤出油脂。有的油料如花生、向日葵籽、棉籽等外壳较厚，壳中含有大量纤维，需要在制油前去掉外壳。饼粕的结构和特征取决于原料及提取油的工艺方法。

（1）大豆饼粕

大豆的籽实粒度、形状和颜色相差较大，但都呈卵圆形或近球形，呈黄色、绿色、褐色或黑色，有的品种表面有各种颜色杂于一体的斑点或斑纹。籽实由种皮和子叶构成。大豆所含油脂经压榨或浸出后剩余的部分，即饼粕，可以作为动物的饲料原料。

立体显微特征：外壳的表面光滑、有光泽，并有被针刺过的痕迹；其内表面为白黄色，不平，为多孔海绵状组织；外壳的碎片多为卷曲状。种脐——坚硬的种斑呈长椭圆形，带有一条清晰的裂缝，颜色为黄色、褐色或黑色。浸出油后饼粕颗粒形状不规则，扁平，一般硬而脆。豆仁颗粒看上去较光泽、不透明、呈奶油色至黄褐色。压榨的饼粉是压榨过程中豆仁颗粒外壳颗粒因挤压而结成的团块状。这种颗粒状的团块质地粗糙，其外表颜色较内部深。

（2）花生饼粕

花生果为长椭圆形，果皮不裂开，长3~4厘米，一般含两颗仁，多者3~4颗。其外壳呈奶油色或淡黄色，表面由于纵向突筋相互连接而呈网状。这种网络结构是由外壳硬层中的脉纹的机械组织形成，外壳下面有一层白而薄的纸状的衬里。外壳粉碎时，其表面的一些密实的纤维束被除去，还有许多外壳内表面白色松软部分被分离开来的碎片，这些在立体显微镜下很容易识别。种皮的颜色各异，一般是红色或棕黄色，也有的是粉红色或深紫色。种皮的纹理、脉脊和分枝清晰可见。花生饼粕通常是由种子，即花生粒压榨出来的，只有在生产不脱壳花生时才会用整个花生果。最常用的提油方式是压榨，有的也用溶剂浸出法。

立体显微：外壳表面有突筋，并呈网状结构。花生壳被粉碎后，其碎片硬层为褐色，较外层为淡黄色，内层为不透明的白色，较外层和内层质地软。纤维束呈黄色，因长短纤维交织在一起而有韧性。种皮非常薄，呈粉红色、红色或深紫色，并有纹理。

（3）棉籽饼粕

轧棉花将棉绒即长纤维与棉籽分离开来，但短绒仍留在棉籽上，其分布状态因不同品种而异。除掉短绒后，棉籽看上去较干净，颜色为褐色或黑色，长约12毫米，沿种粒有一细长的筋（种脊）。种脐长在宽端的种皮下面，圆形，特征与大豆种脐明显不同。棉仁大部分是皱折的子叶，仁内散布着黑色或红褐色含油腺体。棉籽的提油方法有压榨和溶剂浸出法两种。

立体显微特征：常看到短绒或者说纤维附着在外壳上和埋在饼粕粉块中。短绒倒伏状、卷曲和张开，半透明，有光泽，白色。外壳碎片为淡褐色、深褐色或黑色，厚硬而有韧性，沿其边沿方向有淡褐色和深褐色的不同色层，并带有阶梯似的面。种脐看起来是厚厚的碎片，呈褐色乃至深褐色。棉仁碎片为黄色或黄褐色，含有许多圆形扁平的黑色或红褐色油腺体和棉酚色腺体。棉籽经压榨将棉仁碎片及外壳挤在一起，看起来颜色较暗，每一碎片的结构难以看清。

（4）芝麻饼粕

芝麻种子粒度小，扁梨形，长2.5~3.0毫米，宽约1.5毫米，黑色、褐色或白色，表面光滑或有纹理，或者呈网状和带有小突起。种子含蛋白质20%~25%，油45%~55%。提取油后的饼粕为褐色或黑褐色。饼粕含蛋白质35%，并含有丰富的钙和磷。

立体显微特征：只要根据一个种皮碎片就能鉴别芝麻饼粕的种子结构，因为，种皮具有一个显著的特点，即带有微小而透明的突起，其外表面为不透明的白色，大小和形状不规则，并带有一些无光泽或有光泽的颗粒面。

（5）油菜籽饼粕

菜籽饼粕为小圆形，具有稍许光滑或呈网状的表面，也有的为黄色，具有较薄种皮。常采用的提油方式是溶剂浸出法。油菜籽粕是红褐色，质脆易碎。

立体显微特征：种皮和籽仁碎片不连在一起，易碎。种皮薄，硬度中等；外表面为红褐色或黑色，有些呈网状；内表面有柔弱的半透明白色薄片附着在表面上。籽仁为小片状，形状不规则，呈黄色乃至褐色，无光泽，质脆。

（6）木棉籽饼粕

木棉籽为倒卵球形，深褐色，直径4~6毫米，种皮上无绒毛。种皮厚而硬，呈褐色乃至黑褐色，有突出的柄和疤痕。沿种皮的边缘方向有褐色和黑色的不同色层，并带有阶梯似的面。籽仁大部分是皱褶的子叶。压榨和浸出油时，整个籽粒都用作原料。

立体显微特征：种脐和种皮特征与棉籽饼相似。籽仁颗粒为不透明的白色，无黑色或红褐色的点。绒毛有光泽，呈白色、淡黄色或灰色，有时可在娄木棉粉中看见。压榨木棉籽饼粕粉的颗粒由籽仁和种皮构成，与棉籽饼粉相同。

（7）椰子饼粉

椰仁干是椰仁除去外壳（果皮）后使胚乳和种皮干燥而获得的产品，含油约65%。种皮颜色为红色乃至褐色，无光泽，表面稍有些粗糙，很厚。胚乳为白色或灰色，有油腻感，半透明。压榨后剩余的是椰子饼粉，呈褐色或深褐色。

立体显微结构：椰子饼粉中可见有小片状的种皮，呈红褐色或黑色，很厚；有些种皮上有白色胚乳黏附着。外壳碎片的大小和形状不规则，质地似石，表面粗糙，并带有少量饼粉。胚乳呈白色、黄色或褐色，有光泽，形状不规则，蓬松。

（8）向日葵籽饼粉

向日葵籽底部尖，顶部圆，稍稍带有4个角，大小各异，颜色为印有白色、奶油色或黑色，或白色以上带有黑色纵向条纹。瘦果长达10~18毫米。外壳占整个种子的35%~50%，较脆，内有柔弱的白色种皮，并可看出由胚芽、子叶和1个尖尖的胚要构成的籽仁。壳的外表面孪生茸毛，长在伸长细胞的顶端，细胞内含深色色素。向日葵籽饼粕是由未脱壳或脱壳向日葵籽通过浸出法提油后的剩余物，即使脱过壳的向日葵粉粕中也残留一些碎片。

立体显微结构：外壳碎粒的大小、长度和形状各异，硬而脆，呈白色或白色带有黑色条纹。有些外壳碎粒在白色或黑色条纹褪掉后呈奶油色，且外壳有较深的平行线迹，光滑而有光泽；内表面则粗糙。仁粒的粒度小，形状不规则，颜色为黄褐色或灰褐色，无光泽。

3. 动物副产品

动物副产品主要来自水产动物及畜禽，其因所含蛋白质较高，多用作动物养殖的饲料。其产品的质量取决于原料和加工工艺。主要产品的质量特征如下。

（1）鱼粉

通常鱼粉是通过加压蒸煮、干燥以降低水分含量，然后粉碎加工而制成的。有些鱼粉加工厂在干燥前经过一道脱脂工序生产鱼油。鱼粉的动物性蛋白质质量好，动物对其吸收利用率较高。但下列因素可造成鱼粉成分和结构上的差异：① 原料产地和成分的不同，包括整鱼和鱼品加工下脚料的比例；② 加工方法的不同，包括脱脂、加热处理、干燥和某些废品的含沙量。

鱼粉是一种油腻的粉状物质，通常含有骨刺和鱼鳞，颜色有差异，包括黄色、灰褐色和红褐色，带有鱼腥味和腐烂味。

立体显微特征：鱼粉看上去是一种小的颗粒，表面无光泽，颜色黄到黄褐色，较硬，但只要用镊子夹时，就会很容易将肌肉纤维断片弄碎，肌肉纤维大多呈短断片状，多少有些平、卷曲，无光泽，表面光滑，半透明。骨刺的特征取决于鱼粉的何种部位加工而成的，如头部、腹部、躯干部、尾部等。眼球是一种晶体状的凸透镜状。鱼鳞是一种薄平而卷曲的片状物，外表面上有一些同心圆线纹，即年轮。

（2）虾粉

虾粉是虾制食品后的下脚料加工而制成的，也有的是利用小虾，如康虾、磷虾等加工制成的。他是由虾头、虾壳及虾肉的小碎片构成，所以，虾粉中含有大量的不能被养殖动物消化利用的几丁质。虾粉质脆、易碎，呈片状，含有由虾眼球形成的黑色颗粒，因虾体色的不同，而使虾粉的颜色也有差异，多为淡黄色、粉红色或橘黄色，并有一种特殊的气味。

立体显微特征：在显微镜下，可以看到的触角是虾触角的断裂片断，长圆筒状，带有螺旋形平行线。虾眼为复眼，看上去是皱缩的碎片，深紫色或黑色，表面上有横影线。虾肉粒大小各异，光泽暗淡，半透明，呈黄色或粉红色，有时质地硬，或肌肉纤维容易破碎成小片。来自身体部位的连续的壳片薄而透明，而头部的壳片较厚，不透明。虾腿片段为宽管状，带毛或不带毛，平而有光泽，半透明。

（3）血粉

血粉是由动物屠宰时的血液而制成的。一般是向动物血中通入蒸气，直到达100℃的温度，使其凝结成块，再排去水后，将血挤压，用蒸气加热干燥，最后粉碎即成。血粉呈巧克力颜色的粉状物，具有特殊气味。在其他加工工艺中，将煮后的血用喷雾烘干制成，也可以通过环形气流干燥，从而使得血粉的组织结构有所不同。

立体显微特征：血粉颗的粒度和形状各异，边沿锐利，颜色为红褐色或紫黑色，质硬，无光泽或有光泽，且表面光滑。用喷雾干燥法制得的血粉颗粒细小，大多是球形或破球状。

（4）骨粉

骨粉可以采用直接蒸气法（湿炼法）或蒸气压力法加工制成。在湿炼法加工过程中，物料被直接蒸气加热，将脂肪分离掉。然后，经挤压剩余物以除去残留脂肪，再经干燥、粉碎。这种方法生产出的骨粉中有骨灰、肉、血和腱的碎颗粒。而采用蒸气压法加工制成的骨粉为白色到灰色粉粒状，很少有骨头、肉和腱的碎颗粒。

立体显微特征：湿炼法生产的骨粉颗粒为小片状，不透明，白色，光泽暗淡，表面粗糙，质地硬，很难用镊子夹碎。有时，骨粉颗粒表面有血点，或里面有血管的线迹。蒸气加压法生产的骨粉颗粒可能比较上述方法生产的产品颗粒易碎。腱和肉的小片颗粒形状不规则，半透明，呈黄色乃至黄褐色，质硬，表面光泽暗淡或光泽滑。用浓度为50%的醋酸实验时，腱膨胀变软，并呈胶状；肉颗粒变软，并能破裂成肌肉纤维。血在显微镜下为小颗粒状，形状不规则，呈黑色或深紫色，难以破碎，表面光滑但光泽暗淡。毛为或长或短的杆状，红褐色、黑色或黄色，半透明，坚韧而弯曲。

（5）羽毛粉

家禽的羽毛粉分为三大类：外廓羽毛，具有硬的羽杆和羽片；绒毛，位于外廓羽毛下面，由软的羽毛和羽片组成，有些绒毛的羽枝直接从羽毛管的根部伸出；针状羽，有一根纤细的像轴一样的毛，带有很少几根羽枝或没有羽枝。

羽毛有一些硬的像轴似的杆子，称为羽干。其下部伸入皮肤内，空心，半透明，称为羽毛管或羽根。末梢部分为羽片，而贯穿羽片的茎称为羽轴。羽片由一系列平行的羽枝构成，每一羽枝的两侧各有一羽小枝，羽枝一侧的羽小枝具有小钩，能将相邻的羽枝连在一起。

水解羽毛粉是采取蒸所加压和加热生产出来的。有些生产者仅使用家禽羽毛作原料，有的则使用家禽羽毛、内脏、头和脚作原料。在显微镜下鉴别时，第二类羽毛粉中可发现骨头碎片。

立体显微结构：羽干像洁净的塑料管，呈黄色或褐色，有长有短，厚而硬，光滑而透明。外廓羽毛的羽轴大多数有锯齿状边，这里就是羽毛的羽片脱落处，但若加热温度过高，这一特点就会消失，而且颜色变成深褐色或黑褐色。有时在其扁平一面的中心部分可见深深的线痕。羽枝呈长或短的小碎片，蓬松，不透明，光泽暗淡，呈白色或黄色。有时因加工过程中过度加热而使颜色变为黑色。羽小枝呈粉状，白色或奶油色。在高倍体视显微镜（40×）下看上去为非常小而松脆的小碎片，有光泽，白色或黄色，并结团。羽根呈厚扁管状，黄色或暗褐色，粗糙，坚硬，并带有光泽的边。

（6）贝壳粉

用于动物饲料作钙源的贝壳粉有几种，一般是利用牡蛎、鸟蛤、小蛤及贻贝的壳粉碎制成的。

立体显微结构：贝壳粉颗粒质硬，颜色因贝壳种类的不同而异，多为不透明的白色或粉红色，光泽暗淡，或半透明。

二、饲料容重的检测

制备用于显微镜观察的样品时，将样品彻底混合。若含有杂质，容重即会改变。一般来说，杂质或掺杂物有时被粉碎得很细小而难以发现，因此，还应对细颗粒做更仔细的观察。标准动物饲料样品的容重见（表3－7）。

饲料容重测量样品的制备可分为两部分：整颗的谷粒和粉粒状的饲料应彻底混合，无需粉碎；颗粒、碎粒和粉状的饲料必须用糕点度均匀（10目的筛）的粉碎机粉碎。具体制备程序是：

① 将样品非常轻而仔细地放入1 000毫升的量筒内，直到刚好达到1 000毫升时为止，并用铲或匙子调整容积。

② 将样品从量筒中倒出，并称重。

③ 以克、升为单位计算样品的容重，每个样品反复测量3次，以其平均值为准。

④ 最后将所设样品容重与标准样品的容重进行比较。

表3－7　标准动物饲料样品的容重　　单位：克/升

原料	容重	原料	容重
干苜蓿	224.8	花生饼粕	465.6
大麦	353.2～401.4	家禽副产品	545.9
血粉	610.2	碎米	545.9
干啤酒糟	321.1	米粉	809.3～821.7
黄油奶水	642.3	米糠	350.7～337.2
木薯粉	533.4～551.6	稻壳	337.2
椰子饼粉	433.5	带壳橡胶籽饼粉	731.5～753.1
玉米	626.2	脱脂乳	642.3
玉米粉	701.8～722.9	虾粉	401.4
玉米和玉米芯粉	578.0	大豆饼粕	594.1～610.2
玉米麸质饲料	481.7	脱壳大豆	642.3
玉米麸质粉	529.9～545.9	大豆壳	321.1
棉籽壳	192.7	高粱	545.9
棉籽饼粕	594.1～642.3	高粱粉	706.9～733.7
油脂（植物、动物）	834.9～867.1	肉粉	786.8
羽毛粉	545.9	小麦	610.2～626.2
鱼粉	562	小麦麸	208.7
肉骨粉	594.2	小麦细尾粉	321.1
糖蜜	1413	小麦标准尾粉	337.2
一、二磷酸盐	915.2～931.3	乳清粉	542.3
燕麦	273.0～321.1	干啤酒酵母	658.3
燕麦粉	352.2		

三、快速与点滴实验的特定分析方法

（一）矿物质的点滴实验

渔用饲料中所使用的矿物质无非自然产品和人工化学合成产品两大类。矿物质是动物的骨骼、血液、蛋白质、脂肪等的组成成分，并参与消化液的酸碱度调节等。可以说他们参与鱼体代谢的各个过程，需要量不多，但却不可缺少。

1. 样品的制备

混合饲料中的矿物质一般呈粉状或细小的颗粒状。筛分样品，并将颗粒较细的部分倒入盛有100毫升氯仿的烧杯中，倒出浮物，再把剩下的实验材料用小勺撒到滤纸上进行点滴实验。

2. 几种成分的测定方法

（1）钴铜铁

试剂：

溶液A——酒石酸钾钠溶液（罗谢尔盐 = $KNaC_4H_6O_6 \cdot H_2O$）。用蒸馏水溶解100克该盐，制成500毫升溶液。

溶液B——亚硝基-R-盐溶液。用蒸馏水溶解1克1-亚硝基-2-羟基萘-3，6二磺酸钠盐，制成500毫升溶液。

程序：

① 用3~4滴溶液A浸湿滤纸。

② 将实验样品撒到滤纸上。

③ 加2~3滴溶液B，待滤纸干燥后用微镜仔细观察。

阳性反应：

① 钴呈粉红色。

② 铜呈淡褐色，呈环状。

③ 铁呈现深绿色。

（2）锰

此为二氯化锰、硫酸锰和碳酸锰实验。

试剂：

溶液A——2摩尔氢氧化钠。

溶液B——将0.07克联苯胺二盐酸盐溶解于10毫升冰醋酸中，搅拌，再用蒸馏水稀释到100毫升。

程序：

① 用溶液A浸湿滤纸。

② 将实验样品撒于滤纸上，让其静止1分钟。

③ 加2~3滴溶液B。

④ 若不立即发生反应，再加溶液B，但不要溢出。

阳性反应：

① 氧化锰呈现深蓝色，带有一黑色中心区。

② 硫酸锰很快呈现出较大的浅蓝色斑。

（3）碘（碘——碘化钾实验）

试剂：

淀粉试纸。

溴溶液——将1毫升饱和溴水，用蒸馏水稀释至20毫升。

程序：

① 用溴溶液浸湿淀粉试纸。

② 将实验样品撒于淀粉试纸上。

阳性反应：

碘化物呈现出蓝紫色。

（4）镁（硫酸镁实验）

试剂：

溶液A——1摩尔的氢氧化钾。

溶液B——在25毫升蒸馏水中深解12.7克碘和40克碘化钾，搅拌均匀，再稀释到100毫升。

程序：

① 将溶液A和超量的溶液B混合制成很深的褐色混合液。

② 取少量该混合液，加2~3滴溶液A，直到变成淡黄色。

③ 用此淡黄色溶液浸湿滤纸，再撒上少许实验样品。

阳性反应：镁呈现出黄褐色斑点（注意：溶液A和溶液B的混合液变质很快，要现用现配）。

（5）锌

试剂：

溶液A——2摩尔氢氧化钠。

溶液B——溶解0.1克双硫腙于100毫升四氯化碳中。

程序：

① 用溶液A浸湿滤纸。

② 撒上少量实验样品。

③ 加2~3滴溶液B。

阳性反应：

锌呈现出木莓红色。

（6）硝酸盐

试剂：

① 二苯胺。

② 浓硫酸。

③ 蒸馏水。

程序：

① 将试样置于白色滴试板上，加2~3滴二苯胺晶粒和1滴蒸馏水。

② 加上1滴浓硫酸。

阳性反应：

硝酸盐呈现出深蓝色。

（7）磷酸盐

试剂：

溶液A——溶解5克钼酸胺于100毫升冷蒸馏水中，倒入35毫升硝酸。

溶液B——溶解0.05克联苯胺于碱或盐酸盐于10毫升冰醋酸中，并稀释到100毫升。

溶液C——饱和醋酸钠溶液。

程序：

① 用溶液A浸湿过滤纸，然后，放于烘箱中烘干。

② 加1~2滴试样，接着加溶液B和溶液C各1滴。

阳性反应：

磷酸盐呈现出蓝色斑点或环。

（8）硫酸盐

试剂：

① 5%的氯化钡溶液。

② 1∶1的盐酸溶液。

程序：

① 将试样放于表面玻璃或陪替氏培养皿中，然后，加入2~3滴盐酸。

② 加1~2滴氯化钡溶液。

阳性反应：

有白色沉淀物生产。

（9）硫（游离态）

试剂：

① 稀的氢氧化钠溶液。

② 1%的氰化钾溶液。

③ 1∶3的硫酸。

④ 氯化铁稀释溶液。

程序：

① 样品制备与氯化物实验相同。

② 取几毫升样品放于陶瓷坩埚中，同时加入4~5滴氢氧化钠溶液与其混合。

③ 将坩埚置于热盘上，使混合物蒸发变干；然后，加上23滴氢氧化钾溶液，再次蒸发。

④ 向蒸发剩余物中加3~4滴硫酸，再加氯化铁溶液。

阳性反应：

当硫存在时，呈现出明显的红色。

（二）矿物质与其他成分的快速实验

1. 碳酸盐

试剂：

① 1∶1 的盐酸。

② 水。

程序：

① 取少量的试样放在表面玻璃上或陪替氏培养皿中。

② 加 4 ~ 5 滴冷盐酸，再蒸气浴锅上加热。

③ 用手持式放大镜可观察到的气体产生。

2. 氯化物

试剂：

① 5% 硝酸银溶液。

② 1∶2 的硝酸溶液。

③ 1∶1 的氨水溶液。

程序：

① 将 1 ~ 2 克样品放于 100 毫升烧杯内，再加入 30 毫升的硝酸，搅拌均匀，并静置 2 ~ 3 分钟，让其反应。

② 取 2 ~ 3 滴反应液到陪替氏培养皿中，再加入 2 ~ 3 滴硝酸银，即产生白色沉淀物。

③ 为了验证结果，加入 3 ~ 5 滴氨水，沉淀 即溶解，整个白色沉淀物消失。

3. 盐（氯化钠）

试剂：

① 5% 硝酸银溶液。

② 1∶2 硝酸溶液。

③ 1∶1 氨 水。

④ 标准氯化钠溶液（0、0.1%、0.2%、0.3%）。

程序：

① 取 1 克样品，加入 100 毫升蒸馏水，搅拌均匀，然后，用 Whatman 4 号滤纸过滤。

② 用移液管吸移 1 毫升氯化钠溶液和 8 毫升硝酸溶液，搅拌均匀，然后，加入 1 毫升硝酸银溶液。

③ 搅拌并将实验样品与标准样品做比较（这一实验应在 5 分钟内观察完毕）。

阳性反应：

盐呈现出白色混浊。

4. 糖（蔗糖）

试剂：

① 浓硫酸。

② 蒽酮。

③ 蒸馏水。

程序：

① 取0.1克试样放于20毫升试管中。加45毫升蒸馏水。

② 握住试管，倾斜40~45度角，沿试管加入蒽酮粉末0.05克。

③ 加入2~3滴浓硫酸。

④ 若呈现蓝绿色，则表示蔗糖存在。

5. 尿素

试剂：

① 尿素酶溶液——将0.2克尿素酶粉末溶解于50毫升蒸馏水中。

② 标准尿素溶液（0、1%、2%、5%）。

③ 0.1%甲酚红指示剂。

程序：

① 准确称取10克样品，加入100毫升蒸馏水，搅拌均匀，然后，用Whatan 4号滤纸。

② 用吸管吸2毫升标准溶液和试样，分别放于白瓷滴试板上。

③ 加2~3滴甲酚红批示剂，然后，加2~3滴尿素酶溶液。

④ 让其反应3~5分钟，若有尿素酶存在，即显出深红紫色，且散开的像蜘蛛网似的形状；无尿素存在时，则显黄色。

⑤ 将实验样品与标准样品比较。此实验应在10~12分钟内观察完毕。

6. 血

试剂：

① 溶液A——溶解1克苯甲基于100毫升冰醋酸中，然后，用150毫升蒸馏水稀释。

② 冰醋酸。

③ 3%的双氧水。

程序：

① 将几颗血粒试样置于载玻片上。

② 用4倍体积的溶液A和1倍体积的双氧水混合，现用现配。

③ 在试样上加1~2滴混合液。

④ 如有血存在，血样周围即呈现出深绿色，反之则为淡绿色。采用低倍显微镜观察。

7. 蹄或角

试剂：

① 为了进行快速实验，选 2～3 粒琥珀色试样放入蒸发皿中。

② 向蒸发皿中加入 5 毫升冰醋酸，让其静置 60 分钟。

③ 若有蹄角存在，试样颗粒即呈硬而坚韧的原状。明胶则将变得软而膨胀。

8. 皮革粉

试剂：钼酸铵溶液——溶解 5 克钼酸铵于 100 毫升蒸馏水中，再倒入 35 毫升硝酸。

程序：

① 选褐色到黑色的试样颗粒放于陪替氏培养皿中。

② 加入 2～3 滴钼酸铵，然后，让其静置 5～10 分钟。

③ 皮革粉不会有颜色变色，而肉骨则显绿黄色。

9. 尿酸

试剂：

① 1∶1 的硝酸。

② 50% 的氢氧化钠。

程序：

① 将 2～3 滴样品放入 100 毫升烧杯中，加入 50 毫升蒸馏水搅拌，然后，让其静置 2～3 分钟。

② 将试样转移到蒸发皿中，并放到热盘上或烘箱内加热到 100℃左右。

③ 往蒸发皿的边缘加几滴硝酸，让其流下以浸湿颗粒，然后，蒸发 0.5～1.0 分钟，使之变干。

④ 若尿酸或其盐类存在，加热时，试样颗粒即变成橘红色或深红色。

⑤ 为了确认尿酸或其盐类的存在，使蒸发皿冷却至用手背感觉不到热为止；然后，用沾有 50% 的氢氧化钠溶液的细玻璃棒在颜色区域快速划动，浓紫色几乎会立即出现。

10. 尿素酶活性

原理：采用的是 Gold Kist 方法。大豆饼尿素酶的活性，是通过在有苯酚红指示剂的情况下，使尿素酶转化为氨气而作定性测量的。

试剂：

① 0.1 摩尔的氢氧化钠。

② 0.05 摩尔的硫酸。

③ 尿素苯酚红溶液：溶解 0.14 克苯酚红于 7 毫升 0.1 摩尔氢氧化钠和 35 毫升蒸馏水中。溶解 21 克尿素（试剂级）于 300 毫升蒸馏水中。将两种溶液混合均匀，再用 0.05 摩尔硫酸滴定到琥珀色（pH 值 =1）。

程序：

① 用0.05摩尔的硫酸将尿素苯酚红溶液调到琥珀色。

② 将一小匙作为充分混合的标准大豆饼粉（含1%、3%、5%、7%、9%、11%生大豆粉）和试样大豆饼粕放于一系列的陪替氏培养皿中。将试样放在中间的一个培养皿中。

③ 加入5~8滴琥珀色苯酚红溶液，轻轻地旋动以使皿内的样品能均匀混合浸湿。

④ 静置5分钟，然后将大豆饼粕粉试样与各种标准大豆饼粕作为比较。

读标：

NO.1　稍有活性：散布着的紫红色颗粒很少。

NO.2　中等活性：约25%的表面复盖着紫红色颗粒。

NO.3　活性：约50%的表面复盖着紫红色颗粒。

NO.4　非常活性：约75%的表面复盖着紫红色颗粒。

NO.5　蒸炒过度：5分钟后看不见有紫红色出现，让样品再静置25分钟，若仍无紫红色出现，该大豆粕即为蒸炒过度。

四、浮选技术和混合饲料成分的计算

为了解饲料原料的纯度，防止购入掺假饲料，以及了解原料中所含杂质的情况，当今的饲料显微镜检验工作者们在应用饲料显微镜检测方法时务求准确、快速和实用的基础上，又创出了一种新的饲料显微镜检测方法，即饲料成分和混合饲料的浮选技术。这是目前饲料显微镜检测中速度最快的方法。它是在饲料质量控制实验室中研究出来的，但很快得以应用，因为他是实验室内测定的饲料原料组分以及混合饲料主要成分百分比的一种快速方法。但饲料显微镜检测工作者必须具备一套各种饲料原料的参考样品和基本工具——显微镜，以便核对由浮选技术或其他技术检测的结果。

浮选技术是根据用汽油、浮油浮选饲料以测定所含杂质（如昆虫碎片、鼠类及其他杂质）改进而成的。据研究结果表明，往饲料及饲料原料中掺和溶液达到已知浓度后，就有可能将杂质及掺杂物分离出来，而且还能将饲料混合物中的某些成分分离出来。浮选技术是近几年来在饲料质量控制技术的实验室研究中得出的，并很快应用到饲料质量控制工作中，从而使得饲料从原料阶段就开始得到良好地控制，进而使得饲料质量得到控制，达到理想优质的质量标准。到目前为止，国外已用浮选技术研究了几百种饲料原料，并得出了这些饲料原料的各组分含量及各种比例的百分比。目前，大部分饲料生产企业都希望其饲料显微镜检测人员能在尽可能短的时间内按饲料原料的百分比进行各种饲料原料成分的鉴定，浮选技术在此方面则显示了其技术的优越性和重要性。由此可见，浮选技术满足了当代饲料质量控制的实验室工作需要，节省了时间（相对于化学分析方法而言）。

（一）浮选技术所需设备和仪器

① 显微镜（体式显微镜和复式显微镜）。
② 烘干箱。
③ 离心分离机（1 200～1 500 转/分钟）。
④ 天平（精确度 0.1 克）。
⑤ 瓷质研钵和研杵。
⑥ 离心箱（10～40 毫升）。
⑦ 滤纸（2 号和 4 号）和粗孔滤纸。
⑧ 离心管架。
⑨ 漏斗架（盛放 4～6 个漏斗）。
⑩ 漏斗（直径 8～10 厘米）。
⑪ 搅拌器。
⑫ 小匙（不锈钢质）。
⑬ 烧杯（50～100 毫升）。
⑭ 刻度试管（任选）。
⑮ 加热板。
⑯ 陪替氏培养皿。
⑰ 量筒（5～20 毫升）。
⑱ 抽气瓶、泵。
⑲ 蒸了皿（20～100 毫升）。
⑳ 其他：滴瓶、载玻片、盖玻片、滴管、纸杯、表面玻璃、镊子、刮勺等。

（二）浮选技术所需试剂

① 四氯化碳。
② 无水已醚或石油醚。
③ Skellysilve 溶液 B 或 F。

（三）样品的制备

整粒的原料、碎粒饲料及颗粒饲料必须粉碎均匀，并通过 10 目筛板。高脂饲料最好是加乙醚脱脂后粉碎，然后，按下列程序制备样品。

① 取 10 克样品在研钵中研磨后倒入 100 毫升乙醚，静置 4～5 分钟；

② 用研杵轻研样品 1～2 分钟，然后，将乙醚倒入管心管中，使细颗粒与液体分离开来；

③ 用淀帚轻轻搅动研钵里的样品，然后，放入烘干箱内，在 110℃下烘干；

④ 将离心管中的乙醚倒出，将沉淀物连同离心管放入 110℃的烘箱中烘干；

⑤ 将离心管中的细微颗粒倒出，与样品合并为一，再置于烘箱中烘干 10 分钟，冷却后即可用于浮选分析。

（四）浮选技术的应用

1. 饲料或混合物料中有机组分与无机组分的浮选分离

① 将 10 克饲料样品倒入 100 毫升的高脚烧杯中。

② 往烧杯内倒入四氯化碳约 90 毫升，搅拌均匀，然后，静置沉淀 10 分钟。

③ 用不锈钢匙将上浮的有机物撇入滤纸（Watman 4 号）上，并将烧杯及不锈钢匙上黏附的有机物全部放入滤纸内。

④ 将液体和沉淀的无机物倒入另一张滤纸上，并用四氯化碳仔细清洗烧杯后一并倒入滤纸上。

⑤ 将两张滤纸都放入 110℃的烘箱内烘干 10 分钟，然后，取出冷却。

⑥ 分别称重，由两部分干试样的重量可计算出有机物和无机物的大致百分比。

⑦ 经 15 × 放大倍数的显微镜上观察上述两部分试样，并与已知试样比较。

2. 植物纤维和动物毛发的检测

用 15 × 倍放大倍数的显微镜观察有机物，并与已知样品作对比，常发现有植物纤维和动物毛发存在，此时，应加以鉴别到底是植物纤维还是动物毛发。具体操作为：

① 制备氯化锌——碘溶液。将 100 克氯化锌溶解于 60 毫升蒸馏水中，试剂瓶带有玻璃瓶塞；再加入 20 克碘化钾和 0.5 克碘晶体。瓶内留有几颗晶体以保持饱和状态，放置几小时后才能使用（溶液可保存几个月）。

② 挑出几种外观相同的毛发状物，分几堆放在陪替氏培养皿中。

③ 从每堆样品中挑出一些，分放在一块载玻片上。

④ 向样品上滴加几滴氯化锌——碘溶液，放置 10 分钟。

⑤ 置于显微镜下检查。若毛状物呈现出颜色，则褐色的为植物纤维，动物毛发会染上试剂的黄色。

3. 肉和骨的浮选分离

通常渔用饲料中所用的动物性饲料原料有骨粉、血粉、脱脂肉粉、鱼粉、蹄角羽毛粉、鱼汁、蚕蛹粉、畜禽下脚料粉及虾仁粉等。

在这些产品中往往混有动物的骨骼碎渣。若确定碎骨的含量，也可通过浮选技术进一步快速检测。具体操作步骤为：

① 将 10 克样品放入 100 毫升的烧杯中，从上方倒入约 90 毫升的四氯化碳，搅拌均匀，然后，让其静止沉淀。

② 用不锈钢匙将上浮的肉粉部分撇入一张 Watman 4 号滤纸上，并将烧杯壁上和不锈钢匙上的肉粉彻底清洗干净，一起放到滤纸上。

③ 将液体和沉淀物（骨粉部分）倒入另一张滤纸上，并用四氯化碳仔细清洗烧杯，一同倒入滤纸上。

④ 将两部分试样放入110℃的烘箱内烘干10分钟，然后，取出让其冷却。

⑤ 分别称重，计算比例（百分比）。

⑥ 与标准样品进行比较。

此项操作过程用于肉骨粉、脱脂肉粉、鱼粉及畜禽加工下脚料粉中的骨肉分离。

4. 动物性饲料原料中血的浮选分离

① 准确称取10克样品，放入100毫升的烧杯中，从上方倒入JSK39溶剂混合液，并搅拌均匀（注：JSK溶剂混合液是J、卡佳博士研制的，可用于分离配合饲料中的各种成分）。

② 剧烈搅拌，然后静置到漂浮层与沉淀层部分之间的液层变清。

③ 将漂浮层倒入Watman 4号滤纸上过滤。

④ 向沉淀部分上倒四氯化碳，然后，剧烈搅拌均匀，静置沉淀，再将上浮层倒入另一滤纸上过滤。

⑤ 将液体沉淀部分倒入另一张滤纸上过滤，仔细清洗烧杯壁后也倒入滤纸上。

⑥ 将3张滤纸上不同的样品部分均放于烘箱内烘干，取出冷却，称重并做显微镜检查。

⑦ 首先，漂浮部分分离出的样品为第一部分，用四氯化碳浮选分离出的样品为第二部分，在四氯化碳中沉淀的部分为第三部分。

⑧ 用30×放大倍数的显微镜检查第二部分。此部分中可能会有微量的羽毛粉，但以肉粉为主。在显微镜下检查第三部分，这一部分为骨粉和砂砾。检查第一部分，这部分中为可能含有微量的植物性物质和血粉、毛发碎片。

⑨ 称重并计算各部分样品的比例。

5. 从鱼粉浮选分离出水解羽毛粉

① 准确称取10克样品，放入100毫升的蒸发皿或高脚烧杯中，倒入JSK溶剂混合液。

② 剧烈搅拌均匀，然后静置沉淀，使上浮层与沉淀层之间变清。

③ 将上浮层倒入Watman 4号滤纸上过滤。

④ 向沉淀层上倒入四氯化碳，剧烈搅拌均匀后静置沉淀，将上浮部分倒入另一张滤纸上过滤。

⑤ 将液体和沉淀层倒入另一张滤纸上过滤，仔细清洗盛具后一并倒入滤纸上过滤。

⑥ 将三部分样品均放入烘箱中烘干，取出后冷却、称重。

⑦ 分别用30×放大倍数的显微镜检查。

⑧ 首先漂浮的第一部分中可能主要含有水解羽毛粉；在四氯化碳中上浮的第二

部分中可能含有微量的羽毛粉，但主要是鱼肉；在四氯化碳中沉淀的第三部分中主要是鱼骨及少量的砂砾。

⑨ 称重，比较不同部分的比例，并计算出所含物质各占比例。

6. 从鱼肉中浮选分离出橡胶籽饼粉

① 准确称取 10 样品，然后放入 100 毫升的高脚烧杯中，倒入 JSK24 混合液；

② 剧烈搅动使其均匀，然后静置让其沉淀，直到漂浮层与沉淀层之间的液体变清为止；

③ 将漂浮层倒入 Watman 4 号滤纸上过滤；

④ 向沉淀层上倒入四氯化碳，剧烈搅拌均匀后静置，再将上浮部分倒入另一张滤纸上过滤；

⑤ 将液体和沉淀部分倒入另一张滤纸上过滤，仔细清洗烧杯壁，一并倒入滤纸上过滤；

⑥ 将三部分样品均放入烘箱中烘干，取出后冷却，称重，并分别在 30 × 显微镜下检查；

⑦ 第一部分中可能主要含有鱼肉；第二部分中可能主要含有橡胶树籽饼粉；第三部分中可能主要含有鱼骨和少量的砂砾；

⑧ 计算出各部分所占的百分比。

7. 从碎米中浮选分离出玉米芯粉

① 准确称取 10 克样品，放入 100 毫升的高脚烧杯中；

② 倒入 JSK12 混合液，搅拌均匀后静置，让其沉淀；

③ 将漂浮层倒入滤纸上过滤，然后放入烘箱中烘干 10 分钟；

④ 将液体和沉淀部分部分倒入滤纸上过滤，放入烘箱中烘干 10 分钟；

⑤ 取出冷却，称重，并在显微镜下检查；漂浮部分是玉米芯，沉淀部分是玉米粉；

⑥ 将玉米芯部分称重，并计算出所占比例。

8. 稻米产品的浮选分离

① 准确称取 10 克样品，放入 100 毫升的蒸发皿中，倒入 JSK 溶剂混合液；

② 剧烈搅拌均匀，然后静置沉淀，直到漂浮层与沉淀层之间变清为止；

③ 用一个不锈钢匙将漂浮层撇入 Watman 4 号滤纸上过滤；撇漂浮层时要注意不能搅动沉淀层；漂浮层即为稻壳；

④ 将液体和沉淀层倒到滤纸上过滤；

⑤ 将两部分样品均放入 110℃ 的烘箱中烘干 10 分钟，取出冷却后称重漂浮部分（第一部分）；

⑥ 将沉淀部分倒入烧杯中，倒入 JSK4 号溶剂混合液，搅拌均匀后静置沉淀，直到上下两部分的液体变清为止；用一不锈钢匙将漂浮部分撇入滤纸上过滤，注意

不要搅动沉淀层；过滤后放入烘箱中烘干10分钟；这一部分将是碎米（第二部分）；

⑦ 将液体和沉淀部分倒入滤纸上过滤，放入烘箱中烘干10分钟，这一部分将是米糠（第三部分）；

⑧ 待三部分样品冷却后分别称重，并用12×显微镜检查；

⑨ 分别计算出各部分样品所占的百分比。

9. 从大豆饼粉中浮选分离出大豆壳

① 准确称取10克样品，放入100毫升的高脚烧杯中，倒入JSK溶剂混合液，剧烈搅拌均匀后静置沉淀，漂浮层将是籽仁部分，沉淀层将是种皮或豆壳部分；

② 将漂浮层倒入Watman 4号滤纸上过滤；

③ 将沉淀层倒入另一张滤纸上过滤；

④ 将两部分试样均放入110℃的烘箱中烘干10分钟，取出后冷却；

⑤ 分别称重，计算出总重及籽仁部分、豆壳部分所占的比例；

⑥ 用显微镜检查各部分。

10. 从棉籽饼粉中浮选分离出棉籽壳

① 采用JSK溶剂混合液，按上述9进行操作；

② 将漂浮层和沉淀层分离出来，过滤，放入110℃的烘箱中烘干；

③ 将各部分分别称重，计算出棉籽壳所占的比例；

④ 将各部分置于显微镜下检查。

五、谷物水分含量的现场测定

谷物含水量的多少与谷物的收割及加工、贮存工艺直接相关，也关系到用于生产的配合饲料的质量。谷物的脱粒质量和谷粒的破裂程度也受到水分含量的影响。将谷物干燥至所要求的水分含量范围内所需能量的多少受到收割时谷物含水量的影响；谷物含水量的大小也是确定其质量等级和价格的决定因素之一，因为，谷物在交易过程中是以谷物的含水量为定价依据的，并不是以干物质多少为依据。因此，精确测定谷物的水分含量对于防止在其收割及贮存时所出现的损失以及取得良好的价格都十分重要。

（一）水分测定方法及测量仪的种类

1. 谷物水分的测定方法

谷物含水量的测定方法主要有两种：即直接法和间接法。直接法又称为主要方法，它是设法把样品中的水分除去，然后再测定水分量；间接法又称次要方法，此方法是测定谷物与水分含量有关的一种特征。

直接法有（Karl Fisher）滴定法、烘箱烘干法和蒸馏法，其中烘箱烘干法和蒸馏法是常用的方法。通常农民并没有测定谷物含水量的意识和技术，此项工作在我国主要是粮食部门及批量消费者自己来做。间接法主要是以直接方法所测定结果为依据，并对其结果进行校正以提高测定的精确度。

2. 测定仪器的种类

目前，国内外测定谷物含水量的仪器主要有电测定仪，采用电测定仪测定是现有各种测定方法中最为简便的方法，其中最基本的为电阻式测定仪和介电式测定仪。这些仪器的测定结果受温度、水分、谷物种类及样品处理的影响。但电测定仪对样品水分含量的测定结果的精确度大多在直接测定值的 ±0.22% 范围内。

（二）电子测定仪

电阻式测定仪在触点间将谷物籽实部分压碎，以便于电接触良好。电阻式测定仪的精确度取决于谷物娄实水分的正常分布，最近的研究表明，干谷物的电阻读数低，而新鲜潮湿的谷物的电阻读数高。将潮湿的谷物与干燥的谷物相混合，会使电阻值出现错误，电阻测量仪的精确度上限水分浓度为23% 左右，因此，浓度水分的导电性很强，很难检测出差异；水分浓度下限为 7%，此时的电阻仪测不出导电性，所以，对非常干燥的谷物所测定的水分含量结果度不很精确。

介电测定仪通过对精确称量的谷物样品进行电容或阻抗的测定来估测水分含量。谷物样本放在两个平板之间。这种测定仪适用的测量范围为水分含量在 6% ~28% 之间。谷物倒入测量盒中时应注意铺成均匀的平面。籽实表面有水分或温度补偿不足可能会导致测定误差。

（三）影响测定仪精确度的因素

电容式测定仪的工作原理大致如下：介电性在很大程度上取决于谷物的水分含量。研究表明，玉米水分含量在 12% ~16% 时，水分测定值误差为 ±0.8%；谷物水分含量为25% 以上时，测定值异常增大；当水分含量在 28% ~32% 时，测定值波动可能达 ±3.2%。因此，在测定大量谷物的水分时，最重要的就是要抽取多个样品，以求取平均值。

水分测定仪的精确度可能也受样本种类的影响。将同批谷物中的手工脱壳样品与用康拜因脱壳的谷物相比较，两者的水分测定值误差可达 1.0%。通常，随着样品破坏程度的增大，测定值的读数下降。这一点在谷物水分含量接近贮存所需要的安全值时愈显得重要。水分测定仪过高估测了实际水分含量。可能导致高水分含量的谷物入库，从而导致贮存过程中发霉。谷物的交易中，各种谷物的水分含量大多在 14% ~16%，由于谷物处理不当而导致谷物霉变的情况也多发于这一水分含量之间。因此，水分测定值必须可靠才能防止因读数错误而造成经济损失。

测定仪的精确度还可能受到温度、一天中的具体时间、操作正确与否的影响，也受到样品处理方法的影响。最近的研究表明，极为重要的是据主要方法所测定的数据值对水分测定仪进行标定。若不标定测定仪，则可能会导致不必要的经济损失。高估了水分含量则会高估谷物干燥所需能量，增加加工成本；而低估了实际含水量，会增加干燥过程中的能量消耗以及重量损失过多。

由于便携式测定仪适用现场应用，以及价格低廉，而平时不注意其保养，所以，应定期根据当地谷色或供应商的测定仪对其进行校验。

（四）注意事项

可以这样说，没有任何两台测定仪能给出完全相同的测定值，即使是同一型号的测定仪的测定值也有误差。因此，在购买测定仪时应注意下列事项：① 较轻便；② 在各特定的范围内测定值的精确度要高；③ 操作要求和结果显示方式；④ 维修费用的高低及维修是否方便；⑤ 测定时所需时间的长短；⑥ 是否可用于多种谷物含水量的测定。

如果你认为测定仪不精确，应先考虑以下几个问题，最后再决定是否更换一台新的。① 按维修指导，与当地贮存仓所用的测定仪对比，关进行校正；② 检查电池和电源；③ 重新阅读操作说明，以确保测定操作正确。

在购买了新的测定仪后或校正了测定仪的标定后，就可以提高抽样中的测定精确度。此时，应考虑下列问题：

① 确保由大田到卡车中采集的样品具有代表性。在大田中抽样最好是多点采取整个谷穗混合样品。对卡车半夜运的谷物不能只取顶部的样品，而应从整个床面由顶部到底部全面取样。

② 若对样品不立即进行分析，则应将所取样品保存于密封的塑料容器或瓶中。如果保存的时间超过一天，则应将其冷藏保存。对冷藏保存的样品，待其温度升至室温时才能打开容器盖进行分析，在升温过程中要频繁摇动容器，以便回收冷凝的水分，并使样品中的温度分布均匀。

③ 要严格按实验步骤进行操作，要确保谷物采样量、测定仪标定、温度补偿等准确无误。

④ 收获谷物的测定开始时，要对照已知精确度的测定仪，对自己的测定仪进行校正。然后要妥善加以保护，防止受到不良影响，如在卡车上颠跳等。

⑤ 取样品应在两个点以上，最好是5~6个点，然后才能测定。

第四节　渔用饲料原料的质量控制与分析

渔用饲料的质量问题关系到整个水产养殖业的发展及养殖效益的好坏。目前，饲料的质量问题已成为我国水产养殖业发展的限制因素之一。因此，必须尽快加以解决。饲料的质量控制必须从原料抓起，而我们对于饲料原料的质量控制及分析技术了解的还不多，也不普及，故此节集中介绍此项专用技术。

一、渔用饲料原料的质量控制

常规的饲料原料质量检测包括物理和化学两方面的特性。而一般化学评估是指以营养物质及其可利用率、利用性和评估。我们可以通过质量评估了解某种原料中粗蛋白的含量或该种蛋白在胃蛋白酶的作用下可被消化的能力；还可以通过一种非蛋白氮源的含量来推测粗蛋白含量以及硝酸铵、有毒掺杂物质的含量。所有这些与营养有关的问题都可以通过化学分析得出答案。对于我们所关心的营养源、污染物及掺杂物等，可以通过显微镜检查了解他们的特征，进而找到去除杂物的方法，使其质量得到保证。饲料的显微镜检查方法前面已做过描述，此处所指的是为了确定某种粉粕性原料是不是单一原料来源，例如，鱼粉是不是纯鱼粉，有无掺杂物。显微镜检查方法是所有饲料分析方法中最快速和最便捷的方法，能客观地分析原料特征，也是对较慢的化学分析方法的补充，是饲料质量及其原料质量控制的主要手段。

（一）原料质量的差异

相对于畜牧业而言，渔用饲料的质量要求较高，而且受几种主要因子的限制。首先，自然状态的变化最为明显。渔用饲料大部分原料的来源不是从个体的大小、年龄、蛋白质含量、骨骼的数量或其他因素来选择的，而往往更加注重原料混合后蛋白质的质量是否有保证，及价格是否低廉，也较为注重外观上的质量控制。其次是在加工过程中也存在质量上的差异。例如，虾类在加工成食品的过程中，其下脚料如虾壳等也往往掺在虾头中而一起加工成虾头粉。这种产品中的虾壳含量会较单独用虾头加工的虾头粉高，也就增加了非蛋白氮的比例。熟化和烘干过程的温度及制粒中的温度变化也会引起产品的质量差异。原料未及时加工时，因微生物的作用引起某些营养成分的改变，也就形成了水产养殖动物发病的潜在危机。此外，粉碎机也会产生一些变化因素。以上各种因素都会影响原料的内部结构、颜色以及营养成分，从而影响一些有关质量控制方面的检测方法的标准度。此外，由于水产养殖用饲料原料的价格较高，往往会诱惑一些不道德的商客们掺杂使假，牟取暴利。最可怕的是以硝酸铵作掺杂物，他是既便宜又易于得到的一种化肥，会对水产养殖动物产生直接的危害作用。如果我们从原料阶段起就注意质量控制，硝酸铵还是易于发现的，用化学方法还是显微镜观察，都很容易检测出来；还有一些危害性不大，但易掺杂的物质，如酵毒、发酵的植物残渣以及其混合物，或是将劣质的动物粉及海产杂鱼粉掺到优质鱼粉中。这些掺杂物不但会影响原料的氨基酸平衡，还会降低原料中蛋白质的含量，从而降低了饲料的使用效果。这些人为的特殊情况，显微镜检查往往发挥不了作用，必须借助其他方法。

原料经过加工后，在贮存和运输过程中也会产生质量的变化。如在遮盖或防护的储存区、或在装卸运输过程中长时间暴晒等都会导致原料的变化，对于包封于黑色塑料袋中的鱼粉来讲尤为严重。原料易受潮，从而加快细菌和真菌的繁殖活动，进而加快原料质变，尤其是鱼粉等高蛋白质含量的原料。相反，过低的温度及过于干燥的贮存环境也会导致原料的氧化腐败变质。

（二）原料的质量评估和控制

原料质量评估体系的技术操作人员可以从描述质量特征的检测方法中做出选择。选择试样并测定其在没有受到掺杂物及污染物影响时的确切特征是十分必要的，真实的质量检测必须得到保证，质量评估标准只是一种相对的概念，在一个饲料加工企业中，要根据设定的质量标准和对测试时间的限制选择既可行又不影响经济效益的检测方法。化学分析是最传统的质量分析方法，包括凯氏定氮方法测粗蛋白含量以及对粗脂肪、粗纤维、灰分、水分、盐及真菌毒素等一系列成分的测定。这些标准的测定方法对每一个试样的测定都要在一个小时左右，而且一个分析人员需要同时进行烘干、消化、蒸馏及其他几种较费时间的工作。这些测试得到的营养成分数据精确度较高。但一些掺杂物被混入试样中时，如硝酸铵等，如果此时没做非蛋白氮的分离实验，就会影响到粗蛋白成分所测数据的准确性。另外，还有一个时间性问题，从取样到最终得出结果，往往需要一段时间，因此，对于大型饲料厂而言，必须在原料装卸区保证有足够的贮存量才能保证正常的生产。

有时需要快速但不十分准确测定多个项目，此时，可用现场测试方式和快速测试盒。如用奈氏比色法测氨离子（硝酸铵污染物），过氧化物实验可用于测试血液污染物，酶联免疫吸附测试盒（ELISA）可用于测试真菌毒素，此外，还有一些较常见的测试盒。这些测试方法简便快捷，只要稍加培训就可以快速完成各项测试工作。简而言之，质量控制的第一项工作就是把握购入原料的质量检验。如果一个渔用饲料生产厂家能最大限度地控制原料质量，才有可能生产出优质的配合饲料。

饲料厂在大批购入原料时，拒绝或接受某一批原料时，往往是以定性分析信息为依据的。对于这一点，显微镜检查与分析工作就显得十分必要。但对于显微镜检查工作者必须进行严格的培训，使之对复杂的原料分析能提供快速而有效的数据。一个经过培训的合格显微镜检查人员能够在几分钟内做出有关原料所有数据分析，比同样受过培训的化学分析人员所用几个小时分析得出的信息还要多。

（三）饲料显微镜检验类型

饲料原料的显微镜检验类型可分为定性和定量分析两种。定性的显微镜检验是通过对原料外来物质的外表特征进行鉴定或通过对细胞及内部颗粒特征进行鉴定，对于后两种检验分别使用解剖镜和复式显微镜观察。对外来物质及原料的鉴定和质量评估既可对单一原料，也可对混合原料检验。

定量的镜检是检测一种成品饲料中所含的各种成分，或某种原料中掺杂物，或污染物的含量比例。大部分专业技术分析人员首先用解剖镜观察主要成分，然后，再用复式显微镜进行确认。利用偏振光、干扰对比、密度和颗粒分离及现场化学分析等方法都有助于定性和定量的显微镜检验。这一点在上一节已有描述。

（四）分析的类型

质量控制要从原料尚未卸货进仓库前开始。上面所提到的自然变化因子，如废弃物、掺杂物及污染物等都可借助于显微镜观察，并能参照标准进行对比。根据对比结果，质量评估人员可以提出建议，协助厂方做出决断，是接受还是拒绝某批原料。

如果在日常购入原料检查中，受过专门训练的显微镜检查人员不在场或没有参照标准，可以让受过培训的人员用 6 倍或 8 倍的简易放大镜检验。以蛋白质为主要成分的饲料生产问题，有 90% 都可以在这一阶段获得解决。

饲料厂的产品是成品饲料，快速的成品饲料检测也是重要的一环，因为他们与缩短仓储时间及销售后的一系列问题有关。成品饲料的每种成分都可以通过定性的特征和核对饲料标签进行检验。定量检验则可以通过核对饲料标签上的原料单及化学分析所测定的每种成分的含量来完成。成品饲料的外观检测可以尽可能地减少明显的质量问题，这些问题不必作为实验室常规工作。显微镜检查人员发现的一些问题往往难以或不可能从化学分析中得到解决。少量的掺杂物或低浓度的微量成分都有可能产生一些加工问题或原料的污染。通过比较成品饲料的颗粒大小、外观特征进行质量评估，然后改变加工工艺。许多商业性的官司，其最终裁决是以镜检技术人员出具的分析测试报告而定的。显微镜分析法也有一定的局限性，一是只停留在观察细胞结构的外观特征；二是各个显微镜检测技术人员的观察、比较标准样品的能力并不完全相同。

（五）所需仪器设备

饲料的显微镜检查所需仪器设备主要有：

① 准备已知原料和原料混合物的标准样品一套。要尽可能收集并保存各种原料成分及有关问题的样品。这是学习过程中的核心，也是大部分原料质检工作的关键。可以采用一些低价值而又易于购买的容器盛放，如使用过的塑料制 35 毫升胶卷盒，以用来大量收集样品。虽然有的显微镜检验技术人员喜欢用干净的密封样品瓶，但胶卷盒也能密封，并能长期保存大部分样品完好。

② 一台有广角目镜和物镜的解剖镜，放大倍数为 10 ~ 45 倍。变焦的物镜可以帮助提高观察速度。一台复式显微镜（常见的双倍镜筒，有多组透镜组成的显微镜）可以辨别和检验水产饲料中的许多细小颗粒，并应配备 10 倍的目镜及 4 倍、10 倍、40 倍和 100 倍的物镜。平台为机械调节，带有刻度以便观察；可以调节的聚光

器，并带有滤玻片，还有平面光栅等。此外，若经济上允许，还应备一台较精确的显微镜。

③ 光源采光器（双纤维管，发出冷光），也可以使用价廉的高光度台灯，但这种光不通过过滤光源，因其光质较差。当平台升高时，解剖镜光不够；但当平台降低时，这种光有时会使样品变得透明而不易观察。采光器一般都装在复式显微镜上。

④ 分级筛：一套3英寸[①]（或76毫米）直径的细筛，包括美国标准的10号、20号和40号的筛盘和盖；一般情况下，价格较便宜的塑料筛也可以用。

⑤ 天平：机械或电子天平、精确度到0.1克至0.01克。

⑥ 小工具：精确的不锈钢镊子若干把（最好是修理钟表用的）、直头及弯头的解剖针若干、6~150毫米的塑料尺（应具有英制及公制刻度）、解剖刀一把、小工具箱一个。

⑦ 现场使用的盘：一只白瓷盘，一只黑色的油漆玻璃盘。

⑧ 其他容器：瓷质蒸发皿、150毫米直径的玻璃培养皿、洗瓶、50毫升的小烧杯、预处理过的铅盘、铝箔和聚丙烯杯子。

⑨ 滤纸：粗质 Watman1 号或咖啡用滤纸。

⑩ 实验台：一块约15毫米×30毫米的硬质台，表面涂上黑色的珐琅质，用来展开待检的样品。黑色耐热塑料薄板是一种理想的实验台面，他不会被氯仿或其他强溶剂所腐蚀。

（六）水产养殖饲料原料分析中的特殊要求

在初级原料阶段，传统在检验方法对大部分普通的原料成分都适用，但成品颗粒饲料是经过先粉碎再加工制成的。由于加工过程难免带入掺杂物和污染物而产生很多问题，因此，显微镜检技术人员不得不使用比一般解剖镜放大数倍乃至几十倍数的显微镜来观察分析。有些水产用饲料还必须使用复式显微镜来进行检测，显然，这能增加分析检测技术本身的准确性和精确度；但也有缺点，即分析的样品有量的限制，往往达不到解剖镜分析的量。因此，正确的取样十分必要；只有正确的取样，才能得到较准确的分析结果。

大部分陆上动物和海洋动物的粉状原料经过浮选分离，然后，再进行检测就比较容易进行了。骨骼成分和其他矿物质可以通过物理方法来分离，如重力分离法、非极性溶剂法等。普通的浮选溶剂有氯仿、四氯化碳及乙烷等，也有其他用特制的混合溶剂，用他们可以做密度梯度。但使用含氯的溶剂时，操作要小心，并保持良好的通风条件，因为，含氯的溶剂往往有较大的毒性，甚至是致癌的；氯仿是较理想的溶剂之一，挥发快，对人体危害较小。

脱脂是浮选的第二大优点。脂肪外膜以及尘埃会减少光折射。尘埃不附在较大

---

① 英寸：英美制长度单位，1英寸等于1英尺的1/12。

颗粒的表面，会减少分析的误差。

通过浮选，虽然大部分情况下骨骼成分及其他矿物质成分能被分离干净，但每级成分会形成一个有差异的序列。生物性物质一般不可能被分离，他们会受到很多因素的影响，如遗传、环境、加工过热、压制和制粒后的聚合形式等；这些因子的存在，使不连续分级难以顺利进行。在分离的各个不同步骤中，通过对溶剂的改进，多次分级中的梯度浮选是有可能实现的。这些辅助分级方法，帮助分析人员辨别和测定原料成分，但仍然难以完全避免自然因子对不连续分级所造成的影响。

二、原料的显微镜检测技术

（一）基本要求

饲料的显微镜检测需要一个放大工具（显微镜或手持放大镜），经过专业培训的技术人员及一套可作为标准进行比较的样品。此外，分析人员还要广泛阅读有关的技术资料、前人的文献及培训、实习和自己学来的各种技能。

标准样品由显微镜检测技术人员自己去收集、制作，并保存样本，他是饲料显微镜检测的最终和关键环节。收集样品：样品组包括各种饲料原料，可能出现的掺杂物和污染物、添加剂、土粒、混合肥、毛发及其混入饲料中的杂物。而且，要认识到每一种加工副产品或废弃物都有可能成为动物饲料的组成成分。

收集标本，可以从本单位或原料供应商开始，选择较高质量的各种原料，以及被实验室拒收的那些原料样品。经常注意周围的饲料厂，并捡回一些门角、路边及装卸货物车下的散料，那些东西往往是典型的样品，正在分解的饲料用混入饲料中的杂物等。此外，还要熟悉那些经常出现在身边的东西，如水泥、石块、木屑、玻璃碴、植物茎叶、衣物纤维、毛发等，他们都有可能混入饲料中。同时，还要注意观察和分析如果他们混入饲料中是处于什么样的状态和形态。收集样品非常重要，要认真对待。样品收集后，一般用小而透明的玻璃瓶盛放，并注意密封保存，以最大限度地减少虫害入微生物污染。样品组应保存于避光的抽屉或文件柜内，以便观察对比。一般每个样品总量要 500 ~ 1 000 个，整齐有序地排列将有助于工作的顺利进行，提高工作效率。

样品的准备：原料一般不需要经过什么处理，但要经过脱脂和分级，以便与待检的饲料成分相比较。陆上动物和海洋动物性原料应事先经过浮选，使分级梯度保持足够差距，这样，便于对照比较。大量的原料或饲料样本必须通过机械方法用分离器或手工每次取回四分之一样品。使用样品对照标准样品组时，每个人都要小心操作，保持原料标准样品的完整性。一旦某种有代表性的样品被确定，显微镜检测人员必须决定采取何种分析方法以获得最详实的信息。关于样品颗粒大小的加工处理方法有两种观点：

① 粉碎样品，并通过美国标准 40 号标准筛，以后的测试样品也做同样的粉碎

处理。

② 用一个研钵，捣碎大块凝结状的样品，保证所有同类样品颗粒保持原来的大小。虽然大部分镜检技术人员都尽可能地减少样品的加工处理，以保留原有样品的完整性；但水产养殖用的饲料粒径往往趋向小颗粒型；所以，（1）中的粉碎方法比较适用。原料的样品在镜检前要充分混合搅拌均匀，以避免细粉末的分离而导致不正确的质量评估分析。多数情况下，不需要特别的处理就可以直接进行分析，即使是粒状的配合饲料，也可以不进行处理。特别是硬和高密度的颗粒需要破碎，有时还要研磨成粉沫，一般可将矿物质从有机质中分离出来，但颗粒太坚硬不行。加水再造粒往往难以分析某些水溶性的盐类，因此，需要单独再做一份。膨化颗粒饲料的操作最为困难。总之，掌握一条原则，即每份样品都应处理成能提供给镜检人员最多的信息。

（二）定性分析

称量一份2.0克样品，分别用10号、20号和40号筛网过筛，然后，称量留在滤纸及培养皿上的每一份样品，有助于确定某种成分的大致含量。再称一份样品，放入瓷质蒸发皿中，在良好的通风条件下倒入氯仿，即可从无机物中吸出有机物。这是一种非常有效的脱脂方法，可以使观察某些含动物性或植物性脂肪的成分更容易。小心的取出有机物，然后，倒掉溶剂，风干有机物和无机物两部分，再过筛，并称重。如果已有现成的质量标准，那么，原料成分的评估就很容易了。但要注意，样品必须直接通过40号筛网，因为掺杂物往往颗粒较细小，易被遗漏检测。通过浮选分级后往往会发现石灰掺杂物在大豆粉中，某些含氨的盐类掺杂在矿物质中。当然，所有分离出的物质都要进行检测。原料的质量评估一定要依据原料的样本（标准样本）进行。

混合过的饲料评估很困难，粉碎的谷物在颗粒的浓缩物或混合时的浓缩物在粉碎前要通过粗筛分离，以减少碎谷的损耗。饲料袋上的标签也是一种对混合饲料检验的方法，他只需要验证每种成分的含量。有时需要检验主要成分的近似含量，以通过10号筛而留在20号筛上的方法来测定主要成分；有时，一些有疑问的成分经过细粉碎，直接通过20号筛；也有时要用到40号筛，根据需要而定。

（三）定量分析

目前，饲料显微镜检测技术被认为是最快、最佳的饲料质量评估技术手段之一。原料和成品饲料中所含的掺杂物和污染物、原料成分的不明确、没有挂标签的原料或挂标签但未注意成分、原料中蛋白质和纤维的含量不明确等一系列问题，都可以通过显微镜检测技术来快速找到答案。

但定时分析技术没有定性分析那么容易。任何主观性的技能都是凭观察和实践经验来积累的，大部分镜检人员都在改进、提高操作技能，以便使这项工作做得更好，一般说来，没有一个人的定量分析技能是标准化的，由于分析方法不同而存在许多可变因子。当然，大家共同合作研究这些问题，会使所有检测结果更能接近真实情况，并相互提高检测水平。因此，就该行业而言，有必要制定共同的技术操作指南，以及参照标准，尽可能减少个人操作上的误差和不可比性。

应该指出的是，饲料显微镜检测人员应该选择一个最佳的操作方案，对待测定的饲料和原料成分进行定量的测量。下面介绍几种方法和实例。

1. 采样和称重

大部分精确的定量测定是检测出某一成分的所有颗粒，再分别称量各级颗粒。这是困难较大的实验室工作，所以，一般取样可以少一些，以减少劳动量；但前提是少量样品能反映所有特点。最好的样品是有色的或结晶状的物质，如棉籽饼粕或盐，那么在10~30倍的放大镜下就可以很容易分辨。若在限定时间内，只有容易分离的成分才能用手工捡出。如果测出含淀粉的胚芽并分离、称重，则可以肯定判断被粉碎的成分。

2. 标准比例的对照

定量测定方法是使用某种标准含量的、密度基本相同的物质，而该物质是可以测量的，通过测量来评估待测样品。例如：一种含1克盐、5克硫酸铜和94克磷酸二钙的混合物，可以建立一种以“重于氯仿”为划分校对度的单独成分分离法，确定含量比例。整个类似的标准系列有（代用两种组分时）10∶90、20∶80、30∶70、40∶60、50∶50或细划分到“5”。因此肉眼难以辨别5个单位以下的比例，故不可能得到更精确的结果。在显微镜中必须数几个未知视野来确定正确的比例。该标准法同样适用于“轻于氯仿”的梯度分级和其他一些特别的问题（畜禽粉和肉粉）。

3. 数细胞

第三种方法是非常机械的工作，需要准备一个细胞计数框和复式显微镜。细胞计数用载玻片可用医用品，普通载玻片和带有刻度的计数框可以买到。载玻片要仔细校对标准刻度，待测物也要做相同的处理，每次测定要数几个载玻片，取其平均值。

4. 分析法或用化学法验证此种方法是用粗蛋白含量来推测每种成分的含量，或验证其他方法获得的百分比含量

如果依据其他资料中的数据，不等于粗蛋白总量时，则这个百分比是不准确的，或是资料中的数据是不包括该种成分，或是一种乃至几种蛋白质成分丢失了。显微镜检测人员常常要多次验证每种成分的相关比例，或找到不平衡的原因。误差应在±10%以内，最好能在±5%以内。

（四）现场测试及其他化学分析方法

尽管显微镜检测人员可以根据颗粒的表面物理性状，如颜色、光泽、不规则性

等及细胞结构（细胞壁、绒毛结构、淀粉粒）来判断各种原料成分，但化学分析方法仍是一种重要的鉴定手段。化学分析方法可以排除一些问题的可能性，更接近真实的结果，而且，往往分析结果的准确程度较高，如果检验某些饲料的配方或各成分的混合比例是否正确，还可以测定其中的药物和添加剂情况。矿物质和维生素往往先加工成预混合剂，在饲料加工中才能检测到，一般预混剂中也只有1~2种重要成分要进行测定。下面介绍一些简单的方法，用于辨别一种混合物。取少量样品，通过40号筛网，将样品颗粒均匀地散在白色表面皿上。表面皿要预先加2滴试剂或直接将1滴溶剂滴在待分辨的未知结晶上。放于20倍的解剖镜下观察，反映情况为：

① 0.5当量（摩尔/升）的盐酸溶液可以使各种形式的碳酸盐产生气泡。

② 奎莫夏克（Quimociac）试剂可以产生一种典型的碳酸反应，产生气泡但没有沉淀，是因为某种特殊酸与碳酸盐反应。带气泡的黄色沉淀表明含有磷酸盐（如磷酸二氢钙、来源于碳酸钙和骨粉中），不产生气泡但有黄色沉淀则表明含有磷酸二氢钠、磷酸氢钠以及通过磷酸钙形成的磷酸二氢钙产物。

③ 0.1当量（摩尔/升）的硝酸银可以指示氯化物的存在；若这种白色沉淀不溶于硝酸，但溶于氢氧化铵，则为氯化物，所有氯化物都与硝酸银直接反应。

④ 蒸馏水可以使奶制品变成乳白色。膨化挤压过的和某些颗粒饲料一般都不会产生这种简单反应。

⑤ 5%浓度的氯化钾可使铁盐形成蓝色反应，遇铜则产生棕色，遇钴则产生紫色。

⑥ 由1克硼酸加入100毫升80%硫酸配制成的试剂（Sakaguchi）可在一定条件下产生反应：遇到碳酸盐产生气泡；遇到土霉素产生淡红色；遇到D-活性植物甾醇产生亮橘红色；遇到金霉素产生淡淡的红紫色。

⑦ 氯化钡（12克/100毫升浓度）溶液遇到硫酸盐会产生沉淀，硫酸盐不溶于浓盐酸。

（五）蛋白质饲料原料的特征描述

下面将介绍的内容是进行快速显微镜检测分析的重要内容。“大型”是指肉眼能观察得到并能分辨的饲料样品；“中型”指的是用放大倍数为10~50倍的解剖镜可以观察到并能分辨样品；“小型”指的是用放大100~400倍的复式显微镜可以观察并能分辨的样品。

1. 蛤蜊类产品

蛤蜊粉是用干净的没有腐败的蛤蜊肉经干燥、粉碎加工而成的产品；蛤蜊壳粉是用干净的蛤蜊壳磨制而成的产品。大型蛤蜊壳部分带有深色肌肉组织，在粉末中没有可辨别的明显特征。中型蛤蜊壳部分，壳面有同心圆的生长线痕迹，壳的一面有色匮。肌肉组织没有辨别的特征。小型的肌肉组织没有可辨别的特征，仅能从外观上辨别。

2. 蟹类产品

蟹粉是用蟹壳和没有腐败的蟹体经清洗后混合、干燥、粉碎加工而制成的。大型粗颗粒大部分是蟹壳成分，壳表面有明显的隆起部分。壳呈乳白色，带有一些橘红色素沉积的分节的蟹角，很容易辨别，同虾类产品相似。很细的粉末难以辨别，除非体节上有橘红色素呈现。蟹壳是几丁质的，遇到深度为1当量的盐酸会产生气泡。中型的产品呈乳白色的隆起壳结构，带有一些橘红色区（可辨别的重要特征）。壳的厚度也不一致，一些很厚；另一些则较薄而卷曲，看上去有点像谷物类的麸皮，只是他不含纤维素。小型的产品结构较疏松，要外边缘上的细胞呈蜂窝状，细胞与大豆细胞差不多大小，但蟹壳细胞是圆形的，而大豆细胞则是多角形的。蟹壳粉碎后的形状取决于壳层碳酸钙的含量。深色的蟹粉组织难以与其他海洋动物的粉末相区别。

3. 鱼类产品

褐色鱼粉是用干净的、没有腐败的全鱼或鱼体部分加工而成的。有的是全鱼，有的是部分身体，有的是提炼过鱼油后的产品，也有的是兼而有之。

白鱼粉是用干净的、没有提炼过油的鱼类加工副产品中没有腐败的鱼体部分加工制成的。还有一种是用鱼类的副产品制成的。

褐色鱼粉大多数由整鱼加工而成。如果白鱼粉用的是一种出售商品，那么应标明鱼头、鱼尾等。低温鱼粉也作为一种主要产品，容易分辨。

大型产品的鱼粉从淡褐色到深褐色，颜色取决于鱼类的种类及干燥时的加热程度。他可以是非常细的粉末或是粗粉（约通过8号筛网的颗粒）。在粗粉中很容易看到骨骼和鳞片。其气味非常腥，而且细腻。中型的产品，其骨骼和鳞片是鱼粉最显著的辨别特征。鱼粉（肉）没有特殊的鉴别特征；鳞片是卷曲的，半透明状，可以根据同心圆的生长线和辐射沟来辨别。骨骼很单薄、尖锐、易碎，表面带有珍珠光泽。还常常观察到如牙、皮、耳石和鳍条碎片等。小型的产品，其骨骼和鳞片仍是分辨的主要特征。骨骼为空的背景轮廓下的突起结构。在乳白色和灰色骨骼中还观察到黑线条状的网状结核。大部分空白处呈对称条纹，但大型哺乳动物及家禽动物的骨骼没有此特征。只有幼小的鸡鸭类会呈现部分的空白结构，但其中不具有网状效果。肌肉组织没有明显的分辨特征。

4. 虾类产品

虾粉是由未腐败的虾食品废弃物加工而成的，包括虾的部分及螯虾。虾仁头粉是由没有腐败的虾头加工而成的（不应添加其他加工过程中的外骨骼）。虾壳粉是由加工厂产生的虾壳加工制成的。大型产品，其结构较薄，呈云母状的外骨骼（外壳）与虾粉不同，组分里有分节明显的虾脚、蟹角及黑色眼组织。虾壳粉主要是一种非蛋白质的氮源，可以不含或少含蛋白质。足、蟹角和眼组织比含肉部分的虾粉更明显。中型产品中，其虾壳容易分辨，分节的足、蟹角是分辨的又一特征；眼组织比较常见。小型的产品中，虾壳有清晰、透明的组织，有不规则的网状结构。一些碎片呈交叉形，其他则呈三角形或多边形；这些特征可以通过调整聚光器角度及滤光片形成阴影效果来更形象地观察，也可以通过视野隔板以减弱其内部特征，从而使外观更加立体化。虾的复眼结构很容易分辨。虾仁肉组织没有明显的特征。

5. 鱿鱼类产品

鱿鱼粉是由未腐败的鱿鱼加工、干燥而成的粉末状产品。大型产品中，粗粉碎可以从较完整的小鱿鱼来判断。如果难以判断，就从蟹须及有花纹的碎块、清晰的乳白色几丁质内壳结构（有些种类还有羽状壳和角化的碎片等特征）加以判断。非常细的粉末没有很明显的特征。中型产品中，内部软甲壳略呈乳白色，往往在粉末中触须或与吸盘碎块的黑色色素的身体结构一起显现，其中带有黑色素点的特征可作为有效的辨别特征。小型产品中，内部软甲壳看不到线纹状等易辨别的特征。鱿鱼内壳碎片与鱼骨骼结构、虾壳结构不同之处是：鱿鱼内壳有些模糊，不透明，壳上分布许多细小的气泡，能在其中保存黑色液体，并从此处喷射出来。体色中有黑斑也是较易辨别的特征。

6. 海洋动物的浸出物

浓缩的鱼类溶液浸出物是由加工厂所排出的废水加工制成的。脱水的鱼类溶出物是由浓缩的溶出物干燥加工制成的。鱼类的内脏粉是由完整的鱼内脏（肝脏及其他内脏）干燥后加工而成的；其中至少含有50%的肝脏，它是目前已知的含鱼类腺体产品之一。鱿鱼内脏粉是由鱿鱼的肝脏及内脏干制而成的；它也含有50%以上的肝脏。浓缩的虾溶出液是由虾加工厂所排出的废水浓缩而成的。大型产品中，肉眼看不出有明显的特征。中型产品中，用其中的鳞片、骨骼、壳等特征来加以分辨。几种浓缩的粉末可以根据鳞片及甲壳痕迹来分辨。小型产品中，根据内部结构来辨别各种形式的溶出物。

7. 大豆类产品

用溶剂萃取油后的大豆粕是指用溶剂提炼大豆油后加工制成的粉状产品，再加入大豆壳成分，以符合含蛋白质的要求。去壳后提炼成油的大豆粕是指用溶剂提炼大豆油后加工制成的粉状产品，最后不再加豆壳成分。机械方法提炼大豆油后的豆粕是采用螺旋压榨机提炼大豆油后加工制成的粉状产品，还有一种不经过粉碎的产品自然资源大豆饼。挤压的全脂豆粕是由全脂大豆、经干燥或挤压制成的豆饼。烘烤全脂大豆粕是由全脂大豆不去除任何部分，将整个大豆、大豆粉或片状大豆用干热处理方法加工而成的，又称为热处理大豆产品。

大型产品中，豆粕可以通过豆壳结构形态来辨别，去壳的壳粕则不具这一明显的辨别特征。烘烤的豆粕（未粉碎）也可以辨别，溶剂提取过油或膨化加工的豆粕一般颜色较淡。机械榨油的豆粕一般颜色较深，且在豆饼外有烧糊的迹象，而内部却不太熟。烘烤的豆饼颜色有浅有深，因烘烤方式的不同而有所差异。

中型的产品，外壳表面有明显的凹洞。“腰点”处色深，虽然白色和浅色的腰点多见，但他们仍是用作分辨的重要特征。腰点的缝隙和边缘非常明显。在无壳的豆饼中也可常常见到壳结构，壳是掺杂进去的，豆壳常用作调节用溶剂萃取豆油后的豆粕的蛋白质含量。溶剂萃取油的豆粕中也含有一些小块圆边的颗粒。膨化压制的粉状或片状豆粕颗粒不规则。但可以从外壳的结构上进行判断和分辨。

小型产品中，豆壳的沙漏细胞和栅细胞是辨别的重要特征。壳结构从外表面可以观察到深色不规则的点状图案。沙漏细胞和栅细胞闪现出偏振光，可以在暗背景下观察到。

8. 其他产品及杂物

除上述所介绍之外，还有许多原料都被用作水产养殖用饲料原料，有时在普通原料成分中也会发现或多或少类似的掺杂物或污染物。下面再简单介绍一下主要的植物性和动物性饲料。

① 动物的毛发：未加工的毛发或屠宰动物残留的毛发作为饲料成分加入到饲料中。

② 血粉：原料主要来源于屠宰场。由干净的血经过加热处理制成。血粉的干燥有喷雾干燥和鼓风干燥等。

③ 啤酒糟：啤酒麦芽和干渣，有或没有其他谷类添加物及啤酒花。

④ 可可籽：可可产品加工厂的废弃籽，经干燥、粉碎而成。在我国此产品极少，而且仅产于南方个别地方。

⑤ 咖啡粉：速溶咖啡或其他加工厂的副产品经干燥、粉碎而成。此产品在我国也极少。

⑥ 棉籽粕：由棉籽榨油后的残渣加工而成，他可能含有壳及棉绒部分。我国大部分地方所产的是棉籽饼。

⑦ 水解羽毛粉或羽毛：家禽养殖场的羽毛经过磨碎或高压处理加工制成。

⑧ 未水解的羽毛：在家禽副产品的粉料中含有未经过加工过的羽毛，没有经过蒸气加压水解。

⑨ 动物的蹄角：组成肉和骨粉的成分之一。

⑩ 木棉籽：由木棉纤维加工厂的废物加工而成。

⑪ 肉骨粉：大型动物经屠后，骨头连着一些肉加工制成。他不含的皮、蹄、角、毛及其他部分。

⑫ 花生粕：由去壳、已榨油的花生渣制成。

⑬ 家禽粪便：由鸡鸭养殖场或屠宰场的动物块状粪便经干燥、脱毒后加工制成。

⑭ 皮毛粉：由革及鞋加工厂的副产品加工而成，如剪料、废弃料等。

⑮ 花生壳：由花生壳及花生衣加工而成。

⑯ 菜籽粕：由油菜籽榨油后的残渣制成。在许多国家，油菜籽已被突变种所代替（低芥子酸、代芥子油苷）。

⑰ 稻壳：由稻米的外壳加工而成。

⑱ 米糠：由稻米的外壳、种皮以及胚芽加工大米后的碎米渣等组成，油已被提取过。

⑲ 沙子：氧化硅，常见于壳粉中，也常见掺杂于许多产品中。沙子可由偏振光来分辨。晶体硅可产生偏振光，形成各种图案。

⑳ 芝麻籽饼：芝麻籽榨油后的残渣，经磨碎加工而成。

㉑ 葵花籽粕：葵花籽去壳，榨油后，其子叶及胚芽部分加工而成，再加入一些壳成分以调节蛋白质含量。

㉒ 木屑：木材加工的废弃物，如木屑、沙尘、刨花等。

对于以上各种产品、掺杂物及污染物，各显微镜检测人员要充分注意收集、观察、了解并拍照后保留影片，以便于对照分析。

三、部分原料的化学成分

简单的方法可用来测定各种饲料原料的营养成分，如水分、粗蛋白质、粗脂肪、粗纤维。这种方法和 100% 精确度的分析方法的区别在于非氮浸出物的含量（NFE）。NFE 的主要成分是可溶性的非碳水化合物。

蛋白质、脂肪及纤维素的测定方法一直在推陈出新，为使各地的测试结果间差异减小，并得以共同认可，今后几年会逐渐形成标准化。其中包括蛋白质的燃烧分析方法、脂类的超级液体萃取法和纤维素的洗涤分析法、酶催化法等。

原料的营养价值取决于产品的来源，副产品的加工及任何原有方式的混合。美国的国家研究委员会（The National Research Council）联合美国及加拿大的几个机构共同编制了“美国、加拿大的饲料成分含量表”，此外，其他一些国家也在相继编制。海洋动物产品及海洋动物浸出物的营养成分见表 3－8 和表 3－9，大豆制品的营养成分见表 3－10。所有这些表极具参考价值，内陆不但供饲料生产厂家参考，还可以有效地规范企业，使之所生产的产品和副产品更有营养价值。现将这些资料介绍如下，以便在今后的分析对比、生产等方面参考。

表3-8 海洋动物产品的营养成分 %

样品	产地	粗蛋白质（%）	水分（%）	灰分（%）	粗脂肪（%）	粗纤维（%）	钙（%）	磷（%）	盐（%）	蛋白质消化率（%±0.002%）	油的过氧化值（毫克当量/千克）
蛤蜊粉	印度尼西亚	12.1	1.5	82.7	0.9	0.34	31.0	0.5	0.8	53.88	不详
鱼粉	智利	62.9	11.7	16.6	8.7	不详	4.2	2.5	3.2	95.72	不详
鱼粉	智利	66.2	8.6	24.3	9.5	不详	4.24	2.56	–	94.49	不详
鱼粉	智利	67.2	9.9	14.8	7.9	不详	3.82	2.67	–	97.49	0.3
鱼粉	智利	68.6	11.1	13.9	7.4	0.17	3.60	2.39	–	97.29	不详
鱼粉	丹麦	68.7	11.6	10.4	8.2	0.03	1.50	1.93	–	96.50	0.3
鱼粉	印度尼西亚	60.7	9.0	14.4	12.1	0.2	3.29	1.55	–	58.90	不详
鱼粉	日本	68.5	8.1	15.2	10.9	0.03	4.04	2.66	–	95.90	0.3
鱼粉	马来西亚	62.4	7.7	22.2	6.5	0.49	4.9	2.3	3.2	95.89	不详
鱼粉	马来西亚	63.1	9.2	20.7	7.5	0.6	4.0	1.8	2.0	95.48	不详
鱼粉	马来西亚	66.6	6.5	18.7	7.7	0.26	4.83	2.74	2.8	96.80	不详
鱼粉	秘鲁	64.3	7.9	16.8	7.7	不详	5.36	3.0	–	91.60	不详
鱼粉	泰国	59.3	8.0	25.8	5.6	0.4	5.87	2.42	–	95.04	0.2
鱼粉	泰国	65.9	6.6	20.9	7.6	不详	5.69	3.13	–	95.86	1.2
鱼粉	泰国	70.2	2.8	12.9	13.3	0.5	3.32	2.30	–	96.71	1.7
鱼粉	美国	64.8	8.3	21.1	4.9	0.18	6.84	3.88	–	92.42	不详
鱼粉（白）	美国	62.7	6.5	23.7	4.6	0.4	7.57	4.29	–	92.78	0.4
鱼粉（蒸）	美国	71.7	6.8	13.9	8.4	0.1	3.45	2.43	–	96.37	不详

续表

样品	产地	粗蛋白质（%）	水分（%）	灰分（%）	粗脂肪（%）	粗纤维（%）	钙（%）	磷（%）	盐（%）	蛋白质消化率（% ±0.002%）	油的过氧化值（毫克当量/千克）
全虾	印度尼西亚	46.8	22.4	21.5	1.3	2.5	2.31	1.13	12.4	94.85	不详
虾头粉	印度尼西亚	32.7	13.3	40.4	2.0	10.8	8.76	1.31	10.5	72.91	不详
虾头粉	印度尼西亚	38.1	11.4	31.1	2.3	17.7	10.4	1.60	3.02	68.74	不详
虾头	印度尼西亚	43.2	10.3	25.5	3.2	13.4	8.27	1.39	1.54	77.55	不详
虾头粉	菲律宾	47.6	9.0	24.1	8.5	12.4	6.97	1.25	1.23	78.66	不详
虾头粉	泰国	50.8	6.9	22.9	7.5	11.8	7.20	1.15	1.15	82.28	不详
虾壳粉	泰国	47.9	10.5	26.2	4.2	12.0	7.53	1.37	4.23	81.23	不详
鱿鱼粉	泰国	59.0	13.1	15.2	9.0	0.17	0.30	0.92	–	89.80	不详
鱿鱼粉	越南	64.4	14.0	14.4	6.4	0.42	1.28	1.42	4.7	97.30	不详

表3－9　海洋动物浸出物的营养成分

样品	产地	粗蛋白（%）	水分（%）	灰分（%）	粗脂肪（%）	粗纤维（%）	钙（%）	磷（%）	盐（%）	蛋白质消化率（% ±0.002%）	浸出物（%）	油的过氧化值（毫克当量/千克）
鱼溶出物	日本	48.0	7.1	11.0	5.0	3.4	0.36	0.82	–	80.69	48.24	不详
鱼溶出物	日本	54.9	8.7	13.7	4.9	5.6	0.26	1.22	–	88.72	58.86	不详
鱼肝粉	日本	49.5	7.3	9.4	13.2	2.6	1.55	1.30	–	84.48	29.64	不详
鱼肝粉（细）	日本	53.0	4.7	11.1	6.7	2.2	0.09	0.99	–	80.17	47.64	不详
鱿鱼肝粉	日本	49.6	7.5	12.0	17.3	2.6	0.75	1.28	–	86.81	48.29	不详
鱿鱼肝粉	日本	50.6	12.2	9.8	21.4	0.4	1.67	1.13	–	83.87	31.89	不详
鱿鱼肝粉（细）	日本	41.2	9.6	12.5	12.9	4.5	0.57	1.56	–	73.54	39.72	不详
鱿鱼肝粉（细）	日本	57.0	8.0	15.5	14.4	1.2	3.60	2.28	–	92.84	33.50	不详
鱿鱼肝粉（细）	日本	62.2	10.2	19.9	6.2	0.5	6.84	3.72	–	90.95	8.92	不详

表3-10　大豆制品的营养成分

样品	产地	粗蛋白（%）	水分（%）	灰分（%）	粗脂肪（%）	粗纤维（%）	钙（%）	磷（%）	盐（%）	蛋白质溶解度（%）	尿素酶活性（pH增值）
大豆粕	印度尼西亚	43.3	12.1	6.5	2.5	2.3	0.29	0.72	-	78.8	0.24
大豆粕	印度尼西亚	43.4	15.0	6.1	2.0	5.1	0.21	0.69	-	66.8	0.18
FF大豆粕	马来西亚	38.4	7.8	5.8	15.5	4.2	0.28	0.66	-	85.9	0.27
大豆粕-48	马来西亚	47.8	10.7	6.2	1.6	2.9	0.26	0.75	-	81.0	0.02
大豆粕-46	印度	46.6	10.9	7.6	0.9	5.7	0.41	0.65	-	77.5	0.07

四、分析方法和步骤

（一）粗蛋白的测定

1. 凯氏定氮法

（1）基本原理

在硫酸和催化剂存在的条件下，含氮有机物中的氮会转成硫酸铵。若加入过量氢氧化钠，则会释放氨气，氨气可以被硼酸溶液吸收。氨气可以通过用标准浓度的盐酸溶液滴定而确定其含量。

（2）所用化学试剂

① 硫酸溶液，浓度为96%~98%，不含氮。

② 催化剂：由1千克的硫酸钾与30克硫酸铜混合而成，每次取4.5克混合物加入各样品中。

③ 防碰颗粒，如玻璃珠等。

④ 氢氧化钠溶液：40%~50%（W/V）。

⑤ 硼酸溶液：1%（W/V）。

⑥ 甲基红指示剂：将100毫升0.1的甲基红（溶于95%的乙醇中）与200毫升的溴甲酚绿（溶于95%的乙醇中）混合而成。

⑦ 盐酸溶液：浓度为0.2摩尔/升，在安培瓶中配制成标准溶液，或按照A.O.A.C的方法配制成标准液。

(3) 仪器

① 500 毫升凯氏消化瓶 (Kjeldahl digestion flask)。

② 250 毫升的锥形瓶。

③ 消化器和蒸馏架。

④ 加热器。

⑤ 蒸馏器一套。

(4) 操作步骤

① 准确称重 0.250～1.000 克样品，放入凯氏消化瓶中。

② 加入约 4.5 克催化剂及 14 毫升硫酸。

③ 倾斜灯笼瓶，缓慢加热，液体开始变清后，经常慢慢摇动烧瓶，保持液体沸腾状态 1 小时左右。

④ 冷却，将消化液转移到蒸馏瓶中，加入 200 毫升无氨水，再加入若干防碰颗粒。

⑤ 在接收瓶中加入 50 毫升 1% 的硼酸溶液，再加入几滴甲基红指示剂，连接好蒸馏管，使蒸馏出的液体滴入硼酸溶液中。

⑥ 加入足够量的氢氧化钠溶液（至少 75 毫升）稀释消化液，使混合物呈现强碱性。

⑦ 拧紧塞子，使氨气从蒸馏管中进入硼酸溶液。

⑧ 蒸发了约 150 毫升后，打开塞子，洗冷凝管，并转移液体到接收器中。

⑨ 用 0.2 摩尔/升盐酸滴定蒸馏液。另外要做空白对比实验，滴定量不应超过 0.5 毫升。

⑩ 最好在各种溶剂新配制时及在试剂使用过程中做几组空白实验。

(5) 计算方法

计算总氮量（%）和粗蛋白含量可用下列公式：

$$\text{总氮（\%）} = (V_2 - V_1) \times N \times 14/W \times 100/1\,000$$

$$= (V_2 - V_1) \times N \times 1.4/W$$

$$\text{粗蛋白含量（\%）} = \text{总氮含量（\%）} \times 6.25$$

式中：V_2——空白组滴定时标准浓度的盐酸使用量；V_1——样品组滴定时标准浓度的盐酸使用量；N——标准盐酸溶液的当量浓度；W——样品重量；1.4——氮的原子量；6.25——饲料中蛋白质与氮的转换量。

2. 可供选择的粗蛋白测定法

凯氏试管消化法正在取代传统的凯氏烧杯法，因为前者使用了高效平台加热和厚壁式燃烧管。两种方法的原理相同，但试管法所需试剂较少，消化时间也短一些。蒸馏是从燃烧管直接开始的，而且常常是自动的。滴定在某些模式中也是自动的，分离的滴定管可以购到。但溶剂和操作过程略有不同。

大部分实验室是为了减少对环境的污染而改用钛作为凯氏催化剂，配方据消化器及其基质的不同而稍有改动。一般混合物中含有硫酸钾、硫酸铜和二氧化钛。

第二种选择性的方法是燃烧氧化法。

(1) 仪器设备

① 用99.9%的纯氧，使加热炉维持在950℃进行彻底热解。

② 一套能将热解出的氮气分离，并有热导探测器测定的装置。任何形式的氧化氮都有可能转化为氮气（N^2）。

③ 测试仪，用来测定含氮量，并能给出百分数，N 经过校准，可测量范围为0.2% ~20%。

(2) 操作步骤

① 按照仪器设备的说明书操作。

② 用盐酸—赖氨酸或色氨酸连续测定10次，以此校正仪器的准确度。

③ 检查粉碎的细度和分析效果。

(3) 计算方法

仪器可自动计算并显示氮的含量（%）及蛋白质的含量（%）。

(二) 粗脂肪的测定

1. 溶剂萃取法——乙醚萃取法

(1) 化学试剂

石油乙醚，沸点40 ~60℃。

(2) 仪器设备

① 索格利特抽提器，约10毫升容量。

② 高效冷凝器。

③ 萃取烧瓶，250毫升。

④ 加热罩。

⑤ 蒸气浴锅。

⑥ 炉，(104 ±2)℃。

⑦ 萃取皿（30毫米×100毫米）中。

(3) 操作步骤

① 准确称取5 ~10克样品，放入萃取皿中。

② 用150毫升石油醚进行萃取，约4小时，保持冷凝速度为5 ~6滴/秒。

③ 萃取后移去萃取皿。

④ 用蒸气浴锅蒸溜掉所有溶剂。

⑤ 烘干装有萃取过脂肪的烧瓶（在100℃条件下30分钟即可）。

⑥ 在干燥中冷却后称重。

(4) 计算方法

$$粗脂肪含量(\%) = \frac{100 - (W_2 - W_1)}{W}$$

式中：W——样品重量（克）；W_1——萃取烧瓶的重量（克）；W_2——萃取烧瓶的重量加上粗脂肪重量（克）。

2. 可供选择的粗脂肪测定法

超级液体萃取法（SFE）已成为现代化实验室选择。主要设备为一台溶剂萃取仪，其价格较高，但平时的操作费用较低，故此方法已被广泛接受。此外，这种方法较溶剂萃取法节省时间，也不存在火灾危险。因所用的萃取液为二氧化碳液体，可以像液体一样渗透到基质中，并萃取脂肪。它甚至从膨化过的物质中萃取脂肪，只需采取酸水解即可。

因目前此方法所用的设备种类较多，几种 SFE 的方法各有特色，所以，很难集中归纳具体而统一的操作步骤，而且每种仪器设备都有其技术要求，因此，必须按仪器设备生产厂家的说明书进行操作。

(三) 粗纤维的测定

1. 多孔玻璃坩埚法

(1) 基本原理

含纤维的样品用 1.25% 硫酸和 1.25% 氢氧化钠溶液在特定的条件下进行消化反应，其干燥的残留物渣能完全点燃，粗纤维由纤维素组成，还含有木质素。

(2) 所用化学试剂

① 硫酸溶液：0.255 当量（0.127 5 摩尔/升），每 100 毫升中含 1.25 克的硫酸溶液。

② 氢氧化钠溶液：0.313 当量（0.125 摩尔/升），每 100 毫升中含 1.25 克的氢氧化钠溶液，不含碳酸钠。

③ n—辛醇，抗发泡剂。

④ 酒精、甲醇、异丙醇及试剂给酒精。

⑤ 石油乙醚。

(3) 仪器设备

① 带有冷凝器的消化器，配套 600 毫升的烧杯和可调温的加热盘。

② 过滤仪器——带陶瓷纤维的玻璃坩埚、漏斗、带有橡皮环的连接器及烧瓶。

③ 41 号 Whatman 滤纸。

④ 坩埚。

⑤ 干燥器。

⑥ 烘箱。

⑦ 隔焰炉（茂福炉）。

（4）操作步骤

① 准确称量2克细粉末状样品，用石油乙醚萃取，如果脂肪含量少于1%，则可省去萃取这一步。

② 移至600毫升的回流式烧杯中，要避免纸及刷子的纤维混入；加入200毫升即将沸腾的1.25%的硫酸溶液。

③ 将烧杯及冷凝器接到消化器上，煮沸30分钟（要准确掌握时间），并定时摇晃烧杯，防止洗出固体物质附着在烧杯上。

④ 用滤纸进行过滤，再用沸水冲洗，直到洗出的水不再呈酸性为止。

⑤ 清洗滤纸上的残留——残渣，放入盛有即将沸腾的1.25%氢氧化钠的烧杯中，进行回流30分钟。

⑥ 移去烧杯和通过滤纸的滤液，用沸水彻底清洗滤渣，然后将其移至一个带陶瓷纤维的玻璃坩埚中；再用热水清洗滤渣。

⑦ 在（130±2）℃的温度下，将滤渣连同坩埚一起烘2小时，冷却后称重。

⑧ 在550℃温度下，将滤渣连同坩埚一起煅埚2小时，直到滤渣烧成灰，冷却后再称重。

（5）计算方法

$$粗纤维含量(\%) = (W_2 - W_1)/W \times 100$$

式中：W_1——灰化前滤渣和玻璃坩埚的总重量（克）；W_2——灰化后玻璃坩埚的重量（克）；W——样品的重量（克）。

2. 可供选择的粗纤维测定法

酸洗纤维法（ADF）是一种较好的方法。它能为饲料配方提供既快又可靠的纤维含量数据。此方法要用一种酸化洗液煮沸整1小时，先要进行1次过滤。洗液为十六烷基三甲基溴化铵。这种方法同样使用粗纤维测定的那套仪器。

ADF比粗纤维测定法有一定突出的优点，即在饲料分析实验室，纤维滤渣中可溶于酸洗液的氮或蛋白质可被测定出来。这两种蛋白质（ADF IN和ADF IP）都是遇热会变质的，因此，可以通过加热来进行测定，而这部分蛋白质一般不能被动物利用。

（四）灰分的测定

1. 基本原理

已知重量的样品在600℃的高温下被烧成灰，称灰的重量。

2. 仪器设备

① 硅质盘或瓷质坩埚。

② 隔焰炉。

③ 干燥器。

3. 操作步骤

① 磨碎样品，并通过直径1毫米圆筒的开口筛子，充分混合。如果样品难以粉碎，则可以少取一点样品，但应尽可能的磨细。

② 用一个容积50毫升的空瓷质坩埚（W_1）称大约2克的样品（W_2）。

③ 将样品及坩埚放于控温在600℃的隔焰炉内煅烧2小时。

④ 在干燥器中冷却至室温。

⑤ 称重。

4. 计算方法

$$灰分含量(\%) = \frac{(W_3 - W_2)}{(W_2 - W_1)} \times 100$$

式中：W_1——空坩埚的重量（克）；W_2——空坩埚和待测物的总重量（克）；W_3——坩埚和灰分的重量（克）。

（五）水分测定

1. 烘干法

（1）基本原理

在某一特定条件下加热，可使样品失去一些重量，以此测定样品水分的含量。

（2）仪器设备

① 铝盘（直径55毫米、深15毫米）。

② 烘箱。

③ 干燥器。

（3）操作步骤

① 磨碎样品，并使通过直径1毫米、圆形开口筛子，充分混合。如果样品难以粉碎，则可少取一点样品，但必须尽量磨碎，并使样品全部通过筛子。

② 准确称量2克样品及带盖的铝盘重量。

③ 将盘子连同样品放入烘箱内，在（135±2）℃条件下烘干2小时。

④ 盖上盖子，在干燥跑龙套内冷却，称重。

（4）计算方法

$$水分含量度 = 100 - \frac{(W_1 - W_2)}{(W_1 - W)}$$

式中：W_1——烘干前盘子和样品的重量（克）；W_2——烘干后盘子和样品的重量（克）；W——空盘重量（克）；干物质的重量（%）=100－水分含量。

2. 可供选择的水分测定法

水的活性测定虽不是一种很准确的测定法，但它可作为一种选择性的参照值，从而确定与之有直接关系的饲料原料贮存期。水的活性同样能影响微生物的生长，从而影响饲料原料及其产品仓储期间的稳定性。当水的活性达不到某一真菌类孢子萌发及发育所需要的水分条件时，其繁殖和生长就会受到限制，饲料中就不会有这种真菌的发育和生长。因此，水的活性比水分含量本身对微生物稳定性的影响更大。另外，水分的转移也能改变水的活性，同样，也会影响水分的含量。

第三种测定水分含量的方法在上节中已做过介绍，即电子仪器测定法，可按产品说明书的要求操作。

（六）盐的测定

此处所介绍的盐的测定主要是指氯化钠的测定。

1. 化学试剂

① 0.1 当量（0.05 摩尔/毫升）的硝酸银溶液。准确称取 17 克硝酸银溶于蒸馏水中，最后稀释至 1 000 毫升。将溶液密封于棕色玻璃瓶中，避光保存。同时，用 0.1 当量（0.05 摩尔/毫升）氯化钠溶液对以上配制硝酸银溶液进行滴定，以确定其浓度。0.1 当量（0.05 摩尔/毫升）氯化钠溶液的配制方法为：准确称取 5.844 克纯净且干燥的氯化钠溶于蒸馏水中，最后稀释至 1 000 毫升即可。

② 0.1 当量（0.05 摩尔/毫升）的硫氰酸铵溶液。准确称取 7.612 克有硫氰酸铵（NH4SCN，不含氯）或 9.718 克硫氰酸钾溶于蒸馏水中，并稀释到 1 000 毫升即可。

在一个锥形瓶内用 5 毫升硝酸（1 + 1）酸化 50 毫升经过准确标定过的硝酸银溶液。再加 2 毫升指示剂，用硫酸铵溶液滴定至淡玫瑰色不褪为止。计算 0.1 当量（0.05 摩尔/毫升）的硫氰酸盐的校正系数。

③ 含铁指示剂。将铁明矾 $[FeNH_4(SO_4)_2]_2.12H_2O$ 溶于蒸馏水中，制成饱和的铁明矾溶液。

④ 浓硝酸溶液。

2. 仪器设备

① 砂浴埚。

② 250 毫升锥形瓶。

3. 操作步骤

① 准确称量 1.0 ~ 2.0 克的样品，放入锥形瓶中。

② 加入稍过量，但已知量并经过准确测定浓度的硝酸银溶液，再加入 20 毫升浓硝酸。一般鱼粉中加硝酸银溶液约 20 毫升，饲料中一般加 5 ~ 10 毫升。

③ 慢慢加热砂浴锅，直至所有固体物质和悬浮液都变得清澈；溶解的氯化银除外。

④ 用 50 毫升蒸馏水清洗烧瓶内壁。

⑤ 加5毫升指示剂，用硫氰酸铵溶液滴定，直至产生红褐色而不再褪色为止。

4. 计算方法

滴定量中减去“加入的0.1当量（0.05摩尔/毫升）硝酸银所消耗的0.1当量（摩尔/毫升）硫氰酸铵”所得差即为氯化钠的含量。

即：1毫升0.1当量（0.05摩尔/毫升）的硝酸银=5.845毫克氯化钠。

（七）溶出物的测定

1. 仪器设备

① 250毫升的锥形瓶。

② 天平。

③ 54号Whatman滤纸。

2. 操作步骤

① 准确称量1.00克（W_1）样品，放入锥形瓶中，再加入蒸馏水至1 000毫升为止。

② 静置1小时。

③ 在135℃温度条件下，将滤纸烘干20分钟，在干燥器中冷却并称重。

④ 1小时后，将静置的溶液定量分离，并过滤。

⑤ 将滤渣及滤纸一起入放入135℃的烘箱中烘干。

⑥ 在干燥器中冷却，并称重。

⑦ 确定样品中的水分含量。

3. 计算方法

$$溶出物含量(\%) = \frac{W_1 \times A - W_2}{W_1 \times A} \times 100$$

式中：$A=(100-M)\div 100$；M——样品中的水分含量（克）；W_1——样品重量（克）；W_2——烘干后残渣重量（克）。

（八）胃蛋白酶对动物蛋白消化能力的测定

1. 基本原理

脱脂的样品用温热的胃蛋白酶的酸化溶液进行消化，并不断地振荡。非溶性的物质通过过滤分离出来，经漂洗、干燥、称重以确定滤渣的含量（%）。将滤渣进行显微镜检查分析，测定蛋白质的含量。这种过滤法对所有动物性蛋白均适用，但不适用于植物性蛋白及混合的蛋白饲料；因为它们含有复杂的碳水化合物和其他不能被胃蛋白酶消化的化合物。

2. 化学试剂

胃蛋白酶溶液。要现用现配。将0.002%的胃蛋白酶溶于0.075当量（0.037 5

摩尔/升）的盐酸溶液中，其活性为1∶10 000。

3. 仪器设备

① 搅拌器。能连续运转的往返式，转速为15转/分钟。在（45±2）℃的恒温培养箱中操作。另配250毫升的螺帽状瓶或类似瓶。

② 过滤仪器——Buchner三角漏斗。

③ 玻璃纤维滤纸，用于过滤不能消化的剩余物。

4. 操作步骤

① 粉碎样品，直到颗粒能通过20号筛（美国标准）。

② 准确称量1.000克样品，放入螺帽样品瓶内，加入150毫升新配制的胃蛋白酶——盐酸溶液，加热到42～45℃。必须确认样品已完全被胃蛋白酶溶液浸透。

③ 盖上瓶塞，转入搅拌器中，在45℃恒温条件下连续搅拌16小时。

④ 将已称重量的滤纸装入过滤仪器中，过滤搅拌液，并用热水适当漂洗滤渣。

⑤ 将滤渣直接转移至凯氏烧瓶中，以确定不能被消化的蛋白质含量；用凯氏定氮法来测定粗蛋白含量。

⑥ 用一张玻璃纤维滤纸做空白对照实验，必要时每份样品测定结果都应减去空白组所测试的结果。

5. 计算方法

根据原始样品计算蛋白质含量（%），其中含有不能被消化的蛋白质含量。

不能被消化的蛋白质含量（%）＝样品中不能被消化的蛋白质（%）/粗蛋白质含量（%）×100

（九）挥发性氮的测定

1. 基本原理

鱼粉中挥发性氮总量主要包括氨、三甲基胺（TMA）和二甲基胺（DMA）三部分。通常情况下，如果有菌类活动或酶反应发生后，总挥发性氮（TVN）水平将升高。TVN既不能区分氮源，也不能确定这些挥发性化合物的成分。因此，它只是起到一般的辅助分析作用。

2. 化学试剂

① 内环溶液。含有指示剂的1%硼酸溶液。将10克硼酸溶解于200毫升的乙醇中，加入10毫升混合指示剂溶液，然后，用蒸馏水稀释至1 000毫升，用烧瓶保存。

② 混合指示剂溶液。将0.01克溴甲酚绿和0.002甲基红溶于10毫升乙醇中。

③ 0.002当量（0.001摩尔/毫升）的盐酸溶液。将20毫升的1当量（0.5摩尔/升）盐酸溶液用蒸馏水稀释至1 000毫升。

④ 饱和碳酸钾溶液。将60克碳酸钾溶于50毫升蒸馏水中，缓慢加热10分钟，冷却后过滤。

⑤ 10%的三氯醋酸，即TCA溶液。将100克三氯醋酸溶于蒸馏水中，并稀释至1 000毫升。

3. 仪器设备

① Conway仪。

② 微量滴定管。

③ 41号Whatman滤纸。

4. 操作步骤

① 将10克切碎的鱼体匀解浆2分钟。

② 加入30毫升10%的TCA溶液，再匀浆2分钟。

③ 用滤纸过滤。

④ 在Conway仪中添加硅润滑油。

⑤ 用移液管将1毫升内环液移入内环。

⑥ 用移液管将1毫升样品提取物移入外环。

⑦ 加盖并倾斜Conway仪。

⑧ 用移液管将1毫升的饱和碳酸钾溶液移入外环中，关闭仪器，缓慢混合。注意不要让外环液混入内环液中。

⑨ 在37℃的恒温培养箱中静置60分钟。

⑩ 用0.02当量（0.01摩尔/毫升）的盐酸溶液滴定内环，用微量滴定管滴定，直到绿色变成粉红色为止。

⑪ 用1毫升10%的TCA做空白组实验。

5. 计算方法

$$TVN(\text{毫克}/100\text{克}) = (Vs - Vb) \times N \times 14 \times \frac{[(W \times M)/100 + Ve] \times 100}{W}$$

式中：Vs——提取样品所用的0.02当量（0.01摩尔/升）盐酸溶液的体积；Vb——空白对照实验所用的0.02当量（0.01摩尔/升）盐酸溶液的体积；N——样品重量（克）；W——样品中水分含量（%）；Ve——用于萃取的10% TCA的体积。

（十）氨氮的测定

1. 化学试剂

① 氧化镁（MgO），不含碳酸盐。

② 2%（W/V）的硼酸溶液。

③ 指示剂溶液。将1体积溶解于95%乙醇溶液中的0.16%甲基红与1体积0.04%溴甲基酚绿溶液混合制成。

④ 标准0.1当量（0.05摩尔/升）硫酸溶液。

2. 仪器设备

① 500毫升的凯氏烧瓶。

② 消化架。

③ 蒸馏器一套。包括一个带有橡皮塞的1 000毫升的圆底烧瓶，橡皮塞连接在凯氏仪的球形管部分。球形管另一端与冷凝器相连接，冷凝器的冷凝管滴头插入硼酸溶液中，硼酸溶液盛于200毫升的锥形瓶中。

3. 操作步骤

① 称量约2~4克样品，放入一个锥形瓶中。

② 用蒸馏水充分摇匀并过滤，彻底清洗水中的滤渣。将滤液倒入蒸馏瓶中，并用水稀释至200毫升。

③ 加入5克氧化镁，将烧瓶通过凯氏系统中的球状管与冷凝器连接，蒸馏大约100毫升液体到盛有100毫升硼酸和0.5毫升指示剂溶液的烧瓶中。

④ 用标准硫酸溶液滴定，直到溶液的颜色正好由绿色转为粉红色即可。

⑤ 做一次空白对照组。

4. 计算方法

$$\text{氨氮含量}(\%) = \frac{0.14(V_2 - V_1)}{W} \times \frac{N}{0.1}$$

式中：N——标准硫酸溶液的当量值；V_2——滴定样品时所消耗的标准硫酸溶液体积（毫升）；V_1——滴定空白组时所消化的标准硫酸溶液体积（毫升）；W——样品的重量（克）。

（十一）鱼油中游离脂肪含量的测定

1. 基本原理

取样后用热的，并经过中和的乙醇和指示剂溶液混合；然后，用碱溶液滴定。游离脂肪酸（FFA）指数通常以油酸来计算。当FFA以油酸（即C18:1）来计算时，大约从0.5%~1.5%不等，即大部分油由明显的酸性到微弱的酸性。

2. 化学试剂

① 95%的乙醇溶液：溶有酚酞，可以在滴定终点显示很显著的变化，该乙醇溶液中和成弱酸性，并在使用前保持稳定的粉红色。

② 酚酞指示剂溶液：将1%的酚酞溶于95%的乙醇中。

③ 氢氧化钠溶液：标准标定为0.25当量（0.125摩尔/升）。

3. 仪器设备

鱼油样品瓶，115毫升、230毫升或250毫升螺帽状锥形瓶。

4. 操作步骤

① 样品在称取前要充分混合，使之完全呈液体状态。

② 准确称量（7.05±0.05）克的样品，放入鱼油样品瓶或锥形瓶中，盖上瓶塞后充分振荡1分钟，至鱼油中已经充满二氧化碳气体。

③ 加入75毫升热的并经过中和的乙醇和2毫升指示剂。

④ 用碱溶液滴定，要充分振荡至出现红色不消失为止。粉红色类似原中和的95%乙醇溶液（加入样品前时的状态），而且颜色要保持3秒。

5. 计算方法

① 游离脂肪酯的含量是以油酸含量为标准来计算的。

$$\text{游离脂肪酸(油酸)的含量(\%)} = \frac{\text{碱溶液毫升数} \times 0.25 \times 28.2}{\text{样品的重量(克)}}$$

② 游离脂肪酸值通常用酸值形式代替FFA百分数来表示。酸值可以用中和1克样品必须耗用的氢氧化钠重量（毫克）来确定，而将FFA的百分数（油酸）转化为酸值，即将百分数乘以1.99即可。

6. 实验重复性

两个平行实验结果的差异往往取决于是否同次取样或同一分析人员的连续完成。相差的平均FFA值不应达到6%。

7. 可再重复实验

不同的分析人员对两个样品的测试结果不同，其差异不应达到FFA值的11%。

（十二）鱼油过氧化值的测定

1. 概述

过氧化物的存在是产品腐败的先兆，往往能在脂肪中产生恶臭气味。在脂质变质的初期阶段，过氧化物的浓度是产品氧化程度的标志；在变质的晚期，因过氧化物较多，这些指数已失去其意义。

下面所介绍的方法可测定样品中油脂的过氧化值。它是经验性的操作，操作中任何一点变化都会影响测试结果。

2. 基本原理

所有在一定条件下能氧化碘化钾（KI）的物质都进行测定。这些物质一般来说都可以假定为过氧化物（严格说是氢过氧化物）或脂肪氧化反应的类似物。

3. 化学试剂

① 丁化羟甲基苯（BHT）。

② 醋酸—氯仿溶液。将醋酸和氯仿以体积比为3∶2进行混合而成。

③ 饱和碘化钾溶液。此溶液要避光保存，防止挥发，并于实验前检查其纯度。

即在30毫升醋酸—氯仿溶液中加入0.5毫升碘化钾溶液，再滴入2滴淀粉溶液，如果产生蓝色，而且加入1滴0.1当量（0.05摩尔/升）硫代硫酸钠溶液而不褪色，则是碘溶液，应倒掉，重新配制。

④ 硫代硫酸钠溶液，约0.01当量（0.005摩尔/升），要准确标定。此溶液可用刚煮沸的蒸馏水将0.1当量（0.005摩尔/升）溶液稀释至10倍即可。

淀粉指示剂溶液。将1克可溶性淀粉溶液于100毫升蒸馏水中即可。

以上试剂均为分析纯。

4. 仪器设备

① Mohr氏移液管，容量为1毫升，带刻度。

② 250毫升的锥形瓶，带玻璃塞。

5. 操作步骤

① 准确称量5克样品和约0.03克丁化羟基甲苯，一起加入到一个250毫升带玻璃塞的锥形瓶内，再加入30毫升醋酸—氯仿溶液，振荡烧瓶，直到样品全部溶解。

② 用移液管加0.5毫升饱和碘化钾溶液。

③ 将溶液静置暗处，间断性摇动，每次1分钟，最后再加入30毫升蒸馏水。

④ 用0.1当量（0.05摩尔/升）的硫代硫酸钠溶液滴定，慢慢地加入，连续而充分晃动，直到黄色基本消失。

⑤ 再加入约0.5毫升淀粉指示剂溶液，继续滴定，在终点前，充分摇动烧瓶，可观察到所有碘都会被萃取到氯仿层。

⑥ 逐渐加入硫代硫酸钠溶液，直到蓝色消失（注意：如果滴定值不到0.5毫升，则要用0.1当量即0.005摩尔/升的硫代硫酸钠溶液再做滴定）。

⑦ 做一次空白对照实验，其滴定值不能达到0.1毫升的0.1当量（0.005摩尔/升）硫代硫酸钠溶液。

6. 计算方法

$$过氧化值 = \frac{(V_2 - V_1) \times N \times 1\,000}{W}$$

式中：过氧化值为每1 000克样品中的毫克当量。V_1——空白组的滴定值（毫升）；V_2——样品的滴定值（毫升）；N——硫代硫酸钠当量数；W——样品的重量（克）。

7. 可重复性

两次测定结果的差异取决于实验的时间及同一分析人员的连续完成情况。差异不应超过2.0毫克当量/千克。

（十三）鱼油中甲基苯胺的测定

1. 应用范围

此测定方法仅适用于海洋动物的油脂，如鱼油等。

2. 基本原理

甲基苯胺值（AV）是脂肪和油脂中α，ß——不饱和醛的量。可以将1克油溶于100毫升的溶剂和甲基苯胺中，读其吸光度（在350纳米）的100倍来确定AV值。油能溶解在异辛烷中，用醋酸溶液中的P——甲氧基苯胺处理。可以测量吸光度，用空白组校正后再乘以100。

3. 化学试剂

① 99%溶液的异辛烷。

② 100%的醋酸钠溶液（p. a）。

③ 0.25%（W/V）的甲氧基苯胺试剂。将0.25%克对甲氧基苯胺溶解于100毫升醋酸中。

以上所用试剂均应为分析纯。

4. 仪器设备

① 25毫升的容量瓶。

② 10毫升带玻璃塞的试管。

③ 1毫升和5毫升的移液管。

④ 分光光度计。

5. 操作步骤

① 准确称量0.5~4.0克样品，放入25毫升的容量瓶中。

② 加入异辛烷溶液至25毫升，并搅拌均匀。

③ 在一个1厘米的玻璃槽中测定脂肪溶液在350纳米相对于异辛烷的吸光度。

④ 用移液管将5毫升脂肪溶液移入试管A，将5毫升异辛烷移入试管B。

⑤ 分别在试管A和试管B中各加入1毫升甲氧基苯胺溶剂，盖上瓶塞，并充分摇晃，静置暗处10分钟。

⑥ 同样在1厘米的玻璃槽中测定试管A中的溶液相对试管B中溶液的吸光度。

6. 计算方法

$$甲氧基苯胺值(\%) = 25(1.2 \times Eb - Ea)/W$$

式中：*Eb*——脂肪溶液的净吸光度；*Ea*——脂肪—甲氧基苯胺溶液的净吸光度；*W*——样品的重量（克）。

7. 可重复性

两次测试结果的差异取决于实验时间的差异及同一分析人员连续完成的情况。

但差异不应超过0.5（当一个样品的甲氧基苯胺值在1～20时）。

8. 注意事项

甲氧基苯胺应为无色或大部分为淡黄色，否则应将其溶解于70℃的热水中提纯，再用Whatman 5号滤纸过滤后冷却，将液体置于5℃的冰箱中过夜，用玻璃漏斗式过滤器将上面的液体滤过，晶体物会留在漏斗中，用少量冰水清洗，通过过滤器充入空气，除去壁上附着的水。放入干燥器中避光保存。

（2）甲氧基苯胺是强腐蚀性的，避免接触到皮肤和眼睛。

（十四）尿素酶活性的测定

1. 概述

尿素酶指数常用来评估大豆粕的质量。该方法是在实验条件下，测定大豆产品中残留尿素酶的活性，即pH值的升高值。

2. 适用范围

本法只适合于含大豆、豆粉及豆粕的饲料。

3. 化学试剂

① 0.05摩尔（摩尔/升）缓冲溶液。将3.403克磷酸二氢钾（A.R级）和4.355克磷酸氢二钾（A.R级）分别溶解于100毫升的新鲜蒸馏水中，再混合两种溶液，并将混合液加入蒸馏水至1 000毫升。在使用前，须用强酸或强碱溶液将pH值调节到7.0。缓冲液的使用及保存期限为90天。

② 尿素缓冲溶液。将15克尿素（A.R级）溶解于500毫升磷酸缓冲液中。加入5毫升甲苯作为防腐剂，可防止霉变。将该缓冲液的pH值调节到7.0。

4. 仪器设备

① 水浴槽，可保持恒温为（30±0.5）℃。

② pH值测定仪。玻璃电极和甘汞电极，是一种较精密的仪器，带有温度补偿器，pH值的敏感度为±0.02或更小些。

5. 操作步骤

① 在不加温的前提下，应尽可能地粉碎样品，至少样品的60%能通过40号标准筛。

② 准确称量0.200克样品，放入试管中，加入10毫升尿素缓冲液。盖上塞子，振荡后放入30℃的水浴槽。记录时间（样品组）。在振荡过程中不要将试管放倒。

③ 称量0.200克样品，放入试管中作空白对照组。加入10毫升磷酸缓冲液。盖上盖子，振荡后放入30℃的水浴槽中。记录时间（空白组）。在振荡过程中不要将试管放倒。

④ 样品组和空白组之间间隔可掌握在5分钟以内。

⑤ 每5分钟后各试管搅拌1次。

⑥ 30分钟后，分别取出样品组和空白组，并倒入小烧杯中，样品组和空白组之间的时间间隔在5分钟以内。

⑦ 从水浴槽中取出5分钟后，分别测定两组溶液的pH值。

6. 计算方法

样品组和空白组之间的pH值差，即为pH值升高值或尿素酶的活性。

7. 注意事项

小心操作，避免玻璃器皿或电极的粘黏，否则，pH值测定仪的读数将受影响。常常会因大豆壳的一些可溶性蛋白成分包被在甘汞电极的多纤维上而影响了pH值的读数。

（十五）大豆粕中蛋白质溶解度的测定

1. 化学试剂

① 0.2%的氢氧化钾（KOH），相当于0.042当量（0.021摩尔/升），pH值为12.5。称量2.360克氢氧化钾，放入一个容量瓶中，用水溶解并稀释至1 000毫升。记住，要补偿调节氢氧化钾的百分比浓度。

② 其他试剂类似凯氏定氮法所用试剂。

2. 仪器设备

① 磁性搅拌器。

② 高速离心机。

③ 烧杯。

④ 凯氏定氮仪一套。

3. 操作步骤

① 称量1.5克豆粕，放入250毫升烧杯中，加入75毫升氢氧化钾溶液，搅拌20分钟。

② 取出50毫升上导的溶液，放入一个离心管中，在2 700转/分的速度下离心10分钟。

③ 取15克离心后的清液，约相当于0.3克原样品，用凯氏定氮仪测定。

4. 计算方法

蛋白质溶解度（%）=样品中0.3克含量中蛋白质含量（%）/原样品的粗蛋白含量（%）。

（十六）钙的测定

1. 化学试剂

① 盐酸（1~3V/V）。

② 硝酸（70%）。

③ 氢氧化铵（1~1V/V）。

④ 甲基红指示剂：准确称取1克甲基红溶于200毫升蒸馏水中。

⑤ 草酸铵溶液，浓度4.2%。

⑥ 硫酸，浓度98%。

⑦ 标准高锰酸钾溶液，浓度为0.05当量（0.002 5摩尔/升）。

2. 仪器设备

① 瓷皿。

② 量瓶，250毫升。

③ 烧杯，250毫升。

④ 定量滤纸和烧杯。

⑤ 量管。

3. 操作步骤

① 称取2.5克研细的样品，放入瓷皿中，研磨成粉末（或用测定过灰分的残余物），在残余物中加入40毫升盐酸和几滴硝酸，煮沸，冷却，并倒入250毫升的量筒中。最后，稀释至一定容积后混合。

② 用吸管将一定数量的溶液（谷物饲料100毫升，矿物质饲料，25毫升）移入烧杯中，并稀释至100毫升，加入2滴甲基红。

③ 每次加1滴氢氧化铵溶液，直到出现棕橙色为止，然后，加2滴盐酸，使之呈品红色。

④ 用50毫升水稀释，煮沸，边搅拌边加入10毫升4.2%的草酸铵热溶液。必要时用盐酸调整pH值，使之再次呈品红色。

⑤ 静置沉淀几分钟，过滤沉淀物，并用氢氧化铵溶液［浓度为1.50（%V/V）］冲洗沉淀物。

⑥ 将沉淀物与滤纸一起放回烧杯中，加入125毫升水和5毫升硫酸混合液。

⑦ 加热至70℃后进行滴定，并与标准的高锰酸钾溶液相比较。

4. 计算方法

$$\text{钙含量}(\%) = \frac{\text{高锰酸钾溶液(毫升)}}{\text{样品重量(克)}} \times \frac{\text{使用一定数量的溶液(毫升)}}{250} \times 0.1$$

（十七）磷的测定

1. 化学试剂

① 钒酸铜试剂：将40克钼酸铵（带有4个结晶水）溶于400毫升的热水中，再冷却。将2克偏钒酸铵溶于250毫升热水中，再冷却，加入450毫升70%的高氯酸。一边搅拌一边往钒酸盐溶液中慢慢加入钼酸溶液，稀释至2 000毫升。

② 含磷标准溶液：将8.788克磷酸二氢钾溶于水，加水至1 000毫升，制成贮存液。并按1∶20的比例稀释贮存液，制成含磷浓度为0.1毫克/毫升的有效溶液。

2. 仪器设备

① 400毫微米的分光光度计。

② 100毫升的量瓶。

3. 操作步骤

① 用移液管将一定量的样品溶液移入100毫升的烧杯中，加入20毫升钒酸钼试剂。补充到一定量，混合均匀后静置10分钟。

② 分别将含有0.5毫克、0.8毫克、1.0毫克、1.5毫克磷的有效标准液各倒入100毫升的烧瓶中，按上述方法处理。

③ 在400毫微米处判读样品，并以100%的透射设立0.5毫克的标准。

4. 计算方法

从标准曲线上判断出每一定量的样品含有多少毫克的磷。

（十八）糖蜜的测定

1. 化学试剂

① 费林溶液（索格利特溶液）

溶液A：硫酸铜溶液：将34.639克硫酸铜（$CuSO_4 \cdot 5H_2O$）溶于水，并稀释至500毫升，过滤；

溶液B：将带有4个结晶水的酒石酸钠钾173克和50克氢氧化钠溶于水，稀释至500毫升，静置两天后用石棉过滤。

② 转化糖标准液：在含有9.5克葡萄糖的溶液中加入5毫升盐酸（相对密度1.18），稀释至100毫升，制成贮存液。在室温条件下存放两天，再稀释至1 000毫升。配制工作液（5毫克/毫升）：用吸管将100毫升贮存液吸入200毫升的量瓶中，用20%的氢氧化钠中和，以酚酞为指示剂，稀释至标准线，并混合均匀。

③ 盐酸（相对密度1.18）。

④ 盐酸溶液，浓度为0.5当量（0.25摩尔/升）。

⑤ 氢氧化钠溶液，浓度为20%。

⑥ 酚酞指示剂（1%的乙醇溶液）。

⑦ 甲基蓝指示剂（1%的水溶液）。

2. 仪器设备

① 电加热器。

② 300 毫升的锥形瓶。

3. 操作步骤

① 取 8 克液体糖蜜溶解，使容量补充至 500 毫升。加 5 毫升盐酸（相对密度 1.18）对 100 毫升滤液进行酸解，静置 24 小时。用氢氧化钠（20%）中和，以酚酞为指示剂，随后稀释至 200 毫升。

② 索格利特溶液的标定。用移液管分别移取索格利特溶液 A 和 B，放入锥形瓶中，混合后再加入 30 毫升水，用滴定管将几乎足可使索格利特溶液中铜还原的有效标准溶液加入。煮沸 2 分钟。加入 4 滴甲基蓝，在煮沸中迅速完成滴定，直到再次出现浅橙黄色时为止。重复数次，测定用以完全还原 20 毫升的索格利特溶液所需要的溶液容量。

③ 样品的滴定。首先作近似滴定：用吸管分别将 10 毫升溶液①和②吸入烧瓶，加入 10 毫升样品溶液。加 40 毫升水，煮沸。如蓝色不褪，用标准有效溶液滴定，并计算样品中近似糖含量。

④ 为了准确地计算含糖量，用吸管分别将 10 毫升索格利特溶液 A 和 B 吸入烧瓶，加入一定数量的样品溶液。所用的样品溶液的数量将取决于样品的含糖量（表 3-11）。按要求加水，混合后煮沸。在沸腾时，用吸管加入一定量的有效标准液，以使滴定接近完成。加甲基蓝，使滴定完成。

4. 计算方法

按照下列公式计算糖的百分率（转化糖）：

$$糖(\%) = (F - M) \times L \times 100/W$$

式中：F——还原 20 毫升索格利特溶液所需标准液和容量；M——完成滴定所需标准糖溶液的容量；L——1 毫升有效标准液中转化糖的重量（克）；W——所用除得尽的数量的样品重量（克）。

表 3-11　索格利特滴定所用的样品容量

水（毫升）	样品（毫升）	样品（克）（除得尽的数值）	还原糖含量（%）
40	10	0.08	73
35	15	0.12	82~58
30	20	0.16	61~41

续表

水（毫升）	样品（毫升）	样品（克）（除得尽的数值）	还原糖含量（%）
25	25	0.20	49～35
20	30	0.24	41～29

（十九）钾的测定

1. 化学试剂

① 盐酸浓缩液。

② 钾标准液。制备 500×10^{-6} 钾的贮存液：将 0.477 克氯化钾溶解，用蒸馏水使容量补充至 500 毫升。制备有效标准溶液（浓度为 10×10^{-6}）稀释倍数为1∶50。

2. 仪器设备

① 硅坩埚。

② 火焰光度计。

③ 蒙浮炉。

3. 操作步骤

① 在 100℃的温度下，在坩埚中使 2 克样品干燥，以排除水分。

② 加数滴纯橄榄油，在火焰上加热至不再膨胀为止。

③ 在蒙浮炉上灰分 24 小时，冷却，加 2 毫升浓缩盐酸，使残余物溶解。并将容量补充至 100 毫升。

④ 取 1 毫升上述溶液，进一步稀释至 100 毫升。

⑤ 用 10×10^{-6} 的标准溶液使分光光度计的读数为 100，然后，读出样品溶液的数字。如样品读数不在 50～100 之间，则应再次稀释，以便得到适当的读数。

（二十）抽油豆粉中尿素酶活性的测定

1. 化学试剂

① 二甲基苯甲醛溶液：将 16 克二甲氨基苯甲醛溶于 1 000 毫升 95% 的乙醇中，加 100 毫升浓缩盐酸，稳定一个月。

② 焦磷酸盐缓冲液：将 23.3 克焦磷酸钠（$Na_4P_2O_7\cdot10H_2O$）溶于大约 980 毫升的蒸馏水中。加两滴浓缩的盐酸，然后，再加盐酸，直到缓冲液的 pH 值为 7.7～7.8 为止。最后，稀释至 1 000 毫升。

③ 醋酸锌缓冲液：将 22.0 克醋酸锌（带两个结晶水）溶于蒸馏水中，加 3 毫升冰醋酸，稀释至 100 毫升。

④ 尿素缓冲液：将0.4克尿素溶解于1 000毫升焦磷酸缓冲液中，并稳定7天。

⑤ 亚铁氰化钾溶液：将10.6克亚铁氰化钾［$K_4Fe(CN)_6 \cdot 3H_2O$］溶于蒸馏水中，稀释至100毫升。

⑥ 木炭。

2. 仪器设备

① 能够恒定在（40±1)℃的水浴锅，并有振荡装置。

② 25毫升的量瓶。

③ 锥形瓶，125毫升。

④ 分光光度计。

3. 操作步骤

① 准确称量1克抽油豆粉，放入锥形瓶中，加50毫升尿素缓冲液。

② 在水温为40℃条件下水浴30分钟，同时振荡。

③ 从水浴锅中取出，迅速加入氯化氢（盐酸）、亚铁氰酸盐和醋酸锌溶液各0.5毫升和0.1克木炭。振荡15分钟，过滤。如滤液有色，可多加点木炭，重复上述过程。

④ 用移液管将10毫升滤液和二甲氨基苯甲醛溶液移入25毫升的量瓶中，用蒸馏水补充至25毫升。同时，制备空白试剂，即10毫升二甲氨基苯甲醛溶液加水稀释至25毫升，以及尿素标准液，即10毫升尿素缓冲液和10毫升二甲氨基苯甲醛溶液混合，并加水稀释至25毫升。

⑤ 用移液管吸出2毫升和12毫升尿素缓冲溶液，分别放入25毫升的量瓶中，再分别加入10毫升二甲氨基苯甲醛溶液，并分别加水补充至25毫升，由此做出标准曲线。

⑥ 使量瓶中的溶液混合均匀，在25℃条件下水浴10分钟，然后，在430毫微米处读出数值。

4. 计算方法

按照尿素标准液中尿素含量（毫克/升）减去样品中尿素含量（毫克/升），即可得出尿素酶的活性。

（二十一）棉籽饼粉中游离棉酚的测定

在某些资料中曾描述过棉酚的测定方法，但大多数不很严谨。首先是测定正常的棉籽饼，其次是测定经过化学处理的和含有双苯胺基的棉籽饼粉，这样所测结果才会较为准确。

1. 化学试剂

① 含水丙酮：7份丙酮加3份蒸馏水（V/V)。

② 含水丙酮—苯胺溶液：在700毫升丙酮和300毫升蒸馏水中加入0.5毫升经

再次蒸馏过的苯胺，溶液要现用现配。

③ 苯胺：在少量锌粉上使用试剂级苯胺再次蒸馏，去除开始和最后馏出物的各10%，放于塞好的棕色玻璃瓶中冷藏，稳定数月后再使用。

④ 含水异丙醇溶液：8 份异丙醇加两份蒸馏水（V/V）。

⑤ 棉酚标准液：a. 将 25 毫升纯棉酚溶于无苯胺的丙酮中，将 100 毫升丙酮倒入 250 毫升的量瓶中。加入 75 毫升蒸馏水，再用丙酮稀释至 250 毫升，并混合均匀。b. 取 50 毫升溶液 A，加入 100 毫升纯丙酮和 60 毫升蒸馏水，混合均匀，并用纯丙酮稀释至 250 毫升。每毫升溶液 B 中含有 0.02 毫克棉酚。置于黑暗条件下稳定 24 小时。

2. 仪器设备

① 机械振荡器。

② 分光光度计。

③ 250 毫升锥形瓶。

④ 25 毫升和 250 毫升的量瓶。

⑤ 水浴器。

3. 分析方法

将样品研碎到可通过 1 毫米的筛孔，注意不要研磨得过热。取样品 1 克，加入 25 毫升纯丙酮，搅拌几分钟，过滤并将滤液一分为二。在一份滤液中加氢氧化钠颗粒，在水浴器中加热数分钟。遇氢氧化钠不变色的浅黄色的提出物，则表明棉籽饼粉未经处理，应采用方法（1）；含氢氧化钠的试管中若呈现深橙色，则表明有双苯氨基棉酚，应采用方法（2）。

方法（1）：根据预计的棉酚含量，称取样品 0.5 ~ 1.0 克，放入锥形瓶中，加入几颗玻璃珠。用吸管吸取 50 毫升含水丙酮溶液，放入烧瓶中并塞好盖，振荡 1 小时。过滤，除去开始时的几毫升滤液，然后吸出两份滤液，分别置于 25 毫升的量瓶中（所取每份滤液量为 2 ~ 10 毫升，视所预计的棉酚含量而定）。用含水异丙醇稀释一份滤液［溶液（1）］，而另一份滤液［溶液（2）］中加入 2 毫升经再次蒸馏过的苯胺。与含 2 毫升苯胺的空白试剂一起在开水水浴器中加热 30 分钟，含水丙酮溶液的容量与样品溶液的容量相等。除去溶液（2）和空白试剂，在溶液（1）中加足量的含水异丙醇，形成均匀溶液，并在水浴器中冷却至室温，再用含水异丙醇稀释至一定容量。

在 400 毫微米波长处读取样品的数值。用含水异丙醇将分光光度计的吸收率调至“0”。并测定溶液（1）和空白试剂 的吸收率，如果空白试剂的吸收率低于 0.002，应按下述方法进行，否则，用刚蒸馏的苯胺重新分析。

将空白试剂的吸收值调至“0”，测定溶液（2）的吸收率。计算样品（除得尽的）经校正的吸收率。即：经校正的吸收率是溶液（2）的吸收率，减去溶液（1）

的吸收率。用标准曲线测定样品溶液中的游离棉酚的毫克数量（见下述）。

方法（2）：称取1克样品，放入锥形瓶中，加入50毫升含水丙酮，振荡并按上述方法过滤。用吸管吸出同样的两份滤液（视预计的棉酚含量而定，每份2～5毫升），分别置于25毫升量瓶中。用含水异丙醇将其中有一份滤液［溶液（1）］稀释至标线，静置30分钟后，读出分光光度计的数值。另一份滤液［溶液（2）］则按方法（1）处理，再按上述方法测定溶液（1）和溶液（2），用标准曲线计算出溶液（1）和溶液（2）中棉酚的表观含量。

标准曲线的制定：用吸管分别吸取1、2、3、4、5、6、7、8、10毫升浓度为0.02毫克/毫升棉酚标准液置于25毫升的量瓶中。用含水异丙醇稀释一组［溶液（1）］至标线，用上述方法测定吸收率。对另一组［溶液（2）］加2毫升再次蒸馏的苯胺（方法如前）。用2毫升苯胺和10毫升含水异丙醇与标准液一起加热，制备一份空白试剂 。按照方法（1）测定吸收率，并计算每一份标准液的校正光学密度：

校正吸收率＝［溶液（2）吸收率—溶液（1）］吸收率

标绘标准曲线，标明与浓缩为25毫升的棉酚相对的校正吸收率。

4. 计算方法

计算正常粉料中游离棉酚的含量百分比：

$$游离棉酚(\%) = 5G/WV$$

式中：G——曲线的读数；W——样品重量；V——所采用的溶液的容量。

化学处理过的粉料为：

$$游离棉酚(\%) = 5(B - A)/WV$$

式中：A——样品（1）中表观游离棉酚量（毫克）；B——样品（2）中表观游离棉酚量（毫克）；W——样品重量；V——所采用的样品的容量。

（二十二）硫葡糖甙的测定

本方法只能测出硫葡糖甙的大致含量，难以测出每一种硫葡糖甙和异硫氰盐的含量。

1. 试剂与仪器

① 氯化钡溶液，浓度为5%。

② 600毫升的量瓶。

③ 蒸气浴器。

④ 蒙浮炉。

2. 操作步骤

① 称取用索格利特提取法去除脂肪的粉料10克，加入250毫升蒸馏水，在54℃温度条件下水解1小时，再煮2小时，保持恒定的容量。

② 过滤，保留滤液，用50毫升热水对残余物冲洗3次，将冲洗液和滤液混合，

并加氯化钡溶液。

③ 加热，并将多余的氯化钡溶液加入，使硫酸钡沉淀。

④ 置于蒸气浴器上几小时，然后过滤。

⑤ 在蒙浮炉上灰化，然后称重沉淀物。

3. 计算方法

计算硫萄糖甙大致含量：

$$\text{硫萄糖甙}(\%) = \frac{\text{硫萄糖甙分子量} \times \text{硫酸钡重量}}{\text{硫酸钡分子量} \times \text{样品重量}} \times 100$$

（二十三）黄曲霉素的测定

此方法适用于花生饼粉、椰子饼粉和棕榈仁粉中黄曲霉素的测定。更为详尽的方法可参照 B. D-jones（1972 年）在伦敦热带产品研究所第 G70 号报告《黄曲霉素的分析方法》中所介绍的方法测定。

2. 化学试剂

① 氯仿（试剂级）。

② 乙醚（试剂级）。

③ 氯仿—甲醇混合物［95/5（V/V）］。

④ 硅藻土。

⑤ Kieslgel‘G’（Merck）。

⑥ 定性标准溶液。区别黄曲霉素斑点与可能出现的其他荧光斑点。含黄曲霉毒素的花生饼粉可用此法分析。

3. 仪器设备

① 20 厘米 ×20 厘米的薄色层片。

② 紫外灯，峰值为 365 毫微米。

③ 250 毫升的广口瓶。

④ 微量吸管。

⑤ 振荡装置。

4. 操作步骤

① 称取 10 毫克样品，放于广口瓶中，用 10 毫升水混合均匀（如果是脂肪含量高的样品，必须先用石油醚以索格利特法萃取）。

② 加入 100 毫升氯仿，用抗氯仿的塞子盖紧，振荡 30 分钟。

③ 通过硅藻土过滤萃取液；取 20 毫升滤液，用氯仿补充容量至 25 毫升［溶液（1）］。再取 20 毫升滤液，使之浓缩至 5 毫升［溶液（2）］。

④ 加水 220 毫升于 100 克 Kieselgel‘G’k 中，并振荡 20 分钟，制成薄片，用适当的器械将混合物涂在薄片上，厚度为 50 微米。放置 1 小时，然后，在 100℃ 条件

下干燥。在一薄片上点滴溶液（2）10 毫升和 20 毫升，并点滴溶液（1）5 毫升，同时，进行定性标准点滴，各点之间相距 2 厘米，排成行，点与薄片的底边相距 2 厘米，与两边相距至少 2 厘米。点滴操作过程应在微光下进行。

⑤ 置玻片于二乙醚中，待其浸润上升至 12 厘米处，取出在弱光下晾干，再在氯仿—甲醇（95/5，V/V）中待其从基线浸润上升至 10 厘米处。在暗室中，与紫外线光源相距 30 厘米处，对薄片进行检验。在 Rf 0.5 ~ 0.55 处出现一个蓝色荧光点时，表明为黄曲霉毒素 B（核对标准液点也应落在这个范围）。Rf 0.45 ~ 0.5 处出现第二个点表明为黄曲霉毒素 G。一个样品的毒性清闲中以根据下列黄曲霉毒素 B 和 G 加以分类。

（二十四）分级浮选技术

关于浮选技术的具体应用在上节中已作过介绍，此处加以介绍此技术在质量控制过程中的应用原则。

此技术用于定量评估中，样品的颗粒大小取决于原始样品的性质，并随之而变化。对于大部分饲料而言，如粉状的、颗粒状的以及破碎状的，取 10 克样品即可。而对于颗粒、粉末和谷粒等混合成的饲料而言，则至少要取样品 50 克以上，以 100 克为好。这些粗混合饲料是通过粗筛后再与各种成分相混合。因为每种成分都要进行单独分析，所以，颗粒及碎块必须用研钵和研杵研细，直到大部分成分都能分开为止。

称取 10 克颗粒状样品，放于 80 毫米瓷质蒸发皿中，加满四氯化碳，搅拌均匀后静置 1 ~ 2 分钟，即使较重的颗粒沉淀，倾斜倒出上层液，大部分四氯化碳倒入 100 毫升烧杯中，注意不要影响沉淀层。漂洗几遍。在倒出溶剂烧杯中加入 5 毫升石油醚，边搅拌边可观察其分层状况，至完全的分层形成。将上层倒入干净的 Kimwipe 或其他粗纤维质的滤器中，用过滤器则效果更好。将沉淀层倒入干净的 Kimwipe 或其他过滤器中，烘干沉淀层并称重。将所有分层物倒入黑色平台板上，并进行检验。

定量评估的第一步是辨别所有成分。列出每种成分后，估计他们的大致浓度，同时用比例或类似方法表示各分层中的各种成分。记住，要校正各分层估计的总重量，可以通过估测每层的浓度来提高每种成分测定值的精确度。这种分级技术是对原料成分出现频率的准确估测，每种成分在一个分层体积中的相对重量和对每种成分特征的基本知识为基础来完成的。相似成分的标准混合物往往会影响评估的准确性。

时间、试样不同，则评估结果不同。正确的结果应接近某一平均值，呈高或低都可能存在一些变化因子。一般高值和低值的平均值应达到 100%。一般来说，矿物质、维生素或饲料添加剂分析不能采用饲料镜检技术，他们要通过化学方法或色谱分析方法进行更精确的测定。

第四章　渔用饲料的添加剂技术

在渔用全价配合饲料中，添加剂是必不可少的组成成分，也是渔用饲料工业中日益引起注意和广泛研究的一大课题，因为它标志着饲料的科学化、规范化和标准化的技术水平。因此，全面了解和合理使用各种添加剂，无疑会促进我国渔用饲料工业的发展，进而促进整个水产养殖业的健康发展。

第一节　渔用饲料添加剂的研究与应用

一、渔用饲料添加剂科研发展过程

在国外，饲料添加剂又称为饲料用微量成分。它最早出现于畜禽饲料工业方面。1959 年，当畜禽饲料工业中面临微量添加剂品种日益增多的挑战时，为帮助美国的饲料生产者，莫克（Mexck）公司化学部出版了一本有关这方面的技术资料，名为《饲料中的微量成分》。此书的出版，大大促进了微量成分在畜禽饲料中的应用，并对畜禽饲料工业的革命产生了极大的影响，进而大大推动了畜禽工业化及工厂化养殖业的快速发展。在过去的 30 年间，动物营养科学神奇般的进步以及动物保健工作的改进已使各种家畜的饲料转化率得到很大提高。其中，大部分归功于超过 100 种微量成分；人们从此充分认识微量成分的作用是提高饲料营养价值及减轻或治疗疾病，并称之为“饲料添加剂”。

营养学上这些丰硕的成果，为当前饲料工业有可能利用这些活性饲料用微量成分提供了理论依据。这些微量成分虽然体积小，成本高，但却能保证家畜的最高饲料转化率，从而大大降低了饲料的整体成本。因为，这些微量成分活性很大，需要量极小，大多数的微量成分都是以百万分之几的浓度来测量，每吨饲料中的添加量仅几毫克或不到 200 克。

相对于畜禽养殖业而言，渔用饲料工业起步较晚，至今还不到 30 年时间。渔用饲料添加剂的研究与应用工作则更晚，大约仅 20 年时间。可以说，在很大程度上，渔用饲料添加剂的开发应用是受畜禽饲料工业中应用饲料添加剂的启发而促成的。但近期的发展却很快，其总体普及应用程度已与畜禽养殖业相差不大，并取得了良好的效果。目前，美国、日本、瑞士等国都已发展到相当高的水平。

我国渔用饲料添加剂的开发应用始于 20 世纪 70 年代中后期，80 年代进入全面开发应用阶段，除了维生素、矿物质等方面的研究应用外，还在稀土元素、促生长激素的应用方面做了大量工作，并取得了许多可喜成果。目前，我国渔用饲料添加剂的利用种类已超过10类、120多种，有维生素类、氨基酸类、矿物质类、黏合剂类、抗氧化剂类、防腐剂类、促生长剂类、诱食剂类、着色剂类等，为今后我国渔用饲料工业的发展奠定了良好的基础。

二、我国渔用饲料添加剂开发应用中存在的问题

我国渔用饲料添加剂的开发应用工作已历经了20多年时间，这期间取得了许多成就，但仍有许多问题有待进一步解决。

（一）添加剂的研究不够广泛细致

自20世纪70年代以来，我国的渔业科研工作者们先后对渔用饲料添加剂的应用展开研究和应用实验，虽然进行了大量的工作，研究了许多种类，但所做的工作还不够深入。主要有：一是研究的种类与国外相比还相对较少；二是同一种类的添加剂在不同水产养殖动物应用效果研究做得不系统；三是新开发的种类还不够多；四是添加剂种类在饲料加工过程中的流失、拮抗物、添加工艺及添加时机、保护性措施等基本未做研究等。

（二）与添加剂使用相关的影响研究不够

目前，我国渔用饲料添加剂的研究大都侧重于应用效果方面。这些添加剂的使用量少，但改善水产养殖动物的生长特性及提高饲料转化效率高达10%~25%，这一点已得到共识。但这些添加剂是在未得到充分评估以及其生物效应也不清楚的情况下使用的。例如，在水产养殖动物组织中的残留物及残留量，对食用者的影响，添加剂在水产养殖系统中对环境的影响，接触添加剂的人的健康问题等。从长远观点及对人类负责的角度来看，上述所列的各种问题都应得到很好的研究，并应在添加剂商品上加以说明。

（三）渔用饲料添加剂生产的标准化工作未跟上

据了解，目前国内开发生产的许多种渔用饲料添加剂的标准问题还十分突出，绝大部分产品及加工工艺等只有企业标准，没有地方标准，更没有行业或国家标准；有的甚至连企业标准也没有，从而对其质量检验及评估带来很大困难。更为严重的是生产厂家同一产品不同批次生产出的产品质量差异也很大。所有这些都亟须有加工工艺、原料质量、产品质量、检测方法等方面的依据，以保证产品的质量。

（四）添加剂的推广应用还不够广泛

目前，我国水产养殖业中高质量的颗粒饲料应用量尚不到500万吨，所使用的

单一饲料、粗混合饲料及低质量的人工配合饲料约 1 000 万吨，根本谈不上渔用饲料添加剂的广泛应用。

水产养殖业的发展与渔用饲料工业的发达状况息息相关；而渔用饲料的质量除与饲料配方的设计和加工工艺有着直接关系外，与添加剂的使用也有极大关系。

（五）使用者的质量意识不足

若我们注意观察，到处都可见到对渔用饲料质量意识不够的问题，如产品包装上所标识的产品名称、保存条件、保存期限、注意事项等不清楚，使用者购买后随意堆放、受潮及成分流失现象严重等，甚至有许多生产厂家及销售商出售过期产品等，所有这些都应尽快得到改变。

第二节　渔用饲料添加剂的分类及其作用

一、分类

目前，无论是国外还是国内，对于渔用饲料添加剂的分类并没有一个明确的体系，也没有统一的可参照标准。习惯上的分类只是按产品在饲料中的具体作用来划分；也有人按营养和非营养形式进行粗分。因国外的渔用饲料添加剂的产业化发展较快，产品越来越多，加上科研工作的日益深入，从而使得分类日益趋向复杂。为了给大家一个较为清晰的概念，参照国内外的一些做法和畜牧业用饲料添加剂的划分情况，并结合我国渔业系统中的习惯性称谓，现对渔用饲料添加剂进行分类。

（一）按总体作用分类

按总体作用分类，实际上是以添加剂在水产养殖动物的营养性为依据的，可分为营养性添加剂和非营养性添加剂、多功能性添加剂三大类。

1. 营养性添加剂

此类添加剂是指对水产养殖动物直接营养作用的添加剂。它直接参与水产养殖动物的新陈代谢，构成动物体的成分，改变动物生长、繁殖及生存特性等。此类添加剂包括维生素类、氨基酸类、矿物质类、促生长剂类等。

2. 非营养性添加剂

非营养性添加剂又称为功能性添加剂。它对于水产养殖动物并没有直接的营养作用，只是对于提高和保证饲料质量方面有一定作用。如保持饲料入水后的稳定性，防止氧化及霉变而延长贮存期限，改变水产养殖动物的肉质色泽，促进水产养殖动物的摄食等。此类添加剂有防病治病的药物、防腐剂、抗氧化剂、抑菌剂、黏合剂、着色剂、诱食剂、促生长剂等。

3. 多功能添加剂

此类添加剂是介于营养性和非营养性添加剂之间的添加剂，既有一定的营养性，可被水产养殖动物直接利用，又有一定的功能性；而功能性是其主要的作用。如一些黏合剂、诱食剂等。

（二）按添加剂的主要功能分类

按添加剂的主要功能分类也是目前人们所习惯的分类方法，即按添加剂添加于饲料中的主要目的和作用来分类。按此分类方法，渔用饲料添加剂有：维生素类、氨基酸类、矿物质类、黏合剂类、诱食剂类（调味剂）、抗氧化剂类、防腐剂类（防霉剂）、促生长剂类、药物添加剂、着色剂、防潮剂、性控制剂几大类（图4－1）。

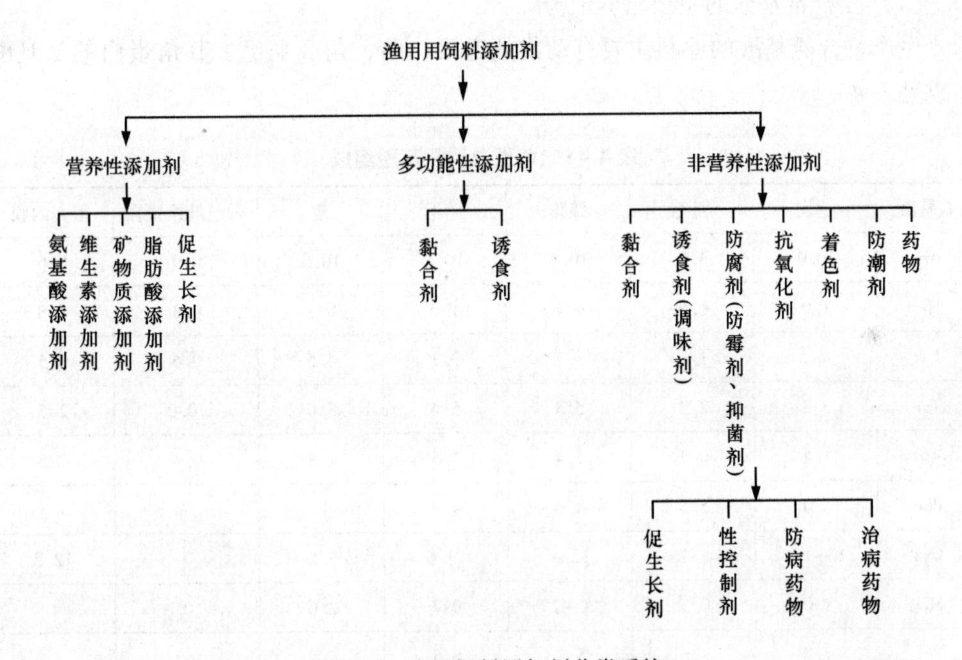

图4－1　渔用饲料添加剂分类系统

二、作用

每一类渔用饲料添加剂都有其特定的作用和功能，这也是被作为添加剂而添加于饲料中的原因。关于营养性添加剂的生理功能，前面已作过介绍，此处不再赘述，而只介绍几种产品的特殊作用和功能。

（一）氨基酸类添加剂

1. 复合氨基酸营养源概述

在饲料中添加氨基酸是为了提高蛋白质的生物价值，即平衡饲料蛋白的氨基酸水平，以提高饲料蛋白质的利用率。对于此方面的研究，国外开展的较早，20 世纪 80 年代初，即已有产品面市，如美国的“福多美”、日本的“速美肥”等。国外的这些产品大都是用粮食或动物血液作原料，经过发酵制成的。国内在此方面的研究稍晚一些，20 世纪 80 年代中期才开始，所用的原料也有较大差异，除血粉外，还有动物的蹄角和羽毛等。因为这些原料大多含角蛋白。角蛋白是人和动物体所具有保护功能的蛋白质，其化学结构非常坚固，性质也较稳定，自然条件下难以被动物所利用。因而，水产养殖科技工作者将其作为饲料源加以研究和开发利用，从而开发出复合氨基酸产品。

（1）复合氨基酸的主要营养成分

生产复合氨基酸的原料主要有动物的毛发、蹄、角、羽毛。其角蛋白的氨基酸组成见表 4－1。

表 4－1　角蛋白的氨基酸组成

氨基酸	毛发	羽毛	蹄角	羊毛	皮	蚕丝纤维蛋白	蛋壳内膜
Arg	10.0	8.0	10.4	10.1	10.0	0.9	8.6
His	1.0	0.6	1.1	1.0	0.7	0.3	0.8
Lys	3.0	1.8	3.7	3.1	4.5	0.6	3.5
Tyr	3.3	2.3	5.3	5.5	5.0	10.0	2.5
Trp	1.2	0.7	1.4	1.5	1.8	0.4	2.5
Phe	3.0	5.5	4.6	4.0			
Cys	10～15	8.7	12.4	13.6	3.5	0	12.2
Met	1.0	0.5	1～2	0.7	2.6	0	
Thr	7.7	4.6	5.7	6.5		1.3	
Ser	7.6	10.2	6.8	9.4		13.9	
Leu	8.0	8.5	8.0	8.2	8.3	0.8	
Ile	4.5	6.4	4.8	4.2	6.8	1.0	
Val	5.7	8.9	5.5	5.4	5.6	2.9	
Glu	14.5	10.0	13.2	14.0	9.1	2.0	
Asp	7.8	7.7	7.9	7.4	6.4	2.4	
Gly	4.5		9.7	6.8	13.5	37.4	13.4

续表

氨基酸	毛发	羽毛	蹄角	羊毛	皮	蚕丝纤维蛋白	蛋壳内膜
Ala				4.0		22.2	10.2
Pro	4～8	4	4	8			4

注：表中的数字已计算成16克的材料中所含的氨基酸的克数。

饲料中复合氨基酸营养源的成分，渔用的在40%以上。其余的为脂肪、纤维素、碳水化合物。具体分析结果为：水分6.48%、粗蛋白42.12%、粗脂肪2.40%、粗纤维4.48%、灰分21.15%、无氮浸出物23.37%。与国外同类产品相比的情况见表4－2。

表4－2　复合氨基酸营养源与“速美肥3号”比较　　%

品名		水分	粗蛋白	粗脂肪	粗纤维	灰分	无氮浸出物
复合氨基酸	标准值	<10	35～38	≥2.5	<10	<15	30
营养源	实测值	4.07	38.62	2.57	6.80	18.07	29.87
速美肥号	标准值	<10	>20	<15	<15	<7	35
	实测值	8.60	23.82	5.05	12.44	10.90	39.43

（2）复合氨基酸营养源的氨基酸含量

通过分析表明，复合氨基酸营养源所含氨基酸的种类齐全，动物必需的氨基酸均具备，而且所含必需氨基酸的种类也是齐全的，但在数量上较进口鱼粉少50%（表4－3和表4－4）。

表4－3　饲料复合氨基酸营养源的氨基酸含量　　%

氨基酸	鱼用品	速美肥
天冬氨酸	2.99	2.17
苏氨酸	1.65	0.65
丝氨酸	2.33	1.38
谷氨酸	4.69	3.91
甘氨酸	1.39	1.10
丙氨酸	1.43	1.40
胱氨酸	0.38	
缬氨酸	1.84	1.10
蛋氨酸	0.47	0.36

续表

氨基酸	鱼用品	速美肥
异亮氨酸	1.13	0.53
亮氨酸	2.49	1.35
酪氨酸	0.84	0.57
苯丙氨酸	0.88	1.02
赖氨酸	1.12	1.19
组氨酸	0.38	0.32
精氨酸	2.88	0.43
脯氨酸	0.70	0.60
色氨酸	0.15	0.15
总和	27.74	21.09

注：此表的氨基酸名称与表4－1相对应。

表4－4 饲料复合氨基酸营养源的必需氨基酸含量 %

氨基酸	鱼用	秘鲁鱼粉	智利鱼粉
蛋氨酸	0.47	1.22	1.46
胱氨酸	0.38	0.49	0.62
赖氨酸	1.12	4.76	4.27
组氨酸	0.38	1.77	2.04
色氨酸	0.15	1.02	0.65
苏氨酸	1.65	0.68	2.74
精氨酸	2.88	3.42	3.09
亮氨酸	2.40	3.27	2.06
异亮氨酸	1.13	3.96	3.50
苯丙氨酸	0.88	2.39	2.05
缬氨酸	1.84	3.78	3.56
总和	11.44	28.76	26.04

衡量或评价某种蛋白质的营养价值不仅要求所含的必需氨基酸种类齐全，而且更重要的是必需氨基酸的比值是否符合动物的营养需要，从表4－5中可以看出，复合氨基酸营养源基本上满足动物氨基酸的要求。

表4-5　必需氨基酸比值的比较

必需氨基酸	鲤鱼（2）	虹鳟（2）	真鲷	鱼用	
				含量	比值
精氨酸	5.5	8.8	5.0	2.88	19.2
组氨酸	2.0	2.9	1.7	0.38	2.53
异亮氨酸	4.6	5.2	4.6	1.13	6.53
亮氨酸	8.4	8.3	6.5	2.40	16.00
赖氨酸	10.5	10.8	7.1	1.12	7.47
蛋氨酸	3.0	3.2	2.6	0.47	3.13
苯丙氨酸	4.6	5.8	3.6	0.88	5.87
苏氨酸	5.4	4.8	4.1	1.65	11.00
色氨酸	1.0	1.0	1.0	0.15	1.0
缬氨酸	6.0	5.8	4.9	1.84	12.27

注：1. 把色氨酸作为1.0；2.（2）参考桥本芳郎编《养鱼饲料法》，日本恒星社厚生阁（1973）。

需要指出的是，复合氨基酸营养源并不是纯粹的添加剂，而是作为饲料蛋白源而开发的氨基酸混合物，还是初级产品，很难将各种氨基酸分离出来作为添加剂使用。

2. 复合氨基酸微量元素螯合物

用复合氨基酸与微量元素的螯合物来代替无机盐用作饲料中微量元素添加剂的应用研究与应用，在国外渔业发达国家已有近30年的历史。由于其对鱼、虾等水产养殖动物具有明显的增产作用，并能大幅度地降低养殖成本而受到用户的欢迎。但我国在此方面的研究工作甚少，近几年才有少量产品出现。在养殖生产上大都以无机盐作为矿物质添加剂使用。因此，此处将这一添加剂加以详细介绍。

氨基酸与微量元素的螯合物又称为氨基酸螯合盐，它将多种氨基酸与微量元素融于一体，并且有氨基酸所特有的香味，不但对水产养殖动物有诱食作用，而且还直接补充了饲料中氨基酸与矿物质，且氨基酸的螯合盐不经消化而直接被幼体吸收利用。所以，又有人称其为当代最具发展前途的高效型微量元素添加剂。

（1）复合氨基酸螯合盐的制备

复合氨基酸盐的制备工艺为：蛋白质原料→水解→中和→螯合→浓缩→干燥→粉碎→产品。

通常所采用的蛋白质原料为动物的毛发、蹄、角、羽毛、血粉等。先将蛋白质原料置于反应器中，加一定浓度的盐酸，在一定温度条件下水解一定时间，待其完全水解后，用氢氧化钠中和残留的酸。由此而得到的溶液即为复合氨基酸的水溶液。然后，根据不同元素与氨基酸螯合物的稳定常数的不同，选择不同的螯合条件，分别对不同的微量元素进行螯合反应，再分别将此螯合产物经浓缩、干燥、粉碎，从而得到一系列的复合氨基酸与不同微量元素的螯合盐（表4－6）。

表4－6　蛋白质水解液中游离氨基酸含量

名称	含量（克/100 毫升）	名称	含量（克/100 毫升）
苏氨酸	2.51	色氨酸	0.76
缬氨酸	3.11	胱氨酸	0.54
赖氨酸	3.56	酪氨酸	1.95
异亮氨酸	2.26	甘氨酸	3.34
亮氨酸	4.62	天冬氨酸	2.02
苯丙氨酸	2.22	丝氨酸	3.10
组氨酸	2.70	谷氨酸	3.10
精氨酸	3.79	脯氨酸	1.70
蛋氨酸	1.52	丙氨酸	1.98

利用所制备的复合氨基酸螯合盐配制成鱼用、对虾用的饲料添加剂预混剂后，即可作为终端产品出售。

配方的设计可根据养殖对象的基础饲料及其对微量元素需要量的不同，以制备的复合氨基酸与各种微量元素的螯合物为主要原料，设计出一系列预混料配方。

预混料的加工方法可按照配方要求，准确地称取各种氨基酸螯合盐，先分别预混合，最后用总体混合均匀的方法配制成预混剂。其流程如下：氨基酸螯合盐→预混载体→检验→包装。

（2）用复合氨基酸螯合盐代替无机盐在鲤鱼饲料饲养中的应用情况

此项实验是由大连水产学院在1立方米的小体积网箱中进行，饲养时间为两个月（5—6月）。实验期间各组设平行组，基本条件完全相同，每天投饵3次，结果见表4－7和表4－8。

表4－7　实验饲料的组成　%

组别	秘鲁鱼粉	豆饼	麦麸	多种维生素	无机盐	螯合盐	麦饭石营养素
对照组	20	40	40	1	1		

续表

组别	秘鲁鱼粉	豆饼	麦麸	多种维生素	无机盐	螯合盐	麦饭石营养素
麦饭石组	20	40	40	1		1	
麦饭石营养组	20	40	40	1			3
螯合盐 A 组	20	40	40	1	0.1		
螯合盐 B 组	20	40	40	1	0.3		
螯合盐 C 组	20	40	40	1	0.6		

表 4-8　实验结果

项目	对照组（无机盐）	麦饭石组	麦饭石营养素组	螯合盐 A 组	螯合盐 B 组	螯合盐 C 组
开始总重量（克）	7 762	7 842	8 100	7 950	7 800	7 700
开始平均体长（厘米）	19.16	19.32	18.87	19.03	19.16	18.81
最终总重量（克）	10 349	11 049	10 900	12 300	11 600	11 250
最终平均体长（厘米）	20.19	20.51	20.25	21.00	20.40	20.23
总增重（克）	2 587	3 207	2 800	4 350	3 800	3 550
饲料用量（克）	6 187	6 293	6 287	6 056	6 036	6 000
增重率（%）	33.0	39.6	35.2	54.7	48.7	46.1
比照组增重（%）	100	124	108	168.1	146.9	137.2
饲料系数	2.4	1.96	2.24	1.4	1.6	1.7
显著性检验（$P<0.05$）		不显著	不显著	显著	显著	显著

上述实验结果表明，添加螯合盐的 3 个组分别较对照组增重 68.1%、46.9% 和 37.2%，而饲料系数分别下降 41.7%、33.3% 和 29.2%。

（二）维生素类添加剂

关于鱼类对维生素的需要量及其作用已在“鱼类的营养生理”一节中作过介

绍，此处仅介绍一下新产品及其注意事项，并介绍渔用饲料维生素的使用技术。

1. 添加维生素的重要性及推荐量

维生素对于水产养殖动物的正常生长、繁殖和健康都是必需的。它参与机体代谢的各个环节，尤其是对于提高水产养殖动物的抵抗力及自身免疫力起着很重要的作用，被认为是健康养殖不可缺少的饲料成分。

目前，被公认的水产养殖动物所必需的维生素有15种，其中11种是水溶性的、4种是脂溶性的。这15种维生素在每千克海水虾类养殖饲料中添加的推荐量分别为：

维生素B_1：50毫克；

维生素B_2：100毫克；

维生素B_6：50毫克；

泛酸：100毫克；

烟酸：300毫克；

生物素：1毫克；

肌醇：300毫克；

胆碱：400毫克；

叶酸：20毫克；

抗坏血酸：1 200毫克（带保护膜）、250毫克（稳定的制剂）；

维生素：A：15 000国际单位；

维生素D：7 500国际单位；

维生素E：400；

维生素K：30毫克。

几种鱼类对维生素的需要量情况见表4－9。

表4－9 几种鱼类对维生素的需要量（每千克饲料中的量）

种类	单位	海峡鲇	鲤鱼	鲑科鱼类
维生素A	国际单位	1 000～2 000	Rb	2 500
维生素D	国际单位	500～1 000	–	2 400
维生素E	国际单位	30	R	30
维生素K	毫克	Rb	–	10
维生素B_1	毫克	1	1	10
维生素B_2	毫克	9	8	20
维生素B_6	毫克	3	6	10
泛酸钙	毫克	20	30～50	40

续表

种类	单位	海峡鲇	鲤鱼	鲑科鱼类
烟碱酸	毫克	14	28	150
叶酸	毫克	R	N	5
维生素 B_{12}	毫克	R	N	0.02
视黄醇	毫克	N	10	400
维生素 H	毫克	R	R	0.1
胆碱	毫克	R	4 000	3 000
维生素 C	毫克	60	R	100

注：a：来源 NRC（1981，1993）；b“R”表示必不可少，但需要量未确定；“N”表示在规定的条件下未发现需要。

需要特别指出的是，维生素 C 结构简单，易溶于水和酒精，但不溶于有机溶剂。它是很重要的抗氧化剂，且很容易被氧化，在饲料的贮存及加工过程中很容易被氧化而流失。据实验表明，存储饲料中的维生素 C 的衰减周期为 3 个月。没有保护膜的维生素 C 最好不要在饲料中使用。这是因为它在加工过程中，90% 以上会被破坏掉。有保护膜的维生素 C 会好一些，在颗粒饲料和膨化饲料加工时的破坏程度分别为 40% ~60% 和 60% ~80%。维生素 C 的衍生物相对稳定，在饲料加工过程中的破坏程度为 20% 左右；存储 6 个月的损失量亦为 20% 左右。另一种是热稳定性的维生素 C。因此，提出两点建议：一是建议使用有保护膜的和具有热稳定性的维生素 C；二是最好在饲料加工后以喷涂的方式添加。

2. 渔用饲料维生素的使用技术

渔用饲料质量的好坏与维生素类饲料添加剂技术有着很大关系，进而影响鱼体的抗疾病能力，是确保水产养殖生产安全的重要因素之一。

随着我国水产养殖事业的蓬勃发展，对渔用饲料的依赖程度越强，需要量也越大。然而，我国的渔用饲料质量问题一直较大，其中既有加工机械与加工工艺方面的问题，也有饲料添加剂使用技术上的问题，尤其是后者的问题更大。

随着水产养殖科技的进步，维生素类饲料添加剂使用技术越来越受到人们的关注，其在鱼体内的作用机制、机理也正在被逐一查明。维生素是一类生理活性物质，在动物体内作为辅酶的一个组成部分参与机体的新陈代谢。鱼类对维生素的需要量极少，但长期缺乏会引起代谢失调，抵抗力下降，进而影响生长，产生各种缺乏症，甚至引起死亡。因此，我们应将渔用饲料的维生素使用技术提高到防病高度来加以认识，并掌握其使用技术，从而提高我国渔用饲料的质量。

维生素的使用技术由维生素的分类、鱼类维生素的缺乏症、维生素的理化性状、来源与保护、渔用饲料中维生素的需要量及注意事项等构成。关于维生素的分类、缺乏症、需要量等前面已述及，此处要强调的是几个注意事项。

总体而言，维生素类添加剂具有化学稳定性差、配伍和谐性差、吸湿性大、带有静电荷等特性。因此，应注意在加工时的添加工艺及注意事项。

① 因为维生素的大多数种类具有热不稳定性，在饲料加工时往往因机械挤压所产生的高温而受到不同程度的破坏。因此，应在实验阶段或首次加工后，现场测定各种维生素的损失量，并予以补足。

② 对于热稳定性较差的维生素种类最好是采取饲料加工后的添加工艺，尤其是B族维生素及维生素C，最好用饲料加工后的喷涂工艺。

③ 对于配伍和谐性差的种类应采用胶膜包被的产品或加工处理工艺，防止其与其他物质结合而损失或降低其生物活性。

④ 为使维生素添加剂在饲料中分布均匀，最好是不要直接添加，而应制成预混合料后再添加。

⑤ 在制作预混料时，要注意载体及稀释剂的选择，选择标准是：a. 不吸潮；b. 不结块；c. 流动性好；d. 粒子大小、形状及表面质地一致；e. 不产生静电；f. 适用于成品料的一种组分；g. 密度均匀，并与添加的饲料相似；h. pH 值中性；i. 低水分以及与微量元素有配伍性。

⑥ 制作预混合料时要注意搅拌工艺，使各种维生素在预混合料中分布均匀，并将损失量降到最低点。

（三）*矿物质添加剂*

关于矿物质在水产养殖动物体内的作用及其功能前面也已作过介绍，此处重点介绍一些需要量及其在饲料添加工艺方面的技术。

目前已查明并应用于水产养殖动物饲料中的矿物质大约有20种。其中一些矿物质的需要量较大，我们称之为“宏量矿物质”或“大量元素”，包括钙、磷、钾、锰、钠、氯和硫等。另外一些种类的需要量较少，我们称之为“微量矿物质”或“痕量矿物质”，包括铁、铜、锌、钴、硒和碘等（表4－10至表4－12）。

以科研结果为依据的海水虾类养殖使用饲料中所推荐的矿物质添加量分别为：

钙：不超过2.8%，并要求与磷的比例为1:1～1.5:1；

磷：磷的总量为1.8%，有效磷的含量为0.9%；

镁：0.2%；

钠和钾：0.6%和0.9%；

硫：一般不作限制；

铁：300克/吨饲料；

铜：25克/吨饲料；

锌：110克/吨饲料；

锰：20克/吨饲料；

硒：1 克/吨饲料；

钴：10 克/号饲料。

表 4－10　海水虾类中饲料矿物质推荐量

矿物质	饲料中含量	来源	每千克预混合料中含量
钙	最大 2.8%		
磷——有效值	0.9%		
磷——总值	1.8%		
镁	0.2%	碳酸镁	2.0
钠	0.6%	氯化钠	0.4
钾	0.9%	碘酸钾	1.0
铁	300 克/吨饲料	硫酸铁	2.0
铜	25 克/吨饲料	硫酸铜	0.5
锌	110 克/吨饲料	硫酸锌	0.4
锰	20 克/吨饲料	碳酸锰	0.4
硒	1 克/吨饲料	亚硒酸钠	0.1
钴	20 克/吨饲料	硫酸钴	0.3

注：载体为沸石，用量为 1 千克。

表 4－11　一些养殖鱼类对饲料中矿物质需要量　　单位：克/千克

元素	需要量	鱼类
钙	2.7	日本鳗鲡
镁	0.4	日本鳗鲡
	0.4～0.5	鲤鱼
	0.5～0.7	硬头鳟
磷	2.9	硬头鳟
	6～7	鲤鱼
	7～8	硬头鳟
	6	硬头鳟
铁	170	日本鳗鲡
锌	15～30	鲤鱼
	15～30	硬头鳟

续表

元素	需要量	鱼类
铜	3	鲤鱼
	3	硬头鳟
锰	12~13	鲤鱼

表4-12　欧洲每千克渔用饲料中添加矿物质平均值

	虹鳟				大西洋鲑			欧洲鳗鲡	
	鱼苗	鱼种	成鱼	亲鱼	鱼苗	鱼种	成鱼	成鱼	幼鱼
钙（克）	18.14	22.07	22.09	18.99	22.02	18.86	14.02	18.13	7.62
磷（克）	14.83	14.92	14.95	14.15	14.61	15.47	11.91	12.94	12.62
钾（克）	10.02	8.89	1031	10.73	10.06	11.52	9.39	9.78	10.63
钠（克）	5.96	7.11	5.41	6.33	12.12	13.38	4.70	6.37	5.35
镁（克）	2.05	2.07	2.25	2.18	1.93	1.92	2.12	2.02	1.43
铁（毫克）	170	160	201	148	156	150	247	239	200
锌（毫克）	118	85	95	86	80	92	80	314	636
锰（毫克）	58	50	56	40	39	39	48	184	144
铜（毫克）	16	16	14	14	20	11	16	54	13
铅（毫克）	3.1	3.9	4.4	4.4	3.4	3.3	2.0	4.9	0.9
钴（毫克）	2.9	3.9	2.8	3.4	3.4	3.3	3.2	4.6	3.7
镍（毫克）	2.8	3.3	3.4	4.1	2.9	2.9	2.5	4.2	1.0
铬（毫克）	1.8	1.5	1.9	1.5	2.2	2.4	1.6	1.4	3.0
镉（毫克）	0.18	0.32	0.24	0.20	0.28	0.29	0.25	0.34	0.25

（四）脂肪酸添加剂

脂类是生物体中一组脂溶性化合物的名称。可将它们粗略地分为脂肪、磷酸酯、结晶磷酸酯、蜡和类固醇等。此处仅介绍脂肪酸类，因为他们是水产养殖动物所需要的重要部分。

1. 基本脂肪酸

渔用饲料中大都含有一定的脂肪，基本脂肪酸含量一般都能满足需要，不必单独添加，而添加的是必需脂肪酸部分。

据实验表明，未加工大豆油约含8%的ω3（10:3）脂肪酸，能给虹鳟这一基本脂肪酸；然而，它还含有大约55%的ω6（18:2）脂肪酸。Castell（1978）提出ω6对ω3脂肪酸的比率太高会降低ω3的利用率，而ω6对ω3脂肪酸比较低的海水鱼油对鱼类比较适宜。Smith（1977）指出，饵料中含有大豆油的鱼肝油时，虹鳟发育良好。用鱼肝油和牛脂含量高饲料饲养海峡鲇时，比含大豆油高的饲料效果好（表4－13）。

表4－13　溶剂萃取大豆油、全脂炒大豆粉、鱼粉和生玉米的可消化能值

（用虹鳟和罗非鱼测定）　　单位：千卡/克

饲料成分	虹鳟	尼罗罗非鱼
溶剂萃取大豆粉	3.27	3.37
全脂炒大豆粉 b	4.29	-
鱼粉	4.57	4.04
碎玉米	1.67	2.46

注：a代表来源：虹鳟，Smith（1976）；尼罗罗非鱼，Popma（1982）；全部值以干物质为基础。B代表干燥加热，177℃、10分钟。

2. 必需脂肪酸

必需脂肪酸的功能主要是磷脂的成分和前列腺素的前体。必需脂肪酸在浓缩磷脂中含量很高，同时，对生物膜的柔韧性和渗透性、脂类传递和对某些酶的活性是重要的。由于是前列腺素的前体，他们在许多生理和代谢功能中发挥作用。

海产虾类有4种必需脂肪酸，即亚油酸（18:2n6）、亚麻酸（18:3n3）、二十碳五烯酸（20:5n3）和二十二碳六烯酸（22:6n3）。一般说来，植物油中含20:5n3和22:6n3较高。饱和脂肪酸在渔用饲料中不能添加（表4－14至表4－16）。

表4－14　海产虾类饲料中脂肪酸添加推荐值

脂肪酸	占饲料的百分比
18:2n6	0.4
18:3n3	0.3
20:5n3	4.0
22:6n3	4.0

注：根据实际饲养结果推荐。

表 4－15　不同脂质源的必需脂肪酸构成

脂质源	18:2n6	18:3n3	20:5n3	22:6n3
植物来源				
可可油	2	0	0	0
玉米油	58	1	0	0
棉籽油	53	1	0	0
亚麻籽油	17	56	0	0
棕榈油	10	1	0	0
棕榈仁油	2	0	0	0
菜籽油	15	8	0	0
花生油	30	0	0	0
大豆油	50	10	0	0
葵花籽油	70	1	0	0
海洋动物来源				
毛鳞鱼油	5	0	7	5
鳕鱼肝油	5	1	16	14
墨鱼肝油	1	2	12	18
鲱鱼油	1	1	8	5
绿鳕肝油	2	0	12	7
鲑鱼油	3	0	10	10
沙丁鱼油	3	1	13	10
蛤蜊油	1	1	19	14
鲣鱼油	5	3	7	12
鱿鱼油	3	3	12	10

注：1. 据实际实验结果推荐（Tacon，1987）；2. 表中数值为总脂肪酸比例。

表 4－16　海虾饲料中胆固醇与类脂推荐量

虾体重（毫克）	脂含量（%）	胆固醇含量（%）
0～0.5	7.5	0.40
0.5～3.0	6.7	0.35
3.0～15.0	6.3	0.30
15.0～40.0	6.0	0.30

注：据实际饲养结果推荐。

3. 磷脂

磷脂中含有一个丙三醇，它的 C1 和 C2 被脂肪酸脂化，C3 上连接着磷酸和含氮的碱，如果这个含氮的碱是胆碱或是乙醇胺，则该物质为卵磷脂或脑磷脂。这两种化合物都是膜的组成部分，并对血淋巴中脂类的消化和吸收、传递起重要作用。

磷脂对海产虾类的存活和生长有良好作用，这一点已得到证实。有记载说明：① 含胆碱或肌醇的磷脂是最好的；② 含有基本脂肪酸的磷脂是最有效的；③ 脂肪酸的位置影响磷脂的效用；④ 尽管磷脂是海产虾类自己合成的，但合成速率很慢。

推荐的全部磷脂的需要量是饲料的 2%，如果使用卵磷脂，其用量应降为 1%，若是卵磷脂的 C2 上含有 20∶5n3 和 22∶6n3 时，则应用量降为 0.4%。

（五）抗氧化剂

抗氧化剂用于防止饲料中油脂和维生素 C、维生素 A、维生素 E 的氧化，延长饲料保存时间。常使用的抗氧化剂有：乙基羟基甲苯（BHT）、丁基羟基茴香醚（BHA）、促生长啉（1，2－二氢－6－乙基闳基－2，2，4－三甲基喹啉）、苯甲酸、抗坏血酸、柠檬酸及其盐类等。

美国食物和药品管理署规定，饲料中所使用的抗氧化剂的含量以克/吨为计算单位，其中最大用量为：促生长啉 150、BHT200、BHA200。

（六）黏合剂

渔用饲料黏合剂可分为天然和人造两大类。但无论是采用哪一类还是哪一种，主要作用及添加目的都相同，即在受到温度和压力的影响下，这些黏合剂可使各种饲料原料紧紧地黏合在一起。

渔用饲料加工制粒过程中，机械的挤压往往产生高温和高压，例如，一般颗粒饲料加工中的温度为 80～120℃（标准是 90℃左右），膨化颗粒饲料约在 200℃左右。若各种饲料原料粉碎得细而均匀，并在加工中通过蒸气混合而加以熟化，则其中的碳水化合物成分会产生一定的黏合作用，再经挤压，大多会有较好的黏合状态，此时可少加或不加黏合剂。在饲料中添加黏合剂是十分必要的，它对于颗粒饲料及碎粒饲料保持一定硬度、形状及入水后的稳定性（防止散失）至关重要。

对于鳗鱼用的糜状饲料多使用小麦粉、淀粉（a－化）、羟甲基纤维素等；新鲜的鱼肉加适量的盐搅拌，会增加黏合力；干颗粒饲料多用 2% 的羧甲基纤维素（CMC）作黏合剂；而作为水产养殖动物的开口时期的微颗粒及微囊性饲料的黏合剂多用自然胶。此外，国内最近开发生产的胶原蛋白既可作为动物性蛋白源，又可作为黏合剂使用，效果较好。另外，多种海藻胶和微生物胶，如角叉藻胶、琼胶、褐藻胶及微生物生产的多糖类也可以作为黏合剂使用（表 4－17）。

表 4－17　天然胶类黏合剂

名称		原料
树胶	阿拉伯树胶	豆科金合欢属的阿拉伯胶树（*Acacia sengal*）
	黄芪胶	豆科黄芪属的黄芪树（*Astragalus gummiefr*）
	刺梧桐树胶	梧桐科的刺激激萃婆（*Stereulia urecns*）
提取物	果胶质	几乎氖陆生植物，尤其是果实、根、嫩组织、木材等的细胞膜及中层组织针叶树，尤其是落叶权属的欧洲落叶松、美洲落叶松
种子	刺槐豆胶	豆科的角束树（*Ceratonio siligua L.*） 豆科的瓜尔豆（*Cyamopsis tetragonolobus*） 豆科的罗望子（*Tamarindus indica*）

（七）诱食剂

诱食剂又被称为调味剂、促摄食饵料添加剂、促摄物质、引诱剂等。近年来，其有关基础研究的进展将鱼类及其他水产养殖动物的摄饵物质的研究引向深入，并将其与水产养殖动物的消化吸收联系起来。

目前，在鱼类的促摄食物质的使用上多为氨基酸、核苷酸、甜菜碱、色素或荧光物质；在海产虾类方面多为氨基酸和较小分子多肽类。这些物质多存在于海洋动物粉中，如鱼粉、虾粉、鱿鱼粉、蟹粉、蛤蜊粉等。脱水的胶体及水化的海洋动物液中多含此成分，如液体鱼蛋白、鱿鱼汤、虾汤等物质中多含此成分，故许多饲料厂用海洋动物浸出物、粉料浸出物作为诱食剂。

（八）防腐剂

防腐剂又称防霉剂、抑菌剂等。添加的目的是为了防止饲料的腐败变质、微生物分解等。

目前常用的种类有：丙酸、丙酸钙、丙酸钠等，添加量一般为 0.25% ~0.3%。抑制霉菌需要加入龙胆紫。日本还研制出了一种能同时抑制霉菌和细菌的抑菌剂——霉敌，已用于畜禽饲料中，添加量为每吨饲料 250 ~500 克。此外，也有人使用胱氨酸钠来防止微生物的破坏。为防止虫蛀，可在饲料中添加一定量的驱虫剂，每吨饲料的有效添加量为 100 克左右。

（九）着色剂

随着集约化水产养殖业的发展，一方面是水产品产量大增，为广大消费者提供了需求保障；另一方面是由于高密度的人工养殖，也出现了养殖品种的色泽差于天然种类的情况。出于商业性目的，为使鱼体、鱼肉及鱼卵等组织或部位呈现出消费者所欢迎的颜色，国内外学者经过近几十年的研究和探索，揭示了养殖品种色泽变化的主要原因是饲料中缺乏必要的色素，因而，提示人们通过在饲料中添加色素以使鱼体着色。

1. 着色剂的分类及其作用

以着色剂的来源为依据进行划分，着色剂可分为三种类型，即纯天然性的、人工合成的和发酵法生产的。天然性的是利用自然界含色素丰富的动物、植物体所提取的天然色素，如玉米黄质、松针粉、螺旋藻、金盏花瓣粉、万寿菊粉、红辣椒、虾青素、斑蝥黄质、黄体素、酵母等。人工合成性的主要有类胡萝卜素制剂，如β-8-胡萝卜素酸乙酯和覃黄素。利用发酵法生产的主要为叶黄素。

着色剂的作用主要有两点：一是通过着色剂给养殖鱼类以视觉上的诱导，促进其摄食，此作用多体现于垂钓渔业上；二是使肌体对色素吸收，改善产品的色调。但以后者为目的的行为，国外多有限制，如美国很少使用着色剂；日本除观赏鱼类外，其他养殖种类基本上不用着色剂。

2. 影响鱼类色泽的最主要因素

影响鱼类色泽的最主要的因素是类胡萝卜素的缺乏。胡萝卜素是一种不溶于水的多烯色素，多数为40个碳原子左右，为对称的匝烯，以番茄果实中含量丰富的番茄红素为原型，通过其分子中两端的闭环和氧化形成超过400种的色素。因为它的高度不饱和结构和化学性质不稳定，易于氧化变性。

鱼类皮肤中色素的存在方式使养殖鱼类的色泽变化更为容易，因为他们直接暴露于阳光、空气及热度（气温、水温）下。日本研究人员发现，即使在完全低温和暗光条件下，鱼类的色变仍然会发生，并据此推测鱼类的皮肤组织中存在着氧化酶，而且似乎红色的鱼，其皮肤中酶的活性比其他体色的鱼更强。

与其他动物比较，鱼类不具备重新生物合成类胡萝卜素的能力，但能够通过食物吸收并将其沉淀于皮肤及其他组织内；同时，鱼类也能够转化吸收类胡萝卜素，并将其沉积；但不同的鱼类，对类胡萝卜素的转化能力不同，两类化学结构相差较大的类胡萝卜素很难相互转化。据资料介绍，鲜艳的红鲤将食物中的青虾素聚集在皮肤上，将玉米黄质转化为虾青素，而不能转化为叶黄素。在金鱼体内，叶黄素和玉米黄质可以转化为鱼体虾青素，但β-胡萝卜素与角黄素不能转化为虾青素。真鲷、虹鳟、鲑鱼不能改变吸收后色素的组成，只是将色素直接沉积在皮肤、脂肪及卵组织中。

3. 着色剂在鱼类养殖上的应用

在国外，着色剂在鱼类养殖上的应用起步于20世纪70年代，欧、美及日本等国在黄尾鰤、真鲷、虹鳟、银鲑、香鱼、罗非鱼、金鱼、鲤鱼等种类的养殖上使用着色剂，并取得令人满意的效果，提高了这些养殖鱼类的经济效益，尤其是虹鳟肉质的着色（由白转红）方面。据日本的研究报告，单纯给鰤鱼投喂配合饲料，它们的背部及两侧的体色均为很差的灰黑色，而天然养殖的则为发光的蓝绿色。靠近鰤鱼侧线附近，两种典型颜色均没有出现，影响了鲕鱼的商品价格。通过在饲料中添加南极磷虾油，可使其体色得到改善。用每千克饲料中含40毫克蕈黄素的饲料饲养体重为90克左右的虹鳟时，两个月后，其肉质明显出现红色。

迄今为止，我国渔用饲料着色剂的研究和应用方面还基本上是一个空白。但某些问题已引起了人们的注意，如网箱养鲤时，鱼体色较黑的问题等。据推测，这一问题主要是受紫外线的影响，因网箱内的水体较清瘦，所养鱼类受紫外线的照射程度远远大于池塘条件下的养殖鱼类，而沉箱养殖时就没有此问题的发生或较轻。

（十）促生长剂

促生长剂又称促生长物质。它可以促进水产养殖动物的生长，因此，常作为添加剂的一种用于渔用饲料中。大量的研究报告指出，使用各种激素类可促进鱼类的生长，从而提高养殖生产能力；实验也证明，巴豆内酯具有很大的应用价值，在同等养殖条件下，使用了巴豆内酯时，可以使鲤鱼增重205克左右；而且大量的实验证明，只有当使用剂量比治疗剂量高10~15倍时，才会对鱼产生毒性。实验鱼在巴豆内脂的作用下，血液总量从占鱼体重的3%提高到4%，血红蛋白和血球含量同样增加20%~30%，血液中的氨基酸，如赖氨酸、精氨酸、天冬氨酸和亮氨酸含量也明显增加。

近年来，有些报道指出人工合成的甾醇类化合物在鱼类生长中的刺激作用。有实验用低剂量的4-氯睾甾酮注射鲫鱼和虹鳟时有明显增重效果。也有报道，在每千克饲料中添加1毫克17a-甲基睾甾酮培育银大麻哈鱼与同等条件下添加组相比，其生长速度加快，饲料利用率提高，鱼卵的生命力和后代性腺结构都正常。用雄甾酮对尼罗罗非鱼做实验，结果也是鱼生长加速。有报道说，刚孵出的虹鳟仔鱼，当用孕甾酮（50~100微克/升）处理时，与对照组相比，其生长速度明显加快；在100千克饲料中分别添加5毫克和50毫克已烯雌酚投喂虹鳟时，对生长有抑制作用；而有报道，用低剂量的DES（0.6毫克/千克、1.2毫克/千克、2.4毫克/千克湿饵料或1.2~5毫克/千克干饵料）对太平洋鳙进行实验，发现低剂量时鱼的生长明显加快。

植物甾醇是植物中提取的类固醇。这些物质包括有许多种类固醇，如麦角甾醇、豆甾醇、β-谷甾醇和薯蓣皂苷配基，但不含胆固醇；这对海产虾类是一种很重要的营养。其在海产虾类上的促增重作用为0.1%左右。

沸石作为添加剂对鱼类也有促进生长作用。沸石是一种骨架结构的硅酸铝矿物质，内有空穴，穴中充满大量离子和水分，其他部分也具有相当活性，以保证离子交换和吸收水分。据日本的研究，饲料中添加沸石时，一般可增重5%~25%。

（十一）防潮剂

防潮剂又称吸湿剂，唯一的作用是放于密封的容器中吸收其中的水分，防止饲料添加剂受潮而分解和流失。

防潮剂不能作为添加剂而添加于饲料中，而是单独用有一定透气性的包装膜包被，然后放在易于受潮的添加剂塑料袋中，密封住添加剂包装袋口，待添加剂拆封使用时再将其取出，切不可与饲料混于一起。

（十二）药物添加剂

水产养殖动物的药物添加剂，按其作用分类为防病用和治病用及幼鱼性别控制性（性转化）三大类。按药物的来源和作用又可分为原料药、借用药和专用药三大类。各种药物的具体概念为：

① 防病用药物：主要是抗生素类，用于某种或某类病的多发及流行性季节，添加于饲料中，用于防止该病的发生。此外，还有一些其他药物及化学试剂也用于鱼病的预防。

② 治病用药物：水产养殖动物发病时添加于饲料中用于治病的药物。

③ 性别控制用药物：多用于孵化初期进行性别控制和转化，从而培育出单一性别的个体，以提高养殖产量及效益。

④ 原料药：即采用已有的畜、禽或人用药，用于混合配制治疗某种鱼病的药。

⑤ 借用药：将畜、禽或人用药直接添加饲料中，用于治疗鱼病。

⑥ 专用药：即为治疗某种、某类鱼病而特制的水产药物，又称渔用药物。

因渔用药物添加剂极多，难以分别介绍，使用时可参考《鱼病防治手册》或《渔药使用指南》等相关技术资料与标准。

（十三）水产养殖动物抗应激饲料添加剂研究与应用

鱼虾类水生动物在集约化人工养殖过程中，难免要面临着越来越多应激因素的刺激影响，如水质污染、气候冷热突变、惊吓、长途运输、饵料营养不良、有害物的侵袭、捕捞、饲料营养不当等；这些不同程度地应激反应，不但能直接影响动物的正常生长发育，而且严重时可导致鱼机体的免疫力下降，诱发患病甚至死亡，因此，减少或消除养殖鱼虾的应激因素，除了实行科学喂养管理外，还应根据具体情况，在饵料中添加有关抗应激饲料添加剂。

1. 维生素 C

维生素 C 是动物机体不可缺少的营养物质。维生素 C 具有增强免疫力和抗病能力，同时可提高鱼虾抗多种应激反应的能力。王伟应（1996）报道，加适量的维生素 C 能有效提高中国对虾的缺氧耐受力。Merchine（1995）采用维生素 C 单磷酸酯（AP）培养的 zrtemiz nzllptill 饲喂组对盐度应激抵抗力强。Dzbrowskz（1991）也报道，适量的维生素 C 会减轻鲤鱼的应激性损伤。王昆伦等（2000）报道，在受到工业废水污染的水环境中，在实验组的尼罗罗非鱼的饲料中加维生素 C—磷酸酯胺 130 毫克/克干饲料，对照组喂基础饵料。实验结果，实验组鱼的发病比对照组下降

47.22%，死亡率下降64.17%。唐古文（1997）、罗金萜（2000）均报道，维生素C能很好地增强鱼虾对热应激的抵抗力。

2. 鱼肝油

这两种维生素有增强动物体质、促进生长发育，增强抗低温应激能力。欧阳玉珍（1999）实验报道，在6~7℃低温情况下，在鲤鱼和罗非鱼的饵料中添加鱼肝油。实验结果表明，实验组的鱼成活率达99.5%，增重为8.1%，而对照组鱼成活率为89.7%，增重率为2.9%，说明鱼肝油有较强的抗寒应激作用。

3. 核苷酸

核苷酸已被证实为一种免疫增强剂，可减轻对虾应激反应。据Koppel（1998）报道，以始重6.67克的对虾为实验对象，通过经常改变水的咸度作为应激因素，实验结果表明：食用含核苷酸饵料的对虾测试组存活率达93.4%，而对照组存活率最低仅为53.3%。葵明娃（1999）实验，用白斑病病毒（WSS）人工感染对虾，饲喂含0.2%核苷酸饵料的对虾成活率达90%，饲喂含0.1%核苷酸的存活率达60%，而对照组成活率仅27%。

4. 大蒜

大蒜属暖性饲料添加剂和类似抗生素饲料添加剂，大蒜含大蒜素、钙、铁、镁、硒、锗等营养物质，在鱼虾饵料中添加大蒜粉1%~2%，可增强鱼虾抗寒应激能力，而且可以提高鱼虾肉品质，预防多种疾病发生。

5. 腐殖酸

腐殖酸是天然的“绿色”动物饲料添加剂。其在动物体内具有免疫功能，能够促进动物生长、抗炎、抗溃病、促进肠道微生态平衡，并有抗环境污染、抗感染的应激功能。中国科学院海洋生物研究所（1997）在对虾育苗水池中添加10克/米^{3}的腐殖酸，可解除重金属（Cn、Zn）对对虾的毒害，从而提高对虾受精孵化率50.3%和幼虾成活率64.1%，解决了我国对虾养殖中的一大关键技术，张长舒等（1999）在38℃环境中，给草鱼精饲料中添加1.5%腐殖酸，结果表明，实验组鱼成活率比对照组提高27.5%，而且鱼的肠炎和烂鳃病分别降低90.4%和89.7%。

6. 牛磺酸（Tzurine）

牛磺酸是动物体内一种结构简单的含硫酸氨基酸，用其作为动物“绿色”饲料添加剂，主要作用有：促进动物生长，抗细胞氧化，抗自由基损伤及抗病毒、抗应激等。牛磺酸抗动物应激机理是：牛磺酸可增加三磺甲状腺原氨酸（T3）的分泌量，增加机体的抗应激水平。海洋动物的渗透压主要靠牛磺酸来调节和维持。据Martin（1996）研究表明，在淡水鱼的饵料中添加适量牛磺酸，可提高鱼淡水鱼对水质中盐水浓度渗透压的应激反应能力，有效提高淡水鱼在咸水中成活率。

7. 海带

海带主要富含碘，并含有某些免疫和抗应激因子，能提高动物对环境的适应能力。如提高鱼虾的抗热应激能力和耐低氧能力，从而提高鱼虾的存活率或生长率（周世朗，1998）。

8. 螺旋藻（Spirulima）

据伯良（1999）报道，在对虾苗的饵中添加0.5%～3.0%螺旋藻粉，可有效提高虾苗的增重率，降低对常见病的易感性，提高成活率，亲虾饵料中使用螺旋藻，可明显提高其孵化率和抗热应激能力，海水网箱养殖的真鲷、灰斑鱼等海珍品，病害常常难以控制，鱼因受疾病应激反应，成活率较低，如果在鱼的饵料中添加螺旋藻粉，不但可以大大提高鱼对疾病应激反应的抵抗力和成活率，而且还有利于鱼体色泽改善，提高商品价值。

9. 甜菜碱

甜菜碱有调节淡水鱼虾体内渗透压和抵抗水中盐水浓度渗透压的应激作用。其机理是：当组织细胞渗透发生变化时，甜菜碱能被细胞吸收，防止细胞的水分流失及盐类的进入，并提高细胞膜 IV2－K 泵功能，维持组织细胞正常渗透压，以调节细胞渗透压的平衡。它稳定了蛋白质和细胞膜，并且通过增加关键酶与细胞膜的温度和离子耐侵性来提高细胞的渗透压。Nelson RJ（1991）提出甜菜碱对鱼类在10℃以下具有抗冷应激作用，这为某些鱼类越冬问题提供了新思路。

10. 黄霉素

黄霉素为饲料添加剂的抗生素类促进剂，商品名为富乐旺，黄霉素是国家认定的动物“绿色”饲料添加剂，其理化性质稳定，使用安全无副作用，抗菌作用强，促进养殖动物生长，提高生产性能，并能增强动物抗各种应激能力，在鲤鱼饲料中添加3×10^{-6}、4×10^{-6}和5×10^{-6}的黄霉素，可分别提高鲤鱼的生长速度46.3%、6.65%和5.97%，并经过500千米的长途运输的耐受力实验没有负面影响。

11. 小肽

小肽是蛋白质代谢的主要产物，由两个或两上以上氨基酸组成的绿色饲料添加剂。小肽具有参与水生动物机体免疫系统的调节作用，促进鱼苗机体的抗应激能力。具有抗菌活性的小肽能抑制和杀灭动物体内的病原微生物，减少或消除疾病对鱼体的应激反应，提高鱼的健康水平和成活率。

12. 虾青素

虾青素是一种理想的着色剂和抗氧化剂，具有明显的抗癌和抗应激反应作用。在水产养殖中广泛应用，另有抗盐浓度渗透压的应激作用。Darachai 等（1999）研究用天然虾青素，合成虾青素，不含虾青素及天然饵料的4种食物对不同生长阶段的对虾幼体的抗盐胁迫能力的影响，发现喂天然虾青素的对虾幼体最能忍受低盐胁迫：检测虾体中类胡萝卜素含量，发现食用天然虾青素组要高于投喂合成虾青素和无虾青素饲料组。Ako 等（1999）在鱼虾饵料中添加虾青素0.05%～0.1%，对抗高温应激有明显效果，提高鱼虾成活率，并稳定鱼虾生长速度。

13. 内源酶

据松岛一郎（2000）研究表明，养殖动物特别是幼龄动物处于高温、寒冷、转群、运输、疾病等应激状态下，动物分泌酶的能力减弱或者出现消化机能紊乱，内源消化酶分泌减少，动物表现多种应激反应，如果在应激状态下动物的饲料添加淀粉酶，蛋白酶和脂肪酶等内源性消化酶，可大大减少动物应激反应。

14. 柠檬苦素类似物

该饲料添加剂是从废弃的果核、果皮及柑枯类果皮中加工提取的活性物质，是目前新发现的新型“绿色”动物饲料添加剂。在养殖业中，具有促进动物生长，提高动物生产性能、驱虫促健、抑杀病菌、解毒、防止饲料霉素以及抗动物多种应激反应等功能。据多种文献表明，柠檬苦素类似物在水产养殖中，可缓解鱼虾的长途运输、高温、水质污染、某些疾病等应激反应，可提高鱼虾在应激状态下的成活率以及维持正常生长率。

15. 冬宝

该产品是用黄芪、干姜、陈皮等组成的中药复合剂。据乔峰（2000）实验表明，在鲤鱼饵料中添加0.1克冬宝，在越冬期间，鲤鱼成活率比对照组提高43.7%、增重率提高8.3%，说明冬宝是养殖动物抗寒应激良好的饲料添加剂。

16. 肉毒碱盐酸盐

肉毒碱盐酸盐在动物体内能促进脂肪酸透过细胞膜进行氧化、释放能量，减少蛋白质作为能量消耗，增加体内蛋白质含量，改善动物机体的新陈代谢功能，提高动物抗应激能力。据黄春等（2000）研究，鱼苗在捕捞和长途运输前饲喂含0.5%肉毒碱盐酸盐，放养后存活率为95.7%，而未添加肉毒碱盐酸盐对照组的鱼苗存活率仅为80.3%。

17. 糖萜素

糖萜素是从山茶科植物中提取的天然生物活性物质，具有提高养殖动物的免疫力、抗氧化以及提高生产性能、改善动物产品和抗应激等功效。据詹勇等（2003）报道，糖萜素可减轻应激反应对动物机体的危害，解除动物因应激反应产生的免疫抑制作用。徐促辉（1999）在罗非鱼饵料中添加20毫克/千克糖萜素，在气温39℃环境中实验组鱼因高温应激反应引起死亡率比对照组降低85.2%。华祥实验证明，在受工业废水污染的水质中养鱼，如果鱼的饵料中添加糖萜素300毫克/千克和适量维生素C，可提高鱼成活率73.3%，并经鱼肉测定，饲喂糖萜素和维生素C饵料的鱼肉中所含镉、铅、铜等重金属明显低于对照组，而且实验组的鱼肉和脂肪中苏氨酸的含量高于对照组，从而较好地改善了鱼肉品质。

18. 几丁聚糖

俄国专家从海洋甲壳类动物中提取几丁聚糖活性物质，这种物质可提高动物生产性能，可作饵料黏结剂，并有解毒作用。据研究，几丁聚糖可提高生活在受污染劣质水质的鱼虾抗污应激反应能力，并能减少水中有害物质在鱼虾体中残留，缓解有毒物质对鱼虾的应激反应，从而提高鱼虾成活率。

19. 生姜

生姜属暖性饲料添加剂，有增进食欲，驱散寒冷等作用。据严华平（2000）报道，鲤鱼在越冬期间，饵料中添加0.5%生姜粉末或1.5%鲜生姜碎块，可提高鲤鱼抗寒冷应激反应，提高成活率。

20. 中药添加剂

据研究表明，投喂抗镇静中药添加剂，如钩藤、延胡索、枣仁等，能使鱼虾镇静，减少激烈骚动，减少鱼虾在捕捞、运输、投放等应激反应；投喂清泻火、清热凉血的中药添加剂，如石膏、柴胡、生地等，可缓解鱼虾高温热应激；添加甘草、沸石、麦饭石、绿豆等中药，可减少有害物质对鱼体危害，降低有害物质对鱼虾的应激反应。

第三节　渔用饲料添加剂的质量检测技术

添加剂使用得当，能促进水产养殖动物的生存、生长、繁殖和提高饲料的利用率；但它们对养殖动物的健康是有潜在危险的。因此，联合国粮农组织（FAO）制定了《饲料生产规程》（GMP，Good Manufacturing Praltiles），规定要求饲料生产厂家对添加剂的应用处理得当，并对产品中的含量等情况进行适当控制和监测。

渔用饲料添加剂快速定性检测的早期开创工作大部分是美国的饲料显微镜检测工作者协会承担。其中许多检测方法没有经过专门化训练，并且只有很少仪器设备的工厂检验人员也可以采用。此处所介绍的方法可帮助饲料显微镜检测人员证实经过注册的加药饲料中究竟含有某种可作为饲料添加剂的药物。检测颜色是唯一能将某种药物从其他饲料鉴别出来的特征。

一、氨丙嘧吡啶（安普洛里）的检测

（一）试剂

① 溶液A：将1.25克的铁氰化钾和3克氢氧化钠溶解于500毫升蒸馏水中。
② 溶液B：将50毫克2，7－苯二酚溶解于500毫升甲醇和150毫升蒸馏水中。
③ 溶液C：水、甲醇和氯仿（1:1:1）混合液。

（二）程序

① 将4毫升溶液A和13毫升溶液B混合。

② 将8~10克试样加到30毫升溶液C中；摇晃1分钟，然后静置1分钟，使其沉淀。

③ 将5毫升的上层清液撇入溶液A和溶液B的混合液中，并充分混合。

④ 若有氨丙嘧吡啶存在，溶液即呈紫色。

二、对氨基苯胂酸或对氨基苯胂酸钠的检测

（一）试剂

① 浓盐酸。

② 0.1%的亚硝酸钠。

③ 0.5%的氨基磺酸铵。

④ 0.1%N-1-苯基乙烯二胺二盐酸水溶液。

（二）程序

① 将0.1克试样和4毫升浓盐酸放入蒸发皿中，边加热边摇动，待完全溶解后再加入1毫升浓盐酸，混合均匀，并过滤。

② 往滤出液中加2毫升0.1%的亚硝酸钠溶液，混合均匀后静置5分钟；再加入2毫升0.5%的氨基磺酸钠溶液，混合均匀后静置2分钟。

③ 再加入1毫升0.1%的双盐酸化N-1-苯基乙烯水溶液。

④ 如有对氨基苯胂酸存在即呈紫色。

三、杆菌肽的检测

杆菌肽又称杆菌肽锌和双水杨酸杆菌肽。

（一）试剂

① 茚满三酮溶液：将200毫克的茚满三酮溶解于100毫升正丁醇中。

② 醋酸盐缓冲溶液：将4毫升0.2摩尔醋酸钠溶液和6毫升0.2摩尔的醋酸相混合，pH值为4。

（二）程序

① 用茚满三酮溶液渗透滤纸（Watman 2号），然后，放入100℃的烘箱中5分钟。

② 将0.1克试样放在滤纸中央，加1滴醋酸盐缓冲液，再放入烘箱中5分钟。

③ 若有杆菌肽存在，即呈紫粉红色。

四、红霉素（硫氰酸红霉素）的检测

（一）试剂

与杆菌肽相同。

（二）程序

按杆菌肽的程序操作，若有红霉素存在，即呈紫粉红色。

五、金霉素、土霉素和维生素 A 的检测

（一）试剂

改进的 Sakaguchi 试剂：将 10 克硼酸溶解于 300 毫升蒸馏水中，仔细地加水并搅拌，然后再加入 700 毫升浓硫酸（贮存在冰箱内）。

（二）程序

① 将每种试样取少量放一滴于试板上或陪替氏培养皿中，加 2~3 滴试剂。
② 若有金霉素存在，试剂加入后呈深红色。
③ 若有土霉素存在，试剂加入后即呈亮红色。
④ 若有维生素 A 存在，则呈现出与金霉素相同的颜色，但仍保持球形状态。

六、痢特灵的检测

（一）试剂

① 4% 的氢氧化钾溶液：将 4 克氢氧化钾溶解于 96 毫升乙醇或甲醇中。
② N，N－二甲替甲酰胺。
③ Wirthmore 溶液：将 10 毫升氢氧化钾溶液与 90 毫升 N，N－二甲替甲酰胺混合，现用现配。

（二）程序

① 将约 25 毫升的 Wirthmore 溶液放入 50 毫升的烧杯中。
② 用刮勺取一定量的试样，靠烧杯上方，每次轻轻敲敲弹少许于烧杯中，在样粒沉淀过程中注意观察。
③ 痢特灵颗粒在沉淀过程中呈现蓝色踪迹。为了观察清楚，实验在良好光照下将样品放在眼睛高度进行观察。

七、呋喃西林的检测

（一）试剂

与痢特灵实验相同。

（二）程序

按痢特灵实验的程序操作，若有呋喃西林存在，试样颗粒沉降时立即呈现出亮红色踪迹。

八、青霉素或普鲁卡因青霉素的检测

（一）试剂

① 溶液 A：pH 值为 4 的醋酸钠缓冲溶液。

② 溶液 B：Ehrlich 试剂：将 2 克对二甲基苯甲酸溶解于 100 毫升 20% 的盐酸中。

（二）程序

① 将少量试样放于陪替氏培养皿中或白色滴试板上，加 2 ~ 3 滴溶液 A，再加 2 ~ 3 滴溶液 B。

② 当青霉素晶粒透明并完全溶解于 Ehrilich 试剂中时，即呈现出浓黄色。

九、胡椒嗪的检测

（一）试剂

① 1 摩尔氢氧化钠溶液：将 4 克氢氧化钠溶解于 50 毫升蒸馏水中，用 95% 乙醇定容到 100 毫升。

② 溶液 A：将 0.03 克 1，2 - 萘醌 - 4 - 碘酸钠溶解于 30 毫升水中。

（二）程序

① 将试样放于滤纸上，用 1 摩尔的氢氧化钠溶液和溶液 A 浸湿。

② 出现亮红色即表示有胡椒嗪存在。

十、吩噻嗪（硫化二苯胺）的检测

（一）试剂

① 二甲替甲酰胺（DMF）和氢氧化钾：将 10 份 DMF 与 1 份 4% 的氢氧化钾酒

精溶液（将4克氢氧化钾溶于100毫升的乙醇或甲醇中）混合均匀。

② Sakaguchi试剂：将1克硼酸溶于80%的硫酸中。

（二）程序

① 将0.1克试样放于陪替氏培养皿中。

② 加2~3滴二甲替甲酰胺—氢氧化钾试剂或Sakaguchi试剂。

（三）阳性反应

① 二甲替甲酰胺—氢氧化钾试剂：吩噻嗪呈现绿黄色。

② Sakaguchi试剂：吩噻嗪呈现粉红色。

十一、维生素A和红、黄卡诺费尔的检测

（一）试剂

Sakaguchi试剂：将1克硼酸溶解于100毫升80%的硫酸中。

（二）程序

① 将0.2克试样或饲料放于白瓷滴试板上。

② 加入10毫升试剂。

③ 维生素A显现深褐色。如果维生素A已陈旧，有时需要将饲料即维生素A样品粉碎，以便于将其从小颗粒中释放出来。

④ 红卡诺费尔呈现深绿色。

⑤ 黄卡诺费尔呈现深紫罗蓝色。

十二、核黄素（维生素B_2）的检测

（一）试剂

① 乙二胺（试剂级）。

② Sakaguchi试剂：与维生素A检测所用相同。

（二）程序

① 样品制备与抗坏血酸检测相同。

② 将1克样品放于白瓷滴试板上。

③ 用乙二胺或Sakaguchi试剂浸湿试样。

④ 用乙二胺试剂时，核黄素呈现出由粉红末产生的黄色踪迹。

⑤ 用Sakaguchi试剂时，核黄素呈现橘黄色。

十三、抗坏血酸（维生素C）的检测

（一）试剂

① 硝酸银酒精溶液：将3克硝酸银溶解于100毫升95%的乙醇中。
② 四氯化碳或氢仿。

（二）程序

① 用四氯化碳或氯仿将饲料中的矿物质和有机物质浮选分离出来。
② 取0.1克矿物质放于白瓷滴试板上。
③ 用硝酸银酒精溶液浸湿试样。
④ 沉淀物的蓝黑色表示有抗坏酸存在。

十四、维生素K（甲萘醌和亚硫酸氢钠甲萘醌）的检测

（一）试剂

① 乙二胺（试剂级）。
② 四氯化碳。

（二）程序

① 试样制备与抗坏血酸相同。
② 取0.1克样品放于白瓷滴试板上。
③ 用乙二胺试剂将样品浸湿。
④ 甲萘醌呈现不明亮的绿色到黄褐色。
⑤ 亚硫酸氢钠甲萘醌呈现橄榄绿色。

第五章　饲料原料的外来污染与贮存

影响渔用饲料原料质量的因素，除其本身营养方面的内在因素外，还有外来污染因素。外来污染问题主要发生在贮存过程中。

第一节　饲料原料的外来污染

饲料原料中的有毒物质有真菌毒素、植物材料的毒物、细菌、农药残留、化学物质污染等。

一、化学污染

据美国鱼类和野生生物处哥伦比亚农药实验室的研究表明，最常见的饲料化学污染物主要是有机氯化物，如DDT、DDE、狄氏剂、异狄氏剂以及工业化学用品，如多氯联苯、邻苯二甲酸酯、六氯苯等。多数情况下，饲料成品中的有机残留物是由于含有污染物鱼油或鱼粉的缘故。

（一）农药和氯化烃

许多文献都对氯化烃的作用作了相当充分的报道，指出它对于卵的孵化和幼鱼的存活率影响很大。此外，研究表明，毒杀芬干扰维生素C的代谢作用，影响胶原的合成，最终引起骨骼方面的问题。狄氏剂影响氨基酸代谢中的苯丙酸－4－羟化酶，还影响蛋白质代谢中的谷氨酸合成酶的产生。苯丙氨酸－4－羟化酶的抑制作用可提高血液中的苯酮酸水平，从而形成与人的精神发育迟缓有关的遗传代谢酶紊乱的苯酮酸尿症相关的情况。谷氨酸合成酶的抑制作用可能干扰脱氨氧化作用，这对于生理方面是有害的。甲状腺活动与DDT及其类似物的刺激有关。异狄氏剂参与了肝糖原的抑制反应。因此，密切注意饲料成分、渔用饲料中的农药及其他的工业污染是必要的。哥伦比亚国家渔业实验室已提出建议，若饲料中的鱼油用量为3%～5%，有机氯污染物（包括多氯联苯）不得超过2.0克/吨；如使用鱼粉，则有机氯污染仍不得超过0.1克/吨。此外，美国食品与药品管理署的条例规定，动物饲料中多氯联苯的最高允许量为2.0克/吨。

（二）植物种子浸种上的问题

渔用饲料原料中另一类较为严重的污染源是一些较新的杀虫剂、杀真菌剂和添加于饲料中的某些药物及化学试剂。大多数植物种子处理过程中所使用的药物中大都含有化学反应强、而又易于被吸收的有机汞化合物。这些化合物的毒性很强，虽是偶然的少量接触，但吸收以后逐步积累（富集），对水产养殖动物的毒性也就增强了。

（三）交叉污染物

交叉污染物也是值得研究的一个问题。在作为饲料添加剂的微量药品或化学试剂掺入了不该含有这种成分的饲料中时，就会产生交叉污染。受污染的饲料通常是指按生产规定可含有该药的加药饲料之后，紧接着生产出的那批饲料。生产系列中可能留有微量的加药饲料，这部分饲料就会与其将要制作的饲料混合。这种情况可能会发生在一个设备中或整个生产系统中。为了追求根源，从加药到装运的各个环节所用设备都必须严格检查和清除。

尽管在计划饲料生产时可能采取局部补救措施，或在饲料混合工序之后采取特别措施，但都很难彻底解决这一问题。最为合理的是每条生产线单独生产一种饲料，即渔用饲料生产线不与畜禽饲料生产混用设备。

（四）其他来源的化学污染

例如，锅炉用水添加剂、液压液体和润滑油（用于颗粒粉碎机的磙筒及其加工设备）、熏蒸剂、去泡剂等在饲料加工过程中都有可能混入。不正确地使用这些物质都会导致鱼类及其他水产养殖动物的死亡。

二、生物毒素

（一）沙门氏菌

常被忽视的一个较严重的问题是啮齿动物啃食贮存饲料而引起的污染。包括鱼类在内的冷血动物中约有 1 200 种血清型沙门氏菌有机体，其中约有 80 种与疫病有关。动物副产品衍生物的情况更差，是配合饲料中沙门氏菌污染的主要来源；其次是血粉。国外迄今为止的有关研究一直注重的是：在饲料中的沙门氏菌如何周期性持续下去。其周期为：老鼠→粪便→副产品→饲料→水产养殖动物。此外，还应注重土壤、水、受污染的进料装置、野鸟以及陆栖动物，因为它们对沙门氏菌有机体在特定环境中的生存是有作用的。

（二）抗营养因子

各种植物蛋白的抗营养因子也是渔用饲料外来毒素的一种，几乎所有来源的植物蛋白中都含有这些因子，必须采取特殊的加工技术来消除，使植物蛋白的营养价值提高到应有的水平。

例如，生大豆中存在的某些因子会影响水产养殖动物对许多营养成分的消化利用。添加少量的抽油豆粉会抑制养殖动物的生长率，使动物胰腺增大，脂肪吸收和鱼饲料代谢下降。此外，还发现投喂生大豆制品会使饲养动物的胆囊收缩，胆汁酸物质分泌增加，肠蛋白水解活性减少，并影响氨基酸代谢。生大豆制品中还含有红细胞体外凝集的蛋白质。由此可见，生大豆制品与饲料利用率下降有一定关系，因其中含有血球凝集素（外源凝集素）。这些外源凝集素能使肠膜上的脂肪酶和淀粉酶释放，并消失于粪便中，从而降低消化能力。但若通过适当加热处理，可消除或使这些毒素的含量降到最低点。例如，通过加热处理或膨化加工就能基本消除抗胰蛋白酶和尿素酶的活性。

经研究表明，花生中含有加热处理难以破坏的胰蛋白酶抑制因子，并认为这种抑制因子活性存在于丹宁中。丹宁是花生皮的组成部分。

棉籽中含有棉酚（不育酚、抗生育酚）和带有环丙烯酸的脂肪酸，这可能会引起水产养殖动物的营养及繁殖障碍。

亚麻籽饼粉中含有一种抗吡哆醇和生氰配糖体。

油菜籽饼粉中含有葡萄糖苷。这种物质在水解时会产生一种导致甲状腺肿大的物质。

大多数植物来源的蛋白质中含有肌醇－6－磷酸。这种酸会干扰水产养殖动物对矿物质及蛋白质的利用率。

因此，在配制含有相当数量的植物性蛋白来源的渔用饲料时，对于植物性蛋白质原料要进行必要的脱毒处理，并特别注意矿物质的补充。即使温度很高，只要温度的高峰值保持时间短，蛋白质的损失程度可能降到最低点，因为加热处理能破坏对热不稳定的生长抑制因子。因此，高峰温度很短对获得蛋白质最佳品质比其他任何因素都更加重要。

三、微生物

微生物是自然环境中的生物污染物，存在于所有饲料成分中。微生物存在于所有种子及高温处理前的动物体内。细菌和某些真菌在相对湿度低于20%时繁殖不旺盛，作物收获后的加工以及动物产品的加工处理过程中会消灭大部分引起污染的原始微生物；但真菌孢子都能经受住严格的加工处理，并在加工过程中处于休眠状态，直到条件有利时再生长繁殖。

（一）真菌的生长条件

在贮存期间，外来的微生物对饲料成分的再污染是饲料生产者最关心的事。贮存期间外来真菌在含水量为15%～20%，以及相对湿度为70%～90%时生长。这种真菌被认为是贮存期间饲料成分的主要破坏者。但相对湿度在65%以下时，真菌则不能生长。

在有利的条件下，真菌可使其所在环境的温度提高到55℃以上。与此同时，受侵害的饲料成分的含水量会上升到20%以上。如果这样，就会发生细菌所引起的第二次质变。

引起饲料成分变质的常见真菌属有曲霉属（*Aspergillus* spp.）和青霉属（*Penicillum* spp.）。这些真菌在温度高达55℃以上及最低相对湿度65%的条件下生长；而在温度为25℃以上、相对湿度超过85%时的危害最大。

（二）真菌对饲料成分的有害影响

贮存期间的真菌对饲料成分的影响有：产生真菌霉素、发热、含水量增加及发霉。

1. 真菌毒素的产生

真菌毒素是真菌在受侵害的饲料原料中生长繁殖时产生的化合物，对人和其他动物均有害。黄曲霉毒素是黄曲霉菌（*Aspergillus flavus*）产生的一组毒性很强的致癌代谢物。关于黄曲霉毒素对鱼类的毒性研究尚不够充分，但对于鳟鱼的毒性已基本确定，口服半致死剂量为每千克体重0.5毫克。

目前，已知的易受黄曲霉菌污染的饲料原料有花生、玉米、高粱、向日葵、棉籽饼、椰干、木薯等。不过，要产生黄曲霉毒素，黄曲霉菌必须单独存在于培养物中。其他真菌、酵母或细菌似乎可以干扰黄曲霉毒素的产生。花生、棉籽饼、椰干等之所以有产生黄曲霉毒素的危险性，就是因为黄曲霉菌常把这些物质作为很少有或没有其他微生物的纯培养物。另外，真菌在含水量9%～12%的情况下，也容易产生毒素，而绝大多数谷物饲料原料的含水量都在17%～19%。这就是前面所谈到的进行饲料原料含水量测定和加以处理、控制的原因之一，也是最重要的因素之一。

2. 饲料原料的温度和含水量的升高

在饲料成分中，霉菌生长的同时，温度和含水量不断随着增高。灰绿曲霉（*Aspergillus glaucus*）对水分的最低要求为14.5%，是霉菌侵害谷物饲料原料中的第一重要的霉菌。初次侵害时，温度升高，促使增殖第二种霉菌——亮白曲霉菌（*Aspergillus candidus*）。这种霉菌将受侵害谷物的含水量提高到18%或更高一些。在这种含水量条件下，黄曲霉菌活动频繁，使谷物饲料原料完全腐败。

贮存的谷物饲料原料中的真菌活动往往要在造成严重损失之后才能明显表现出来。这是因为这些活动不是发生在表面，而是发生在贮存容器的内部。因此，饲料原料在贮存期间要装备温度传感器（深入原料内部），以便及早报警。通常将原料装袋并堆成大堆的做法实际上是促进了真菌的活动，而减少了害虫的侵害。相比之下，真菌的危害作用更大。例如，大堆的粮食袋会“出汗”，就是因真菌污染和繁殖等活动所造成的危害，此时，用手摸上去，粮食袋表面温热；而当手插入袋内时，则会感到烫手。

3. 腐烂

受真菌侵害的饲料易于成团，谷物饲料容易变色。变质的玉米为棕黑色，失去光泽而显现出特殊的蓝色。受真菌损害的另一特征是腐败和霉变。

（三）管理措施

要防止霉菌污染饲料原料，主要取决于是否成功地控制害虫的侵害，因为，昆虫的有害活动常常为霉菌污染创造有利条件，即提高温度和湿度、谷物饲料原料的保护壳受破坏等。即使我们制定出有效措施来控制饲料中霉菌的生长，也无法将其消灭。所以，我们只能尽最大可能防止霉菌的生长。

第二节　饲料原料贮存中存在的问题

饲料原料在贮存期间所受的损失主要有四个方面：重量损失、质量损失、对健康的危害和经济损失。所有这些损失是由于昆虫、微生物及动物的活动、贮存处理不当以及发生物理、化学变化而造成的，而且这些原因间存在相互影响。

一、昆虫的侵害

昆虫大多数靠饲料成分为生，以粪便、结网、身体脱落的皮屑、怪味及微生物使饲料受到污染。甲虫和蛾是破坏性最大的谷物蛀虫，其中许多虫子能把贮存的饲料全部破坏。

（一）害虫侵害饲料成分的因素

害虫侵害的发生和发展取决于虫子的来源、种类、昆虫能吃到的食物多少、温度、湿度、含水量、空气、饲料成分的状况、其他有机物及在驱虫剂或杀灭虫子方面所做的工作等。对于大多数种类的昆虫，促使其大量繁殖的主要因素有湿度、相对湿度和饲料成分的含水量；饲料的养分含量及某些物理特征也决定着这些饲料受侵害的程度；只有少数几种虫子能侵害谷物饲料的籽实。粉状饲料压制成饼块或硬片时，其抗虫蛀性会加大。虫子吃小颗粒似乎比吃大颗粒更容易。

侵害贮存饲料成分的各种昆虫，大多都有群体增长最快的适温范围，一般是28℃左右。由此可见，控制饲料贮存期间的温度（低温），将有利于对饲料的保护。

相对湿度也是主要因素之一。一般说来，相对湿度对昆虫群体所产生的影响不大，只有相对湿度超过70%时，昆虫的繁殖速度才会逐渐加大，并开始生长霉菌，使情况变得复杂。饲料原料的含水量与相对湿度有密切关系。相对湿度低时，含水量也随着降低，这有助于防止昆虫的侵害。

（二）昆虫的食性及造成的损失

有些昆虫对食物没什么特殊的选择，而有些昆虫对于所食的饲料成分的部位选择性很大。例如，蛾的幼虫一般蛀食谷物的表层或近表层部位，而甲虫则破坏整个谷粒。大多数幼虫在谷物性饲料原料及其副产品的表面吐丝结网，不仅造成谷物的外观不雅，而且给装卸及处理造成困难。

昆虫的侵害有时使谷物产生过多的热量。当昆虫聚集到一定程度，其代谢活动所释放的热能比饲料散发的还要多。在虫子密度大的局部，温度可达45℃左右。有关的微生物主要是细菌、真菌，可使温度继续升高到55～75℃，造成谷物大量变质。甚至发生自燃。

出现大量虫子是将要发生大量损失的最好警报。粮食麻袋的表面出现虫子蛀蚀的碎粒、碎屑和粪便时，即可很容易判断出这是袋内粮食被蛀蚀的结果。温度高、湿度大、饲料成分松软及其营养价值高、贮存量少都很容易促成虫害，而这些虫害往往是不可避免的。贮存的时间越长，所造成的损失也越大。贮存地点的不洁，加上虫害的污染垃圾未清除干净，都会增加虫害的可能性。

受虫蛀蚀过的饲料，其重量损失往往不是很大，除非装谷物或油饼的麻袋表面出现虫害蛀蚀的碎屑和粪便颗粒时，才表明生有大量的害虫。相对而言，对于饲料生产厂家来说，饲料原料发生虫害的重要问题是质量损失。对于质量的影响是多种多样的。饲料原料的变质大都经过变味和营养价值降低等一些化学变化。而当害虫蛀蚀了这些饲料原料，就有可能加速这些有害的化学变化。害虫自身所分泌的脂肪酶会加快变质的化学过程。一般所贮存的饲料原料很少是同一种类的，但害虫通常只吃它所喜欢的种类。

许多饲料原料中脂肪含量很高。脂肪在贮存期间有分解的趋势。害虫的侵害会加快分解，特别是昆虫将小颗粒咬碎，引起微生物繁殖和生长，以提高温度和含水量时，分解速度会更快。很明显，昆虫需要利用所吃的食物中的脂肪。脂肪的分解会使游离脂肪酸含量增加，产生异味。食物酸败的游离脂肪酸含量大多是油酸，而且某些饲料成分中脂肪氧化所释放的游离脂肪酸量相当大。

另外，食腐害虫会引起如沙门氏菌属的病原的污染。

（三）管理措施

气候条件是决定饲料原料贮存效果的最重要因素，因为各种昆虫的生长、繁殖与环境气候条件有密切关系。昆虫与贮存的饲料原料中的微生物之间有重要关系。

若想彻底根除贮存饲料中的昆虫群体是不可能的。但若采取有效的防范措施，害虫侵害的程度是可以控制的。已受严重侵害的饲料原料不应入库。受侵害的原料，如认为尚可使用，应单独存放，并采取熏蒸等方法彻底清除害虫，或立即加工使用。

二、饲料原料在贮存期间的变质

所贮存的各种饲料原料，经过某些化学变化后，其味道及营养都会有所改变。这些变化就是所说的变质，这与饲料原料中所含的脂肪量有关。脂质在贮存期间有变为游离脂肪酸的趋向。

（一）引起变质的因素

引起所贮存的饲料原料变质的因素有很多，但最主要是环境和生物因素。决定着饲料原料在贮存期间变质程度的环境因素，对危害的昆虫及微生物群体生长率也有直接影响。其中最主要的是温度和相对湿度。另外，还有贮存地点的清洁条件、贮存建筑物的结构设计特点、防雨透风能力及防止食腐动物的隔离措施等。有关昆虫及微生物对饲料原料的侵害及其所引起的脂质分解作用，前面已有所描述。由于脂质的分解，脂肪酸会增加，这一点对贮存的鱼粉、动物性原料、谷物的糠麸及其副产品尤为重要。饲料原料贮存不当，游离脂肪酸含量会增加，从而引起原料腐败。

（二）酸败

引起饲料原料酸败的主要有三种化学变化过程，即氧化、水解和酮的形成，由于后两个过程对所贮存的饲料原料的相对重要性不太大，故此处仅讨论氧化过程。

1. 脂质的氧化

脂质的氧化而引起的酸败是所贮存的饲料原料所发生的主要质变。含有大量不饱和脂质的饲料原料特别易于氧化。脂质氧化过程是脂质与氧分子直接反应而产生过氢氧化物，这是自动氧化作用的开始。如果再接着进一步氧化，即会产生二级过氧化物，从而引起第二次反应；或过氢氧化物脱水，则产生酮甘油酯。氢过氧化物分裂产生羰基和羟基的产物，这些产物将进一步作用，产生其他产物。其他分子中碳——碳双键的氧化作用产生环氧化物和羟基甘油酯。脂质的第二次氧化过程中产生“臭味”，并常含有与酸败有关的有毒化合物。此外，醛式过氧化物分裂所产生的羰基与赖氨酸的 ε-氨基起反应，从而降低这种蛋白质的营养价值。

2. 引起脂质氧化的因子

引起所贮存的饲料原料的脂质氧化速度加快的主要因子有以下几个方面：① 酶：包括脂质氧化酶及其他酶；② 羟基血红素：这个因子对鱼粉和肉粉的贮存很重要；③ 过氧化物：这些化合物本身就是脂质自动氧化的产物，对于脂质的氧化起催化剂作用；④ 光：过氧化物光解作用涉及到紫外线；⑤ 温度：通常贮存温度愈高，则脂质分解愈快；⑥ 微量金属元素的催化作用，许多金属特别是铜、铁和锌会加速脂质的氧化。铁和铜是在氧化还原反应中经直接的电子传递而加速脂质的分解氧化的。

添加抗氧化剂可以抑制脂质的氧化。饲料中常用的抗氧化剂见添加剂一节。这些抗氧化剂可以使氧化过程中所形成的游离基分离。谷物颗粒含有有效数量的天然抗氧化剂，如生育酚。如果籽粒未被破坏，这种抗氧化剂可使所含脂质相当稳定。

3. 脂质易于氧化的原料

鱼类的脂质特别易于氧化。这是因为其脂肪链较长，以及沿着脂肪酸链的不饱和碳——碳键的数量较多的缘故，即鱼类脂质所含的脂肪酸多为不饱和脂肪酸。由于经常发生热氧化作用，能够引起自燃，因此，对于鱼粉的贮存问题应特别注意。此外，鱼粉所含脂质氧化所产生的热量还会导致氨基酸反应，从而降低蛋白质的消化率。市场上销售的大部分鱼粉都含有抗氧化剂，为的是使脂质氧化受到抑制，从而减少在运输及贮存不利的条件下发生火灾，延长贮存时间。

（三）原料的贮存

各种饲料原料在贮存时失去一部分重量是不可避免的。但失去多少则受以下几方面的影响：① 仓库的整体卫生条件，因为这决定着昆虫能否在建筑物内堆放产品附近地方繁殖滋生。② 贮存物的吞吐，因为这决定着贮存期的长短。③ 废物和不用之物的处理方法，这决定着害虫会不会在无人过问的物品中大量繁殖侵染。④ 垛堆的大小及距离。大多数种类的虫子都聚集在麻袋的表面，一般麻袋的四周的重量损失较大。

有时，特别是在由热带进口的原料中，在垛堆前，产品大多已受到污染。如果麻袋中间部分从贮存一开始就受到污染，那么，昆虫代谢作用所产生的热，会使麻袋中间部分的温度升高，从而会加快昆虫群体的繁殖速度，造成大量损失。

如果垛堆小，大部分热能及时散发掉，温度仍将利于昆虫的生长，重量损失将会更大。如果垛堆大，垛堆中间部分积累的热度对昆虫来说则太高。这样，重量损失仅发生于垛堆的外部。因此，在热的地区主张垛大堆。不过，高温有有害作用，必须把这些有害作用和防止重量损失加以权衡。持续的高温会加速化学降解作用，特别是破坏维生素和引起酸败。

第六章　渔用饲料的配制技术

渔用配合饲料的配制过程并非是简单的将各种原料按额定的比例混合，而是在充分了解和掌握各种原料理化特性的基础上，采用科学的方法予以配合，这样才能保证养殖对象的营养需求，防止配制过程中各种营养成分的损失。

第一节　概论

一、配制饲料的目的

配制配合饲料主要是提高营养成分的利用。因为作为配合饲料的各种原料都含有许多营养成分，但这些营养成分对所饲养的动物而言并不平衡，某些成分含量较高，而某些成分含量较低，甚至没有，很难找到一种原料能满足养殖对象的营养生理需要。而通过科学的配合，可达到下列目的：一是充分利用各种原料；二是通过配合降低单独使用一种原料的用量，从而节省原料；三是尽最大可能的降低饲料成本，尽可能多的生产所养殖的动物食品；四是利用较少的原料以达到养殖对象的最佳营养生理需要。

在前面的介绍中，我们对各种饲料成分的性质和质量有了较充分的了解，并对养殖对象的营养需要也有了较为全面的认识，因此这里将进一步介绍一些在实际使用中的术语和名称。确切理解这些术语是正确应用的基础。但我们应该有这样一种认识，即有些术语有着不可避免的误差，但都不会影响其在饲料配方中的作用。因为我们不管作出多大的努力，都不会一丝不差地反映客观实际。实际情况是这些术语虽有用处，但也仅仅是近似，而不是十分准确的。

二、配制渔用饲料必须了解的名词

配制实际生产用的渔用饲料必须了解的名词有：粗蛋白水平、能量水平（既可用代谢能表示，也可用可消化能表示）、特定的氨基酸水平、粗纤维水平、灰分水平。既然大多数使用全价渔用饲料都补充有维生素预混物，其水平有超过实际日粮需要，因此这些养分将暂时不予考虑。如果不能清楚而确切地认识到上述所有名词及术语的内在含义，就很难配制出高质量的配合饲料。上述名词中，除代谢能和可消化能外，都代表着曾用化学实验方法对饲料的具体样品所测试出的养分数量和水平。这些化学实验一般与评价饲料用的生物方法（对生长的研究和组织水平等）有着密不可分的关系，对配合饲料的配制十分有用。但化学实验在测定养分水平时会受到实验误差的影响。例如，鱼粉的近似组成在产卵繁殖阶段会有较大变化。一般而言，脂质水平在产卵前提高，产卵后会大幅度下降。这将会使鱼粉中的蛋白质、灰分和碳水化合物的分布、比例随着季节的变化而变化。同样，许多其他动物及植物性的饲料原料的近似组成也随着收获时的成熟阶段、生长地点、环境条件及加工、贮运工艺的不同而不同。饲料原料的营养成分表中所采用的只是平均值，通常与实际值很接近，可以用于制定精确的饲料配方。不过，必须了解，提出一些假设是为了认识可能存在的误差发生的原因。

三、关于代谢能和可消化能

代谢能和可消化能的值是利用生物学方法测定所获得的，因此这些值应准确地表示渔用饲料能量的实际值。虽然也可以用其他方法，例如粪便收集法获得代谢能的值，但会受到实验误差的影响，不如生物法测定值准确。

最近报道，硬头鳟在7℃时的饲料消化率低于11%或低于15℃时的消化率。在11℃和15℃条件下，个体大小的不同（18.6 克/尾，207.1 克/尾，585.7 克/尾），对饲料的消化率并无影响。按16%的水平投喂硬头鳟，其碳水化合物和能量的消化率随粉粒的大小而略有不同；但蛋白质和脂质的消化率则不会因此而变化。不同养殖种类对营养成分的消化率有明显差异，特别是饲料中的碳水化合物部分的差异尤为明显。草食性的种类以及杂食性的种类，其消化道较肉食性种类的长，能够从碳水化合物中吸收更多的可消化能。了解这些事实既可防止误用可消化能和代谢能的值。

四、明确各种饲料原料选用的理由

在配制任何一种饲料时，对所采用的各种饲料原料都要提出所采用的理由，例如良好的能量来源，丰富限制性的氨基酸，提高蛋白质的含量等。此外，对于饲料配方中所采用的营养成分要做到两点：一是保证成本最低；二是具有特殊作用。由此而导致饲料配方中的另一种假设，即一种饲料中的某种营养成分（如氨基酸）的价值与其他饲料中的同种营养成分的价值恰好相同。这样，饲料配置就可在饲料成本和供给发生变化时加以调换。因此，可以假定并没有“理想的配方”，而多种饲料配方都可以满足饲养对象的营养需要，而且效果几乎相同。这种假设虽不完全可靠，而且所制定的任何饲料配方都必须从营养角度来加以判断，但大多数情况下，这一假定是切实可行的。根据上述假定，了解可能易于犯的错误对制定渔用饲料配方是必要的，并可预计和避免可能出现的问题。

第二节　粗蛋白质水平的平衡

一、确定高蛋白与低蛋白含量的原料比例

在大多数动物饲料中，蛋白质成分最为昂贵；而且蛋白质成分含量越高，饲料的配制成本也就越高。通常是由电子计算机来计算饲料配方中最重要的养分组成，随后再靠添加高能量补充物，以便把饲料的能量调整到所需要的水平。高能量补充物往往比蛋白质补充物便宜。方法是确定高蛋白质含量和低蛋白质含量的饲料成分的恰当比例，以满足饲养对象的营养需要。

例如，假设可以利用米糠和抽油豆粉作为配制含27%的粗蛋白质的鲤鱼饲料成分。可用图解法进行设计如下：将注明蛋白质含量的两种饲料成分分别置于长方形的左上下角，将希望达到的蛋白质水平置于长方形中央，然后分别进行计算，将得数置于长方形右侧对应的对角线上下脚，不计正负号。

为了要配制含27%粗蛋白质的鲤鱼饲料，必须将米糠与抽油豆粉按下列的比例混合：

米糠 17%/35.8% =47.5%

抽油豆粉 18.8%/35.8% =52.5%

即配制100千克饲料，必须用47.5千克的米糠和52.5千克的抽油豆粉相混合。

二、基础饲料和蛋白质补充物

如果采用两种以上的饲料原料配制饲料，可将它们分为基础饲料（粗蛋白小于20%）和蛋白质补充物（粗蛋白大于20%）两个组，在每个组内加以平衡，然后采用该方法计算。假定配制上述鲤鱼饲料可利用虾粉和玉米粉。虾粉的蛋白质含量为52.7%，玉米粉的蛋白质含量为10.2%，其粗蛋白质含量分别由抽油豆粉和米糠加以平衡。

基础饲料 =21.35%/39.15% =54.53%

蛋白质补充物 =17.8%/39.15% =45.47%

因此，为了要配制100千克这样的饲料，必须将下列成分混合：米糠：27.265千克

玉米：27.265千克

抽油豆粉：22.735千克

虾粉：22.735千克

这种计算方法对于饲料配制的新手而言是很有帮助的，开始配制时无需反复进行实验。此方法还可用于计算饲料混合成分的比例，以便计算出理想的饲料能量以

及粗蛋白水平。若用粗小麦粉和鳀鱼粉制成每千克 2 500 卡代谢能的饲料，二者的每千克能量（代谢能）分别为 1 663 卡和 4 317 卡。但应注意，不能用方块法同时计算和解决粗蛋白质水平和代谢能水平的问题。

第三节　配制饲料的步骤

在具体配制渔用饲料时，一般是按下列步骤进行。

一、平衡粗蛋白和能量水平

按配方配制渔用饲料的第一步是平衡粗蛋白水平和能量水平。这一步可以通过下列做法做到：一是反复实验；二是用方块法计算粗蛋白水平或能量水平，然后加以调整；三是解联立方程式。在初步平衡蛋白质和能量水平时最好采用 3 种以上成分：蛋白质含量高，代谢能量也高的成分；蛋白质含量低或中等，而代谢能含量高的成分；蛋白质和代谢能含量均为低或中等的成分。若能熟练地掌握饲料配方技术，则不管有多少种饲料成分均可采用。但必须记住，在配制饲料时，对采用的饲料添加剂，如矿物质预混合饲料添加剂，维生素预混合饲料添加剂等要留有余地。

二、检查必需氨基酸的水平

检查必需氨基酸的水平是按配方配制饲料的第二步。这一步中需要弄清必需氨基酸的含量是否能满足饲养对象的需要。水产养殖动物对氨基酸类的需要量可用饲料中的含量（百分比）或饲料蛋白质含量的百分比来表示。为使一种氨基酸水平从饲料的百分比转化为蛋白质百分比，可用饲料的蛋白质含量除以每种氨基酸在饲料中的含量。计算各种必需氨基酸在饲料中的含量是很重要的，但并不一定总是切实可行的。例如，若使精氨酸、赖氨酸、蛋氨酸和色氨酸的水平都能满足饲养对象的需要，那么，其他氨基酸水平很可能要超过配方设计所要求的水平。若采用非常规蛋白补充物，那么，应全部核对 10 种必需氨基酸的含量。

若饲料配方中某一种氨基酸含量较低，必须把这种氨基酸含量较高的饲料原料加入到配合饲料中。待这种氨基酸的需要量得到满足时，再次核对饲料蛋白质和能量水平，以弄清替代的成分会不会使饲料配方中的营养成分比例失衡。

另外，在实际操作前，最好是设计一种饲料混合表，以使饲料配方标准化。表 6－1 是一个可参照的样本表。但应指出，这里所采用的氨基酸只是为了说明的目的才列举的，实际操作时可以根据不同的情况加以调换。

表 6－1 饲料配制登记表

成分	饲料（%）	成分中的蛋白质（%）	饲料中的蛋白质（%）	成分中的代谢能	饲料中的代谢能	精氨酸	赖氨酸	蛋氨酸	胱氨酸	色氨酸	成分费用100千克	成料成分费用
						饲料成分	饲料成分	饲料成分	饲料成分	饲料成分		
总计	100%	–		–		–	–	–	–	–	–	–
饲料需要量	–	–		–		–	–	–	–	–	–	

在实际配制饲料过程中，除养分水平和成本外，还必须考虑颗粒的质量和饲养对象的抢食性。这些考虑因素将在后续章节中加以描述。

第四节 最佳选购技术

在设计饲料配方过程中，必须考虑到所采用成分的价格，以便生产出高效而低成本的饲料。比较好的方法是根据每单位蛋白质、能量或氨基酸的费用，将饲料成分逐一进行比较。

例如：已有粗小麦粉和普通小麦粉可供配制渔用饲料，究竟哪一种是价格低廉的能量来源呢?

若普通小麦粉每千克价格为0.085 8美元，所含代谢能为1 200大卡，则：

$$\text{费用／大卡} = \frac{0.085\ 8}{1\ 200} = 0.0\ 000\ 715\ \text{美元／大卡}$$

若粗小麦粉每千克价格为0.188 3美元，所含代谢能为1 663大卡，则：

$$\text{费用／大卡} = \frac{0.188\ 3}{1\ 663} = 0.0\ 001\ 132\ \text{美元／大卡}$$

相比而言，购买代谢能值较低的普通小麦粉是比较经济的。

蛋白质在渔用饲料中占有重要的地位，也往往占饲料成本的大部分。因此，采用最佳选购技术来确定最便宜的蛋白质补充物会节省大量费用。以鳀鱼粉和鲱鱼粉为例，比较如下：若鳀鱼粉每千克价格为0.535 7美元，蛋白质含量为70.9%，则：

$$每千克蛋白质费用 = \frac{0.535\ 7}{0.709} = 0.755\ 6(美元)$$

若鲱鱼粉每千克价格为0.4709美元，蛋白质含量为76.7%，则：

$$每千克蛋白质费用 = \frac{0.407\ 9}{0.767} = 0.613\ 95(美元)$$

就蛋白质的费用而言，相比之下，采用鲱鱼粉较便宜。根据每单位一种氨基酸的费用来比较各种饲料原料成分，可用上述方法来计算。

第七章　渔用配合饲料的种类及配方

渔用配合饲料种类很多，到目前为止还没有统一的分类标准，很难对其进行分类描述；因为几乎所有的营养学家都将精力投放到具体养殖对象的具体配方及其应用效果的研究开发上了。但为了整理出关于渔用饲料的分类系统，以便于归类描述，此处只能参考各有关资料的不同介绍加以归类。

具体的渔用饲料配方更是不可胜数，几乎每一种养殖对象都有一种甚至多种具体的饲料配方。但随着生产的发展和研究的深入，生产者们基本能够及时采取科学、合理而且经济的配方，因此此处也只能介绍一些典型配方，供研究人员和生产者参考。

第一节　渔用配合饲料的种类

一、分类

渔用配合饲料的种类因分类标准的不同而不同。

（一）根据养殖对象分类

1. 鱼用配合饲料

所配制的饲料用于饲养鱼类。但因鱼的种类不同又有多种专用饲料，甚至一种鱼有多种专用饲料和不同用途的饲料。

2. 甲壳类饲料

所配制的饲料用于饲养甲壳类，如虾、蟹等。同样，因养殖种类的不同，饲料也不完全相同。当然，也有虾类通用饲料和蟹类通用饲料。

3. 其他养殖对象的饲料

除虾蟹等甲壳类和鱼类饲料外，还有其他许多养殖对象的专用饲料，如甲鱼、山瑞等爬行类饲料，牛蛙、美国青蛙等两栖类饲料等。这类饲料与河蟹、鳗鱼、鳜鱼等名特优新水产品的饲料统称为特种水产养殖饲料。

（二）根据养殖对象的不同养殖阶段分类

严格地讲，同一养殖对象的不同养殖阶段所采用分类并不相同，因为同一养殖对象的不同生长阶段的营养生理及营养需要并不相同。以此可以分为以下几种。

1. 养成用饲料

此种饲料用于从苗种养殖到商品性产品阶段的饲养。当然，不同的养殖对象其饲料种类并不相同，甚至有很大差异。

2. 苗种饲料

主要用于苗种培育阶段的饲养。饲料的种类因饲养对象不同而有所差异。

3. 幼鱼用开口饲料

此类饲料用途为幼鱼开口摄食时使用。

（三）根据饲料的形态分类

这种分类方法或依据为饲料的形态，大体可分为以下几类。

1. 粉状饲料

即饲料各原料按配方配制后不经制粒加工，仍呈粉状。当然，这种饲料形态在使用时的浪费很严重。

2. 糜状饲料

糜状饲料又称乳化饲料，也有人称为团块状饲料。这种饲料的商品形态为粉末状，但在使用前用水或其他液体调制成面团状，如鳗鱼饲料、甲鱼饲料。

3. 颗粒饲料

颗粒饲料的形态顾名思义为颗粒状。当然，颗粒的大小及形状也因不同养殖对象而有很大不同，还可以继续分为下列多种。颗粒饲料是目前国内外水产养殖业中使用最多的饲料。

颗粒饲料因颗粒的质地、性状及浮沉特性的不同还可分为：① 软颗粒饲料。饲料颗粒的质地较软。② 硬颗粒饲料。饲料颗粒的质地较硬，较难用手捻碎。③ 膨化颗粒饲料。饲料颗粒是经高温、高压积压膨化而成。这种饲料是目前国内外同行专家认为饲养效果最为理想的饲料；但相比前两种而言，加工生产的速度较慢，耗能较大，成本也比较高。但若技术设计及加工处理水平好的话，应用的总体效益会很好。

膨化颗粒饲料因其密度的不同，投放到养殖水体中后又会有不同的沉浮反应，据此又可分为沉性、半沉性、浮性及先沉后浮性 4 种类型。

4. 微粒饲料

微粒性饲料多为养殖对象的幼体开口饲料，严格讲亦属于颗粒饲料。因其颗粒状态极小，故将其单列一类。它又可根据颗粒有无包衣而分为微颗粒饲料和微型胶囊饲料两种。

二、饲料颗粒性质的探讨

目前，世界各国的渔业研究单位都已证明，在粗蛋白指标相同的情况下，各种饲料原料的配合使用，其饲料报酬比使用单一的饲料高20%～30%，即使是营养不全的混合饲料也比单一饲料高10%。因此，近几年渔用配合颗粒饲料的发展十分迅速。

就渔用饲料的发展而言，饲料成型方面先后经过了下列演变过程：起初是粉状饲料和浆状饲料，继而又发展为团块状饲料，近20年来又发展为颗粒饲料，而且颗粒饲料的发展很快占有了绝对的市场。苏联等国的研究表明，配合的团状饲料投放到水中，饲育效果表明不仅强化了生长，还显著减少了鱼在单位增长量上的饲料费用；配合颗粒饲料比散状饲料或团状饲料的耗损减少25%～30%。由于颗粒状配合饲料具有体积小、营养全、浪费少、易于消化吸收、选择性单纯、适于养殖机械化发展、运输方便、易于储存等优点，目前在全世界渔用饲料中，颗粒状饲料应用量占饲料总量的60%以上。

所谓“配合颗粒饲料”就是将按配方配制好的全价营养的粉状饲料通过加水或加蒸气搅拌调制成糊状后，再经过压力、振荡、旋转、挤出、喷射等物理及化学方法加工成一定的粒状，如圆柱形、球形、环形、片状或破碎的饲料。但无论采用何种方法，如转动造粒、挤出造粒、压缩造粒、喷射造粒、破碎造粒、流动造粒等，都属于“强制造粒”工艺。一般颗粒系指固体颗粒，细的固体颗粒又称粉体，作为渔用饲料的颗粒，其粉体和粒体的界限大体可分为：

粉体：1.0微米至0.2毫米

粒体：0.2毫米至5.0厘米

块体：5.0厘米以上

胶体：1.0微米以下

此处仅以粒状体为例探讨一些主要的几何形状和理化特征。

（一）颗粒的几何形状

饲料颗粒几何形状的性质应理解为研究颗粒的图形和变量。作为非均匀性物理的渔用饲料颗粒使用时是投放到水中的，其几何形状性质对颗粒的物理力学和生物化学性质有较大影响。目前生产上所使用的饲料剂型大都为圆柱形，只有少数为其他形状，故此处以圆柱形为例来探讨。

1. 粒径与长度比

饲料颗粒的直径与长度之比可用下式计算：

$$I = D/H$$

式中：I——径长比；D——粒径；H——长度。

粒径是依据饲养对象口形的吞食度来确定的，长度则是据饲养对象的摄食方式和时间来确定的，通常这两个指标是由实践经验丰富的水产养殖动物营养学家及养殖专家们提出。

径长比选定的原则是根据饲料种类、饲养阶段及环境条件的不同而确定，但同时也受到机械加工的制约。渔用颗粒饲料的径长比一般为0.1～1.0。例如我国鲤鱼用（成鱼）饲料的颗粒径长比为0.35～0.7，美国养殖鲤鱼种的饲料颗粒径长比为0.7～0.8，日本养虾用颗粒饲料的径长比为0.3左右。

2. 颗粒的表面积

颗粒饲料的立体表面积可用下式计算：

$$S = 2\pi R(R + H)$$

式中：S——表面积；π——圆周率；R——饲料颗粒的半径；H——饲料颗粒的长度。

颗粒的表面积取决于径长比。颗粒饲料投放到水中后，由于在水的静压力以及水分侵入的作用下，颗粒的崩解，营养成分的溶解和散失等与表面积的大小有很大关系。表面积越大，则可吸收更多的水、蒸气和热，也更易为养殖对象所消化吸收。但在贮存时会增大空间，影响仓储能力。在散装运输时遇到震动会使大颗粒上浮，小颗粒下沉，以至于相互摩擦碾成碎屑。因此，加工时应尽可能保持颗粒大小的一致性。

3. 颗粒的体积

标准的圆柱形饲料颗粒的体积可用下式计算：

$$V = \Pi R^2 H$$

颗粒体积的大小由颗粒的粒径与长度决定，与原料的种类、成分和加工机械密切相关。例如，饲料原料中的纤维含量过高，压制的密实程度就会减小，体积就会增大；若使用螺旋杆挤压式造粒的膨化工艺，则其粒径会比环模式造粒的体积增大0.35～0.45倍。在体积小而密度大的情况下，当水中相对密度大于1时就会呈沉性，反之则为浮性或半沉性。饲料颗粒体积的大小对饲养对象的适口性和消化有一定影响。

4. 颗粒形体的均匀度

饲料颗粒形体的均匀度是鉴定颗粒饲料质量优劣的指标之一，一般以长短度和扁平度表示，即：

$$A = H/D$$

$$B = D/H$$

$$M = H \cdot T/D^2$$

式中：A——长短度；H——长度；D——粒径；B——扁平度；T——厚度；M——均匀度

形体的均匀度是反映造粒机械性能的参数之一，对于破碎型的饲料尤为重要。

因为对于破碎型饲料而言，颗粒越均匀其规则越好，而颗粒饲料的均匀度恰好对此有很大影响。

（二）颗粒饲料的物理力学性质

渔用配合颗粒饲料的颗粒物理力学性质又被称为物理形状，是反映饲料质量的一大指标。因为它关系到饲料入水后的稳定性及散失情况。颗粒饲料的物理形状反映在动力学及静力学两个方面：动力学的范畴主要是研究颗粒的进出、流动、沉降、混合、分离、过滤及流动压力、黏着力等；而静力学的研究范畴主要为颗粒的堆积、填充、塑性、安息角、空隙率、内部摩擦角等。其中最为主要的有以下几点。

1. 粉化率

造粒后不符合粒状要求的粉状饲料质量与饲料总质量间的比例：

$$L(\%) = M/M_1$$

式中：L——粉化率；M——粉状饲料质量；M_1——饲料总质量。

不同的造粒方式及不同的饲料配方都会导致不同的成形率。例如：螺旋杆挤压式与环模式机，平模机所选的粒各不相同，配方中所含粗纤维的增多或淀粉的减少也不同。目前，标准的渔用颗粒饲料粉化率为1% ~5%。

2. 平均密度

渔用配合颗粒饲料单位体积的平均密度（颗粒含水率为13%）为：

平均密度 = 颗粒总质量/颗粒总体积（克/厘米^3）

$$即\ \overline{P} = M/V$$

密度为一均匀物体的质量与其体积的比值。但渔用颗粒饲料并非均匀物体，故使用平均密度一词。相对密度是该物质的密度与水的密度的比值，又称为比重。饲料颗粒的平均密度大小会影响到其相对比重，导致颗粒在水中的下沉或上浮等稳定性差异。

3. 平均静压力

平均静压力是指引起饲料颗粒形状变化而至完全破坏时的最大压力。

$$N^{-} = P \cdot N/P$$

式中：N^{-}——平均静压力，P——抽样颗粒数，N——压力值。

饲料颗粒有一个明显的特征，即表面上有一定的硬化，在颗粒的两端粒径表面积和长度表面积上的硬变（硬度）是不同的，颗粒内部与表面的硬度也是不同的。这与加工工艺、机械类型、模机类型、模孔厚度、粉料运转速度、原料成分及其物理形状有关。所以，饲料颗粒表面硬度不能用矿物物理性质，或材料机械性能，或水质指标等一些物理量值来表示，故此处称之为静压力。这一指标对硬颗粒的机械和工艺来说极为重要，可反映出造粒机的工作性能。

4. 混合均匀度

渔用配合颗粒饲料可以通过对其中某一组分或示踪物含量差异的测定，反映出该饲料中各个组分分布的均匀程度，通常用变异系数来表示。

饲料颗粒中造成各组分分布的均匀程度或变异值的因素有以下两方面。

① 原料方面：颗粒大小，形体均匀度，平均密度，含水率。

② 加工方面：搅拌机械，工艺的不同，搅拌时间的长短，搅拌后的流动形势等。

在国内外目前的要求和加工标准下，混合均匀度的变异系数一般在5%～10%，超过12%应引起注意，规定是绝不能超过15%。

5. 含水率

饲料颗粒在加工中所加的水分（水或蒸气）的百分比与加工后颗粒所含水分的百分比也是饲料加工中的技术参数之一。计算方法为：

$$CA = \frac{M_1 + M_2}{M_{总} + M_2} \times 100\%$$

式中：CA——造粒前所加水分的百分比；M_1——原料质量；M_2——加水质量；$M_{总}$——原料总质量。

颗粒在不同的机械加工中要加入适量的水分或蒸气，以符合颗粒制剂形式需要和满足各种机械加工工艺的技术要求。软颗粒机加工时，最大加水量可达60%，膨化机为25%～30%，硬颗粒机为8%左右，也有的造粒机加工时不需要加水。凡要加水的造粒机最适宜的是添加蒸气。含水率高低对饲料机的产量和饲料颗粒质量都极为重要。

$$CB = \frac{m - m_1}{m} \times 100\%$$

式中：CB——通过蒸气所加入水分的含水量；m——饲料烘干前总质量；m_1——饲料烘干后总质量。

出机饲料颗粒含水率的测定是颗粒成型机的一个性能参数。为确保颗粒长期保存而不变质，必须要使成品颗粒的含水率低于13%。

6. 水中稳定性

“稳定性”一词是指物理力学的运动稳定性。在渔用饲料专业中借用来表示颗粒饲料结构的稳定状态，即颗粒饲料的结构及其在水中的稳定性。含水量13%的颗粒在20℃的水中，经额定时间浸泡后，崩解溶失的质量不得超过颗粒饲料总量的百分比为：

$$W = \frac{m}{m_{总}} \times 100\%$$

式中：W——饲料的水中稳定性；m——颗粒饲料崩解溶失的质量；$m_{总}$——投

入水中的颗粒饲料的总质量。

此物理指标对于水产养殖业来说极为重要，因为它与养殖对象的饲料利用率关系密切。水中稳定性好的颗粒饲料要求配方中的某一组分（主要是淀粉类含量较高的植物性饲料原料）有一定的稳定性，并对造粒加工时的温度提出高限范围要求，在饲料加工制粒时要求添加一定量的水分或黏合剂。若达不到这些要求，想获得高稳定性的颗粒饲料是很困难的。

不同的养殖对象有不同的摄食方式。例如：鲤科鱼类的吞食和甲壳类的蚕食对饲料在水中稳定性要求不同。同时，配方的原料成分、颗粒的剂型、大小、水体的静态和动态等都会影响饲料颗粒在水中的稳定性。

7. 漂浮率

漂浮性是测定颗粒饲料在水中漂浮程度的一个概念，含水率13%的饲料颗粒在20℃的清水中，经额定时间的浸泡后浮在水面上的颗粒数与投放在水中总的饲料粒数比的百分数即为漂浮率。

$$F = \frac{P}{P_{总}} \times 100\%$$

式中：F——漂浮率；P——漂浮于水面上的完好的饲料粒数；$P_{总}$——投入水中的饲料总粒数。

漂浮率主要取决于颗粒加工后的平均密度和水中稳定性。

漂浮颗粒主要有：一种是配方中的原料经过加工后其相对密度较小；另一种是配方中一定量的淀粉经过热化后形成多孔状的颗粒，相对密度大大降低而小于1。国内外采用螺杆积压式造粒机生产的膨化颗粒饲料也因所控制的饲料颗粒密度不同呈现出不同的漂浮率，大体上分为3种情况：浮性膨化颗粒饲料，漂浮率为95%～100%；沉性膨化颗粒饲料，漂浮率很小；先沉后浮性膨化颗粒饲料，当其投入到水体中后，先下沉，吸水膨胀后又上浮。

具有漂浮性的颗粒饲料对于水产业而言是一种进步。因为使用这种饲料，管理人员可直接观察到养殖对象的摄食状态以及饵料投放量的多少、适口性等；同时，还能反映出养殖对象的健康状态及饲料的浪费情况，从而及时采取有效管理措施。采用膨化加工的饲料还有许多优点，待后述。

8. 漂浮时间

漂浮时间也是一个测定颗粒饲料性状的指标。即在漂浮率的基础上，含水率13%的饲料颗粒在20℃清水中漂浮于水面上的时间。漂浮时间与漂浮率密切相关，但又有一定区别。

（三）颗粒饲料的生物化学性质

渔用饲料颗粒的生物化学性质是由表面的吸湿、干燥、吸附、溶解、烧结以及加工时的湿度、压力、所添加的黏合剂、催化剂、添加剂等引起的生物化学反应。但目前研究的内容不够广泛和深入，仅限于淀粉的α－化、动植物蛋白质的变性及脂肪氧化等方面。

1. α－淀粉

通常在加热或加催化剂的条件下，使淀粉缩合或发生生物化学反应、改变淀粉的性质，即熟化或胶化。

$$\alpha = \frac{m}{m_{总}} \times 100\%$$

式中：α——熟化度，m——熟化淀粉质量，$m_{总}$——颗粒饲料中淀粉的总质量。

我国所应用的渔用颗粒饲料以植物性原料为主，而植物性饲料原料中的干物质中的70%～80%为淀粉组分。淀粉在水中溶解后成为各种形式的糊精或葡萄糖。正确的加热植物性饲料会使淀粉胶化，使β型螺旋结晶体的淀粉酶随着温度和压力的增长形成有黏性的凝胶体，即淀粉的胶化，胶化程度越高，淀粉的α—化越好。但此种变性是不可逆的。

应用效果实验表明，渔用颗粒饲料中淀粉的熟化以达到80%为最佳，而现有的造粒机在通蒸气及加温、加压的加工条件下，一般淀粉的熟化度可达90%左右。

淀粉经熟化后变得松散、膨胀、扩展的凝胶体大大地提高了养殖对象的消化利用率；同时又是良好的饲料黏合剂，能提高饲料在水中的稳定性。一般淀粉经过熟化后可提高7.7%的饲料利用率。

2. 植物蛋白性

植物性来源的蛋白质是生物高分子物质，在受到酸、碱等化学因素或热、射线、压力等物理因素的作用后，分子内部原有的结构会发生变化，从而失去生物活性，导致原有性质的改变。

$$D = \frac{m}{m_{总}} \times 100\%$$

式中：D——变性度；m——变性蛋白质量；$m_{总}$——饲料中植物蛋白总质量。

植物性蛋白质变性需要温度、湿度和剪切力3个条件，改变这些条件将会得到不同蛋白质变性结构的饲料。目前国内外所使用的膨化颗粒加工机可使植物蛋白变性度达86%左右。但颗粒饲料在加工时过热会使得某些营养物质被破坏。只有科学的热处理才不会使其成分被破坏，而又能使植物蛋白变性，从而提高黏合性，也会提高饲料的水稳定性。

3. 脂肪氧化

关于饲料中脂肪氧化和酸败的问题前面已介绍过，此处不再赘述。

三、幼鱼的微型饲料

近些年来，世界上许多国家都在研究开发供水产养殖动物人工育苗阶段所用的开口饲料，但时至今日，能够大批量生产和应用的饲料种类并不多见，总体效果仍不如天然浮游生物饵料。作为未来发展方向，各国对此方面的研究工作仍在继续。

目前，作为幼鱼的微型饲料主要有两种：一种是微粒子人工配合饲料；另一种是微胶囊型人工配合饲料。由于技术与加工工艺的局限性，此处仅以微囊型蛋为基础的饲料为例予以介绍。

（一）蛋的组成成分及全蛋与蛋黄的比较

从营养学角度而言，蛋无疑是已知的养分最为平衡的食物之一。早期的水产养殖学家认为蛋是可以代替价格昂贵的活体饵料——卤虫来饲养幼鱼苗的。蛋黄的营养价值很高。不过作为幼鱼的饲料，能量与蛋白比例较高，结果会使为达到最快生长所需的蛋白摄入量不足。另外全蛋的制备和投喂中也存在一些问题，还有待于继续研究。

1. 蛋的组成成分

表7－1　蛋的组成成分

成分	全蛋	蛋白	蛋黄
蛋白质（%）	48.8	76.9	32.8
脂肪（%）	43.2	—	62.2
总能（大卡/千克）	5 830	3 070	6 910
代谢能（大卡/千克）	4 810	2 533	5 700
代谢能与蛋白质比例	9.8	3.3	17.3
钙（%）	0.206 3	0.042 7	0.265 3
磷（%）	0.873	0.282	1.020
氨基酸（%）			
精氨酸	2.968	4.179	2.369
胱氨酸	0.837	1.282	0.526
异亮氨酸	2.734	4.307	1.896
亮氨酸	4.063	6.273	2.790
赖氨酸	3.047	4.427	2.369
蛋氨酸	1.563	2.700	1.663
苯丙氨酸	2.500	4.427	1.316
苏氨酸	2.500	3.692	1.843
色氨酸	0.837	1.350	0.577
酪氨酸	1.953	3.076	1.316
缬氨酸	3.674	6.025	2.263

由表7－1可看出，蛋黄的能量比较大，但蛋白质含量仅33%，低于全蛋。动物摄食是为了满足其能量需要。鱼类进食量的增减与饲料的能量加大或减少是一致的。对于蛋白质成分固定的饲料，若饲料中的能量与蛋白质的比值太高，则对这种养分的需要量可能得不到充分满足。

2. 全蛋与蛋黄作为幼鱼饲料的对比

我们假定就能量的浓度而言，以每千克含有4.0千卡代谢能的饲料作为幼鱼的参考性饲料，那么，提供1千克参考饲料所具有的数量相同的代谢能时，所需的蛋黄数量为4.0/5.7＝0.702千克；0.702千克蛋黄所含有的蛋白质为0.702×0.382＝0.230千克。因此，含0.702千克蛋黄加上0.298千克不起什么作用的填充物的饲料所具有的能量浓度与参考饲料相同，但蛋白质的含量只有23.0%。这种饲料的蛋白质水平很难保证幼鱼快速生长的蛋白质需要。

然而，提供1千克参考饲料所具有的数量相同的代谢能所需的全蛋数量为4.0/4.81＝0.832千克；0.832千克全蛋加上不起任何作用的填充物的饲料所具有的能量与参考饲料相同，但含有40.6%的蛋白质。由此可见，全蛋能够提供足量的幼鱼快速生长需要的蛋白质。

按上述方法，同样可以计算出所含有的其他养分参数在内的具体数字。全蛋饲料按等热能计算，每千克饲料可分别提供15.47毫克的核黄素和2.30毫克的泛酸，而蛋黄只能分别提供7.72毫克核黄素和0.29毫克泛酸。

（二）用全蛋制成微囊型饲料

生蛋中含有一种叫抗生素蛋白的生长抑制因子。在用其饲养动物以前必须先经过加热灭活。但未加工的蛋黄煮熟后会由于蛋黄和蛋白两部分的蛋白质变性，不可逆转的分离；蒸熟后需要添加适当的黏合剂使两部分混合成为均匀的、在水中较稳定的饲料。这样做无疑会提高成本。较为理想的产品应具有下列特征：

① 有益于健康：产品应是营养价值高，无抗生物素蛋白的有害作用。

② 密度大：产品的大小和结构能被饲养对象所接受。

③ 水中稳定性：产品的成分，即蛋黄和蛋白在饲喂期间不应分开，颗粒应有浮力，在水中能够保持足够长的时间和极低的溶解度，同时还要一定的诱食性。

④ 生物需氧量低：产品在水中不能很快产生微生物的降解作用。

⑤ 储藏期长：产品在正常的储藏条件下保持良好状态应在3个月以上，当然时间越长越好。

⑥ 便于制备：产品易于制作。

若将蛋煮得很老，就会达到上述特性。全蛋的营养价值极高，没有抗生物素蛋白。煮的很老的硬蛋白可防止蛋黄分离。加热变性的蛋白不溶于水，剥了壳的熟蛋在水中浸泡一段时间后会散发出一些香味，起到诱食作用。加热变性的蛋白质对微生物的抗分解作用要高于生蛋。

（三）微囊型全蛋幼鱼饲料的制作

由于微型饲料的制作工艺与养成用饲料不同，难以合并介绍，故此处预先介绍。微囊型全蛋幼鱼饲料可以用以下 3 种方法的任何一种制作。

1. 第一种方法

其步骤与程序为：

① 将蛋打入耐热的容器中。

② 用打蛋器搅拌均匀。

③ 迅速加入开水（每只蛋约用 150 毫升水），并不停地搅拌，使之成为均浆。由此获得乳白色的细粒悬浮液。

④ 用冷水补充至一定容量，一个 50 克的蛋约有 12 克干物质。

⑤ 用匙或勺计量直接投喂，这种饲料不能用帆布袋式的喷雾器喷洒。

⑥ 将暂不用的饲料放于冰箱内密封保存。

2. 第二种方法

其步骤与程序为：

① 第 1 ~2 步与第一种方法相同。

② 将匀浆直接倒入开水中。搅拌的程度取决于形成的颗粒大小是否符合需要。开始形成一丝丝蛋花即可。此时蛋白分散开，并包于变性蛋白中。

③ 用冷水补充至一定容量。

④ 用再悬浮的物质直接投喂，不必用喷雾器，因为所喷出来的饲料颗粒太小，不适于饲养对象的摄食。

⑤ 保存方法同上。

3. 第三种方法

其步骤与程序为：

① 同第一种方法。

② 添加 50 毫升水，其余同第一种方法。

③用原来的容器或倒入适量的盘、碗中，把均浆加热蒸一下，制成凝固蛋乳剂组成的蛋羹。

④ 把蛋羹搅拌至所需大小直接投喂。

⑤ 保存方法同上。

（四）三种方法的比较与注意事项

全蛋含有大多数水产养殖动物幼苗前 10 天所需的各种养分。用第一种方法制成的饲料具有上述水产养殖动物幼体饲料所需的各种养分的特点。微型胶囊的乳白色蛋白质外层颜色很浅，可以诱食，还可以观察投喂过程，减少饲料浪费和保证水质。

但去壳的蛋缺乏水溶性维生素，特别是抗坏血酸。用以蛋为主的饲料长期饲养水产养殖动物幼苗，不论采用哪种制作方式，都应在第二步中添加维生素，而且所添加的维生素成分要研得很细。用第一种方法制成的饲料可以冻干、经离心或滤除水分后形成一种不定型的、干燥的胶囊饲料。

第二节　渔用饲料的制粒及不同颗粒性质的比较

一、渔用饲料的制粒

渔用配合颗粒饲料的研制和应用时间虽然只有20年左右，但发展很快。目前全世界颗粒饲料的应用总量已达渔用配合饲料总量的60%以上，这显然与其优越性是分不开的。

（一）为何需要制粒

渔用配合饲料的制粒可被认为是膨化型的热塑制型生产。在这种特定的加工生产过程中，被预先粉碎得很细的饲料中的各种原料粉粒制成的结构密实、易于贮存和搬运的颗粒饲料。这里所说的热塑制型是因为当加热和加水处理后，饲料原料中的蛋白质、淀粉等都被塑型化了。

我们之所以将渔用配合饲料制成颗粒是因为：

① 水分及蒸气的加入能使各种饲料原料中的某些成分产生胶化作用，这样可提高水产养殖动物对于饲料的利用率。

② 破坏沙门氏微生物。

③ 颗粒饲料可避免水产养殖动物挑食。

④ 颗粒饲料可防止在处理和搬运过程中饲料原料的分离。

⑤ 颗粒化可以提高饲料中的粉粒密度，并使各种处理过程更为方便。

（二）颗粒饲料的优点

从营养学的角度来说，水产养殖动物都需要投喂营养平衡的饲料，大量实验和实践已证明，给水产养殖动物投喂营养成分齐全而平衡的配合饲料，可以大大提高饲料的利用率。这主要是因粉尘的减少和饲料可利用率的提高而带来的。就目前的研究而言，鱼和虾的颗粒饲料还有以下优越性：

① 它们在干燥的状况下有很好的稳定性，即使是长时间的保存也不会导致过多的营养成分散失。

② 投入到水中后的稳定性较好，会在水中停留较长的时间，并保持颗粒的物理完整性，使得养殖对象有更多的摄食机会。

③ 颗粒饲料能包含饲料配方中所要求的所有营养物质，它长时间的水中稳定性可保证某些水溶性物质尽可能少的散失。

（三）颗粒饲料的生产

渔用颗粒饲料生产过程中，下列技术要点会影响到颗粒的质量。

① 使用添加剂来诱发产品中的化学变化。

② 黏合剂的使用。无论是自然黏合剂还是人造黏合剂，在温度和压力的影响下，这些黏合剂可使各种原料紧紧的黏结在一起。

③ 原料粉粒的大小。就技术要求而言，在制粒前各种原料粉碎得越细，则颗粒的质量也就越高。

④ 预先处理。在制粒前，通过蒸气进行预先处理，可大大提高颗粒饲料的质量，尤其是以谷物为基础的配合饲料，因淀粉的胶化而使得颗粒饲料结构更好。

⑤ 压模类型。压力和温度是由压模形体本身形成的。压模的形状不同，所形成的压力和温度条件也不同。

⑥ 有效的冷却和干燥饲料颗粒。有效的冷却和干燥饲料颗粒也会提高颗粒质量。

以上各种技术要点的具体指标要求为以下几个方面。

1. 黏合剂

所添加的辅助物可包括在基本配方中，以达到减少粉尘的目的和提高入水稳定性。预先胶化了的淀粉、褐藻胶、羧基甲基纤维素等都有较强的黏合能力，在颗粒生产中能起到很大作用。

例如：在鱼饲料中添加辅助物可以起到：使含脂量达到预期水平；使颗粒本身更坚固，贮存时间更长，运输稳定性更好；一旦入水，即使颗粒变软也不会分解；颗粒料在上层的停留时间延长。

2. 粉粒大小

饲料配方中每一种原料都被粉碎得细而均匀是保证渔用颗粒饲料质量的重要条件。若粉粒非常细，则可生产出高品质的颗粒饲料，具有良好的水中稳定性和较高的水产养殖动物的消化吸收率。这对苗种阶段的培育更为重要。

粉粒的大小同样也会影响颗粒饲料的坚硬度和保存期。若是使用积压式机械生产颗粒饲料的话，细小的粉粒会大大提高颗粒饲料的质量。因为粉粒越细，则被填补的空隙也就越多，从而可有效防止断裂发生。生产与用颗粒饲料所要求的粉粒大小为40～60目，即420～250微米。

3. 预先处理

这里所指的是对可接收条件的预先处理，目的是为了形成好而硬、且表面平整的颗粒。传统的做法是在配置好的饲料中加入蒸气，将水分含量和温度都提高到能生产出最佳颗粒的水平。在有水分的条件下提高温度，可打开一部分淀粉颗粒，同时也将部分淀粉转化为糖。此变化过程即为胶化作用。经过胶化作用后，再进行挤压式造粒以及冷却、干燥，就会生产出高质量的颗粒饲料。但是用蒸气预处理过程中一个最大问题是水分含量的临界水平不能超过16%～18%。

在渔用饲料生产中，经常使用的非传统方法是内有蒸气的较长的蒸气室和喷蒸气相结合的方法。这样，操作人员会更好地将水分和温度掌握在理想的水平上。

4. 压模要求

颗粒压模的种类很多，都可直接影响颗粒的质量，且不同的原料需用不同的压模。从另一个角度讲，一般压模都是很贵的部件，而且难以更换。因此，生产之初先选好适宜的加工机压模至关重要，因为它既影响生产，又影响饲料质量和加工成本。挑选压模应注意以下五个方面：

① 压模质地应为合金钢，也可使用不锈钢或铬钢。

② 适合于使用目的的孔径尺。

③ 适宜的孔径形状。

④ 较好的孔径内轮廓。

⑤ 生产特种饲料的特殊设计。

5. 制颗粒

这是饲料生产过程中关键的一环。压模在工作时，物料必须被均匀的送进去，即均匀送料。这样做的目的是：① 在压模的使用年限内，保证压模上的所有网眼正常工作；② 压模的整个工作面都有物料的均匀分布是压模能完全工作的基本保障，并能保证压模的使用年限。

制粒过程中对酶的活性不起作用，但却能胶化部分淀粉，因为温度比蒸煮型的蒸气膨化低得多。

6. 冷却和干燥

冷却和干燥对颗粒饲料的最后形成至关重要。因为质量差的冷却系统会造成：① 颗粒饲料的水分过高；② 因温度过高而不能安全有效的存放；③ 在冷却过程中产生很多细粉尘；④ 水中稳定性差。

另外，干燥的目的也是为了降低含水量及硬化饲料颗粒，从而提高饲料颗粒的质量。

二、不同颗粒性质的比较

作为养成用的渔用配合饲料，主要有软颗粒、硬颗粒和膨化颗粒饲料3种。这3种不同质地的颗粒饲料，其加工工艺，应用效果有一定差异，其中软颗粒和硬颗粒饲料较为接近，与膨化颗粒的差异却很大。

（一）膨化颗粒饲料的优越性

当前，渔用配合饲料加工业正面临着特殊的挑战，即供给水产养殖业所特需的饲料，并保证其产品质量和可竞争的价格。营养学家们仍在致力于提供有关最高质量和最低营养需要的研究。

以上营养研究的综合效应使膨化加工过程显得更为先进，而且证明了这种方法对于整个水产养殖动物的食物链是有益的。因为饲料成本的降低，使水产养殖业从膨化颗粒饲料中可获得更大的综合效益。另外，由于饲料耐水性的增强，而且在膨化过程中消灭了细菌，使养殖水质得到了改善。使用漂浮性饲料使养殖人员可以观察到水产养殖动物的摄食情况，从而做到及时调节饲料的投喂方案。具体讲，使用膨化颗粒饲料有以下几点优越性。

① 有可能生产出多种类型的产品；降低饲料报酬；提高饲料在水中的稳定性；便于对饲料浓度的控制；增强成品饲料的机械耐力；生产过程较为简单；最为重要的是可能利用最低成本的配方降低饲料成本。

② 对于饲料生产者来说，膨化体系的多种用途具有很大的优越性。例如各种虾类、鱼类和蛙类的饲料是可以利用膨化设备生产的几类主要水产饲料。此外，利用膨化设备饲料厂还可以生产膨化碎谷物、全脂大豆、湿软饲料以及具有其他特色的饲料。水产养殖业的副产品本身也可用于生产饲料，或与谷物饲料一起加工，作为一种饲料成分以备后用。

③ 一般膨化的熟化饲料转化率较高，因为熟化过程提高了各种饲料原料的消化率，尤其是淀粉的消化率及其在水中的抗分解能力。同时通过膨化加工还消灭了饲料中的细菌，从而减少了养殖对象的发病几率，并延长了饲料储存时间及在水中的稳定性。

④ 对成品饲料密度的有效控制可生产出不同浮力的饲料，如浮性、沉性、慢沉性及先沉后浮性。这样可针对养殖对象的特殊摄食习性及活动特点来生产产品。

（二）一般颗粒饲料

这里所称的一般颗粒饲料是指软颗粒和硬颗粒饲料。

制粒本身是一种加工方法。其目的在于使其粉碎得很细，甚至是粉尘、不可口的和难以处理的饲料原料，用热、水及机械压力下形成颗粒较大和质量稳定的饲料。

一般生产的颗粒饲料为圆柱形，大小不同，大小范围直径2.38～34.9毫米，长度稍大于直径，为3/2～5/2倍。除非对颗粒形状有特殊要求，一般直径为3.96～6毫米。相对而言，膨化颗粒饲料所具有的优越性，在颗粒饲料上并不具备，尽管颗粒饲料较粉状、团块状饲料进步了许多（见本章附件：渔用膨化颗粒饲料的使用与加工）。

第三节　典型渔用饲料配方

由于水产养殖动物的种类很多，每一种养殖对象都有一种乃至数种配合饲料的配方，因此，渔用饲料配方的种类也很多；此处只能对重要的水产养殖对象介绍其较先进的典型饲料配方。

一、“四大家鱼”的配合饲料

“四大家鱼”即青鱼、草鱼、鲢鱼和鳙鱼，是我国的传统养殖鱼类，并大多采用4种鱼混养的方式进行养殖生产。因为这4种鱼的食性差异很大，鲢、鳙为“滤食性”鱼类，主要滤食水体的浮游生物；青鱼和草鱼虽为“吃食性”鱼类，但饵料构成也差异很大，草鱼偏重于青草类，而青鱼偏重于底栖动物类。因此，在4种鱼共养殖于一池的情况下靠一种饲料同时满足4种鱼的营养需要是个很大的难题。为此，四大家鱼的营养和饵料研究列为我国重大攻关项目，目前已在草鱼和青鱼的营养与饵料研究方面取得重大进展；并在池塘养鱼生态系控制、合理施肥、培育天然饵料及合理投饵方面取得了一些研究成果，为池塘养鱼的稳产和高产打下了良好的基础。其中中国水产科学研究院长江水产研究所及浙江省淡水水产研究所等单位研制的草食性鱼类饲料配方见表7－2。

二、鲤鱼的配合饲料

鲤鱼对环境的适应性较强，对饲料中营养物质的要求较低且容易解决。其肉质也较好，因而成为世界上许多国家的主要增养殖种类之一。

温水性的鲤鱼为杂食性鱼类，对饲料中蛋白质的需要量为30%～40%，可消化能每千克饲料为300～340大卡。一般用含粗蛋白质30%的混合饲料饲养鲤鱼即可得到良好的生长速度。其对氨基酸的需要量也与其他种类不同。以每千克饲料的含量为单位计算，则需要各种氨基酸的情况为：精氨酸16克、组氨酸8克、异亮氨酸9克、亮氨酸13克、赖氨酸22克、蛋氨酸12克、苯丙氨酸25克、苏氨酸15克、色氨酸3克、缬氨酸14克。对于有效磷的需要量为0.6%～0.7%。经研究认为其饲料中各种维生素的添加量为维生素 B_1 0.10%、维生素 B_2 0.30%、维生素 B_6 0.09%、烟酸1.00%、D－泛酸钙0.50%、肌醇4.00%、2%的生物素0.08%、叶酸0.02%、维生素 B_{12} 0.02%、维生素C钙盐1.50%、维生素K 0.10%、50%的维生素E 2.00%、维生素A 0.12%、维生素D 30.12%。较典型的鲤鱼饲料配方见表7－3至表7－10。

苏联A. H. Kopeeb推荐的温流水养殖鲤鱼的配合饲料配方为：

大麦10%、麸皮12%、燕麦10%、玉米21%、玉蜀黎粉12%、大豆油粕

表 7-2　四大家鱼的饵料配方

%

配方	草食性鱼类饵料										肉食性鱼类饵料				
	1	2	3	4	5	6	7	8	9	10	11	12	13	14	15
原料	草鲢鳙鱼种	1 龄草鱼	草鱼 团头鲂	划鱼鲢鱼	以 1、2 龄草鱼为主，混养鲢、鳙、团头鲂等				草鱼		青鱼			以青鱼为主，混养鲢鳙	
稻草粉		50			10		50	70					40		1
黄豆秸			50												
青干草粉					40									40	
槐树叶					20										
蔗糖酶纤饲料				60											
猪粪、牛粪						54									
水草浆（湿重）									20	20					
米糠		25			5	6	22.5	10							
脱脂米糠	60														
地脚粉	5	10	10					5	20						
麸皮					15		5		30	45					
大麦											20	20	20		15
小麦				20											
燕麦														5	
蚕蛹	3			3								25	30	5	
鱼粉			5	4		4	5		8	9				5	35

续表

配方	草食性鱼类饲料										肉食性鱼类饲料				
	1	2	3	4	5	6	7	8	9	10	11	12	13	14	15
原料	草鲢鳙鱼种	1 龄草鱼	草鱼团头鲂	划鱼鲢鱼	以1、2 龄草鱼为主,混养鲢、鳙、团头鲂等				草鱼		青鱼			以青鱼为主,混养鲢鳙	
双脱石油酵母											70	23			
酵母				0.5											1
豆饼	32	25	15	5			15	15	20	20				10	47.5
棉饼					10									30	
菜籽饼			10								10	32	10	5	
花生饼						5									
芝麻饼				2											
芝麻渣						23									
骨粉	1			1			1	1							
蚌壳粉			1							5					
食盐	0.5		0.5		0.5	0.5	0.5	0.5	1	1					
矿物质添加剂									1						1.5
维生素添加剂									微量	微量					
生长素				0.5											
粗蛋白	22.98	23.35	20.32	18.5	17.10	16.61	18.78	15,07			47.21	38.18	21.52	25.81	40.32
饲料系数		2.8	3.06		2.07	1.80	2.4	2.97	2.48	2.64	2.20	2.45	2.66 - 4.0	3.0	1.71 - 2.81

10%、棉籽油粕 7%、豌豆 3%。

饲养 2 龄鱼种（鲤鱼）的配合饲料配方为：

鱼粉 6%、小麦 17%、大豆油粕 2%、骨粉 4%、豌豆 9%、棉籽油粕 3%、酵母 5%、麸皮 4%、白垩粉 2%

Ponov 提出的鲤鱼仔鱼的饲料配方为：

串菌酵母 43%、冻干猪肝 25%、猪油脂 3%、冻干猪胰 25%、豆油 2%、预混合物 2%。

此种饲料的化学成分为：

粗蛋白质 42.36%、粗纤维 1.24%、粗脂肪 10.43%、碳水化合物 22.42%、粗灰分 11.56%、水分 11.57%

日本饲育一周后的鲤鱼仔鱼饲料配方为：

鱼粉 49%、豆饼 13%、小麦粉 20%、脱脂米糠 7%、水解酵母 5%、谷物残渣 3%、添加剂 3%。

其化学组成为：

粗蛋白 42%、粗脂肪 5%、灰分 10%。

A. H. Kopeeb 以活饵料与配合饲料按 1∶1 的比例饲养鲤鱼幼鱼，经实验后提出配合饲料配方组成为：

血粉 40%、鱼粉 20%、小麦粉 20%、饲料酵母 20%

因全世界鱼粉产量的徘徊和需要量的大增，鱼粉的价格在近几年大幅度上涨，因此，许多国家都在探讨用大豆代替鱼粉，以植物蛋白代替动物蛋白是解决动物性饲料蛋白源缺乏的有效途径。但大部分植物蛋白的应用往往会导致鲤鱼及其他鱼类的生长率下降和饲料转换率较低。其原因是游离氨基酸吸收的减少。大豆应经过适当的烘烤、膨化可以消除抗胰蛋白酶活性，并经初步裂解，才能提高其利用率。

以色列 S. Viola. S. Mokady 用大豆代替部分或全部鱼粉的实验为：

第一组：代替 40% 的鱼粉

第二组：代替 80% 的鱼粉

第三组：代替 100% 的鱼粉

为使饲料中的总蛋白、L 赖氨酸、L 蛋氨酸、矿物质和代谢能与鱼粉饲料相同而使用电子计算机计算和设计饲料配方，在需要时添加氨基酸和油类。其中：第一组只缺乏能量的含量，当在饲料中喷洒 5% 的油类时，鱼的生长性能和蛋白质利用率与鱼粉组相同；第二组饲育效果较差，在筛选实验时发现超过计算机计算的平衡水平，补充 0.25% 的赖氨酸和 5% 的油类，则生长性能与鱼粉组相同；第三组的饲料则需补充较多的氨基酸和 10% 的油类，这将使饲料成本提高很多，而且还会影响饲料的物理与化学稳定性。

表7-3 鲤鱼配合饲料配方 %

原料	幼鱼用（软块）		幼鱼用（碎粒）		成鱼用（颗粒）			
	1	2	3	4	5	6	7	8
鱼粉	53	48	53	48	43	39	34	30
内骨粉						3	4	
羽毛粉								7
大豆粕（CP45%）	6	8	6	8	11	15	17	20
玉米蛋白粉	3	5	3	5	4	5	6	4
生膜菌	3	3	3	3	2	2	2	2
脱脂小麦胚芽	5		5				5	7
次粉			26	26	28	28	28	27.7
米糠油粕			4		9.7	5.7	1.7	
维生素添加剂	1.5	1.5	1.5	1.5	1	1	1	1
氯化胆碱（15%）	0.5	0.5	0.5	0.5	0.3	0.3	0.3	0.3
矿物质添加剂	1	1	1	1	1	1	1	1
磷酸二氢钠	2	2	2	2				
小麦粉	30	26						

表7-4 鲤鱼配合饲料配方 %

原料	A			B			C	
	1	2	3	4	5	6	7	8
鱼粉	43	39	34	40	35	30	24	19
肉骨粉		3	4	2	3		2	3
大豆油粕（CP45%）	13	17	19				13	18
大豆油粕（CP50%）				17	22	25		
玉米蛋白粉	4	4	6	3	4	5	2	4
脱脂小麦胚芽			5			3		
次粉	27	27	27.7	18.4	18.4	18.4	28	28
玉米				15	13	10		
米糠油粕							20	18
玉米淀粉渣	8.7	5.7					8.6	8.6
维生素添加剂	1	1	1	1.3	1.3	1.3	1	1

续表

原料	A			B			C	
	1	2	3	4	5	6	7	8
氯化胆碱	0.3	0.3	0.3	0.3	0.3	0.3	0.3	0.3
维生素E（50%）							0.1	0.1
矿物质添加剂	1	1	1	1	1	1	1	1
磷酸氢钠				2	2	2		
磷酸二氢钙	2	2	2					

注：A为添加磷酸盐的成鱼颗粒粒饲料；B为添加磷酸盐颗粒饲料；C为低蛋白质颗粒饲料。

表7-5　鲤鱼颗粒饲料配方　　%

成分	成鱼用	稚鱼用	主要原料
动物性饲料	40（37~43）	55	鱼粉
谷朊	27（25~30）	31	小麦粉、高粱粉
糟糠类	11（7~19）	0	脱脂米糠、麸皮
植物性油料	9（5~13）	3	大豆粕
其他	13（8~16）	11	面筋粉、假丝酵母、维生素、矿物质
粗蛋白质	40以上（39~43）	43以上	
粗脂肪	3以上（3）	3以上	
粗纤维	5以下（4~5）	5以下	
粗灰分	15以下（15）	15以下	
钙	1.6以上（1.5~1.8）	1.8以上	
磷	1.2以上（1.0~1.5）	1.5以上	

捷克斯洛伐克研制用植物蛋白代替鱼粉的实验见表7-6。

表7-6　鲤鱼饲料配方　　%

饲料成分	饲料		
	1	2	3
玉米	35.8	29.0	28.9
大麦	21.5	15.0	15.0
黑麦	7.1	12.0	15.0

续表

饲料成分	饲料		
	1	2	3
羽扇豆	–	6.0	–
小麦麸子	10.4	7.0	9.1
饲料酵母	5.7	6.0	3.2
鱼粉	18.5	20.0	23.4
浮游虾粉	–	5.0	5.4
维生素添加剂	1.0	–	–
普通蛋白	25.93	24.65	26.18
脂肪	4.93	5.37	7.11
灰分	6.53	6.35	5.04

通过实验比较认为具体饲料配方应调整为：

鱼粉+肉骨粉24%、豆粕9%、干酵母4%、玉米粕10%、花生粕20%、肉粉8%、小麦粉14%、小麦芽2%。

每吨饲料中加入 2×10^8 国际单位维生素A、2×10^8 国际单位维生素 D_3、10克维生素E、20克维生素 B_2、10克维生素 B_6 和0.02克抗氧化剂。

1976年沃德尼亚内渔业和水生生物科学研究所进行了用亚硫酸干酵母（干物质95%、蛋白质50.3%、灰分8.9%）代替油粕和鱼粉的实验研究。配方见表7-7。

表7-7　亚硫酸干酵母配合饲料组成 %

饲料组成	组成		
	1	2	3
鱼粉	5	10	15
肉骨粉	6	6	6
大豆粕	8	8	8
油菜粕	15	10	10
黑麦	20	20	20
大麦	20	20	20
干草粉	10	10	10
三叶草屑	5	5	5
微量元素、维生素	2	2	2
生物激素	1	1	1

续表

饲料组成	组成		
	1	2	3
干物质	88.4	87.9	88.0
蛋白质	24.0	24.1	24.5
脂肪	1.8	2.1	2.1
灰分	6.5	6.0	6.0
粗纤维	4.6	4.3	4.3
无氮提取物	50.9	51.8	51.4
花生粕	8	8	3

在饲料中增加5%的亚硫酸酵母效果较好。含5%和10%的亚硫酸酵母的饲料系数为2.17～2.21，含15%亚硫酸酵母的饲料效果较差。

1977年，研究人员还进行了用乙醇酵母代替蛋白质的研究。乙醇酵母的化学成分为：干物质87.31%、蛋白质49.89%、脂肪1.55%、灰分6.64%、纤维素1.92%。配方见表7－8。

表7－8　乙醇酵母配合饲料　%

成分	饲料组成		
	1	2	3
乙醇酵母	5	10	15
肉骨粉	6	6	6
大豆油粕	16	16	11
葵花籽油粕	15	15	15
小麦	40	40	40
苜蓿粉	15	15	15
微量元素及微生物	2	2	2
生物刺激素	1	1	1
蛋白质	26.0	26.56	26.77

用第二组饲料较对照组增重15%；用第三种饲料较对照组增重21%；饲料系数分别为3.56、4.27和4.31。使用10%的乙醇酵母的饲料效果较好，对鱼体的化学组成及肉质没有不良影响。

保加利亚研究人员研究了用浮游虾粉代替鱼粉的鲤鱼配合饲料，并确认完全可以用浮游虾粉代替鱼粉。配方见表 7 – 9。

表 7 – 9　浮游虾粉代替鱼粉的鲤鱼饲料　%

饲料组成	组成	
	对照组	实验组
鱼粉	8	—
浮游虾粉	—	8
肉骨粉	10	10
玉米粉	30	30
大麦粉	13.1	13.1
小麦粉	—	—
糠麸	8	8
大豆粕	12	12
葵花籽粕	12	12
种钙磷酸盐	5.7	5.7
添加物	0.7	0.7

这种饲料粗蛋白、粗脂肪和纤维素含量都比鱼粉高。通过对浮游虾粉的化学成分分析表明，它含有较低量的粗蛋白和不可缺少的氨基酸、色氨酸、蛋氨酸、蛋氨酸 + 胱氨酸、色氨酸、脂肪含量也较高；但由于浮游虾粉中含有纤维素，其消化率有所降低；在含浮游虾粉的鲤鱼饲料中，赖氨酸含量较低，可通过在饲料中补充鱼粉和肉骨粉的形式来改变氨基酸成分及维持玉米和小麦的比例。这种饲料的耐水性、硬度及稳定性优于鱼粉饲料。

南斯拉夫所用的鲤鱼配合饲料为：玉米 41%、大豆粕 28%、葵花子 13%、饲料酵母 18%。这种饲料的粗蛋白含量为 27.79%。近年来，他们又研究了用活性污泥代替部分麦麸和棉子粕的实验和应用问题。Sehedel（1954）指出活性污泥是维生素 B_{12}的良好来源。Tocon（1957）发现应用活性污泥代替细胞蛋白饲育鳟鱼时，在活性污泥蛋白质占饲料量的 33% 时，鱼的生长率和饲料转化率都有明显的降低。

研究人员利用活性污泥代替部分棉籽粕和麦麸设计了四组饲料（表 7 – 10）。

表 7 – 10　饲料配方

组成	成分含量（%）			
	1	2	3	4
活性污泥（co30%）	100	70	40	—

续表

组成	成分含量（%）			
	1	2	3	4
麦麸（cp13%）	——	10	20	35
棉籽粉（cp40%）	——	20	40	65
合计	100	100	100	100
水分	6.6	7.0	7.4	8.1
总蛋白	30.1	30.4	30.6	30.6
粗脂粉	10.2	8.9	7.8	5.9
灰分	11.1	10.2	9.4	8.1
粗纤维	23.2	18.3	12.9	6.3
氮游离提取物	18.8	25.5	31.8	41.0
合计	100	100	100	100

用该各组饲料饲育46日龄鲤鱼45天，其平均饲料消耗量为4.9克、6.1克、7.9克和5.1克；饲料转换率（克/增重克）为1.76、1.50、1.47和1.66；成活率分别为92.5%、96.2%、97.5%和96.2%。结果表明，100%的污泥饲料组的鱼平均体重增加较少（PL0.01），这与其他饲料相比可能是饲料的能量含量较低，当活性污泥为饲料的40%和70%时，生长效果较好。

研究人员利用不同含量的木薯粉和稻米粉饲料对镜鲤进行实验，配方见表7-11。

表7-11　每100克实验饲料组成

成分	实验饲料（克）						
	15%木薯粉	30%木薯粉	45%木薯粉	15%木薯粉	30%木薯粉	45%木薯粉	对照组
木薯粉	15.00	30.00	45.00	—	—	—	—
稻米粉	—	—	—	15.00	30.00	45.00	—
鱼粉	30.00	30.00	30.00	30.00	30.00	30.00	30.00
酪蛋白	10.00	10.00	10.00	10.00	10.00	10.00	10.00
纤维素	30.00	15.00	—	30.00	15.00	—	45.00
无机盐（A）	2.00	4.00	4.00	4.00	4.00	4.00	4.00
维生素（B）	3.00	2.00	2.00	2.00	2.00	2.00	2.00
鱼肝油	5.00	3.00	3.00	3.00	3.00	3.00	3.00
玉米油	0.50	5.00	5.00	5.00	5.00	5.00	5.00

续表

成分	实验饲料（克）						
	15%木薯粉	30%木薯粉	45%木薯粉	15%木薯粉	30%木薯粉	45%木薯粉	对照组
氧化铬	0.50	0.50	0.50	0.50	0.50	0.50	0.50
羟甲基纤维素	0.50	0.50	0.50	0.50	0.50	0.50	0.50
合计	100	100	100	100	100	100	100

注：（A）为无机盐混合物；（B）为维生素混合物。

实验结果为：使用45%木薯粉的饲料组所增加的鱼体重要高于对照组，而含木薯粉15%和30%的两组的生长效果低于对照组；在稻米粉饲料中，以45%的稻米粉饲料生长效果最佳，30%的次之；若按10周鱼体净增重百分率计算，则45%的稻米粉饲料净增重为504.13%，45%的木薯粉饲料为325.5%。这说明，含45%碳水化合物的饲料不仅增重最大，而且饲料利用率高，同时又节约蛋白质。

三、罗非鱼的配合饲料

罗非鱼是原产于非洲的热带性鱼类。在适宜的水温范围内，其生长速度很快，繁殖力也很旺盛。罗非鱼的种类很多，仅我国已引进的就有尼罗罗非鱼、澳大利亚罗非鱼、红罗非鱼、白罗非鱼、大罗非鱼、蓝罗非鱼、莫桑比克罗非鱼、埃及罗非鱼、伊斯美丽亚罗非鱼、吉富罗非鱼、吴郭鱼等。总体而言，其食性均为杂食性，可摄食水中的植物、浮游生物、水藻等，也可摄食人工饲料，能较好地利用植物蛋白质，可以用含蛋白质较低的饲料饲养。因其食物链短，饲养技术也较简单，所以，1972年联合国粮农组织推荐其为最适合养殖的鱼类，其后许多国家都先后引种试养，均取得满意效果，现已成为养殖业中的重要养殖种类。

国内外对罗非鱼配合饲料进行了较广泛的研究，已能确定罗非鱼对各种必须营养物质的需要标准，这为其配合饲料的设计打下了良好的基础。

关于罗非鱼饲料蛋白的需要量，大多数研究人员认为在20%~40%。在使用动物性蛋白含量较高的饲料时，其消化和吸收利用率可由纯植物性的56%~70%提高到90%。研究人员通过实验得出奥利亚罗非鱼饲料中蛋白质含量为以白鱼粉或酪蛋白做蛋白源的饲料比例占40%最好。王氏（1685）指出尼罗罗非鱼最大增重的蛋白质需要量为每100克鱼体重0.875克/日。饲料中蛋白质含量为35%时，投饵率为2.5%（340~370大卡），增重率为最大。近年的研究还清楚地表明，不同体重组的罗非鱼对蛋白质需要量尽管有种间差异，但也有如下规律：

体重1克以下：需要35%~50%的蛋白质。

体重1~5克：需要30%~40%的蛋白质。

体重5~25克：需要25%~30%的蛋白质。

体重25克以上：需要20%～25%的蛋白质。

罗非鱼对饲料中的蛋白质需要量随体重增加而降低（表7－12）。

表7－12　罗非鱼的配合饲料　　%

原料/配方	幼鱼用（碎粒）			养成用（颗粒）		
	1	2	3	4	5	6
鱼粉	45	40	35	30	25	20
大豆油粕（CP45%）	10	19	24	13	18	24
玉米蛋白粉	3	3	5	—	2	4
生膜菌	3	3	3	2	3	3
次粉	30	28.7	29.2	28	28	28
酿酒用米粉	—	—	—	6	6	6
米糠油粕	6.7	4	—	18.7	15.7	11.2
维生素添加剂	1	1	1	1	1	1
氯化胆碱（50%）	0.3	0.3	0.3	0.3	0.3	0.3
矿物质添加剂	1	1	1	1	1	1
磷酸氢钙	—	—	1.5	—	—	1.5

此饲料是以酪朊为主的配方。酪朊含量为20%～40%，在此范围内，随含量增加，罗非鱼的生长速度加快。

对罗非鱼而言，花生油饼是一种可利用蛋白源，但在含量较高时，生长速度会减慢。有报道说，喂以全部花生蛋白质的安氏罗非鱼的生长速度比鱼粉组低58%，这可能是蛋氨酸含量低和黄曲霉毒素存在的原因。有报道说大豆粉的饲养效果也不佳。用大豆粉取代鱼粉的蛋白源饲养安氏罗非鱼时，其生长速度降低32%，这可能是大豆粉的蛋氨酸含量低和胰蛋白酶阻抗素、白球凝集素的变性不完全所致。

罗非鱼对无机盐的需要量为饲料总量的8%～10%，为鲤鱼的2～2.5倍，这是由于罗非鱼从每克饲料中吸收8～10毫克磷的要求所致。在对鱼粉的利用率实验表明，骨中65%的磷能被很好地利用，即利用了鱼粉中总磷的9毫克左右；对其他无机盐的需要量为：镁（0.6～0.8）$\times 10^{-6}$、铁0.15$\times 10^{-6}$、锰12$\times 10^{-6}$、锌10$\times 10^{-6}$、铜（3～4）$\times 10^{-6}$。

关于罗非鱼对维生素的需要量研究不多，因为它能摄食水中的藻类来获得维生素，同时在较长的肠道中，细菌可以合成维生素。用市售的鲤鱼饵料在高密度条件下进行饲养实验，在长达一年的时间内未出现任何问题。由此可见，对罗非鱼来说无需特别补充维生素，只要在饲料中添加鲤鱼用维生素添加剂即可。

国外几个国家在半精养系统中所使用的饲料配方见表7－13。我们可据表7－13中的配方及本地原料供给情况进行调整和选配。

表7－13 商品性罗非鱼饲料组成 %

原料	肯尼亚	以色列	萨尔瓦多	中非	得克萨斯	多哥
鱼粉	10.0	10.0	——	5.0	17.9	——
肉骨粉	10.0	——	——	5.0	——	——
骨粉	1.0	——	——	2.0	——	——
大豆粉	15.0	23.0	——	——	49.3	——
麦麸	10.0	62.0	15.0	20.0	——	——
米糠	20.0	——	15.0	15.0	——	——
玉米筛屑	13.0	5.0	——	——	——	10.0
糖蜜	5.0	——	——	——	——	——
咖啡果肉	——	——	——	——	——	——
棉籽粉/饼	——	——	45.0	30.0	——	30.0
酒厂废料	——	——	15.0	30.0	——	30.0
芝麻饼	——	——	7.75	7.75	——	——
谷油类	——	——	——	——	5	——
变质奶粉	——	——	——	——	——	15
维生素添加剂	1.0	——	0.25	0.25	6.0	——
玉米胚牙粉	10.0	——	——	——	10.7	15.0

A. J. Jackson和B. S. Cappar实验饲料配方见表7－14。

表7－14 每100克实验饲料组成 单位：克

成分	40%	20%	氨基酸实验饲料
鱼粉	28.0	14.0	14.0
豆饼粉	21.6	10.8	10.8
花生饼	20.0	10.0	10.0
鱼油	2.4	3.2	3.2
玉米油	5.8	6.9	6.9
玉米粉	8.7	40.1	20.1
纤维素	5.5	7.0	7.0

续表

成分	40%	20%	氨基酸实验饲料
混合盐	4.0	4.0	4.0
混合维生素	2.0	2.0	2.0
羧甲基纤维素	2.0	2.0	2.0
合成氨基酸	–	–	20

注：40%和20%为饲料中的蛋白质含量。

上述这些饲料适口性好，投饲量低，各种饲料均能促进生长，20%组更是如此。但就单纯以生长速度而言，20%组比40%组要慢。日本研究人员设计的配方见表7－15。

表7－15　实验饲料配合率　%

成分	1	2	3	4	5	6	7	8
石莼	23.4							
加热胚芽		69.8						
胚芽水溶性蛋白		5.9						
脱脂胚芽			51.4					
脱脂大豆				56.4				
螺旋藻					14.9			
蚕蛹						36.7		
褐色粗谷粉							43.3	
白色粗谷粉	28.6				28.6			42.9
糊精	23	6.3	23.6	18.6	31.5	38.3	31.7	32.1
油脂	7		7	7	7	7	7	7
维生素混合物	4	4	4	4	4	4	4	4
无机盐混合物	4	4	4	4	4	4	4	4
黏合剂	10	10	10	10	10	10	10	10

生长速度：胚芽和白色谷粉最高，大豆和石莼明显低下；蚕蛹、褐色谷粉、加热胚芽和螺旋藻增重率没什么差异；大豆组仅为胚芽组的1/4。

饲料效率：胚芽组和白色谷粉组最高，达100%；而石莼组和大豆组分别为95%和41%。

四、鳗鱼的配合饲料

鳗鱼养殖初期，投喂切碎的蚕蛹，因蚕蛹含脂量较高，鳗鱼常因脂肪的氧化而引起鳃病。此后，经多方研究，成功地用热水短时间浸泡鲜鱼或冷冻鱼，使表皮变柔软后再投喂，从而控制了鳃病。20世纪60年代后，又成功地用α－化马铃薯淀粉做黏合剂设计出鳗鲡配合饲料。目前，经广泛而深入地研究，已形成了从幼鳗到成鳗养殖用系列配合饲料。

幼鳗的饵料大多用水蚯蚓（水丝蚓，红虫），7～10天后转换为配合饲料。此阶段的饲料成为幼鳗的开口饲料，大约使用一个月。1～3个月用的饲料称为黑仔用饲料。从3个月到10克体重使用的饲料称为幼鳗或种鳗用饲料。体重10克以上用的饲料称为成鳗饲料。这些饲料均为块状，在投喂前加1.2～1.6倍的水和3%～10%的油脂，配制成软块型的糜化饲料投喂。鳗鱼也摄食颗粒饲料和多孔性浮性饲料，但不善于摄食固态饲料，特别是在水质较差时。最近，许多国家正在普及使用乙炔房式循环过滤池，以防止水质变坏，这样也可应用固态饲料。

幼鳗的开口饲料最好是将水丝蚓与其他活饵料混合使用，为便于摄食，加1.6～1.8倍的水，拌成软团块，可以用酪朊钠、活性小麦面筋粉作为黏合剂，也可以用α－化马铃薯淀粉、聚丙烯酸钠、海藻胶、瓜胶等作黏合剂。因α－化马铃薯淀粉与活食混合后，在酶的作用下使黏结性降低，大多不太使用。但若仅使用14%～16%的量，不但味道好，而且易于消化。若是用10%左右的用量，应增加聚丙烯酸钠和海藻胶的用量。当然，改变了这些黏合剂的用量，加水拌和后的饲料状态有所不同。

鳗鱼的蛋白质原料多采用动物性蛋白源，最好是鱼粉，也可用其他适口性较好的鱼肝粉、啤酒酵母等。

从黑仔鳗到养成用饲料的黏合剂多用α－化马铃薯淀粉。在配合饲料中加20%～25%的α－化马铃薯淀粉，用1.2～1.4倍的水拌和后制成面饼状，既富有弹性、不黏连加工机械，又不黏手，便于加工，饲料损失少，适口性也很好。

鳗鱼配合饲料设计中的最大难题是各种原料对α－化马铃薯淀粉弹性的影响。所有的原料不管用量的多少，都对淀粉的黏合性和弹性有影响。鱼粉的用量对黏合剂的黏结效果影响很大，而且因鱼粉质量（加工鱼粉用的鱼的种类、捕获期、处理时间、加工工艺的不同）不同，对α－化淀粉的黏合性和弹性的影响程度也有所不同。影响程度大体上有3种情况：较好的情况为加水拌和后像面饼状，不黏手，损失少；较差时像豆腐渣，没有黏性；介于上述两者之间的为糊状，不好加工，损失也大。其原因有几个方面：一是脂肪酸的酸价高，变得像豆腐渣一样；另一种是啤酒酵母较软，生膜菌较硬，凝胶为黏糊状。磷酸盐等无机盐类也会影响黏合性能。因此，在选择原料时不能只注意营养价值，还应考虑到对黏合性的影响。

鳗鱼对各种维生素的需要量研究还不十分清楚，但研究结果表明水溶性维生素是必不可少的，具体配方见表7－16中所列。

表 7－16　鳗鲡饲料的维生素预混合添加剂

维生素	维生素 B_1	维生素 B_2	维生素 B_6	烟酸	D－泛酸钙	肌醇	生物素（2%）	叶酸	维生素 B_{12}（毫克/克）	维生素 C 钙盐	维生素 A、D_3（A、50 万国际单位/克；D310 万国际单位/克）	维生素 E（5%）	维生素 K_3	小麦粉
配合率（%）	0. 18	0. 40	0. 12	1. 00	0. 50	4. 00	0. 25	0. 03	1. 50	3. 00	0. 3	3. 00	0. 10	85. 62

鳗鱼对矿物质的需要量较多，具体情况见矿物质预混合添加剂配方。

鳗鱼的种类较多，全世界大约有19种，目前广泛养殖的是日本鳗鲡、欧洲鳗鲡。上述所有情况都针对日本鳗鲡而言（表7－17和表7－18）。

表7－17　鳗鱼饲料的矿物质预混合添加剂

矿物质	食盐	磷酸钙	硫酸镁（$7H_2O$）	氯化钾	富马酸铁	硫酸铜（$5H_2O$）	碳酸锌	硫酸锰	硫酸钴	碘酸钾
配合率（%）	26.91	33.00	18.00	19.00	2.50	0.13	0.26	0.17	0.02	0.01

表7－18　鳗鱼的配合饲料　　%

原料	开口饵料（软块）			黑仔用（软块）		幼鳗用（软块）		育成用（软块）		育成用（颗粒）
鱼粉	72	71	70	70	66	70	65	69	65	63
酪朊钠		3	6		3					
脱脂乳粉	3									
鱼肝油	2	2	2	2	2		2			
活性小麦面筋粉	10	6	8	3.8	5		3		2	5
啤酒酵母	2	2	3		2.8	4.1	4.1	5.4	3	6
大豆油粕（CP50%）									4.4	
α－化马铃薯淀粉	4.8	9.5	5.8	20	16	22	22	22	22	
小麦粉										22.4
维生素添加剂	2	2	2	1.5	1.5	1.3	1.3	1	1	1
氢化胆碱（50%）	0.5	0.5	0.5	0.4	0.4	0.3	0.3	0.3	0.3	0.3
矿物质添加剂	2.3	2.3	2.3	2.3	2.3	2.3	2.3	2.3	2.3	2.3
聚丙烯酸钠	0.2	0.3	0.2		0.2					
藻酸钠	0.2	0.4	0.2		0.8					
瓜胶	1	1								

五、鲇鱼的配合饲料

鲇鱼类约超过30种。目前仅我国养殖的就有本地胡子鲇、六须鲇、革胡子鲇、埃及胡子鲇、大口鲇、美国沟鲇（美洲沟鲇）、金丝鲇、怀头鲇、斑点叉尾鮰、褐首鲇

（云斑鲇）等近10种。美国自20世纪60年代初开始盛行养殖鲇鱼，主要养殖的品种为斑点叉尾鮰和云斑鮰，1975年的产量已超过2万吨，90年代的年产量超6万吨。

鲇鱼类大多为温水性鱼类，杂食性，能较好的利用植物性蛋白质。有人曾对体重9.3克的鲇鱼幼鱼投喂配合39%～71%（间隔8%）鱼粉饲料进行实验，其中以鱼粉配合量为62%、蛋白质含量为45%的饲料效果最好。当水温为27℃时，对体重约100克的鲇鱼投喂市售鲤鱼的配合饲料，饲料效率达76%（表7-19）。

表7-20是美国斑点叉尾鮰实验饲料的配合设计，蛋白质含量是22%和25%。在这6种饲料中，饲料效率最高的是1号，蛋白质含量为25%，饲料效率为62.1%；最低的是4号，蛋白质含量为22%，饲料效率为51.6%；其他配方的饲料效率为54.3%～58.5%。

据水温的高低设计相应蛋白质水平的配合饲料，也可取得较好的效益。实验表明：在水温低时，投喂低蛋白质饲料；随水温升高，投喂高蛋白质饲料。体重30克左右的沟鲇，水温24℃以下时，用含蛋白质25%的饲料；当水温24～27℃时，用含蛋白质30%的饲料；在水温27℃以上时，用含蛋白质35%的饲料。这样对应水温采用不同蛋白质含量的配合饲料，每千克鱼所用的饲料成本最低。投喂鱼粉含量较高的饲料，其养殖成本也较高。美国渔用配合饲料，即使是肉食性的鱼类，饲料中的鱼粉用量也较少，而是大量使用畜禽加工副产品或植物性蛋白质原料。

鲇鱼类能较好利用糊精和油脂。在牛油、红花油、鲱鱼油中，红花油的饲料价值最差，牛油最为经济，但以鱼油效果最好。

鲇鱼对维生素的需要量还不是很清楚，生长速度较快时，对维生素C的需要量是每千克饲料中50毫克，对维生素K的需要量极低，与鲤鱼、罗非鱼大体相同。

表7-19　斑点叉尾鮰不同温度下不同蛋白质水平饲料的配方　　%

原料	蛋白质25%	蛋白质30%	蛋白质35%	蛋白质（对比）
鱼粉	7.0	7.5	7.2	18.0
羽毛粉	5.0	5.0	5.0	-
鸡内脏	7.0	7.0	7.0	-
脱水乳清（脱乳糖）	2.5	2.5	2.5	2.5
大豆油粕	10.0	20.0	30.5	20.0
酒糟（含汁液）	7.0	7.5	7.5	7.5
苜蓿粉	5.0	5.0	5.0	5.0
米糠油粕	40.0	34.0	30.	35.0
稻壳粉（细粉）	14.5	5.0	3.0	5.5
维生素添加剂	0.5	5.0	0.5	5.0
磷酸氢钙	1.5	1.5	1.5	1.5

表7-20　美国斑点叉尾鮰实验饲料配方　　单位：磅*

原料	配方编号					
	1	2	3	4	5	6
鱼粉（cp60）	176.0	176.0	50.0	50.0	188.0	188.0
肉骨粉（cp50%）	132.0	132.0	–	–	12.0	12.0
血粉	37.2	37.0	–	–	–	–
大豆油粕（cp44%）	169.2	169.2	336.0	336.0	380.0	380.0
芝麻油粕	–	–	116.0	116.0	–	–
酒糟（含汁液）	100.0	100.0	100.0	100.0	100.0	100.0
高粱	350.6	351.6	442.9	443.9	314.32	315.3
苜蓿粉（cp17%）	200.0	200.0	200.0	200.0	416.0	416.0
麸子	809.8	809.8	636.0	636.0	508.0	508.0
油脂	–	–	10.0	10.0	10.4	10.4
食盐	10.0	10.0	10.0	10.0	10.0	10.4
磷酸氢钙	11.4	11.4	68.0	68.0	45.48	45.48
石灰石	–	–	8.0	8.0	–	–
维生素添加剂	0.5	–	0.5	–	0.5	–
维生素 B_{12}（20毫克/磅）	0.5	–	0.5	–	0.5	–
赖氨酸（50%）	–	–	17.44	17.44	–	–
蛋氨酸	1.8	1.8	3.68	3 068	3.0	3.0
金霉素（10克/磅）	1.0	1.0	1.0	1.0	1.0	1.0
蛋白质（%）	25	25	22	22	25	25

注：每吨饲料中添加维生素 B_2 4克、泛酸钙24克、肌醇24克、氯化胆碱80克。

*磅：英美制质量或重量单位，1磅合0.453 6千克。

六、鲑鱼的配合饲料

鲑鱼是大麻哈鱼的总称。大麻哈鱼是近海洄游性鱼类，共有大麻哈、细鳞大麻哈、马苏大麻哈、银大麻哈、大鳞大麻哈、红大麻哈鱼6种。大麻哈鱼是我国、俄罗斯、日本、美国、加拿大等国的主要放流增殖鱼类，其产量很高，价格昂贵。在人工增殖过程中需对幼苗进行培育和驯化，待达到一定规格后再放流，以提高其回归率。在其淡水驯化过程中主要投喂人工配合饲料。大麻哈鱼为鲑科冷水性鱼类，对饲料的质量要求较高，有的国家用虹鳟鱼饲料饲育大量的大麻哈鱼取得理想效果，但必须添加一些必要的添加物，大西洋鲑配合饲料见表7-21。

国外大量的实验报告指出，在9.4℃和16.3℃时，大麻哈鱼种的蛋白质需要量为43%（5%脂肪）和38%（10%脂肪）。也有报道大鳞大麻哈鱼的蛋白质需要量为40%（8.8℃）和50%（14.4℃）；银鲑（银大麻哈）蛋白质需要量为4%，红大麻哈鱼为55%。

大鳞大麻哈鱼10种必需氨基酸的需要量为：

精氨酸6.0%、组氨酸1.8%、异亮氨酸2.2%、亮氨酸3.9%、赖氨酸5.0%、蛋氨酸4.0%、苯丙氨酸5.1%、苏氨酸2.2%、色氨酸0.5%、缬氨酸2.2%。

大麻哈鱼的配合饲料因不同种类及不同发育阶段而异，另外，饲料的成型及颗粒大小也有差异。

在饲养银鲑至商品鱼时，为使肉质变红，需要在饲料中添加着色剂。着色剂多为虾类的甲壳素。

表7－21　大西洋鲑配合饲料　%

组成成分	配方1	配方2	配方3
鲱鱼粉：			
65%蛋白粉	–	–	50
67%蛋白粉	–	50	–
70%蛋白粉	50	–	–
豆粉	–	–	10
粮食粉带胶质	–	–	10
棉籽饼粉	10	15	–
血粉	5	10	–
磷虾粉	5	–	–
干酵母	5	–	5
干血浆	–	–	5
低质麦	7.8	12.2	7.4
鱼油	10	12	–
豆油	–	–	10
维生素及矿物质预混物	2.2	8.0	2.0

苏联渔业研究所为大西洋鲑幼鱼设计的饲料配方见表7－22。

表 7－22 大西洋鲑幼鱼鱼饲料配方 %

成分	组成
鱼粉	48.6
肉骨粉	5.0
血粉	5.0
小麦粉	1.0
藻粉	1.0
水解酵母	6.0
豆类残渣	16.0
鱼油	10.6
颜料	0.3
粗蛋白	458.7
粗脂肪	15.0
碳水化合物	13.7
其他	23.6

这种饲料，其养殖的经济效益较糊状饲料高 7 倍多，当年的幼鱼从 4—10 月，体重增长 66.78%，用 1 千克蛋白质可使鱼增重 411 克。

饲料颗粒的大小依鱼体的口径大小而定，约分为 5 个等级：0.2～0.4 毫米、0.4～0.8 毫米、0.8～1.4 毫米、1.4～2.4 毫米和 2.4～4.0 毫米。

银鲑的饲料配方及对维生素、矿物质需要量见表 7－23 至表 7－25。

表 7－23 银鲑配合饲料 %

原料	当年鱼	1 龄鱼	1.2 龄鱼
北洋鱼粉	61	46	54
脱脂大豆	5	12	5
脱脂乳粉	5	5	5
饲料酵母	3	3	3
小麦粉	22	29	29
维生素 B_1	2	2	2
维生素 B_2	2	2	2

续表

原料	当年鱼	1 龄鱼	1.2 龄鱼
水分	8.9	10.4	8.7
粗蛋白质	52.3	41.2	48.4
粗脂肪	4.5	5.9	6.2
粗灰分	12.6	9.2	12.3
粗纤维	1.1	2.3	1.4

表 7－24　银鲑维生素配方中（100 克中组成）

种类	含量
维生素 A	1 200 国际单位
维生素 D_3	240 国际单位
维生素 E	16 毫克
维生素 K_3	1.6 毫克
维生素 B_1	2.4 毫克
维生素 B_2	8.0 毫克
维生素 B_6	1.6 毫克
维生素 C	30 毫克
维生素 B_{12}	0.003 6 毫克
烟酸	32.0 毫克
泛酸钙	11.2 毫克
肌醇	160.0 毫克
生物素	0.24 毫克
叶酸	0.6 毫克
氯化胆碱	320 毫克
DABA	16 毫克

表 7－25　银鲑饲料每 100 克中矿物质添加剂配方　　毫克

名称	添加量
氯化钠	93.56
硫酸钠	143.86

续表

名称	添加量
磷酸钠	187.66
柠檬酸铁	63.86
磷酸钾	16.94
磷酸钙	292.04
乳酸钙	703.03
氯化铅	15
磷酸锌	300
硫酸锰	80
氯化铜	10
碘化钾	15
氯化钴	700

七、鳟鱼的配合饲料

鳟鱼为冷水性鱼类，也是世界性养殖鱼类。目前，世界上许多国家都在进行鳟鱼的养殖，养殖种类主要有虹鳟、硬头鳟、金鳟和经过改良的道纳尔逊优质虹鳟等。

虹鳟的人工驯化和养殖历史较早，而其饲料研究最早开始于1920年的美国。20世纪50年代初，美国已出现市售鳟鱼饲料，但因营养不完全，每周要补喂1~2次牛肝；其后，随虹鳟鱼养殖技术的推广，其饲料研究工作也不断深入，根据虹鳟的生理和生长特点，并结合饲料原料特点而研制出许多全价配合颗粒饲料，包括商品性饲料和实验用饲料。

大量的研究表明，虹鳟鱼对蛋白质的消化率很高，而且不受饲料中含量多少的限制，高质量的动物蛋白消化率可达90%以上。生产100克虹鳟需要消耗500~600克饲料粗蛋白。虹鳟需要氨基酸组成比较齐全的动物性蛋白。植物性蛋白由于缺乏赖氨酸、蛋氨酸等必需氨基酸，所以，使用时应补齐不足的氨基酸成分。因此，日本设计的饲料中蛋白质原料主要是鱼粉，而且大多使用高质量的鱼粉；而美国设计和生产的饲料中一般较少使用鱼粉，大多使用脱脂乳粉、棉籽粕、大豆粕、玉米酒糟干粉等。

鱼粉作为渔用配合饲料的原料是非常好的，实际上渔用饲料只要以适量的鱼粉、黏合剂、维生素、矿物质配合起来，就可以取得良好养殖效果。但由于优质鱼粉的减产和价格大幅度上涨，必须大力开发和利用鱼粉以外的蛋白质原料，以减少鱼粉的用量和降低饲料成本。鱼粉的种类和质量因使用的原料鱼和加工方法的不同差异很大。近年来的实验用沙丁鱼、青花鱼、花鲫鱼等红肉鱼类加工的鱼粉，但长期使用仍有因脂肪氧化而造成肝脏障碍的危险，质量上还有一些问题。

除鱼粉外，动物性蛋白原料还可用肉粉、肉骨粉。这些蛋白质原料虽不如鱼粉，但价格便宜。羽毛粉的粗蛋白含量高达85%，只要生产工艺合理，虹鳟鱼对其的利用率也很高，相当于鱼粉饲料价值的84%～90%，可以用其代替15%的鱼粉。鱼肝粉的适口性较好，但价格较高，一般只用于配制幼鱼的配合饲料，作为未知的生长因子源。

大豆粕是植物性蛋白质原料中氨基酸组成最好的原料。目前市场上销售的大豆粕作为鱼类的饲料原料需作进一步处理，其蛋白质对虹鳟鱼的饲料效价仅为鱼粉的56%～69%。经过适当加热处理的大豆粕，可以配合得较多一些，若添加一些合成氨基酸，大豆粕的配合率可提高到20%～30%，而且饲料效率会提高很多。玉米蛋白粉中氨基酸组成中赖氨酸少，亮氨酸多，只能代替10%～20%的鱼粉，但这样比单独使用鱼粉的养殖效果好。因为这种原料的适口性低，若配合较多，鳟鱼的摄食量会下降。脱脂小麦胚芽蛋白质中氨基酸组成对虹鳟比较适宜，是蛋白质价值高而又适口的原料，但粗蛋白质的含量较低，仅为32%，而且产量少，不能大量使用。美国在鳟鱼饲料中使用棉籽粕及花生饼粕，按日本的《饲料安全法》，这种油料饼粕在鱼类饲料中禁止使用。另外，芝麻油粕的蛋白质对于虹鳟的饲料价值低；亚麻油粕含有不利于鱼类生长的物质，不能用于鱼类饲料。

通过研究得知，虹鳟鱼饲料中的蛋白质与脂肪应该有一个适当比例。用酪蛋作蛋白质原料，用混合油（大豆油、鳕鱼肝油以3∶2的比例混合）作为脂肪时，饲料中含35%的蛋白质和18%脂肪较为合适；用鱼粉和鳕鱼肝油分别作为蛋白质和脂肪原料时，饲料中蛋白质和脂肪含量都高，可以提高鳟鱼的日增重量和饲料效率。

一般认为脂肪消化率是85%，配合饲料中要含有必需脂肪酸。现已查明，ω3脂肪酸是必需脂肪酸。饲料中加0.5%的C20∶5ω3、0.3%的C22∶6ω3和1%的C18∶3ω3效果最佳。配合饲料中脂肪含量不应过高，否则会导致脂肪在鱼体内的积累。通常配合饲料中脂肪的适宜含量为6%～10%，最高不超过15%～20%。脂肪酸败会产生许多有毒物质，对鱼体危害很大。所以，在饲料保存时应添加抗氧化剂。

虹鳟鱼消化碳水化合物的能力不如蛋白质，而且碳链越长消化率越低。虹鳟只能消化少量的纤维素，饲料中纤维素太多会影响对蛋白质的利用率。一般认为碳水化合物的可消化率为40%；长时间投喂碳水化合物含量高的饲料，糖原在肝脏内积累，导致高糖原肝脏，病鱼肝肿大、体色变淡而最终死亡。

在维生素需要量和添加量研究方面已做了许多工作，但因其较复杂而至今研究得不是很清楚。日本和苏联养鳟用配合饲料中维生素的含量比较接近。

有研究和计算得出：虹鳟实际从饲料中吸收15%的磷、5%的钾、7%的镁、72%的锌、28%的铜、7%的锰、1%的铁。含有鱼粉的干饲料中，粗灰分含量达10%以上时，能够满足鱼类的需要。饲料中不宜含大量的氯化钠，尤其是虹鳟稚鱼用饲料中，氯化钠含量不宜超过1%。若使用单一饲料，添加一些微量元素是必要的，如钴、锰、锌、铜等。目前使用的各种商品颗粒饲料中都添加混合无机盐类1%左右（表7－26至表7－29）。

表7－26　美国鳟鱼的配合饲料　　%

原料	配方1	配方2	配方3
鱼粉	38.0	24.0	24.0
骨粉	5.0	5.0	5.0
脱脂乳粉	5.5	1.5	3.5
棉籽粕	15.0	15.0	5.0
尾粉	22.0	19.0	7.0
啤酒酵母	10.0	10.0	10.0
玉米酒糟干粉	–	21.0	21.0
纤维素粉末	–	–	20.0
维生素添加剂	1.5	1.5	1.5
维生素AD油	3.0	3.0	3.0

其中维生素添加剂的组成为：维生素B_1为10克、B_2为33克、B_6为10克、烟酸150克、泛酸55克、肌醇250克、生物素2克、叶酸2.8克、对氨基苯甲酸70克、氯化胆碱1 500克、维生素C为170克、维生素E为75克、维生素K为310克、脱脂乳粉10磅。

表7－27　鳟鱼的配合饲料　　%

（日本长野县水产指导所）

原料	幼鱼前期用（碎粒）		幼鱼后期用（碎粒）		养成鱼用（粒状）				亲鱼（粒状）	
	配方1	配方2	配方3	配方4	配方5	配方6	配方7	配方8	配方9	配方10
鱼粉	66	62	63	57	58	53	47	42	58	58
肉骨粉	–	–	–	–	–	2	2	–	–	–
鱼肝粉	–	2	–	–	–	–	–	–	–	–
脱脂乳粉	4	4	2	–	–	–	–	–	–	–
羽毛粉	–	–	–	–	–	–	–	10	–	–
大豆油粕（CP45%）	–	–	–	–	4	5	5	–	–	–

续表

原料	幼鱼前期用（碎粒）		幼鱼后期用（碎粒）		养成鱼用（粒状）				亲鱼（粒状）	
	配方1	配方2	配方3	配方4	配方5	配方6	配方7	配方8	配方9	配方10
大豆粉粕（CP50%）	–	–	3	5	–	–	–	–	–	–
玉米蛋白粉	2	3	–	4	–	3	7	7	–	–
生膜菌	2	2	3	3	2	2	2	2	5	5
脱脂小麦胚芽	–	3	–	3	–	–	3	5	–	–
尾粉	22.5	20.5	26.1	25.1	33.7	32.7	31.7	31.7	34.7	33.5
维生素添加剂	2	2	1.5	1.5	1	1	1	1	1	2
氯化胆碱（50%）	0.5	0.5	0.4	0.4	0.3	0.3	0.3	0.3	0.3	0.5
矿物质添加剂	1	1	1	1	1	1	1	1	1	1

表7－28　鳟鱼饲料维生素预混添加剂　%

维生素	Halver 配方	日本长野水产指导所		鳟鱼用（调整用）
		养成用	亲鱼用	
维生素 B_1	0.12	0.10	0.10	0.12
维生素 B_2	0.40	0.30	0.80	0.40
维生素 B_6	0.08	0.07	0.15	0.12
烟酸	1.60	1.00	1.00	1.00
D－泛酸钙	0.56	0.40	1.00	0.50
肌醇	8.00	1.00	1.00	4.00
生物素（2%）	0.60	0.25	0.25	0.15
叶酸	0.03	0.03	0.03	0.03
维生素 B_{12}	0.18	0.15	0.20	0.20
对氨苯甲酸	0.80	0.70	0.70	–
氯化胆碱（50%）	32.00	7.00	14.00	后添加
维生素C钙盐	4.00	1.00	1.25	3.00
维生素A、D（维生素A 50万国际单位/克，维生素 D_3 10万国际单位/克）	0.08	0.10	0.16	0.20

续表

维生素	Halver	日本长野水产指导所		鳟鱼用
	配方	养成用	亲鱼用	（调整用）
维生素 E（50%）	1.60	0.60	3.20	2.00
维生素 K_3	0.08	0.01	0.01	0.10
小麦粉	49.87	87.29	76.15	88.18

表 7－29 法国虹鳟鱼对每千克饲料中维生素要求量与维生素混合配方

维生素	需求量	含量
维生素 A（国际单位）	15 000	165 200
维生素 D_3（国际单位）	1 500	11 000
维生素 E（国际单位）	50～100	6 600
维生素 K（毫克）	8	0.275
维生素 B_1（毫克）	20	1.1
维生素 B_2（毫克）	30	1.32
维生素 pp（毫克）	180	13.76
泛酸钙（毫克）	50	1.98
维生素 p_6（毫克）	20	1.1
维生素 B_{12}（毫克）	0.05	0.000 53
叶酸（毫克）	10	0.22
生物素（毫克）	1.5	0.011
胆碱（毫克）	1 800	8.8
维生素 C（毫克）	500	11.0
肌醇（毫克）	1 000	1.32

鳟鱼饲料中矿物质预混合添加剂的配方配合率为：食盐 65.6%、硫酸镁（$7H_2O$）30.0%、硫酸亚铁（H_2O）3.0%、硫酸铜（$5H_2O$）0.3%、碳酸锌 0.6%、硫酸锰（H_2O）0.43%、硫酸钴 0.05%、碘酸钙 0.02%（表 7－30）。

表 7－30 矿物质混合配方 毫克

矿物质	含量	
	在饲料中的含量为 1%	在饲料中的含量为 4%
氯化钠	4.35	17.40
硫酸镁	13.70	54.80
磷酸氢二钠	8.72	34.90

续表

矿物质	含量	
	在饲料中的含量为1%	在饲料中的含量为4%
磷酸钾	23.98	95.90
磷酸钙或磷酸二氢钙	13.58	54.36
柠檬酸铁	2.97	11.90
乳酸钙	32.70	130.80
氯化铝	0.015	0.06
硫酸锌	0.300	1.20
氯化铜	0.010	0.04
硫酸锰	0.08	0.32
碘化钾	0.015	0.06
氯化钴	0.10	0.40

美国的另一种鳟鱼用饲料配方为：鱼粉最低35%、小麦制品11.825%、黄豆粉35%、维生素混合物1.5%、复合矿物质0.1%、氯化胆碱（70%）0.5%、维生素C0.075%、鱼油9%、硫酸木质素黏合剂2%。

八、香鱼的配合饲料

香鱼的人工养殖是从20世纪60年代初开始的。最早市售的香鱼配合饲料出现于1963年。初期的人工配合饲料是添加了活性物质的软块状，大体上可分为两种：一种是用20%左右的黏合剂将活饵黏合起来的营养价值较高的饲料；另一种是用50%左右的黏合剂将活饵黏合起来的补给营养饲料。目前这两种饲料已基本不用。

香鱼为名贵鱼类，一年生，个体较小，所需的饲料颗粒也较小，一般为直径0.2~0.4毫米。因此，初期的固态饵料多为碎粒状或颗粒状。这种饲料也可作为其他鱼类幼鱼的饲料，如高白鲑、楚德白鲑幼鱼等，成活率和生长效果也都较好。

香鱼以夏季为主要生长期，在短期内的生长速度很快，当年即可达到商品规格。所以，对饲料的要求较为严格。在自然条件下，香鱼主要摄食附着硅藻类和蓝藻类，这些食物中含有丰富的优质蛋白质、脂肪和维生素类，所以养殖用的人工配合饲料应以优质高蛋白原料为宜，目前已确定的蛋白质含量为45%左右。

目前，香鱼养殖用的配合饲料几乎都是碎粒状，主要成分为北洋鱼粉。在植物性蛋白源中，多选用豆饼、酵母、脱脂小麦胚芽、麦麸等。但大豆饼在配合饲料中所占比例不能超过10%~15%，过高则生长率会下降；脱脂小麦胚芽对香鱼来说是较好的植物性蛋白源，用等量的鱼粉与脱脂小麦胚芽配合后养殖香鱼，其效果较好；小麦谷朊也是较好的原料，但其价格太高；此外，啤酒酵母和生膜菌也可使用。

作为碎粒状饲料的黏合剂，可以选用小麦粉和次粉，用量在20%左右。香鱼对碳水化合物的利用率较低，若使用25%以上的α-化淀粉会引起代谢障碍。

由于配合饲料中所含脂肪较少，故应在饲料投喂前多添加一些饲料用油脂。所添加的油脂可作为能量来源而被香鱼利用，同时还可起到诱食作用。若油脂的添加量过大，则油脂会作为剩余的能量合成鱼体脂肪，造成鱼体中脂肪过多。日本的研究结果认为，最佳的添加量为20%以内。

香鱼对维生素 B_1、维生素 B_2、维生素 B_6 和泛酸钙的需要量分别为3.5毫克/千克、1.5毫克/千克、8.5毫克/千克和12毫克/千克。香鱼不会患维生素 B_{12}、烟酸、叶酸和生物素缺乏症。

对香鱼所需矿物质的量，目前的研究还不够充分，不过，采用鳟鱼用饲料添加剂配方不会引起缺乏症（表7-31）。

表7-31 香鱼配合饲料 %

原料	开口饲料		幼鱼饲料		成鱼饲料		亲鱼饲料	
	配方1	配方2	配方3	配方4	配方5	配方6	配方7	配方8
鱼粉	63	57	62	57	56	52	50	45
脱脂乳粉	3	4	–	–	–	–	–	–
大豆饼粕（CP50%）	–	–	5	6	7	8	8	13
啤酒酵母	4	5	4	5	–	–	–	–
生膜菌	–	–	–	–	3	4	–	2
脱脂小麦胚芽	4	7	3	6	–	4	–	–
小麦蛋白粉	–	3	–	2	2	3	2	3
小麦粉	–	–	–	–	–	–	26	26
次粉	22.5	20.5	23.1	21.1	29.7	26.7	11.3	8.3
维生素	2	2	1.5	1.5	1	1	1	1
氯化胆碱（50%）	0.5	0.5	0.4	0.3	0.3	0.3	0.3	0.3
矿物质	1	1	1	1	1	1	1	1
聚丙烯酸钠	–	–	–	–	–	–	0.4	0.4
马铃薯淀粉	3	3	–	–	–	–	–	–

注：马铃薯淀粉为补加。

因香鱼为小型鱼类，就其食性而言，此鱼对颗粒饲料并不咬碎，而是整粒吞下，类似滤食浮游生物，所以，饲料颗粒不能太大，应以能吞食即可，并使饲料在水中有良好的稳定性。一般体重 10 克以下的个体，使用幼鱼用饲料，将直径 0.3～0.8 毫米的颗粒粉碎成 2～3 种规格后即可使用。养成用的颗粒大小为 3～4 种规格（表 7－32）。

表 7－32　实验用香鱼配合饲料　　%

原料	配方 1	配方 2	配方 3	配方 4	配方 5	配方 6
北洋鱼粉	62	62	62	50	50	50
面粉	20	20	20	20	20	20
淀粉	14	9	0	25	20	20
维生素	1	1	1	1	1	1
矿物质		1	1	1	1	1
纤维素	0	3	8	1	4	10
油脂	2	4	8	2	4	8
水分	6.4	6.0	4.4	7.0	6.4	5.2
粗蛋白质	45.2	45.0	43.4	35.2	36.6	36.2
粗脂肪	7.1	8.8	12.5	5.8	7.8	11.6
粗灰分	11.6	11.3	11.7	9.3	9.4	9.4
碳水化合物	29.3	26.4	25.3	42.5	38.1	30.1

九、鲕鱼的配合饲料

鲕鱼的配合饲料是从 20 世纪 50 年代后期开始研制的，但到目前为止，在适口性、消化生理等方面还有许多问题没有解决，即使是开展工作最早的日本，目前也仍是用冻鱼块加添加剂的方式投喂。

目前养殖的鲕鱼主要有黄条鲕、紫鲕、高体鲕等。虽然这几种鱼的营养生理不尽相同，但总体上，如果把混饲料与活饵料都换算为干物质，投喂 1∶1～4∶1 的混合饲料，就可以取得与活饵相同的效果。但调制这种饲料很费工时。

此鱼不喜摄食固态颗粒饲料，体重 5～30 克的幼鱼，可以摄食在水里泡软的颗粒饲料，长大后，其对人工饲料的摄入量反而减少。长期投喂活食的鲕鱼几乎不摄食颗粒饲料，因此，颗粒饲料的实用研究进展很慢。多孔浮性颗粒饲料在投喂前加水和油浸泡，其适口性较好，这可能是今后的研究之路。表 7－33 中所介绍的是幼鱼用、养成用块状和多孔浮性饲料的配合设计。鲕鱼配合饲料使用的蛋白质原料与真鲷大体相同。研究认为。鲕鱼饲料的蛋白质含量为 40%、脂肪含量为 20% 时，蛋白质和脂肪的利用效果并不理想；而将蛋白质含量调整为 55%、脂肪含量为 17% 时，效果较好。软块性饲料必须配合 25%～30% 的小麦粉作黏合剂，小麦粉中谷朊含量要高，因此，要求饲料中蛋白质含量达到50%以上是较困难的，一般只能达到47%。

鰤鱼对α－化的淀粉的消化利用率较低，如果投喂了配合24%的α－化淀粉的饲料，生长速度会减弱，因此，黏合剂只能使用普通的小麦粉。使用20%活性的小麦谷朊作为黏合剂的软块状饲料和颗粒饲料可以单独投喂，效果较好。

多孔性的浮性饲料的加工方法与其他鱼类相同。因为浮性饲料是单独投喂的，所以，要求蛋白质含量要提高到50%以上。从鰤鱼的消化生理看，饵料淀粉少，饲料多孔为好。淀粉原料可以选用马铃薯淀粉、木薯淀粉、玉米淀粉。木薯淀粉较便宜，配合比例15%较好。

鰤鱼需要全部对氨基苯甲酸以外的水溶性维生素，但目前对各种维生素的具体需要量还未研究清楚，目前使用鳟鱼用维生素预混料并未发现异常。

鰤鱼对矿物质的需要量的研究不多，目前只是用真鲷用的矿物质添加剂预混料（表7－33）。

表7－33　鰤鱼的配合饲料　%

原料	幼鱼用软块状饲料		养成用软块状饲料		多孔浮性饲料	
	配方1	配方2	配方3	配方4	配方5	配方6
鱼粉	62	57	56	51	70	60
肉骨粉	2	3	3	5	–	–
大豆油粕（CP45%）	–	–	5	7	4.1	8.1
玉米蛋白粉	3	7	3	6	3	7
小麦蛋白粉	–	–	–	–	5	7
生膜菌	2	2	2	3	–	–
小麦粉	21.2	27.2	28.4	25.4	–	–
木薯淀粉	0	0	0	0	15	15
维生素添加剂	2	2	1	1	1.5	1.5
氯化胆碱（50%）	0.5	0.5	0.3	0.3	0.4	0.4
矿物质添加剂	1	1	1	1	1	1
聚丙烯酸钠	0.3	0.3	0.3	0.3	–	–

十、真鲷的配合饲料

真鲷和黑鲷的养殖早在20世纪60年代既已开始，目前养殖的鲷类种类已有很多，有真鲷、黑鲷、黄鳍鲷、平鲷、红鲷以及黄鲷等，但真正达到全人工养殖技术水平的只有真鲷和黑鲷两种。

真鲷又称加吉鱼，其养殖业是从20世纪60年代开始的。真鲷不能整个吞食饲料，要一点一点地吃，即使是活的饵料也要调制成馅状长时间少量投喂。配合的软颗粒、块状饲料与活性饵料混合使用时也要加工成碎料。真鲷对加工为馅状的饵料较适应，也能较好地摄取固态饲料，因此，配合饲料的普及应用较快。

真鲷的饲料有单独投喂的高蛋白质饲料和与洗性饵料混合投喂的低蛋白质饲料。软块状饲料有以补充营养成分为主的高蛋白质软块状和以补充维生素为主的低蛋白质软块状两种。酪蛋白配制的饲料蛋白质含量高达55%以上。用蛋白质含量高的饲料养殖真鲷，随蛋白质含量的增加，鱼的生长速度加快，但蛋白质含量至少应在45%以上（见表7－34）。

真鲷饲料的动物性蛋白源以鱼粉为主，也可以使用肉骨粉、肉粉、玉米蛋白、酵母及大豆油粕等。脱脂小麦胚芽也是优质的蛋白原料。海虾粉的适口性较好，若用20%的脱脂小麦胚芽和5%的海虾粉制成配合饲料，能有效地促进真鲷的生长，但价格较高。

α－化大麦作为碳水化合物，可以配合到30%左右。作为颗粒饲料黏合剂，一般使用次粉、小麦粉，而不用α－化淀粉。

同其他鱼类一样，若在投喂前添加5%～8%的油脂，可以提高饲料效率。

在真鲷对维生素的需要量还没有完全研究清楚。日本的研究表明：投喂缺乏维生素和对氨基苯甲酸的饲料时，并不会产生明显的缺乏症；但对其他水溶性的维生素是必需的；肌醇的需要量较多，在含10%葡萄糖的饲料中，每千克饲料中需添加维生素55～90克肌醇。其他的维生素可用虹鳟或鳗鱼用维生素预添加剂混料。

在真鲷的饲料中不需要添加钠、钾、钙、镁，而要求添加磷的含量为68毫克/千克，且钙磷比为1∶2；铁的含量为15毫克/千克。

为使真鲷的体色鲜艳，提高其商品价值，可使用嘌呤及其近缘物质，或用小虾、海虾及鲜活饵料混合使用。高蛋白质软块状饲料与鲜活饵料等量或2倍量使用均可。低蛋白质软块状饲料，若是补充维生素的，其用量为鲜活饵料的1/5～1/2。幼鱼用碎粒饲料，将直径为1.5～2.5毫米大小的颗粒分成两种规格；养成用颗粒饲料应将直径1.5～9毫米的饲料分成4种规格。

表7－34　真鲷的配合饲料　%

原料	幼鱼用饲料			养成用饲料			养成用饲料		低蛋白质强化维生素			
	碎粒状			颗粒状			软块状		颗粒状		软块状	
	配方1	配方2	配方3	配方4	配方5	配方6	配方7	配方8	配方9	配方10	配方11	配方12
鱼粉	70	60	51	65	55	43	65	55	45	35	38	29
肉骨粉	–	–	–	–	–	–	–	–	–	2	–	–
海虾粉	–	–	20	–	–	25	–	–	–	–	–	–

续表

原料	幼鱼用饲料			养成用饲料			养成用饲料		低蛋白质强化维生素			
	碎粒状			颗粒状			软块状		颗粒状		软块状	
	配方1	配方2	配方3	配方4	配方5	配方6	配方7	配方8	配方9	配方10	配方11	配方12
大豆油粕（CP45%）	–	–	–	–	–	–	–	–	3	13	13	22
大豆油粕（CP50%）	–	2	–	–	7	2	–	6	–	–	–	–
玉米蛋白粉	–	7	3	3	8	3	3	8	3	5	3	6
生膜菌	2	3	–	3	3	–	3	3	2	3	3	5
小麦粉	–	–	–	–	–	–	25.8	24.8	–	–	39.1	34.1
次粉	24.5	24.5	22.5	26.6	24.7	24.7	–	–	33.7	31.7	–	–
米糠油粕	–	–	–	–	–	–	–	–	10	7	–	–
维生素添加剂	2	2	2	1	1	1	1.5	1.5	2	2	2	2
氯化胆碱（50%）	0.5	0.5	0.5	0.3	0.3	0.3	0.4	0.4	0.3	0.3	0.5	0.5
矿物质添加剂	1	1	1	1	1	1	1	1	1	1	1	1
聚丙烯酸钠	–	–	–	–	–	–	0.3	0.3	–	–	0.4	0.4

下一节中鲈鱼用的某些配方也可用于养殖鲷鱼，具体见相关说明。

十一、石斑鱼与鲈鱼的配合饲料

目前，世界各国养殖的石斑鱼有赤点石斑鱼、青石斑鱼和纵带石斑鱼3种。而养殖的鲈鱼种类较多，有尖吻鲈、鲈鱼、金鲈（黄鲈）、银鲈（白鲈）、条纹鲈、芝麻鲈、大口黑鲈等。这些鱼类的养殖技术研究起步晚，大多数种类还未实现完全养殖，商业性产量也不大，其营养与饲料的研究工作也有待于进一步深入研究。

上述鱼类大多数为暖水性鱼类，且多为肉食性鱼类。其中，海水性的种类对蛋白质的需求量较大，海上养殖常利用野杂鱼作食物。在平衡饲料中，将杂鱼与其他成分的干混合物同时利用，效果也很好。

表7－35中两种混合物中的干成分都应先研细，然后混合均匀。

表7－35　鲈鱼和石斑鱼用俄勒冈型湿颗粒饲料　%

成分		苗种用混合物1	养成用混合物2
干混合物组成	花生饼粉	15.0	20.0
	抽油豆粉	15.0	20.0
	米糠	33.6	43.6
	酵母（饲料级）	6.0	6.0
	鱼粉（CP55%）	30.0	10.0
	维生素预混物	0.4	0.4
	合计	100.0	100.0
全价湿饲料组成	干混合物1	50	-
	干混合物2	-	50
	杂鱼	35	35
	鲜动物血	15	15
	总计	100.0	100.0
	蛋白质含量	45	40
	水分含水量	35	35

每千克维生素预混物中含有盐酸硫氨素2.0毫克、核黄素3.0毫克、泛酸钙6.0毫克、尼克酸胺12.0毫克、盐酸吡哆醇2.0毫克、叶酸0.5毫克、氯化胆碱60.0毫克、生物素0.2毫克、维生素B_{12}0.1毫克、抗坏血酸50毫克、维生素A500国际单位、维生素D_3 25国际单位、维生素E 20国际单位、维生素K 0.5毫克。

每千克饲料中各种成分均应掺混均匀，并用绞肉机充分挤压，第2次或第3次挤压出来的颗粒要均匀；另外，颗粒饲料要经过加热处理，并冷藏贮存（表7－36）。

表7－36　鲈鱼和石斑鱼的湿性饲料　%

成分	苗种用	养成用
粗棕榈油	5.0	5.0
鱼粉（CP55%）	44.0	30.0
抽油豆粉	9.0	13.0
酵母（饲料级）	1.0	1.0
维生素预混料	0.6	0.6
鲜动物血	35.0	35.0
花生饼粕	20.0	20.0
米糠	24.4	35.4

续表

成分	苗种用	养成用
合计	140	140
蛋白质含量	45	40

表7－37中每种饲料的各种干成分送加工厂细粉碎。杂鱼在冷冻量用0.5马力[①]的绞肉机绞碎，模孔为4毫米。配制程序为：按适当比例称重干成分、维生素混合物及杂鱼，然后用勺将塑料桶内的各种成分混合成团块状物。将团块状物再次通过绞肉机，可以使之进一步混合。为方便起见，将人日用量的复合维生素绞碎后加入制成的饲料中。含杂鱼的湿性颗粒饲料，每千克中应补充维生素量如下：

维生素A 4 000国际单位、维生素D_3 750国际单位、盐酸硫氨素2.5毫克、核黄素12.5毫克、泛酸钙40.0毫克、尼克酸30.0毫克、肌醇40.0毫克、吡哆醇4.0毫克、生物素0.002 5毫克、抗坏血酸50毫克、维生素E 25毫克。

表7－37　鲈鱼和鲤鱼用湿颗粒饲料　%

成分	配方1	配方2
杂鱼	55	55
麦麸	45	22.5
抽油豆粉	－	22.5
补充物	2	2
配制的数量（千克）	0.9	0.9
预计含水时（%）	48.5	48.5
预计的蛋白质含量（%，按干重计）	30	42

这些饲料可在各个方面满足尖吻鲈、鲷、鲻、鲤鱼的营养需要。蛋白质含量比较高的饲料适合各种肉食性鱼类及鲻、鲤鱼的苗种需要。

十二、鲮鱼的配合饲料

鲮鱼也是一种较好的养殖种类。目前我国养殖的鲮鱼有本土生长的（广东）鲮鱼和引进种的露斯塔野鲮；国外养殖的还有印度野鲮（*Labeo rohita*）和印度鲮（*Cirrhinus mrigala*）。

这些鲮鱼均为杂食性鱼类，其营养需要与鲤鱼大体相同，在自然的池塘条件下主要摄食藻类、浮游生物、有机碎屑及底栖生物，印度野鲮的实验用饲料配方见表

① 马力：功率的非法定计量单位，1马力约合735瓦。

7－38。在人工养殖条件下可完全摄食人工配合饲料。

表 7－38　印度野鲮的实验用饲配配方　%

成分	配方 1	配方 2	配方 3	配方 4	配方 5
花生油饼	60	－	58	33	－
芝麻油饼	－	78	－	33	77
麦麸	38	20	－	－	－
米糠	－	－	40	32	21
磷酸二氢钙	1.5	1.5	1.5	1.5	1.5
食盐	0.3	0.3	0.3	0.3	0.3
微量矿物质混合物	0.1	0.1	0.1	0.1	0.1
维生素混合物	0.1	0.1	0.1	0.1	0.1
化学成分					
粗蛋白（%）	29.3	27.9	29.2	28.6	27.9
可消化能（大卡/克）	2.93	3.0	2.72	2.80	2.90
赖氨酸（%）	0.88	0.61	1.0	0.91	0.71
蛋氨酸＋胱氨酸（%）	0.77	1.18	0.77	0.95	1.18

上述配方中的饲料应按要求制成颗粒饲料，微量矿物质成分及含量情况如下：

$CuSO_4 \cdot 5H_2O$　　Cu 10 克/吨

$FeSO_4 \cdot 7H_2O$　　Fe 100 克/吨

$MnSO_4 \cdot H_2O$　　Mn 50 克/吨

ZnO　　Zn 50 克/吨

$CoCL_2 \cdot 6H_2O$　　Co 0.05 克/吨

KI　　I 0.1 克/吨

$CaHPO_4$

每千克饲料中维生素的含量分别为：维生素 A 5 000 国际单位、维生素 D 600 国际单位、硫胺素 10 毫克、核黄素 20 毫克、泛酸 30 毫克、尼克酸 50 毫克、抗坏血酸 200 毫克。

十三、对虾类的配合饲料

对虾营养丰富，经济价值较高，是世界性畅销水产品之一。目前，许多国家都在进行对虾的人工养殖，如日本、美国、泰国、印度尼西亚、印度等。其养殖产量连年上升，1995 年前后世界养殖总产量约为 70 万～80 万吨，到 2000 年世界养殖总产量约为 100 万～120 万吨，目前的总产量约为 150 万～170 万吨。随着对虾养殖产量的提高，其饲料供应已成为养殖业发展的限制因素之一，因此，从20世纪60年代起，许多国家都已开始致力于对虾饲料的研究工作，并取得长足进展。

日本的对虾配合饲料研究从1969年开始，1971年起在商品虾的养殖中应用，其后配合饲料的生产和应用规模连年扩大，现已走上商业化发展轨道。

目前，全世界养殖的对虾品种较多，具体有中国对虾、日本对虾（车虾、沙虾）、斑节对虾（草虾、虎虾、竹节虾）、宽沟对虾、短沟对虾、长毛对虾、新对虾、褐对虾、凡纳滨对虾、印度对虾、加州对虾、蓝对虾、红对虾、桃红对虾（桃花虾）等。

人工养殖的对虾常以天然饵料为主，如鱼、贝类、杂虾等；新鲜的饲料对对虾有引诱作用，特别是在低温条件下。随着人工配合饲料研究的不断深入，一些高效、精致的配合饲料相继生产和应用，并逐步取代了天然饵料。

配合饲料中蛋白质的含量视不同对虾种类而异，据报道，白对虾、褐对虾、印度对虾所需的饲料蛋白质含量为40%以上，日本对虾则需50%以上。日本专家的研究发现，日本对虾摄食蛋白质含量52%的饲料，其体重增长百分比最高；若高于或低于52%，则生长速度都会下降，从而认为日本对虾所需饲料蛋白质含量为52%~57%。

对虾的饲料原料，多以动物性蛋白原料为主，如虾粉、乌贼粉、鱼粉、脱脂乳粉、血粉等。植物性的蛋白也可以利用，但其中的氨基酸组成不如动物性蛋白源，特别是蛋氨酸和赖氨酸。但最近的资料报道，由于大豆粕中含有对虾所必需的氨基酸，又有较高的蛋白质含量及其他成分，所以大豆粕作为植物性蛋白源在配合饲料中的应用日益受到重视。

对虾配合饲料的形态，以往都是将粉末制成钓饵，目前几乎都是直径2毫米，长若干厘米的颗粒。

配合饲料中成分的含量也是衡量其质量的指标之一。脂肪对对虾有显著的增重作用。因此，在对虾用配合饲料中含有某些不饱和脂肪酸比含有一定量的脂肪更为重要，这种脂肪酸成为必需脂肪酸。日本用鳕鱼肝油和大豆油从1:1的比例混合后，在配合饲料中添加6%，结果达到了促进对虾生长和增重的效果。

由于对虾为甲壳类动物，所以，甾类激素对于对虾的虾体蜕皮是必需的。

日本的专家还指出，蛤仔提取物中的牛磺酸和甘氨酸具有促进对虾摄食的作用，使对虾体色鲜艳，饲料中添加类胡萝卜素，可在虾体内转化为虾黄素；虾类和磷虾类都是优良的类胡萝卜素来源。一般投喂后4周内可见到色泽的改善，8周达到最大值。

对虾饵料在物理上要求投喂后很快下沉，在水中不被泡散。为防止投饲后营养成分的溶失，同时又便于摄食和保持形状不变，要选用黏合剂进行黏合。对虾的冻状饲料以琼胶为好，糊状饲料以羧甲基纤维素、天然胶、多糖类等为好，干燥固形饲料以聚乙烯醇，丙二醇、多糖类、酪蛋白为好。此外，还有明胶、α淀粉、褐藻酸钠等。相对而言，在生产中以干燥的固形饲料较适用；作为固形饲料的黏合剂，以小麦谷朊和蛋白朊最好，其既是蛋白质又是黏合剂，但成本会较高。

日本的金泽昭夫研制喂养对虾幼体的几种微粒饲料，其配合饲料成分以克/100饲料计为：葡萄糖5.5克、蔗糖10克、α－淀粉4.0克、葡萄糖胺—HCL 0.8克、酪蛋白50克、鳕鱼肝油6.0克、胆甾醇1.0克、柠檬酸钠0.3克、琥珀酸钠0.3克、无机物8.52克、维生素3.2克、纤维素粉末7.36克、琼脂3.0克、还有糠虾提取液；将饲料或糠虾提取液中添加2克鸡蛋（干重1.34克）作为全蛋加蒸馏水（1:1，v/v）的均浆（20毫克），并用胶囊包起来，制成直径小于10～20微米的饲料。这种饲料使对虾幼体长到仔虾，其成活率较高。这表明，用含有常用所有已知成分的微粒饲料饲育日本对虾幼体从溞状幼体到仔虾获得成功。平田也指出：对虾溞状幼体使用硅藻和豆饼混合饲料，可以提高生长速度（表7－39至表7－42）。

表7－39 对虾饲料 %

原料/配方	1	2	3	4
乌贼粉	38.0	30.0	40.0	43.2
乌贼肝		13.9		
鱼粉		30.0		
虾粉	10.0		3.0	13.8
鲸粉			15.0	
活性污泥	7.5		3.0	4.6
酵母	27.5		4.0	18.4
大豆蛋白质			12.0	
谷朊			3.0	2.7
α淀粉		12.18		
胆固醇				1.0
精氨酸		0.77		
维生素		4.8	5.0	2.7
矿物质	17.0		14.0	12.6
其他		8.35	1.0	1.0

表 7-40　对虾实验饲料的配方设计　%

金泽的设计		弟子丸的设计	
原料/配方	1	原料/配方	2
精致大豆蛋白质	45.5	酪蛋白	54.0
淀粉	4.0	蛋青	8.0
葡萄糖	5.0	鳕鱼肝油	3.0
砂糖	10.0	大豆油	3.3
甲壳质	4.0	糖朊	6.0
葡萄糖胺	1.5	矿物质	19.5
纤维素	4.0	维生素	4.0
大豆油	8.0	胆固醇	0.7
矿物质	7.7	葡萄糖胺	0.5
维生素	2.6	甜菜碱	0.5
琼脂	5.0	其他	2.5
其他	2.2		
水	100 毫升		

表 7-41　对虾用配合饲料中维生素含量　单位：毫克/千克

种类	编号				
	1	2	3	4	5
A（国际单位/千克）		40 000	6 614		8 818
B-胡萝卜素	48			33	
D（国际单位/千克）	24 000	25 000	1 323	20 000	2 205
E（国际单位/千克）	110	275	295.4	362	8.3
K（国际单位/千克）	20	25	3.54	33	1.2
C（国际单位/千克）	20 000	4 512	530	6 220	
B_1 盐酸盐	20	50	444	50	2.2
烟酸	200	750	109.5	658	33.1
泛酸钙	300	500	101.7	247	8.1
B_6 盐酸盐	60	100	10.4	50	
叶酸	4	30	4.2	1.2	0.33

续表

种类	编号				
	1	2	3	4	5
B_{12}	0.4	0.1	0.04	0.3	0.01
氯化胆碱	30 000	2 500	4 002	6 577	440.9
生物素（H）	2	10	0.35	5	
肌醇	2 000	2 000	552	3 288	
B_2	40	400	31.5	164	4.4
对氨基苯甲酸	50	400		329	200

表 7-42　对虾配合饲料中无机盐和微量元素含量

种类	编号				
	1	2	3	4	5
钙（克/100 克）（干饵）	1.366	0.679	0.655	0.264	
磷	0.832	0.239	0.514	0.206	
钾	1.417	0.244	0.919	0.368	
镁	0.230		0.150	0.060	
钠					0.157
氯	0.344		0.270	0.107	0.243
硫	0.951		0.594	0.237	
铁（毫克/千克）（干饵）	216.6		240.0	96.4	19.8
铜					2.0
锌					44.1
锰	30.5		19.3	7.9	60.0
钴					0.2
碘					0.2
钙磷比	1.61	2.54	1.28	1.28	

下面介绍一组近年来世界各国以黄豆粉代替鱼粉而进行对虾养殖实验的饲料设计情况。这些配方是为开辟养殖对虾用植物蛋白源而设计的，并经实验证明效果较好（表7-43）。

表7-43 实验饲料的原料组成和化学成分

（美国德州农工大学） %

原料	蛋白含量：25%				蛋白含量：35%			
	1	2	3	4	5	6	7	8
黄豆粉	15.0	30.0	45.0	52.7	30.0	45.0	60.0	74.6
虾粉	15.8	9.6	3.3		18.7	12.4	6.1	
生鱼粉	15.8	9.6	3.3		18.7	12.4	6.1	
玉米淀粉	38.2	33.2	28.7	25.9	22.2	17.1	12.0	6.9
纤维素	1.4	1.5	1.5	1.6	0.1	0.4	0.7	1.0
毛鳞鱼油	1.7	2.5	3.3	3.8	0.4	1.2	2.0	2.9
矿物质混合物	3.6	5.1	6.7	7.5	1.4	3.0	4.6	6.1
基础混合剂	8.5	8.5	8.5	8.5	8.5	8.5	8.5	8.5
蛋白	25.0	25.0	25.0	25.0	35.0	35.0	35.0	35.0
脂肪	8.0	8.5	8.0	8.0	8.0	8.0	8.0	8.0
纤维	5.0	5.0	5.0	5.0	5.0	5.0	5.0	5.0
灰分	13.0	13.0	13.0	13.0	13.0	13.0	13.0	13.0
碳水化合物	39.0	39.0	39.0	39.0	29.0	29.0	29.0	29.0
水分	10.0	10.0	10.0	10.0	10.0	10.0	10.0	10.0

其中，基础混合剂组成及占全部饲料的百分比为：大豆卵磷脂1.0%、胆固醇0.5%、混合维生素2.0%、液体鱼2.0%、藻酸钠2.0%、六偏磷酸钠1.0%、合计为8.5%。

泰国对虾养殖实验的饲料配方见表7-44。其中，基础混合剂的组成及占全部饲料的百分比为：虾粉10.00%、鱿鱼粉6.00%、米糠3.34%、面筋10.00%、大豆卵磷脂0.50%、混合维生素及矿物质3.00%、总计32.84%。

表7-44 饲料原料组成和化学成分

（泰国国家内陆鱼类研究所） %

原料/配方	含黄豆粉 25%	含黄豆粉 35%	含黄豆粉 45%	含黄豆粉 55%
黄豆粉	25.00	35.00	45.00	55.00
鱼粉	23.40	15.60	7.80	
淀粉	9.51	6.34	3.17	
纤维素	1.99	1.33	0.67	

续表

原料/配方	含黄豆粉 25%	含黄豆粉 35%	含黄豆粉 45%	含黄豆粉 55%
鱼油	4.08	4.73	5.38	6.04
豆油	0.18	0.12	0.06	
贝壳粉		0.04	0.08	0.12
$CaHPO_4$	3.00	4.00	5.00	6.00
基础混合剂	32.84	32.84	32.84	32.84
蛋白质	39.0	40.0	39.2	38.6
脂肪	9.6	10.3	10.9	10.4
纤维	7.6	8.6	8.7	9.6
灰分	14.1	13.5	13.2	12.8
游离态氮	21.9	19.6	20.2	20.9
水分	7.8	8.0	7.8	8.0
钙	2.6	2.8	2.3	2.2
总磷	2.0	1.9	1.7	1.8

经墨吉对虾虾苗的实验（56天），成活率均超过75%，饲料系数1.66～1.81，各配方间并无显著差异。经对墨吉对虾仔虾56天的实验，成活率均在80%左右，饲料系数2.8～3.4，平均增重56%～77%，各配方间亦无显著差异。

菲律宾养殖对虾的饲料配方见表7－45。其中，基础混合剂的组成及占全部饲料的百分比为：虾粉15%、米糠15.0%、鳕鱼肝油5.0%、马铃薯淀粉6.0%、混合维生素及矿物质3.0%、BTH 0.2%，总计44.2%。

表7－45　菲律宾的饲料组成和化学成分

（东南亚鱼类发展中心）　　%

原料/配方	黄豆粉含量				
	15%	25%	35%	45%	55%
黄豆粉	15.0	25.0	35.0	45.0	55.0
鱼粉	30.0	23.0	16.0	9.0	
面粉	10.8	7.8	4.8	1.8	0.8
基础混合剂	44.2	44.2	44.2	44.2	44.2

续表

原料/配方	黄豆粉含量				
	15%	25%	35%	45%	55%
蛋白质	41.7	38.9	40.1	39.4	38.5
脂肪	9.3	9.2	8.8	8.6	8.4
纤维	4.5	5.4	5.9	6.3	7.2
灰分	13.7	12.9	12.9	11.2	9.9
游离氮	30.8	33.6	33.1	34.5	36.0

此配方经网箱养殖斑节对虾实验，成活率在68%~93%，增重效果明显，生长正常，各配方间无显著差异。

印度尼西亚养殖对虾的饲料配方见表7－46。其中：基础混合剂的组成及占全部饲料的百分比为：虾粉10.0%、鱿鱼粉6.0%、面筋10.0%、混合维生素与矿物质3.3%，总计29.3%。

表7－46　印度尼西亚的商品饲料组成和化学成分 %

原料	1	2	3	4	5
黄豆粉	35.0	45.0	45.0		
鱼粉	12.0	6.0	6.0		
次粉	13.5	9.3	9.3		
鱼油	1.1	1.8	1.8		
$CaHPO_4$	4.0	5.0	5.0		
贝壳粉	0.7	1.4	1.4		
面粉	4.4	2.2	2.2		
基础混合剂	29.3	29.3	29.3		
蛋白质	41.2	41.8	43.7	42.5	39.6
脂肪	3.8	4.0	3.8	5.9	4.8
纤维	3.0	3.7	3.6	1.8	3.0
灰分	15.8	16.0	15.4	10.5	17.8
水分	8.4	8.3	6.0	6.4	10.4
钙	3.8	3.5	3.5	2.2	
总磷	2.0	2.2	2.2	1.7	

注：a：饲料配方相同，饲料2是硬颗粒饲料，而3是膨化颗粒饲料；b：为印度尼西亚的商品饲料配方。

经网箱养殖斑节对虾实验，用各配方饲养组的成活率分别为 63.3%、58.3%、45.0%、45.0%、50.0%；试养期为 45 天；各组的净增重分别为 6.2 克、4.9 克、3.8 克、3.8 克和 4.9 克。池塘试养 18 周的情况为：使用 1～4 号配方饲料的成活率分别为 33.6%、32.5%、24.9% 和 47.0%；饲料系数分别为 3.1、3.7、4.3 和 3.3；每个池塘的面积为 0.7 公顷，产量分别为 77.9 克/米^2、65.0 克/米^2、53.7 克/米^{2}和 62.4 克/米^2，每平方米的放养密度均为 8 只。

台湾养殖对虾的饲料配方见表 7－47 和表 7－48。其中，基础预混剂的组成及在全部饲料中所占比例为：大豆卵磷脂 0.5%、面粉 5.0%、虾粉 7.0%、鱿鱼粉 7.0%、混合维生素和矿物质 3.0%、酵母 2.0%、磷酸钠 2.0%、沸石 1.0%、脱水液体鱼 1.0%、鱿鱼油 1.0%，总计 30.5%。

表 7－47　台湾商品饲料的组成和化学成分

（第一阶段）　　%

原料	含豆粉 20%	含豆粉 30%	含豆粉 40%	含豆粉 50%	控制
黄豆粉	20.0	30.0	40.0	50.0	–
白鱼粉	18.0	12.0	6.0	–	–
麦麸	12.5	8.3	4.1	–	–
石灰石	–	0.3	0.7	1.0	–
$CaHPO_4$	1.0	2.0	3.0	4.0	–
鱼油	–	0.4	0.7	1.0	–
面筋	16.8	15.7	14.6	13.5	–
$KHCO_3$	1.2	0.8	0.4	–	–
基础预混剂	30.5	30.5	30.5	30.5	–
蛋白质	43.6	42.8	42.2	43.2	40.4
脂肪	5.8	5.7	5.6	5.7	8.1
纤维素	3.0	3.1	3.3	2.8	1.2
灰分	15.9	15.3	15.0	15.2	8.0
钙	2.9	2.7	2.6	2.8	2.4
总磷	2.4	2.0	2.0	2.1	2.0

此饲料在混凝土池塘中以 30 只/米^2 的放养密度下实验，经 42 天的饲养，尾虾体重由 3.8 克增长到 11.8 克以上，最大为 12.8 克；成活率 84.4%～92.8%；每平方米产量 303.2～374.8 克；饲料系数 1.2～1.5；各配方间 4 次重复均无显著差异。

表7－48　台湾商品饲料的原料组成

（第二阶段）　%

原料	配方1	配方2	配方3	配方4	配方5a
液体鱼	1.0	1.0	1.0	1.0	–
卵磷脂	1.0	1.0	1.0	1.0	–
面筋	5.0	5.0	5.0	5.0	–
虾粉	7.0	7.0	7.0	7.0	–
鱿鱼粉	7.0	7.0	7.0	7.0	–
酵母	2.0	2.0	2.0	2.0	–
磷酸钠	2.0	2.0	2.0	2.0	–
麦麸	4.1	4.1	4.1	–	–
磷酸氢钙	3.0	3.0	3.0	–	–
白鱼粉	6.0	6.0	6.0	6.0	–
面粉	14.6	14.6	14.6	14.6	–
碳酸氢钾	0.4	0.4	0.4	–	–
石灰石	0.7	0.7	0.7	–	–
鱼油	0.7	0.7	0.7	–	–
鱿鱼粉	1.0	1.0	1.0	1.0	–
沸石	1.5	1.5	1.5	1.5	–
黄豆粉	40.0	40.0b	40.0c	40.0	–
混合维生素与矿物质	3.0	3.0	3.0	–	–
商品饲料成分	–	–	–	13.2	100.0

注：a为台湾商品饲料；b为在140℃条件下膨化的商品豆粕；c为在170℃条件下膨化的商品豆粕。

其中，商品饲料成分与第一阶段相同。但化学成分有所差异（表7－49）。

表7－49　台湾商品饲料的化学成分　%

成分	配方1	配方2	配方3	配方4	配方5
蛋白质	45.5	44.1	43.7	46.4	44.7
脂肪	4.0	4.7	4.1	4.1	7.7
纤维	3.9	3.7	3.5	4.1	2.1
灰分	15.3	15.1	14.7	13.1	14.8
钙	2.4	2.4	2.2	1.6	2.5
总磷	2.0	2.2	1.7	1.4	2.0

第二阶段的各配方亦是在水泥池中进行实验的，实验时间为42天，放养密度为30只/米^2，初重为2.2～2.6克/尾，末重为7.5～8.3克/尾，成活率为98.3%～99.1%，每平方米产量为221～246克，饲料系数为1.2～1.5，各配方间无显著差异。

十四、罗氏沼虾的配合饲料

罗氏沼虾是一种淡水虾类，又称淡水长臂虾、马来西亚大虾。

早在20世纪50年代，泰国已开展其养殖技术研究，60年代进入商业性养殖业发展阶段，70年代世界各地都纷纷引种养殖。我国于1976年引进此品种，目前约有20多个省、市、自治区在养殖。

罗氏沼虾为杂食性虾类，在自然条件下主要摄食水生蠕虫、水生昆虫、小型甲壳类、小鱼、动植物碎屑、谷物、瓜果等；在人工养殖条件下可完全摄食人工配合饲料。

经过多年的营养学研究，目前已确认罗氏沼虾各种营养需要量，即蛋白质28%～32%、脂肪4%～7%、灰分12%以及必要的维生素。作为罗氏沼虾的人工配合饲料原料，原则上鱼类所用的均可使用，但以鱼粉、豆粉、谷朊粉、鱼油、维生素、矿物质组成的为好。饲料的形态以硬颗粒状为好，颗粒大小依虾的不同生长阶段而定，仔虾阶段用碎粒，养成期饲料规格为2.3×（3～4）毫米，养成后期为2.3×（5～17）毫米。维生素及矿物质混合添加剂可采用海产虾类用的具体配方（表7－50）。

表7－50　罗氏沼虾用颗粒饲料配方　　%

原料	配方1	配方2	配方3	配方4
麦麸	50	30	57.5	37
花生饼	27.5	27.5	5	30
米糠	–	20	–	–
鱼粉	20	20	35	30
贝壳粉	2.5	2.5	2.5	3.0
粗蛋白含量	40	37	40	43

十五、甲鱼的配合饲料

甲鱼生物学名称为鳖，俗称甲鱼、团鱼、元鱼、水鱼、圆鱼、王八、脚鱼及守神等，为爬行动物，也是名贵水产养殖动物。

我国的甲鱼养殖历史较长，近几年又悄然兴起养殖热潮，几乎全国各地都在开展养殖，产量增长较快。1994 年全国的养殖产量超过 4 000 吨，而 1995 年增长至 9 460吨，1996 年又猛增至 1.8 万余吨，2004 年达 16.33 万吨。甲鱼的营养及养成饲料研究工作也随着其养殖业的发展而开展起来，并很快取得了一些成果，目前已基本达到了商业化生产水平。

目前已基本确认甲鱼饲料中各种营养成分的需要量，即蛋白质 40% ~50%、脂肪 8% ~10%、粗纤维 3% ~5%、矿物质总量 6% ~12%，以及必要的维生素。因甲鱼为肉食性动物，要求饲料中的蛋白质含量较高，因此，作为人工配合饲料的原料以鱼粉、全脂大豆粉、牛肝粉、乌贼粉、贻贝粉、磷脂、海水鱼油等为好，并补充维生素和矿物质添加剂，用黏合剂制成膨化颗粒饲料或糜状饲料。

饲料配方一：北洋鱼粉 60%、α－淀粉 22%、大豆蛋白 6%、豆饼 4%、引诱剂 3.1%、啤酒酵母 3%、食盐 0.9%、维生素预混合添加剂 0.5%。饲料系数为 2。

饲料配方二：进口鱼粉 60% ~70%、α－淀粉 20% ~25%、添加剂适量。添加剂是由干酵母粉、脱脂乳粉、脱脂豆饼、动物肝脏粉、血粉、矿物质和维生素等组成。饲料系数为 1.9 ~2.1。

饲料配方三：进口鱼粉 60%、黄豆粉 20%、α－淀粉 20%、添加剂适量。添加剂由酵母粉、多种维生素预混物、骨粉和食盐组成。饲料系数为 2.7。

黏合剂为面粉、淀粉、谷物蛋白粉混合组成。

附：渔用膨化颗粒饲料的使用与加工

在渔用人工配合颗粒饲料中有硬颗粒、软颗粒和膨化颗粒饲料3种。目前在我国应用最普遍的是硬颗粒饲料。因为我国对膨化颗粒饲料的研究有限，加工成本相对较高和加工机组的日产量较低，人们对其认识也不很充分，故其使用面较小。

我国渔用膨化颗粒饲料研究起始于20世纪80年代初，80年代中期经过一个阶段试应用推广后变成下滑趋势，目前基本无人使用。而实际上就应用效果而言，膨化颗粒饲料优于其他两种，尤其是网箱养鱼、圈投养鱼、流水养鱼及池塘养鱼。其优点是：① 由于膨化颗粒饲料是在高温高压下积压膨化而成，其碳水化合物的乳化程度很高，植物性蛋白饲料原料的肽链得到了初步裂解，故饲料的黏结性好，也有利于养殖动物的消化吸收，饲料的利用率较高。② 膨化颗粒饲料的致密性较低，有浮性、半浮性和慢沉性3种。无论是哪一种，由于其不下沉或下沉速度慢，有利于鱼类的抢食，也有利于观察鱼类的摄食状态，而且利用率高。③ 由于膨化颗粒饲料是在高温、高压下加工而成，高温和高压的作用对于饲料原料中的有害成分及病原体有一定的破坏及杀灭作用，尤其是当使用质量较差的饲料原料时作用更大。

一、原料处理工艺

在进入膨化挤压机前，饲料原料要按饲料配方进行计量、粉碎、过筛、混合，从而保证大组分的颗粒不破坏膨化机的压膜。

对于原料粒度要求小于4毫米。因此各种原料粉碎后必须保证99%的粒子通过8.40微米筛孔的筛子。

若生产半干性饲料，要先制备液体组分，用以提高饲料产品中水分的含量及控制水的活性，最后制备水溶性维生素和鱼油液浆，采用喷凉法喷凉于加工后的饲料表面。

二、挤压加工工艺

挤压加工工艺是从将处理好的原料输送到膨化机的储存仓开始。

活底粉仓可使原料自由流进螺旋式输送机。输送机本身能控制膨化机的最终产量。因为所使用的高速发动机会控制混合圆筒的速率。

混合圆筒能将水蒸气、水及其他液体添加剂混合，然后送进干饲料原料混合器。在膨化制粒以前，物料要求湿度及热度分布均匀。因此需要控制湿度水平、水蒸气及停留时间。饲料的导热性能较差，只有在适当的湿度下水蒸气的热量才能较好地渗透及分布，但同时要选择好调制器的压力，从而除去异味及破坏抑制营养成分的因子，最后输送到膨化机。

当水产养殖动物的饲料生产能力为4~5吨/时，物料在调制器中停留时间应是40~60秒。通过水蒸气及水的添加，经过常规混合圆筒形调制器的预调制，可使物料的湿度提高7%~8%。这样可使含水量12%左右物料的湿度达到19%~20%，而只通过一个熟化器的物料水分只能达到15%。

新型差径调制器在预调制过程中具有保留时间长的特点，并能对加到干物料上的水及水蒸气进行均匀地混合，从而能有选择地保持物料的湿度。实验表明，若物料含脂肪量为7%，理想的调制时间为120~180秒；若物料脂肪含量为22%，则预调制时间将达到290秒。此时最好采用差速预调制。大量的实验表明，当采用差径圆柱时，原料的熟化程度几乎与20%~30%的含水量成线性关系。在150秒内，调制水分为25%的物料时，熟化率可达33%；若水分含量为30%，则熟化率可达到47%。利用差径调制筒可以达到最长的保留时间、湿度和热渗透，而不会减少最终产品的营养价值。但应注意在空气或压力系统中的过分调制会导致氨基酸成分的破坏，也可能产生过多的粉末，并降低产品硬度。此外，这种差径调制圆筒还有减少挤压圆筒的磨损和传动力等优点。这是因为物料颗粒之间进行了水分的完全渗透和增加了热的转换，减少了物料的损耗。

物料混合均匀后便进入挤压膨化筒，从而生产出成品饲料。若了解了膨化机螺旋杆和膨化机头的几何特性，就能在生产范围内生产出多种产品。这些部件的选择及替换都将直接影响最终产品的加工工艺。应在保证质量的前提下，尽量考虑投资及动力的效益。

在挤压圆筒中可以注水和蒸气，大多数挤压筒的外部都装有注水或蒸气管。这就使水在管中循环流动，进而冷却挤压头。冷却程度及速度可以通过调节水流量来控制。产品通过挤压圆筒的最后一个装置是膨化机压膜。压膜影响着产品的形状、质地、外观及产量。

一些双螺旋杆挤压机与单螺旋杆挤压机一样，可使用相同的预调制方法。与单螺旋杆挤压筒相比，双螺杆挤压膨化机在产品通过挤压圆筒时会产生同型产品，并由于内部螺旋叶的固定摆动而生产出各具特色的产品。若物料流量及压膜压力均一，则所生产的产品形状与长短就会均匀一致。

双螺杆挤压膨化机也能生产出较好的高脂肪配方的产品，可挤压膨化含脂肪近25%的产品。而单螺旋杆挤压膨化机只能生产含脂20%的产品。

与单螺旋杆挤压膨化机相比，双螺杆机的成本要高60%~100%，能量成本高20%~50%。

在挤压膨化过程中，使用水蒸气及水进行调制是膨化加工中普遍应用的技术。挤压时湿度的辅助作用有：减少加工成本、使蛋白质变性、增加挤压生产量、增加膨化率和减少挤压机磨损。输入挤压预调制器和挤压圆筒的水蒸气可以带入更多的热量进行物料的熟化。

适当的水分有助于淀粉糊化和蛋白质变性。预调制物料内的水分会减少物料通过膨化机时的损耗，也降低了成本和磨损。若水分含量太低，将会减少加工产量，造成维生素的损失及氨基酸的破坏，这是因为膨化圆筒内的剪切力增加了。

一般挤压膨化物料的最佳水分含量为27%，过低或过高将会引起机械操作费用指数的上升和下降。当水分含量为27%时，为达到储存上的安全应保持干燥；当水分含量在15%时，电力消耗及磨损、成本都将会增加，而水、水蒸气及干燥成本会呈线性下降；当水分含量在22%～29%时，就会引起相反的结果。

漂浮性的水生动物饲料：其相对密度为320～400克/升，颗粒直径1.5～10毫米。这种饲料转化率较高。其加工时的含水量为24%～29%，膨化率为物料在压膜时的125%～150%。

沉降性膨化水生动物饲料：其相对密度在400～600克/升，直径1.5～4毫米。主要是虾饲料，或主要用于底部摄食性的动物，一般要求饲料在底部（水中）保持2～4小时不散失，以便于被充分摄食。用膨化机生产沉性饲料要求压膜开孔面积加大，物料含水量提高到30%～32%，产量降低。一般每小时生产4吨能力的膨化机生产沉降性饲料，则每小时只能生产1.2～1.8吨。

慢沉性水生动物饲料：其相对密度390～410克/升。这种饲料主要用于海水鱼类的养殖。

三、后膨化工艺与干燥和冷却工艺

后膨化工艺开始于压膜产品的切割之后和干燥以前。这部分工艺主要用于生产薄片状鱼饲料，而且饲料多用于热带鱼的养殖。此处从略。

干燥和冷却工艺多用于减少产品的含水量与延长产品保存期时采用。干燥和冷却设备种类很多，此处以应用最普遍的托盘型干燥冷却设备为例予以讨论。这种设备可据长度、宽度、层数、物料种类、输送能力、风量大小、卫生条件及加热量来设计、组合。

这种设备的灵活性较大，其性能可满足不同规模膨化饲料生产的需要。其双层设计不仅可节省占地面积，而且能使产品翻转，有利于均匀干燥。其所使用的变速电动机也可以进行产品层厚及干燥时间的调整。

干燥和冷却设备的材质有低碳钢、不锈钢及两者的混用3种。不过在饲料生产中多用低碳钢质。输送机是筛板式电镀低碳钢制作的，也有的是特氟隆或银石墨涂层的不锈钢结构。标准的托盘孔径为3.6毫米，但也可用2.4毫米孔径的。若是用粉状料的筛板需特殊支撑，它有较大的孔径，通气气流的分布及流动均匀，并能干燥小颗粒饲料。

气流一般是自下而上通过产品和安装在管体循环风机上的单板室加热元件加热。这些循环风扇在干燥器托盘下面产生静压力，从而使其干燥均匀。一定比例的空气可以控制干燥室内的湿度，而循环平衡使能量消耗达到最好的效益。干燥器周围的绝缘材料在加热过程中允许安装操作温度达175℃。

卫生方面的要求是方便清理和维护，粉料回收系统能及时将粉末从干燥、冷却器的底部收回。

干燥器通常与相应的冷却器相联接，或与干燥机的底部的延伸部分一起安装。内部的关风器可用来防止空气漏掉。空气流向一般是向下通过物料，并有一部分通过烘干机，从而减少了能量的浪费。在较小的生产厂中，烘干和冷却设备的结合可在同一个机器中对产品进行干燥和冷却。如果是大型饲料生产厂，应将烘干和冷却系统分开才能达到较好的效果。因此独立控制的干燥和冷却系统易于在湿的情况下将鱼油及维生素涂于产品的表面，并使其很好地渗透进去。

干燥冷却后的工艺包括粉碎、分级、外部涂层和包装。粉碎是通过辊式粉碎机将大颗粒破碎成细小颗粒，供幼鱼或小虾食用。破碎后经过筛处理，按尺寸大小进行分级。颗粒涂层系统按其用途变化较大。对于水生动物饲料处理，最好用两个罐和一个喷涂装置为好；其中一个罐用于维生素液的储存，通过空气喷雾涂于物料上；另一个罐用于油脂类储存，通过喷涂机的后部分喷涂于维生素外，用于保护维生素，防止其损失，并同时作为饲料的能量来源，增加饲料的美观性。

四、设备选型、产量和挤压熟化的多功能性

对于新建、扩建渔用饲料厂的单位及个人来说，选用膨化机还是颗粒机是个难题，这应从设计要求、饲料用途及机具的优点方面考虑。膨化机的优点前面已经介绍过。

挤压生产的多功能性对饲料生产者来说有很大的好处。其一是对基本设备稍加改型就能生产出多种用途的饲料，也可用于食品加工；其二是这种多功能性可将许多种配方加工成适口性饲料。例如，若生产虾用饲料，颗粒机需用30%~35%的富含淀粉性原料或黏合剂来使其他组成制成颗粒，以保证配方平衡；而虾饲料多要求蛋白质含量达到40%~45%才能保证虾能良好发育，这就迫使选用昂贵的高蛋白物质来满足蛋白质水平。而使用膨化机生产只需10%的淀粉，这一点会对饲料生产者带来较好的效益；因为可选用低成本的组分来添加其他配方中不足的部分，并很容易保证蛋白质的含量。表1表示了虾饲料的颗粒料与膨化料的营养成分需求情况。其中颗粒料需用60%的蛋白质组分，而膨化料只需50%的蛋白质原料组分即可。

表1　组分与加工比较

组分来源	加工比较			
	颗粒	蛋白质（%）	膨化	蛋白质（%）
营养素与蛋白质	68%（含蛋白60%）	40.8%	88%（含蛋白50%）	44.0%

续表

组分来源	加工比较			
	颗粒	蛋白质（%）	膨化	蛋白质（%）
黏合剂与淀粉	30% （含蛋白2%）	3.6%	10% （含蛋白12%）	1.2%
维生素与矿物质	2% （含蛋白0%）	0.0%	2% （含蛋白0.0%）	0.0%
总蛋白质含量	44.4%		45.2%	

五、提高饲料的转化率与质量

（一）提高饲料的转化率

挤压膨化饲料的转化率一般都比较高。因为在加工过程中增加了原料的消化率，尤其是淀粉的消化，同时也防止了物料及其他组分在水中的降解。

用变形葡萄糖淀粉酶作为检验方法进行检验，水生动物饲料一般熟化率达90%。使用这种饲料养虾的实验结果表明减少了饲料用量，但提高了虾的生长速度，一般饲料系数降低0.1~0.2。

（二）饲料在水中的稳定性

饲料在水中的稳定性是衡量其质量好坏的重要指标。因为水产养殖动物以水为生活环境，且进食速度较慢，若饲料入水不久就散失则很难被摄食利用，不但造成饲料的浪费，提高了养殖成本，也污染了养殖水质，一般质量好的硬颗粒饲料入水稳定性是2~4小时；但膨化饲料一般在没有黏合剂的情况下，在水中稳定时间可达12小时；有黏合剂时可达24小时。

关于饲料稳定性的研究，目前还在广泛进行着，主要内容是选用3个配有不同黏合剂的配方，通过实验研究来确定哪一种黏合剂最适宜 。

（三）饲料中的病原体

对于饲料生产者及应用者来说，饲料中的病原体数量也是至关重要的因素，当配方组分进入膨化机时，细菌就被消灭到一定程度。有人曾做过此方面的实验，膨化虾饲料中，细菌的器皿计数为1 000个/克，而膨化以前为120万个/克。通常产品中细菌量超过1 000个/克应考虑消毒处理。使用动物下脚料和鱼粉，可能会带入一定数量的微生物。但通过膨化加工会在很大程度上予以杀灭。这有助于保护养殖水质，减少污染和养殖动物病害的发生。

（四）比重控制

产品的比重控制可使饲料生产者生产出多用途的饲料，以满足养殖生产者的特殊或多种需求。膨化饲料加工及通过改变膨化率与压力可实现产品的比重控制。通过比重的控制可生产出漂浮性、沉性与慢沉性3种类型的饲料。

（五）机械的耐久性与产量

机械的耐久性也是一个相当重要的特性。因为产品在使用前就破裂和降解将导致鱼塘中的水质污染，也会降低饲料产品内部黏结性能，降低在饲料包装、运输以及投喂各环节上的耐损失性能。

通常硬颗粒饲料在包装及运输过程中会产生5%～8%的粉末；膨化饲料则一般为1%～2%，同时还能减少75%的产品沉积（与硬颗粒饲料的散失相比）。饲料散失量的减少就等于生产率和饲料效果的增加。

膨化颗粒饲料的储存期较长，其重要原因是经过膨化加工，微生物数量及氧化程度降低了，脂肪不会酸败，维生素也更加稳定。但维生素应超量添加，因为机腔内的高热会破坏部分维生素。不过维生素的相对稳定性弥补了加工后的损失。

膨化饲料加工机的产量有限，但通过增加生产率可增加产量，提高进入饲料厂原料一次性转化为成品的比率。

六、硬颗粒与膨化颗粒及其生产工艺比较

（一）工厂设计

挤压膨化与软、硬颗粒的生产工艺设计上基本相同，两者都需要接收、贮存及破碎系统。此外还需要配套配料仓、配料器及混合器来制备产品。在生产一般颗粒饲料时，为了使混合物通过60目筛，需要微粒破碎机。生产膨化饲料时要求物料100%通过20目筛。

膨化机可以处理较粗物料的原因是因为在挤压筒中产生了挤压膨化效果。

对于水中稳定性要求较高这一点，颗粒饲料需要较细的粉碎力度，因为它是通过压辗的压力来制粒。

配方平衡使两个系统差异最大的地方。颗粒饲料生产需要制粒机，冷却装量和破碎、分级。而膨化系统则需要膨化熟化机、烘干机、外部喷涂和筛分。两套系统都可能需要一套液体添加系统。膨化和制粒加工厂的基本流程情况为：

膨化→原料接收→初粉碎→料仓、秤、混合机→膨化、烘干→凉层、冷却→分级破碎→包装。

制定→原料接收→初粉碎→料仓、秤、混合机→制粒冷却→破碎分级→包装。

（二）颗粒制造工艺

颗粒制造的颗粒饲料容易产生粉末，造成适口性的不足。所以难以处理的物料通过加热、加水和机械挤压来达到提高入水稳定性的效果。

颗粒在制粒的圆筒中形成，其直径一般在2.38～34.9毫米，但粒径大于22.2毫米的情况很少。颗粒的长短较随意，但一般大于其直径，大约是直径的1.5～2倍。通常没有特殊要求的话，颗粒直径都小于3.96毫米，然后通过粉碎达到所需粒度。但这种情况下机具的产量会下降很多。现代硬颗粒饲料生产多使用环模和2～3个压辊。

两个系统的设计各有明显的优缺点，在选择制粒机时，要仔细研究厂家的产品记录、性能及厂家的信誉和产品的可靠性，现代加工厂多为压模与压辊垂直安装。

变速喂料器通常是螺旋型，而且螺旋片可改变而达到准确喂料。通常配备一些电子传动和机械传动装置，以改变速度，适合于特殊颗粒设计要求及操作负荷的要求。喂料器的作用是对饲料原料进入调制室的流量控制。因为任何变化都会造成调制得不均匀。流量的变化还会造成过载或负载。

调制室是一种固定或可动桨叶式的混合器。它装有蒸气集合管和液体注射管。其作用是适当调制物料，从而加工出高质量的颗粒。此过程主要通过调节水与蒸气量来实现。通过添加水蒸气是为了提供水分、润滑和浸出脂肪，是淀粉凝胶化。也有的添加15%的糖蜜；如果配备得当，添加量可达25%～30%的糖蜜，并要求混合器的转速达到90～500转/分。

必要时应使用减速装置，因为压膜速度总是小于正常发动机速度。通过速度的变化可做到有选择性生产。目前的减速装置主要有直连双齿轮组型、V型带、齿形带与齿轮型的组合。有的厂也使用齿轮变位与齿轮型的结合式变速机械。双连电动机可以提供压模两个速度，较适合多用途的饲料生产。

颗粒机上主要为发动机，也有用内燃发电机和动力轴装置的。与发动机相比，额定功率增加了一倍。基架用来正确装配颗粒机和电动机，并利于快速、简便地安装设备。颗粒机还装配了安培计，用来指示主要发动机的负荷，以防止过载。

（三）饲料的粒度

虾饲料粒径一般为1.0毫米、1.5毫米、2.0毫米、2.3毫米。小颗粒饲料的投喂量取决于池塘中的生物量。例如：池塘内放虾苗5万尾，成活率为80%，则可成活4万尾；若每尾重12克，生物量为其2%～4%，则可生产4 800千克成虾；而144千克虾用96～192千克的饲料，则每天应喂4次，每次投饲量为36千克。各种饲料颗粒大小的重要性见表2。

表2　饲料粒度的重要性

加工	颗粒大小	颗粒数/36 千克	颗粒数/一只虾 ×4 万尾
颗粒料	2.0 毫米 ×6 毫米	818 200.00	2.04
颗粒料	2.3 毫米 ×7 毫米	857 000.00	2.14
膨化料	1.8 毫米 ×6 毫米	1 286 000.00	3.22
膨化料	1.5 毫米 ×4 毫米	2 250 000.00	5.62
膨化料	1.0 毫米 ×7 毫米	3 000 000.00	7.50

由表2可见，饲料颗粒越小，每只虾占有的颗粒越多，提高了虾的摄食机会。

（四）水产养殖动物饲料加工工艺上的比较

表3列出了水产养殖动物加工工艺上的比较情况。

表3　水产养殖动物饲料加工工艺比较

膨化颗粒饲料	颗粒饲料
1. 多功能性（飘浮、沉降、慢降）	很难产生漂浮或慢沉降饲料
2. 可生产多用途产品（牛、猪、鱼、虾）	只能生产畜禽或水产动物用饲料
3. 在工艺上使用废料水分可达50%	水分最大含量为16% ~17%
4. 熟化率90%以上	通过预调制，成粉率50%
5. 灭菌，775个检验，沙门氏菌阴性	产品有微生物，35个检验，21个阴性
6. 水中的高度稳定性	水中稳定性差
7. 填料中产品耐用期长	产品易挤到一边，形成较多粉末
8. 产品可接受性百分率高	粉末和不能聚到一起的产品必须中心混合
9. 配方费用低，可大幅度降低成本	机械设计上，要求昂贵的配方
10. 脂肪含量22%	脂肪含量4% ~5%
11. 原料破碎100%通过20目筛	粉末要通过60目筛
12. 投资大	投资较小
13. 公共设施费用高	公共设施费用小
14. 潜在配方节省了成本	用昂贵组分才能达到要求

第八章　渔用饲料的加工工艺与机械

近年来，渔用饲料的加工技术有了很大的发展。20 世纪 60 年代以前，饲料原料还是摊在仓库的地面上，人工称重配合，并使用铁锹拌和；而目前已实现了全机械化或自动化操作。饲料加工从手工混合几种成分发展到机械混合、连续混合，现在又进展到用计算机控制的全自动混合和制作颗粒。但是，将几种成分混合制成营养平衡的饲料这一基本内容并没有发生根本变化。

但饲料的质量与饲料的加工工艺、机械性能有着直接关系，也与了解和掌握这些环节的操作人员的技术水平有关。因此，正确了解、掌握和熟练操作是每个技术人员的基本要求。

第一节　配合饲料加工的几种形式

渔用配合饲料加工形式以分类依据的不同而不同。这里依据 3 个不同的分类依据介绍如下。

一、以配合饲料的内容分

从生产配合饲料的内容上可分为 3 种形式。第一种为预混合饲料。它是事先将钙、磷、微量元素等矿物质、多种维生素、额外添加的氨基酸类及其他添加剂制成预混添加剂，约占总饲料量的 5%。但各类添加剂应分别制成预混剂，以防止预混合饲料中不同种类间发生化学反应而降低使用效果。制作预混合饲料的目的是为了使这些微量成分在总饲料中分布均匀。养殖场购买这种预混合料后，再按配方加入另外约 95% 的成分就可制成全价的渔用配合饲料。第二种为补充饲料。它是用预混合饲料，再加蛋白质饲料，如豆饼、鱼粉等，共约占配合饲料的 20%。饲养场购回这种饲料后，再加其余 80% 左右的能量饲料，如玉米、大麦等谷物饲料，配制成渔用配合饲料。第三种是全价饲料，又称完全饲料。它是由饲料加工厂，按各种养殖对象的营养需要所设计的配方生产的配合饲料，又称为成品饲料。饲养场购回成品饲料后，无需再加工，可以直接使用。

二、以加工后的形式分

以加工后的形式来划分，可分为两种形式。一种是粉状饲料，将各种饲料原料加工成粉末状，并按饲料配方加以调配，并搅拌均匀。另一种是颗粒饲料。颗粒饲料也是成品饲料，在国外的渔用配合饲料生产中已占绝对优势，约占世界渔用饲料总量的60%以上。

三、以饲料种类和饲养对象分

以饲料的种类和饲养对象可分为下列几种形式。

（一）粉状饲料

这种饲料主要是用于饲养苗种和滤食性鱼类等。各种原料必须用粉碎机粉碎成一定细度后才能被养殖对象所摄取。美国用于鱼苗的粉状饲料粒度为通过595微米的筛孔。粉状饲料入水后呈一定的悬浮状态，靠水的运动不致立即下沉，从而易于被鱼苗膛滤食性鱼类所摄食。有学者认为，这种饲料在水中散失严重，约损失20%~30%；另外，还有一定的沉积浪费，约占20%~30%；即真正被鱼类利用的不到50%。因此，这种饲料最好不要单独使用，而要和其他饲料混合使用，如与鱼肉及动物内脏放于绞肉机内加工后再使用。目前由于微型饲料的研究进展较快，这种饲料最终将被淘汰。

（二）糜状饲料

糜状饲料是由粉状饲料经过喷油、加水、加黏合剂或与含水较多的鲜鱼肉、动物内脏等加工而成。黏合剂的种类有马铃薯粉、藻胶、明胶、α-淀粉、纤维素等。黏结良好的饲料有弹性，在水中不易散失。这种饲料多用于养殖鳗鱼、虾类、甲鱼等。

（三）软颗粒饲料

软颗粒饲料是粉碎的饲料原料配合后加黏合剂后，在软颗粒饲料机上挤压成型的，也可以在硬颗粒饲料机或膨化颗粒饲料机上加工，但饲料含水量应超过30%。软颗粒饲料适用于抢食速度快的养殖对象。所制成的饲料大多是湿投喂，现制现用。当然，也可以经过干燥处理，但由于软颗粒饲料的含水量较大，不易干燥，为了降低成本，以湿投喂为好。加工这种饲料时，温度较低，营养成分几乎没有什么损失。正因为如此，软颗粒饲料加工时需要较好的黏合剂，但其入水稳定性仍没有硬颗粒饲料好。

（四）硬颗粒饲料

硬颗粒饲料是由软颗粒饲料演变而来的，距今已有几十年的历史，目前，仍占有世界颗粒饲料的主要部分。虽然硬颗粒饲料加工时的温度较高，可达80~100℃，一般为90~92℃，部分维生素受热时有所损失，但较软颗粒饲料仍有许多优点，而且维生素等可采用加工后喷涂工艺而加以补充，以弥补加工中所造成的损失。

（五）膨化颗粒饲料

膨化颗粒饲料养鱼是20世纪70年代才在国外兴起的一种新方式。它是由专门的加工机械——膨化颗粒饲料机加工而成的，粉碎的原料是在高温、高压条件下，通过模头孔挤压出来时，膨化发泡而成的。加工这种饲料大约需要30%的淀粉原料，膨化温度约100～175℃。膨化饲料多为浮性，也有沉性、半沉性及先沉后浮性的，水中稳定性较好，营养物质不易散失，也便于观察养殖对象的摄食状况和控制投喂。因此，提高饲料的效率，不易污染水质，是一种比较理想的渔用饲料，具有较好的发展前景。目前，美国已基本采用这种饲料，日本也在大力发展，使渔用饲料系数降低至1～1.2，从而提高饲料的利用率和转化效果，节省饲料原料。但膨化饲料也有一些不足之处：一是加工时的能量消耗较大，每度电只能生产60～70千克；二是营养物质有所损失，尤其是高温对维生素的破坏程度最大，对维生素C的破坏高达40%～60%，而硬颗粒饲料加工时仅损失30%～40%，应改进维生素的添加工艺。

（六）人工微粒饲料

人工微粒饲料颗粒极小，直径为0.01～0.5毫米，在水中其营养成分不易溶出，含有幼体水产养殖苗种所需要的营养成分及含量，摄食后易于消化和吸收。日本等多国都在探讨和研究这种营养价值较高的饲料形态，以期取代浮游生物来饲养刚孵化的水产养殖动物幼体。这种饲料按其制造方法和性能大致可分为3类。

1. 微胶囊饲料

它是一种被胶状膜包被的液体或胶粒或糊状或固体的微型饲料。如尼龙蛋白微胶囊饲料、胆固醇——阿拉伯树胶微胶囊饲料等。苏联从1980年开始研究这种饲料，目前已采用微型胶囊化方法生产0.2毫米粒径的饲料超过10种，其饲料的组成大都为含蛋白质40%～49%、脂肪2%～5%、纤维素2%～7%、无氮浸出物30%～40%、灰分5%～11%。

2. 微黏合饲料

此饲料是用黏合剂将饲料成分黏合称微囊饲料的。如琼脂微黏合饲料、角叉藻胶微黏合饲料、玉米朊微黏合饲料等。

3. 微膜饲料

这是在微黏合饲料基础上再覆一层被膜而制成的饲料。

第二节　渔用饲料加工的原料流程

将各种饲料原料粉碎到粒度细而均匀，然后，把它们混合成一个整体，这需要具备相当的专业知识和技术水平。有许多饲料加工厂为此技术要求而设计专业生产线。不管工厂具备什么样的专业性，其原料的基本流程如下。

一、原料流程

渔用饲料加工的原料流程见图 8－1。

加添加剂
↓
仓库（称重）→粉碎→混合→制粒→冷却→干燥→装袋→贮存
↘ ↙
运销

图 8－1　原料流程

二、原料流程的说明

原料流程过程主要是接受原料、加工、包装、贮存和发货。

（一）接受原料

饲料加工厂的第一道操作过程是接受原料进厂。各种饲料原料成分是用麻袋包装或其他小包装、散装入厂的。

原料进厂时，要对麻袋装的各种原料进行检查和鉴定。贮存时要与药物分开。麻袋必须置于干燥处保存好，不能被啮齿动物啃食以及受虫蛀蚀，并要经常翻动，以尽可能地不被腐坏、变质或生虫。液体成分一般在木桶中贮存，要保持适当的温度，并定期用过滤筛检查。固体成分在入仓贮存前要用筛谷机清选，除去杂物，并调节仓库内的温度，以防止谷物由于呼吸作用而使温度升高。

（二）加工

加工过程中的原料流程包括：使粒子变小、预混合、制粒、装袋。

粗粉性的成分要经过永久性磁铁检查，除去铁等混入物；然后，通过粉碎机粉碎，以达到所需要的粒度。粉碎的原料要定期检查，保证粒子大小均匀，并注意检查粉碎机的筛和锤片的磨损情况；最后还要将粉碎的原料送入仓库贮存。

饲料原料粉碎过程中有两道混合程序：一是微量成分的混合；另一个是各种饲料原料成分的全部混合。微量成分如维生素、矿物质等应与载体一起称重，这种物质的密度与微量成分的密度大致相同。其后是将这些物质用搅拌机混合，搅拌操作时间视机器制造商的规定而定。最后，将预混合物按设定的路线置于预混合贮存仓内。开动搅动，将每种成分（包括预混合物）按配方规定的准确数量送入搅拌机，饲料的总混合即已开始。若搅拌机是手工操作，各种成分要在装袋或装入斗式货车时称重。混合时间按机械要求选定，但对最后混合好的原料要用示踪器进行检测，以确保混合的均匀度。若混合后加工，应按设定路线送入制粒仓内。

制粒的混合粉碎料要在制粒机的蒸气调节室内进行预调制，然后才能进入压模挤压造粒。刚挤压出来的颗粒是热的，含水量较高，在运送过程中经过冷却时，水分会蒸发一部分。将冷却后的颗粒饲料中的碎粒及粉末筛选出来回收后，重新制粒。若要加入鱼油，应在制成的颗粒饲料发送至包装仓前以喷涂方式加入。

（三）包装

渔用颗粒饲料大多用麻袋包装。装袋过程包括称重、装袋、封口、编号，然后送入仓库或发货。

（四）贮存和发货

散装的饲料可用箱装。饲料装入大型特制的运输车内送给用户，也可以用螺旋输送机、叶片输送机或气动输送机从运输汽车内卸入用户的贮存设施。

第三节　加工工艺与机械

一、加工工艺

渔用饲料的加工工艺是根据原料流程及原料的各种处理过程的次序以及各加工环节的注意事项设计的，为的是确保整个程序顺畅而合理。总体工艺流程为：原料→粉碎料→添加剂预混料专用秤→入料口（分别为原料、粉碎料、添加剂预混料入料口）→输送机→永久磁铁（吸除铁质杂物）→分配器→贮料仓（分别为原料、粉碎料和添加剂预混合料用）→粉碎机（若需要，在粗粉碎后应再次粉碎，直到达到所需要的细度为止）→搅拌机→造粒机→振动筛（分离饲料颗粒与碎料、粉末用）→冷却机→干燥机→装袋打包机。

二、加工机械

作为一个现代化的渔用饲料加工厂，其整个流程所用的机械种类很多，按先后顺序分别有提升机（输送机）、粉碎机、搅拌机、造粒机、冷却机、干燥机等。

（一）输送机械

作为输送机主机有3种形式，即气动式输送机（又称风送输送机）、螺旋输送机和传送带输送机。具体哪种形式好还难以说清，主要根据加工要求选用，一般是根据各工艺环节选用，在一个饲料加工厂内或一个生产线内往往是多种形式混合使用，不同的形式用于不同加工输送环节。

（二）粉碎机

粉碎机的种类很多，机械原理也各不相同。但作为渔用饲料加工用的粉碎机只有锤片式、磨块式、辊式和切碎式4种。

1. 锤片式粉碎机

锤片式粉碎机简称锤磨机，它是一种冲击式粉碎机，具有摆动的或固定的钢棍，强行使饲料成分与圆形的筛板作为撞击板，有坚固的锯齿部分相撞击。饲料成分停留在粉碎室直到其个体减小到筛板孔眼一样大小。转动轴上的铁锤数量、大小、排列、尖锐程度、旋转速度、磨损方式以及尖端与筛板或撞击板之间的间隙都是相当重要的变动因素，影响粉碎性能和产品的外观。粉碎材料所产生的热与在粉碎室内停留时间的长短、室内气流动的特性有关。对于干燥的脂肪饲料原料冲击式粉碎最为有效，当然，对于许多其他原料，选择适当的筛板和调节进料量也可以粉碎。

绝大多数锤片式粉碎机都是具有水平式转动的轴，轴上悬挂着垂直的铁锤；但对于某些饲料成分，如干燥的动物性产品，使用“直立式”锤片粉碎机更为有效。这种粉碎机转动轴是直立的，而筛板和锤片是水平装置的。它可以较好地使饲料成分的体积减小到筛孔的大小，或更小一些，借助重力落出机器，再经风力或传送带送入箱内贮存。过大的粒子不易击碎，从机器中跌落出来，可以再投入机器中重新粉碎或丢弃。混入饲料中的杂物，如铁块、石子等应于加工前分离出来，以免损伤机器。

2. 对磨式粉碎机

对磨式粉碎机又称磨块式粉碎机。这种粉碎机在一定程度上采用了锤片式粉碎机的原理，即用冲力粉碎。不过，这种粉碎机还有切割的作用。磨碎是在两个圆盘之间进行，圆盘的磨损可以置换。机内有两个圆盘。圆盘的转动形式有两种：一种是两个圆盘同时转动，但方向相反；另一种是固定一个圆盘，一个转动。这种组装是用于切碎纤维。一般用其他粉碎机粗粉碎的原料再用这种粉碎机加工，可以使含有液体结球的饲料成分或混合物混合均匀。

磨块式粉碎机的圆盘一般是垂直的，这样可以使无法粉碎的原料在通过时借助重力落出粉碎室。

3. 辊式粉碎机

辊式粉碎机有切割、研磨和压榨的多重作用。粉碎机的轴辊有平面的和波纹面的两种，轴辊按照预定的距离调好，经相同的速度转动，需粉碎的原料由两个轴辊间通过，使两个轴辊以不同的速度转动，或使两个轴辊的波纹不同，如上面的呈纵向螺旋纹、下面的呈横向波纹，这样都可起到粉碎的作用，后一种类型还可使硬颗粒被制成细小的粒子，因为这种粉碎机可以粉碎硬颗粒而不会产生过多的粉末。辊式粉碎机较为经济，但只限于粉碎相当干燥的原料和低脂肪的原料。

4. 切碎式粉碎机

旋转式粉碎机也称旋转式粉碎机，所不同的是它是利用切刀的刀刃和撞击板间的相互作用而将干的固体切成颗粒。这种机器还有研磨和冲击的双重作用，如果饲料很容易切碎，而且筛板上的孔又较大，这些作用就很小。

机器上具有转动的轴，轴上有 4 把平行的刀和占 1/4 圆周的筛板。这种机器最好用于弄碎整粒谷物，产生的“碎末”很少。但不适合作为减少鱼饲料成分体积的最后一道工序，即作为切割机使用。

5. 筛分系统

在为鱼苗磨碎饲料时，需要有一套筛分系统，以将原料按所需的粒子大小加以分类。粒子过大的可以重新磨碎或弃之不要。凡通过筛分系统的粒子可按各种鱼对粒子大小的喜好，并根据配方规定加以混合。用 177 微米（美国 100 号）的饲料饲养鲤鱼苗种，已成功地提高了其饲养成活率和生长率。锤片式粉碎机在冲击粉碎干饲料、特别是谷物时，会产生列入“粉尘”范围的小分子，因此，需要粉尘收集系统。饲料中含有较多的粉尘或粉末可能会引起水产养殖对象的鳃病，这些小的成分会黏结在鳃上，成为细菌和寄生虫的营养体。

（三）混合机

混合系统是每一个渔用生产厂的核心。混合系统的生产能力决定整个生产厂的生产能力。混合机械主要有以下几种类型。

1. 卧式混合机

卧式混合机有两种：一种是连续式螺旋带式混合机；另一种是非连续螺带式混合机。

连续式或“双螺旋”混合机由以下组件构成：一个固定的卧式半圆筒，其中心轴上装有转动的螺旋输送带。进料可以随着中心轴及内传送带从一端送到另一端。容量大小视机体大小不同，小至几升，多到几立方米。中心轴转速与外皮带轮的大小呈反比，通常以每分钟行进 75 ~ 100 米为宜。由于原料是从一端传送到另一端，因而两端均可卸料。这种混合机的传送带可以倒转，以清洁内部。

非连续式螺旋带式混合机又称断续式螺旋带式混合机，与连续式螺旋带式混合机相似，所不同的是以称为“叶片”或“犁片”的短片围绕混合机的中心轴而间隔排列。其作用与连续式螺旋带式混合机不同，可以同时混合固体和液体成分，而且效果很好。这种混合机的大小及种类很多，叶片外周的转动行程多为每分钟100～120米。

2. 立式混合机

立式混合机一般由以下部件构成：一个圆筒、圆锥体或漏斗形的容器，有一个单头或双头的螺旋杆（活动的）垂直贯穿整个混合机，活动螺旋杆约以100～200转速运转，如螺旋传送带一样，将从底部的进料传送到顶部。饲料在顶部散播，借助重力下落。此过程连续进行几次，直到完成混合作业（一般为10～20分钟）。这种混合机也可以从顶部进料。相对前一种而言，立式混合机对于均匀混合固体和液体或各种大小颗粒、或密度相差很大的物质效果不是很好。这种机器很难擦净，因此，各批用料之间可能会造成污染。

3. 其他类型的混合机

第三种类型的混合机是卧滚筒式的。它是直的圆筒状或两端呈锥形圆筒。内壁平滑，或装有挡板或隔板，以便抓耙和散落饲料成分。均匀而光滑的具有相同物理特性的干物质用这种混合机混合的效果最好。

上述混合机的一种改型产品为涡轮混合机。这是一个固定的圆筒，中间有转动轴，轴上装有浆片、犁片、刮板或隔板，用以不断搅动筒内的物质。这种混合机对于混合质量较重的饲料以及液体加入混合物的效果很好，而用其他类型混合机进行这种混合就会结块。松软的材料，如米糠、苜蓿叶片等粒子会变小。除非因添加液体以后结成团块，还需要多搅拌一些时间外，一般3～6分钟即可混合均匀。调整混合机轴的转速，以便直到离心作用，但转速不能调得过大。

“Nauta”混合机是荷兰发明的。锥体倒置，筒内装有螺杆沿内壁旋转。混合机有不同大小的各种型号，具备从实验室用预混合化学试剂及维生素添加剂到大规模生产用的各种型号。这种混合机很适合于混合微量元素，在将适量液体加入到干饲料成分中时，混合效果也极好。

还有一种称作“entoieter”的混合机，是由一个高速转盘构成的。这种盘以相当大的冲力将进料摔在机体内壁上。这种机器的性能很好，可使密度大的成分团块打碎。但因这种混合机会使凝胶包被的维生素A小球破碎，故最好还要用于混合微量成分。

4. 液体混合机

在生产渔用饲料时，常常把油类及遇水易于混合的油类制品作为能量来源，或作为特别的养分添加到干饲料成分中。虽然干饲料可以提供脂溶性维生素A、维生素D、维生素E和维生素K，但饲料生产单位也可获得这些维生素的纯化产品或预混合的制品，用含养分的液体混合比用含同样养分的干饲料混合速度快而均匀。因此，渔用饲料加工厂需要这种混合机。

液体混合机通常由一个卧式筒或圆筒及内装若干钢条和叶片组成。这些钢条或叶片按等距离围绕在内部旋转的中轴排列。有时中轴是空心的，液体被迫通过叶片上的孔，直到喷雾的作用。有些型号的中轴转速为400~600转/分，而有些型号的转速则高达1 200转/分。诸如浓缩鱼汁或发酵液、糖蜜、鱼油常常在钵式变速混合机中预混合后，再与干饲料成分相混合。

（四）造粒机

生产渔用颗粒饲料的饲料机又称造粒机、制粒机、扎粒机等。其形式及机型很多，但基本都属容积式，功率范围为0.5~200千瓦。若按所生产颗粒的性质分，大体上可分为软颗粒机、硬颗粒机和膨化颗粒机3大类。

1. 软颗粒饲料机

软颗粒饲料机的问世已有近60年的历史，是最普通的一类饲料机。这种机械构造简单，造价也较低，形式多样（表8－1）。早期的有活塞推压式、双筒模压式、摇摆式、滚动式，因其所产生的饲料颗粒较松软，生产效率低，饲料表面粗糙等原因，而被螺杆式、叶轮式、滚压式机型所代替。一般而言，饲料经软颗粒机加工后，其营养成分不变。其构造和制粒原理如下。

表8－1　软颗粒饲料机主要参数

型号	EXD－100	EXD－60	MG－1
制造厂	日本“不二”	日本“不二”	日本“细川”
形式	双螺杆前挤式	双螺杆前挤式	碳压式
功率（千伏）	3.7	1.5	3.7×2
转速（转/分）	–	–	91~110
孔径（毫米）	1.5~10.0	0.5~3.0	1.0
产量（千克/小时）	100~300	20~50	500

（1）螺杆式

本机型的主要部件为螺杆式机筒，机身为卧式。螺杆在机筒内回转，迫使物料捏合、压缩，并连续挤出模孔。切刀与螺杆同轴成45°角，与模孔板也呈45°角，把料切成颗粒。为了避免物料在螺杆的非喂入侧倒退出来，在那里安装有压棍，旋向与螺杆相反。以后，又在此基础上发展成双螺杆型，两个螺杆的旋向相反，呈对称状，机头结构为双机头形式，装卸及清理时快而方便。机筒内壁表面有4~6条纵向沟槽，以加快物料向前均匀移动，减少打滑、阻滞，确保出料的稳定。螺杆宜用氮化钢材质。螺杆的形式一般为单头，等直径、等距离的变深度式。径长比为3左右，深度向出料端变深。渐变螺杆挤出的饲料颗粒软，而突变螺杆挤出的颗粒比较硬一些。双螺杆型机的产量较高，可以少用或不用黏合剂，自变量出的饲料颗粒也较硬。

双螺杆机型又有前挤压式和横挤压式两种，前挤压式横板在前，可产生直径1.5～10毫米的饲料；横挤压式用一金属网，从圆筒方向挤出，可产生直径0.5～3毫米的细粒饲料。

（2）叶轮式

本机主要部件有叶轮和机筒。机筒为立式，筒壁有模孔。叶轮为卧式，在筒内旋转，迫使物料经叶片的挤压从筒壁的模孔中挤出。物料自上而下，为避免物料结块，在叶轮上部装有与叶轮轴同心但旋转方向相反的双叶搅拌器，以利向下喂料（送料）。叶轮经过挤压摩擦导致出料升温，一般达40℃左右。叶轮一般为3～4叶，叶片与筒壁呈13～15°角，叶轮上装有可调刮板，以便于物料特性调节与筒壁的间隙和角度。

（3）碾压式

这种机型的主体部件是压碾和机筒。机筒为卧式，筒壁较薄，开模孔，外面另有加强套。压碾贴筒旋转，迫使物料从筒壁模孔中挤出。成品一般不需要切断，自然干燥后会自行断裂。压碾和筒壁各有单独的减速系统，由电机带动，作同方向等速旋转。原料在两个工作面间受压力作用，而被强制挤压出模孔，能防止打滑，压力的大小由调节弹簧调节，即使是容易滑动的原料也能嵌入模孔造粒，对于原料的适应范围很大。调节弹簧对异物的嵌入所引起的过载也能起保护作用。筒壁较薄，所以，原料在模孔中的挤压、摩擦发热少，动力消耗低，适用于含水量较高的湿润原料，可生产直径0.7～1.2毫米的细粒饲料，所以，又称微颗粒饲料机。

2. 硬颗粒饲料机

硬颗粒饲料机是当前世界各国发展较快的一种颗粒饲料机。这类饲料机基本上有两种形式：即环模式和平模式（表8－2）。环模机的数量较多，最大功率已发展到120千瓦；多数为卧式，只有一小部分小功率机型为立式。平模机均为立式，最大功率为165千瓦。

表8－2　硬颗粒饲料机主要参数

型号	“上田”10HP	F20－28	Vanaarsen	Lister
制造国	日本“上田”	日本“长濑”	荷兰	英国
型式	卧式环模	平模	平模	立式环模
功率（千伏）	7.5	15	30.0	7.5
孔径（毫米）	3.2、4.5、6.0	2～30	2～30	2.4、3.9、7.9、11.0
产量（千克/时）	150、200、250	270～900	1 500	200、250、300、400
冷却方式	通风冷却	通风冷却	通风冷却	通风冷却

这种造粒机的主要用途和加工技术特点为：

① 主要用于轧制含水量较低（11%～12%）的饲料加工，可制成有光泽和适当

硬度的颗粒，一般长度为直径的1~1.5倍。但在原料水分大于17%~18%时会产生类推状，导致模孔堵塞。

② 加工电能消耗量较大，每加工1吨饲料的耗电约7.5度。

③ 原料中可不使用黏合剂，若需要改善适口性，可添加脂肪或糖蜜调理，以减少摩擦，提高产量，尤其是在加工单一的植物性饲料时，这样做可以提高钢模的使用寿命。

④ 干饲料在加工时可通过蒸气或加水。若是蒸气压力为0.8~1.0千克/厘米^2，蒸气量为原料重的5%左右，使饲料具有一定程度的熟化，以产生黏合性和流动性，饲料中的淀粉成分因通入蒸气和摩擦升温作用会有部分α-化，不但可提高颗粒的黏合性和坚固程度，还会提高利用率。

⑤ 饲料在加工时，由于挤压、摩擦而产生的升温作用，一般可升温到85℃左右，或略高一点。

⑥ 其中平模机生产直径2毫米以上的饲料，环模机生产直径2.5毫米以上的饲料，不能生产微细饲料，但产品可以粉碎成碎小颗粒。

⑦ 原料中最高含油量不得大于3%。若需要含油量较高，应在颗粒加工后采取外喷涂方式添加，一般在油温90℃时可添加6%。这样，饲料颗粒的硬度可从原来的0.1~1千克/厘米^{2}提高到1.5~3千克/厘米^2。油脂以中性为好，劣质油（pH值大于5.5）易磨损钢模，故一般使用牛油、猪油、骨脂、鱼油的混合油。因植物油的碘价低，酸价高，不易凝固，不易贮存，一般不采用。

环模机的构造及制粒原理是：

① 本机型为典型的硬颗粒饲料机。钢模是一个转动的多孔柱状筒，筒内有1~3个带沟纹的自由可调节碌轮，间隙为0.2~0.5毫米，按原料的不同可调节。原料进入钢模即被转动的碌轮压入工作面，嵌入模孔内，并从钢模的外壁挤出，被切刀切成柱形颗粒。

② 顶部有二级搅拌送料器（又称不锈钢均化器），由螺旋搅龙和钉齿组成，旋向相反，由小电动机通过无级变速器传动，转速为0~130转/分，使饲料不会黏结。第二级搅拌器有喷蒸气装置，由电磁阀控制，蒸气需经过凝结水分离器处理，使饲料捏合软化。在轧有黏性的饲料时，只要喷水即可。

③ 钢模的转速慢，为6米/秒以下，直径大，适于压制大颗粒，即直径5.9毫米以上的颗粒；转速快而直径小时，适于压制直径小于4.7毫米的颗粒。因钢模较厚，轧的颗粒硬，产量也较低。钢模的孔有几种形式，一般采用直孔。使用直孔后，在使用一段时间后，孔会逐渐变成内大外小的锥形孔，从而使产量提高。

④ 一般使用防暴电动机，并要求有较大的齿轮纽矩。用斜齿轮减速，密封于油箱中，噪音小，安全可靠。简易的则用三角皮带减速。为了清除异物，在进口处装置电磁铁。为了防止突然超载，压碌轴上还装置了安全销和过载保护器及联动停车装置。

⑤ 小型环模式硬颗粒饲料机一般采用立式结构。如英国的 Liste（7.5 千瓦），它的全部生产工艺流程，即整个机组仅为 35 千瓦，占地 15 平方米，使用机械微量放大装置监视全机组，发生故障可全机组自动停车；但产量较低，仅 250 ~ 300 千克/小时。

⑥ 挤压过程中摩擦力较大，产品热而潮，约为 80 ~ 85℃；在贮存和包装之前，必须加以冷却和干燥。小粒的可用立式冷却器处理，大粒的可用卧式冷却器处理；自然冷却所需时间较长，但又必须逐步冷却，以防止突然冷却而使颗粒碎裂。贮存时应将水分含量降到 11% ~ 13%，以保证安全运输和贮存。水分高则在贮存时易于发霉，而水分低则易于受机械振荡而破碎。

平模机的构造和造粒原理：

① 平模式硬颗粒饲料机主要部件是一块钢模和一组（4 ~ 5 个）带沟纹的自由转动的碾轮组成。机体为立式结构，原料自上而下落入轮间隙，而被旋转碾轮压入模孔，并从下孔挤出，由切刀切断。

② 平面式钢模加工容易，工艺简单，材料也易于解决，不需要像环模机那样要专用车床和电子计算机控制制作，更换钢模很快。碾轮与钢模的间隙无需调整，碾轮磨损后可用焊接法修补。若碾轮较大，可用大的轴承，而不易损坏。

③ 不需要通入蒸气轧出颗粒，但产量略低。一般加蒸气量为原料量的 5%，产量可提高 60% 以上。所生产的饲料直径为 2 ~ 20 毫米。因碾轮间隙较大，原料不易黏合成块而堵塞。可以生产的饲料密度为 0.5 千克/厘米^2 以上，不能用于生产流动性好的原料和黏合性大的饲料，因为它们不能产生足够的摩擦来转动碾轮。

④ 整机的结构简单，紧凑，造价低，是一类较好的硬颗粒机，它比环模机有许多优点，如动力消耗小，产量高等。

3. 膨化颗粒饲料机

膨化颗粒饲料机又称 EP 机（国外称谓）、浮性颗粒饲料机、浮颗粒饲料机，是 20 世纪 70 年代发展起来的产品，美国、英国、瑞士、德国、日本及我国的台湾省均在生产。如美国的高宝士公司生产的膨化颗粒饲料机成套设备有 450 型、450 改进型、755 型、2000 型等，其配套动力分别为 75 马力、75 马力、150 马力、200 马力。三 F 公司生产的膨化颗粒饲料加工成套设备有 600 型、2 000 型两种，配套动力分别为 50 马力、75 马力。90 年代，膨化颗粒饲料机的加工工艺及设备又有很大的发展，一改过去只能生产浮性颗粒饲料的历史，可进行颗粒饲料密度的调整和控制，也能生产沉性、半沉性、先浮后沉性和浮性的膨化颗粒饲料。饲料经过膨化加工后，可以提高营养成分和消化利用率，特别适合水产养殖动物肠道短、消化利用差的生理特性，使许多水产养殖动物的饲料系数降到最低限度，约为 1 ~ 1.2（表 8 - 3）。

表 8-3 膨化颗粒饲料机主要参数

型号	EP-50	EP-100	EP-150
制造厂	日本“上田”	日本“上田”	日本“上田”
形式	螺杆式	螺杆式	螺杆式
轧粒机功率（千伏）	15	37	90
转速（转/分）	67~600 无级变速	400 无级变速	400 无级变速
产量（千克/时）	103~300	300~700	1 200~2 500
搅拌机功率（千伏）	2.2	3.7	5.5
转速（转/分）	600	600	600
切粒机功率（千伏）	0.75	1.5	2.2
转速（转/分）	400~4 500 无级变速	500~4 500 无级变速	700~6 300 无级变速
耗水量（千克/时）	10~100	25~250	50~500
耗蒸气量（千克/时）	100~1 000	300~3 000	600~6 000

膨化颗粒饲料机的用途和特点有以下几个方面：

① 经过膨化处理的饲料，使其中的淀粉α-化，蛋白质组织化，因而提高了饲料的品质，并有良好的杀菌效果。

② 膨化颗粒饲料是一种较理想的渔用饲料，具有发泡多孔性、体积大、比重小、不变形等特点，可以测定水产养殖对象的摄食强度，同时消化吸收率也大大提高。

但此类机械也有其缺点，即对维生素的破坏严重和耗能较大。

在机械构造原理方面有以下几个特点：

① 本机型的主要部件是螺杆和机筒。机筒内的温度 140~150℃，压力范围 30~40 千克/厘米^2。螺杆在机筒内高速回转，产生挤压，使温度逐步上升，迫使物料连续射出，由切刀切断，进入带式冷却干燥机。

② 机筒外壳有隔层，温度由自动控制系统控制，通向隔层的水和蒸气以调节机筒内的温度，满足加工不同原料的需要。水和蒸气的流量由电磁阀控制。

③ 机筒由 3 部分组成，相互间由螺钉连接，中间嵌入两块半圆形的脱汽模板。螺杆在脱汽模板处无螺纹，只是把螺杆也分成 3 小段。螺杆的直径、螺距随深度向出料端逐步变小，因而受到压缩。螺杆的长度和形状由于各种原料的不同而有不同要求。

④ 脱汽模板的作用是为了防止机筒内物料倒流和排出气体。脱汽模板上有直径 1.5~3 毫米的孔道 6~8 个，孔的面积与机筒内的压力成反比。加工含脂量高的原料时，可增加阻力；加工纤维素较多的原料时，也需要脱气板；否则会妨碍出料，

但加工高粱、玉米为主的原料时则不需要。

⑤ 机筒和螺杆宜于氮化钢制成，精加工后再经氮化处理，硬度高而耐磨、耐腐蚀。机筒采用多段铸造，加热温度波动小，寿命长。其他接触原料的部分宜采用镍铬钢。

⑥ 膨化颗粒饲料机上部有二级搅拌和送料器，结构与硬颗粒饲料机相似。原料经过连续调制、加热、捏合而进入机筒内。调湿的水分含量为25% ~30%较为适宜。做法是使蒸气压力由汽源的3千克/厘米^{2}在到机器口前降至2千克/厘米^2。

⑦ 当处于高温、高压的物料射出模孔时，由于机筒内外温度差与压力差的作用，促使原料体积膨胀，水分快速蒸发，比重从0.45~0.50下降到0.25~0.40，而使物料颗粒内部呈多孔状。因此，很容易冷却、干燥，使含水量降到6% ~9%。

⑧ 成型模模孔有圆形、三角形、扁形，但以采用圆形的为多。模孔多为8个，直径2.5~6.5毫米，也有的采用3毫米孔10个的、5毫米孔4个和6毫米孔3个的。切粒机由单独的电动机带动，装3~6把切刀，100~300转/分的无级变速，以便调节颗粒长度。饲料成品的粒径一般为模孔直径的1.5~3倍。

（五）冷却和干燥机

在饲料颗粒制造过程中，传给颗粒的温度有助于在风干时去除水分。一般来说，在挤压后的10分钟以内，坚硬的颗粒即可冷却至环境温度，其含水量稍高于进料时的松软饲料。将颗粒在地上铺一层，从上方对着吹风即可干燥。

在生产商业性的饲料时，是将热的颗粒饲料通过立式或卧式冷却——干燥机加以处理。机内有吹风装置的干燥室，使相当于环境温度的风直接吹向颗粒饲料的表层。

1. 立式冷却——干燥机

添加的水分如蒸气等，可以使物料产生润滑作用。另外，蒸气传给颗粒的温度是随后使颗粒干燥的一个主要因素。若将相当于环境温度的空气吸入或喷在制成的饲料上，其去湿能力则取决于温度上升的多少。空气对水分亲和力则直接与温度相关。空气吹到热的颗粒上，温度会升高，蓄水能力也会升高。若在制粒前用冷水或温水使松软的饲料润滑，成品颗粒的温度不会达到使生淀粉胶化或促使空气大量地去除冷却机中水分的程度。热空气可用于冷却——干燥过程，但一般而言，经济上是不合算的。不过，在烘箱盘上新制成的湿颗粒经加热干燥后，在水中的稳定性会大大提高。

在立式冷却——干燥机中，颗粒从制粒机中卸入平边漏斗的顶部，落入附设的冷却箱。与傍侧的鼓风机部分相连接的压力通风系统将冷却箱从中间分开。依靠颗粒本身的重量填入冷却箱两侧锥形有孔的百叶箱内，使颗粒在进入压力通风系统前冷却下来，并经过风箱排出。颗粒从底部排出闸排出的速度按照颗粒进入冷却箱的数量加以调节，这样，可保证颗粒均匀冷却和干燥。

颗粒进入这个系统的冷却部分直到装置接近于闭式漏斗顶部的膜片。膜片受到压力后启动排出闸。颗粒排出直到高度低于膜片。冷却颗粒由斗式提升机或刮板式螺旋带传送器送至贮存库或装袋箱、或卡车散装运走。这种冷却器更适合于地方有限的情况下使用，而且一般来说较卧式冷却机经济。

2. 卧式冷却——干燥机

卧式冷却——干燥机系统具有网膜式履带式传送带，其上带有孔的金属托盘，用以传送从制粒机排出的颗粒。传送带上颗粒的厚度和传送带的速度可以调整到颗粒离开机器，送往贮存时所规定的水分和温度的要求。卧式冷却机可以是单层的，从一端进，从另一端出；也可以是双层的，即在同一个机器内装有两条传送带，将颗粒送回原来输入的一端。从离心式网扇送来的空气由冷却机的底部穿过颗粒层。和立式冷却机相同，空气排入粉收集系统，将从颗粒上剥落的碎末和小粒子吸走，并可以不断送回制粒机重新制粒。

（六）筛选与分级机

在颗粒和碎粒饲料生产过程中，筛选与分级是必不可少的过程。当又热又湿的饲料颗粒从制粒室的压模中挤出时，以及颗粒通过冷却和传送装置时，都会产生细碎的颗粒和粉尘。细碎颗粒既可以送回制粒系统重新制粒，也可以加以筛选分级供培育鱼苗使用，而粉尘则可送回制粒系统重新制粒。

因此，无论是采用何种造粒生产方式，大都需要筛选与分级系统。目前，已有许多种手工或机械操作的分级与筛选系统，大多数是从一侧向另一侧震动传送或旋转，使颗粒通过具有特定大小网目的筛网。这一装置应设在装袋或是最后卸料箱的一方。一般振动筛上有盖罩，以防止粉尘进入机器。这个过程是颗粒饲料生产的最后一道工序。

第九章　添加剂预混合料的加工

饲料添加剂在畜牧业上的应用较早，大约在20世纪初即已开始；在渔业上的应用要相对晚一些，但发展却很快。到目前为止，在渔用饲料中使用的微量元素已达30种左右，维生素类近20种，氨基酸类超过20种。它们在整个渔用饲料中使用量很少，若在商业饲料生产中将这些添加剂直接加到其中，势必会造成成分分布的不均匀，相互间发生作用等问题，从而影响其使用效果。为此，开始研究将添加剂加工制成各种预混合饲料，保证了其应用效果和方便性。但在配制预混合饲料添加剂时应遵循必要的程序和原则，否则，达不到预期效果。

第一节　预混合料的基本概念及加工过程

一、预混合料的基本概念

即使在全世界饲料加工业范围内，关于预混合料的定义也并不十分明确，各国、各地所称预混料的含义有一定的误差，现将一些定义依次介绍如下。

（一）基本概念

1. 预混料

预混料是一种或多种微量组分，如维生素、矿物质、微量元素或药物混合在一起的配方。预混料不含大量蛋白质，通常成品料的添加量为每吨少于50千克；大多数情况下是以更低的水平，即每吨0.5～1.0千克的水平添加。

2. 基础预混料

基础预混料又称超级浓缩料，是某一种成品料要求的包括全部或大部分微量成分的配方，可加入谷物和蛋白质组分，添加量为每吨饲料50千克，用以配合平衡饲料。基础预混料也可能含有一部分动物所需的蛋白质。

3. 补充料

补充料又称浓缩料，含有平衡适宜的蛋白质、维生素、微量矿物质元素和其他添加剂，用于谷物和粗饲料中，添加比例为每吨100千克以上，以便配合成平衡配方。

4. 全价料

全价饲料为全价配合饲料的简称，又称为成品料或成品饲料，含有平衡适宜的营养素，为饲养对象的唯一配方。

（二）预混合料的类型

饲料厂中使用的预混合料一般可分为三大类，即商业用预混料（商品预混料）、厂内预混料和客户预混料。

1. 商用预混料

通常指一种单一的微量组分，如一种维生素或一种药物，由主要制造商将其与载体搅拌，并提供给饲料生产者；可以直接加入成品料搅拌机或在使用前进一步稀释。

2. 厂内预混料

厂内预混料又称自制预混料。它是商用预混料的进一步稀释或商用预混料和（或）其他微量组分与一种稀释剂的配合。自制预混料通常在成品饲料厂生产；其也可能在一处生产供给多个饲料厂和公司使用，可能生产后销售给当地的饲料厂或饲料粉碎或搅拌车间使用。

3. 客户预混料

客户预混料是自制预混料的变异，为适应某饲料厂、公司或某种饲料规格的需要。预混料厂商用预混料、其他微量组分以及稀释剂配制而成。

（三）预混合的目的

在饲料工业中进行预混合的目的是通过一种介质将一些微量组分，如维生素、矿物质、药物以及化学物质以微小的数量但能安全、准确地加入到饲料中。进行预混合并为水产养殖对象提供预混合料的主要理由如下：① 改善微量组分在成品中的分散性，使其能在饲料中均匀分布。② 克服称量和预混合设备以及成品料搅拌操作控制方面的不确定因素。③ 提供多种规格，以千克而不是以克或毫克为单位的添加量，这样可便于人员和设备在成品料搅拌水平上的操作。④ 提供由数种或多种微量组分混合的预混合料或浓缩料，以免除成品料搅拌机旁的多次称量和手工倒料。⑤ 用特定设备和经高级培训的人员在一处生产可供更多的饲料厂使用；这样就避免了每个饲料厂对各种组分的分散采购。

二、加工过程

配制预混料的加工过程可分为以下几个步骤。

（一）物料的接收与贮备

每种微量组分的进料必须由专门负责此事的人进行检查和验收，并负责将各种微量组分分别放到指定的地点和位置。

接收记录上必须标明商品名、常用原料名、每批代码以及除接收单上常规信息以外的文件报告。

各微量组分必须储存于清洁干燥的地方，而且放置的地方应该便于实地盘库与库存周转的先入先出。微量组分的存放应与其他原料组分或成品料分开。当库内存放有昂贵的和其他具有潜在危害的微量组分时，应注意清洁工作和控制虫害的发生。

（二）称重与混合

国外有人建议，在预混合操作范围内测定混合性能的任务应由质量控制高级人员负责。其中，此方面的经理负全部责任，但也应对全体人员进行预混合操作训练，这应是一个生产单位的重要任务之一。

良好的生产操作和管理要求是建立起一套有效的管理及技术操作制度，并认真执行。

工作区域的安排应使日常的清洁工作得以进行，偶尔泄漏或遗漏物料必须立即收拾干净，同时，空袋与其他废物也必须按次序予以清除。

对于操作人员应认真挑选，招聘的工人也要进行培训，让他们了解预混合操作的重要性，也应有能力进行微量组分的准确称量，了解专业术语，并进行必要的记录。

（三）库存管理

准备生产自制预混合料的全部活性物质都是很昂贵的和具有专一用途的，因此，在单班生产基础上建立监测预混料生产制度就显得非常重要。制定一个组织良好并能实施的库存控制方案，以便对生产进行日常监控。

每批预混合料都应有其配料单，而且具体操作后要受到对照检查。在添加时，对每种组分进行检查，并做好记录。这种常规操作也是很有必要的。为使出入原料保持一致，质量控制经理必须监控这部分工作。配料单上应列出制造商的全部药物批号，并在这批预混合料全部销售完毕后保存配料单两年以上。

（四）分析程序

对预混料每种组分进行分析是不现实的，也不可能在预混合料加入饲料之前对每种添加剂进行分析；但相对于此，建立一个参考样本的档案与分析程序是很重要的。长期以来的分析数据是作为混合性能与产品质量的证明。

第二节　预混料的加工机械

因预混料的加工机械与饲料加工机械不尽相同，有其特点和技术要求，故此单独加以介绍。

作为渔用饲料预混料的生产体系的机械设备并不复杂，实际上使用任何一种设备都可以生产出合格的产品，但必须经常测试各设备，并证实其搅拌能力。

如果预混体系是设在成品饲料生产厂内，则这些设备应与厂内的饲料生产车间分开。预混料作业区必须保持清洁、明亮和维持正常的生产秩序。

一、配料秤

与预混体系有关的全部自动秤必须绝对准确，并应经常测试其精确度。其中包括称量载体、稀释剂以及其他大容积饲料的漏斗秤、地秤和实验室内称量微量组分用的天平和打包时的称量体系。

载体、稀释剂以及其他微量组分都应通过一个称量斗进入预混机的入口。由于这些组分用量大，手工称量很不方便，而且不准确。

一些组分如维生素、矿物质以及药物添加剂预混料可经常以销售的包装量加入搅拌机中，但需要一台灵敏度为100克而能称量225千克的地秤，以便称量除载体和稀释剂以外的预混料中使用量较大的组分。

另外，还需要一个灵敏度为1克的天平，用以称量那些在预混料中用量水平很低的微量组分。

二、粉碎与筛分机械

在大多数预混料生产过程中，通常需要将稀释剂、载体予以粉碎到一定均匀的细度，以便为最佳搅拌提供适宜的粒度，并使搅拌后的分离作用降到最低。

所用粉碎机的类型有特殊要求，但一般采用小容量或具加工能力的磨块式粉碎机。

在粉碎物质流动地点应设置一个筛网或过筛装置，以便使物料限制在所要求的粒度大小范围内，以确保载体、稀释剂以及微量成分的恒定粒度。

三、混合机械

混合机是预混体系或预混料厂的核心。所选用的混合机械的搅拌能力取决于生产的需要。大多数情况下容积为3 400升的混合机已能满足生产需要。

混合机的结构及功率必须是以处理密度在1.45千克/升左右的物质，同时，也应有足够的强度以克服载满时起动转矩的负荷。若经济上允许，混合机及其组成部件应采用不锈钢质，并配套蒸气或热水冲洗设备（包括一个池和排水道）。

混合机放置的位置应在活性物质很容易直接加入搅拌机仓的地方。一台卧式混合机的放置，应使平衡锤顶部闭合的安装便于观察搅拌动作，便于搅拌机的清扫、测定分析取样和机械测试。

在加工预混料时所用的混合机一般用卧式有飘带和叶片结构的混合机、旋转磙筒式混合机、静止磙筒式混合机、双壳磙筒式或“V”型混合机以及立式锥形混合机等，如 Munson、Lodige、Patterson-Kelly、Nauta 等 。混合机的结构与原理同饲料加工机一章所介绍的相同。

选用哪种混合机，生产预混料都应对其在不同条件下的混合效率进行彻底鉴定和测试，而且测定是经常性的。这种测定将决定不同产品的搅拌时间，也可识别哪些影响混合机搅拌性能及所需搅拌时间等问题。公认的混合机测试方式有数种，应在使用混合机之前采用一种或多种方式测试，并在每 3 个月进行常规测试一次。常用的混合机测试方式有药物或合成纤维素分析、着色的铁或石墨示踪物、食盐、Quantab 氯化物滴定管、矿物质、灰分、非蛋白氮（NPN）。目前，最通用的是食盐/氯化物离子和铁/石墨示踪法。

四、输送设备

输送设备亦属于物料管理范畴，因为将预混料从混合机或混合机缓冲仓输送到包装地点的这一过程和流程环境是影响预混料质量的一个重要环节。查尔斯于 1972 年强调，无论如何，应避免将预混料通过螺旋式输送机或提升机。预混料不应与集尘装置的气流或其他处理气体的设备相接触。有些报道表明，仅仅由于气流的原因，使预混料的损失就达 15%。拉雷比（Larra bee）于 1976 年指出，重力系统对预混合包装车间提供最小的分离机会。若难以用重力将预混料送到包装车间，则可用刮板式或带式输送机将预混料提升到包装车间而不产生分离现象。但绝不能用斗式提升机，因为此作业方式不可避免地使预混料产生分离作用。

有关微量组分的分离作用，沃涅克（Wornik）于 1956 年提出了几点考虑，其中主要是不要将成品预混料跌落到料仓中，也不能用斗式提升机输送。在有些情况下，使用振动输送机也会产生分离作用等。

大量的研究表明，在预混机与包装车间之间的运送和物料处理系统中有可能产生微量组分的分离或分层作用。因此，较好的预混系统设计必须将预混合与包装车间之间的距离尽可能的缩短，应避免任何一种提升作用。若必须采用物料提升，则应尽可能地选择设备，以尽可能地减少分离或交叉污染问题，并有利于清洁工作。

五、包装设备

预混料的预混合生产后，正常的步骤便是包装。为使预混料方便而准确地加入到整体饲料中，应按相当于一次配料的成品量进行包装。无论选择的包装大小，重要的是称量应绝对准确，因为预混料包装中微小的误差会造成成品饲料中微量组分的差错。对预混料包装设备重视程度的不足主要体现在对包装人员的培训不够，这也是造成预混料重量问题的原因之一。因此，应设置称重员和检查称重员的岗位，并建立二者的工作准确性制度。

在使用自动称重、装料和包封机械作业的情况下，应经常对机械进行检测和校正，以防止出现严重偏差。

第三节　商品预混料生产的质量控制

商品预混料以浓缩预混料的形式为饲料工业提供微量成分。这一产业之所以能发展起来，是因为配合良好预混料，即使是以浓缩的形式也比小量纯药物或维生素等直接添加时分布的更均匀、生产速度更快，还可以克服不稳定性、静电荷及吸湿性等缺点，并可以将化合物活性规定在一致的水平上。

一、化学稳定性

各种渔用饲料添加剂大都为化合物，尽管有些种类具有极好的营养或功能作用，但作为饲料添加剂并不是很稳定的。例如，一些水溶性的维生素，尤其是维生素 C。对于这种情况，化学家们大都采取从其结构上寻找这种化合物的稳定性形式或想办法保持其化学稳定性，如维生素 C 的钙盐以及包衣维生素 C、维生素 C 胶囊等。但预混料生产者们最为关心的是残留于这种类似物中的任何不稳定性状。因此，要求寻找最佳的配制技术，以便于减少由于不稳定性而有可能发生的任何损失。

饲料配方中的许多微量成分在一般使用条件下是稳定的，但在某些特定条件下就不是那么稳定。例如，在浓缩商品预混料中可能是稳定的，但在预混合和制粒过程中可能就会遭到破坏。在研究与开发新的饲料添加剂时，对于一种微量成分，不论以纯的形式、或以预混料的形式、或在配合饲料中，最重要的是考虑其稳定性。预混料的生产者必须对任何形式的不稳定形式的不稳定性进行记录，并通知用户，为用户提供明确的指南，让他们认识到这种局限性，从而降低损失。

饲料中的某些药物性添加剂或其他微量成分的化学稳定性是预混合料生产者和饲料生产者以及其管理者们最为关心的事。当某种饲料预混料中的添加剂加入预混料或其他饲料中时，它的效价会受稳定性的影响，尤其是对那些不稳定的添加剂。重要的是要明确使用范围，并配合良好的生产实际，以及合乎职业道德的销售程序。目前的规定中并不否定使用不太稳定的添加剂种类，但必须加强某些限制因素，例如，所使用的添加剂必须保证其有效期等。

二、配伍和谐性

任何一种添加剂，最终都将和许多微量原料配合在一起后添加到饲料中去。因此，配伍的和谐性应作为重要因素加以考虑。目前，人们主要是从它的化学性质方面加以考虑，即这种添加剂是否将与其他任何一种微量原料以降低二者回收率的方式发生作用。若一种添加剂在分析过程中将成为另一种添加剂的干扰物时，化学分析人员就必须修改预混合过程，并解决这种矛盾。尤其注意的是必须证实一种活性原料在与另一种添加剂产生配伍和谐的结果后，效价不降低；同时，还必须注意不能忽视载体或稀释剂作为预混料的一种潜在的，有配伍不和谐的成分。

例如，菸酸和泛酸钙，在以一种谷物为载体，而谷物含水量高达10%时，菸酸和泛酸钙的混合存在典型的配伍不和谐性。菸酸又称尼克酸，它的浓度总是高于泛酸钙，并降低预混料的pH值。泛酸钙的化学损失是逐渐的，但这种损失肯定存在。在夏季的环境条件下，泛酸钙一个月内的损失可高达25%。但若用粉末状碳酸钠中和菸酸的酸度就可减轻这种配伍的不和谐性。

三、生物学利用率

预混料生产者对每一种新的微量成分必须进行相应的临床测试和实验，全面衡量其在被施用动物体内的生物学活性。目前，许多国家对此问题都有明确的规定，而且是在全面检查了临床报告后才加以规定的。在加强这些规定时，要求具有说明动物机体如何同化、代谢，并最后排出的数据。

另外，营养性添加剂可能受到某些规定的限制。一般而言，任何一个生产者都不能提供有可能影响养殖对象营养素利用率的配方，即使预混料中只有一种这样的成分也是不可能的。因此，饲料生产者有权要求预混料供应商提供证明利用率的数据，尤其是供应商自行改进了产品的稳定性时，使产品更易于处理或可降低产品的使用水平时更应注意。

四、毒性

一种微量成分在养殖对象体内是否产生毒性作用是毒理学家们研究的问题。它以实验结果决定急性和慢性中毒水平。急性中毒实验一般只进行短时期的测定，以解决死亡原因；而慢性中毒实验是长期的，测定上体重减轻或仅测定增重速度的降低。

研究产品的毒性也涉及其生产和操作该药物或该药物添加剂对人体影响的问题。因此，可能受到尘埃或身体接触毒性的影响。

五、溶解度与吸湿性

对于预混料的生产者来说，化合物的溶解度也至为重要。在水中溶解度高的化合物应加以特别注意，因为此时很可能在稳定性及配伍和谐性方面发生问题。

与溶解度相关的是吸湿性。易溶于水的活性原料本身也可能吸收水分。这些化合物称为吸湿的化合物。一种极度吸湿的原料，可以从空气中吸收大量水分，从而使其固体状态变为液体状态，此现象又称为潮解。

吸湿性较大的原料可使预混料结块，从而引起变质。对于吸湿性问题，我们必须充分认识，并通过适当的配方加以解决。氯化胆碱即为吸湿性很大的渔用饲料添加剂之一，其吸湿特点使该饲料添加剂难以加入预混料，由于氯化胆碱的使用水平一般都高于其他微量原料的水平。含有氯化胆碱的预混料，不但会发生化学性质方面的问题，也会产生物理性状方面的问题，所有这些变化都很容易观察到。当水分含量较高时，具有化学不稳定性的微量原料将会受到严重影响。

六、结块与流动性

作为一种活性原料有可能会吸湿，而预混料中所使用的载体和稀释剂也有可能吸湿。由于这些物质的吸湿作用，使预混料的水分增加，从而引起结块。结块的结果使活性原料在饲料中的分散度较差。可以通过筛分及粉碎方式将预混料中的块状物打碎，但这种方法并非很有效，活性原料中总有少量分离的粒子在预混合过程中来回移动。最为有效的防止结块方法是尽可能避免使用易于吸湿和结块的原料，或加入抗结块剂，如二氯化硅、硅酸钙、无水淀粉、磷酸钙、硅酸镁以及碳酸钙等。

从20世纪前起就有人认为流动性好的预混料是保证搅拌机和研磨机连续操作的必要条件。因为，当时所使用的设备大多为带有重量和体积喂料器的研磨机。目前的搅拌机械已无这种要求，因此，预混料的流动性已不是主要的考虑因素。自由流动的原料确有分布快的特点。因此，使用流动性好的预混料可生产高质量的饲料。

七、发酵过程

在生产维生素、氨基酸以及某些药物时，往往采用发酵过程。若活性原料由发酵过程生产，则通常加以浓缩、烘干全部发酵液；同时，保存活性原料以及发酵过程中的残余营养物质。活性原料经分离成纯合状态时，其成本会升高，而且发酵残渣富有营养价值，这是一种很好的加工方法。在发酵过程中添加营养素，如豆粕、其他碳水化合物等，则产生的发酵液会很富营养。此时，将全部发酵液烘干的另一大优点是发酵残渣可替代载体作用。

整个发酵液中，产品的活性成分一般在5%～80%范围内。在标签上附上分析值后，这些活性成分即可作为非标准的混合物出售。

八、静电荷与蒸气压

粉碎得很细的纯化合物往往带有很强的静电荷。电荷的存在使容积增加，因为单个的粒子间相互排斥。如果将带有静电荷的化合物不加处理就配合到饲料混合物中，则会由于微量原料被吸引到搅拌及传送设备的金属物表面而造成部分的损失。因此，在这种情况下，最好是使用抗静电剂以消除静电荷，如不饱和脂肪酸等。有时，通过使用带有相反电荷的载体或稀释剂加以预混合的方法也可以消除静电荷。将两种具有相反电荷的物质相结合的结果，不但会减少体积，降低粉尘量，还会提高其流动性。

有时，一种化合物的表面会有明显的蒸气压。无论是固体还是液体物质都会有这种情况。乙氧基喹啉就是一种带高蒸气压的物质。由于乙氧基喹中草药是作为一种抗氧化剂，带有一定的蒸气压是有利的，因为这有助于该化合物在成品料中的分布。但若活性原料为一种药物时，较高的蒸气压会造成过大的损失量，就必须加以处理。有时，采用树脂、糖衣包被技术处理配合预混料会有效地解决蒸气压问题。

九、粒子的大小

粒子的大小往往会关系到以下几个方面的问题。

（一）粒子大小与生物学反应

对于不溶于水的化合物，其粒子的大小是取得效益的重要因素。例如，某些在动物胃肠内溶解度很低的药物，它的粒子越小，生物学反应就会越好。通常，微量原料的粒度取决于在饲料中的使用水平，使用量越少则粒度越小。

（二）粒度大小与粒子数据的相互关系

对于一定重量的物质，它的粒子数量随粒度的减小而增加。表 9－1 中可见粒子大小与粒子数量间的关系。

表 9－1　粒子数与粒子大小的关系

美国标准筛（号）	直径（微米）	每克的粒子数
18	1 000	1 530
20	840	2 580
25	710	4 350
30	590	7 460
40	420	20 800
60	250	84 700
80	177	281 000
100	149	392 000
200	74	3 260 000
325	44	15 600 000

注：1 克重量的球体粒子数，相对密度为 1.0；0.01 英寸＝25.4 微米。

很显然，粒子越小，则在同等重量的饲料中添加同等的微量原料时，其单位重量的饲料中这种微量成分的粒子分配得就越多。

（三）细粉末、容重与静电荷

粒度越小，则体积和静电荷往往会增加。但粒度越小，细粉末的制作就更难。一般而言，在配合预混料中，某种原料的浓度越大，则与细粉末有关的体积问题对预混料流动性的影响越大。有些情况下，为使产品有足够多的粒子数量，以保证迅速均匀地分布于成品饲料中，不得不牺牲流动性和容积。含有小粒子的商品预混料可能稍带粉尘，也可能流动性不好，但在全价饲料中会搅拌的很好。

十、载体与稀释剂

载体是一种有能力接受并保持住粉状活性原料的物质。较好的载体为表面有突起和孔隙，以便于接受活性原料的微细粉末。当搅拌动作超过均匀散布点时，继续搅拌将使粉末进入载体的孔隙和裂缝中。这种现象发生在20~30分钟的典型搅拌周期之后。当载体达到最大粉末吸收量时，预混料中的外观上可见到明显的变化。有关载体的问题有以下几个方面。

（一）载体粒度大小

经实验证明，达到接收和保持粉末最佳能力的载体由粒度不超过30目（590微米）和不小于80目（177微米）的粒子组成。一种载体能接收最大粉末量很少超过载体本身的重量。在加入微量原料之前，在载体中加入油可提高载体粒子接收和保持粉末的能力。

商品预混料生产者一般愿意用植物来源的载体。典型的载体有：粗麦粉、大豆壳、大豆次粉、玉米蛋白饲料和稻壳。

（二）吸附剂作为载体

稀释剂可用以扩大一种或多种微量原料，而不为活性原料所吸附和固定。稀释剂粒子的大小较载体细小得多，最小200目（74微米），最大30目（590微米）。稀释剂的活性物质相接近，这样可减少分离作用的发生。通常稀释剂中不加油脂或其他液态黏合剂。在使用了稀释剂的预混料中加入液体成分的大多数情况是为了降低粉尘的水平。当预混料中活性成分的水平接近或超过50%时，应考虑使用稀释剂。另外一种特殊情况是将稀释剂用以生产流动性很好的混合物，如水中可溶解的维生素制剂。

（三）发酵产品的稀释剂

稀释剂也可用以产品活性标准化调节。当微量成分为发酵生产时，往往需要添加稀释剂。全发酵干物质可能占最终销售产品的75% ~95%。加入稀释剂可调节他们的比例。所选择的稀释剂一般为饲养对象可食的成分，也可以是矿物质或有机物。常见的有去胚玉米粉、右旋糖、葡萄糖、食盐、硫酸钠、蔗糖、磷酸氢钙、石灰粉、贝壳粉、熟大豆粉等。

十一、水分

所选用的载体和稀释剂的含水量越低越好。谷物性载体的含水量不得超过10%。有些原料如酒糟、玉米蛋白质饲料以及大豆壳和大豆次粉在加工时应予以烘干。若需要量很大，可允许含水量略高。因为，使用含水量高的载体时，在高温和长时间贮存条件下易于引起饲料变质。常用稀释剂的含水量也应低于10%。有机质在粉碎至所需要粒度前要烘干；而无机物可用无水状态的。

十二、pH 值

测量载体和稀释剂的pH值应在该物质的浆状物上进行。方法是在原料上加入3 ~4 份无二氧化碳的水，形成浆状物，然后进行测定。测量pH的方法有酸碱滴定法和测试仪测定法两种。通过测量后，计算出某种酸性混合物达到中性点所需的无水碳酸钠粉末用量或某种碱性混合物达到中性点所需的磷酸氢钙的用量。

一般情况下，作为载体和稀释剂的成分，其pH值都接近中性（7.0），可与微量成分共存。而玉米蛋白饲料或玉米酒糟的pH值相差较大，可能会与某些微量成分发生相互作用。泛酸钙即为维生素中的一例，它在pH值低于6.0的酸性条件下不稳定，而尼克酸可使预混料的pH值降低至影响泛酸钙稳定性的程度。一些常见的载体的pH值为：

稻壳粉：5.7

玉米芯粉：4.8

玉米蛋白饲料：4.0

粗小麦粉：6.4

大豆壳和大豆粗粉：6.2

干玉米蒸酒糟：3.6

次麦粉：6.5

石灰石粉：8.1

十三、液态黏合剂

有人建议在使用带载体的配方中用液态黏合剂，可保证预混料的完整性，并使预混料含有较高比例的活性化合物。各种植物油，如豆油、玉米油、花生油等都可作为黏合剂。有时将预混合料中的液态原料如乙氧基喹啉等作为黏合剂。卵磷脂不能很快被载体吸收，因此，它的作用只是将活性物质粉末黏合在载体的表面。糖蜜和70%的氯化胆碱不能作为黏合剂，因为它们都含有1/3的水分，影响添加剂的稳定性。

液态黏合剂的使用水平因种类而异。油料作为黏合剂在预混料中的添加水平为1% ~3%，最高不超过10%。

第四节　客户预混料的质量控制

对于一个渔用饲料厂而言，一般每种渔用饲料都需要加入超过10种维生素、近10种矿物质，有的还需要加入一定量的防病治病药物。对于这些微量成分，直接加入到饲料中不但因分布不均匀等问题影响饲料质量，也很难正确地使用这些微量成分；若在厂内自行加工微量成分的预混料，不但要添置必要的加工设备及质量检测仪器，还要配备专门的技术人员，从经济上讲不合算；若采用预混料生产厂指定产品，则会对双方都有利。

作为专业生产客户预混料的生产厂，必须贮备全部用户可能需要的活性原料；另外，还必须负责称量、装料，并将这些微量成分按客户所要求的配方加以配制，并保证产品的质量。因此，也就需要进行质量控制。具体控制内容有以下几个方面。

一、必要的设备

生产客户预混料的设备条件并不高。其核心部分为搅拌量不低于120立方英尺①（3 398升）的搅拌机。搅拌机的结构与原理同前述。此处仅从生产流程需要进行设备的配备要求。

（一）碾磨

碾磨亦称粉碎。若经常使用粉末状的活性原料或稀释剂，应选择质量较高的搅拌设备。典型的是采用一个锤片式粉碎机和一个小的搅拌机，二者都直接悬立在预混料主搅拌机之上。粉状的原料在通过锤片式粉碎机进入主搅拌机之前，首先进入小搅拌机进行预搅拌。这种做法有助于实现最终搅拌的最佳均匀度。

在饲料预混合使用载体时，最好是采用搅拌——碾磨——搅拌的方式，若使用高效浓缩预混料时更应如此。要求碾磨的呈粉状或块状的原料在上端的搅拌机中预混合，碾碎后再加入载体中。载体事先放置于下端的搅拌机中。若一批粉状料需要在载体中添加油料黏合剂，则应在粉末碾碎前先将油料散布于载体中。据碾磨碎物质的性质，操作人员可选择多种型号的筛网，以达到降低粒度和促使粒子分散。

在制备多种原料构成的客户预混料时，有时会发生原料结块现象。若采用了上

---

①　英尺：英美制长度单位，1英尺等于12英寸，合0.304 8米。

述搅拌——碾磨——搅拌的方式，就会避免结块。若没有这种条件，应使用碾磨机磨碎。碾磨机的设置可与主搅拌机分开，也可将其设在主搅拌机的上端，使碾碎的原料直接进入主搅拌机。

（二）运送

在预混合和包装操作之间运送预混料，采用重力体系产生分离的机会最少。因此，建议采用重力运送系统。若难以满足这种要求时，则采用有盖的拖曳式传送或皮带式传送也可将预混料提升至包装料斗而不发生分离现象，但不能使用提升机。

在搅拌机下设一个缓冲仓，有活动仓底，并有螺旋绞龙将预混料送往包装仓。这样，在上批料包装时可搅拌下批料。活动的分底也便于打扫。

（三）贮存仓

载体是贮存量最大的原料，因此，是设备购置所考虑的主要项目之一。载体必须经过重量料斗送往搅拌机。常用的方法是配备一个高位的贮存仓，它至少能贮存一料斗或半料斗车的载体。若是同时使用两种载体，应设两个贮存仓。可借助重力或绞龙将载体从贮存仓底部送往重量送料斗。

用于称量每批预混料适宜重量的称量送料斗必须有相当的灵敏度，一般误差不超过 ±0.25%。包装方式采用手工或自动机械包装均可。

二、载体和稀释剂

所选用的载体必须具有优良的性能。因为，一是预混料的饲料成本较高；二是要保证客户所要求的质量。因此，应选择能为大多数客户提供最佳效果的载体，而不能用稀释剂。

客户预混料理想的粒度为 30 ~ 80 目。但若达到这种要求，往往一种来源的载体是不可能的。因此，可能必须接受占重量 20% ~ 30%、大于或小于 30 ~ 80 目的原料，但以越接近 30 ~ 80 目的范围越好。常用的载体为大豆皮、大豆次粉、粉碎的稻壳、次粉以及不带可溶物的干酒糟等。

有时需要制备一种稀释的预混料，当然，也可以用稀释剂。一般客户预混料生产者喜欢用玉米面及细粉状豆饼粉作稀释剂。

三、原料

客户预混料中非药物性活性原料主要是指维生素和 dl—蛋氨酸，这些几乎都是纯原料。为得到最大经济效益和最佳效果，最好采用高纯度原料。对于用量较低的原料可采用中间预稀释操作。

例如，叶酸的使用量很少，一般 1% ~ 3% 的稀释操作有利于该种维生素在预混料中的分布。

四、液态原料吸附剂

这里常用的微量成分情况只介绍两种。

（一）乙氧基喹啉吸附剂的制备

市售乙氧基喹啉和维生素 E 都是相当纯的产品，但这些原料都为液态，为便于处理必须用载体将其吸收。

乙氧基喹啉在预混料中往往占有一定比例，因为成品饲料中允许量为 150×10^{-6}。客户预混料生产者可选购 60% 的加吸附剂的乙氧基喹啉或纯液态产品再加吸附剂。若乙氧基喹啉用量很大，可用硅酸钙等作吸附剂，并自己配制。为此，可使用旋转式鼓型搅拌机、卧式搅拌机或彼得逊——凯来双壳搅拌机。但不论使用哪种类型的搅拌机，可能都会有沉积物。此时应将机壁和叶片刮干净，以保证吸附物的均匀度。

（二）维生素 E 吸附剂的制备

维生素 E 或 dl——醋酸生育酚是客户预混料生产者应考虑制备吸附物的液态原料。制备 25% 的吸附物很容易，将壳物载体吸附剂与少量粉尘，如 10% 大豆壳粉配制成混合物以消除黏性即可。

可用卧式搅拌机配制。这种搅拌机便于操作，可将维生素 E 直接加入。由于维生素 E 在高温条件下流动性加大，因此，在冬季采取措施，事先加温贮备维生素 E 将有助于搅拌。

五、油料黏合剂

使用载体时几乎总需要采用某种油类黏合剂。油料作为黏合剂的作用：一是有助于保持整个载体的均匀度；二是有助于减少载体或活性成分上可能存在的电荷。在冷却条件下呈液态的不饱和植物油可作为理想的黏合剂，其原因：一是这些油最终可为养殖对象所利用；二是能使植物性载体携带更多粉末性微量成分。

为使微量原料的粉末疏松地与载体相结合，所需要的油量变化范围很大，最多可占预混成品的 8% ~9%，但一般使用量为 1% ~3%。使用油料作黏合剂的一个不可忽视的基本规则，为在加入任何油料原料粉末之前，必须将油料彻底地散布于载体上。若粉状的原料在加入油料之前加入，则会产生许多油状粉末小球，而且能进入载体的油量很少，预混料的制备效果不好。

六、搅拌时间

使用载体的预混合料一般需要较长的搅拌时间，并不是简单的散布活性原料，使其分布均匀即可的事情。只有达到足够的搅拌时间时，纤维性载体的物理性质以及液态黏合剂的使用，使活性粉末为载体所吸收。在许多预混料中，通过肉眼观察，即可见到预混料的外观随粉末的吸收而发生的变化。

具体搅拌时间是根据预混料成品要求、微量原料及载体特性、搅拌机的机械性能等来确定的，一般为10～100分钟。当客户预混料使用稀释剂时，活性成分的浓度较低，此时若采用高效搅拌机，一般10分钟即可达到较好效果。

七、稳定性与超量政策

对于有不稳定性的活性原料，影响其稳定性的因素有4个方面：一是预混料或载体的含水量；二是贮存的环境；三是预混料中其他成分的性质；四是预混料的贮存期。在目前已认可的100多种添加剂中，至少有50%的种类在上述条件下是不稳定的。对于已确认的不稳定性成分，必须采取超量政策。

贮存期是一个可预测条件。但当标签保证其产品有效期为数月时，应该使用超量政策。使用超量会增加成本，所以，为当地饲料厂生产的预混料，最好将使用期限限定在30天以内，以避免超量。

超量政策多用于维生素类的使用上，因为维生素成分大多是不稳定的，尤其是水溶性维生素。维生素的有些损失是可以不考虑的，因为天然饲料中都含有一些，而且规定的维生素添加量往往高于养殖对象的实际需要量。但对于极不稳定，而且饲料中含量较少、在加工环节中破坏严重的种类，则应该超量。

八、质量控制

质量控制工作的要点有3个方面：一是存货清单控制；二是制定分析计划；三是生产性能的评价。

执行存货清单的控制可使每天的原料使用与产量之间保持平衡。每批货的料单是完成存货控制料单控制的有效手段。为避免人为错误，每批料必须由两人分别进行计算。每批都必须进行编号。每批料单至少保留6个月，而且客户预混料中加有药物时，则批货料单应保持两年以上。

必须以优良的制作技术进行含药物客户预混料的生产。在批准生产加有药物的客户预混料之前，应制定分析计划，如搅拌能力的示范或规范等，并加以执行。另外，分析计划应列入档案。为符合法规上的要求，并使生产过程得到长期控制，还必须建立一个分析制度，并坚持下去。因为，一个能系统分析各种特定微量成分的计划可以很好地衡量预混料的性能以及操作的准确性。

对于所产生的客户预混料应加以生产性能的评价。评价一批预混料的均匀度是个较简单的过程。在搅拌机和包装车间之间的特定地点应设易于打开和关闭的样本窗口。在一批样本中只需分析一个即可作为化学追踪的微量原料。为此，核黄素是一种非常理想的原料。因为一般情况下，核黄素的添加量最低。若核黄素的分布均匀，则可假定其他含量高的成分分布比较均匀。

均匀度是进行质量检测的一个特征。在此方面的监测可以从以下3个方面对搅拌质量进行检查：一是在规定的时间内评估搅拌效率；二是测定运送时对预混合均匀度的影响；三是比较稀释剂和载体的有效性。

对于搅拌机效率的评估，要求相同的时间间隔内取样测定，而且每个样本大小为100克，至少要10个样本。取样时要求每批从搅拌机下卸后经过出口时马上取样。所以，若腾清缓冲仓底需要3分钟（180秒），则必须每隔18秒取样一次。

为了测定运送对预混料均匀度的影响，要求从同一批产品中取两个样本。第一次取样是在样本通过接近搅拌机的取样窗口时；第二次是经过运送后即将包装时的产品。通过这两次取样的测定和比较，便能说明运送、落差等因素的影响。

进行稀释剂和载体效果的比较，要求分别用载体体系生产整批预混料，继而以相同配方并采用稀释剂体系生产第二批预混料。然后，测定上述两种体系下的产品在运送前和运送后的样本。在获得分析数据后，应按下列公式测定变异系数，用数值特征说明产品的质量情况。

实际上，若认真处理下列几个方面的因素，一般都会取得较为满意的均匀度。即选择质量好的搅拌机，确定适宜的搅拌时间，选择适当的载体，正确使用油料黏合剂，限制运送距离，选择较好的称量系统和准确称量，有负责任的技术人员进行操作。

九、可搅拌性的评价

有时客户预混料生产者会接到特殊的订货。如可能是一种载体只占很小比例的浓缩料，或是某种组分需求量高而又担心会产生搅拌问题的预混料等。例如，有的用户可能要求生产由25%乙氧基喹啉和50% dl——蛋氨酸组成的预混料。在此情况下，乙氧基喹啉必须用66%吸附的产品加入，而仅剩12%比例的载体和赋形剂。这样的要求能否满足是一个问题。不论一个配合成分看起来有多么的不合理，我们必须对能否生产出合格的产品做出决定。方法就是进行可搅拌性的评价。

为评定可搅拌性，只需建立一个小型的简易实验室。实验室的构成是有一台能生产1千克产品的小型搅拌机和可称量1~3千克重量的天平。最好是使用小型的郝伯特（Hobazt）搅拌机，因为不管采用生产哪种产品的搅拌机，在多数情况下，小型齿轮搅拌机能直接转换成几吨的批量。通过这台小型搅拌机可以制备一小批原料，并对其物理特性进行评价而不浪费原料和时间。

在将贵重原料大批量地加入搅拌机前，小而简易的设备所耗资金与可搅拌性的评定、需油量的测定等优越性相比是很微小的。这种制备批量样本的简易方法，使客户预混料生产者能积累大量搅拌资料，可用于准确地预测怎样才能配制最佳的预混料。

第五节　厂内预混料的质量控制

商品预混料和客户预混料的设计都是为了生产一种第三类预混料中性能良好的产品。这种预混料在饲料厂内自行制备，即为厂内预混料。厂内预混料的制备，要求将每个特定配方的所有微量成分都预先经过稀释度搅拌成一种混合物，然后，再加入到养殖对象配合饲料的主成分中。

厂内预混料有两个优越性：一是将浓缩的或纯的微量成分充分稀释，确保其在成品饲料中分布的均匀性；二是同时加入多种低剂量的添加剂，从而节省了人力。但在配伍和谐性和稳定性方面有一定的问题，因为厂内预混料的生产是与每批成品饲料生产计划相配合和衔接的。这样，厂内预混料中的使用期限很短，一般贮存期在3天以内。

一、厂内预混料的成分

饲料厂生产的每吨饲料配方所要求的微量成分并不完全相同。饲料生产者根据配方的要求选购微量成分的纯品或预混料，有时出于经济效益方面的考虑，也很可能两种情况兼顾。下面通过举例供我们比较两个成分不同厂内预混料。

例一：某饲料厂已购进一种客户预混料、一种硒预混料和一种药物预混料，并用粉碎得很细的玉米粉作稀释剂，将上述各个预混料配合在一起，制成一种预混料。这种预混料以每吨40磅或2%的比例加入到商品饲料中，其配方见表9-2。

表9-2　厂内预混料配方（以英制和美制为单位）

预混料	每吨饲料加入量（磅）	每2 000磅预混料的需要量	每吨饲料加入量（克）	每吨预混料的需要量（千克）
客户用维生素预混料	1.0	50	500	25.0
杆菌肽锌预混料	0.5	25	250	12.5
硒预混料	1.0	50	500	25.0
抗球虫药预混料	1.0	50	500	25.0
d-蛋氨酸	1.0	50	500	25.0
L-赖氨酸盐酸盐	0.6	30	300	15.0
植物油	0.4	20	200	10.0
微量元素预混料	1.0	50	500	25.0
细玉米粉	33.5	1.675	16.750	837.5

注：配方采用稀释剂、商品预混料和客户预混料，以英制和美制为单位。

某些纯微量成分的使用水平极低，若以纯化合物的形式加入，则根本不可能在常规条件下达到所要求的混合均匀度，因此，必须经过预先稀释搅拌。这些微量成分主要有生物素、叶酸、维生素 B_{12}、硫胺素、吡哆醇、核黄素。其中有些维生素可以购到稀释的预混料，但叶酸、硫胺素和吡哆醇则只能以化合物形式存在。一般可根据使用水平，在加工厂内预混合料前，应将上述各种微量成分配制成1% ~5%浓度不等的单项前预混合物。

二、稀释剂与载体

（一）稀释剂体系

关于载体与稀释剂之间的差异，前面已做过介绍。对于已经加有载体的预混料或添加剂，但又需要进一步稀释的厂内预混料生产，采用稀释剂体系的情况往往比用载体体系更为普遍。此时，若下列各项要求得到满足，则稀释剂可以有效地接受各种微量成分，并在成品饲料中保持均匀的分布。

① 被选作稀释剂的材料是一种单一的饲料原料。它具有均匀的粒度和细度。细粉碎的玉米面符合这种要求，但去壳豆饼粉就难以满足这种要求，除非粉碎至8 ~10目大小。理想的稀释剂并不多，如挤压豆饼、家禽副产品及肉屑等，因为他们的含脂量高。通常上述稀释剂与作为稀释剂的细玉米面和细的浸出豆粕粉配伍和谐，而前面所提的含油脂的稀释可以降低预混料中的粉尖。

② 微量预混料要充分稀释。微量成分在预混料中的浓度、粒度以及粒子形状都不可能与稀释剂恰好相同。而且，在运送过程中，进入料仓时或用机械化投饵机投喂时都可能发生变化，因此，预混料中的微量成分稀释至很低的水平便可克服产生严重分离现象。添加剂的准确添加量依预混料的成分而异。一般预混料的总重量应占成品饲料的1% ~2%，最多不超过5%。大剂量的稀释剂意味着预混料在成品饲料中所添加的比例提高，因此，需要经常生产预混料。

③ 厂内预混料的使用只是为了将微量成分加入到全价饲料中。多数情况下，厂内预混料是为了添加某些非微量成分。如食盐、磷酸氢钙、苜蓿粉、鱼粉、滑石粉、酒糟可溶物以及豆粕都可以用作稀释剂，然而，每种原料都有特殊的物理问题。有些原料吸湿，有些原料很滑、有些原料易于从预混料中分离出来。它们在预混料中与其他微量成分在密度和粒度方面存在很大差异，它们的比例足以影响生产均匀的预混料。由此可见，使用这些原料作为稀释剂违反了保持均匀度一致性的目的。

（二）载体性预混料的优越性

多数情况下，使用载体优于在厂内预混料中加稀释剂。若运送装置可能使预混料产生分离现象，则使用载体可避免发生分离。典型的饲料提升技术应是将预混料由斗式提升机或空气提升体系提升至饲料厂顶部，然后下落至贮存仓内，准备量入饲料混合物中。载体的吸附微量成分是避免在这种运送过程中及落差时发生分离现象的最好方法。

一般纤维素含量高的物质可作为良好载体。例如，不带可溶物的干酒糟、次麦粉、粗小麦粉、碾碎的米糠和粉碎的燕麦壳都是较好的载体。如果占总量10%的载体的粒度超过20目，则应在饲料厂内加以粉碎，以便于得到更均匀的粒度和细度。为生产满意的厂内预混料，所需的载体重量应少于稀释剂用量，成品饲料中载体所占的比例以0.5% ~0.75%为好。

三、使用油脂

采用载体还是稀释剂，在厂内预混料添加油脂是有利的。不饱和的植物油、家禽和家畜脂肪，以及动物、植物混合油均可选用，但对渔用饲料而言，以鱼油为好，可考虑在饲料成品中所添加的一部分预先加入到厂内预混料中。最好不要使用其他动物油脂，因为一方面固体（在低温状态下凝固）添加不方便；另一方面为黏合效果不好。

如果预混料中有载体，则必须添加油料，因为可提高载体吸附粉末的能力。关于载体性厂内预混料的加油量，应根据实验结果与经验添加，不能根据计算和查阅加油图表操作。一般按预混料重的1%添加，最多不超过3%。2%的加油量是较好的起始水平，它适合于85%的预混料。在以后的每批次中按0.25%的比例进行上下调节性的实验，直到达到最佳效果。油腻的外观和有油味感为油量添加过高；若预混料可压成球状并能保持这种状态，则说明加油过量；若预混料呈粉末状，少量预混料从10 ~12英寸的高度倒在一张纸上，而粉末很容易分散，则说明添加油量不够，应提高添加量。

四、设备

生产厂内预混料，最好是在生产区域外设置一套预混设备。例如，使用一台生产能力为1 ~2吨的搅拌机便能很好地满足对厂内预混料的要求。但该搅拌机的安装应便于打扫和取样，最好不用卧式搅拌机设置于地板上的做法，因不这样不便于操作。

载体和稀释剂应通过一个小型重量料斗进入搅拌机，因为二者的用量都较大，手工称量是不实际的。各种原料成分，如维生素预混料、药物预混料添加剂、微量元素预混料多以销售包装的增量添加。应设一台称，以便于检查称量是否准确；另外，还需要一台高敏感度的天平，以便称量几克到5千克以内的物质。

在搅拌机的下方，应设置一个足以放一批预混料的缓冲仓；若生产不同配方的厂内预混料，应多设几个不同预混料的缓冲仓。

五、预混料的运送

预混料的运送和贮存像搅拌过程中选择适宜的载体一样重要。拖曳式运送机、传送带运送机甚至螺旋运送机可使饲料整体地运送，所发生的搅拌作用很小。对改变预混料成分而言，传送带运送机的影响最小，而螺旋机最好。

斗式提升机在运送过程中最大问题是由于垂直移动预混料而生产，不论是向上还是向下。一般情况下，饲料厂是用斗式提升机将厂内预混料提升至原料仓上的粉配器，且多采用每小时移动大量饲料而设计的机型。以较大速度运行较大的提升机会产生较大的气流，采用质量较差的稀释性预混料在提升中往往会吹散，甚至良好的预混料也会损失一部分活性原料。

空气运送体系运送厂内预混料是一种很好的方式。其优点是运送后的管道内不留残余物，而且管道可按水平或垂直方向运送较远的距离。使用空气作为运送推动力是通过正压和负压完成的。正压依靠向体系内输送空气而产生，而负压是依靠从体系内抽出空气而形成。正压体系移动原料的方式是将它散布于空气中，而负压体系则是趋于将物料整体运送。从逻辑上讲，负压体系较适用于运送预混料。任何管道运送的中断，会使空气进入体系，但活性物质不受损失，而且炎热和潮湿的季节内，空气运送有时也会产生问题。在高湿度季节，氯化胆碱含量较高的预混料不论是干的还是湿的，和高水平含量的dl-泛酸钙的预混料会发生反应。上述添加剂是吸湿的，它们很快从潮湿的运送空气中吸附水分。含高剂量的氯化胆碱预混料在潮湿季节运送时，正压运送体系中可能变得很黏，足以堵住管道。尽管可以采用干燥空气运送设备，但考虑其他方式更为适宜。预混料中可以不加氯化胆碱，而将其直接加入到成品饲料搅拌机中。在预混料中不用高剂量的泛酸钙是最佳处理方式。一般而言，生产高剂量d-泛酸钙预混料的机会很少。

当预混料提升后，不论是如何提升，其必须进入料仓，而饲料厂的预混料仓多在其底部出口处1米以上。有分离倾向的预混料，由于通过空气而自由跌落，很容易变得不均匀。当活性原料中含有数种不同密度的稀释剂时，落差对均匀度的影响会很大。密度大的粒子跌落时不受影响，而体积大的粒子则产生漂移。为将落差的影响降到最小，应在浅的料仓中，从进口处至近仓底部出口处安装一个金属滑板。滑板可直接供较浅的料仓用，或是螺旋状供深的料仓用。对于减少落差对预混料的作用，两种滑板的作用都很有效。

六、预混设备及其清扫

目前，关于药物的污染问题已引起人们的普遍关注，即一种养殖对象的药物饲料可能会污染其他养殖对象的饲料。污染的关键环节是发生在生产一种药物预混料后便改为生产另一种饲料时。因此，将适宜的清洁体系作为预混设备设计中，整体的一部分来考虑是很重要的。为有效防止污染，可采用下列措施：一是必须正确选择并安装搅拌机、缓冲料仓、包装料斗、预混料仓及运送机，使所有的作业区都能用刷子或真空吸尘器清扫。如搅拌机内有残留物时，则必须想办法刮净。二是为便于检查和清洁，在缓冲仓内安装大型出入通道。缓冲料仓、包装车间以及提升体系都采用活动仓底的螺旋运送机。采用空气运送体系将预混料运送至贮料仓，最好不用斗式提升机。三是防止粉尖沿预混通道泄漏，认真密封出入通道及可移动的盖子。四是生产上具备专业知识且负责任的工作人员。

七、预混料的生产

预混料生产过程，关键是要控制好两个环节：一是给搅拌机的上料次序；二是搅拌时间。

① 装进搅拌机的应是载体，然后加入一批载体所需的油料。例如，每 1 吨的预混料由 70% 的载体和 1.5% 的油料组成，则每吨饲料用 15 千克油。油与载体应充分搅拌，使油彻底与载体分布均匀。在设计良好的卧式飘带搅拌机中，这个搅拌过程约需 2 ~ 3 分钟完成。待油与载体搅拌后，将预混配方中活性成分加入搅拌机。这个加入过程没有特定的次序。不管活性原料如何加入，一台经效率验证的预混机能有效地分布所有的活性成分。

② 预混料中加入全部组分以后，其所需的搅拌时间随所用的载体或稀释剂的不同而异。在使用稀释剂时，一般 10 分钟即可达到均匀分布的目的；在使用载体时，一般 10 分钟也能使其均匀分布。为使载体粒子能最大限度地吸附粉末，需要增加几分钟的搅拌时间，最好为 20 分钟的总搅拌时间。即使搅拌过度也不会有什么影响。

八、质量控制

大多数饲料厂内至少有 1 名人员对进厂的原料和出厂的成品料进行质量控制。最好是在预混料生产中，对预混料性能的测定责任由负责质量控制的高级监督员承担。高级监督员要进行必要的学习，确定搅拌机的能力，对载体或稀释剂进行估价及测定诸如运送、搅拌时间、粉末水平等可变因素的影响。虽然质量监督人员有教育和管理全体人员的责任，但对预混料操作全过程管理更加重要。

生产优质预混料必须具备一些条件，最好是采取下列措施：① 认真做好清洁工作。无论是工作区还是工作人员本身都必须保持绝对清洁，对偶尔发生的不卫生现象应立即采取措施。② 预混车间的管理人员认真挑选工人。选派那些既能理解预混操作重要性，又能对每批特定的预混料进行正确计算的工人。③ 财产清单的控制。生产厂内用的预混料中的活性原料都很贵重，而且药物预混料还有特定的用途。所以，对于预混料的生产应以单班生产为基础，或至少以每天生产为基础进行检查，并对全部药物、微量元素用维生素等建立财产清单控制体系。④ 每批预混料必须有它的批料单。此单由生产者填写，并由有关人员进行每种加入成分的常规核对。⑤ 质量监督员必须检查每项工作是否正确执行，而且每批产品的批料单要保存两年以上（对药物预混料而言）。⑥ 建立分析计划。分析厂内预混料的每种成分是否达到要求，在预混料加入饲料使用之前分析每一种添加剂也是不可能的，但重要的是建立一批可供参考的样本档案以及分析制度。分析计划的建立应反映厂内预混料中所有药物的搅拌性能以及代表的营养性微量添加剂。这些分析资料将在长时间内有效。在没有要求进行全部质量控制的情况下，提供商品性药用预混料的单位往往愿意接受定期地分析样本。为对本厂生产进行适当的化学控制，许多饲料厂都具备广泛的分析基础，可以要求商业性实验室补充饲料厂的有限分析能力，或根据合同要求全面分析。

第六节　全价配合饲料中的微量成分

尽管预混料生产得到了良好的质量控制，保证了质量，但若向成品饲料中添加不当，也会产生一些问题。因此，再补充介绍一些有关确保全价饲料中微量成分均匀分布的要求和注意事项。

一、预混料的上料

在商品预混料、客户预混料和厂内预混料 3 种原始预混料中，向全价饲料中的添加方法有手工分配、自动分配和微量分配 3 种形式，其中以手工分配和自动分配最为常用，而微量分配是目前市场上的新体系，有的饲料厂已经采用。自动分配和微量分配都是由电子控制体系进行的，所要求的设备安装较复杂，设备本身也较复杂。

（一）手工分配

手工分配是一种老式而耗时的分阶段分配方式，但却较灵活。预先称量好的饲料手工倒入主饲料搅拌机内的卸料斗内。任何一种预混料都可以使用这种方式。目前仍有许多饲料厂在配合每批饲料时单位称量预混料或客户预混料，然后，将称量好的各部分进行搅拌，一般是使用一个缸或纸箱，最后，将此预混合物手工倒入搅拌机的卸料斗。在有预混操作的饲料厂中，手工分配意味着厂内预混料按加入卸料斗中每批量大小的增量装袋。如果安装一个自动防止故障的控制器，则这些原料的手工添加是可以的。防止故障控制器可以是安装于控制盘上的闪烁灯，用信号表示预混料尚未加入；也可以是安装于卸料斗侧门与搅拌器上的定时钟相联的装置，以便于自动防止每批饲料的漏加，除非有人手工调动了卸料斗。

（二）自动分配

厂内预混料也可以使用自动分配体系将其加入主饲料中。厂内预混料与其他饲料原料一样，存放于一个大的料仓中，由控制板控制厂内预混料的使用水平（一般每吨饲料加 10 ~40 全重量单位）。预混料可以由电子仪器控制，将其从料仓上方分还可以至称量料斗；或控制板的操作人员用手工控制预混仓下的喂料器。这两种方法都可以将预混料机械地加入到每批饲料中。使用该体系要求一个能分开存放厂内预混料的预混料仓。

（三）微量分配

微量分配为电脑控制的体系。它将商品预混料和客户预混料以电子控制的方式直接加入成品料中。该体系无需进行厂内预混料操作，实际上它是一个微型的分配体系，与主饲料成分所用的一样。电脑控制该配料体系的控制板，每种商品或客户预混料有一个小的料仓和微量分配器，在主搅拌机上供汇集预混料用。微量成分的使用量受可用料仓位的限制。

配方所要求的每种预混料的准确数量按程序控制，并由电子称量，累积于汇集点。当每批料称量完成后，汇集于一起的预混料直接加入主搅拌器，或在进入主搅拌器之前通过一个混合机。由于预混料是直接和立刻加入搅拌机的，所以，无需使用载体或稀释剂。运送过程的分离及由存放预混料而带来的问题均可避免。

每次配料时，电脑提供打印纸带，这些数据可供参考。电脑程序的编制可连续不断地对使用的物料提供财产清单。由于功能不良可能会严重地降低整个饲料厂加工过程的速度，所以，应备有后备线路板，一旦确定是线路问题，应立即更换，并将坏的线路板及时修复。

微量分配装置对于饲料加工厂是否方便取决于许多因素，而且必须与常规的厂内预混料操作相比。微量分配装置的最初成本较高。该体系可能不适宜于目前已投产的常规饲料厂，因为安置这些小料仓、称量斗或微型搅拌机都需要一定面积，而且负责编程和控制体系的操作人员必须具备中等以上的知识水平和对电脑、机械的基础知识。

由微量分配装置获得最佳性能是可能的，因为微量分配装置在减少劳动强度方面的优越性很显著，而厂内预混料的生产必须依靠劳动力。另外，微量分配装置使用方便、灵活性大，即可完成增加或减少添加剂的操作，又可对饲料营养水平的改变或生产中发生的问题做出快速反应。实践证明，通过准确而稳定的称量微量成分，微量分配装置可以生产品质优良的饲料。据相关饲料生产厂分析，在测定了一年的生产性能基础上，提高饲料转换率 200%。

二、搅拌标准

搅拌标准主要由搅拌时间和搅拌性能两个方面构成。

（一）搅拌时间

饲料工业中似乎普遍认为成品饲料以搅拌 4 分钟为最好。在这段时间内，微量成分的彻底分散以及液态添加剂——油脂和胆碱的添加都可以完成。多次的重复实验也证明，许多有信誉的公司设计良好的卧式飘带搅拌机可将 1 磅 25% 的药物在 4

分钟内均匀地分布于10吨饲料中（每吨50克），而且变异系数低于5%。但也确有一些卧式搅拌需要更长的时间才能达到相同的均匀度，甚至有的搅拌机发生不均匀搅拌。因此，最好选购有信誉的厂家生产的搅拌机。

当搅拌时间低于4分钟时，一般是由于饲料厂的生产超过了它的正常生产能力，这是饲料工业中常见的现象。若搅拌时间减少，那么重要的是增加微量成分的稀释度。以达到适宜的均匀分布。使用稀释剂稀释的厂内预混料在性能良好的卧式飘带搅拌机中3分钟即可彻底搅拌均匀。在以3分钟为搅拌期的研究中，只有当稀释剂比例少于每吨50磅时才能获得良好的效果。

（二）搅拌性能特征

因为不同设计的搅拌机和性能不同，所以，不可能对某特定饲料混合物在某种搅拌机上的最佳搅拌时间做出准确的规定，只能根据临时或系列实验来确定。有时我们还会发现设计和制造都相同的搅拌机，其效果也并不相同。因此，每个饲料厂必须对本厂的搅拌机的生产性能进行评估，应对搅拌设备的生产能力进行彻底了解。

评价饲料搅拌机以及测定适宜的搅拌时间，应采用相同的描写特征的方式。对每一样本要求进行一种示踪分析的化学方法分析。变异系数不应超过5%，而且平均分析值应为理论值的±5%。

三、饲料与浓缩成分

（一）主要饲料原料及其稳定性

任何以粉碎的玉米、小麦、大麦等谷物为主的饲料，都能很好地载住微量成分，并使其均匀分布。一般而言，饲料中常用的成分在成为所有微量成分的最终稀释剂时性能都很好；在搅拌、运送及称量过程中较稳定。大多数全价饲料在搅拌时会有一些小问题，但并不影响整体效果。需要强调的是粉碎细而均匀的饲料成分有助于提高混合物的物理稳定性。这些粉料可使任何一种设备提升，或从高处跌落至料仓，而饲料微量成分的均匀分布不会受到影响。

（二）高蛋白浓缩饲料的分离现象

某些高蛋白浓缩饲料可能会有分离现象。若浓缩饲料中浸出豆粉量在50%以上就很容易产生分离现象，问题是较大而光滑的豆粕片造成的。因为豆粕片载不住粉末，结果较细的微量成分的粒子很容易从饲料中筛出。通常，在这种情况下，添加少量油脂会减少分离；或将豆粕粉碎至不产生分离现象的粒度，即85%以上能通过20目筛孔。

（三）矿物质添加剂的稳定性

从分离方面看，含有维生素、抗菌素和矿物质添加剂是产生分离现象的根源。

大量脱氟磷酸盐矿石粉为矿物质添加剂使问题复杂化，因为它们与维生素及药物相比，粒度和相对密度大，从而引起物理性质的不稳定，使用油脂也很难改善。

四、氯化胆碱的添加

胆碱是相当重要的营养性饲料添加剂，但往往会引起配伍的严重不和谐。这是由于胆碱在预混料中的添加量超过微量成分定义的限度，从而引起高度吸湿。最初使用的胆碱是干的吸附物，而且过去常用的方法是将它加入客户预混料。近来的实践多为将50%干吸附的氯化胆碱加入维生素预混剂中，由于它吸湿，可溶解全部微量成分，从而使微量成分发生损失。因此，建议使用70%的液态氯化胆碱直接加到成品饲料中。做法是将氯化胆碱作为单独的成分从贮存缸量入每批全价饲料中，当称量斗倒空、饲料进入搅拌机时，立即将液态氯化胆碱以喷雾方式喷在搅拌机内的饲料上。这样，即使是少量的液态氯化胆碱也能像粉末结晶一样迅速分布，而且这种方式成本较低。

许多先进的饲料厂改用液态氯化胆碱后，其成本大大降低，同时，改善了预混料的化学与物理性状，因为预混料中免去了胆碱成分。

第十章 渔用饲料加工过程中的质量控制

渔用饲料加工过程中的质量控制是优质渔用饲料生产质量控制的最后一个环节，也是关键的一个环节。即使有了良好的全价饲料配方，各种饲料原料的质量也得到了良好地控制和保证，饲料生产机械优良，但若在这最终产品制作过程中得不到应有的质量控制和良好的技术操作，也很难生产出优质的产品，那么以前所做的各种技术与管理工作都将前功尽弃。因此，在这个渔用饲料生产的最后过程的各个工艺环节中，都应彻底了解其重要性和进行必要的质量保证。

渔用饲料生产过程中的质量控制是根据生产过程中的各个工艺流程、机械性能、技术要求等来开展的，也是一个系列控制过程。它包括粉碎工艺中的质量控制、混合、调制过程中的质量控制和制粒过程中的质量控制以及生产成本等方面的控制。

第一节 原料粉碎过程中的质量控制

饲料配方中的绝大部分原料都需要在饲料厂内或在原料接收以前进行粉碎，使其粒度减小到技术要求范围内。从某种程度上说，为了某种特殊的目的而进行的粉碎工艺也是一门技术。

一、粉碎的理由及方法

（一）粉碎的理由

斯特文斯（Stevens）于1961年陈述了饲料生产过程中对于原料的粉碎理由。其主要内容有4个方面：① 通过粉碎，使物料表面积增大，以促进养殖对象对饲料的消化和吸收。将各种饲料原料粉碎得细一些，特别是谷物，其几何总面积会大大增加；表面积的增大，可以使消化酶更充分地分解饲料，提高其消化吸收率。② 改善物料的混合特性。在生产过程中，各种原料的粒度对其混合特性影响很大，应尽可能地使原料有良好的混合特性，以满足混合的需要。③ 满足进一步加工的要求。在加工制粒前对谷物进行粉碎，可以提高制粒效果，满足颗粒质量的要求。其他生产工序也需要对原料进行相对较细的粉碎，以便于保证产品的质量。④ 满足饲料使用者的偏好。因为大多数饲料使用者对配合饲料产品的外形有一定要求，如细而实心密实、光滑等。但需要说明的是，粉碎需要消耗一定的能量，会增加饲料生产成本，而且这种粉碎并不能提高物料的营养水平，也不能改善物料的运输和生产过程。

（二）物料粉碎方法

在饲料生产过程中，通常采用下列4种方式粉碎物料：即使物料受到强力碾压、撞击、研磨、切碎和剪切。利用上述原理的粉碎设备分别为挤压——碎石机，同对辊磨碎机原理相同；撞击——锤片式粉碎机；研磨——磨盘式粉碎机；切断或剪切——辊式粉碎机，但不同辊式粉碎机的粉碎方式不同。

二、粉碎设备的选用

关于粉碎机的类型前面已做过介绍，此处仅就粉碎设备的选用问题加以介绍。总体而言，不同的饲料生产厂有不同的粉碎内容及加工要求，应根据实际情况选择适宜类型的粉碎机，以满足工作需要。关于设备的选型，主要是考虑其性能；其次是价格，特别是使用过程中的费用。因此，要充分考虑原料和成品粒度的大小和可能发生的问题，并进行费用比较，在此前提下选择价格较低的型号。

饲料的性能将影响粉碎机的选择。饲料对机械部件的磨损，切刀及筛板的更换速度，磨辊的拉丝次数等都是应该考虑的因素。饲料对机械部件磨损严重的，可以使用锯齿型或碾磨型粉碎机；在低磨损情况下，可以选用锤片式或磨盘式粉碎机。上述因素考虑好后，即可进行设备的初选，要多方面对比各种设备的适用性，并让厂方提供排除故障及预防故障产生的方法。一旦初选确定后，还应进行试运转。最后，还要考虑粉碎机在物料全部粉碎过程中的使用，如饲料是否需要预处理？系统中是否需要脱壳机？还需要哪些辅助设备及设施（如原料的初清筛、去铁等）？产品如何运送到下一个环节？均应做到全面而系统地考虑。下面选择几种典型机械进行其性能介绍。

（一）锤片式粉碎机

在饲料工业中，锤片式粉碎机是最常用的粉碎设备，因为这种设备通用性强，粉碎率较高。锤片式粉碎机类型很多，按锤片形状可分为半圆形的、全圆形的和水滴形3种；按锤片的设置有固定式锤片、摆动式锤片两种，还有的设有冲击棒。影响其性能的因素主要有以下几方面：① 筛板的开孔形状及孔径：筛板通常为钢板打孔制作而成。开孔有圆形、正方形、长方形或鱼鳞形。开孔越大，动力消耗越小。② 筛板面积一般为10～12英寸^2/马力。③ 圆周速度——锤片线速度：锤片线速度（英尺/分）=πD（英寸）×转速（转/分）/12。④ 谷物种类：谷物自身含纤维量高的种类较难粉碎。⑤ 谷物的水分含量。⑥ 锤片宽度及其设计，如切刀及锤片形状。⑦ 锤片宽度与筛板间隙。⑧ 锤片数量。⑨ 喂料速度。⑩ 喂料进口位置。⑪ 风量。⑫ 闭合式或开放式系统。闭合式循环，粉碎机可以循环粉碎物料；开放式系统，粉碎过的物料不能再进入粉碎机。

（二）辊式粉碎机

辊式粉碎机根据其用途又称为破碎机、折皱机、折皱——破碎机、压碎机、压片机、粉碎机、轧碎机，简称辊式机。这种机器用途较广泛。改变对辊的拉丝及某部件的设计可满足更广泛的需要。它可以做到挤压、破碎、压片、粉碎成小圆粒、粉末。为节省能源，可在锤片式粉碎机前做预破碎之用。可加工的原料有面粉、固体酒糟、大麦芽、砂糖、咖啡豆、高水分玉米或高粱、干奶酪等。其优点是设备控制物料粒度，物料水分损失低、维护费用低、安装位置不受限制和不需要控制粉尘。其缺点是轧辊表面的沟纹（拉丝）只能粉碎有限的物料，磨辊沟纹会磨平，应预先购置备用件；纤维很长的物料难以达到需要粒度，粉碎水分高的谷物会影响磨辊转速，不能处理大于 7 厘米的大块物料和一次性可粉碎细度有限等。

（三）磨盘式粉碎机

这种粉碎机又称圆盘式粉碎机，可以一个盘旋转，也可以两个盘旋转（逆向）。磨盘尺寸为 16 ~ 36 英寸。配备动力为 5 ~ 400 马力。双盘旋转的机型可以粉碎纤维量低的物料，使被粉碎物充分混合，并具有良好的亲合作用。单盘机有相同作用，而且产量高、能耗低、可以研磨粗糙的物料，但在粉碎物料上有一定的局限性。

（四）爪式和鼠笼式粉碎机

它们都属于冲击式粉碎机，即物料自由流动过程中受冲击和打击，使物料粉碎。被粉碎的物料经过圆盘或鼠笼运转产生的离心力排出。物料流出后经过爪盘或棒杆打击，将物料猛掷到爪盘、棒杆或筛板上。这样反复破碎，直到所需要的粒度。粉碎粒度的大小可以通过爪盘或鼠笼的转速来控制；另外，也可通过安装爪钉或增加爪的数量、筛板的尺寸来控制。

爪式粉碎机是一种无筛板粉碎机。在两个转向不同的圆盘或两个转向相同但速度不同的圆盘中粉碎物料。物料可粉碎的粒度最小可达 5 微米。粉碎产量取决于机型的规格，一般为 70 ~ 600 千克/时。这种机型易于清理，但价格较高，噪音也较大。

鼠笼式粉碎机与爪式粉碎机工作原理相同，只是圆盘改为鼠笼，爪由棒杆代替。机内可以安装 6 个鼠笼，笼相邻间的鼠笼以不同方向、不同速度转动。最高产量可达 500 吨/时，最大限度为粒度缩小 70 倍。优点是在粉碎较细的物料时产量大，效率高。

（五）桶式或管式粉碎机

桶式粉碎机是一种特殊设计的锤片式粉碎机，主要用于粉碎体积大、容重低、纤维含量高的饲料。贮斗或桶是一个直径 2.8 ~ 3.5 米的圆柱体，用一个旋转的喂料装置将物料送到旋转的锤片上方。这些锤片大约在料层的10厘米以上，其横截面直径约为105厘米。喂料速度由液压装置控制，以防止系统过载。另外，还有一套齿状或钩状的器件，沿料斗层伸到两锤片之间，用以防止棒状物被拉入粉碎机腔内。在料桶底层下沿锤片四周的曲形筛板，距锤片粉碎腔0.6厘米以内。筛板可以开成圆形或长方形孔，尺寸大小由粉碎的物料粒度来决定。

桶式粉碎机有固定式和可移动式两种。可移动式的可用拖拉机拖动。其优点是可适用于多种不同饲料的加工，产量大，减少粗饲料的浪费，增加粗饲料在饲料中的使用量。缺点是配备动力大，能耗大，需用80～100马力的拖拉机带动；粉碎的物料要求细而重量轻时，所产生的粉尘较多；体积较大，高约3米、宽约4米、长约6～10米。

三、粉碎工艺流程

物料粉碎过程中，可以按照需要绘制出不同的工艺流程。可移动的系统包括贮料桶、锤片式粉碎机、缓冲斗和输送系统。粉碎过程有先粉碎和后粉碎两种工艺：先粉碎为在配料之前对物料进行粉碎。先粉碎工艺主要用于便宜而又充足的谷物原料，而且所粉碎的原料数量不是很多。其优点是粉碎系统不直接与生产产品发生联系，粉碎机长时间运转，多台粉碎机可以同时运转，动力配备需要量低，喂料器相对简单（因所用原料有良好的流动性）；缺点是需要较多的料仓。后粉碎工艺主要用于谷物组分变化较大，原料的物理性质差异较大的场合。性质变化较大的原料组分，使饲料生产厂在采用多种原料方面具有优势；缺点是直接影响产量，动力需要量大，喂料中的控制常常较困难。

第二节　混合过程中的质量控制

渔用饲料混合过程中的质量控制主要有3个环节，即混合机的选择配备和使用、混合过程的技术操作和混合机的检测。

一、混合生产的称重系统

混合生产的工艺流程大致为：原料→称重分配→混合→取样分析。

混合系统中每一个饲料厂的生产核心。混合系统的生产能力决定整个工厂的生产能力。计量控制的精度，即配料设备的精确度和混合机的混合精确度直接影响饲料的质量和饲养效果。

配料和混合工艺可以通过一套分批生产系统来实现。分批生产系统多用于商业化饲料生产厂内。分批混合系统范围很广，包括从工厂混合到计算机控制的高精度混合系统。人工系统通常使用一台台秤或磅秤来进行计算和计量。高精度混合系统则多用于商业化大生产的专业性饲料生产厂内。大多数情况下，半自动系统、全自动系统和计算机控制系统的工艺流程及设计基本上是一致的。只是在控制方法上有所不同。

大批量的原料贮存在筒仓内，通过喂料绞龙输送到混合机上面的称重斗内，袋装原料从仓库取出后直接加入混合系统。喂料绞龙的尺寸因输送原料的不同而异，以利于提高计量的效率，缩短混合周期。通常多选用变直径、变螺旋的绞龙，因为它能提供均匀的流量，以便为计量提供均匀的给料率，减少仓内结块。

配料秤可以是悬挂式杠杆系统，载荷传感式、气动式、液压式或电子式。其中，饲料工业中应用最广泛的是电子载荷传感器，它能很容易地与其他电子系统连接，并具有比其他形式更高的精确度。称重料斗被悬挂在杠杆上，且必须处于自由下垂状态。称量斗必须有足够的容积，以满足最大批量的生产要求。许多先进的饲料生产厂都采用组合称重系统，以减少称重时间，提高配料精度。一套代表性的组合称重系统包括一台主秤，用于称量数量大的原料；一台微量秤，用于称取微量元素。但总有一部分补充原料要用人工直接加入混合机，人工添加的部分应减少到最小程度。

通常，一个饲料混合系统的配料秤必须通过检测，确保它能够满足配料精度的要求。有效的方法是每年至少两次请专业检测人员进行检测，而更多的日常检测（每月1次）应由饲料厂的维修人员、质量控制人员及管理人员进行检测。

二、混合机及其检测

有许多种混合机可供不同生产要求的饲料厂选用和用于分批混合，而渔用饲料工业中通常选用的为立式螺旋混合机、卧式混合机、带叶式混合机和桨叶式混合机。

由于立式螺旋混合机需要较长的混合时间和不适于液体原料，因而，在现代化和高效率的饲料厂选用，但它可广泛用于养殖场和农户采用粉碎、混合工艺的情况。

卧式双叶带混合机是饲料工业中应用较广泛的混合机。只要设计合理，设备维修良好，这种混合机可高效、充分而均匀地混合干原料，并能添加3%～5%的液体原料。若使用装有桨叶搅拌器的卧式混合机（有自动清洁环和导向板），就可加入更多的液体原料。选择搅拌机时，要充分考虑下列因素：设备的生产能力、混合机有效容积、需要添加液体原料数量、混合机安装场地面积、要求清理混合机的程度以及对混合精度或混合性能的要求。

饲料厂内的混合机并不一定都能达到同样好的混合效果；有的效率高，但没有得到良好的维护和清洗；有的需要花费额外的时间才能达到适宜的混合效果；有的则因设计不当使混合机在不良的条件下工作；有的甚至不能经过检测和日常检修，以确保在规定时间里使所有的成分都能充分均匀混合。

混合机检测中一个常规指标是确定合适的混合时间。在这个时间内，要能够获得符合要求的混合物。检测方法较为简单，主要是在规定的时间间隔里取样，然后化验，对化验结果进行统计处理。

检测混合机所用的化验方法有多种。选择化验方法的标准是：应选择饲料中只有一种原料所含有的是一个成分（一种营养成分或化学成分），可选择盐或药物，而蛋白质、氮和灰分都不宜选择。化验方法可选择比较简单、经济，且在饲料厂或一个化验室可实施的方法。

采用变异系数法进行比较可靠。当样品的变异系数达到或接近要求值时，其混合所用的时间就是合适的时间。因此，可以选择的方法应具有很好的分析值再现性（低变异系数）。在混合机检测中，取样非常重要，一定要按要求操作，不允许出现操作上的误差。在一台混合机内设的几个点上至少要取 10 个样，或者从开始混合到卸料按一定的时间间隔取样，每个样大约 1/2 磅（226 克），以满足分析所需。

定量的化学分析（药物、维生素等）是非常精确的。然而，它们一般是比较贵的，得出化验结果所需的时间也较长，因而，不适宜于混合机的日常检测，却较适合混合机的月检测和年度、季度检测。

染色的铁或石墨（微量示踪物）被广泛用于混合机的检测和其他的示踪用途。采用这种方法就是将规定或限定了数量的示踪物用活性染色剂染色后，加入到一批饲料中，然后从混合后的每一份取样中得到所希望的读数（即染色铁屑或示踪物的粒数）。例如，往 453.85 千克的饲料中加入一定数量的示踪物，进行混合后，只要每 50 克样品内有 12 全单位的示踪物，即已达到了要求。在采用此方法时，每 50 克样品中的铁屑用磁铁分选出来，放在铁屑纸上，然后往纸上喷水，纸上就留下了铁屑的色斑点，然后计数。对每一组样品的数量进行计算，然后与标准值比较，从而得到混合机的混合性能指标。

滴定法多用于测定溶液里氯化物离子的浓度。测定方法是：将 10 克饲料样品放入 90 毫升加热的蒸馏水中，然后，用滴定法测定其中的氯化物浓度，通过测得的浓度与标准浓度的差值比较，就能检测出混合机的性能。这种方法较快，可以在厂内做，不需要精密的设备，只要有测定热量的蒸馏水、滤纸、量杯、容器即可，而且测定成本很低。

标准偏差（σ）和变异系数（CV）多被用于定量法测定混合机性能，即用一个数字来表示测定物的分布情况。为说明检测结果，需要知道这些检测方法和检测过程的变化情况。例如，氯化物离子浓度的变异系数 10%，那么，如果混合物的分析测定结果是 10% 或 10% 以下，那就说明这个混合机的效果较好。这种方法也用于测定饲料厂内混合机的工艺流程中饲料的分离情况。

多数情况下，饲料混合机被安装于一个缓冲仓上，其底部可完全打开向下卸料，使一次性卸料时间减少到 30 秒以内，并能最大限度地将料卸干净。在一个好的预混合系统设计中，混合机之后应该有一台回转清理筛或清料筛，用以从粉碎物料中分选出大块物料及其他杂质。若在混合饲料时需要加入较多的液体原料，就需要在系统中装备一台破碎机，以便破碎块状和球状的饲料成分。

三、配套设备及其要求

连续配料生产系统中有两个基本部件：每种组分需要一个喂料器，将各组分连续配比并均衡地送入集料输送机；另一个是一台连续式混合机。生产系统的精度取决于喂料机的精度和混合机的混合能力。连续配料的生产系统较分批次加工工艺操作容易，成本也低。原料仓直接安装于喂料设备上，省去了附加原料仓和将原料送入生产车间的输送设备。

原料喂料机的安装和操作是较经济的，因为它比分批生产系统需要的设备小。喂料机与连续生产系统同时运转，而在分批生产系统中，喂料机必须单独运转，要在较短的时间内运送大量的物料。

连续系统启动后，必须检查每一种原料喂料机的喂料量是否达到要求。最初阶段，让喂料机单独转2～3次，将每一次喂送的物料装在一个容器里，进行称重，并记录下来。样品是从一个旁通口取出，在一个小台秤上称重。这2～3次单独运转采用不同的喂料速度，将每一次喂料量和喂料速度记录下来，并制成表格，用于预调节器或预先设计每一种原料的喂料器，以满足配方的要求。

在连续配料生产中，有两类基本的喂料机，即容积式和称重式。容积式的特征是所有的组分一起收集；其工作仓形式很多，可采用罐、钢板仓、立式筒仓或料斗，分别贮存一种组分；卸料器与喂料机连接，其最大的速度能满足配方对最大原料量的需要，而最小速度又能满足配方中最小组分量的需要。称重式喂料机是一个皮带式输送机式的装置；物料在进料到卸料的过程中被称重并记录下来，通过检测仪器和变速传动装置就能设定所需要的给料率。通常都采用机械装置或传感式的称重喂料机。喂料机将物料卸在集料输送机上，但在卸料口与集料输送机之间必须安装一个旁通阀，用于检测给料量。

最常用的集料输送机是“U”型螺旋输送机。这种输送机为连续混合机均匀而连续地送料，并在输送过程中产生一定的混合作用。在一些简单的连续喂料生产系统中，螺旋输送机也被用来混合饲料。集料输送机将配比好的物料送入连续混合机，液体原料同时定量地加到物料流里，然后进行混合。上述的连续混合机可以是一台有两个U形槽、两排桨叶的双搅拌器混合机。单一搅拌器机型小一些，但与双搅拌器混合机类似，常用于混合添加黏性液体物料的混合。

四、混合操作

混合的目的是使饲料中的每一种原料充分混合均匀，使每一批饲料中取出的不同样品都有相同的营养成分。当然，要完全达到这个理想的目的并不容易。

饲料的均匀度极为重要，它是衡量饲料质量的一个标准。如果饲料中的特殊成分，如维生素、微量元素、氨基酸以及药物等不能均匀混合，就会对养殖对象产生不利影响。当这些微量组分混合不均匀时，其在饲料颗粒中的分布就会不均匀，有的颗粒中含量大，有的颗粒中含量少；对养殖对象而言，在相同的摄食机率下，就会出现某种微量成分摄入量超过营养标准，而某些微量成分的摄入量不足或严重不足。这不但会引起生理上的营养不平衡，难以保证良好生长，还会因某些微量成分的超标或不足而引起相应的中毒症或缺乏症，从而影响其生长。从理论上讲，水产养殖动物的苗种阶段用配合饲料，其要求的均匀度更高；因为相对而言，其消化道较短，消耗的饲料少，生理耐受性即抗性也差。饲料混合不均匀，更容易出问题。

因此，饲料厂的生产人员应努力做到成分的均匀混合。为达到这一目的，应做到：一是按需要选择设备，并经过实验及检测保证设备正常运转，生产出均匀的饲料。二是要建立一套制度，保证生产过程中的各个环节按技术要求操作，最大限度地生产出均匀的饲料。三是要对工人严格教育和技术培训，让他们懂得均匀度方面的知识及正确的技术操作内容，并树立起他们的工作责任心。四是需要进行适时的检测，以防止不可预料的因素引起的混合不均匀等。

物料的物理性能也会影响混合效果，若物料的物理性能比较接近，混合就容易；若各种物料的物理特性差异较大，混合所造成的物理性差异包括物料颗粒大小，颗粒形状、物料的吸水性、物料的电荷灵敏度等。颗粒大小不均匀就很难混合均匀，在混合过程中就会产生分离现象；相对密度高和相对密度低的物料一起混合，在混合过程中以及混合后自由落到料仓过程中、混合后的运送过程中发生分离。例如，破碎的玉米或玉米粉与食盐就很难有效混合。粉碎的玉米粒度一般这 1 200 ~ 1 500 微米，容重为 1.35 克/厘米^3；而食盐粒度大约为 200 微米，容重为 2.69 克/厘米^3。

混合系统的性能对饲料的质量及特性有相当大的影响。许多国家都已对其做出了行政性规定，对饲料混合系统的管理达到良好效果。以下是判断混合性能的基本迹象。

立式混合机：装料过量、立式螺旋叶片和机壳磨损、搅拌螺旋或机壳内堵塞、机器清理不彻底尤其是下部螺旋的清理。

卧式叶带混合机：叶带变形、坏损或缺陷，装料过量或不足，中轴或叶带里堵塞，出料口或机内其他部分堵塞（常见表现为转速不正常），叶带磨损，叶带外缘与机壳间的间隙过大（往往造成交叉污染及混合不充分），转速太快或太慢，每批卸料后清理不彻底。

卧式桨叶混合机：桨叶变形、损坏或缺陷（犁板或导向板），桨叶的排列或调整不合适，转速太快或太慢，中轴、桨叶或桨叶棒堵塞，桨叶与机壳间隙过大，每批卸料后清理不彻底。

上述问题可以通过观察机器的内部来发现，因此，所有卧式机都应安装在容易靠近和进入的地方，而且混合机都有一个足够大的门或盖，以便人能进入检查。

第三节 制粒过程中的质量管理

渔用配合饲料的制粒过程是渔用配合颗粒饲料生产的关键工序之一，也可以说是最后工序。其后虽然还有冷却、干燥、包装、运输等工艺环节，但这期间对质量影响相对不太大，也易于控制。本节将围绕制粒过程中的质量控制加以说明。

一、影响制粒加工的因素

影响制粒加工的因素有很多，这里有3点加以探讨。

（一）加工颗粒与饲料成分含量的关系

能否顺利地进行饲料颗粒加工，饲料各成分的含量对其影响很大，其中主要与大量营养成分关系密切，并受其影响和制约。

1. 蛋白质

蛋白质含量高的饲料，通常饲料的密度也大。在加工颗粒时，一般都将提高饲料颗粒的密度作为主要任务来抓。一般而言，蛋白质含量高的饲料易于造粒（制粒、压粒）。另外，在饲料通过压模时，摩擦所产生热也会使蛋白质产生黏性，增加黏合作用。

2. 淀粉质

淀粉含量高的饲料也易于加工造粒，提高造粒效率，但淀粉含量高的饲料也往往是蛋白质含量低的饲料。高温度条件下，由于淀粉的部分或全部a－化，使之产生较大的黏性，黏合作用增强；而在低温条件下，淀粉难以a－化（熟化、糊化），所制出的颗粒较脆，易于碎裂。

3. 脂肪

在配合饲料里，既有饲料原料本身所含的脂肪，也有另外添加的脂肪。饲料本身所含的脂肪，在加工造粒过程中，由于受挤压会向组织外渗透，从而产生黏性，有利于造粒加工，并能起到润滑机械部件的作用，减少压模磨损和提高生产能力。在配制高能量的饲料时，除本身所含的脂肪外，还添加各种油脂；但当添加的油过多时，颗粒就会变得松软，质量会下降，压模也会严重受损。因此，添加油脂时，若需要添加的数量较大，应采取后喷涂方法为好。

4. 纤维素

纤维素虽然能起到一定的黏合作用，但其在饲料中的含量越高就越难造粒，因为这需要较大的力量才能将饲料挤压进模孔。制纤维含量较大的颗粒饲料时，会大大减少压模的使用寿命，产量也会降低，但颗粒的硬度会较大。

（二）温度与水分含量的关系

使用糖蜜和油脂时，环境的温度对物料的影响很大。通常，环境温度低时，原料的黏度增加；在环境温度非常低时，还会使饲料凝结成块。此时，将这些原料送入造粒机时要严加注意，应采取措施化解，使之在流入造粒机之前的所有装置中都能保持均匀的流量。另外，很重要的一点是在造粒后，应尽快地对颗粒进行吹风冷却，排除造粒过程中由于蒸气和水分的添加而造成的水分过多。在温差大的地区，这是确保颗粒质量的一个关键性问题。一般认为干燥处理的烘干方式不合适，成本太高，而以冷却方式排除水分为好。在用冷却器冷却时，从冷却能力来看，以冷风冷却的效果为佳，但缺点是水分排除速度较慢。相反，如果水分并不饱和，从排除水分的能力上而言，暖风冷却要较冷风冷却的效果好。

在加工颗粒饲料时，掌握适宜的水分含量很重要。水分有原料本身所含的和为了搅拌及熟化而添加的两种。在低温条件下，若不用蒸气也能制造出高质量的饲料颗粒时，最好不用蒸气；但通过蒸气使饲料颗粒熟化后才能制出良好的颗粒时，则必须通过蒸气。当然，有必要添加水时就加水。总之，水分对造粒机的生产能力和饲料颗粒质量都有一定影响，应引起足够的重视。

（三）蒸气的影响

蒸气直接影响造粒过程中的水分和温度。水分是原料本身所含有的水分，随原料的种类而变化。因此，蒸气在供给水分的同时，必须根据原料含水量的多少来决定蒸气量。由于水分还受室温的影响，所以，造粒机的操作人员在决定蒸气条件的同时，必须把一切因素考虑在内。另外，蒸气还作为加热的条件。由于饲料配方的不同，造粒时所要求的温度也不同，应通过调整蒸气的温度来改善物料的温度，使它适应生产的需要。当蒸气起到供水和加热双重作用时，条件将变得更为复杂。

在造粒过程中，蒸气与饲料的接触时间一般是 7 ~ 8 秒钟。用蒸气供给水分时，就会出现水分过多与不足的现象。由此而言，供给造粒机的蒸气压力应有相当大的可调节范围。供给造粒机的蒸气必须满足下列条件：一是蒸气量要充足；二是能按要求调节压力；三是饱和蒸汽中不能含有水。

为使蒸气满足上述要求，对锅炉、管道、造粒机等设备都要特别注意，但往往对料箱和料斗的重视程度不够。一般是原料通过漏斗进入造粒机，如果原料的流量不稳定，尽管在蒸气方面得到了充分的考虑，也会造成水分与温度的不均匀，得不到良好的结果。

（四）原料的粉碎粒度与密度的影响

原料的粉碎粒度与造粒的密度有直接关系。一般根据筛眼孔径，原料的粉碎粒度可分为粗、中、细 3 级，而后 2 级则易于造粒。理由是：表面积大，有利于吸收蒸气，有利于饲料的流动，易于受糊化而变形；粉碎成细的颗粒时，密度较大，能提高颗粒饲料的产量。

粒度和造粒的关系随原料的不同而不同，一般认为不管粒度的大小，分布不均匀的要比分布均匀的为好。例如，在玉米的细粒占20%，粗粒占80%的情况下，造粒能力最高，因为这种比例造粒前的密度最大；若细粒的比例再增大，密度反而会降低；混有粒度过粗的原料时，饲料颗粒变脆。原料的密度对造粒能力影响极大。造粒前，原料的密度小，产量就会下降；原料的密度大，产量就会提高。

（五）压模的影响

压模对颗粒的产量和质量影响都很大。一般而言，压模越厚，则颗粒越硬，但产量也越低；压模越薄，则颗粒越软，产量也越大。此外，压模的孔径越小，饲料颗粒硬度越大，产量越低；压模孔径越大，颗粒越软，产量也越大。因此，在考虑产量与质量的基础上，应根据配方来选择压模。当然，各种不同的养殖对象对饲料颗粒有不同的要求，所以，颗粒的大小及软硬最终受养殖对象的限制（表10－1）。

表10－1　选择压模的参考　　单位：毫米

饲料种类	压模孔径	压模厚度		
		最小值	最大值	平均值
高淀粉质饲料	3.2	35	45	40
	4.5	45	55	50
高脂肪饲料	6.0	50	60	55
使用对热敏感饲料	3.2	20	30	25
	4.5	25	40	30
尿素饲料	6.0	30	45	40
高蛋白饲料	3.2	30	40	35
	4.5	40	50	45
	6.0	45	55	50
	9.0	50	60	55
低蛋白饲料	3.2	45	55	50
	4.5	55	70	60
	6.0	60	90	70
高纤维饲料	9.0	70	100	90

二、配方与制粒的关系

制造颗粒饲料时，必须根据配方来设计造粒条件。配方是指原料及成分组成。从技术角度而言，每一种饲料配方的不同，其造粒条件也不同。综合起来，可概括为4个方面。

（一）高淀粉质饲料

高淀粉质饲料即谷物含量高的饲料，造粒最困难的条件是需要较高的温度和含水量。在造粒时，饲料的总含水量必须达到16%～17%，温度要达到82℃。因为只有达到了这样的条件，才能使部分淀粉糊化或胶化，才能起到黏合剂的作用。高淀粉含量的特点是制出的颗粒较软；优点是产量高，但产量过高，细粉就会增多，造成质量下降；回流量（细粉经筛分后返回造粒系统重新制粒）的增大会增加生产成本。

在谷物原料配合比例大的情况下，通常易出现细粉增多的问题，这是因为除淀粉质以外，其他成分中蛋白质含量低，因而，所起的黏合作用低；纤维素对制粒的黏合几乎不起作用；油脂虽能提高颗粒的产量，但所起的黏合作用有限，甚至起不到黏合作用，其黏性所起的吸附作用较大。

由此可知，高淀粉质饲料需要添加水分，提高蒸气温度，或选用厚的压模。即使采取这些措施后能制成硬的颗粒，但不利的结果是饲料中所添加的微量成分受到一定程度的破坏，或因脱水不充分而发霉。因此，制作高淀粉饲料颗粒时，一定要严格掌握操作技术。

（二）高脂肪饲料

高脂肪饲料为高能量饲料，它含有大量油脂。油脂具有提高颗粒产量和延长压模寿命的作用；若油脂含量过大，不但会使饲料颗粒变软，还会缩短压模寿命；若使用液体的植物性油脂，饲料颗粒会变得更软。一般情况是在高淀粉饲料中添加油脂制作高能量饲料，这会使饲料颗粒变得越来越软，甚至添加油脂过量而不成粒状。在这种情况下，应采取后喷涂油脂方法加以改善饲料颗粒的性质。通常的做法有3种：一是颗粒冷却后，涂上一层热的油脂，并送入搅拌机搅拌，待油脂冷却后，使颗粒变硬；二是向已冷却的颗粒上喷涂热油脂后，送入磙筒中旋转，待油脂冷却后使饲料颗粒变硬；三是将喷涂过油脂的颗粒用干燥机加热烘干。

（三）使用对热敏感的原料制作饲料

在饲料中，若乳粉、白糖、葡萄糖及乳糖的含量过大，则在温度达到60℃左右时即已开始焦化；若不加水分，并用厚压模轧制，仅摩擦即可使饲料达到焦化温度。因此，必须考虑下列措施来予以解决：一是选用薄压模或装有变速马达的造粒机，并降低造粒生产速度；二是为了减少摩擦生热，可适当使用油脂；三是在更换压模和使用油脂不便的情况下，可加入适量的水，但水一定要在饲料温度达到60℃临界温度前加入，水的添加量由实验结果来确定。

（四）高蛋白饲料

蛋白质含量高的饲料，加热后，蛋白质呈一定的黏性，能提高饲料的硬度和产量，但它不需要太多的水分，较高淀粉饲料的含水量小得多。因为水分会使蛋白质胶质化，容易堵塞压模，所以，必须防止水分过多。从另一个角度看，水分越少越有利于节省冷却和脱水时间及能耗，可降低生产成本。一般认为水分的添加量以1%～2%为好，而且以蒸气方式加水更好。在通蒸气时应使蒸气量满足水分和温度两个条件要求。

三、制粒与饲料质量的关系

（一）对微量成分稳定性的影响

渔用配合饲料通过加工制粒后给水产养殖对象的饲养带来许多优点：一是在制粒过程中的加热可提高养殖对象对饲料的利用率；二是减少了饲料在水中的散失和浪费，节省了养殖成本；三是减少了对养殖水体的污染。但制粒也有不利的一面，其中之一就是在制粒过程中，加热会使饲料中微量成分流失。如维生素类，特别是水溶性维生素类，高温制粒时约14%，低温制粒时约被破坏6%。另外，吸附型的维生素在饲料颗粒冷却和干燥过程中也会受到一定程度的破坏，若经喷涂油脂则会好得多。其他微量成分如部分酵素可被破坏20%左右，部分抗菌素可被破坏10%左右。

（二）霉变

霉变是指饲料的发霉变质。只要水分不过多，它不会比粉末状饲料更容易霉变。将粉末状饲料制成颗粒时，究竟应该添加多少水分，并不能单纯从制粒性需要这一点来考虑，即不能一概而论。在含水量很高的原料制粒的情况下或在高温潮湿的条件下加工制作颗粒时，即使添加极少的水分也很危险。为此，有的饲料厂在饲料内添加防霉剂。防霉剂中除丙酸钠以外，再添加酪氨酸钠的效果可能更好，但一般都不用酪氨酸钠。丙酸钠的添加量一般为0.3%。

（三）黏合剂

如前所述，饲料颗粒的硬度受配方的影响很大。过软的颗粒会变成粉末而使回流量增大，产量下降，并在运输中因破损而降低使用黏合剂的价值。因此，对于这种颗粒饲料，应使用黏合剂来提高饲料颗粒的质量。关于黏合剂的种类、性质、使用方法等见相关章节。

四、影响压制机制粒的因素

(一) 影响平模压制机制粒的因素

目前，在渔用饲料制粒加工过程中的质量控制研究大多集中于提高质量和效率，以及节省能量、降低成本方面。具体的工作主要是从3个方面着手：一是研究颗粒机的结构和运动参数，如模辊间隙、制粒最佳线速度、模孔有效深度、模孔入口处的圆锥角度等；二是物料的物理特性，如物料的粉碎粒度、容重、物料成分中淀粉、蛋白质、纤维素、脂肪、糖分、矿物质等的含量比例，及其相互间的关系和对热的敏感程度；三是操作条件，如加水量、加蒸气量、喂料量等。此处重点介绍电机的功率、物料粉碎粒度、物料含水率对平模制粒性能的影响。

以下所介绍的结果是在严格实验条件下分析得出（实验装置及方法略）。

1. 功率与生产率之间的关系

具体实验数据见表10-2。

表10-2　不同功率对应的各项测试指标

序号	功率（千克/时）	生产率（千克/时）	千瓦小时千克/（千瓦·时）	粉化率（%）	成形率（%）	综合生产率（千克/时）	综合千瓦小时产量千克/（千瓦·时）	综合对数
	x	y^1	y^2	y^3	y_4	y_5	y_6	y_7
1	4.997	209	41.87	3	99.64	219	43.92	1.497
2	5.685	227	39.83	2.2	99.62	238	41.77	1.646
3	9.850	406	41.18	2.8	99.55	425	43.15	2.099
Σ	20.532	843	122.88			882	128.84	

表中：$y^5 = y^1 \cdot y^4/95$

$y^6 = y^2 \cdot y^4/95$

$y^7 = (y1/300)^{1/2} \cdot (y^2/35.71) \cdot (y^4/95)^{1/2} \cdot (y^3/10)^{1/3}$

利用回归分析功率与生产率之间的相互关系：

分析 y_1：x（平均值）为6.844；y（平均值）为280.67

算出 $b = 41.43$　　　$b_。= -2.87$

$S_{总} = 23725$

$S_{回} = 23670$

$S_{剩} = 55$

$F = S_{回}/S_{剩} = 430$

$a = 0.05$

$F > F(1, 1)\ 0.05$　　回归显著

$y_1 = 41.43x - 2.87$

分析 y_5　　x（平均值）为 6.844　　y（平均值）为 294

$b = 43.31$　　$b_。 = -22.38$

$S_{总} = 25922$

$S_{回} = 25865.17$

$S_{剩} = 56.83$

$$F = \frac{S_{回}}{S_{剩}/\ (N-2)} = 455.13$$

$a = 0.05$

$F > F\ (1,\ 1)_{0.05}$　　回归显著

$Y_5 = 43.3x - 2.38$

由于饲料颗粒出机时的含水率较高，需将实测指标的含水率折算为 13% 时的数据。含水 13% 时的生产率和产量的近似计算公式为：

$$Ec = \frac{Q(1 - Hl)}{T(1 - 13\%)}$$

$$Cc = \frac{Q(1 - Hl)}{N(1 - 13\%)}$$

式中，Ec——生产率（千克/时）；Q——加工颗粒重量（千克）；Hl——颗粒实际含水率（%）；T——预定时间（时）；Cc——千瓦小时产量（千克/千瓦·时）；N——耗电量（千瓦·时）。

从表 10－2 中可看出，y_2、y_3、y_4 间的相差不大，它们与 x 线性无关。从 y_1 和 y_5 关系式中可以看出，在配套范围内的生产率与功率呈线性关系。这表明在颗粒机的结构参数确定后，若要提高生产率，应在配套范围内尽量选用大功率电机，并尽量提高喂料的均匀性，使电机平稳工作，减少动力浪费。

2. 物料特性对制粒特性的影响

（1）物料粉碎粒度对生产率和粉化率的影响

具体实验数据及分析值见下表 10－3 至表 10－6。

表 10－3　不同的粉碎粒度对应的粉化率　　%

序号	筛孔直径（毫米）			
	1.2	1.5	2	3
1	2.26	3.12	2.98	3.1
2	2.38	2.66	3.06	3.04
Σ	4.64	5.78	6.04	6.14
½Σ	2.32	2.89	3.02	3.07
全体总和 22.6　　总平均 2.825				

表 10－4 方差分析值

方差来源	平方度	自由度	均方	F
组间	0. 7146	3	0. 2382	8. 075
组内总和	0. 118	4	0. 295	
	0. 8326	7		
显著性　a＝0. 05				

表 10－5 不同的粉碎粒度对应的生产率　千克/时

序号	筛孔直径（毫米）			
	1. 2	1. 5	2	3
1	363	520	408	471
2	374	511	447	455
Σ	737	1 031	855	926
1/2 Σ	368. 5	515. 5	427. 5	463
全体总和 3 549　总平均 443. 625				

表 10－6 方差分析

方差来源	平方和	自由度	均方	F
组间	22 890. 375	3	7630	30. 844
组内	989. 5	4	247. 375	
总和	23 879. 875	7		

从上面的分析中可以看出，粉碎粒度对粉化率有直接的影响，即随着粒度的增大，粉化率增加。此外，粉碎粒度对生产率的影响也较显著，即粉碎粒度不同，生产粒度也不同。产生这种现象的原因是粉碎的物料构成所致。因为在粉碎过程中，在筛孔一定的情况下，粉碎粒度可分为粗、中、细 3 种，而后两种的组合才易于制粒。原因是表面积增大有利于水分的吸收，也有利于蒸气的吸收及原料的糊化，初始密度变大，有利于提高产量。但粒度和制粒的关系随着原料的不同而有区别，物料的含水率也是影响制粒性能及颗粒质量的重要因素之一。不同物料的含水率不同，一般不应超过 13%。据有关资料介绍，粒度大小分布不均匀的要比均匀的好，以细粒占 20%、粗粒占 80% 的比例制粒效果最佳，因为在这种比例下，物料初始密度大。若细粒比例增加，密度减小，产量会下降；相反，若粗粒比例增加，物料间的黏结性能差，粗粉粒会很明显出现在所制颗粒表面，有损颗粒的外观，颗粒容易断裂，造成大量的粉尘和碎屑。颗粒质量差，入水稳定性也受到严重影响。另外，不

同的压模孔径所对应的物料粉碎粒度不同。压模孔径大，粒度应大些；相反，压模孔径小，粒度应小些，这有利于提高产量。直径 1.5 毫米筛孔的粉碎粒度的物料适宜于压模孔径为 2.4 毫米的压模。各项技术指标见表 10－7。

表 10－7　不同含水率同各项指标的关系

序号	含水率（%）	生产率（千克/时）	千瓦小时产量（千克/千瓦·时）	粉化率（%）	成形率（%）	综合生产率（千克/时）	综合千瓦小时产量（千克/千瓦·时）	综合系数
	x	y_1	y_2	y_3	y_4	y_5	y_6	y_7
1	16.62	301	31.64	7.7	98.8	313	32.91	0.998
2	19.52	312	32.86	5.6	96.2	316	33.28	1.146
3	20.09	291	30.68	4.2	97.1	298	31.36	1.143
4	22.05	273	28.73	4.09	99.12	285	29.98	1.057

（2）物料含水率对粉化率和生产率的影响

物料含水率有两种：一是物料本身的含水量，前面已有所介绍；二是制粒过程中添加的水分和蒸气。从理论上讲，物料中每一微粒的外表都覆盖上一层水膜，使微粒间的空隙充满水，形成液体桥，这样会减少摩擦，使物料易于通过模孔，从而提高产量，压模和压辊的寿命也会增加。由于制粒时需要一定的温度，若原料本身的含水率大，就会减少水分的额外添加量；若添加的水分过少，微粒间则不能形成良好的黏结，会影响颗粒的产量和质量。一般而言，原料本身的含水量不应超过 13%；相反，若加水量过多，会使物料产生黏糊状，导致模辊打滑，黏糊状的物料很难将模孔中的物料挤出，造成阻塞，特别是在开机时更是如此。此外，过多的水分会加重颗粒从压模露出头时和自然膨胀，造成表面干裂、粗糙和暗淡无光泽。

实验表明，随着含水量的增加，生产率是先增后减，在 19.52% 时最高；而粉化率则是逐渐减少，这一点从表 10－7 中即可看出。当综合系数 y_7 也是 19.52% 时最好。这表明制粒时添加适量的水分有利于改善制粒性能及颗粒的质量。此外，制粒性不受机械设备结构参数和运动参数的影响，这在机械设备方面有过一些介绍，但更详细的情况仍需进一步研究。

（二）影响环模机制粒的因素

同平模机一样，环模制粒机在制粒过程也存在许多影响因素。

1. 工作原理

制粒机是靠压辊和压模的挤压来制颗粒的。电机带动压模旋转，由进入压模上的物料带动压辊转动，当物料被匀料器送入工作区内时，随着压模和压辊的转动，压辊前的物料被送入工作区。物料的密度及压力增大，此时的压力主要消耗在物料之间的摩擦上，使物料的弹性变形，转成缩性变形；当物料在挤压区内达到一定密度后，便被挤进模孔，经过一定时间的保压后，便被挤出模孔外，形成颗粒，此时的压力主要消耗在物料之间和物料与模孔之间的摩擦上，这也是制粒机功率消耗最大的部分。

2. 不同物料和压模

加工颗粒饲料，首先要了解物料的物理特性、化学特性及其用途，然后选择适宜物料的压模。对于设计人员而言，要求他们根据实际需要及不同的物料设计压模，以备选用者使用。

压模的重要结构参数之一是长径比，即压模孔径与环模厚度的比值，它决定了物料所承受的压力大小。通常情况下，对于纤维质多的物料，压模的长径比可小一些。如压制牧草、苜蓿和槐叶等，所需的长径比约为6~8；生产渔用颗粒饲料，一般长径比为10左右。在使用不同长径比的压模生产相同的饲料时，所生产出的颗粒质量是不同的，而且差异会很大。在不加蒸气条件下所做实验结果对比见表10-8。

表10-8　不同长径比压模的对比实验结果

序号	压模厚度（毫米）	压模直径（毫米）	长径比	粉化率（%）	浸水时间（分）	生产率（吨/时）
1	30	4	7.5	6.1	15	1.23
2	40	4	10	3.54	24	1.06

从表10-8中可见，使用长径比大的压模比使用长径比小的压模压出的颗粒质量好，但生产率低；在生产中，若需要使用质量好的饲料颗粒，如延长浸水时间，增强入水稳定性，可考虑使用较厚的压模。

在与上述条件相同的情况下，实验压模孔径对制粒的影响时，所得出的结果见表10-9。

表10-9　不同压模孔的实验结果

压模	孔径比	平均产量（吨/时）	电耗（千瓦·时/吨）
3	10	1.005	34.3
4	10	1.03	26.8

由表10-9可以看出，在相同长径比的条件下，产量相关不大，但孔径越小则耗电越大。

目前，在渔用饲料生产中所使用的压模模孔形状有直形、阶梯形、内锥形和外锥形等几种；也有的压模两端为阶梯开拓孔，中间为直形孔。阶梯孔的作用有两种：① 在制造小孔径压模时，为增加模的强度而选用较厚的压模，以防止长径比过大而采用卸载孔，以减小对物料的压力；这种卸载孔的直径，在选用设计时的要求并不严格。② 为模孔磨损时作为模孔长径比的补偿，此时卸载孔孔径的选用应合适，否则，会失去补偿作用。为生产出质量较好的饲料颗粒，每一种物料、每种用途的颗粒饲料均应选用最佳的长径比。

3. 配套动力及压模的速度

造粒机是配合饲料厂中电力消耗最大的设备之一，因此，为降低生产成本，就要尽量降低动力消耗，当然，也就要尽最大努力降低造粒机的动力消耗。出于此种考虑，在设计中都希望选用的配套动力小一些，而又能使产量达到较高水平。表10－10便是对此所做实验结果的比较情况。

表10－10 配套动力对比实验结果

项目	1号	2号	3号
主机动力（千伏）	37	37	55
压模直径（毫米）	350	320	350
压辊直径（毫米）	150	140	150
压模孔径（毫米）	4.7	4.5	4.5
压模转速（转/分）	286	302	216
生产率（吨/时）	2.22	3.82	5

由表10－10可见，1号和2号机的动力不同、参数不同。1号机的产量低于2号机；3号机和1号机的参数相同、动力不同，3号机产量较1号机大1倍多。这是因为造粒机的动力消耗主要是压实物料和克服压模孔对物料的阻力。在工作区将物料压缩、挤压，如果动力小，压实物料的速度慢，克服模孔阻力的能力也低，生产率也就低。特别是压制纤维长的物料，在压实过程中需要一部分动力克服物料的弹性，或把物料碾碎后再挤出模孔而增加能耗，生产力也相对低。相反，若造粒机的动力大，则压实物料的速度快，克服模孔阻力的能力也大，生产率就随之提高。

压模的线速度是直接影响造粒机生产能力的重要参数。较高的线速度可以在较短的时间内将物料转入压辊下，速度过高则会造成压模与物料的滑移，降低产量，且耗电又是随线速度的提高而增加。压模的转速高会造成造粒机电耗大，产量低的现象。

在一项实验中，无论是加水还是加蒸气，造粒机的电耗都是随着产量的提高而增加的，其中加水时的耗电量电量上升斜率大，增加速度要高于加蒸气时的速度。一般情况下，加蒸气时的耗电量需要比加水时低20%左右，产量提高40%左右。

4. 造粒机的产量与颗粒的质量

粉化率是衡量颗粒饲料质量的一个重要指标。在同一机器上，使用相同压模和物料时，实验测得的生产率和粉化率的关系也不完全相同。同时实验的加水和加蒸气两种工况条件下生产时，饲料与粉化率的关系是粉化率随着生产率的提高而增加，但加蒸气时的粉化率要低于加水时的粉化率。当更换压模时，使用直径3毫米和4毫米模孔的压模，模孔长径比均为10，直径4毫米的粉化率要高于直径3毫米的粉化率，通过实验可知，饲料颗粒的质量受多种因素的影响，例如产量、压模的孔径、是否添加蒸气等。在生产上，有时为了满足饲养对象的营养要求，只能采取降低产量的方式获得高质量的颗粒饲料。

5. 螺旋进料的流量

造粒机的喂料装置是螺旋给料器。进料机械的给料速度是靠变速调节的。在加工过程中，根据不同饲料配方和产量的要求，通过调节螺旋的转速实现供料流量均匀地关入压模工作区的，供料量不能过多，也不能断续。物料过多时，因料层厚度超过压辊攫取物料的弧角所限定的料层厚度，无法使多余的物料得到压缩，因而造成压模内物料堆积及压模孔堵塞；当断续（脉冲）供料时，会造成造粒机工作负荷不稳定，压模受力状态进一步恶化。进料螺旋的实验对比结果见表10－11。

表10－11　进料螺旋对比实验结果

项目	1号	2号
动力（千伏）	75	75
压模直径（毫米）	407	407
生产率（吨/时）	2.7	2.8
压辊直径（毫米）	182	182
进料螺旋转速（转/分）	104	25
电流（A）	134～135	120～140

由表10－11可知，在实验条件相同时，螺旋转速低，电流摆动大，工作不稳定，说明存在继续供料情况；当转速高时，情况会明显好转，工作也较稳定。为了解压模的受力状态，此实验还进行了不同供料流量对压模受力状态的影响方面的测试，具体工况为：加水不加蒸气转速调节至3～7.5转/分；加蒸气并将进料螺旋调节至转速3转/分和13转/分。在这种情况下进行压模受力状态的测试，磁带记录仪记录受力的情况是，当进料螺旋转速在3转/分时，不加蒸气，压模的受力极差。即最大力与最小力之差约为4.8吨，在7.5转/分时受力差为3.4吨。当加蒸气时，进料螺旋转速为3转/分时的受力差为3.2吨，转速为13转/分时的受力差为3.4吨，但这种状态下的电流摆动值很大，工作不稳定。在转速3转/分时，加蒸气比加水时

的压模受力差减小 1 534 千克（表 10－12）。

表 10－12　压模受力及负荷波动结果

转速（转/分）	生产率（吨/时）	电流波动值（A）	受力检限（千克）	备注
3	0.54	25～60	4 783	加水
7.5	1.23	75～125	3 446	加水
3	0.54	25～45	3 249	加蒸气
13	2.07	120～140	3 580	加蒸气

进料螺旋的供料量直接影响着造粒机的工作稳定状态，故在设计时应按快速而均匀地供料原则选用小直径供料螺旋机，做到最大限度地减少供料流量的流动范围。

6. 调质与蒸气

为提高造粒机的产量和饲料颗粒的质量，需要在造粒前用蒸气对物料进行调质，以糊化淀粉质，这样可使压模的受力状态有所改善。在此实验中，观察到要使饲料充分的吸收蒸气，并达到糊化状态，饲料与蒸气的接触时间是一个很重要的因素。

饲料和蒸气是在调质器内进行混合和调质的，一般在调质器内水分的增加还要超过5%。为提高调质效果，在设计时应考虑到尽可能增大调质器，以延长饲料吸收蒸气的时间，使饲料充分吸收蒸气，以达到完全糊化。

此外，饲料的调质还与饲料本身所含的水分及粒度有关。饲料本身所含有的水分是调质过程的原始点，又称原始水分，应根据原始水分控制蒸气量的大小。饲料的粒度分布决定其表面积的大小，几何平均代表值越小，吸收蒸气的能力越大，这也是设计过程中应考虑到的因素之一。

五、膨化饲料生产时的质量控制

前面有关章节已说明了膨化饲料的优越性，这些优越性预示着今后膨化颗粒饲料应用前景。此处将要介绍膨化颗粒饲料加工各环节中如何控制和提高饲料质量部分，即原料处理、挤压加工、后挤压加工、干燥冷却及后干燥冷却各环节的质量管理。

（一）原料的处理

水生动物用的颗粒饲料有漂浮性、慢沉性、沉性和软湿性饲料。膨化加工机械设备能生产其中的任何一种饲料，而且加工工艺与其他生产工艺基本相同。

原料的处理过程是为挤压加工优质饲料准备的。有多种方法可以制备初级原料，而且无论是包装还是散装都可以实现自动控制。原料依靠接受时的条件和颗粒的大小进行去杂和颗粒破碎。在进入膨化机之前，各种组分经过计算、混合、破碎、过筛，从而保证大组分颗粒不破坏膨化机的压模。工艺过程为：计量混合收集仓→斗式提升机→粉碎系统→振动筛→挤压膨化机→皮带输送机→气力输送系统→干燥器、冷却器→皮带输送机→加脂肪系统→斗式提升机→包装系统→仓库。

对于膨化颗粒加工所用的原料，若要求小于4毫米大小的规格，那么，原料必须经过粉碎，使99%的粉碎物通过840微米的筛孔，而要达到这种规格，颗粒的几何平均直径就要达到40微米左右。

若生产半湿性的渔用颗粒饲料，就要制备液体组分，让它来提高产品的水分含量和控制水的活性。事实表明，当生产干燥饲料时，就要用到液体原料，将他们制备好后加以混合，再泵入膨化挤压系统。另外，还要制备水溶性维生素和鱼油涂料，用来喷在膨化和干燥之后产品的表面。

原料的处理过程必须严格按照工艺及技术要求操作，不得任意更改。只有这样，才能保证原料的质量要求，保证后续工艺的质量管理。

（二）挤压加工

此阶段的加工过程从处理好的原料放置在膨化机的贮存仓开始。活底料仓可使原料自由流进螺旋式输送机，这个输送机能控制膨化机最终的产量。它使用高速发动机来控制混合圆筒的速度。

混合圆筒腔是高速装置，能将蒸气、水和液体添加剂混合，然后进入干饲料混合器。在膨化之前，物料的混合要求湿度和热度均匀。这需要控制湿度水平和水蒸气量、停留时间。饲料的热传导性只有在适当的湿度下，蒸气的热量才能很好地对物料加热，并通过选择调质器的压力去除抑制营养成分的因子，然后通过气力输送入膨化机。

当造粒机生产能力为4~5吨/时，物料在调节器中的正常停留时间为40~60秒钟。通过蒸气及水的添加，在常规混合圆筒中预调节器质。可以使物料的湿度提高7%~8%。这样，水分含量12%的物料从调节器出来时可达到19%~20%。

新型差径调节器在预调质过程中，具有保留时间长的特点，并能对加到干物料的水及蒸气进行均匀混合，从而能有选择地保持物料的湿度。多数实验表明，如果物料含水量为7%，理想的预调质时间将在120~180秒钟。若物料含脂量在22%，那么，预调质时间将达到290秒，这就要求使用差径和差速预调节圆筒。进一步的实验证明，使用差径调质圆筒时，熟化程度几乎与20%~30%和含水量成线性关系；在150秒内，调节水分含量为30%，熟化程度可达47%。由此可见，利用差径调质圆筒，可以达到最长的保留时间、湿度和热渗透，而且还会降低最终产品的营养价值。在空气和压力系统中的过度调节可导致氨基酸成分的破坏，也可能产生过多的粉尘，并降低产品的硬度。这种差径调质器的其他优点还有降低挤压圆筒的摩擦损耗，降低挤压转动动力的作用。由于物料间进行了水分的安全渗透，从而增加了热的转换。

物料混合均匀后，便进入挤压膨化圆筒。了解膨化机螺杆和机头的几何形状，就能生产多种用途和要求的产品。多种类型的膨化机螺杆、机头、挤压圆筒各有其特殊功能。这些部件的选择都会影响最终产品的加工工艺。因此，需要在保证质量的前提下，为提高产量而考虑投资、使用效益和动力效益。

在挤压圆筒中，可以注入水和蒸气，一些商业性的挤压头的外部装有水套管，这就使水在套管中循环流动，进而冷却挤压头。冷却量可以通过养活或增加水流量不定期控制。产品通过挤压筒的最后装置——膨化挤压模而完成，它影响着产品的形状、质地、外观及膨化机的产量。

有的双螺杆挤压膨化机与单螺杆挤压膨化机相同，可以使用同样的预调质方法。与单螺杆挤压圆筒相比，双螺杆挤压膨化机产品通过挤压圆筒时，可产生同样的成型产品。若流量和压模压力相同，而且比较均匀，那么，所产生的产品具有同样的形状，并且长短一致。双螺杆挤压膨化机也可以提高到25%；但单螺杆挤压膨化机只能生产脂肪含量在20%以下的饲料。与单螺杆挤压机相比，双螺杆挤压膨化机的加工成本要高出60%～70%，能量成本也会高出20%～25%。输入挤压预调质器和挤压圆高速中的蒸气可以输入更多的热量进行熟化。这部分能量除满足主发动机功率要求以外，还增加了产量。适当的水分有助于淀粉糊化和蛋白质变性。预调质物料的水分减少了通过膨化机物料的损耗，也减少了磨损，降低了成本。若水分含量太低，膨化机将减少饲料进量，造成维生素的损失以及氨基酸的破坏，这是因为膨化机圆筒内的剪切力增加了。实验表明，物料中最佳的水分含量为27%，在此水平之上，膨化机操作费用指数下降；低于此水平，费用指数上升。水分含量在27%时，为确保产品贮存的安全性，应减少水分含量至15%；当水分含量从27%降到15%时，电耗和磨损成本就会增加，而水、蒸气和干燥成本则呈线性减少；当水分含量在22%～29%时，这些相反的成本关系可在干燥设备的投资成本中节省。

膨化颗粒饲料机可以生产出不同密度的颗粒料，只要掌握好必要的技术指标即可。

1. 浮性颗粒饲料

此种饲料的密度为320～400克/升，颗粒直径为1.5～120毫米。经过养殖实验证明，这种饲料的转化率高，因为可以容易地观察到养殖对象对饲料的消耗状况，以便及时调整投喂量及投喂方式；还可观察到饲料本身在水中的稳定性及散失情况，以便于进一步改善质量。许多投喂浮性饲料的养殖对象都以确定一定时间内吃完为止的需要量作为标准。如果所有浮性饲料以10分钟之内吃完为准，那么，在规定时间内吃完后可再增加投喂一点。反之，10分钟后仍有剩余，则应及时减少投喂量。典型的膨化饲料在加工时的含水率为24%～29%，膨化率为在压模时的125%～150%。

2. 沉性颗粒饲料

这种饲料的密度为400~600克/升，颗粒直径1.5~4毫米。主要是甲壳类用饲料，即此种饲料主要用于水底摄食，而且摄食速度较慢的水生动物，所以，要求饲料的入水稳定性在2~4小时，以便于养殖对象有充分的摄食时间。

用膨化机生产沉性饲料的历史还很短，国际上只有几年的时间，国内尚未开始。从国际上的生产和实验情况看，沉性饲料的生产同浮性饲料的生产所用膨化设备相同，只不过压模开孔面积增大，物料含水量提高到30%~32%。为生产出稳定的沉性饲料，生产量相对减少。例如，每生产4吨的膨化浮性饲料，在生产沉性饲料时只能生产1.2~1.8吨。随着技术的发展和饲料需求量的增加，对于膨化机需要进一步改进设计，以便于提高其使用效率。

生产沉性颗粒饲料的水分含量要降到22%~25%，这样可节省部分用于干燥的成本，只要去除产品中10%~12%的水分即可。另外。可生产具有加工难度大的颗粒饲料，这一点是一般造粒机难以胜任的。从生产工艺上看，这种沉性膨化饲料的工艺并不复杂，只是在配方中含有5%~10%的淀粉组分即可。

3. 慢沉性颗粒饲料

这种饲料的密度为390~410克/升，这是在咸水中的沉降范围。产品颗粒的大小影响着其密度，因此，生产这种饲料，每个配方中的饲料密度都必须经过精确计算。这类饲料主要用于鲑鱼的养殖，特别是对海水网箱中养殖的对象，这种饲料可延长养殖对象的摄食时间，以免饲料沉积于底部及漏出箱外。

4. 软潮湿性饲料

这种产品的生产规模大都较小，因为只有少数水生动物摄食软饲料，而不摄食硬的颗粒饲料。

生产这种饲料的技术与生产浮性饲料基本相同。不同之处在于混合圆筒中添加液体，增加水分含量到30%~32%。这些液体中包括其本身的组分，如葡萄糖、山梨酸钾等，它们可以起到保鲜剂和水溶性维生素控制剂的作用，用于防止霉变而造成的损失。

膨化设备除生产上述几种饲料外，膨化熟化系统还能用于饲料单个组分及废弃物的加工，其优点也很多，这些将在后续章节中介绍。

（三）后膨化工艺

此工艺开始于压模中的产品之后，干燥之前，主要用于生产簿片状饲料，用于热带鱼的养殖。这里不作更多介绍。

（四）干燥和冷却工艺

与挤压膨化有关的研究和探讨大多集中在挤压设备本身。干燥工艺的主要作用是减少产品的含水量，以便包装和安全贮存。

目前，商业性的干燥和冷却设备很多。为方便讨论，此处仅选择普通的托盘型干燥冷却设备加以介绍。这种机型的性能，可以满足不同规模的膨化饲料厂需要，因为其灵活性大，新建厂和改造厂均可使用；而且，双层设计不仅节省了占地面积，也能使产品翻转，从而达到均匀干燥的目的。使用变速电动机不能改变产品的层厚和保留时间。

干燥和冷却器的结构材料有低碳钢、不锈钢和双兼材质的。在饲料生产中最好使用低碳钢质的，当然，也可以用其他材质的。输送机是筛板式电镀低碳钢制作的或特氟隆或银石墨涂层的不锈钢质的。标准的托盘孔径为3.6毫米，也可选择孔径为2.4毫米。若选用粉状料用的筛板，应加特殊的支撑，并具有较大的孔径，使气流量均匀，并能干燥小颗粒饲料或直径1.5毫米以下的饲料。

气流一般是自下而上通过产品，通过安装在管体循环风机上的单板风室加热元件加热。这些循环风扇在干燥器盘的下面产生压力，从而使饲料干燥均匀。一定比例的空气可以控制干燥室中的水分含量，而循环平衡是使能量消耗达到最佳效益。加热装置是蒸气管或气体干燥器。从经济角度考虑，水管的使用较为普遍。干燥器周围的绝缘材料在加热过程中允许安全操作温度达到175℃。

干燥器一般与相应的冷却器相连，或与干燥机底部的延伸部分一起安装。内部的关风器可用来防止空气漏掉。空气流向一般是向下通过物料，并有一部分通过烘干机，从而减少能量浪费。在一个较小的生产系统中，则要将烘干和冷却系统分开，才能达到最好的效果。

（五）干燥冷却后工艺

在渔用饲料生产中，这部分工艺主要包括破碎、分级、外部涂层和包装。破碎是通过辊式破碎机将大颗粒碎成小颗粒。破碎粒度的大小取决于破碎机辊之间的间隙。全过程主要生产系列小颗粒饲料，用于鱼苗及小虾的培育。破碎后经过筛分，按尺寸大小进行分级，并除去大的颗粒及粉末。

颗粒涂层系统用途变化较大。对于渔用饲料而言，两个罐和一个喷涂装置为好，一个罐用于装油，将其喷涂于维生素的外面，另一个罐用于装维生素水溶液，通过喷雾涂于饲料表面。

颗粒制造加工工艺颗粒的生产是为了使粉末状饲料易于分散，适口性不好、难以处理和废弃物通过加热、加水和机械挤压而制成具有较大稳定性的颗粒。

颗粒是在圆筒中形成的，颗粒直径为3.28～34.9毫米，直径大于22.2毫米的很少使用。一般情况下，颗粒的长短可以随意调节，一般为直径的1.5～2.5倍。若对饲料颗粒没有要求的话，一般生产情况下，颗粒直径为3.96毫米或4.76毫米，那么，颗粒机的产量将下降很多。

若生产的是硬颗粒饲料，较先进的加工厂多使用环模和2～3个压碾。因为每个设计都各有其明显的优点和缺点，所以，在选择造粒机时要仔细研究厂家产品记录、性能及厂家信誉、产品的可靠性。

变速喂料器多为螺旋机。螺旋叶片可以改变，从而准确喂料。一般情况下都配合电子传动和机械传动装置。喂料器的作用是保证饲料原料进入调质室的正常流量控制，防止任何变化带来的调质不均，以及因此造成负载。

调质室是一种固定的或可动的桨叶状的混合器。它装有蒸气集合管和液体注射管，其作用是适当调质物料，来加工出最好最完整的颗粒。提供蒸气是供水分润滑和放出油，以使淀粉糊化，更进一步的作用是添加15%的糖蜜，若配备得当，添加量可达25%～30%。根据要求，混合器的转速在90～500转/分之间选择。

通常，某种类型的减速装置也是必需的，因为压模速度总是小于正常发动机的速度。通过速度的变化，可以选择性生产。目前的减速装置包括直链双齿轮组型、V型带、齿轮带等。有的加工厂也同时装备一些变速机械，通常是齿轮变位与齿轮型的结合，双链电动机提供压模两个速度，适合范围广的饲料生产。

颗粒机上主要为电动机，有时也使用内燃发电机和动力轴装置。与发电机相比是其额定功率的2倍；颗粒机上也装了安培计，用来指示主要发动机的负荷，以防止过载。

第十一章　饲料厂的质量控制

本章所要介绍的是质量管理及技术管理的总和，是渔用饲料产品出厂前的最后一道工序，也是对全书的总结性概括。未来商业竞争就是产品质量和售后服务的竞争，若出厂前商品的质量稍不合格，而又不能及时发现，很可能对顾客及市场竞争产生相当大的影响，甚至造成无法挽回的损失。因此，有必要加以总结、归纳和强调。

一、质量定义

对于饲料质量的定义要符合国际通用标准和语言含义。渔用饲料有以下 4 个方面，即：①“符合要求”（Crosby 语）；②“适合使用”（Juran 语）；③“一种产品或一种服务在其满足给定要求的能力方面是一切特征和特点的总和”（EOQC 和 ASQS 语）；④一种产品的质量是指产品有关的所有特征和特点应符合顾客各方面的要求，受限于所能接受的价格和交货方式（Groocook）。

二、统计质量控制定义

统计学上的质量控制是指统计原理和技术在所有生产阶段的应用，目的是使一种产品具有最大的使用价值，并拥有市场，而且制造方法最为经济。主要包括 14 个管理要点，即：①提高产品质量和服务质量的坚定目标；②采纳新的哲理；③不要依赖质量检查；④不单根据标价决定购买与否的做法；⑤持之以恒地改善生产服务体系；⑥建立培训制度；⑦采用和建立领导和管理新机制；⑧驱除市场竞争恐惧感；⑨消除不同部门间工作关系的隔阂；⑩不要对工作人员提出口号、告诫和生产指标；⑪不要对工作人员提出定额，也不要对管理人员提出数量指标；⑫不骄傲自满；⑬推行有效的职工教育和自我提高方案；⑭采取行动，完成转变。

三、饲料生产质量控制指南

此指南是美国的饲料专家综合国际上的经典做法及政府有关部门的规定而提出的。提出的资料依据很广，James Andrews1992 年在堪萨斯州立大学 AFTIA 饲料生产培训班上的讲稿、多家公司的质量控制指南、1990 年版 AAFCO 的官方质量指南、堪萨斯州立大学粮食学和产业系饲料加工厂所用的质量控制方法等。

（一）指南项目

① 质量的定义；
② 入库原料的登记；
③ 采样和分析；
④ 饲料的配制和标识；
⑤ 批量生产系统的检测；
⑥ 搅拌机的检测；
⑦ 采购；
⑧ 饲料加工；
⑨ 当前对掺药饲料正确加工法（CGMP）的规定；
⑩ 目前使用的药物；
⑪ 存货管理；
⑫ 雇员培训；
⑬ 工厂卫生；
⑭ 安全。

（二）采样

批量散装料的采样：

1. 检测项目（样品必须能代表该批原料）

① 颜色；
② 质地和结构；
③ 气味；
④ 密度；
⑤ 过筛检查——检查颗粒的大小；
⑥ 流动性；
⑦ 水分——是否发霉；
⑧ 异物；
⑨ 污染——混杂其他原料。

2. 所需设备

① 谷物采样器，开槽管式 1 英尺长插入式，船用；
② 底卸式车用 10 英尺长谷物开槽管式采样器；
③ 盒式车和卡车用 6 英尺长谷物开槽管式采样器；
④ 内径 3/4 英寸的 9 英尺长塑料制管式采样器，用于糖蜜和脂肪采样；
⑤ 12 英寸长袋装料采样器；

⑥ 有柄立方体采样盒，12 英寸 ×12 英寸；

⑦ 美制 8 号和 10 号筛，有盖和接料盘；

⑧ Humboldt 分样器（格槽式分样器）；

⑨ Motomco 水分测定仪；

⑩ 带变压器的长波紫外灯；

⑪ 塑料袋。

3. 取样点与取样

采样器至少插入饲料深度的 3/4。采样器的槽要充分插入后才能打开，应在采样器保持一定角度的情况下小心将槽开启。关上槽，将采样器抽出。将所有采样器采到的样品倒入一个清洁容器内混均匀，移到分样器中分样，保留一份样品留厂存档，另一份样品送交实验室。如不能用取样器取样，可用连续抓样法取样；若初检表明品质异常，应立刻停止卸货。

4. 样品标识

对所有原料样品均应充分标识。具体内容为：

① 原样名称；

② 取样日期；

③ 供货者姓名；

④ 运送车辆号码；

⑤ 工厂地点；

⑥ 工厂案卷号或样品号；

⑦ 工作人员签名。

5. 样本大小

（1）分析用样品

0.5 磅（227 克）即可，除非要进行特殊分析需要较大的量外，例如测定黄曲霉素和过筛测试。

（2）工厂存档用样品

至少要在 0.5 磅以上，供比较及其后所要做的其他测试。

所有样品都要切实密封。所有用作存档样品至少保存 6 个月。

6. 样本取样

（1）袋装原料的取样

如果同一批原料的进料量在 100 袋以上，至少应对其中的 10 袋以上用袋式取样器取样。取样后将样品合并，混合均匀，分样，标记并存档（如散装原料的操作）。如果少于 100 袋，用管式取样器对其中的 5 袋取样，并如上所述那样合并。贴上标签，并标上袋的情况及批号。

（2）散装原料的取样

用塑料管状取样器由槽车中取样。取样管插入液体所需位点深度后，用拇指压住管的上端，然后抽出，松开拇指，把管子内的样品放入一个干净容器内，将所有样品混均，密封标记，并检查其气味和颜色。

（3）成品饲料的取样

批量装货的应从装货的卡车或货车上取样。对于每个分隔仓库都应在出料时对出流料取 3 个流动的横断面的样品，即开始出料时取一个、出料一半时取一个、出料快结束时取样一个。样品的标识包括：① 配方号码；② 装货日期；③ 饲料名称；④ 客户和买方姓名；⑤ 批号。

袋装饲料：用一小勺，在装袋时以相同的时间间隔取样，然后将样品放入一个清洁而密闭的容器内。装袋过程完成后，将取出的样品混合均匀，最后如上述进行分样、包装、标识和存档。

（4）加药饲料的取样

1）加药袋装饲料取样法：AOAC 法（美国公职分析化学家协会）

① 使用一个长度为 36 ~ 39 英寸的袋装取样器，此取样器必须是一根开槽的、一头尖锐的管子。用此取样器逐袋取样。

② 使袋装取样器开槽向上，并关闭着；从袋子的一角朝相对的另一端插入袋内；打开槽盖并轻轻搅动取样器，使槽内充满饲料；饲料袋应处于水平位置方能精确取样。

③ 饲料总袋数为 1 ~ 10 袋，逐袋取样；如果总袋数多于 10 袋，则至少取样 10 袋。对每一袋取样时应至少取一个核心样。

④ 从一台搅拌器中正在一次性搅拌的饲料中，应至少取样 2 磅左右。将每袋的核心样品立即置于一个气密容器中混合，或置于一个可以密封并可保存到对样品进行处理的塑料袋内。

2）散装加药饲料的采样：AOAC 法

① 取样器的长度要足以从散装料罐式搅拌机中取到一个完整的横断面的样品，取样器应是开槽的管式取样器。

② 从散装料罐、卡车隔仓或饲料搅拌机中取样时，采样器应以同垂直线成 10 度角斜向插入，插入时应向上并关闭槽开关，待插入到取样深度后打开槽，并上下移动两次，以使槽内充满样品，最后关闭槽抽出取样器。

③ 对于同一批混合搅拌的含药物饲料，应在每个料罐或搅拌机的不同部位至少取样 5 次，而且各取样点之间的距离应均匀。

④ 取必要份数的样品合成 2 磅重的混合样品。将所有核心样品立即合并，并置于一个气密容器内或密封的塑料袋内。

7. 样品制备

① 同一混合批次的所有样品应合并而混合均匀，并置于气密容器或塑料袋中，

直到保存到对样品进行制备送往实验室。

② 一般2磅重的样品混合均匀后，平均分成两份。

③ 样品的混合和分样可按原料样品一节中所述方法进行。

④ 分好的样品必须清楚而准确地标明饲料名称、生产批号、加药水平、药物预混合的批号、生产日期及采样人的姓名。

⑤ 分样后，一份样品必须送往实验室分析药物成分。另一份样品必须保留到收到第一份样品的分析结果时为止。如果第一份样品的测定结果超出测试限度，则必须将保存的另一份样品送往实验室。如果首次样品的测试结果在限定范围内，就可将所保留的一份样品处理掉。

8. 特殊的采样

（1）青贮饲料

从青贮沟中由表层向底部取6英寸深、12英寸宽的柱状体。搅拌这份样品，并随机抓上几把放在一个塑料袋内，将样品压紧并挤出空气后封好。对立式青贮塔中的取样方法，在饲喂期间从饲料机或车中随机抓取几把青贮饲料作样品，再如上述那样压紧密封好。每份样品大小为2磅，若在12小时内不能送达实验室，就应尽快将样品冷冻起来。只要包装和隔热适当，样品可在冷藏状态中抵达实验室，且只是发生极其小的发酵变化，避免在周末邮寄。

（2）青绿碎饲料取样

从铡草机、喷料机出来的材料或从送料车上的数个部位随机抓取几把作样品。在一个塑料袋内装入大约2磅重的样品，压紧排出空气后立即送往实验室或将样品冷藏以备日后运送。

应特别注意，湿的青贮饲料、青绿碎饲料样品的标识用标签不应放在塑料袋内，而应贴在塑料袋外。

（3）干饲料

用一个核心取样器从不同部位至少取20份样品。若无这种取样器，可用手从20个不同部位抓取样品。采样时避免叶子掉落。将样切成0.5英寸长，并充分混均匀，取大约1磅样品放入塑料袋内封好。

（4）水

水样可用一只清洁塑料瓶。此瓶须配有可盖紧密的螺旋盖。将瓶浸入水下面1英尺处，应先抽水3~4分钟后再取样。这样可保证所取的水样不是滞留在水管内的水。

（5）用于霉菌毒素（黄曲霉素）检测的样品取样

在对谷物、饲料原料和动物性饲料取样时，谷物样品至少要取5磅，对成品饲料或动物性饲料原料应至少取5磅样品。若一批到货中有受潮或霉变的区域，则必须对这些区域单独取样，并估测污染区域的相对量。

（6）申诉

若碰到客户投诉，通常要取样测定饲料配方是否是造成投诉的一个因素。

① 找出投诉的真正原因。

② 对情况做出全面检查：清洁程度、供水情况、贮存条件、饲料中是否存在有害物质等。

③ 若对饲料或原料有疑问，首先，应在料仓中取有代表性的样品，然后，进行检测和鉴定。

④ 对于样品要给予详细标识。

(7) 样品的特别标识

这种样品的标识应包括：

① 客户姓名；

② 取样日期；

③ 客户住址；

④ 材料名称；

⑤ 指出要测定的项目；

⑥ 若是投诉，应注明投诉内容；

⑦ 这批货的出售者姓名。

(三) 原料的分析

1. 实验室分析

① Wet Lab 常规法。

② 近红外法。

2. 常用化学分析法

① 粗蛋白——N×6.25 凯氏定氮法；

② NPN——非蛋白氮；

③ 粗脂肪，乙醚抽提物，酸水解；

④ 粗纤维；

⑤ 灰分；

⑥ 矿物质，钙、磷、盐；

⑦ 利用蛋白质及对谷物或蛋白质作计算机回归分析，以估计原料中重要氨基酸的水平。

3. 物理分析法

① 散装密度；

② 颗粒细度分析；

③ Brix 法测定糖蜜；

④ 水分含量。

4. 出于特别营养考虑的测试

① 霉菌和霉菌毒素的检测。

② 棉籽产品——棉酚的测定。

a. 游离棉酚是脂溶性黄色素，对动物有毒性作用。b. 棉酚会在动物体内积累，依富集量不同，一般动物在4~8周内死亡。c. 饲喂猪等大型动物，饲料中游离棉酚的含量最高水平不超过0.01%。d. 使用0.25%硫酸亚铁可使棉酚失活。饲料中1克/吨的棉酚可与4~400克/吨的铁相结合。e. 游离棉酚含量：全棉中为7 800克/吨、棉籽饼粉中为1 030克/吨。f. 游离棉酚的含量变异很大，最好保持经常性地分析。

5. 大豆产品中含胰蛋白酶抑制因子和尿素酶

① 若大豆粕未经加热处理使胰蛋白酶抑制因子失活，动物就会出现生长迟滞和胰腺肿大现象。

② 在渔用饲料中，不可将尿素同大豆制品共同使用，因尿素中含氨（NH_3）。如果尿素酶未受热破坏，pH值会升高而释放出氨。这也同时表明互蛋白质酶抑制因子未被破坏。

③ 加工中温度和压力的作用时间及温度的高低都会影响大豆中这两种酶的活性。

④ 过量的热量会破坏赖氨酸及其他重要氨基酸。

⑤ 理想的大豆制品是褐色的。

6. 其他特殊的考虑

① 胃蛋白酶可消化蛋白质的测定（此实验可测定未经处理的毛发和胃蛋白质酶不可消化的蛋白质）。羽毛和肉骨粉中消化的蛋白质水平平均为90%。

② 沙门氏菌污染源主要是老鼠、鸟类及加工副产品。

③ 未经适当热加工处理的产品会将疾病回传给养殖动物。

（四）限度以外的测试方法

1. 成品饲料

所有送往实验室分析的成品饲料，均应按照“质量保证要求”所提出的各个项目进行分析。无论何时，这些测试结果不允许超出限定范围。具体操作如下：① 核对该批饲料的工作单，检查饲料配合是否准确；② 应将样品的存留部分送去分析；③ 检查原料分析过程；④ 对于饲料配合的任何误差或原料的任何不符应予以纠正；⑤ 应将下一批同种饲料送去分析；⑥ 若问题较大，应对购用这批饲料的客户发出通知或将剩余饲料另行处理。

2. PAVS的含义

①“PAVS”是允许分析误差的代表符号，是帮助质量控制人员对于接受和不接

受两者之间的饲料产品，就其可接受性制定出指南。

② 采用 PAV 数值并不意味着可用以掩盖任何分析上和工作中的缺点。

③ 采用 PAV 数值应理解允许取样和分析过程中的固定变异，但不包括生产制造中的变异。

④ PAV 数值的推荐值是通过对一个实验室在正常工作条件下二次独立测定的结果进行比较而得出的。对于测定所用的方法进行标准化，可加强分析人员所做决定的自信或者允许使用较严格的对照标准。

⑤ 重复测试会加强对所测定结果的确认，但在同一实验室进行重复测试只会降低总变异中“实验室内变异”部分。两个或两个以上独立的实验室中所获得的测试值的一致性才能降低“实验室间变异或偏差”。实验室间变异通常大于实验室内变异。

⑥ 应用两个变异系数（CV）来确定 PAV 的推荐值。用两个变异系数，在根据符合 PAV 水平的测定做出决定时，出现拒收满意产品的危险性为 1/40。

⑦ PAV 值常用于在常规条件下对单个产品所做的各项测定中。如果某一产品的 7~8 份样品中，每一份的测定值都为不足值，但没有任何一份的不足值有 PAV 那么大，这就足以使质量控制人员有充分的理由采取措施。

根据 AAFCO 样品检验程序提出的“允许分析误差值（PAV）”

测定	PAV%
a. 近似分析	
水分	12
蛋白质	(20/X+2)
脂肪（乙醚抽提物）	10/X
纤维	(30/X+6)
灰分	(45/X+3)
胃蛋白酶可消化蛋白质	13/X
总转化糖	12/X
非蛋白氮蛋白质	
b. 矿物质	
钙	(14/X+6)
磷	(3/X+8)
盐碱地	(7/X+5)
氟（矿物质中）	40/X
钴	20/X
碘	40/X
铜	30/X
铁	25/X

镁 20/X

锰 30/X

锌 20/X

硒 25/X

c. 维生素

维生素 A 30/X

维生素 B 45/X

维生素 B_{12}

微量级 30/X

化学级 30/X

烟酸

微量级 25/X

化学级 25/X

泛酸 25/X

注 X（%）=饲料标签上的保证量；PAV% = 允许分析误差。

例：计算例子使用40%蛋白质饲料保证量为（20/40 +2)% =2.5%的保证量或0.025，这就是说PAV低值是40%的2.5%。40% ×0.025 =1.0%，40% -1.0% =39%。因此，一份饲料样品，计算结果低于39%就是不合格产品。

上述PAV表中未使用“+”或“-”符号。该表显示了实际的分析误差值，而不是允许误差。

3. 饲料配制和标识

配方内容：① 工厂地点；② 饲料识别号码；③ 饲料名称；④ 原料在饲料中的百分比含量；⑤ 对每一成分含量要标明其相当于每吨中的含量；⑥ 原料识别号码；⑦ 原料名称。

特殊内容：① 所加药物的申请号；② 药物名称；③ 药物浓度；④ 标签资料；⑤ 注册资料；⑥ 搅拌时间。

四、标识

记录好饲料分布，仓库内饲料垛轮转情况，产品的来源以及饲料的配料种类，这些都是质量控制的重要内容。对每袋或每批散装料上附上适当的标签是十分必要的，主要内容有：饲料批号、日期、工厂名称、批次号码。

例如：给每批饲料标号，这样就能通过系统追查这批饲料。如：

1992	08	08	10	A
年	月	日	批次	搅拌时间

所有样品和运货清单标明饲料名称和批号。

掺药饲料标签内容：① 加药目的；② 使用说明；③ 所用活性成分名称；④ 所有

活性成分（药物）组分的含量（除了作为单一日粮而连续饲喂用生长促进剂和提高饲料效率的低浓度抗生素外）；⑤ 关于停药期的警语；⑥ 防止误用警语；⑦ 净重；⑧ 公司名称或商品名；⑨ 产品名称（要与掺药物饲料申请上的相同）；⑩ 饲料成分的保证量；⑪ 饲料配料要使用每种配料的通俗名称或集合名称；⑫ 厂家的名称和地址；⑬ 详细的饲料用法指南，包括目的、投喂时间、投喂方法、搅拌方式、注意事项等。

五、掺药饲料说明

（一）分类形式

① Ⅰ类药物：可以较低的浓度持续应用，可将动物一直喂到上市而无需在中途停药。对这些药物不予控制，没有特殊规定购买和使用标准预混料，不需要许可证。

② Ⅱ类药物：这类药物有一定的毒性作用。掺有这种药物的饲料要在养殖产品上市前停用一段时间，待其体内的药物降解及消失后才能出售。这些药物多是受控制的，生产和销售这种饲料必须持有有关部门批准的许可证。

（二）产品方案

① A 型产品：一种含有药物和必要载体的药物预混料。

② B 型产品：一种相当于浓缩饲料或补充料的产品，其中含有某些营养成分。

③ C 型产品：一种相当于全价饲料的产品。

六、批量生产和搅拌系统的检测

（一）批量生产系统的检测

批量生产系统的检测应每年一次，对各种重型磅秤、小型磅秤及微量天平都应予以检测，并校正。在这一检测过程中，应使用一只已清除干净的成品饲料空料罐。饲料应像平常生产期间进行的那样进行分批、搅拌和加工。记下每批进样的重量和成品输出重量，并计算出两者重量之间的差异。这个过程应重复 3 ~ 4 次。成品饲料应用在贮料仓中。每批进料和出料之间的重量差异应在 ±1%。应用采样器取样，并分析饲料成分。最后填写批量生产检测系统的检测报告。

（二）搅拌机检测

搅拌机的检测要求每年进行两次。选择一种含有某种药物的饲料配方用于检测会有诸多优点。优点包括饲料配方中只有一种被测成分，从实验室中获得的分析报告有助于证实搅拌机性能与 CGMPS 要求的符合程度。

批量生产系统检测报告

检测日期：				
检测人：				
饲料名称：				
配方号码：				
批次号	每批重量	货车号	差异	偏差
1				
2				
3				
4				
总数				

搅拌机检测报告

检测日期：				
检测人：				
成品饲料名称：				
配方号码：				
药物分析方法：				
预期水平：				
样品号	蛋白质%	脂肪%	钙%	药物水平、
1				
2				
3				
4				

此检测过程的有关情况见后述的饲料生产部分。

（三）饲料的生产质量检测

对颗粒饲料的颗粒稳定性测定是很重要的。这是对各种颗粒化产品进行的日常测试，事实上就是监测，目的是监测颗粒的质量、颗粒饲料厂的作业情况以及配方原料是否适用于制粒。具体步骤为：① 测试用的颗粒必须离开冷却器 1 小时或 1 小时以上；② 颗粒料应通过一定直径的筛子，如美制直径 8 英寸的 8 号筛（表 11－1）；③ 称取 100 克过筛颗粒（若样品重量够的话，也可称取 500 克），放在一个振动器的分格内；④ 密封盖子，并振动10分钟（定时检测振动情况），速度为每分钟振动50次；⑤ 振动后将材料全部倒入美制8号筛子内，用一把2英寸的油漆刷就可完成这一操作；⑥ 筛除全部细碎颗粒后，将剩在筛子内的颗粒进行“回秤”（再次称重），称量精度为0.1克；⑦ 将第二次称得的重量除以100或500，得数即为合格率。例如，96.5 克/100 克 = 96.5% 或 96.5P.D.I；⑧ 总的目标是至少要达到96.0P.D.I，该指标在不同的生产厂家会有所不同，这取决于各厂家的质量标准。

另外，这一检测过程也可以观察颗粒综合质量。例如，颗粒长度、侧面外观、粗糙程度等。

每克颗粒表面积和粒子数的计算：

$$\text{每克颗粒的表面积} = \frac{Wt}{V}\exp[0.5(\text{In } Sgw)^2 - Indgw]$$

$$\text{每克的粒子数} = \frac{Wt}{V}\exp[4.5(\text{In } Sgw)^2 - 3In\ dgw]$$

式中：S——用于计算粒子表面积的外形系数：用于立方体和球形体的系数为6；计算机程序用6。

V——用于计算表面积的容量系数：立方体系数为1；计算机程序用1。

$Wt=1$，因为是以每克计算的，即等于材料的相对相对密度。

表11-1　出泰勒筛和美国标准局筛的网眼尺寸

筛眼大小（毫米）	泰勒筛（号数）	美国标准局（筛号）
8 000	2.5	5/16″
6 700	3	265″
5 600	3.5	3.5
4 750	4	4
4 000	5	5
3 350	6	6
2 800	7	7
2 360	8	8
1 700	10	12
1 400	12	14
1 180	14	16
1 000	16	18
800	20	20
710	24	25

续表

筛眼大小（毫米）	泰勒筛（号数）	美国标准局（筛号）
600	28	30
500	32	35
425	35	40
355	42	45
300	48	50
250	60	60
212	65	70
180	80	80
150	100	100
125	115	120
106	150	140
90	170	170
75	200	200
63	250	230
53	270	270
45	325	325

上表中，同一横线上的筛子具有相同的筛眼尺寸。

七、采购

获得满足营养学家指定要求的原料；确保材料及时运抵，以防使用不必要的、价格昂贵的和低效的替代品；争取一个有竞争性的价格。

采购合同包括：

① 说明；

② 数量；

③ 价格；

④ 有效期限；

⑤ 到货或装运日期；

⑥ 运费；

⑦ 校准前重量变异要在可接受的范围内；

⑧ 质量保证：原料符合要求，而且污染物、农药和黄曲霉毒素含量要与 FDA 所有规定相一致。

八、计算机操作

利用计算机对测试样品进行数据处理和分析既方便、快捷，又准确。

（一）把磁盘转为工作盘

① 把格式化的软盘插入 A 驱动器；

② 把空白的新软盘插入 B 驱动器；

③ 在“A >”提示符下，打入 FORMAT　B：/S/N；

④ 新盘的格式化完成后，取出 A 驱动器中的软盘，插入有饲料粒子大小分析用的软件的软盘 Particle　Size　Analysis（PSA）；

⑤ 在“A >”提示符下，打入 COPY　A：＊. ＊B:；

⑥ B 驱动器中的软盘应装有拷贝的 PSA 软件，把原来的 A 盘中作为备用盘。

（二）启用 PSA 软件程序

① 把 PSA 盘插入 A 驱动器，计算机程序会自动装入电脑。

② 电脑对测试号码、材料和日期的提示符作出应答。

③ 然后，电脑问是否想使用标准的 16 号筛子；若想使用标准筛，键入“Y”；若想使用其他筛子，键入“N”，然后，按提示符输入所选择的筛号数。若第一次输入有误，将还有一次输入机会。

④ 电脑提示在屏幕上输入留在每一层筛子上的样品重量。输入完毕时，屏幕会提示一览表，以便能查找错误。电脑会提问数据是否正确。若正确则键入“Y”；若数据有误则键入“N”。然后，电脑会提示输入数据错误所在行的行号（每行数据前括号中的数字），要求输入正确数据。此过程重复进行，直到输入的数据正确为止。

⑤ 屏幕显示出不同材料的特定重量表，电脑将提示输入所用材料的特定重量。

⑥ 最后电脑进行计算，并在屏幕上显示出结果。

（三）打印出 PSA 分析的结果

① 若想把结果打印出来，输入 PRINT 即可。

② 电脑提问确定打印机是否处于准备状态，然后按任意键使程序运行。

③ 打印结果开始。若想继续运行 PSA 程序，只需键入“GO”。如果对此程序有问题或想法，可自行修改或与有关单位联系。

九、一些物理性指标的测定

（一）水分的测定

1. 采样步骤

① 在颗粒饲料制作流程中（膨化加工应在膨化作用后）取样 50 克，并立即放入塑料袋内；

② 把塑料袋放入冰箱或冰柜中，直到样品冷却；

③ 从颗粒机的出料口取 50 克颗粒料，立即放入塑料袋内；

④ 重复步骤②；

⑤ 在远离颗粒冷却器处取样 50 克颗粒料，立即放入塑料袋内；

⑥ 重复步骤②；

⑦ 从冰箱或冰柜中取出样品，待其平衡到室温再开始测定水温。

水分子空气烘干法，烘干温度为 135℃。该方法为美国谷物化学协会（AACC）44 – 19 号评定法。

2. 设备

① 铝制水分测定盘：直径 55 毫米，深度不超过 40 毫米；

② 密封干燥器：重灼烧 CaO 质是一种理想的干燥剂；

③ 烘箱：温度可维持在 135℃，并配有温度计，该温度计插入烘箱时应将温度计球形末端与水分测定盘的最高点处于同一高度上。

3. 测定步骤

① 把样品磨碎，过孔径为 1 毫米的球形筛，然后充分混均。若样品不能研磨，应尽可能使样品变细一点。

② 称取 2 克（±1 毫克）样品，放在每盘中，并用手抖动，直到盘中样品均匀分布。先揭开盘盖，然后将磁盘和盘盖尽快放入烘箱中，在 135℃ 下干燥 2 小时（干燥时间以烘箱温度至 135℃）算起。将样品盘移至干燥器内冷却。

③ 称重并计算重量损失，这部分损失即为水分。

④ 计算：水分（%）＝水分损失%/样品重。

（二）热粉料的温度测定

1. 设备

① 斯蒂龙（一种聚苯乙烯）泡沫塑料容器（容积约为 3 升）；

② 温度计（精确至 1℃）。

2. 采样

① 从运行的颗粒机内（膨化加工的为膨化后取样）粉料中取样，并放入斯蒂龙

泡沫塑料容器中。

② 把温度计插入粉料中央，并填充盖好，放置到温度不再上升为止（一般为5~10分钟）。

（三）热颗粒饲料的温度测定

1. 设备

① 斯蒂龙泡沫塑料容器，同上；

② 温度计，同上。

2. 采样

① 从颗粒机出料口采取样品，放入绝热容器中；

② 把温度计插入颗粒料中央，并封盖好，放置不动，直到温度不再上升为止（约5~10分钟）。

十、药物的登记与保存

（一）库存收方

厂方一经收货，全部药物必须登记好库存记录。然后，根据特定药物的“袋装预混剂库存”清单，将库存数记入药物登记簿上，每包登记一行。

收到药包时，要按照药物记录依序进行编号，如1、2、3、4……

若是每次进货较多时，应将每批次的每包从头开始依次登记和编号，然后，再每批次存放于一起。每包药都要登记在库存清单上，以便失效期最早的优先使用。

例如：假定1992年1月2日收到5包Mecadox，其中3袋为一个批次（CX123-92），另两袋为另一批次（CX150-92）。3袋的有效期到1992年7月，另外2袋的有效期到1992年12月。使用操作步骤为：

① 查看药包的批号及失效期。取出临近失效期的3袋，分别编号为1、2、3，然后，将另2袋分别编号为4、5。

② 从编号为1、失效期到1992年7月的那一包开始，在药物记录簿上逐一登记，每包占一行。登记内容有收货日期、生产厂家、批号、袋号、收到数量等，按标明的包重新登记。

③ 按同样的程序对收到的每一包进行登记。

将袋装的药物装入药物容器。

将调进的药包上的日期和批号记在药物预混剂库存单上。

将药物容器放在磅秤上，将药物倒入容器内，在库存增加一栏记上加进药物的实际重量。

例如：假定在1992年2月5日，我们想将Mecadox装入容器内。1992年1月2

日，我们收到5包该产品，其中3包为一个批次（CX123－92），另两包为另一个批次（CX150－92）。3包的失效期为1992年7月，另两包的失效期为1992年12月。操作步骤为：① 取出1992年1月2日收到的1号包。记作批号#CX123－92#1。在袋装预混合剂存单上于批号CX123－92#1的出库日期一栏内填写2/5/92；② 在2月药物预混剂库存单上填写该袋的日期和批号；③ 把药物容器放在磅秤上，看一下重量，确保药物重量与药物记录簿上的重量相符。记录容器的总重、计算并记录加进药物的实际重量。药物库存清单见表11－2。

表11－2　袋装预混料存货清单

预混料名称：　　　　浓度：　　　　克/磅（　%）

收到日期	生产厂家	批号	收到数量	替换日期

（二）良好的生产规程

正规饲料厂的年记录应包括：

① 磅秤和液体计量器年度校正报告；

② 对于Ⅰ类A型和Ⅱ类A型、B型药物来说，药物预混剂库存记录要做到每天登记，并保存一年。

③ FD－1 900含药物饲料一年3次的实验室分析记录也保存一年。还有一些不需要添加FA－1 900S的含药饲料的定期分析记录。

④ 保持设备的清洁。程序为：为防止交叉污染的饲料搅拌机的搅拌顺序记录，以及通过饲料流动清除阀物理清除记录；为防止交叉污染的饲料运输设备的排列顺序记录。

⑤ 制作标签：每一种含药物的标签不再使用时，应再将其存档一年。

⑥ 必须完全记录上一年度所使用的配方的存档材料，这些记录必须包括各种成分的数量、推算产量、混合程序、取样要求以及质检人员的检验和签名。

⑦ 包括配方清单在内的生产记录，每一种订购要经过合格认定的饲料都要有生产记录。

⑧ 供销记录应包括装运单或是注册日期的销售发票，买卖双方的姓名和地址、饲料名称和批号。

⑨ 投诉的档案材料应记录下全部的口头和文字意见，要有姓名、地址、产品鉴定意见以及投诉问题。

⑩ 有关饲料管理部门的档案必须包括含药饲料的注册登记手续、FD－1 900S 的拷贝以及过去对饲料厂检查的文字记录。

附录一　全球鱼粉产销状况追踪

鱼粉是水产养殖用饲料动物性蛋白源之一，随着世界水产养殖业的快速发展，对鱼粉的需求量越来越大，尤其是对高速发展的我国水产养殖业的影响更大；而受加工鱼粉原料鱼资源的影响，全世界鱼粉的年产量和国际贸易交易量始终徘徊不前，甚至逐年减少，全面研究和掌握世界鱼粉的产销状况，及时调整应对策略，大力加强其替代物的开发，对保持我国水产养殖业的健康发展十分必要。

一、世界鱼粉生产形势

2008 年，世界各主要生产国的鱼粉产量都有所下降。据统计，2008 年鱼粉总产量为 260 万吨，比 2007 年减少了 10 万吨，而 2009 年的产量仍将小幅下降。目前世界鱼粉产量中约有 25% 来自鱼类加工行业的废弃物。2009 年秘鲁渔获物上岸量 700 万吨，比 2008 年下降 6%。2009 年秘鲁鱼粉的总产量 134 万吨，比上年下降了 5%。

根据 JCI 秘鲁资讯，2010 年 10 月 15 日，秘鲁官方已公布中北部开捕时间在 11 月 7 日零时，配额数量在 200 万吨，与近几年下半年捕季的配额数量相同。同时国际鱼粉的供应形势也基本明确，200 万吨鱼产出鱼粉量约在 44 万 ~46 万吨。此外，此季捕鱼后期，秘鲁能否增加配额将成为业内人士所关注和重点之一。预计 2010 年秘鲁鱼粉产量为 140 万吨，基本与上年持平。

在秘鲁新季开捕政策、国际鱼粉供应形势有所明朗的情况下，截至目前秘鲁新生季鱼粉预售进度却不容乐观。询价多，实际成交量少是目前的主体形势。部分业内人士预计在 5 万 ~6 万吨，而部分人士的预计略高一些。

2010 年智利鱼粉产业受地震影响较大，产量可能减少 20 万吨，出口也将相应减少。南美一些鱼粉生产国的捕捞产量下降，导致世界鱼粉产量下降。

世界鱼粉原料的总投入量约为 2 627.1 万吨，受海洋资源的限制，并不是所有海洋国家都生产或使用鱼粉，畜牧业发达的国家都依靠进口鱼粉。鱼粉的主要产地不是发达国家，其鱼粉原料投入量仅为 811 万吨，占世界总量的 30.9%；欧共体 12 国只占总投入量的 7.2%；而非发达国家的鱼粉原料总投入量为 1 816.1 万吨，占世界鱼粉生产原料总投入量的 69.1%。鱼粉的主产地是南美和加勒比海地区，鱼粉原料的总量达 1 285.9 万吨，占世界总量的 48.9%。亚洲和欧洲国家的投入量占世界总量的 22.9% 和 21.6%。

在最近几十年，世界鱼粉产量明显稳定在 600 万吨左右，在 500 万 ~700 万吨之间波动（其中秘鲁年产量在130万~150万吨）。这取决于南美海域鳀鱼的产量。2007年主要鱼粉出口国的鱼粉总产量达到270万吨，比2006年稍低一些。2006年秘鲁海域鳀鱼产量明显下降，使得该年的鱼粉价格急剧上涨，但2007年其价格基本稳定。2008年初，鱼粉价格再次上涨并维持高位。目前大部分鱼粉是被水产养殖业所消耗，估计约占年度鱼粉产量的60%。中国鱼粉原料产量在1997年是275.1万吨，鱼粉的产量为55.6万吨，占世界鱼粉产量的8.3%。国产鱼粉质量差、信誉低，除加工工艺落后外，掺杂使假现象也较为严重，此外就是鱼粉生产原料的质量差，多数为水产品加工下脚料。

2007年鱼油产量相对较大，是加工的鱼脂肪含量高的结果。2008年初，鱼油价格高涨，达到1 700美元/吨，创历史新高。鱼油价格上涨是由于人类直接使用的需求推动的。水产养殖业的作用对鱼油的作用大于鱼粉，鱼油中约有85%的产量来自水产养殖，其中养殖鲑科鱼类占养殖使用量的55%。

表1　五大鱼粉生产国产量统计　千吨

国家	1—12月		1—3月	
	2009	2010	2010	2011
秘鲁/智利	2 039	1 487	131	215
丹麦/挪威	274	433	82	56
冰岛/北冰洋	198	225	39	49
合计	2 511	2 146	252	320

表2　国际鱼粉鱼油协会（IFFO）会员国鱼粉产量统计　千吨

国家	年份					
	2007	2008	2009	2010	2011	2012
秘鲁/智利	2 120	2 063	2 039	1 274	2 160	1 302
丹麦/挪威	317	302	274	345	256	114
冰岛	135	251	198	198	134	185
合计	2 572	2 616	1 511	1 855	2 607	1 691

据2012年3月9日美国农业部报告显示，2012年秘鲁鱼粉产量预计为131.5万吨，约与上年持平。2012年秘鲁鱼粉实际出口量为130万吨，大致与2011年持平。其中出口中国66万吨，占51%；出口德国20万吨，占15%；出口日本11万吨，约占8%。

中国2012年鱼粉进口量预计为124.57万吨，较上年增加1.37万吨，同比增长2.94%，进口额16.9亿美元；国内的鱼粉生产量预计仍将保持在22万吨左右。

2010—2011 年度中国鱼粉进口量约为106 万吨，价格相对更为低廉的豆粕在2012 年中占鱼粉一定的市场份额。2011 年，中国鱼粉实际消费量为145 万~150 万吨，其中包括120 万吨的进口量和20 万~30 万吨的国产量。

二、国际鱼粉贸易状况

2005 年前三季度中国共进口鱼粉133.94 万吨，较上年同期限增长77.1%。主要进口国为：秘鲁98.62 万吨、智利23.58 万吨、美国4.94 万吨和俄罗斯2.47 万吨。其中同年9 月我国出口鱼粉16.51 万吨，较上年同期减少15.31%。主要进口省份为：福建36.78 万吨、广东26.71 万吨、北京20.20 万吨、浙江12.74 万吨，辽宁9.60 万吨；分别占进口量的26.38%、19.15%、14.48%、9.13%和6.88%，总共占全国进口量的76.03%。全年总进口鱼粉为158.8 万吨。

2005 年前三季度中国总计出口鱼粉2 544.43 吨，较上年同期减少32.78%。前三季度鱼粉进口的平均价格6 094 元/吨，较上年同期高1.64%，较2003 年同期高17.63%。第三季度进口平均价为6 068 元/吨，较上年同期低4.38%，较2003 年同期高14.32%。2006 年的一季度平均进口价约8 800 元/吨。

经过两年的高价之后，2009 年2 月起价格下降至低于1 000 美元/吨。尽管产量下降，但秘鲁仍设法在2008 年增加了出口量，达到156 万吨，比2007 年增加了24%。2008 年秘鲁鱼粉的主要出口国仍是中国，达其出口量的53%；其次是德国，进口了190 万吨。

2008 年世界五大主要鱼粉进口国家的鱼粉需求量都有所下降，仅有260 万吨，比2007 年减少了10 万吨，这种情况在2009 年仍在继续。鱼粉价格在经历了两年的高峰期后，目前的价格约在1 000 美元/吨。当前全球经济形势仍然影响着鱼粉工业，由于中国生猪业正遇受低价格的困扰，中国对鱼粉的需求量也在减少。

截至2009 年7 月，国内FAQ 65%的鱼粉价格现货成交价突破7 800 元/吨。由于美元贬值的加剧，国际商品价格上涨，整体饲料蛋白原料价格上涨，国内鱼粉价格也因此继续走高，试图突破8 000 元/吨大关。秘鲁本捕捞季节结束，鱼粉供应量下降，而厄尔尼诺现象的影响加剧，市场开始担心后期市场货源，促使价格提升，FAQ 65% FOB 报价达1 050 美元/吨，折合人民币8 000 元/吨。进入7 月，国内港口鱼粉集中到货明显，库存从7 月的10 万吨增加到16.5 万吨，给鱼粉贸易商带来明显压力。使得国内鱼粉价格弱势下调，但很快因终端需求较好而使得港口出货量一起增加，致后期出现缺口，鱼粉价格再度走高。

刚进入12 月，国内鱼粉现货价格一改11 月底的低迷走势，出现小幅反弹的行情，维持了两个多月的历史高价位继续延续。截至12 月5 日，国内鱼粉报价再次突破11 000 元/吨。原因是世界主要鱼粉原料供应国秘鲁的新捕捞季节进展顺利，其捕捞鱼的质量较好，但由于鲜鱼价格一再走高，秘鲁鱼粉加工成本上升。同时，由于来自欧洲的鱼粉贸易商积极购买秘鲁鱼粉，截至12 月初共购进秘鲁鱼粉约15 万吨，再加上亚洲鱼粉商购买的约20万吨，秘鲁新捕季鱼粉库存已不足10万吨，促使秘鲁鱼粉提价销售，其中超级鱼粉CNF报价高达1 650美元/吨，折合人民币11 700元/吨。国内受秘鲁鱼粉供应的季节性影响，进口鱼粉库存处于青黄不接的状态，港口鱼粉库存继续走低，到12月14日，国内主要港口库存仅3.8万吨，为上年同期的24%，而国内饲料厂又处于备货阶段，促使价格上升。

2009年上半年，秘鲁鱼粉总产量为83万吨，几乎全部来自凤尾鱼（358万吨捕捞量）。比2008年同期下降5%。而此期秘鲁鱼粉出口量为87.8万吨，比上年同期增长2%。中国从秘鲁进口的鱼粉占其总出口量的60%。2009年上半年，中国鱼粉购买力的增加主要是因为秘鲁出口到中国的鱼粉量增加了10万吨。

表3 中国进口鱼粉量　　单位：千吨

国家	1—12月			1—6月		
	2006年	2007年	2008年	2007年	2008年	2009年
秘鲁	1 458	1 420	1 390	895	885	867
智利	776	700	668	470	446	457
丹麦	213	162	151	130	130	120
挪威	176	155	148	120	83	62
冰岛	162	135	251	114	77	70
总计	2 783	2 572	2 608	1 729	1 621	1 576

表4 中国鱼粉进口统计　　单位：千吨

国家	年份					
	2008	2009	2010	2008	2009	2010
	千吨			百万美元		
秘鲁	876	730	612	862.8	676.8	965.9
智利	239	340	131	262.7	344.7	232.0
美国	77	89	67	100.0	111.8	121.1
泰国	6	7	49	5.1	6.3	68.4
俄罗斯	49	40	46	72.2	57.1	93.7
南非	13	9	26	13.1	8.7	42.2
巴基斯坦	13	18	21	9.1	13.5	20.8
越南	2	5	18	1.9	4.3	20.9
合计	1 351	1 311	1 042	1 398.9	1 303.3	1 668.2

表 5 秘鲁鱼粉出口量 单位：千吨

国家和地区	1—12 月			1—6 月		
	2006 年	2007 年	2008 年	2007 年	2008 年	2009 年
中国	535.2	565.2	831.9	274.9	429.0	529.1
德国	208.9	166.0	191.9	91.3	79.2	73.6
日本	174.0	149.7	148.1	79.8	67.0	67.6
中国台湾	57.1	39.3	46.8	20.2	25.0	34.3
其他	338.4	349.1	345.3	167.3	258.4	173.3
总计	1 313.6	1 259.3	633.5	633.5	868.6	878.0

表 6 秘鲁鱼粉出口统计 单位：千吨

国家和地区	1—12 月			1—3 月		
	2008 年	2009 年	2010 年	2009 年	2010 年	2011 年
中国	831.9	753.9	554.5	231.8	197.2	107.6
德国	191.9	269.1	136.3	54.9	51.9	16.4
日本	148.1	117.1	112.2	36.3	23.9	12.2
英国	22.7	54.4	32.2	7.4	10.7	6.0
中国台湾	46.8	61.4	34.5	Na	Na	8.9
越南	63.1	62.5	37.6	Na	Na	5.8
其他	259.5	218.8	177.3	96.9	69.0	136.1
合计	1 564.0	1 537.2	1 084.5	427.4	352.7	292.0

表 7 智利鱼粉出口情况 单位：千吨

国家	1—12 月			1—3 月		
	2008 年	2009 年	2010 年	2009 年	2010 年	2011 年
中国	245	328	120	66	35	26
日本	51	61	55	12	5	9
德国	37	30	12	4	2	7
西班牙	32	30	24	5	8	4
韩国	25	30	20	5	4	3
意大利	22	26	19	6	3	3
其他	57	79	61	19	14	27
合计	487	605	319	117	71	79

表8　我国近几年鱼粉进口情况　单位：吨

国家	年份				
	2005	2006	2007	2008	2009
秘鲁	1 070 938	602 263	516 557	876 339	730 368
智利	277 368	159 007	187 562	239 352	339 922
进口总量	1 580 252	979 149	966 354	1 348 670	1 308 057
智利占总量比重（%）	17.55	16.24	19.41	17.75	25.99

2009年上半年，智利鱼粉出口量增长，出口约38万吨，比2008年同期上涨了14万吨。中国强劲的需求是其增长的主要原因，2009年智利出口到中国的鱼粉几乎增长了1倍。

表9　美国鱼粉进口量　单位：千吨

国家和地区	1—12月			1—6月		
	2006年	2007年	2008年	2007年	2008年	2009年
墨西哥	27.6	20.0	22.7	12.6	10.8	11.0
智利	5.9	6.7	5.5	3.1	2.8	3.4
加拿大	7.4	6.5	2.0	3.3	2.2	1.5
秘鲁	11.2	1.1	0.6	0.1	0.2	0.3
巴拿马	1.8	0.8	0.3	0.1	0.3	0.0
冰岛	0.8	0.5	0.0	0.1	0.0	0.0
其他	4.4	4.2	7.0	1.1	1.1	3.7
总半	58.7	39.6	38.1	18.4	18.4	20.0

表10　智利鱼粉出口量　单位：千吨

国家和地区	1—12月			1—6月		
	2006年	2007年	2008年	2007年	2008年	2009年
中国	169	289	245	112	132	235
日本	83	65	51	44	20	31
德国	33	32	37	11	14	22
西班牙	28	33	32	14	11	13
朝鲜	30	28	25	16	14	13
意大利	26	27	22	11	14	10

续表

国家和地区	1—12月			1—6月		
	2006年	2007年	2008年	2007年	2008年	2009年
中国台湾	50	30	18	17	6	13
其他	72	84	58	13	14	41
总计	519	488	487	272	240	378

表11　2004—2009年智利鱼粉出口量　　单位：千吨

国家和地区	年份					
	2004	2005	2006	2007	2008	2009
中国	813.0	1 049.4	535.2	555.2	831.0	753.9
德国	153.1	235.9	206.9	166.0	191.9	269.1
日本	197.0	170.2	174.0	149.7	148.1	117.1
中国台湾	63.0	84.0	57.1	39.3	46.8	61.4
越南					63.1	62.5
英国					22.7	54.5
其他	506.9	461.9	338.4	349.1	259.5	335.7
总计	1 756.0	2 001.4	1 313.6	1 259.3	1 564.0	1 537.2

2009年上半年，德国进口鱼粉急剧增加，进口约12.75万吨，比上年同期增长52%，秘鲁是最大的供应国，占德国进口鱼粉总量的90%以上。智利和丹麦尽管出口到德国的总量不大，但也表现出强劲的增长势头。

表12　德国鱼粉进口量　　单位：千吨

国家	1—12月			1—6月		
	2006年	2007年	2008年	2007年	2008年	2009年
秘鲁	202.1	192.3	131.1	108.5	67.6	106.4
智利	1.0	7.1	5.0	4.0	2.0	10.6
丹麦	8.8	3.7	8.6	1.4	1.9	5.6
法国	2.6	2.0	3.6	1.2	2.1	1.8
挪威	1.0	1.0	0.3	1.0	0.2	0.3
冰岛	1.2	1.4	7.5	0.0	6.1	0.0
其他	18.7	2.7	8.9	6.5	6.1	2.7
总计	235.4	210.2	165.0	117.7	84.0	127.5

表 13　英国鱼粉进口量　　单位：千吨

国家	1—12 月			1—6 月		
	2006 年	2007 年	2008 年	2007 年	2008 年	2009 年
秘鲁	37.6	19.3	25.0	7.5	11.0	17.5
爱尔兰	6.0	11.4	9.1	5.6	6.0	12.8
丹麦	25.3	12.9	22.0	5.4	15.8	7.0
智利	10.9	5.0	0.0	3.7	0.0	3.5
挪威	7.9	9.8	3.8	5.3	1.8	1.2
德国	30.8	13.5	8.3	2.0	5.8	0.9
冰岛	13.8	3.8	10.3	1.4	4.7	0.0
法罗群岛	2.3	3.4	7.9	0.0	5.8	0.0
其他	5.0	8.3	4.5	1.2	1.0	2.3
总计	139.4	87.4	90.9	35.9	53.0	45.2

中国鱼粉供应量因为配额减少，从 2005 年的 158 万吨，减少到 2006—2007 年的不到 100 万吨；2008—2011 年随着贸易保护导致供应量稳定，一直保持在 120 万吨左右。秘鲁已成为我国鱼粉的主要供应国；但因秘鲁和智利鱼粉价格的波动，其他一些国家的鱼粉也开始大量进入我国，形成了我国鱼粉进口多元化新格局，特别是从美国进口的鱼粉，2011 年增长到 15 万余吨；此外，从南非、泰国、厄瓜多尔、巴基斯坦等国家的进口量也有所增加。与此同时，进口鱼粉的价格也一路攀升。2010 年 2 月，进口鱼粉价格仍维持在 1 200 美元/吨以上，进口鱼粉高价位产生的原因：一是港口目前库存较低，仅为 5.53 万吨，已达到近 7 年同期最低水平；二是供应商比较集中；三是外盘采购成本高到了极点；四是与往年不同，由于库存量较低，贸易商银行贷款较少还贷压力低。业内人士预测，鱼粉在短期内价格仍将处于高位水平平衡或小幅调整状态，不会低于 1 万美元/吨。

2010 年 5 月以后，由于秘鲁本季开捕以来，持续出现幼鱼比例偏高的现象，造成局部港口不断实施小禁捕，但日捕量基本维持在 6 万吨以上，最高达 8 万吨，所以，今年秘鲁的捕鱼和鱼粉供应形势明显好于预期。而 5 月以来，中国进口商在鱼粉外盘市场的采购减少，而欧盟贸易商观望后市的态势明显，鱼粉贸易进入“买方市场”。国际联合委员长会分析为：一是受天气等原因的影响，今年中国需求高峰推迟，外加 4—5 月国内市场鱼粉集中到货，到目前为止，中国鱼粉库存达 21.8 余万吨，处于近 3 年来的库存最高峰，继续采购的意愿下降。二是欧元持续贬值制约欧洲贸易商鱼粉采购。三是部分鱼粉商顺价销售意愿有所增强，而国际鱼粉弱势运行格局仍难改变。当前，秘鲁超级蒸气鱼粉参考报价在 FOB 每吨 1 740 ~ 1 750美元，部分厂商报价更低，约在 1 700 美元/吨；智利鱼粉参考价约在 1 700 美元/吨。

2010年端午节过后，国内饲料企业陆续增加鱼粉的进货，推动了主要港口鱼粉出货量上升，但增速相对缓慢，港口鱼粉仍保持较高的库存，因进入水产品消费旺季还有一段时间，鱼粉在国内的弱势销售格局未有大的改变。同年7月的总体态势：一是国内主要港口的库存量较大，约达21.2万吨，同比增加1倍以上。虽然近期主要港口出货量有所上升，但因国内对鱼粉的需求减弱，普通鱼粉的成交价约在1.2元/吨；超级蒸气鱼粉最低成交价为1.25万元/吨。二是鱼粉厂商停产观望。三是国际鱼粉价格偏弱运行。在秘鲁捕捞旺季到来，而中国贸易商已购买了相当数量的鱼粉基础上，欧洲市场需求动态是重点。据说近期欧洲贸易商可能对部分框架协议进行定价，秘鲁厂家观望等待心态占上风。当前秘鲁鱼粉厂商多处于不公开报价之中，超级鱼粉交货价是1 700美元/吨。此外，智利鱼粉价格的跌势较前期放缓，当地的普通鱼粉参考报价在船上交货约每吨1 650美元，部分品种每吨下跌10~20美元。

到2010年10月，国内鱼粉报价跟盘上调，但由于成交量并未明显放大，加上库存下降较慢，近期国内鱼粉成交依然呈弱势。根据JCI了解，当前国内主要港口普通鱼粉成交价在每吨10 000~10 500元，部分下跌每吨200~300元；超级蒸气鱼粉成交价在每吨11 000~11 500元，较之前每吨下跌200~300元。

总体上看，经历了2009年不断上冲历史新高的“三级跳”走势之后，2010年国内鱼粉价格呈现出先扬后抑的行情。

第一阶段（1—3月）：2010年初，国内鱼粉市场延续2009年第四季度的上涨行情，尽管1—2月国内市场迎来了秘鲁鱼粉集中到货，给供给市场带来一定压力，但由于2月底智利发生地震，在很大程度上增加了国际市场鱼粉供应的担忧，推动了国内市场价格在2010年3月继2009年之后的继续上冲行情，达到14 500元/吨的历史新高。

第二阶段（4—7月）：由于南方各省持续降雨低温，水产养殖生产推迟1个半月；全国养猪亏损严重，鱼粉需求持续低迷；加上同期豆粕价格相对较低，代替了部分鱼粉用量。鱼粉价格从4月起持续走低，下降到6月底的11 500元/吨。同时，由于第二季度鱼粉用量大幅减少，同期港口库存量明显高于往年，且智利鱼粉7月到达，港口库存持续停留在20万吨左右的高度，严重打压了市场价格，7月鱼粉价格跌至10 700元/吨。

第三阶段（8月）：7月下旬开始我国迎来秘鲁新季鱼粉到货，因新鱼为分价格高于当前售货价，对鱼粉市场存在一定支撑。同时第三季度迎来鱼粉用量高峰，猪价持续回升，对鱼粉的总需求上升，8月鱼粉价格上升到11 000元/吨。

第四阶段（9—11月）：因南方水灾影响，水产养殖旺季鱼粉需求疲软，同时新货大量到港，9月进口鱼粉持续保持在17万吨左右的高量库存，成为阻击市场价格的主要因素。10月消费转淡，但仍有7万吨秘鲁新鱼粉到货，市场压力较大，价格下滑。此外，伏季休渔结束，国产鱼粉上市，以及天气转冷，鱼粉市场转为淡季。11月，进口鱼粉价格跌至约9 000元/吨。

第五阶段（12 月）：进入年末，贸易商已表现出“抛货套现”的焦虑心态，饲料厂对鱼粉的合理价格区间停留在 8 000 ~ 9 000 元/吨。12 月 19 日，秘鲁生产部对外宣布，由于该国海域幼鱼比例偏高，将对中北部海域实施为期 21 天禁渔，导致国内鱼粉贸易商惜售，推高了鱼粉价格，回升至 10 800 元/吨。

2011 年秘鲁共出口鱼粉 128 万吨，中国、德国和日本是其主要三大出口地区，出口量分别为 75.6 万吨、12 万吨和 9.4 万吨。其中中国对秘鲁鱼粉的进口量比 2010 年增加了 37%。日本受地震影响，2011 年鱼粉进口量减少了 16.1%。近几年中国每年进口鱼粉量约为 100 万 ~ 130 万吨，其中进口的秘鲁鱼粉量约占 70%。

受厄尔尼诺现象的影响，鱼粉产量下降，而来自欧洲和亚洲的需求量旺盛，2012 年鱼粉价格维持坚挺。2011 年第三季度的鱼粉均价为 1 351 美元/吨，而 2012 年同期为 1 775 美元/吨。2013 年一季度价格延续了 2012 年底的高价位。

2011 年前 3 个季度，我国共进口鱼粉 84.4 万吨，同比下降 28.2%，进口额为 13.7 亿美元，同比增长 20.2%，进口单价上涨 67.4%。

2012 年上半年，国内鱼粉价格一路高歌，到 7 月 11 日，广州港普通级鱼粉报价约为 11 500 元/吨，相比 3 月初的 7 900 元/吨上升了 4 000 元/吨之多，国产鱼粉的价格也上涨到 9 000 ~ 10 000 元/吨，而 2005—2006 年国产鱼粉价格仅为 660 ~ 690 元/吨。

2010—2012 年间，中国进口世界各国鱼粉总量分别为 103 万吨、121 万吨和 122 万吨，其中 60% 的进口量来自秘鲁。秘鲁 2012 年下半年中北部捕鱼配额为 81 万吨，比 2011 年同期减少 68%，为近年来最低水平。

表 14　2010—2012 年上半年中国进口鱼粉情况　　单位：吨

国家	年份	1 月	2 月	3 月	4 月	5 月	6 月	合计
秘鲁	2012	10 598	67 140	108 640	88 821	56 614	37 837	369 640
	2011	4 986	21 757	22 503	47 093	45 617	82 081	224 037
	1010	27 616	45 433	68 793	76 727	49 376	171 168	285 113
全球	2012	51 842	92 437	139 320	129 183	112 275	77 330	602 569
	2011	26 878	40 376	72 431	105 845	100 845	120 361	466 745
	2010	57 357	69 119	110 475	114 424	100 685	77 718	529 788

表 15　秘鲁鱼粉出口统计　　单位：千吨

国家和地区	2007	2008	2009	2010	2011	2012
中国	555.2	831.9	753.9	554.5	758.0	681.9
德国	168.0	191.9	269.1	136.3	119.2	193.5
日本	149.7	148.1	117.1	112.2	95.8	113.1
越南	An	63.1	62.5	37.5	46.3	53.7

续表

国家和地区	2007	2008	2009	2010	2011	2012
中国台湾	39.3	46.8	61.4	34.5	44.3	52.1
英国	An	22.7	54.4	32.2	30.8	19.7
其他	349.1	259.5	218.8	177.3	198.0	205.8
合计	1 259.3	1 564	1 537.2	1 084.5	1 292.5	1 319.8

资料来源：Peruvian Ministry of Production.

表 16　智利鱼粉出口统计　　单位：千吨

国家和地区	年份					
	2007	2008	2009	2010	2011	2012
中国	189	245	328	120	157	131
日本	65	51	61	55	37	30
意大利	27	22	26	19	20	13
西班牙	33	32	30	24	19	16
韩国	28	25	30	20	17	21
德国	32	37	30	12	16	17
中国台湾	30	18	21	8	13	12
其他	84	58	79	38	38	59
合计	488	487	605	319	317	299

资料来源：IFOP（Instituto de Fomento Pesquero）.

除中国外，德国、英国和美国是国际鱼粉三大主要进口国，三国 2012 年的进口总量达 145.7 万吨，其中德国占 66%，秘鲁、摩洛哥和智利是其主要进口国。英国占 21%，主要来自于智利和其他欧洲国家，以及通过德国的转口贸易。2012 年美国鱼粉进口同比增长 26%，主要来自于智利和秘鲁。2012 年，欧盟从成员国外进口鱼粉量占总进口量的 63%，主要来自于秘鲁、智利和冰岛；而 2011 年为 57%，主要来自于秘鲁、智利和摩洛哥。

表 17　德国进口鱼粉统计　　单位：千吨

国家	年份					
	2007	2008	2009	2010	2011	2012
秘鲁	192.3	131.1	251.1	159.3	115.7	145.1
摩洛哥	0	1.8	5.6	36.0	19.2	22.3

续表

国家	年份					
	2007	2008	2009	2010	2011	2012
智利	7.1	5.0	15.5	4.8	10.1	22.1
巴拿马	0.8	3.7	2.2	0.2	0.9	8.4
丹麦	3.7	8.8	15.0	13.5	12.0	7.5
南非	0	0	0	0	1.0	5.3
法国	2.0	3.6	4.2	3.7	4.4	4.4
毛里塔尼亚	0	0	0	0	0	4.0
其他	4.3	11.3	16.9	10.2	3.5	9.2
合计	210.2	165.3	310.5	227.7	166.8	228.3

资料来源：National statistics.

表 18　英国进口鱼粉统计　　单位：千吨

国家	年份					
	2007	2008	2009	2010	2011	2012
秘鲁	21.2	24.6	53.1	33.3	28.6	24.2
德国	13.5	8.3	2.5	14.9	14.9	10.4
丹麦	12.9	22.0	19.1	29.7	23.7	10.3
爱尔兰	11.6	11.4	22.2	11.2	2.6	9.8
冰岛	3.8	10.3	1.6	2.8	3.5	7.3
厄瓜多尔	0	0	0	0	0.1	3.0
智利	5.1	0.2	4.7	1.2	1.5	1.9
其他	19.6	16.4	11.4	8.3	9.0	7.2
合计	87.7	93.3	114.5	101.4	83.9	74.1

资料来源：National statistics.

表 19　美国进口鱼粉统计　　单位：千吨

国家	年份					
	2007	2008	2009	2010	2011	2012
智利	6.7	5.5	5.9	13.1	10.9	17.4
墨西哥	20.0	22.7	17.9	5.8	12.9	15.6
加拿大	6.5	4.4	6.7	6.7	6.1	5.3

续表

国家	年份					
	2007	2008	2009	2010	2011	2012
巴拿马	0.6	0.3	0	0.5	0.3	0.5
秘鲁	1.1	0.6	0.5	3.2	0.6	0.3
摩洛哥	NA	0	0	5.7	0	0
其他	4.7	4.6	3.9	4.1	3.6	4.2
合计	39.6	38.1	34.8	39.1	34.4	43.3

资料来源：MNFS：excluding salubies.

表 20　欧盟进口鱼粉量统计　　单位：千吨

国家	年份					
	2007	2008	2009	2010	2011	2012
秘鲁	281.1	207.9	356.2	231.4	188.5	212.0
智利	58.9	48.2	59.3	33.7	40.0	49.8
摩洛哥	7.9	10.0	13.4	50.1	30.0	31.8
挪威	27.8	25.0	36.5	30.7	28.9	38.6
冰岛	69.3	84.6	22.1	18.1	23.4	40.0
其他	21.7	38.8	26.3	21.4	12.7	55.1
小计：与非成员国	467.3	414.5	513.9	385.4	323.5	427.4
小计：成员国内	275.6	282.8	335.9	314.1	240.3	250.3
合计	742.9	697.3	849.9	699.6	563.8	677.7

资料来源：EUROSTAT.

2012 年四季度的鱼油价格均价为 2 183 美元/吨，同比增长 43%，鱼油需求主要是基于高端养殖和人类消费。

表 21　国际鱼粉鱼油协会会员国鱼油产量统计　　单位：千吨

国家	年份					
	2007	2008	2009	2010	2011	2012
秘鲁/智利	577	459	410	279	450	325
丹麦/挪威	74	93	79	116	92	39
冰岛	46	81	44	69	67	74
合计	697	633	532	471	612	444

资料来源：IFFO.

表 22　秘鲁鱼油出口统计　　单位：千吨

国家	年份					
	2007	2008	2009	2010	2011	2012
丹麦	86.2	32.6	85.1	42.7	58.0	88.7
智利	92.9	52.3	22.5	61.9	45.1	40.1
比利时	52.8	64.6	67.3	44.8	40.1	48.8
加拿大	NA	20.5	17.1	19.9	11.7	18.2
挪威	26.2	31.4	19.5	14.2	7.9	26.7
澳大利亚	NA	10.0	9.7	12.4	5.2	4.1
其他	47.6	23.4	65.9	39.1	43.3	64.4
合计	305.7	234.9	287.2	235.1	211.3	291.0

资料来源：Produce.

表 23　美国鱼油出口量统计　　单位：千吨

国家	年份					
	2007	2008	2009	2010	2011	2012
鲱鱼	45.4	43.2	31.5	62.2	44.1	17.8
其他	8.4	13.3	17.4	14.8	21.2	20.5
合计	53.8	56.5	48.9	77.0	65.3	38.3

资料来源：NMFS.

表 24 智利鱼油出口统计 单位：千吨

国家	年份					
	2007	2008	2009	2010	2011	2012
日本	8.2	15.8	10.6	7.5	14.2	10.6
越南	8.9	4.6	6.4	4.9	6.2	6.1
中国	18.1	12.6	0	11.0	5.4	6.8
挪威	0.6	5.5	1.0	6.4	3.5	1.6
印尼	0.6	0.6	0.9	1.2	4.8	4.8
其他	35.4	42.0	61.8	19.2	27.9	38.0
合计	71.8	81.0	80.8	50.0	62.0	67.9

资料来源：Boletin de Exportaciones del JFOP.

三、采取有力措施，有效应对渔用饲料动物性蛋白源的缺乏

渔用饲料动物性蛋白源缺乏已成为我国渔用饲料行业发展制约性因素，如果不采取有效措施加以应对，将会限制我国水产养殖业的健康和可持续发展。为此，建议有关部门采取如下措施。

① 加强渔用饲料的研发工作，努力提高渔用饲料配制、加工工艺、加工机械及质量管理水平，提高饲料的利用率和转化效率，降低饲料系数。

② 大力开发渔用饲料蛋白源的替代产品和改进加工工艺。如膨化利用大豆及其副产品、花生饼、棉籽饼、油菜籽饼等植物性蛋白源，从而降低对鱼粉的依赖程度，降低鱼粉的用量。

③ 大力组织开发其他动物性蛋白源，如肉骨粉、蚕蛹粉、血粉、动物蹄角和羽毛粉等，将其作为鱼粉的补充物或者部分替代物，以减轻对鱼粉的压力，同时也有利于降低饲料成本。

④ 推广健康合理的养殖模式，推行最佳容量养殖法，逐渐建立投入较低、利润点适中、环境友好、资源节约的水产养殖数学模型，促进我国水产养殖业的可持续发展。

⑤ 加强水产养殖动物营养等基础研究，尽快开发出适宜于不同养殖种类、不同养殖阶段营养需要的饲料配方，减少饲料原料的浪费，并有利于促进养殖动物的健康生长。

四、中国的鱼粉产量

关于国产鱼粉的产量问题，每年相关行业大会上出现的数量大多为 30 万 ~40 万吨。但在 2012 年 5 月召开的首届中国鱼粉鱼油产业大会上，龙源海洋生物股份有

限公司董事长冯源说，中国的鱼粉产量约在100万吨，其中：山东地区总量为55万吨（荣成40万吨、寿光、日照、莱州、烟台、青岛等地共15万吨），浙江约20万吨（主要公布在舟山、象山、台州、温州、玉环等地），辽宁约15万吨，广东、河北、澳南等地下脚料加工后的产量约为10万吨。但对这一数据，业内人士也有一些保守的看法，认为60万吨左右较可靠。

五、鱼粉在水产饲料中的应用

鱼粉是水产饲料的主要蛋白源，它不仅蛋白质含量高（通常高于60%），而且所必需氨基酸齐全，还富有必需脂肪酸、矿物质、维生素、可消化能等成分，且适口性好。

从20世纪60年代开始，全球鱼粉年产量基本维持在600万～700万吨，只有1998年，由于受厄尔尼诺的影响，产量降到534万吨。1988年用于水产饲料的鱼粉量约占鱼粉产量的3%，到2000年已上升至35%左右，预计2010年这一比例接近60%。水产饲料中大量使用鱼粉和对鱼粉需求量的上升，推动了对鱼粉质量的研究，由于鱼粉的含磷量较高，而大多数鱼类对鱼粉中磷的利用率较低，未被吸收的磷会随残饵和粪便而进入养殖水体，会导致养殖水体的富营养化。因此，研究如何减轻鱼粉带来的磷污染问题日益迫切。近年来，鱼类营养学家们开展了一系列相关研究，取得了一些新进展。

（一）鱼粉质量评价与检测

鱼粉质量直接影响养殖鱼类的生长和对饲料的利用率，海产肉食性鱼类及虾类受其影响尤为明显。研究表明，含低温干燥的优质鱼粉饲料比用中等或低质鱼粉饲料可明显提高大西洋鲽（*Hippoglossus hippoglossus*）、大菱鲆（*Scophthalmus maximus*）、金头鲷（*Sparus aurata*）和狼鱼尉（*Anarhichas lupus*）等养殖品种生长率和饲料利用率。鱼粉的质量也对鱼类的健康和养殖产品品质有一定影响。因此，鱼粉质量的检测和评价对生产应用和实验研究都十分重要。

1. 影响鱼粉质量的主要因素

制作鱼粉的原料鱼的种类、新鲜度、脂肪质量和微生物组成是影响鱼粉质量的5个主要因素。

① 原料鱼的成分：原料鱼的种类决定了鱼粉的色泽和基本化学组成。用鳀鱼、沙丁鱼等红肉鱼类加工得到的红鱼粉，用鳕鱼科的白肉鱼类加工制作的白鱼粉。

② 原料的鲜度：一般以挥发性氮（TVN）及残留的生物胺含量来判断原料的新鲜度。TVN指原料腐烂时，蛋白质分解产生的一些挥发性的胺（如二，三甲烷）和氨的总称。其受贮存时间、温度、原料鱼的状况、细菌污染程度等多种因素的影响。通常每100克鱼的TVN含量低于50毫克时表示鲜度优良，而超过150毫克时表示已开始腐败。生物胺是氨基酸代谢产物，用于评价鱼粉新鲜度的生物胺通常是指鱼

粉中生物胺的总浓度，至少应包括组胺、尸胺、酪氨和腐胺。Aksen 等认为鱼虾饲料中鱼粉的生物胺总浓度以不超过 2 000 × 10^{-6}为宜。

③ 加工温度：加工温度是影响鱼粉蛋白消化率的一个最重要因子。多数现代化鱼粉加工厂的干燥温度一般控制在 90 ~ 95℃以下。对鲑鳟鱼类的研究中普遍发现优质的低温鱼粉（LT）蛋白消化率高于高温干燥鱼粉，可以明显促进鱼类的生长；在大菱鲆和金头鲷的研究中也发现同样现象。

④ 脂肪质量：鱼粉中的脂肪质量主要由其氧化程度和聚合作用决定，因而可通过检测残留的抗氧化剂（乙氧喹）、ω_3 脂肪酸、过氧化物或茄香胺的含量来鉴别。这些方法目前都还有一定的局限性。

⑤ 微生物标准：为防止对饲养动物发生病害，不少国家和地区的鱼粉市场都限制了沙门氏菌和大肠杆菌的含量，但各地标准不统一。但沙门氏菌不是原料鱼自身带来的，而是操作过程中感染的；其对鱼虾的生长似乎并没有影响。

2. 鱼粉质量的评价标准

尽管目前已普遍意识到鱼粉质量的重要意义，但鱼粉质量的评价标准目前还不统一。

由于缺少统一标准，不同国家和地区制定的鱼粉使用规范有一定差异。鱼粉基本组成的分析是评价鱼粉质量的必要内容，但这种分析是化学组成分析，因而对鱼粉营养价值的预测作用不大。但通过化学分析却可以发现低蛋白高灰分的劣质鱼粉，进一步的化学分析则可以确定高灰分是由骨头、盐或是沙组成的。

若要将优质鱼粉再分级，TVN 是一项重要的参考指标。在南美鱼粉市场，还常用鸡来检测鱼粉的组胺及鸡胃糜烂素（DE）的含量，只有 GE 反应呈阴性的优质鱼粉才被允许用于鲑鳟饲料中，市场价格也要高出许多。不过。可生产鸡胃糜烂反应的生物胺不一定对鱼也有同样的作用和影响。所以，这一指标的可靠性也需要进一步研究。

LT – 94 鱼粉是挪威生产的顶级鱼粉，在其干燥过程的前后均加入了抗氧化剂，是防止鱼粉中所含鱼油的氧化，这一点值得提倡。此外，面临环保的巨大压力，鱼粉磷的含量也应该成为今后生产和使用鱼粉过程中的重要参考指标。

（二）鱼粉中生物胺的研究进展

生物胺通常是由腐烂的微生物合成，通常被认为具有潜在毒性。有一定腐烂程度的副产品，包括肉骨粉、鱼粉、羽毛粉、鸡肉粉和鱼粉，通常是生物胺的最丰富来源。生物胺有多种，饲料研究涉及的生物胺主要包括组胺、酪胺、尸胺以及聚胺（包括腐胺、亚精胺和精胺）。生物胺的研究在畜禽中开展得较早，已取得了不少有价值的结论。而鱼虾饲料中的相关研究还很有限，所得结论与畜禽中的也有很大差异。

哺乳类聚胺：在畜禽的研究中发现，腐胺、精胺、亚精胺都可以促进畜禽消化道的发育，但只有腐胺可以促进畜禽个体的生长。向饲料中添加适量的腐胺还可以提高畜禽对大豆食物的利用率，提高鸡蛋壳的硬度和减少蛋壳的变形。但在虹鳟饲料中添加了1～4克/千克的腐胺未能提高鱼的摄食和生长，鱼体腐胺的浓度也未有显著的提高，但更高的添加量（13.3克/千克）却显著降低了鱼的增重和摄食，而这一浓度的腐胺对牛却具有显著地促生长作用。在金头鲷的实验中发现，饲料系数、特定生长率与腐胺和尸胺的含量呈明显负相关。

尸胺：尸胺是一种常见的低毒化合物，其常常被作为异生素（heterobiotin）而被代谢和分泌。鸡忍受高浓度尸胺的能力极强，在饲料级聚胺源中作为污染物出现的尸胺不会影响鸡的生长，但鸡摄食高浓度的尸胺会导致肠道膨大。一定含量的尸胺会导致金头鲷和大西洋鲑的生长，但饲料利用率却没有明显影响，但随着尸胺投喂浓度的升高，虾体内和肝胰脏中的亚精胺浓度呈显著的线性增长。

个体大小的不同、养殖品种的差异，以及生物胺的含量或配比等原因可能都会引起这些差异，但目前还很难从机制上解释这些现象。不过，这些研究至少已提醒我们不应总认为生物胺只是毒性物质或化学诱食物质，它们可以用作非激素类的促生长物。

（三）鱼粉蛋白消化率的检测方法

使用可靠而又快速廉价的方法来评价鱼粉质量，以及研究加工条件对鱼粉质量的影响，对合理利用鱼粉十分重要。除基于化学组成的分析外，鱼粉蛋白消化率是评价鱼粉质量的重要指标。

1. 胃蛋白酶消化率测试方法

应用胃蛋白酶体外消化法来检测鱼粉蛋白消化率高低的具体方法有很多。但这类实验是在封闭系统中完成的，不同的实验步骤会影响酶水解的数量，其中pH值保持恒定很重要。这类方法具有快速、经济、可重复性高的特点，可为化学分析和生物实验提供补充，但用这些外源技术却难以准确鉴别优质鱼粉的等级差异。

2. 动物实验法

有些动物对鱼粉营养质量的判别很敏感，可以用做评价鱼粉质量的实验动物，这个模式为评价鱼粉完整的营养质量提供了生物性的重要评价，是最终全面比较或评价鱼粉及其他饲料原料质量的首选方法。但这类实验耗时长，成本高。

在鲑鳟鱼类的饲料工业中通常用貂或老鼠的消化率实验来检测营养物的质量。用貂测得的鱼粉蛋白消化率是一项好的指标。已有不少实验结果表明，蛋白消化率值随加工温度升高而下降。

鸡主要用来鉴定鸡胃糜烂素的含量。在南美鱼粉市场，如果鱼粉的蛋白消化率高，但鸡胃糜烂素含量超标，也很难提高鱼粉价格。但对鸡的敏感致毒性的鱼粉不一定对鱼也有同样的毒性。

（四）鱼粉的应用与保护冲突

鱼粉虽然是优质的饲料蛋白源，但含磷量较高。鱼粉中的磷不易被虾利用，相当数量的磷会随鱼的代谢物和粪便排放到养殖水体中，促使养殖水体富营养化。因此，如何降低鱼粉中磷向养殖水体的排放量，降低对水域污染问题日显重要。

1. 鱼粉中磷的含量及其利用效率

鱼粉中的磷主要源于骨质成分，多以相对不溶的无机磷酸钙状态和羟磷灰石形式存在。鱼粉中磷含量的高低主要取决于加工鱼粉的原料鱼的种类和组成，一般为1.67%～4.21%。通常情况下，红鱼粉含磷量略低于白鱼粉，而用小杂鱼加工的鱼粉含磷量相对较高于全鱼粉。

影响鱼粉中磷利用率的因素很多，养殖品种的生理差异对磷的利用效率影响尤为明显，这种差异主要取决于消化道中的pH值。有胃鱼对鱼粉中磷的最高消化率一般约在50%，而无胃的鲤科鱼类消化系统不能分泌胃液，对鱼粉中磷的消化率只有约10%。

就鱼粉本身而言，原料鱼的大小、内质密度、加工条件、非骨磷与骨磷的比例等都会影响鱼粉磷的效率。通常鱼粉中磷的含量越高，磷的利用效率越低。此外，由于钙、磷的含量必须要能够满足鱼的最低需求量，否则将会出现相应的病变。由于研究方法的不同，目前关于磷需求的研究还存在许多分歧，准确获取特定养殖对象的最低磷需求还有一定的困难。

2. 减少鱼粉中磷污染的对策

（1）鱼粉替代的效果

研究表明，用含磷量低而磷利用效率高的动植物蛋白替代鱼粉是降低磷排放量的有效途径。动物性蛋白源、血粉、羽毛粉含蛋白量高，含磷量低，羽毛粉的表观可利用率高达80%左右，而所测血粉的消化率常常会高达100%，可以替代鱼粉而降低饲料磷的排放。植物性蛋白源中60%～80%的磷不能被鱼所吸收利用，但植物蛋白的总磷含量一般低于1%，且大豆粉、谷物面筋粉、花生粉、菜粕等植物成分中磷的表观可利用率都与鱼粉中的磷的含量接近，约为30%～40%，补充植酸酶后，还会显著升高，所以，仍可用来替代鱼粉，降低饲料中磷的含量。目前已报道了一些替代研究结果。

（2）提高鱼粉磷的利用率

鱼骨中磷、钙、镁、铁等的表观可利用率随着饲料中骨质成分含量的升高而下降。当鱼骨的含量很低时，其磷的可利用率预计会高于90%，并会随其在饲料中的含量升高而下降。虽然饲料中磷和许多其他矿物质元素的吸收很显著，并与饲料中灰分、钙、磷和骨的含量负相关，但实际上骨质矿物质元素的净吸收很低。这表明降低饲料中的骨质矿物质元素是配制低污染饲料的必要途径。

鱼粉加工技术的进步使用得去掉鱼骨成为可能，可以有效降低鱼粉灰分含量，进而提高消化率，减少废物排放。去骨质磷的效率预计可提高到80%，但这却要显著增加鱼粉成本。

附录二　大豆与渔用饲料

食用鱼的集中养殖是世界上增长最快的食品工业之一。鱼饲料中需要大量富含蛋白质的成分。鱼粉已传统地成为多数商业鱼用饲料中主要成分。它对所有商业用养殖的鱼类而言，都具有很高的营养价值，但价格昂贵。大豆粉在众多商业用植物性饲料成分中，对鱼类而言具有最佳的氨基酸分布，且适合多数鱼类的口味。它在市场上有充足的供应量，价格也比鱼粉低得多。适量补充以能量、矿物质及蛋氨酸和赖氨酸，商业用溶剂萃取大豆粉应能替代某些鱼饲料中的大量鱼粉及替代其他鱼类饲料中较大含量的鱼粉。全脂炒大豆粉可用于某些鱼用饲料的养殖，效果证明是可行的，但应仔细评估下列因素：加工成本、个别鱼生长速度以及高脂肪饲料对鱼肉味道和贮存质量产生的影响。

在水产养殖业中使用的饲料成本占养殖总成本的2/3以上。鱼饲料中通常含有25%～50%的蛋白质。要在鱼饲料中达到这么高的蛋白质含量，必须使用大量的蛋白饲料原料。鱼饲料是在“鱼吃鱼”的概念上发展起来的。因此，鱼粉便成为主要的和传统的鱼饲料组成部分。但世界上的鱼粉供应量是有限的，且价格昂贵，以至于在水产养殖业不得不考虑选择新的蛋白源。植物蛋白饲料原料一般比动物性原料便宜。增加植物性饲料原料的利用率，如黄豆和黄豆粉在鱼饲料中的比例，是由其营养价值高、价格便宜、经济实用决定的。

所有的动物不管是陆生的还是水生的，其营养原理基础都是相似的。实验证明，加热黄豆会提高大豆的营养价值和适口性。黄豆中含抗营养因素，会降低动物生长性能。如抗胰蛋白酶（TI），会导致鱼的胰腺肥大，丧失过多的内源蛋白等。但经过加热处理后，许多抗营养因素会被破坏掉，从而提高了大豆产品的鱼类利用率和利用效果。

第一部分　全脂大豆

全脂大豆是指榨油前的大豆。早在20世纪60年代初期，就开始了用大豆饲喂家畜、家禽的初步研究。由于大豆含有丰富的营养物质，且价值很高，被认为是一种潜在的饲料。较早的研究结果表明，全脂大豆，只要加工方式适当，可以有效地被动物利用，并成为优质的植物蛋白源。

经过十多年的发展，大豆产业蓬勃发展，供给量急剧增加；随着人们对大豆营养价值的认识深入，大豆的价格也逐渐上涨，但作为饲料的应用，尤其是在水产养殖业上的应用，其价格水平还远低于鱼粉等动物蛋白性原料，这就是其深度开发利用奠定的价格基础。加工技术的提高至关重要，因为人们普遍认为，生的全脂大豆中含有有害于非反刍动物性能力和健康的抗营养因子。但随着加工技术的进步，全脂大豆已在现代饲料工业中被视为很有价值的饲料原料，且在家畜、家禽中的应用量日益增加。据《油脂世界》统计，欧洲的使用量，在1983年为61万吨，1984年为43.3万吨，1985年为43.5万吨，1986年为69.4万吨。此外，美国和中国的大豆应用量也再大幅增加。

第一节　全脂大豆的动物利用研究

因全脂大豆对水生动物影响的研究还较少，一般都集中在利用效率的研究方面，所以，下面主要对非反刍动物的研究结果来说明。

一、全脂大豆需加工后才能提高动物利用率

经大量的研究表明，全脂大豆如果不经过加热处理，其营养价值是相当低的，如果直接使用生鲜大豆，甚至对动物健康会产生不良影响。这是因为全脂大豆中含有抗营养作用的因子，即抗营养生物活性化合物。其中最主要的有蛋白酶抑制物、血胶精、血球凝集物、皂角甙、促甲状腺肿因子以及软骨因子等。

（一）抗蛋白酶

抗蛋白酶因子主要是抗胰蛋白酶和抗胰凝乳蛋白酶的活性。这些因素很可能在大豆内是一种自然的功能，保护其不受鸟类和微生物的侵害，当给非反刍动物如家禽等喂生大豆时，这些因素（因子）与胰脏分泌的胰蛋白酶和胰凝乳蛋白酶相结

合，使动物的消化能力明显降低。所以，摄食生大豆会降低动物生长率，导致饲料转换率低下。虽然各种家畜的生理反应有所不同，但动物对存在抗蛋白酶的一般反应是分泌更多的消化酶而导致胰脏肥大。另外，由于这些酶中含有大量的含硫氨基酸，因此，大量分泌消化酶可能加剧大豆含硫氨基酸的缺乏现象。

在大豆中含有两个主要抑制蛋白酶因素，即 Kunitz 和 Bowmah-Birk。后者较前者对于加热、碱性和酸性表现得更加顽固。在生大豆中，这些因素的平均含量为：Kunitz 1.4% 和 Bowmah-Birk 0.6%。

（二）血胶精/血球凝集物

血胶精与血球凝集物在大豆中的含量为1%～3%，以蛋白复合物的形式存在。

体外实验：在一定程度上血胶精能凝集血红细胞，但与动物的种类有关。兔和大鼠的红血球要比牛和羊的敏感得多。

体内实验：血胶精和血球凝集物都与肠道黏膜结合而导致营养吸收能力下降。但很可能这些因素对生大豆营养价值的影响不像抗蛋白酶那样严重。

（三）皂角素

皂角素是大豆中成分很小的配醣，含量约为0.5%，其略带苦味，而且对红细胞具有溶血作用。其抗营养因素作用小得多。

（四）促甲状腺肿大因素

这些是属于异黄酮族的类似配醣的物质，如其中的染料木甙，它具有促甲状腺肿大的活性，能导致甲状腺肿大，因而降低由甲状腺分泌的甲状腺活性。

（五）致软骨因素

这些因素主要和染料木甙结合（占生大豆的0.1%），并抑制骨骼的钙化。火鸡对此因素最敏感。

（六）致敏感因素

大家都知道，煮熟的大豆会引起人类的过敏反应，特别是对儿童。尽管这是一些对热稳定的物质，但对动物有不良影响的证据尚未定论，很可能对哺乳牛犊便是一个例外。

（七）金属螯合物

有些豆粕会抑制某些微量元素的利用率。例如，镁、锌、铜和铁等。可能应该归结为与金属离子有亲和力的植酸蛋白复合物。

（八）尿酶

生大豆含有不等量的尿酶活性，虽然它并没有多少营养意义，但可作为加工适宜的间接估测指标。

这两个抗营养因子是不耐热的。适宜的加工可使它们在生大豆中的含量下降至低微水平，由此说明，日粮中加入的大豆产品是安全的；而另一方面，反刍动物对这两个因素很不敏感。

二、常用大豆热处理方法

经过长期的研究表明，通过热处理大豆，可以使大豆中对热不稳定的抗营养因子变性。目前已有多种不同的加工方法，但实际上所有的方法都是以一定的时间内进行加热为基础的，有时添加水分，有时增入蒸气。

加工的变异因素有温度、时间、水分和压力等，甚至在同种加工方法中都起作用。另外，产品的粒度和物理破坏等其他加工变异因素使问题更加复杂化。对最有效的热加工条件的研究似乎受到一定条件的限制，因为很难进行比较，因此，也就很难对最有效的热加工方法提出建议。但实际上，只要具备准确和精确的控制条件，任何加工过程都可能生产出营养价值很高的全脂大豆产品。

（一）蒸煮

这是一种最为简单的加工方法。将大豆浸泡发胀后至少蒸煮30分钟，然后将大豆铺开凉晒干。随后以整粒的、粉碎或滚压的形式喂给家畜。高压蒸煮只是此方法的一种变换，即为在有一定蒸气压力下蒸煮。

（二）烘烤

这是对大豆或豆粕进行强度干热的方法。在加热过程中，大豆一般失去30%的原始水分。根据加工机器的不同类型，它的温度能达到110～168℃。

最早的烘烤方法，是在一般烘干机中进行的。另一种简单但不常用的方法是在盐床或陶瓷砖上烘烤。

烘烤也可使大豆接受极热蒸气的处理，产品随即烘干。这种方法的变换是将大豆缓慢地通过一个具有315℃干热空气的设备。由于内部水分和部分游离水分的蒸发，大豆变膨胀、曝裂。烘烤的另一种方法，是采用由加热陶瓷放射的红外线，这些射线促使分子振动。放射产热至180～220℃，使水分的蒸气压升高，因而使淀粉更易于消化，油脂细胞壁破裂，使抗营养素降解。

（三）膨化

在膨化过程中，大豆被强制通过压模，在此之前的调质过程中可有可无。不论是通过摩擦的干膨化或是注入部分蒸气的湿膨化，都伴随有高温。

表 1　不同加工条件下大豆的尿酶活性、氮溶解度及氨基酸的消化率

项目	加工条件			
	不足	正常	过度	瘤胃高度不降解
抗胰蛋白酶活性（毫克/克）	5.3	4.0	1.6	1.8
尿酶活性（pH 值变化）	0.19	0.11	0.01	0.02
氮溶解度（%）	27.8	25.1	12.5	7.0
消化率（%）				
氮	82.2	81.6	80.0	80.7
赖氨酸	87.6	85.2	84.9	82.6
色氨酸	78.0	79.1	78.4	79.2
苏氨酸	77.9	75.0	76.5	76.6

注：以家畜为对象，小肠末端测定结果；1984.

表 2　水分含量与蒸煮时间对抗营养因子降解的影响

水分（%）	0	4	8	12	16
120℃以下时间（分）	0	15	30	45/60	79/90
尿酶活性		pH 值变化		0.15（45 分@12%）	
抗胰蛋白酶活性 *				1.0 毫克/克（30@16%）	

注：McNaughton 和 Reece，1979。

表 3　各种热处理对一些大豆产品中抗胰蛋白酶活性的影响

样品	加工方法	加工时间（分）	抗胰蛋白酶（生大豆 = 100%）	抗胰蛋白酶（KUNITZ 单位）$\times 10^{-6}$
大豆抗胰蛋白酶（1）				1 000 000
全脂大豆	未处理		100	62 500
商品豆粕（50%蛋白质）	未处理		100	62 500
全脂大豆	烘烤		8	5 000
全脂大豆	蒸气压 0.35 千克/厘米^2	5	27	16 670

续表

样品	加工方法	加工时间（分）	抗胰蛋白酶（生大豆 = 100%）	抗胰蛋白酶（KUNITZ 单位）×10⁻⁶
全脂大豆	127℃烘烤	10	57	35 700
全脂大豆	175℃烘烤	5	57	35 700
全脂大豆	蒸气压 0.35 千克/厘米^2	15	13	8 000
全脂大豆	蒸气压 0.70 千克/厘米^2	10	6	4 000
溶剂浸提大豆	蒸气压 0.70 千克/厘米^2	10	8	5 000
全脂大豆	204℃烘烤	12	7	4 440
全脂大豆	蒸气压 1.05 千克/厘米^2	15	2	1 250
全脂大豆	232℃烘烤	8	4	2 500

注：（1）纯，KUNITZ 结晶管（Balloun，1990）

表 4　温度和水分含量对膨化全脂大豆抗胰蛋白酶和蛋白效率比的影响

膨化温度（℃）	水分（%）	尿酶活性（pH）	抗胰蛋白酶降低（%）	蛋白效率比 PER *（酪蛋白 = 2.5）
135	15	1.0	12	1.82
121	20	0.9	43	1.96
135	25	0.2	62	2.03
135	20	0.1	89	2.15
148	20	0.0	98	1.98
Mustakas 等，1970				
121		1.96	0	1.35
132		1.46	30	1.41
138		0.34	27	1.55
143		0.02	57	1.94
149		0.01	74	1.78
Lorenzt 等，1980				

注：PER = 蛋白消化率比

三、加工过程中的质量控制

质量控制应当从接收每一批原料开始，包括估测容重、异物含量、水分含量以及测定蛋白质和脂肪含量等。但此处所介绍的仅为评估加工质量是否适宜的问题。这些测定不仅对加工者，对潜在用户都是很有价值的。因加工生产者将加工处理时所收集到的资料与测定方法联系在一起，便可保证适宜的加工条件，而对潜在用户则需要保证他们所需的产品质量。因此，测定加工产品的营养价值是相当重要的一个环节。加工产品的质量测定主要有以下几个方面：一是抗胰蛋白酶的含量是否已适当降低；二是蛋白质质量能否保持；三是能否从油脂细胞中释放出最大量的油脂。

（一）抗胰蛋白酶活性能测定

抗胰蛋白酶活性（TLA）的测定有多种分析方法。

① Kakade 方法。由 Kakade 等发明，刊登于《谷物化学》第 51 卷 376 页（1947）。此方法测得的每个样本的抗胰蛋白酶单位（TIU）。测定方法经过一些修改，旨在更有效地测出部分结合的或以可溶状态存在的抗胰蛋白酶。

②“美国油脂化学协会”（AOCS）正式测定方法 BA—12—75（1983）。了解抗胰蛋白酶有两种表示方法是很重要的：一是每克或每千克样本的抗胰蛋白酶毫克数；二是每克或每千克氮（或蛋白质）中所含抗胰蛋白酶的毫克数。

因为这是一种专门用经评估全脂大豆中存在的一个主要抗营养因子水平的测定方法，因而具有一定意义。但由于缺乏测定方法的标准化，已导致对资料解释的一定混淆。因此，一般而言，在提供抗胰蛋白酶活性水平资料的同时，必须提供该测定的准确方法。

对于什么是可接受的抗胰蛋白酶活性水平的意见，目前尚有一定分歧。因此，有必要对生大豆的抗胰蛋白酶活性加以评定，而不是假设它有一定的活性；因为一批与另一批大豆间的抗胰蛋白酶活性可能差异非常显著。只有在延长加热的条件下，才能使抗胰蛋白酶降解到微不足道的水平，但此时蛋白质受到破坏的可能性也就更大了。在比较不同的测定资料时，对生和熟大豆的分析也在排除许多混淆，因为抗营养因子的破坏程度是明显的。为试行标准化的评估，欧洲饲料生产者联合会建议饲料生产中全脂大豆抗胰蛋白酶活性含量如下：样本中蛋白质含量分别在 50%、40%、30% 时，其抗胰蛋白酶活性最高水平应分别在 5 毫克/千克、4 毫克/千克、3 毫克/千克以下。

（二）尿素酶的测定

尿素酶的测定方法目前有两种方法：一是“美国油脂化学协会”（AOOCS）的 BA 9—58（1973）；另一种是 EEC 方法（欧共体正式杂志）。虽然这是一些简单的测定方法，但它却是一种更为准确的测定方法，用以估测尿素酶活性，降低评定加热程度。

虽然尿素酶值可作为适宜加工条件的可靠指标，但却不一定能代表抗胰蛋白酶活性的程度。因此，如果在测定中以降低 pH 值为基础，则数据可能会因全脂大豆是否受有机酸、防腐剂或消毒剂的处理而影响；因而，在尿素酶活性和生物学价值之间几乎不存在相关性。但以下数据可作为估测加热程度的指南。

表 5　大豆产品加热程度与尿素酶活性的关系

大豆产品	尿素酶活性 毫克 N/分，30℃
加热过度	<0.05
加热正常	0.1～0.3
加热不足	0.3～0.5
生的	>0.5

（三）蛋白质（或氮）分散度（或溶解度）指标

蛋白质（或氮）分散度（或溶解度）指标（PDI 和 NSI）。有些实验室用蛋白质分散度（PDI）和溶解度（NSI）作为测定大豆蛋白随加工程度在水中的分散度。

PDI 或 NSI =［水中可分散蛋白（或氮）的% ×100］/总蛋白（或氮）%

加热程度越差，这些指数越高。生大豆蛋白的水中溶解度约为 90%，但随着温度升高和加热时间的延长而逐渐下降。PDI 测定法见 AOCS 法 BA10—65（1979 修订版）。

测定蛋白分散度 PDI 和氮溶解指数 NSI 的唯一主要区别，在于样本搅拌速度，蛋白分散度的较高，因此，用此法测得的数据高于用氮溶解指数的方法。对于 PDI 可接受的数据范围为 15～28，而对于 NSI 为 10～11。

（四）甲酚红实验法

这是一种简单测试大豆产品加热程度的快速的和较可靠的方法。它以大豆蛋白吸收酚红染料的能力为基础。一般采用 Otomucki 和 Burnstein 所制定的方法。

作为一种简捷方法，它不能准确地测出抗营养因素的活性。其主要参考值为如下：

表 6　甲酚红线实验法测定大豆加热程度

大豆	吸收染料（毫克/克）
稍加热不足	<3.4
加热不足	3.4～3.7
正常加热	3.7～4.3
稍加热过度	4.3～4.5

（五）赖氨酸利用率

大豆产品中赖氨酸的利用率与热处理程度有关。虽然可用生物学方法来评判赖氨酸的利用率，但已有许多化学方法可用于测定。其中包括 Carpenter 的、Kakade 的及 Liener 的。但是，这些方法有些复杂化了，有时与家畜的赖氨酸利用率或总蛋白质的利用率并无很好的相关性。这就是为何人们常采用快速和比较容易的甲酚红法的原因。

（六）颜色比较法

颜色比较法即为比色法。这是一种经验方法，通过将加工的大豆产品与专门的比色尺相比较评估加热的程度。如与复杂的亨特实验（Hunterlab）测定相比较，对此法的适宜度可能有异议。但如果将样本的颜色与一系列已在实验室内准备好的参考颜色相比较，这种经验方法可能会简单些。必须注意，在进行颜色对比程度时，加工方法以及大豆产品的来源都会影响颜色及其程度，如巴西大豆比美国大豆的颜色深。

（七）快速颜色反应

在质量控制方面，速度与简单化的操作尤为重要，它决定着一些方法是否有实用性。也曾有一些快速检测方法，如采用尿素和酚红溶液检测就是其中之一。将溶液加入潮湿的大豆产品时会出现小红点，根据红点的数量与宽度，可经验地评估残留的尿素酶活性（它一般与抗胰蛋白酶因子直线相关地存在）。

（八）全脂大豆油脂含量

大豆中油脂的含量依大豆产地来源有所不同，可用溶剂浸提法很容易地测出。但使用 EEC 法 A（索氏—Soxhlet 法），用石油醚浸提时，所得相对结果低于使用 EEC 法 B（先酸化样本后再用醚浸提）的结果。有一个估测能值利用率的方法，可简单地用石油醚浸提的油除以酸化后浸提的油表示（或更简单地以 EEC 法 A/EECI 法 B 表示）。此法虽然不够敏感，但至少能得出一些指示。

（九）净蛋白利用率和生物学价值

有两种生物学测定方法可提供氮存留的估测，分别以摄入和吸收氮的百分数表示如下：

净蛋白利用率（NPU）=（存留氮/摄入氮）×100

生物学利用率（BV）=（存留氮/吸收氮）×100

在这两个指标与日粮抗胰蛋白酶水平之间存在着直线性相关关系。抗胰蛋白酶活性较低时，相应的数值较高。在质量控制中采用生物学测定的缺点是耗时太长。

表 7　大豆产品质量标准

项目	联合国粮农组织蛋白顾问组 5 号标准（1969）	美国饲料生产者协会 （1975）
	全脂大豆	豆粕
尿素酶活性（pH 值）	0.02～0.30	0.05～0.20
蛋白质分散度指数（PDI）	12～15	15～30
赖氨酸利用率（克/16N）	不低于 5	–
颜色吸收（毫克/克）	3.8～4.3	–
蛋白效率比（PER）	不低于 2.0	不低于 2.4 分钟
净蛋白利用率（NPU）	不低于 60.0	–

表 8　四种不同加热过程处理豆粕的化学测定指标

加工程度	抗胰蛋白酶[1] （毫克/克）	尿素酶活性[2]	蛋白分散度 指数[3]	氮溶解度 指数[4]	亨氏色泽测定[5]		
	（pH）	（%）	（%）	（L）	+a	B	
不足	6.5	0.19	54.0	27.8	67.1	2.9	21.3
正常	5.2	0.11	63.7	25.1	63.5	3.2	20.0
过度	4.4	0.08	40.6	12.5	55.5	7.3	20.3
瘤胃高度不降解	2.9	0.03	7.3	7.0	44.3	10.1	16.8

注：1. 抗胰蛋白酶活性以 1.0 克豆粕所抑制的胰蛋白酶毫克数计；
2. 尿素酶活性以 0.29 物质（欲测）在 30℃分钟的 pH 值变化值计；
3. 蛋白分散指数 =（水中分散的蛋白/总蛋白）×100；
4. 氮溶解指数 =（水中深解的氮/总氮）×100；
5. L. +a 和 b 表示浅红、红色和黄色（Hlimer，1987）。

第二节　全脂大豆的营养与储存

一、营养

高能值和高蛋白含量，使全脂大豆在配制高营养饲料配方中格外有用。这对于发挥现代畜禽与水产的最大潜力，如饲料利用率，以使生产者获益最大化的作用很重要。

（一）化学成分

不同地区生产的大豆产品，在营养成分上可能有所差异，尤其当大豆产地不同时。一般不能仅仅依靠一批样本的化学分析结果来衡量大豆的品质，尤其是对于微量的生物素而言。因此，营养学家或配方师们有时不得不依靠已发表的资料，因为它们往往是数个样本的总结。

表9　各单位发表的有关全脂大豆分析资料的平均值（风干产品）

项目	NRC1（1979）	ARC2（1980）	INRA3（1984）	饲料周报分析表（1987）	欧洲能值表（1986）
水分（%）	10.0	10.0	11.0	10.0	10.0
粗蛋白（%）	37.9	33.21	37.0	38.0	36.9
灰分（%）	4.6	4.7	4.45	4.16	4.5
粗纤维（%）	5.0	4.14	6.0	5.0	5.4
粗脂肪（醚浸出物）%	18.0	17.5	18.0	18.0	18.45

注：蛋白水平的变异也会影响氨基酸和维生素的含量。

NRC1 = 美国国家研究委员会；

ARC2 = 英国国家研究委员会；

INRA3 = 法国畜牧生产使用中心。

表10　全脂大豆氨基酸含量（风干产品）　　%

氨基酸	NRC1（1979）	INRA2（1984）	饲料周报分析表（1981）	Spelderholt 研究所（1979）	ISU（Balloun）（1980）	McNab（1985）
蛋氨酸	0.5	0.52	0.54	0.51	0.51	0.58
脱氨酸	0.6	0.63	0.55	0.55	0.64	0.54
赖氨酸	2.4	2.35	2.4	2.34	2.4	1.89
色氨酸	0.55	0.48	0.52	0.47	0.55	0.32
苏氨酸	1.5	1.44	1.69	1.53	1.50	1.47
异亮氨酸	2.0	1.78	2.18	1.79	2.00	1.64
组氨酸	0.9	0.91	1.01	0.91	0.89	0.87
缬氨酸	1.8	1.77	2.02	1.82	1.80	1.78
亮氨酸	2.8	2.85	2.8	2.36	2.8	2.85
精氨酸	2.8	2.01	2.8	2.77	2.8	1.88
苯丙氨酸	1.8	1.73	2.1	2.63	1.8	1.74
甘氨酸	–	–	2.0	1.79	2.0	1.53
酪氨酸	1.2	–	–	1.28	1.2	1.77

有关全脂大豆消化率和氨基酸的资料仍然缺少。有关全脂大豆中矿物质和维生素含量的资料分别见表11。硫的含量比较重要，因为硫作为氨硫基的供体，可节省日粮蛋氨酸。维生素E的含量值得一提，由于它能满足动物的日粮需要，同时也由于它能保护全脂大豆不受酸败而保证全脂大豆的质量。此外，全脂大豆中叶酸生物素和胆碱的含量也相当多，后者的利用率为76%（Molitoris 和 Baker，1976）。

表11　全脂大豆氨基酸消化率（风干大豆） %

氨基酸	McNab (1985)	Spelderholf 研究所 (1980)	Waaijenberg (1985)
赖氨酸	1.67	1.99	1.96
蛋氨酸	0.52	0.43	0.42
脱氨酸	0.45	0.44	0.43
色氨酸	0.29	0.40	0.40
异亮氨酸	1.50	1.51	
亮氨酸	2.57	2.36	
苯丙氨酸	1.60	1.56	
酪氨酸	–	1.08	
苏氨酸	1.28	1.25	
缬氨酸	1.56	1.51	
精氨酸	1.80	2.32	
组氨酸	0.87	0.78	
丙氨酸	1.38	1.23	
天门冬氨酸	3.75	3.76	
谷氨酸	6.08	6.08	
甘氨酸	–	1.21	
脯氨酸	1.69	1.70	
丝氨酸	1.71	1.68	

最后还应提一下使全脂大豆营养价值高的另外两个因素，即卵磷脂复合物（1.5% ~2%）和亚油酸（c18:2）。卵磷脂复合物是神经系统和大脑所必需的磷脂，也是脂肪运送和同化所必需；它还可作为胆碱的前体。亚油酸为多不饱和脂肪酸，并具有类似维生素的作用，为各龄动物所必需，尤其是产蛋母鸡；全脂大豆中的亚油酸含量为9.5% ~10.4%，即占大豆油的50%；如此高含量的亚油酸就构成豆油与所有动物脂和其他植物油的不同之处。

表 12　全脂大豆的矿物质含量

矿物质	NRC1 (1979)	INRA2 (1984)	饲料周报分析表 (1987)
钙(%)	0.25	0.25	0.25
磷(%)	0.58	0.57	0.60
钠(%)	0.12	0.01	0.04
氯(%)	0.03	0.02	-
镁(%)	0.28	0.29	0.21
硫($\times 10^{-6}$)	2 200	3 000	3 000
铁($\times 10^{-6}$)	80	90	75
铜($\times 10^{-6}$)	15	15	15
锌($\times 10^{-6}$)	16	40	40
锰($\times 10^{-6}$)	29	25	30
硒($\times 10^{-6}$)	0.11	0.5	0.1
碘($\times 10^{-6}$)	-	0.05	-
钼($\times 10^{-6}$)	-	2.5	-
镍($\times 10^{-6}$)	-	6.0	-

表 13　全脂大豆主要维生素含量

每千克	NRC1 (1979)	INRA2 (1984)	饲料周报 (1987)
维生素 E(毫克)	40	55	31
维生素 B_1(毫克)	11	10	6.6
维生素 B_2(毫克)	2.6	2.6	2.64
维生素 B_6(毫克)	10.8	10	-
泛酸(毫克)	11	16	15.62
烟酸(毫克)	22	23	22
胆碱(毫克)	2 860	2 000	2 420
叶酸(微克)	4 200	3 520	3 520
生物素(微克)	270	300	286

(二)全脂大豆在水产养殖业的利用

多年来,由于人们对海产品的需求量与日俱增,而海洋渔业资源非常有限,且随着捕捞量的日益扩大，海洋渔业资源日逐枯竭，国际渔业组织已将海洋捕捞额限定在1亿吨/年；因此，许多国家都将海水养殖业作为未来海洋水产品供给的重要途径加以扶持，由此推动了全球渔业向现代化和集约化的发展势头。

为使水产养殖业具有竞争力，即意味着在所有因素中必须严格控制饲料成本，因为它约占养殖总成本的50%。为促进最佳生产性能的高蛋白需要量与不断上涨的鱼粉价相结合，促使人们必须尝试寻找替代物的，即使是能替代较少部分鱼粉也是有益的。经多方研究证明，在多种高质量的优质可消化蛋白饲料的原料来源中，大豆制品显得越来越重要。

对鱼而言，生的全脂大豆的消化率相当低，只有43.6%～45%。但是，同鱼粉一样，如果事先经过适当的热处理，它的消化率则可明显提高。当抗胰蛋白酶至少降低83%时，可以得到最好的饲喂效果。

表14　各种鱼类对高蛋白饲料蛋白质的消化率

饲料	鲤鱼 (1)	鲇鱼 (1)	鳗鱼 (1)	虹鳟鱼			其他资料
				(2)	(3)	(4)	
鱼粉	0.95	0.85～0.90	0.80～0.94	0.75～0.95	0.92	0.91	0.85～0.87：Smith等（1980）
豆粕	0.81～0.96	0.72～0.84	–	0.70～0.87	0.96	0.96	0.75～0.85：Smith等（1980）
白羽扇豆粉	0.85	–	–	–	–	–	0.80：de la Higuera等（1985）
空禽副产品	–	–	–	0.75	0.68	0.69	0.70：Smith等（1980）
羽毛粉	–	0.74	–	0.71	0.58	0.62	
玉米蛋白粉	0.91	0.80	–	0.79～0.95	0.92～0.96	0.93	0.87：Smith等（1980）
血粉	–	0.23	–	0.32～0.89	0.16～0.99	0.40	0.32～0.69：Smith等（1980）
棉籽粕	–	0.76～0.83	–	0.76～0.80	–	0.78	0.76～0.78：Smith等（1980）
酵母	0.87～0.94	–	–	0.71～0.85	0.91	0.87	0.82～0.85：Smith等（1980）

注：（1）N.C.R.（1997）；
（2）N.C.R.（1981）；
（3）Cho等（1982）；
（4）Pfeffer（1982）

表15　饲料中必需氨基酸的含量（克/100克蛋白）蛋白质含量高于40%

氨基酸	鱼粉	豆粕	白羽扇豆粕	家禽副产品	羽毛粉	血粉	酵母	玉米蛋白粉	棉籽粕	向日葵籽粕
精氨酸	6.4	6.8~8.7	11.2	5.9	7.7	3.9	4.8	3.1	9.5	8.9
组氨酸	2.4	2.4~2.9	1.8	1.6	1.1	5.6	2.4	2.1	2.3	2.5
异亮氨酸	4.5	4.5~5.7	3.9	3.8	4.4	1.0	5.0	3.8	2.7	4.5
亮氨酸	7.4	7.3~7.6	7.7	6.3	7.6	11.8	6.7	15.2	4.9	7.7
赖氨酸	7.5	6.0~6.7	4.9	4.6	2.5	8.0	6.8	1.5	3.8	3.9
蛋氨酸	3.0	1.0~1.4	0.5	1.7	0.6	0.9	1.5	2.6	1.1	2.3
胱氨酸	1.0	1.1~1.7	2.2	1.5	3.6	0.8	1.1	1.5	1.3	1.5
苯丙氨酸	4.2	4.7~5.5	3.8	2.9	3.3	6.4	4.6	5.9	4.6	4.7
酪氨酸	3.2	3.0~3.7	6.2	1.5	2.5	2.4	3.5	4.7	2.3	2.8
苏氨酸	4.0	3.7~4.4	4.0	3.1	4.4	3.9	4.7	3.3	2.8	3.9
色氨酸	1.1	1.0~1.4	0.7	0.7	0.6	1.1	1.1	0.4	1.1	1.2
缬氨酸	5.1	4.5~5.3	3.5	4.5	7.1	8.1	5.3	4.6	3.7	5.2

注：de la Higuera，1987。

表16　鱼类的必需氨基酸需要量（日粮蛋白质%）

氨基酸	鳗鱼	鲤鱼	鲇鱼	大麻哈鱼	虹鳟
精氨酸	2.1	2.1	1.5	1.8	–
组氨酸	4.0	2.6	2.6	2.2	–
异亮氨酸	5.3	3.3	3.5	3.9	–
亮氨酸	5.3	5.7	5.1	5.0	4.2~6.1
赖氨酸	3.2	3.1	2.3	4.0	2.2~3.0
蛋氨酸+胱氨酸	0	0	0	1.0	0~0.5
苯丙氨酸	5.8	6.5	5.0	5.1	–
苯丙氨酸+酪氨酸	0	0	0.3	0.4	–
苏氨酸	4.0	3.9	2.0	2.2	–
色氨酸	1.1	0.3~0.8	0.5	0.5	0.5~0.6
缬氨酸	4.0	3.6	3.0	3.2	–

注：Wilson，1995。

经过世界各国科学家们多年的研究表明：

① 适当处理过的全脂大豆可以部分甚至全部替代鱼粉，无论是淡水鱼还是海水鱼；

② 一种或几种必需氨基酸的缺乏是可以纠正的，或添加蛋白质，或补充全盛的氨基酸。

③ 适当加热处理的全脂大豆比豆粕的营养价值高，因为提高了蛋白质的质量和能量含量。

④ 全脂大豆的高脂肪含量减少了分解蛋白质而产生能量的需要。这一优点对投喂冷水性鱼类特别有利。饲料的脂肪含量至关重要，因为它可以提供必需脂肪酸，并促进其他营养素的吸收和代谢。

表 17　饲料原料对虹鳟和罗非鱼的可消化能含量（兆卡/千克）（干物质）

饲料原料	虹鳟 a	罗非鱼 b
豆粕	3.20	3.34
烘烤全脂大豆 c	4.29	–
鱼粉	4.50	4.04
生玉米粉	1.60	2.46

注：a：Smith（1976）；b：Popma（1982）；c：在177℃条件下烘烤10分钟。

全脂大豆是鱼类饲料中最适宜的大豆制品，因为鱼类很容易消化豆油。例如，鳟鱼的消化系数0.89，这相当于鲟鱼的鱼肝油，并高于加氢鱼油；而鲇鱼的系数为0.81。

豆油中的亚油酸、亚麻酸含量分别为52%和8%，可以满足鳟鱼以及鲤鱼、鳗鱼、三文鱼对必需氨基酸的需要。而且熟化全脂大豆的可消化能很高。

表 18　投喂以膨化大豆为基础的饲料时的鲤鱼的生产性能

实验日粮	总增重（克）	总饲料投喂量（克）	饲料系数
生全脂大豆	510.8	1 277.8	2.5
全脂大豆			
处理1	790.5	1 517.2	1.9
处理2	1 056.0	1 753.5	1.7
处理3	1 023.0	1 746.5	1.7
处理4	1 104.0	1 762.2	1.6
鱼粉	1 700.0	21 200.0	1.3
商品饲料	911.0	1 620.0	1.8

注：Abel et al，1984。

（三）商品鱼养殖实验

Reinitz 等（1978）发现给虹鳟投喂含有 72.7% 的全脂大豆饲料，其每天体重和体长的增加速度都非常快；与投 25% 鲱鱼粉、5% 鱼油和 20% 豆粕的饲料对比，饲料转化率有所提高；而且也没有饲料适口性问题的报道。两组死亡率类似。品味实验表明，饲料的处理对鱼肉的坚实度和味道没有影响。

Abel 等（1984）对 4 种加工过的全脂大豆进行饲料的效果评估。处理情况分别为：① 在 118℃条件下红外线照射 0.5 分钟；② 在 118℃条件下红外线照射 2.5 分钟；③ 在 90～95℃条件下用饱和蒸气蒸 15 分钟；④ 90～95℃条件下饱和蒸气蒸 30 分钟。

这些处理过的产品用以取代鲤鱼饲料中的部分鱼粉（31% 鱼粉，50% 加热的全脂大豆），并和另一种含有 62% 鱼粉的饲料以及一种虹鳟用商品饲料相比较。

就粗蛋白、脂肪、纤维、灰分和总能量而言，所有的饲料都是相等的。鳟鱼按体重 2% 的日投饵率投喂，每天投喂 9 次。饲养实验初始平均体重 22 克，持续 85 天情况见表 18。对于饲料中蛋白质来源仅限于鱼粉时，得到了最好的效果。但应指出的是，由于应用的实验配方成本较高，不能为生产性养殖者所接受。当养殖生产性商品饲料和以全脂大豆为基础的饲料相对比时，显示出类似的性能。当然要考虑到全脂大豆是生的或稍加热处理的。然而，全脂大豆加工时，会获得更好的效果。

Brandt（1979）给虹鳟鱼投喂用全部为植物原料为基础（50% 加热的全脂大豆，10% 玉米蛋白粉）的饲料与含 10% 鱼粉、24% 豆粕的饲料对比，全脂大豆的蛋白质量更好，能量价值更高。所有这些参数必须包括对饲料原料的经济评价。对于冷水鱼类而言，全脂大豆的高脂肪含量和豆粕相比更具有优势，因为温水鱼如鲤鱼、鲇鱼等能较好地利用碳水化合物。而且，现已证实，全脂大豆能替代较贵的蛋白质饲料来源，因为它的氨基酸成分可满足许多鱼类的需要。对鱼类的饲料中使用全脂大豆的建议，就是不超过已知的其对脂肪含量的要求，以避免饲料制备时会出现问题，或鱼肉中的脂肪含量过高。

二、储存

尽管全脂大豆中不饱和脂肪酸的含量较高，但大豆油非常稳定，因此，大豆的保存时间很长。因为大豆油中含有起抗氧化剂作用的生育酚，且其含量较高。而且，在大豆加工过程中，与大豆加工有关的热处理可有效摧毁大豆中可能存在的脂肪酶和脂肪氧化酶，后者使油的稳定性和整个产品的质量下降。

高温环境能缩短大豆的存储时间。事实上，当生大豆或加工不足的大豆暴露于高温条件下时，就会很快酸败、变味；同时，过氧化物和游离脂肪酸的含量都会增加，这都是由于脂肪氧化酶的残余所致。Mustakas 等（1964）做了有关保持膨化大豆质量的调查研究，将大豆贮存在不同温度和不同相对湿度条件下，加或不加抗氧化剂时，用过氧化物值和游离脂肪酸的变化进行衡量。

表 19　膨化全脂大豆的贮存条件

贮存温度和相对湿度	贮存期限（周）	游离脂肪酸（%）		过氧化物值（油当量/千克）	
		加抗氧化剂	无抗氧化剂	加抗氧化剂	无抗氧化剂
37℃，45%相对湿度	0	0.42	0.39	1.2	1.0
	3	0.54	0.49	2.4	2.2
	6	0.55	0.55	2.2	2.2
	9	0.56	0.56	2.2	2.2
	15	0.80	0.75	2.2	2.5
	26	0.86	0.92	2.4	2.8
	39	0.99	0.99	2.5	3.0
45℃，25%相对湿度	0	0.42	0.39	1.2	1.0
	3	0.55	0.50	2.5	2.2
	6	0.56	0.56	2.5	2.2
	9	0.66	0.66	2.6	2.8
	15	0.87	0.72	3.0	6.4
	26	0.88	0.85	3.1	54.0
	39	0.84	0.99	3.3	65.8

注：从油酸含量（Mustakas 等，1964）。

膨化大豆储存至 9 周前几乎没有影响，天然的生育酚防止了氧化作用；但 15 周后，质量明显下降，特别是那些储存在无抗氧化剂、气温较高、湿度相当大条件下的膨化大豆。所以，可以得出结论，适宜加工的全脂大豆在温和气候条件下可以储存数月而不发生严重的变质。

在热带和亚热带地区，温度超过 40℃，相对湿度大于 40%，产品的水分含量是个很关键的问题。一般而言，使仓储物品保持均一的水分含量是很困难的（并非平均含量）。

通常在散装货物中，水分会从较热的部位转移到较凉的部位。这种现象在那些高温、潮湿气候地区尤其明显。在水分含量较高的大豆中，特别是已受损的那些发生霉菌和细菌污染的。为能满意地储存大豆制品，应从购买大豆开始，以美国合同二号中的条款为基础购买大豆（最高破损率 3%，杂质含最高 2%，最高水分含量 12%）。如果水分含量超过 12%，则需继续烘干处理。储存加工过的全脂大豆似乎较为简单，因为热处理使大豆的水分含量降至适宜储存的范围内，约为 9% ~10%；而且，加热可以破坏一些使油脂氧化的酶，如脂肪酶和脂肪氧化酶。这样，过氧化物和游离脂肪酸值便可长期保持在较低水平。不论是生的或加工过的大豆，储藏塔必须隔热、通风和遮光，这样，当外部温度升高时，可使内部温度的循环和冷凝作用降至最低。防腐剂的添加是有效的。因为油是霉菌和细菌很容易利用的能量来源。例如，对于水分含量很高的产品（水分含量大于13%），添加防腐剂是很明智的选择。

总之，即使在那些地理条件很炎热又潮湿的地区，储存生的或热处理的全脂大豆都是可行的，只要遵守前面所说的一些原则，并采取适用于其他饲料的预防措施。

表20　高温条件下贮存9个月后膨化大豆相对稳定性

贮存温度和相对湿度	贮存期限（周）	游离脂肪酸（油酸）		过氧化物值的油当量/每100克桐本油含量	
		N日粮	P日粮	N日粮	P日粮
37.8℃，45%相对湿度	0	0.42	0.39	1.0	1.2
	3	0.54	0.49	2.2	2.4
	6	0.55	0.55	2.2	2.2
	9	0.56	0.56	2.2	2.2
	15	0.80	0.75	2.5	2.5
	26	0.86	0.92	2.8	2.4
	39	0.99	0.99	3.0	2.5
45℃，25%相对湿度	0	0.42	0.39	1.0	1.2
	3	0.55	0.50	2.2	2.5
	6	0.56	0.56	2.2	2.5
	9	0.66	0.66	2.8	2.6
	15	0.87	0.72	6.4	3.0
	26	0.88	0.85	54.0	3.1
	39	4.84	0.99	65.8	33.0

注：Wisconsin Alumni Foundation（1985）。

第二部分　温水性鱼类的营养需要与黄豆粉的利用

第一节　温水性鱼类的营养需要

一、温水性鱼类的营养需要

鱼类在集中养殖条件下，为达到经济的生长速度，需要高蛋白含量的饲料。商品性饲料配方中一般含有25%～45%的天然蛋白质成分。所以，高蛋白饲料成分如鱼粉、畜产品以及油渣粉或饼粕类等，在商品饲料配方中占60%以上。正因为如此，大豆蛋白质在水产养殖中能起到重要作用。为说明大豆产品在各种水生动物饲料中可能起到的作用，应对水生动物的营养需求进行阐述。

水生动物的繁殖及生长时，基础生理功能与陆生动物有类似的营养需要。它们都需要消耗蛋白质、矿物质、维生素和生长因素及能源。这些养分可以来自天然的水生生物，也可来自自制的饲料。如果鱼类在缺乏天然食物的封闭水域环境中饲养，它们的饵料必须是营养完全的；然而，在天然食物充足的水域，为促进鱼类的生长而追加的饵料不一定含有全部的基础成分。

鱼类的营养需要并不是因鱼的种类不同而有差异的。比较明显的只是基本脂肪酸、固醇的需要量和消化碳水化合物的能力不同。几种鱼类养分需要量的现有资料可以作为估计其他鱼种营养需要的依据。随着有关各种鱼营养需要资料的日趋补充和完善，个别鱼种需要的饵料中所规定的养分定量数据将更加精确。

（一）蛋白质

鱼的饵料中含蛋白质的百分数较温血动物的食物中含有的蛋白质水平要高。例如，海峡鲇鱼食用饲料中蛋白质的含量为30%～36%，而家畜饲料中一般含量为16%～22%。鲇鱼饲料的能量与蛋白质比（千卡可消化能/克蛋白质）约为9∶1，而家畜饲料则为16∶1。饲料中的能量与蛋白质比较小，与其说是因为鱼对蛋白质的需要量大，还不如说是因为其对能量消耗较低。

鱼类饲料中蛋白质的最佳含量受下列因素的影响：鱼体的大小、生理功能、蛋白质质量、饲料中非蛋白能量及经济上的考虑。还有一些与鱼特别有关的因素会影响实用饲料中蛋白质的最佳含量。如果鱼每天摄取的食物中有较多的天然水生生物，那么，配制的饲料中蛋白质的含量可以少一些。投喂速度也会对鱼的生长产生一定影响，对鱼类喂食不像家畜或家禽那样可以由它们任意挑选，而是每天投喂一定数量的饲料。

鱼的基本氨基酸需要量和其他动物一样。几种鱼和虾所要的10种基本氨基酸情况如下表。

表21　几种鱼虾的基本氨基酸需要量 %

氨基酸	日本鳗鲡	鲤鱼	海峡鲇	大鳞鲑	齐氏罗非鱼	淡水虾	海虾
精氨酸	4.5	4.2	4.3	6.0	R	R	R
组氨酸	2.1	2.1	1.5	1.8	R	R	R
异亮氨酸	4.0	2.3	2.6	2.2	R	R	R
亮氨酸	5.3	3.4	3.5	3.9	R	R	R
赖氨酸	5.3	5.7	5.1	5.0	R	R	R
蛋氨酸+胱氨酸	5.0	3.1	2.3	4.0	R	R	R
苯丙氨酸+酪氨酸	5.8	6.5	5.0	5.1	R	R	R
苏氨酸	4.0	3.9	2.0	2.2	R	R	R
色氨酸	1.1	0.8	0.5	0.5	R	R	R
缬氨酸	4.0	3.6	3.0	3.2	R	R	R

注：R：表示不可缺少，但还需要量未确定。

这两类养殖水生动物主要以养殖环境的底栖生物为食，从中摄取大量蛋白质。因此，为它们生产的饲料中氨基酸的缺乏还会像在养殖环境中得不到很多蛋白质的鱼饲料那样明显。

（二）能量

鱼的能量需要量要少于温血动物，因为：① 鱼类无须为保持恒定的体温而消耗能量；② 鱼类肌肉活动需要的能量比陆生动物少，即足以保持身体在水中的位置；③ 鱼类排泄废氮产物所需的能量比温血动物少，鱼以氨的形式排泄90%废氮，其能量损失与温血动物排泄尿素和尿酸消耗的能量相比是微不足道的。对家畜而言，饲料定量中每克蛋白质的可代谢能的最适量约为14~16千卡。而实用鲇鱼饲料中每克蛋白质的可代谢能为6~8千卡。关于鱼类的能量需要掌握的资料还不是很多，现有的资料证明，鱼类生长所需要的能量相当于陆生动物的50%~67%。

大多数养殖鱼类消化蛋白质和脂肪的情况令人满意，但是，它们利用淀粉的效率不如陆生动物。温水鱼类如鲇鱼、鲤鱼、罗非鱼等，对淀粉的利用率较高。加热可以改善鱼类对淀粉的消化状态。所有的鱼类对动物或植物性脂肪都能很好地消化。

（三）维生素

野生的鱼类很少见到有营养性疾病发生的情况，因为天然水域中的食物营养相当丰富；只有当鱼被投放到人工环境中接受人工喂食生长时才会出现营养缺乏症。在13～15种基本维生素中，鱼因缺乏任何一种而发生的普遍症状是食欲减退和生长速度降低。此外，有几种维生素缺乏症的共同症状是红血球计数减少、颜色异常、官能失调、焦躁不安、出血、脂肪肝及感染。研究发现，表22中所列出的15种维生素是必不可少的。但并不是所有的鱼都需要这15种氨基酸。鳟鱼需要这15种氨基酸；海峡鲇需要肌醇外的14种氨基酸。海峡鲇、罗非鱼等温水性鱼类，它们的肠道细菌能合成某几种维生素B，所以，饲料中对维生素B的需要可能有限。由于饲料成分中的维生素含量不同，以及合成维生素的成本相对较低，集中饲养的鱼类饲料中一般要添加下表中所列出的维生素，但肌醇和生物素除外，因为这两种成分通常有足够的量存在于鱼饲料原料中。

表22　几种鱼的维生素需要量（每千克饲料中的量）[a]

维生素	单位	海峡鲇	鲤鱼	鲑科鱼类
维生素A	国际单位	1 000～2 000	Rb	2 500
维生素D	国际单位	500～1 000	–	2 400
维生素E	国际单位	30	R	30
甲萘醌（K）	毫克	Rb	–	10
硫胺素（B_1）	毫克	1	1	10
核黄素（B_2）	毫克	9	8	20
吡哆醇（B_6）	毫克	3	6	10
泛酸	毫克	20	30～50	40
烟酸	毫克	14	28	150
叶酸	毫克	R	N	5
B_{12}	毫克	R	N	0.02
肌醇	毫克	N	10	400
生物素（H）	毫克	R	R	0.1

续表

维生素	单位	海峡鲇	鲤鱼	鲑科鱼类
胆碱	毫克	R	4 000	3 000
抗坏血酸	毫克	60	R	100

注：a：来源：NRC（1981，1983）；

b："R"表示不可缺少但需要量未确定；

"N"表示在规定的实验条件下未发现需要。

（四）基本脂肪酸和固醇

饲喂以缺少脂肪的饲料的鱼发育不良。但不同种类的鱼对基本脂肪酸的需要量还了解的不多。鲑科鱼类的饲料中要求含有约1%的Ω－3脂肪酸以达到最大的生长速度。温水鱼对Ω－3和Ω－6脂肪酸或高度不饱和脂肪酸的需要量似乎比冷水鱼类少（Stikney和Andrews，1972）。饲料中结合使用Ω－3和Ω－6脂肪酸或高度不饱和（20:5或20:6）的Ω－3脂肪酸，含量0.5%～1%即可满足大多数鱼正常发育的需要。但Ω－6对Ω－3脂肪酸的比率太高会抑制温水鱼和冷水鱼鱼种的生长（Casteli，1978）。日本对虾（Penaeus japonicus）似乎喜欢Ω－3脂肪酸，而印度对虾（Penaeus indicus）对食物的选择性不大，对Ω－3和Ω－6都需要（Read，1981）。

贝类不能合成固醇，因而饲料中必须含有正常发育所需的固醇。Kanazawa等（1971）发现，日本对虾饲料中0.5%的胆固醇含量能满足这一需要。

（五）矿物质

鱼类需要和陆生动物同样的矿物质来构成组织及完成各种代谢过程，而且鱼类还利用无机元素维持体内水分之间的渗透平衡。水中的矿物质能在很大程度中满足鱼类对某些矿物质的需要。多数鱼类经鳃从水中吸收它们所需要的部分钙，除非水中溶解磷的含量比钙低很多。鱼类的饲料中磷的来源是必不可少的，因为天然水体中溶解的磷含量比钙含量低（Lovell，1978）。饲料中缺乏磷会造成海峡鲇生长速度降低、食欲减退、体内钙、磷含量减少（Lovell，1978）以及鲤鱼的背部和头部变形。海峡鲇的饲料中可利用磷的最低需要量，采用精制饲料已测定为0.45%（Lovell，1978）。

天然饲料成分中如果矿物质损失不大，通常含有动物正常发育所需的钾、镁、钠、氯。这些元素在食用鱼类饲料中含量充足，无需添加。但动物成分低的鱼饲料中可能缺乏微量元素，所以，以植物成分为主的饲料中应添加锌、铁、铜、钴、碘、硒等微量矿物质制剂。

二、鱼类对饲料成分的消化率

不同种类的鱼及鱼和牲畜间在碳水化合物的消化率方面存在差异。鲑科鱼类消化玉米淀粉的能力很差，约为20%；但海峡鲇、鲤鱼和罗非鱼等温水性鱼类却能吸收60%以上。

鱼类对大多数饲料中的蛋白质和脂肪都能很好地消化。Wilson 等（1981）曾测定海峡鲇鱼对不同饲料成分中氨基酸的消化程度。大豆粉、鱼粉、棉籽粕、花生饼粉和肉骨粉中大部分氨基酸的消化率都很高，为74% ~88%，显著例外的是棉籽粉，其中可消化的赖氨酸和异亮氨酸的消化率分别为66%和69%。表22所列出的氨基酸需要量是指可利用或可消化的氨基酸量，所以，在权衡饲料配方以满足氨基酸需要时，须了解或估计食物来源中这些氨基酸的消化系数。

下表为海峡鲇通常使用的几种饲料成分的可消化能值，与已发表的猪饲料的数据比较。

表23　海峡鲇饲料成分的总能量（%）消化率与可消化能值（与猪饲料对比）

饲料成分	总能量消化率（%）[a]			可消化能（千卡/千克）	
	千卡/千克	海峡鲇	猪	海峡鲇	猪
畜产品					
羽毛粉	5 125	66.6	53.2	3 414	2 728
鱼粉	4 662	84.5	70.0	3 906	3 235
肉骨粉	4 310	80.5	48.7	3 470	2 100
油渣粉					
棉籽粉	4 549	56.2	63.9	2 557	2 910
大豆粉	4 568	56.4	84.5	2 576	3 462
谷物及副产品					
生玉米	4 228	26.1	95.9	1 104	4 056
熟玉米	4 323	58.5	–	2 529	–
小麦	4 229	60.4	87.1	2 554	3 682
小麦麸	4 420	56.2	63.8	2 484	2 821
纤维饲料成分					
紫花苜蓿粉	4 246	15.7	36.3	667	1 543

在挤压加工过程中，蒸煮提高鱼对淀粉的消化率。Lovell 与 Durve（1980）测得一种实用鲇鱼饲料（含12%鱼粉、50%大豆粉、30%玉米）在粗磨、精制和挤压状态下的消化率。

表24 消化率 %

饲料	蛋白质	淀粉	脂肪	总能量
粗磨	82	64	89	62
精制	84	70	90	65
挤压状态	86	80	90	72

挤压过程中蒸煮对蛋白质的消化率稍有改善，但不明显；对淀粉的消化率大有改善；而对脂肪的消化率则毫无改善。研磨减小了颗粒的粒度，也能改善蛋白质和淀粉的消化率。

三、饲料的配制

生物性能在鱼饲料的配制中至关重要，饲料必须制成颗粒状。使之在水中能保持一定时间的粒形而不会散失。饲料颗粒的大小必须具有适口性，即鱼能吞食掉。

挤压或膨化加工能使饲料漂浮于水面上，膨化制粒比蒸气制粒成本高，但优点较多，因为可以看到鱼的摄食情况。挤压制粒包括蒸煮在内，其优点是即可改善饲料的消化率，提高饲料在水体中的稳定性。蒸气制粒也能提高饲料入水稳定性，只要严格控制加工操作程序，如精磨、用蒸气调制糊化到含水量15%～17%，充分加热（77～82℃）及挑选适当的成分。淀粉质的原料、含麸质多的小麦粉和鱼粉能提高饲料的质量。高脂肪性的原料和高纤维性的原料不利于制粒。良好的黏合剂有小麦粉、预胶化的淀粉和半纤维素或木质磺酸盐产品等无机盐类黏合剂等。

第二节 大豆粉对鱼类的营养价值

一、蛋白质和氨基酸

去皮的溶剂萃取大豆粉含49%的蛋白质，对海峡鲇（Lovell，1997）、虹鳟（Smith，1976）和罗非鱼（Popma，1982）而言，约85%是可消化的。这一消化系数等于或大于全鱼粉蛋白质的消化率。

在所有富含蛋白质的植物性成分中，大豆蛋白质含有满足鱼类的基本氨基酸（EAA）需要的最佳氨基酸分布。表25中的数据对比了大豆、花生、棉籽和鱼粉蛋白质中可利用或可消化的EAA含量，以及各蛋白质源能满足海峡鲇鱼和日本鳗鲡的EAA需要的程度。根据有关海峡鲇鱼的EAA需要量报告（Robinson等，1980），大豆蛋白对这种鱼而言，哪一种EAA都不可缺少。对多数动物而言，蛋氨酸+胱氨酸是大豆蛋白质中最有限的EAA，但由于海峡鲇对蛋氨酸与胱氨酸需要量较低，大豆蛋白质可以满足其需要。根据日本鳗鲡对 EAA 的需要量研究结果，大豆粉中则缺少这两种 EAA。因为日本鳗鲡对蛋氨酸与胱氨酸的需要量几乎比海峡鲇高一倍。

对鳗鱼而言，花生和棉籽中的蛋白质中，除精氨基酸和苯丙氨酸 + 酪氨酸之外，哪一种 EAA 都不足，而且严重缺乏赖氨酸、蛋氨酸 + 胱氨酸和苏氨酸。而对海峡鲇而言，花生和棉籽中蛋白质中 EAA 较为充足，但仍远不如大豆蛋白质。它们严重缺少鲇鱼所需要的赖氨酸，其他 2 ~ 3 种氨基酸稍显不足。

鱼粉能完全满足海峡鲇的 EAA 需要量，但对鳗鱼则不然。尽管鱼粉中的蛋白质的蛋氨酸 + 胱氨酸和赖氨酸含量比大豆蛋白质高。对鳗鱼而言，它缺少色氨酸和组氨酸。而大豆蛋白质则不然。

表 25 中的数据表明，凭经验溶剂萃取大豆粉中的蛋白质应优于大多数其他商业用植物性蛋白源。然而，用这些蛋白质投喂不同的水生动物时，其中氨基酸的生物学价值可能与上述数据不同。例如，海峡鲇的实验表明，含 5% ~10% 鱼粉的饲料较之蛋白质含量相似，大部分蛋白质来自大豆粉的全植物性饲料更能加快鱼的发育（Murray，1982）。目前鲇鱼的饲料与多数鱼的饲料一样，都含有一些鱼粉或动物性蛋白质。

表 25　几种饲料原料的基本氨基酸含量及其占海峡鲇和日本鳗鲡饲料需要量（a）占需要量的%

氨基酸	大豆			花生			棉籽			步鱼粉		
	蛋白质	海峡鲇	鳗鱼	蛋白质	海峡鲇	鳗鱼	棉籽	海峡鲇	鳗鱼	蛋白质	海峡鲇	鳗鱼
精氨酸	7.25	168	161	9.10	212	202	8.19	213	203	5.59	130	124
组氨酸	2.18	142	102	1.64	106	77	1.87	121	88	2.01	130	95
异亮氨酸	4.01	155	101	3.29	128	83	2.03	78	51	4.11	159	103
白氨酸	6.35	181	181	5.17	148	97	3.90	111	74	6.53	186	123
赖氨酸	5.82	113	110	3.17	62	60	1，58	31	30	6.69	130	126
蛋氨酸 + 胱氨酸	2.52	108	50	2.03	87	40	1.86	80	37	3.15	135	70
苯丙氨酸 + 酪氨酸	7.08	141	121	6.89	138	118	6.01	120	103	6.30	126	108
苏氨酸	3.25	144	81	2.09	93	52	2.13	95	54	3.58	159	90
色氨酸	1.18	219	111	0.88	162	83	0.86	160	81	0.91	168	86
缬氨酸	4.09	138	103	3.51	118	88	2.94	99	73	4.59	155	115

注：a：利用率以海峡鲇的消化率测定；

b：数据来源：饲料成分的氨基酸组成，NRC（1981）饲料需要，NRC（1981，1983）。

二、可利用能

下表中列出溶剂萃取大豆粉、全脂炒大豆粉、玉米和鱼粉对于虹鳟和尼罗罗非鱼的可消化能（DE）值。数据表明，冷水性鱼类和温水性鱼类都能很好地利用溶剂萃取大豆粉及鱼粉中的总能量。生淀粉不能被鱼类，尤其是鲑科鱼类很好地利用。

假定鱼的DE需要量约为每克蛋白质8～10千卡，如对某些水生动物的估计，下表中的所有成分除玉米外都能满足虹鳟和罗非鱼的DE需要。因此，大豆粉可以用于消化淀粉好的水生动物的饲料，否则可能导致饲料中能量过多。

表26　用虹鳟和罗非鱼测定的几种饲料原料的可消化能　　单位：千卡/克

饲料成分	虹鳟	尼罗罗非鱼
溶剂萃取大豆粉	3.27	3.34
全脂炒大豆粉	4.29	-
鱼粉	4.57	4.04
碎玉米（生）	1.67	2.46

注：1. 来源：虹鳟，Smith（1976）；尼罗罗非鱼 Popma（1982）；全部数值以干物质为基础。
2. 全脂炒大豆粉为干燥加热，177℃，10分钟。

三、可利用的矿物质

磷是大豆粉中最重要的矿物质，因为鱼对磷的需要量很高，而且大豆粉中可利用磷含量很低。磷和钙不同，不能被鱼从水体中吸取（Lovell，1978），大多数鱼的饲料中磷的需要量约为0.5%（Lovell，1978）。虽然大豆粉含磷量超过0.6%，大约只有1/3非植酸部分可以被鱼吸收。因此，含大豆粉的比例高，含鱼粉或畜产品的比率低的饲料会缺磷。大豆粉一般含适量的微量矿物质，但有时这些元素特别是锌的含量，对满足鱼的正常营养需要可能太低了。所以，当饲料所用的鱼粉或畜产品少于15%时，建议给大豆粉补充微量元素。

四、基本脂肪酸

未加工大豆油约含8%的Ω-3（10:3）脂肪酸，能供给虹鳟的这一基本脂肪酸（Castell，1978）；然而，它还含有大约55%的Ω-6（18:2）脂肪酸。Castell（1978）提出，Ω-6对Ω-3脂肪酸的比率太高会降低Ω-3的利用率，而低Ω-6对Ω-3脂肪酸比例的海鱼油对鱼比较适宜。Smith（1977）发现，饲料中含有约16%大豆油（来自全脂炒大豆）及3%的鱼肝油时，虹鳟鱼的发育良好。Stickney和Andrws（1972）发现，饲料中鱼油和牛脂含量高时，海峡鲇鱼发育比用饲料中含大豆油的饲料好。他们认为，后者效力差的原因是Ω-6对Ω-3脂肪酸的比例高。

五、渔用饲料中大豆粉的利用

（一）替代鱼粉

鲇鱼饲料的早期实验（Lovell 等）表明，全植物性来源的饲料远不如含鱼粉的饲料效果好，鱼的生长速度较慢。后来 Liebpwitz（1981）发现，在能量和磷的需要量得到满足，而且鱼被喂饱的情况下，大豆粉可以且部代替实用鲇鱼饲料中的步鱼粉。Murray（1982）重复这一研究，不同的是每天喂食速度较慢。他发现，如果饲料中不加少量（6%）的鱼粉，鱼的生长速度稍微降低。这一结果表明，大豆蛋白质的氨基酸分布有利于海峡鲇的生长，在许多情况下，只有大豆粉即可满足需求。Smith（1977）发现，给虹鳟投喂全脂炒大豆粉作为主要蛋白源而不加鱼粉，发育良好。大豆粉不可用作鳗鱼的唯一蛋白源，因为鳗鱼对赖氨酸和蛋氨酸＋胱氨酸的需要量大；加一些鱼粉有助于增加这几种氨基酸。由于大豆粉能提供鱼粉所缺乏的组氨酸和色氨酸，这两种饲料成分可以取长补短。

（二）适口性

在些鱼不爱吃大豆粉。大豆粉不合大鳞鲑的口味，却合银鲑的口味，（Fowler，1981）。Slinger（1983）报告称，大豆粉可以作为虹鳟鱼中的主要蛋白源，得到令人满意的生长速度；但如鱼粉含量减少到低于 18%，饲料的适口性即降低。全脂炒大豆粉对虹鳟可能更合口；Smith（1977）用它全部替代鱼粉，没有发现生长受阻。海峡鲇似乎对于溶剂萃取大豆粉为主要成分（配方的 70%）的全植物性饲料满意（Liebowitz，1981；Murray，1982）。

（三）全脂炒大豆粉

全脂大豆粉用于渔用饲料，自从美国开始研究以来已受到广泛关注。美国鱼类和野生动植物服务中心的研究表明，在 177℃或更高温度条件下，加热全脂大豆粉使大豆产品对虹鳟的营养价值提高到较高水平上。这一温试条件比商业条件业加热脱脂大豆的温度（105℃）高出许多。显然，对于喂养虹鳟鱼全脂炒大豆粉胜过商业用脱脂大豆粉，其优点是高温加热破坏了大豆中更多的抗营养因子，还可能增加氨基酸的可利用性，以及全脂大豆比脱脂大豆更容易消化的形式，含有更多的能量。

Smith（1977）称，用一各含有全脂炒大豆粉、3% 鱼肝油、1% 蛋氨酸＋胱氨酸以及酵母、维生素和矿物质（无动物性蛋白质）的饲料喂养虹鳟取得成功。然而，Cocker 等（1975）发现，尽管高温加热减少了大豆中抗蛋白酶的活性，含全脂大豆粉 84% 的饲料比含鱼粉 34% 和 20% 溶剂萃取大豆粉的饲料明显地使虹鳟体重增加较少。他们认为，全脂大豆粉饲料不成功的原因在于缺少鱼油或高度不饱和脂肪酸。Smith（1977）的全脂粉饲料含 3% 鱼肝油。Cocker 等还根据鱼消化食物少的这一事实推测全脂大豆粉饲料的合口性可能不好。

Reinitz（1978）做了一项研究，将含有72%的全脂大豆粉和5%鱼粉的实用虹鳟饲料与含有25%鲱鱼粉、20%脱脂大豆粉和5%鱼油的控制性饲料进行对比。全脂大豆粉是干燥加热到内部温度155℃，然后通过压辊使大豆爆开而制得的。用全脂大豆粉饲料喂养鳟鱼比用控制性饲料喂养成的鳟鱼体重增加更多，但它们也明显变肥，喂以全脂大豆粉的鱼增重较多的原因，据分析为饲料中能量较高。

Viola等（1982）报告称，喂以在150℃以下挤压制得的全脂大豆粉饲料的鲤鱼，不如喂以加热适度（甲酚红值3.8）或过加热（甲酚红值4.2）的油脂再生溶剂萃取大豆粉饲料。

加热处理全脂大豆粉已用于池塘养殖的海峡鲇。Brandt（1979）发现，含有50%全脂大豆粉（加10%玉米麸质以提高蛋氨酸含量）的全植物性饲料，可以产生和含有10%鱼粉+24%商业用脱脂大豆粉的饲料同样的增重效果。但脱脂大豆粉未曾在全植物性饲料中受到重视，所以，对作为鲇鱼饲料的全脂和脱脂大豆粉不能作出准确的比较。这两种大豆粉曾在含5%的鱼粉饲料中进行比较，结果是鱼的发育没有差异。在另一项池塘养殖海峡鲇的研究（Saad，1979）中，在原含64%商业用脱脂大豆粉的控制性饲料中分别用全脂炒大豆粉替代脱脂大豆粉的5%和10%，喂养三种饲料的鱼，其体内蛋白质的增加情况没有明显差异；但这些饲料各含10%鱼粉时，可能会掩盖这两种大豆粉之间在蛋白质上的差别。这些饲料中含脂肪量从5%（控制性饲料）到17%（含全脂大豆粉最多的饲料）。鲇鱼体内的脂肪增加与饲料中脂肪含量成正比。感觉实验表明，饲料中脂肪含量最高的鱼有油腻的味道。感觉和化学（TBA实验）法测定，这种鱼冷藏后的质量随着鱼体内脂肪量的增加而降低。

加热适度的全脂大豆粉在营养价值上的明显好处是其蛋白质质量比商业用溶剂萃取大豆粉好，能量较后者多（全脂大豆18%脂肪，而溶剂萃取大豆粉含0.5%的脂肪）。全脂大豆粉所多出的脂肪只有在它提高饲料的营养价值时才有利。脂肪太多可能有以下几点不足之处：它会使饲料中的蛋白质和能量失衡；它会培育出多脂肪的鱼；以及它会给饲料的挤压或制粒增加难度。

利用全脂大豆粉和脱脂大豆粉的可行性比较，可能改善蛋白质质量和增加能量以补充这两种产品的加工成本差为基础。当较大部分商业用鲇鱼饲料挤压生产，大豆粉在挤压机中热处理（湿环境，138～177℃），比常规溶剂萃取加工消耗较多的热量，这样做的价值有多大值得怀疑。

全脂大豆粉中含较多的脂肪或许对冷水鱼更有益处，因为热水鱼如鲇鱼和鲤鱼等能较好地利用较便宜的谷粒中的碳水化合物以获取能量，而鲑鱼类则不能。虽说大豆油是所有养殖鱼的一种较好能源，同时它供人类利用的价值也很高。

（四）大豆中的抗营养因子

未炒过的大豆中若干抗营养因子。商业上大豆萃取时加热到105℃，10～20分钟，能破坏这些因子中的大部分。但据报道，这一温度不足以获得鱼对大豆的最佳利用率。Kiani（1980）称，鲑科鱼类需要的最适加热温度是达到3.8～4.2的染色结合（甲酚红）值。Fordiani 和 Ketola（1980）证明，热压大豆片（30分钟，12p.s.i.）达到4.4的染色结合值，增加了蛋氨酸的可利用性，因而促进虹鳟的生长。Wilson等（1981）报告称，进一步提高溶剂萃取大豆粉的营养价值，但替代目前常规的商业加工法在经济上未必可行。

（五）用合成氨基酸补充大豆粉中的部分氨基酸

大豆粉中可添加合成氨基酸以促进家禽类的生长。用游离氨基酸补充鱼的饲料效果的研究还较少。Rumsey 和 Ketola（1975）报告称，个别地用赖氨酸、蛋氨酸、组氨酸或白氨酸补充大豆粉并不能增加鱼的生长速度。随后，Fordiani 和 Ketola 发现，用蛋氨酸补充商业用大豆粉增加了虹鳟的生长速度，但补充的蛋氨酸并不能改善再加热的大豆粉的饲养效果。Andrews（1977）发现，对于鲇鱼似乎不需用这些氨基酸补充大豆蛋白质。Wilson（1981）用添加合成赖氨酸的花生粉喂养海峡鲇鱼，发现促进生长的效果显著。Viola等（1982）报告称，同时用蛋氨酸和赖氨酸补充大豆粉能改善鲤鱼饲料的营养，起到较好的促进生长效果。

第三部分　发酵豆粕及其在水产养殖业中的利用

发酵或酶解豆粕产业始于欧洲，经我国台湾转入大陆。2005 年底开始的鱼粉涨价让许多饲料和养殖企业接受了这一产品。近两年来，国内发酵饲料企业纷纷创立，不同品牌的产品在市场上随处可见。以发酵豆粕为代表的饲料有许多优点，可在一定程度上替代鱼粉，并保证养殖性能不降低。

第一节　发酵豆粕的定位与价值

一、发酵工艺在豆粕发酵中的应用

Parker（1974）提出的益生素最早含义是指微生物活体、失活体和其发酵产物。目前国内外市场上的益生素产品中主流产品——益生活菌，通常采用液态发酵工艺生产，在微生物数量达到高峰时停止发酵，低温干燥制成成品。其中的芽孢杆菌则需最终形成芽孢，以耐受饲料加工过程中的热处理条件。发酵豆粕可被视为一种代谢产物形益生饲料，其生产目的是代谢产物，而不是活菌。

发酵豆粕可采用液态发酵工艺生产，特点是发酵彻底，代谢产物稳定，但成本偏高。绝大多数企业采用液态制种，以求降低发酵成本。发酵程度和产品稳定性主要取决于菌种、固液态比、工艺流程、设备和过程控制。实践证明，只要在菌种扩大各阶段通过镜检跟踪菌体生长情况，根据菌体数量确定接种量，发酵过程中处理好温度、湿度、翻动频率等要素间的相互关系，固体发酵也可生产出性能稳定的产品。

随着研究工作的深入和应用技术拓展，人们对发酵豆粕营养价值的认识也愈来愈清晰。通过调整豆粕发酵工艺，能使芽孢菌、酵母菌、曲霉菌和乳酸菌等微生物产生大量多肽、小肽、寡糖、维生素、氨基酸等代谢产物，这些代谢产物连同酵母自溶细胞成分以及培养基，鱼类的消化率可达 90% 以上（杨林，2007），可作为营养成分被动物吸收利用，也能为动物消化道提供有益微生物营养。促进其生长发育，竞争性抑制有害病原菌；同时还会对免疫机制的调节起到一定作用。通过微生物处理，可以清除非热敏性的大豆原，主要是大豆球蛋白和 α－大豆聚球蛋白。此外，发酵过程产生的细菌素、抗菌肽、有机酸等均对疾病有控制作用；醇、酯等芳香物质和功能性物质如氨基酸等对嗅觉具有刺激作用，可提高水生动物的采食量。因此，在2007年以来鱼粉价格大幅上涨后，发酵豆粕的研发和在水产养殖业的利用工作进展很快。

二、发酵豆粕的营养性特点

需要指出的是如果发酵过程中添加了酵母，则应对酵母加以处理，使其破壁成为酵母培养物为好。因为充分破壁的酵母有利于鱼类的消化吸收和利用，酵母细胞壁中的葡聚糖、甘露醇以及其他活性成分等，在其未破壁的情况下，鱼的消化利用率很低。如何将破壁成本降到最低，且保持营养素损失量最小，目前已研发出一些技术。芽孢杆菌在未形成芽孢前称为繁殖体或营养体，以豆粕为培养基进行固体发酵时，由于营养丰富，除非采取独特措施，在36～56小时发酵内有少的芽孢形成，营养体在利用热源干燥时会失去活性。乳酸菌的耐热性更低，因此目前市场上发酵豆为产品不同于活菌制剂，故称为代谢产物形益生饲料。

肽类物质的营养作用在研究和应用领域已得到确切证实，许多发酵产品以活性肽作为主要卖点。生产大豆肽的方法目前主要是酶解法和微生物发酵法，但微生物发酵法具有更多的优点。通过控制微生物的代谢和发酵条件可产生分子量不同的肽。在发酵过程中，产生的游离氨基酸被微生物再次吸收利用，对微生物的代谢不会产生反馈抑制。通过微生物的代谢作用，氨基酸和小肽被移接和重排，某些肽基团和疏水性氨基酸末端被修饰和重组，改变了大豆蛋白质固有的氨基酸序列，清除了抗营养因子，并赋予大豆肽一些生物活性功能。各类微生物通过蛋白酶的作用，均可将大分子蛋白质降解转化为小肽，转化率的大小因菌种和工艺而异。就菌种而言，芽孢菌应为首选。

感官评定可初步分析产品特点。酱香型的芽孢杆菌为主的产品。面包香型的酵母菌或以酵母菌为主的产品。酸香型的说明发酵中有大量的乳酸菌发挥了作用。发酵豆粕的核心为降解大豆蛋白，发酵过程或降解程度同代谢产物生成量以及抗营养物质失活直接相关，对此应予以评价。适合于一般饲料厂或养殖企业的分析方法是测定水解度（余勃和陆兆新，2005）或肽转化率（博善生物，2007）。生物肽转化率测定方法由大豆肽标准（QB/T2563－2004）完善而来，原理是用三氯醋酸溶液将大分子蛋白质和肽链较长的多肽进行沉淀，将其中的短链小肽用酸溶解出来，用凯氏定氮法定氮推算。只要配置一台每分钟4 500转的离心机，结合使用定氮仪即可测定。测得的小肽分子量在2 000道尔顿以下。

富含肽类的发酵豆粕可以螯合微量元素，保护维生素效价，减少维生素用量；可以减少或替代血源蛋白、乳蛋白、鱼粉等动物蛋白，因此，在成本控制上也有优势。鉴于相当长的一段时间内，国内饲料生产企业与养殖过程中需要使用抗生素与药物，适当降低抗生素与药物用量，辅以发酵豆粕为代表的代谢产物形益生饲料，完全可以达到或超过单一使用抗菌素与药物的效果，这将有利于饲料与养殖业的健康发展。

第二节　发酵工艺与产品质量间的关系

豆粕发酵的基本目的，是将原来由肠道微生物完成的抗营养处理和微生物源性营养素的生产移到体外进行。其主要功能包括：增加肠道内不能生存的微生物种群，将动物不能利用的物质转化为能利用的营养物质；提高抗营养素的消除效率，使原来有限的肠道内部处理能在体外人工条件控制下大幅度提高；增加微生物源性营养素。由于发酵豆粕在动物保健，尤其是幼小动物肠道微生物种群调理方面具有相当的营养生物学作用，近10年来，我国发酵豆粕的生产企业不断增加，以至于到处开花的境地。发酵豆粕产品的畜禽和水产养殖业中的应用也日益广泛。虽然主要生产原料都是豆粕，均采用液态或固体发酵工艺生产，也都称为发酵豆粕，但由于生产工艺的不同或微小差异，发酵豆粕产品的质量相关甚远。所以，发酵豆粕原则上是一类产品，而非同一产品。

一、发酵豆粕生产工艺流程

发酵豆粕生产的基本工艺流程：培养基、发酵剂、水、豆粕→喂料→除杂、除铁→提升机→原料仓→计量秤→混合机→发酵容器→一次发酵→翻料、混合→二次发酵→气流烘干→待粉碎仓→粉碎→打包→检验→成品。

在实际生产过程中，对产品品质或质量影响较大的环节：一是所采用的发酵剂，即发酵菌种；二是发酵工艺，如浅层发酵、深层发酵、批次发酵或连续发酵等；三是发酵容器。

（一）发酵剂

发酵剂即为用于发酵的微生物菌种。使用不同的微生物发酵，其代谢产物不同，产品的质量和品质也不同。

1. 发酵剂的种类

发酵剂的种类包括细菌类和真菌类。细菌类主要有芽孢杆菌、乳酸菌；真菌类主要有酵母和霉菌。发酵生产时所采用的发酵剂均为纯种，单一菌种或复合菌种均可。此外，还有一类非纯培养发酵剂——曲种，该发酵剂为采用传统制曲技术制作的。

2. 发酵剂的剂型

发酵剂的剂型主要有液体和固体两大类。一般而言，大多数纯培养的发酵剂采用液态剂型，菌种的生产是从保存的斜面、菌种活化、三角瓶、小型种子罐到大型种子罐连续多级培养后制备而成，然后用于生产性接种。液体剂型的发酵剂比较适用于批量式生产。固体剂型的发酵剂主要是曲种，按传统固体制曲技术制作。固体剂型的发酵剂适用于连续发酵生产线使用。

（二）发酵工艺

目前我国豆粕发酵工艺很多，可以说是五花八门，还没有统一或共同的标准，从简单的手工操作到复杂的自动化连续流水线生产应有尽有。按照生产模式可分为浅层发酵和深层发酵；深层发酵又可分为地板堆放发酵、池式发酵、槽式发酵和箱式发酵。

1. 浅层发酵

浅层发酵的物料堆放厚度一般为 5 厘米以下，适用于纯好氧发酵。由于物料的厚度对物料的通气性能有影响，物料厚度太大不利于氧气的扩散。由于浅层发酵需要大量发酵面积，只能采用浅盘架式生产，因此，难以机械化生产，大多数采用手工操作。

2. 深层发酵

深层发酵的物料厚度一般为 30 厘米以上，有的高达 100 厘米，主要适用于前期好氧、中后期兼性厌氧发酵，因此适用于复合菌种、曲种发酵。

（三）发酵容器

发酵容器本质上与发酵工艺相适应。一般来说，豆粕发酵目前使用的发酵容器主要有：地板（堆式发酵）、水泥池/槽以及箱式。箱式发酵也可以手工、半机械化和机械化加自动化操作。由于容器的质地不同，对发酵过程有一定的影响。但有关发酵容器的质地对发酵产物的影响目前还少见报道。

二、发酵工艺与产品品质

目前固体发酵豆粕类几乎都是属于“生料发酵”，即发酵物料在发酵之前未经过熟化处理，这就意味着没有经过消毒灭菌。因此，在整个发酵过程中，物料自身携带的微生物、环境中（空气、容器、水中）的微生物都会在一定程度上起作用，或者说在发酵过程繁殖和生长。其作用程度取决于发酵系统与人工添加的发酵剂之间的适应性，以及配料（水分、疏松度）参数。微生物的贡献越大，发酵系统的可控性、稳定性也就越小，这是开放性固体发酵生料的基本特点。

与液体发酵不同，固体发酵不能随时搅拌，因此，发酵体系内部的温度、pH 值、水分和氧分压都不是均匀分布的，也无法随时调控。此外，大多数固体发酵都采用批次发酵而不是连续发酵，因而每批次间的产品质量都存在着一定差异，产品的品质稳定性难以控制。作为一种商品，质量的稳定性和均一性比其品质更加重要。

用户需要的是一种产品品质稳定的商品，尽管产品的品质可以做得很好，如果其质量不稳定也就失去了商品价值。影响自然微生物作用以及产品质量控制与发酵工艺之间的关系的原因有以下几个方面：

（一）发酵剂对发酵豆粕质量的影响

固体发酵过程中许多参数是在变动的，如水分含量、温度高低、营养素的含量、pH 值的大小、氧气含量等都在发生变化，一种微生物是很难适应全部条件的。当一种微生物繁殖后，其活动结果改变了自身的生存环境，为其他微生物提供了最佳生长条件或不利生存条件，导致其他微生物的生长或消亡。

1. 发酵剂微生物种类对发酵豆粕质量稳定性的影响

不同微生物种类对物料的各种理化因子要求不同，而发酵过程中又难以维持某一个理化条件不变或恒定，因此，决定了豆粕发酵是由多种微生物共同协同作用，或按顺序进行的。例如，当低温好氧微生物繁殖起来后，导致温度上升和大量氧气的减少，使嗜温兼性厌氧微生物有机会大量繁殖，兼气厌氧性微生物往往产酸，使发酵物料的 pH 值下降，又引起嗜酸性微生物生长。所以，发酵豆粕产品质量的稳定性，单菌不如多菌，纯培养（多菌种的纯培养物之间的相容性不一定协调）不如曲种（曲种中的微生物是天然组合的，相互之间有互补性）。

2. 发酵剂的剂型对发酵豆粕质量稳定性的影响

液体发酵往往是一次性制作的，当发酵剂培养到微生物适宜于接种时（对数生长期），开始接种，如果发酵批量大（如一般批量为 20 吨），则开始接种到接种完毕至少需要 5 小时，造成菌种的种龄不同，影响发酵效果。但固体发酵剂由于其中的微生物处于休眠状态，只有接种后才有活性，因此，接种时间对发酵剂的种龄没有影响。

（二）发酵批量大小对发酵豆粕质量稳定性的影响

大多数豆粕发酵的研究工作都是在实验室内小批量进行的，一般为 50 ~ 500 克，最多不过 5 000 克。由于批量小，接种时间短，发酵剂种龄基本一致，但保温性差，水分扩散快，氧气扩散大，与实际大规模生产性作业有很大区别，因此，实验室的数据往往无法在实际生产中应用。

1. 发酵批量与搅拌批量不一致时对发酵豆粕品质稳定性的影响

在实际生产中，发酵物料与发酵剂、培养基、水的混合一般用常规混合装置进行。由于是湿料搅拌，物料的黏滞系数很大，一般 2 吨的搅拌器只能搅拌 1 吨干物质。如果发酵批量大于 1 吨，必须由 2 个搅拌器批次来完成。如果发酵批量为 20 吨，至少要 20 个搅拌器批次才能完成。一般 1 个搅拌批次为 15 分钟，20 个搅拌器批次则需要 5 小时。第一批次的物料已开始发酵而最后一个批次刚搅拌完，造成一个发酵批次中的物料发酵时间不一致。其次，在中间翻料过程中，批量过大，无法完全混合，也是物料发酵程度不均一的一个原因。而对于发酵批量为 1 吨的发酵物料，一个接种批次等于一个发酵批次，前后两次搅拌不交叉，因而能保证产品接种时间的一致性。再次，一个发酵批次为 1 吨的物料，翻料时可以用搅拌机进行，因而可以对发酵物料进行翻料并完全混合，保证了物料的一致性。

2. 发酵批量与干燥速度不一致对发酵豆粕品质稳定性的影响

生产过程中，发酵物料达到发酵目标终点后停止发酵的唯一办法是对物料进行干燥。干燥设备一般是连续生产的，国内目前大多数发酵豆粕采用中国水产科学研究院渔业机械仪器研究所生产的内置搅拌式流化床烘干机，一般干燥能力为 1 吨/小时，并联 2 套设备为 2 吨/小时。如果一个批次的发酵量过大，同一个批次的发酵物发酵时间不一样，就会引起品质差异。例如，一个批次的批量为 20 吨，在发酵终点到达后，从开始干燥到全部完成需要 10 小时（2 吨/小时）到 20 小时（1 吨/小时），因而造成同一批次的发酵时间不同，影响了产品质量。

因此，小批量、多批次、连续进行的发酵，每 20 分钟干燥 1 个批次，所有物料从接种到烘干的周期完全相同，保证了产品品质的一致性。

（三）发酵容器质地对发酵豆粕质量稳定性的影响

发酵豆粕的研究多数集中在实验室内，采用玻璃瓶小批量（如 50～500 克）进行，由于批量太小，不能形成积温，发酵温度靠恒温箱提供，基本上属于恒温发酵。由于发酵过程的容器、物料和环境温度一致，不会产生水蒸气冷凝现象，对发酵物的水分均匀度没有影响。

在实际生产过程中，物料的体积很大，发酵物的体系温度呈一定的梯度，即物料中心温度高达 55～60℃，而四周接近发酵容器或表面的温度比较低，接近环境温度。热量的扩散靠水分传导，当发酵容器的质地为非吸水性材料时，水蒸气在容器表面冷凝为液态水，并吸收于其四周发酵物料中，造成与发酵容器接触的局部发酵物料水分含量远高于其他物料，引起局部发酵异常，进而影响发酵豆粕品质的均匀性，有些甚至腐败霉变，影响质量。

此外，发酵容器是否与地面接触也影响发酵豆粕的质量及稳定性。大多数水泥池地面、地池的发酵容器直接建在地面上，一年四季的温度很难控制。而箱式发酵的容器为木箱，吸水性强，容器表面不产生冷凝水现象，还会造成发酵物料的局部水量异常；再者，木箱离地面距离约为 15～20 厘米，容器的温度可通过发酵房的温度来控制，发酵房温度相对较高，容器的温度也相应较高。因此，容器质地为非吸水性的水泥或金属不如吸水性的木质材料。

（四）发酵体系水分含量对发酵豆粕质量稳定性的影响

在开放体系条件下，如果不添加人工发酵剂，只给豆粕加水，可以肯定地说，添加不同水分后，豆粕中生长出来的微生物是不同的。微生物繁殖与水分活度有一定关系。

表 27　水分活度与微生物的生长

水分活度	最低水分所能抑制的微生物
1.0 ~ 0.95	假单胞菌、大肠杆菌、变形杆菌、志贺氏菌属、芽孢杆菌、克雷伯氏菌属、产气梭状芽孢杆菌
0.91 ~ 0.95	沙门氏杆菌属、副溶血弧菌、肉毒梭状芽孢杆菌属、沙雷氏杆菌、足球菌、部分霉菌和酵母
0.91 ~ 0.87	假丝酵母、拟球酵母、汉逊酵母、小球菌
0.87 ~ 0.80	大多数霉菌（产毒素的青霉）、大多数酵母、金黄色葡萄球菌
0.80 ~ 0.75	大多数嗜盐细菌、产毒素的典霉
0.75 ~ 0.65	嗜旱霉菌、二孢酵母
0.65 ~ 0.60	耐渗酵母和少数霉菌（刺孢曲霉、二孢红曲霉）
小于 0.50	微生物不能繁殖

如果所使用的发酵剂微生物类型与原料配制的水分不协调，必然造成反客为主的现象，即发酵物中大量繁殖起来的不是发酵剂中的目标微生物，而是豆粕原料的自身的微生物。由于豆粕自身的微生物含量在原料批次中差异较大，必然影响产品质量的稳定性。

发酵豆粕生产过程中的水分含量对后续的烘干工序影响很大。一是高水分使得发酵豆粕黏性增强，在烘干机内部难以分散，容易结块而影响干燥的均匀度；其次是水分含量越高，烘干成本越高。因此，为降低烘干成本，生产厂家往往尽量降低发酵物料的水分含量，从而造成所接种的微生物不能很好生长，而自然微生物组成不同，导致产品质量发生较大变化。由此可见，对于产品质量而言，霉菌发酵剂比细菌、酵母发酵剂稳定；曲种（以曲霉为主）发酵剂比纯培养发酵剂稳定。

第四部分　大豆粕在鱼类饲料中的利用

第一节　大豆粕在鲑鳟鱼类饲料中的应用

大西洋鲑、太平洋鲑鱼及虹鳟等统称为鲑鳟鱼类。由于其商品售价较高，养殖技术也相对简单，故已成为世界上主要养殖的经济鱼类。鲑鱼和虹鳟都属冷水性鱼类，某些鳟鱼可在0～28℃的水温条件下生存，可在2～15℃水温条件下产卵繁殖，并可在6～25℃水温条件较好地生长。根据其摄食饲料的成分，鲑鳟鱼的体色和肉色有不同的表现，有不着色的白色肉和着色的红肉之分。鲑和虹鳟既可归为淡水鱼类，也有海水种类，它们都能适应相当范围的盐度环境。

大西洋鲑是鲑鳟鱼类中养殖产量最大的品种，2000 年全世界的养殖产量为88.42万吨。挪威、智利、苏格兰、加拿大及新西兰等是主要养殖国。

表1　2000 年全球鲑鳟鱼养殖产量

品种	产量（吨）
大西洋鲑	884 200
虹鳟	448 000
银鲑	66 090
红鲑	16 000

表2　2001 年各国大西洋鲑的养殖产量

国家	产量（吨）
挪威	430 000
智利	220 000
英国	142 000
加拿大	94 000
法罗群岛	40 000
美国	23 600
爱尔兰	17 650
其他	92 000

太平洋鲑鱼的养殖，尤其是狗鲑（*Oncorhynchus tshawytscha*）与银鲑（*O. kisutch*）主产国为智利、加拿大与新西兰。全世界太平洋鲑的总产量近10万吨。2000年全世界虹鳟的产量为44.8万吨，仅次于大西洋鲑的养殖产量。1994年以前，全世界虹鳟的产量超过所有其他鲑鳟鱼类的养殖产量；主产国有法国、智利、丹麦和意大利，其产量之和约占全世界总产量的48%。2000年虹鳟的海水网箱养殖产量约为15万吨，占虹鳟养殖产量的1/3左右。在北美、英国、丹麦、法国等国家，虹鳟养殖大都用淡水流水养殖方式；而智利等国家，虹鳟养殖先是在淡水池塘中培育鱼种至体重100克左右，再经驯化后移到海水网箱中养成。

2000年，全球鲑鱼和虹鳟养殖用的饲料产量约为163.3万吨。2010年超过200万吨。

表3　2001年各国虹鳟的养殖产量

国家	产量（吨）
法国	48 750
智利	43 656
丹麦	40 864
意大利	40 150
美国	25 863

表4　2000年估测的世界各国渔用饲料产量

品种	产量（吨）	比例（%）
鲑鳟	1 636 000	12.5
虾类	1 570 000	12
斑点叉尾鮰	505 000	4
罗非鱼	776 000	6
海水鱼类	1 049 000	8
鲤科鱼类	6 991 000	53
其他	579 000	4.5
合计	13 106 000	

虹鳟饲料配方中鱼粉约占25%～35%，其具体含量随着鱼粉种类、养殖方式与地区的不同而有所变化。虹鳟鱼饲料大概使用了鱼粉产量的3%，约为17.6万吨。

表 5　渔用饲料中鱼粉估测用量

种类	鱼粉（吨）	比例（%）
鲑鱼	454 000	21.5
海水鱼类	415 000	19.6
虾类	372 000	17.6
鲤鱼	350 000	16.5
鳟鱼	176 000	8.3
鳗鱼	173 000	8.2
比目鱼	69 000	3.3
其他	106 000	5.0

鲑鱼是水产养殖动物中使用鱼粉最多的种类，用量约为45.4万吨，约占渔用饲料鱼粉总用量的21.5%，为鱼粉年产量约620万吨的7%。

鱼粉产量在过去的15年十分稳定，但近几年的厄尔尼诺现象造成鱼粉原料鱼产量连续下降，致使鱼粉产量下降，其与需求量大的差距明显拉大，价格一路飙升，至目前的1 000美元/吨。总体上看，近几年的鱼粉产量下降了约15%。厄尔尼诺现象使秘鲁与北智利沿海的水温上升，造成鳀鱼的地理迁移，世界鱼粉生产国的鱼粉原料鱼捕捞量下降，但秘鲁和智利的鱼粉产量占世界鱼粉总产量的1/3左右，外销鱼粉产量却占世界鱼销售交易量的60%左右。其他如挪威等鱼粉产量稍大的国家所生产的鱼粉基本为内销。

厄尔尼诺现象对全球鱼粉的产量与价格有着极大的影响。鱼粉产量在厄尔尼诺现象后的次年会产生反弹，使全球产量增至约700万吨。在厄尔尼诺现象严重的时节，品质一般的鱼粉其价格也会飞涨，往往在330～600美元/吨以上，此时，鲑鳟鱼饲料企业就会改用替代原料，例如畜禽肉类加工副产品、肉骨粉、血粉、蚕蛹粉等，或以大豆粕为主要蛋白源。

一、鲑鱼与鳟鱼的饲料与投喂

鲑鱼与鳟鱼均为肉食性鱼类。其主要生理特点是消化道较短，包括1个可分泌胃酸的胃、1个可分泌消化酶的幽门垂、吸收大部分营养的小肠部位以及吸收水分与电解质的大肠部位。世界各国对鳟鱼营养需求与饲料的研究已相当充分，资料完整。大量的研究资料表明，它们的营养需要量与大部分动物类似，约40种。

表 6 鲑鱼与鳟鱼的营养需求

蛋白质	10 种必需氨基酸
脂肪	n－3 系列脂肪酸（占饲料的 1%）
能量	主要由油脂与蛋白质供应
维生素	15 种必需维生素
矿物质	研究显示 10 种必需矿物质＊

注：＊其他矿物质也许为必需的，但可以由养殖环境中摄取。

除磷外，如果水中含足够量的矿物质，它们可从水环境中摄取大部分矿物质。不论养殖水如何，以鱼粉为基础的鲑鳟饲料中一般含有足够的矿物质。但如果鲑鳟饲料中的蛋白质主要由植物成分组成，则必须额外添加，否则将会影响鱼体的正常生长和发育。

在 20 世纪 40、50 年代，水产饲料工业发展之初，鲑鳟饲料是由繁殖养殖场工作人员现场配制。在 1920—1930 年，鲑鳟鱼类的饲料常以当地可取得的原料配制而成。这些原料包括鲑鱼卵、鲜鱼、冷冻鱼或罐装鱼、油籽粕以及啤酒酵母等。这些原料再与牛肝、脾、马肉、鸡蛋与白干酪混合后，再加入 2% 的食盐后投喂。这种饲料约含 60% 的水分，口感很差。

20 世纪 90 年代以后，因繁殖养殖场产量的大量增长，对饲料的需求量大增，这有利地促进了鲑鳟鱼饲料的专业化生产，并在鲑鱼饲料中开始使用肉粉等原料。典型的干饲料，如含 24% 的脱脂乳、棉籽粕、白鱼粉等，以及 4% 的食盐，“科特兰 6 号”干饲料混合物。将这类混合物以一定比例的牛肝与猪脾再加入水调节后，用大豆作黏合剂，经机械制粒后投喂幼鱼。“科特兰 10 号”干饲料的成分除棉籽粕以及豆粕取代外，其余皆与 6 号相同。科特兰研究小组最先在 1940 年测试干饲料混合物中采用豆粕的可行性。在纽约科特兰繁殖场以溪鳟为对象的养殖实验结果表明，溪鳟使用豆粕的成长与使用肉粉的干粉饲料组合使用效果相同。而饲料价格以每单位生产成本计算仅为干粉料的一半。

每一个干性颗粒饲料的养殖效果为鳟鱼产量增加 60%，并降低 40% 的饲料成本。这些饲料并没有补充维生素预混料，所以，必须每隔 1～3 周投喂牛肝 1 次，以补充营养。添加维生素预混料可使鳟鱼繁殖，并使育苗阶段的生长良好。早期在科特兰实验室与 Abernathy 研究站的科学家开发出来的饲料配方，成为目前通用的鲑鳟鱼饲料基础性配方。鲑鳟鱼饲料配方持续的进改、调整，以改善养殖鱼的生产效率。最近的 Abernathy 鲑鱼饲料公开的配方如下：

表7 鲑鱼干饲料配方

原料	饲料中的含量（%）		
	开口料（S8-2）	破碎料（18-2）	颗粒料（19-2）
鲱鱼粉	58	55	50
乳清粉	5	5	5
血粉	10	10	10
水解鱼蛋白	3	3	3
或家禽副产品	1.5	1.5	1.5
麦芽粉	–	5	5
次粉	余存量	余存量	余存量
维生素预混料	1.5	1.5	1.5
胆碱（60%）	0.58	0.58	0.58
抗坏血酸	0.05	0.1	0.1
微量矿物质	0.05	0.1	0.1
黏合剂	2.0	2.0	2.0
鱼油或卵磷脂（最多20%）	12	9	9

Abernathy 配方，1986

注：余存量：补齐配方不足1 005 部分的余量。

二、鲑鳟鱼类的膨化饲料的开发

膨化饲料的制作过程，将湿的原料按配方设计的比例将各组分混合后，加热至100～150℃，并在一定压力下挤出膨化，然后将饲料水分干燥至10%以下。饲料水分在膨化机内为液态，当饲料经由模孔挤出时压力下降使得水分瞬间转化为蒸气，并使饲料颗粒迅速膨胀，密度下降成为浮性饲料。原料混合物的差异，水分含量以及膨化条件等，使膨化颗粒的密度可被改变而使下沉速度增快、减慢甚至浮于水面。对于养殖斑点叉尾鮰而言，浮性颗粒饲料较好，便于观察鱼的摄食状态；而对于养殖鲑鳟鱼类而言，饲料以能在海水中较慢下沉的颗粒较好。因水分瞬间蒸发的特性，膨化饲料中可加入大量的鱼油或植物油以制造出高油脂饲料或称高能量饲料，以满足鲑鳟鱼的营养需要及改善肉质。因为膨化饲料是干性的颗粒，可应用于自动投饵机投喂，这些都是对鲑鳟鱼养殖生产较为理想的状态。

自从膨化制粒技术引入鲑鳟养殖业以来，鲑鳟鱼类的饲料配方也产生了极大改变。直到1980年以前，蒸气制粒生产的高密度硬颗粒饲料是鲑鳟鱼类饲料的主流；硬颗粒饲料无法像膨化颗粒饲料那样吸收较多的油脂，饲料油脂总含量只能达到

20%左右，远不能达到鱼类营养生理和改善养殖产品肉质的需要。膨化颗粒饲料的油脂含量可增加至35%以上。通常这类高油脂的饲料中，原料中仅含油脂10% ~ 12%，其余部分需在膨化制粒过程后再添加至饲料表面。从如此高的含油量来看，实际上应没有多少的空间可以在配方中容纳除鱼粉以外或少量其他蛋白源，一些淀粉或小麦粉作为黏合剂，以及微量预混物与鱼油之外的原料。鲑鱼饲料在过去20年间由于采用了高能量饲料，所以在饲料配方上改变了许多。这些改变是为了符合欧盟对于鲑鱼养殖场的规定。按规范要求，饲料必须更有效率，即降低饲料系数，且含低量的磷。

类似的配方目前在全球各地的鲑鱼养殖中已被全面采用。鲑鱼饲料的一般成分也随之改变，蛋白质含量降低而总油脂含量增大。可消化蛋白则不像总蛋白那样降低，因为饲料厂将原来蛋白源中利用率较低的原料淘汰了，仅在配方中使用利用率较高的蛋白原料。相反，在过去35年间，鳟鱼饲料的蛋白质含量由35%提高到45%；饲料油脂含量在高能量饲料中超过22%。

在1960年，鲑鳟鱼饲料系数约为2.0，但如今运用良好地投饲计划、商用高能量鳟鱼的饲料系数可提高到（1.2∶1） ~ （0.8∶1）。相对于鲑鱼的饲料系数而言，采用高能量饲料配方也可得到类似的结果。虹鳟饲料配方利用鱼粉、鱼油、谷物类及其他食品工业副产食，如肉骨粉、禽类加工下脚料等。

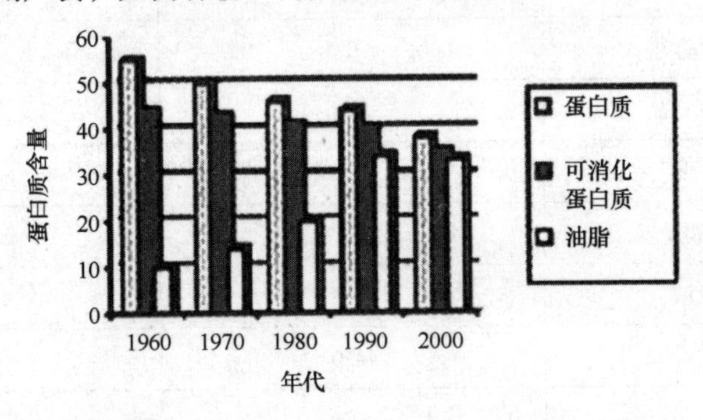

图1　过去二十年大西洋鲑饲料中蛋白质与油脂含量改变

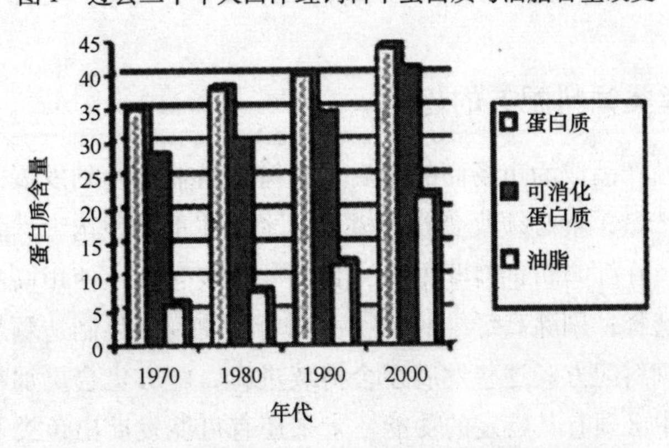

图2　过去二十年鳟鱼饲料中蛋白质与油脂含量改变

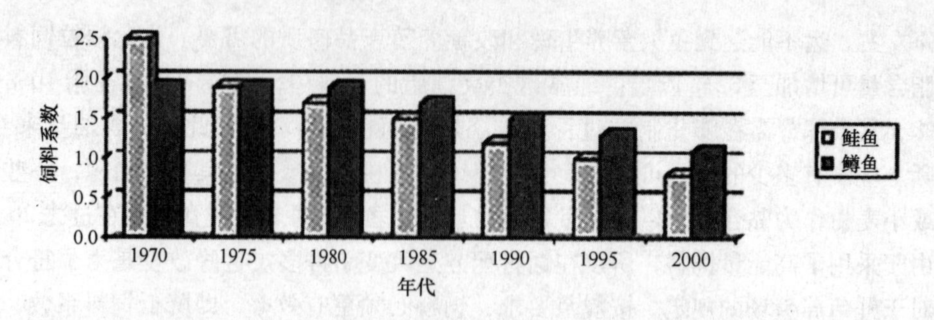

图3　过去二十年鲑鱼与鳟鱼饲料之饲料转换系数的改变

为降低虹鳟饲料中鱼粉的用量，研究人员尝试利用其他蛋白源，如豆粕、家禽副产品以及少量血粉与羽毛粉等来替代鱼粉。过去十年来，在鱼粉替代虹鳟饲料中鱼粉的研究逐步深入，因采用了其他蛋白源而降低了50%的鱼粉用量。

表8　典型的鲑鳟鱼饲料配方

原料	鲑鱼（%）	鳟鱼（%）
鱼粉	51.0	22~25
大豆粕	8.0	<15
动物副产品	0	~15
面粉/小麦副产品	8.0	22
玉米蛋白质	0	<5
维生素/矿物质	2.2	1
鱼油/大豆油	30.8	7~8
粗蛋白	44.0	44
粗脂肪	>34	16

三、鲑鳟鱼类饲料配方的趋势

当鲑鳟鱼养殖产品成为市场商品之后，鲑鳟养殖业已达到发展的关键时刻。若要继续提高养殖产量，就必须改变养殖模式，更加注重良种选育，并持续改善饲料与健康养殖状态。在鲑鳟鱼饲料配方上，目前的改变包括：使用高品质的原料，特别是蛋白质源的选择；剔除高纤维的植物性原料；使用膨化制造颗粒，以及采用高能量、高营养的饲料配方。这些发展还会持续进行，配方也会更加精确，采用各种原料在鲑鳟饲料中必须有其特定的功能。未来还有可能发展出鱼类及动物屠宰副产品的蛋白源，减少骨骼与不易消化的物质，如皮肤、结缔组织等，并使用谷物的淀粉而不使用谷物全谷物粉。

全球有限的鱼粉与鱼油供应是造成这些预期发展的重要原因。而目前这个问题也变得愈来愈关键。全球鱼粉产量在鱼饲料中的用量，从1990年以前的低于10%增加到2002年的40%以上。至于鱼油的情况则更为关键，1990年以前，全世界的鱼油产量被用来作为水产饲料原料的用量不到总产量的10%，但2002年已上升至75%，主要是将原来用于制造人造油脂部分的鱼油用于制作饲料。按目前渔用饲料的增速测算，未来几年之内鱼油的供应量不会有较大改变，但饲料对鱼油的需求则会大幅上升，将无法满足鱼饲料对鱼油的需要量。以鲑鳟鱼类对鱼油的高需求状况看，渔用饲料中鲑鳟鱼的饲料中鱼油部分将面临短缺问题。

2010年，鲑鳟鱼饲料中鱼粉的预估测用量分别降低10%和5%。这将可分别降低77 000吨鲑鱼与29 000吨鳟鱼饲料中的鱼粉。这种改变必须提高其他蛋白源的用量，以取代饲料中被移除的鱼粉蛋白质。鱼油的减少用量甚至可能比鱼粉更多，可能已达到目前用量的50%，并需要用植物油来取代鱼油。

四、鲑鳟鱼养殖应注意的环保问题

鲑鳟鱼养殖并不会消耗过多的用水，因大多采用循环水养殖或海水网箱养殖方式，但却会造成水质富营养化问题。养殖场排放的水体中含有许多有机营养物质，会增加藻类与水生植物的生长，因而降低湖泊与河流的水质。为控制这个问题，欧洲与美国均对养殖场排放于水中的固体物质与营养盐含量加以限制。磷是排放于水中最受关注的营养盐。营养盐主要来自饲料和鱼体排泄物。很多养殖场会在流水池的尾端设置一个静水区，固体颗粒物可在此处沉淀。沉淀后的物质每隔一段时间就清除一次，这种处理方式使排放水中的固体物质与磷的含量显著降低。养殖场排放水中的磷以两种形态存在：一是固态磷（如骨骼与其他不可溶解的物质）；二是由鱼尿中所排出的可溶物质。虽然固态磷可被收集起来而移除，但移除可溶解的磷较困难，还会大大增加养殖成本，因磷以低浓度存在于大量水体中。所以，在饲料中限制可消化磷的含量与鱼类的需求相近，是制造低污染饲料的最有效的方式，以这种方式处理，可以使鱼类排出的可溶解磷降至最低水平。降低鲑鳟鱼饲料中非可溶性磷的含量处理方式有两种：一是使用低磷原料；二是增加饲料中磷的利用率，如添加植酸酶。高灰分饲料原料，如鱼粉、肉骨粉以及家禽副产品，在骨骼中含有相当高的磷。植物蛋白源原料，如大豆粕属于低磷原料。以大豆粕取代鱼粉，可降低饲料中总磷的含量，但大豆粕中的磷约有75%是结合在植物酸中的，这一类的磷称为植酸磷，是无法被包括鱼类在内的单胃动物所消化吸收的。植酸中的磷可以是一般植物种子中所含有的植酸酶所分解释放出来。植酸酶可当作饲料添加剂使用，但其酵素活性在饲料制粒过程中会受高温而破坏。所以，目前植酸酶的补充是采用后喷涂的方式添加于饲料中的。

五、目前鲑鳟鱼饲料中的大豆产品用量

大豆粕在鲑鳟鱼类的饲料中的应用一般仅在鱼种培育及养成阶段，目前用于苗种培育阶段的饲料豆粕应用量不超过原料量的20%。成鱼养殖用的饲料中豆粕的应用量约为15万吨，且在饲料配方中的用量约为5%～10%；最高为25%。

鲑鳟鱼的饲料中很少使用大豆以外的植物蛋白源。浓缩大豆或大豆分离蛋白有时会用于鱼苗的饲料中，或添加在特制的育苗饲料中，以得到不含畜禽加工副产品的低鱼粉饲料中。虽然鲑鳟鱼类的饲料全脂大豆有较好的结果，这已被研究结果所证明，但其用量在过去的几年中用量仍不大，近几年的情况则完全相反，大豆及其副产品在鱼饲料中的使用量快速增加。特别是在英国，大豆油是优先考虑用于鲑鳟饲料中以替代鱼油。菜籽油也是用来取代鱼油的成分，这是因其价格所决定的。目前很难估测大豆油在鱼饲料中的具体用量，因为这与各饲料厂家处理鱼油和植物油的能力与成本有关。

表9　2010年预估鱼粉在水产饲料中的用量与所需用量做比较（如果饲料中鱼粉含量保持与2000年同等水平）

年份	饲料（千吨）	鱼粉（千吨）
2000（估计）	13 098	2 115
2010（依现今用量水平）	37 226	4 081
2010*		2 831

注：*以目前用量估算的鱼粉量与Barlow预估减少1 250千吨用量所得结果（Barlow，2000）。

全脂大豆在鳟鱼、大西洋鲑与帝王鲑饲料中的应用效果均进行过评估。在全脂大豆膨化过程的受热可降低胰蛋白酶抑制因子的活性，并降低其他热敏感的抗营养因子含量。全脂大豆具有同时添加蛋白质与油脂到饲料中的优点，从鱼油供应短缺的形势看，这一点是相当重要的。在全脂大豆中的抗营养因子因经过膨化加热而降低的前提下，它们在未来的用量上可能会继续增加。

六、影响大豆及其制品用于鲑鳟饲料营养上的考虑

鱼类在营养需求上与陆生动物相似，其需要40种以上的营养物质，其中包括哺乳动物与鸟类也需要的10种必须氨基酸。鱼粉是鲑鳟鱼饲料中的主要蛋白源，因为鱼粉相对而言，含蛋白质较多，一般蛋白质的含量在65%～72%，依鱼粉的种类而定，且其氨基酸组成与鲑鳟鱼类的需求相近。去皮豆粕的蛋白质含量约为48%，它的氨基酸组成虽然不如鱼粉那样接近鲑鳟鱼的需求，但除甲硫氨酸外，大部分的必须氨基酸都能满足其需求。

豆粕中含有的抗营养因子必须在给动物食用前移除或去活。这些处理在实际应

用上显著性有所差异，且各种抗营养因子对鱼类健康与生长上的影响仍然有一些不确定性，还有待于进一步研究。大豆产品在加工过程中往往会有加热处理的过程，加热处理会影响某些抗营养因子在大豆中的含量及活性。其中最受关注的是胰蛋白酶抑制因子，它可以与消化酵素胰蛋白酶在动物的肠道中结合，导致蛋白质消化降低。

大豆产品中含有影响摄食、消化道组织与免疫功能的物质。用豆粕完全取代鲑鱼饲料中的鱼粉会造成鱼的生长率下降，主要原因是鱼的摄食量下降。如果饲料中的豆粕用量在20%以下，鳟鱼的生长不会受到影响。用20% ~40%的豆粕取代鱼粉对鳟鱼摄食及生长的影响，依不同的研究方法而有所不同。这些差异可能是由于大豆来源、饲料配方或实验设计有差异所致。所以，用豆粕部分代替或全部替代鳟鱼饲料中鱼粉的研究，目前很难加以比较。

早期研究其饲料油脂含量比目前实际使用的实验饲料低。这一点的重要之处在于，鱼油可增进饲料的适口性。在目前的鲑鳟鱼饲料中，由于高能量饲料中添加大量的油脂，使采用豆粕而产生的鱼类摄食反应较差的问题得以改善。某些研究中，饲料蛋白质含量不同会造成实验结果的差异。在虹鳟鱼实验中，用豆粕取代鱼粉的研究结果显示，其取代量可以达到40% ~50%。

在某个豆粕饲料的适应性研究中，使用以鱼粉为基础的饲料或含60%豆粕的饲料投喂两群虹鳟，每周分析其增重情况。结果发现，在前28天的饲养期间，投喂鱼粉型饲料的鳟鱼增重比投喂豆粕型饲料的鱼群生长快40%；然而，在第二个28天的饲养期间，两者间的增重率相近。研究人员接着进行了另一实验，使用以鱼粉为基础的饲料或含40%豆粕的饲料饲养虹鳟7天，然后再将两种饲料以1:1的比例混合投喂虹鳟。饲料中分别添加不同的指示剂，可以让研究人员分析粪便中的指示剂以评估虹鳟对这些饲料的偏好性。结果显示原来摄食鱼粉饲料的鳟鱼仍然选择摄食该饲料，而驯化在40%豆粕的鳟鱼则摄食比例为6:4。

某些大西洋鲑或太平洋鲑的研究结果与虹鳟比较，鲑鱼饲料中的豆粕用量比虹鳟鱼饲料中的用量更低。太平洋鲑的鱼苗对饲料中的豆粕很敏感，即使很少量的豆粕也会影响摄食；而且其摄食率在饲料中豆粕用量增加时会大幅降低。大西洋鲑在淡水中的生长时也会因豆粕取代饲料鱼粉量的增加而下降，主要是因为在淡水养殖期间的营养消化率较低。而接下来在海水养殖期间，鱼苗阶段的大西洋鲑的实验也证实投喂不含豆粕的饲料时，鱼的生长率比投喂含有30%豆粕的饲料快44%。摄食率并非是造成增重差异的主要因素。鱼粉型饲料中的鱼油与能量消化率比含豆粕的饲料分别快16%和9%。研究显示豆粕中的乙醇可溶物会降低大西洋鲑的油脂消化率，且造成肠炎病。

研究显示，在鲑鳟鱼的饲料中添加大豆粕会改变鲑鱼和鳟的肠道生理结构。投喂含豆粕饲料的鳟鱼肠道的黏膜会变得扁平化，肠道的吸收面积降低。但这些改变是否造成投喂含量高豆粕的饲料所伴随的生长差异还未见报道。很多研究指出，给大西洋鲑投喂含豆粕的饲料时会产生肠道末梢肿疡现象。这个情况常伴随着粪便含水量较高的现象，显示食物通过消化道的时间过快，消化与吸收的时间缩短。虽然乙醇可溶物是造成肠道末梢炎的可能因素，但目前仍不了解豆粕中何种物质会造成肠道的改变。

浓缩大豆蛋白的制造过程中的萃取工艺可移除造成末梢炎的物质。虹鳟的饲料中添加浓缩大豆蛋白取代50%的其他饲料蛋白并不会对生长造成影响。

其他可能会影响鲑鳟鱼类的生长、摄食或代谢的大豆成分包括：皂素、异黄酮、寡糖以及植酸。在必须氨基酸得到满足的前提下，用经甲醇萃取处理的豆粕替代饲料中77%的鱼粉时，虹鳟鱼种生长率有所改善，但其生长率明显低于投喂全鱼粉饲料的对照组。含皂素的纯化乙醇萃取物添加到帝王鲑和虹鳟的饲料中时，饲料系数显著降低，饲料效率升高。研究者认为，豆粕与浓缩大豆蛋白中的皂素就是使大豆产品的饲料适口性下降的物质。大豆产品中的异黄酮含量差异较大，但到目前为止，尚无任何研究结果显示鳟鱼的生长会受异黄酮的影响。

豆粕中的寡糖对大西洋鲑或虹鳟鱼摄食与生长影响的表现尚不明了。但当给鲑鱼投喂含40%豆粕的饲料，其寡糖、胰蛋白抑制因子、外源凝集素与大豆抗原皆较一般饲料低时，其摄食与生长增重与投喂鱼粉饲料的对照组相似；且两组鱼的表现皆比投喂一般豆粕型饲料的鱼更好。外源凝素在一般与特殊豆粕中的含量分别为0.15毫克/克与0.04毫克/克；胰蛋白酶抑制因子活性则分别为0.13毫克/克与0.29毫克/克。寡糖的含量不清楚。这些抗营养因子间的相对重要性仍有待研究。

大豆产品中的抗原可激起鳟鱼的非特定免疫机制，但这种情形是否可增进鱼类对传染性疾病的抵抗力仍然不确定，需要作进一步的研究。使用低抗原大豆产品是否对鲑鳟鱼类的免疫力有所增强，也有待于进一步研究。摄食含豆粕的饲料时，大西洋鲑的细菌性疾病较摄食鱼粉型饲料和浓缩大豆蛋白型饲料时要高；这可能是因为摄食豆粕型饲料的鲑鱼较容易造成肠末梢炎而使细菌更容易入侵。当含豆粕的饲料投喂鲑鱼时，免疫功能也可能受到影响。

大豆粕与浓缩蛋白分别含8.0毫克/千克与8.2毫克/千克的磷，其中约有75%以植酸的形式存在。制造浓缩大豆蛋白的过程中，会提高植酸的含量由1.3%到2.2%。植酸酶可以将磷由植酸中释放出来，添加植酸酶可以将大豆产品中的磷利用率显著的由40%提高到94%以上。

总体而言，鲑鳟鱼营养物质中较重要的抗营养因子，以胰蛋白酶抑制因子、皂素与植酸为主，目前研究所发现这几种物质可能会造成鲑鳟鱼生长较差。加热处理影响某些因子，但必须用其他方法处理，如萃取或酵素处理来解决其他问题。

表 10 大豆产品中的抗营养因子以及移除或去活的加工步骤

抗营养因子	热敏性	可萃取	其他处理
胰蛋白酶抑制因子	是	否	否
红血球凝集素	是	否	否
植酸	否	否	植酸酶
皂素	否	是	否
植物雌激素	否	是	否
抗维生素	是	?	否

七、豆粕型饲料对养殖水产品品质的影响

目前针对鲑鳟鱼类饲料中使用大豆及其产品对鱼类肉质的影响研究还较少。给予虹鳟鱼投喂主要蛋白源为动物（包括鱼粉）或植物性蛋白的饲料时，在鱼肉的口感与味道上均无差异。有报告指出，投喂含鱼粉 33% 或 10% 的鱼粉浓缩大豆蛋白、或 50% 豆粕取代的饲料时，鱼肉的感官与物理性状皆有差异。但研究人员并未对其差异性作详细说明，差异也并不明显。用全脂大豆取代 10% 的大西洋鲑饲料中的鱼粉时，其感官特性与不含大豆产品的对照组无明显差异。

鳟鱼肉中的 n－3 不饱和脂肪酸含量受饲料中 n－3 脂肪酸含量的影响；但当饲料含鱼油的情况下，其平均约为鱼肉油脂的 22%。目前的情况是以植物油取代鲑鳟养成饲料中的鱼油多达 50%。如果用大豆油取代鱼油，可能会评估亚麻仁油酸在鱼油脂中的含量。用含植物油的饲料饲养鲑鳟鱼肉的感官情况，品尝员认为用植物油取代鱼油饲养的鱼肉质量差异不大。

第二节 大豆粕在海水虾类饲料中的应用

近年来，海水虾类的养殖产量快速增长，目前全球的年产量超过 100 吨，其中中国占 50% 以上。全世界养殖的海水虾类有 20 余种，其中产量较大的有 8 种。

表 11 主要养殖虾类

学名	俗名（英文名）	旧学名
Farfantepenaeus aztecus	褐对虾 Northern brown shrimp	*Penaeus aztecus*
Farfantepenaeus califoniensis	加州对虾 Yellowleg shrimp	*Penaeus californiensis*

续表

学名	俗名（英文名）	旧学名
Farfantepenaeus chinensis	中国对虾 Chinese white shrimp	*Penaeus chinensis*
Farfantepenaeus indicus	印度对虾 Lndiaan white shrimp	*Penaeus In dicus*
Litopenaeus stylirostris	细角对虾；南美蓝对虾 Western blus shrimp	*Penaeus stylirostris*
Litopenaeus vannamei	万氏对虾；南美白对虾 Western white shrimp	*Penaeus vannamei*
Marsupenaeus japonicus	日本对虾 Japanese kuruma shirimp	*Penaeus japonicus*
Penaeus monodon	斑节对虾 Giant tiger shrimp	*Penaeus monodon*

东半球以斑节对虾为主，西半球以白对虾为主。虾类的生活史较复杂，卵由母体产于水体中，在水体中孵化后，幼体经过三个时期，即无节幼体期、蚤状幼体期和糠虾幼体期，进入后期虾苗或稚虾期后才明显的具有成虾的特征。而后期虾苗与稚虾之间差异很小，不易区分，一般而言，后期虾苗是1个月大的虾苗，而稚虾是大于1个月的虾苗。

了解虾类的营养需求是研发虾孵化与人工育苗及养成技术的关键。在无节幼体期，虾苗以体内的卵黄为营养，为内营养阶段，不摄食外界食物；到了蚤状幼体期，虾苗开始摄食微型藻类；而到糠虾幼体期，虾苗则可摄食不同形态的浮游动物。在育苗期间，养殖者会给虾苗提供一些饵料，如培养特定的藻类、浮游动物等。糠虾期的幼体通常投喂刚孵化的卤虫幼体，因卤虫幼体的大小适当，且易于获得，营养丰富；同时还可投喂一些人工配合饲料，但不能完全取代无节幼体，因为某些营养及粒型等不能完全满足糠虾幼体的需要。

在对虾的养成期间一般都大量使用人工配合饲料。对虾养成用的配合饲料蛋白质含量较高，一般为30%～50%。这些蛋白质多来源于鱼粉、虾粉、乌贼粉等。在粗放式的养殖系统中，通常使用蛋白含量相对而言较低的人工配合饲料，所谓的粗放式养殖方式，即指单位面积的虾苗放养量较低，每公顷养殖面积放养虾苗不超过2.5万尾，规格为体长1厘米左右，每公顷产量不到500千克。只要虾苗能够摄取池塘中的饵料生物，即使需要高蛋白含量饲料的虾苗，也可以在粗放式的环境下良好生长。因这种方式产量较低，目前采用的已不多。目前养虾多采用精养或半精养等方式。半精养方式每年每公顷的虾苗放养密度约为10万～30万尾，产量在约5 000千克。因为养殖密度的增加，池塘中的天然饵料生物难以满足虾的营养需要，因此必须补充高品质的人工配合饲料。精养方式通常在小型水泥池或是水槽中进行，养殖密度很大，单产也很高，一般每平方米的产量超过20千克，最高产量可达60千克/米^2；养殖过程中完全使用高质量的人工配合饲料。

表12 几种虾类饲料中的蛋白质含量建议值 %

虾类名称	蛋白质需求量
褐对虾	40~51
中国对虾	45
印度对虾	34~50
细角对虾；南美蓝对虾	30~35
万氏对虾；南美白对虾	30~40
日本对虾	52~57
斑节对虾	40~50

资料来源：Shiau，1998。

伴随着精养方式的普遍采用，养殖规模越来越大，并带动了对虾饲料产业的快速发展，对鱼粉等动物性蛋白源的需求量也迅速增长。大量使用鱼粉不但造成饲料成本的居高不下，同时也对鱼粉的需求构成较大压力，高品质的鱼粉、虾粉和乌贼粉的价格和供应量每年变动较大，但价格基本上是一路上涨，目前已至养殖者无法承受的地步。因此，寻求新的饲料蛋白源的研发工作迫在眉睫。因为大豆粕和大豆浓缩蛋白中含有起诱食作用的氨基酸，价格相对低廉，已逐渐被人们所接受，并成为鱼粉、虾粉、乌贼粉的替代品。

一、大豆产品在对虾饲料中的应用

在对虾类的饲料中所使用的大豆产品主要有蛋白质产品、油脂和磷脂质。因为饲料中的蛋白质含量会直接反应在饲料的价格上。所以目前研究的焦点大都放在大豆产品上。卵磷脂普遍用于虾饲料上，并配合大豆油的使用，取得了较好的饲养效果。从大豆中可以萃取各种成分的产品。去皮大豆的生产工艺是，先去除大豆的外皮，再将豆仁辗压成薄片，并利用有机溶剂将豆片中的油脂去除，再进行烘烤即形成去皮大豆产品。去皮大豆的蛋白质含量可达48%，且油脂含量低，但碳水化合物的含量较高。还有一种产品是含有少量豆皮的大豆粕，蛋白质含量略低，约为44%。相反，通常不同的萃取过程，可以去除或降低去皮大豆粕的碳水化合物含量，而获得各种蛋白质含量较高的大豆浓缩物。

大豆薄片的烘烤是破坏胰蛋白酶抑制因子的重要步骤，因为胰蛋白酶抑制因子是一种消化酶的抑制剂。碳水化合物的去除也是必要的，大豆粕中的碳水化合物中含有许多抗营养因子，是引起过敏反应的成分。此外，碳水化合物中还含有会降低大豆粕适口性的成分。去除碳水化合物后可以产生各种蛋白质含量较高的浓缩物质，一般而言，蛋白质含量超过 65%。因为虾苗对于植物性碳水化合物的消化能力较弱，因此，这种大豆蛋白萃取物的饲料应用价值就显得特别重要。

利用有机溶剂从豆粕中萃取出来的油脂，经过再处理后可以形成大豆油及卵磷脂。大豆油在虾饲料中添加量的实验已经完成，但多数研究都集中在大豆卵磷脂的应用方面，已知在虾苗培育阶段使用添加大豆卵磷脂具有明显的好处。

表 13　不同虾类养殖系统中蛋白质的建议量　%

养殖系统	蛋白质需求量
粗养	25 ~ 30
半精养	30 ~ 40
精养	40 ~ 50

资料来源：O'Keefe，1998。

二、虾类对蛋白质的需求量

蛋白质是虾类饲料中最主要的成分，也是最贵的成分。因此，研究人员集中于确认饲料中蛋白质的有效来源及其适当的含量。饲料中的蛋白质，首先会被用来取代正常代谢作用中组织蛋白质的消耗。其次是如果剩余的蛋白质，则会被用于生长和繁殖方面。如果限制饲料中的蛋白质含量，则会造成生长停止；接着当组织内非必需氨基酸的蛋白质被分解，并用于维持身体的正常功能时，便造成体重下降。如果饲料中蛋白质的含量超过动物利用的量，则会被转换成能量储存起来。

蛋白质是由一个大而复杂的分子组成，一般文献所介绍的是对虾类对蛋白质需求量的研究内容。而实际上，营养需求主要是针对特定的氨基酸需求而言。对虾苗而言，10 种必需氨基酸是其体内无法自行合成的，这些氨基酸必须通过食物的摄取补充，具体有精氨酸、组氨酸、异亮氨酸、亮氨酸、赖氨酸、蛋氨酸、苯丙氨酸、色氨酸以及缬氨酸。

利用放射活性追踪物（radioactive tracers），Kannazawa 和 Teshima（1981）发现日本对虾无法形成这 10 种氨基酸，因此，对于这 10 种氨基酸予以在饲料中提供。这 10 种氨基酸的需求情况已在斑节对虾（Coloso and Cruz，1980）以及褐对虾（Shewbart et al，1972）的实验上获得证实。另外两种氨基酸：胱氨酸和酪氨酸并不是必需的，但它们分别具有与甲硫氨酸和苯丙氨酸互补的效果。

只有所有的必需氨基酸得到满足了，其他多余部分的氨基酸就会被代谢成能量。要精准测定虾类饲料中必需氨基酸需求量是很难的。但利用整只虾或其尾部的肌肉分析其组成，就可以推算出必需氨基酸的最适当需要量。理论上，饲料中的蛋白质的氨基酸组成与动物组织中蛋白质的氨基酸组成相近，则饲料中蛋白质被利用的效果最好（Wilson and Poe，1985）。利用高品质的蛋白质，即具有与虾体必需氨基酸组成接近的蛋白质，蛋白质含量较低，仍可被虾苗良好利用而生长。上面提到的研究方法有一个问题，那就是从很多研究报告中可发现，虾体中氨基酸的组成变动很大。

表 14　几种虾类饲料中必需氨基酸组成的比较　　%

必需氨基酸	蛋白质含量（组织必需氨基酸组成）						
	褐对虾	日本对虾	斑节对虾				白对虾
精氨酸（Arg）	5.17	5.57	6.57	6.34	5.32	7.60	6.10
组氨酸（His）	3.15	1.64	2.04	2.31	1.57	1.80	1.62
异亮氨酸（ISO）	4.47	3.13	3.66	4.60	3.01	4.04	2.65
亮氨酸（Lue）	9.75	5.49	6.29	7.76	5.25	9.09	4.69
赖氨酸（Lys）	6.09	5.78	6.23	6.54	5.53	4.04	4.84
蛋氨酸与胱氨酸（Met \ Oys）	4.85	2.75	2.39	2.80	2.55	3.51	2.67
苯丙氨酸与色氨酸（Phe \ Try）	8.43	6.17	4.37	5.75	5.85	8.28	5.39
苏氨酸（Thr）	5.38	2.98	3.25	4.76	2.87	4.11	2.52
色氨酸（Try）	1.01		0.92			0.90	0.69
缬氨酸（Val）	5.07	3.03	4.24	5.69	2.90	4.63	3.10

资料来源：O'Keefe，1998。

这些研究报告中，引起氨基酸组成不同的原因可能是虾的种类或年龄的不同，或者所采组织部位以及研究分析方法不同所造成的。由于使用的氨基酸组成的标准变动较大，因而便使得饲料中蛋白源的选择更显复杂。这个方法也预先设定了一些条件，首先是该蛋白质有高的消化率；其次是饲料中的总能量值必须恰当。目前用于虾饲料中的高品质蛋白质来源的消化率都很高，可超过90%。如果饲料中的能量含量过高，则会限制虾苗对于饲料的摄取量，从而导致生长缓慢。相反，如果饲料中的能量含量过低，则部分蛋白质将会被代谢以提供维持生命生理功能所需的基本需要，使得进入组织的氨基酸量减少、消化作用降低。这个问题应值得重视，因为有关对虾的能量需求研究资料较少，尤其是能量的需求会受不同生理因素和环境影响较大。有一些学者直接针对饲料中主要的必需氨基酸需求量进行研究，此想法是要利用添加单一的氨基酸来满足虾的营养需求，以求得养殖虾类快速生长之效果。因虾类的摄食速度较慢，而且每种氨基酸都易溶于水，因此，氨基酸的流失使得研究结果不甚理想。一般而言，由纯化氨基酸取代或补充取代饲料中的蛋白质，其结果会造成生长率和成活率的下降（Teshima et al，1986）。但将氨基酸末加于饲料前，先将氨基酸以胶囊的形式包被，防止其入水后流失。Chen 等（1992）利用含有精氨酸的微胶囊投喂斑节对虾，并获得斑节对虾精氨酸需求量占饲料蛋白质 5.5% 的结果。

Millamena 等（1998）利用胶囊化的精氨酸对斑节对虾进行实验，发现斑节对虾的精氨酸需求量为饲料中蛋白质摄取量的 5.3%，此数值较从斑节对虾组织肌肉中分析得来的数值低一些，尤其是白虾部分。

表15　组织、饲料配方及不同蛋白来源中必需氨基酸组成的比较
（包含典型的鱼粉型与去皮溶剂抽油豆粕的比例）

必须氨基酸	蛋白质含量（%）				
	组织及原料必需氨基酸组成			饲料组成	
	虾组织平均值（1）	鲱鱼粉（2）	去皮溶剂抽油豆粕（2）	建议指标（3）	斑节对虾单一氨基酸需求研究结果（4，5）
精氨酸（Arg）	6.10	6.1	7.4	5.80	5.5（5.3）
组氨酸（His）	2.02	2.4	2.5	2.03	2.0
异亮氨酸（Lso）	3.65	4.7	5.0	4.24	2.5
亮氨酸（Leu）	6.90	7.3	7.5	8.16	4.3
赖氨酸（Lys）	5.58	7.7	6.4	6.14	5.2
甲硫硫氨酸与胱氨酸（Met/Oys）	3.07	3.8	2.9	3.45	3.5

续表

必须氨基酸	蛋白质含量（%）				
	组织及原料必需氨基酸组成			饲料组成	
	虾组织平均值（1）	鲱鱼粉（2）	去皮溶剂抽油豆粕（2）	建议指标（3）	斑节对虾单一氨基酸需求研究结果（4，5）
苯丙氨酸与色氨酸（Phe/Try）	6.32	7.2	8.3	7.21	4.0
苏氨酸（Thr）	3.70	4.1	3.9	4.36	3.5
色氨酸（Try）	0.94	1.1	4.1	0.80	
缬氨酸（Val）	4.09	5.3	5.1	4.00	3.4

注：（1）为表的平均值；

（2）Lim et al，1998；

（3）Akiyama et al，1992；

（4）Chen et al，1992；

（5）Millamena et al，1997；Millamena et al，1996a；Millamena et al，1996b；Millamena et al，1998；Millamena et al，1999。（Millamena et al，1999 的数据是以饲料中氨基酸含量表示，数据再换算成40 种蛋白质含量中的比例）

需要更多的实验去证实，不同虾类间对精氨酸的需求量不同是不是真的因生物本身差异所造成的？还是因实验方法不同所引起的？然而，需要注意的是，白虾饲料中总蛋白含量需求比斑节对虾高。

Millamena 等（1996）建议斑节对虾的蛋氨酸需求量为饲料蛋白质含量的2.4%，如果饲料中额外添加胱氨酸，则蛋氨酸与胱氨酸的需求量只需要蛋氨酸含量的3.5%。这个数据与虾体组织中的组成相近，也与其他研究成果所提出的虾类饲料建议含量相似。而 Millamena 等（1997）所发表的结果指出，苏氨酸的需要量为饲料中蛋白质含量的3.5%，而此测定值只比虾体组织中所测得的数值低一些。

在缬氨酸需求量的实验结果方面有所不同。Millamena 等（1997）的结果为缬氨酸需求量占饲料蛋白质含量的3.4%，较虾体组织中的含量低。Millamena 等（1999）所发表的报告中指出，虾类各种氨基酸占蛋白质含量的百分比分别为：组氨酸2.0%、异亮氨酸2.5%、亮氨酸4.3%、苯丙氨酸 + 色氨酸为4.0%，除组氨酸外，其他氨基酸的需求量均较虾体组织中的组成含量低。

通过检测虾组织中的各种必需氨基酸（EAA）每日的增加量，Teshoma 等（2002）用高品质的饲料（其蛋白质含量为50%，以酪蛋白及乌贼粉为主要原料）投喂日本对虾，分析出日本对虾的必需氨基酸需求量占蛋白质含量的比例为：精氨酸2.9%、组氨酸1.1%、苯丙氨酸2.6%、异亮氨酸2.3%、亮氨酸4.3%、赖氨酸

3.2%、蛋氨酸2.3%、苏氨酸2.3%、色氨酸0.6%、缬氨酸2.4%。这些必需氨基酸的需求量较此前他人所作实验结果低。

到目前为止，以测定特定氨基酸为主的研究不多，而且研究结果的一致性方面也不是很清楚。所以，对于虾类必需氨基酸的需要量还不太清楚；但不论如何，仍建议以上表中的数据作为饲料配方的指标。

由于大豆是由平衡的氨基酸组成，大豆产品被认为是虾饲料中蛋白质的良好来源。Colvin和Brtand（1977）确认，用42%的大豆粕添加0.8% DL－赖氨酸取代加州对虾（*Farfantepenanus californiensis*）饲料中50%的蛋白质（以1:1的比例混合的鲱鱼粉与虾粉）。1990年，Dominy的实验结果显示，用大豆粕取代白对虾饲料中动物性蛋白源（鱼是鱼粉）的量可达100%的四成效果。但是，当取代量大于28%时，虾苗的生长速率下降了，研究人员认为，生长率下降的原因可能是因饲料颗粒的稳定性不好所引起的。若仅从蛋白质的利用率考虑，大豆粕取代鱼粉量可达到56%。

Paripatananont等（2001）发现，利用大豆浓缩蛋白可以取代斑节对虾饲料中50%的鱼粉，而不会降低对虾的生长速度。Forster等（2002）发现白对虾的饲料中，用大豆浓缩蛋白可以取代75%动物性蛋白。在室内的对虾养殖实验中，需要补充精氨酸、甲硫氨酸和苯胺酸，而在室外池塘实验中，因为池塘中含有天然的饵料生物，使用大豆浓缩蛋白取代100%的鱼粉，也无需补充任何氨基酸。Piedad-Pascual等（1990）也发现，即使用脱脂豆粕作为饲料中唯一的蛋白源，在池塘中养殖的斑节对虾也能良好生长。

Akiyama（1988）和Akiyama et al（1989）发现纯化的蛋白质原料，例如分离的大豆蛋白（蛋白质的表观消化率为96.4%）更容易消化；同时还发现，先不管特殊氨基酸方面的差异，两者间在消化上有一些差异。

由于用于水产养殖业上的大豆及其产品多为经过烘烤的产品，因此，生大豆所含有的胰蛋白酶抑制因子的影响大大降低，以至于不会产生明显地影响。以稍加烘烤的大豆粕或大豆浓缩蛋白作为饲料蛋白源，对白对虾进行实验，Sessa和Lim（1992）发现两者在胰蛋白酶抑制因子的残留量上并无显著差异。但大豆粕中的碳水化合物含有其他的重要因子，对饲料的利用率可能有负面影响。在鱼类方面已发现一些具有热稳定、可溶于酒精的物质，例如外源凝集素、寡糖、大豆抗原物质以及大豆皂素等，会造成味道不好或会导致鱼类的消化道损伤（Dersjant-Li，2002）。目前还没有任何研究探讨这些成分对虾类的影响，但在实验室内的实验发现，大豆粕的淀粉含量很少，而淀粉却是虾饲料中一种重要的黏合剂，所以，会影响饲料的入水稳定性，而降低饲料被虾类摄食的数量（Lim and Dominy，1990）。大豆粕含量高的饲料，如果饲料颗粒快速崩解，则会降低虾苗对饲料的摄食量。因此，在大豆粕含量较高的饲料中添加一些黏合剂，可以提高虾类对饲料的摄取率。

三、虾类对脂质的需求

油脂是必需脂肪酸、固醇（sterols）、磷脂（phospholipid）和脂溶性维生素的来源，也是新陈代谢能量（metabolie energy）的来源。由于虾类无法有效利用碳水化合物，因此，油脂便经常被用作提供能量，由此来减少蛋白质被用于能量方面的消耗。对虾类而言，饲料中理想的油脂含量在5%～8%为宜（D'Abramo，1997）。虾类饲料中较高的油脂含量会导致虾的生长率下降，这可能是因为能量太高，而使饲料摄取量减少的缘故。此外，研究结果显示，高油脂含量的饲料会导致虾类中肠腺（mid-gut gland）脂肪的堆积。因此，饲料中油脂的添加有其限制性。

相对于虾类对特殊脂肪酸、胆固醇或磷脂质的需求而言，虾类对油脂并无特殊需求。动物体能够利用简单的前驱物（precursor），如醋酸盐（acetate）合成含20个，甚至22个碳原子的长碳链饱和脂肪酸。虽然虾类能利用酶将这些饱和脂肪酸转化为含有一个不饱和键（single double bond）的形式，但却无法制造出含有多个不饱和键的脂肪酸。含多个不饱和键的脂肪酸或多不饱和脂肪酸（polyunsaturated fatty acids，PUFAs）在形成及维持细胞膜的作用上非常重要，而且是重要的调节性激素（regulatory hormones）的前体。

亚油酸［inoleic acid（18:2n－6）］及亚麻酸［Iinolenic acid（18:3n－3）］是两个重要的高度不饱和脂肪酸，它们大量存在于植物体中，但动物本身却无法合成，因此被列为必需脂肪酸。有关褐对虾、日本对虾、斑节对虾、印度对虾、蓝对虾等对饲料中高度不饱和脂肪酸的需求量的研究已有报道。这些碳链较长并含有更多不饱和键的脂肪酸（highly unsaturated fatty acids；HUFAs），在一些文献中被称为高度不饱和脂肪酸，20碳五烯酸（Eicosapentaenoic acids，20:5n－3 or EPA）和22碳六烯酸（decosahexanenoie acid，22:6n－3 or DHA）就是两种重要的高度不饱和脂肪酸。与大部分动物不同的是，海水虾类将PUFAs转变为HUFAs的能力有限（Kanazawa and Teshima，1997；Kayama et al，1980）。Kanazawa和其他研究小组利用放射性追踪同位素（radioaction traceere）进行摄食实验后发现，日本对虾并无法合成这些重要的脂肪酸，因此，需要从食物中摄取这些脂肪酸，才能获得最大的生长和最佳的健康状态（Kanazawa et al，1979b，1979c）。从印度对虾（Read，1981）、白对虾（Lim et al，1997）、日本对虾（Guary et al，1976；Kanazawa et al，1977）等虾类的饲料中添加脂肪酸或油脂的研究显示，当饲料中n－3系列的脂肪酸，其碳链越长，且不饱和程度越高时，饲料的重要性也越高，其次序如下：18:2n－6<18:3n－3<20:5n－3<22:6n－3。然而，研究显示EPA和DHA之间的生物转换（bioconversion）现象似乎不多，实际上，由亚麻酸（18:3n－3）转换成EPA和DHA的量很少，因此，脂肪酸需求的分析就显得复杂一些。

饲料中n－3系列和n－6系列脂肪酸必须达到平衡（Xu et al，1993）。对日本对虾（Kanazawa et al，1979b）及中国对虾（Xu et al，1994）而言，理想的EPA和

DHA 含量约占饲料的1%。当只使用亚麻酸和 DHA 时，Merican 和 Shim（1997）建议斑节对虾的需求量是1.44%。Gonzalez Felix 等（2002b）使用 n－3 系列高度不饱和脂肪酸的混合物进行实验后发现，在白对虾的饲料中只需0.5%的油脂量就可以满足虾苗对 HUFAs 的需求。Deering 等（1997）以斑节对虾进行实验，并提出建议，应该将饲料配方中 EPA 的含量视为饲料中总脂肪酸含量的一部分，而不是总饲料量的一部分。大豆油经常会用于虾类饲料的研究上。Golvin（1996a）以印度对虾进行实验发现，在虾类的饲料中使用大豆油、葵花籽油、亚麻籽油或花生油等油脂时，各组间并无明显差异。Lim 等（1997b）发现，对白对虾而言，所有可以应用在虾类饲料中的植物油脂不含有所需的 n－3 系列高度不饱和脂肪酸、EPA 和 DHA，因此，植物油脂会搭配鱼油一起使用。以植物油脂搭配鱼油来使用一般都可以获得很好的效果。但是，实验结果仍有自相矛盾的地方（Lim and Akiyama，1995）。

从脂肪酸的需求而言，到目前为止，在所有实验虾种中，以白对虾在脂肪酸需求方面的弹性最大。Gonzales-felix 和 Perez-Velazquez（2002）指出，白对虾能够利用 n－3 或 n－6 系列的高度不饱满和脂肪酸来满足其对必需脂肪酸的需求。但 Lim 等（1997a）却发现，鲱鱼油（Menhaden oil）是白虾饲料中最佳的油脂来源。

四、虾类对卵磷脂的需求

虾类饲料中常常会使用卵磷脂。卵磷脂可以促进虾体内油脂的运输、可以作为原料、并且可以增加必需脂肪酸的利用。Kanazawa 等（1979c）指出，在日本对虾饲料的应用上，从蚌类（short-necked clam）中提取的卵磷脂，其营养价值与脂肪酸组成中的 EPA 和 DHA 实际的含量有关。

由于大豆卵磷脂获取容易，因此应用于虾类饲料中的添加量可达到1%～2%（Akiyama et al，1992；Shiau，1998）。实验证明，饲料中添加卵磷脂或磷脂胆碱（phosphatidycholine）有益于日本对虾、斑节对虾和中国对虾等虾类生长。然而，与其他海洋动物的油脂相比，大豆卵磷脂所含的 EPA 和 DHA 的含量较少，其可用来增进饲料中其他油脂成分的利用。Coutteu 等（1996）和 Gonzalez－Felix 等（2002a）也都发现，饲料中添加由大豆磷脂中纯化而来的磷脂胆碱，可以增加白对虾后期虾苗组织内 n－3 系列和 n－6 系列 PUFA 的含量。Kontara 等（1997）发现，添加大豆磷脂胆碱后，可以促进日本对虾后期虾苗自食物中摄取和吸收 HUFAs 到组织内的作用。饲料中所含有的磷脂胆碱及 HUFAs 可以提升虾苗的生长率，并增加虾苗对渗透压突然变化所引起的紧迫性耐受能力。Gonzalez－Felix 等（2002）将椰子油、大豆油、亚麻籽油、花生油以及鲱鱼油等掺入白虾饲料，并分成2组：一组含有卵磷脂成分，另一组不含卵磷脂成分，实验结果发现，喂鲱鱼油成分的饲料时，虾苗生长最好，且添加有卵磷脂的饲料效果更好。

虾类本身无法自行合成胆固醇。因此，胆固醇是饲料中必需成分（Teshima，1983），胆固醇的需要量大约占食物总重的0.5%～1%。对稚虾而言，植物固醇类

(Phytosterols) 无法取代胆固醇 (Teshima et al, 1989)。同脂肪酸的效果一样，饲料中的卵磷脂似乎有助于虾类对胆固醇的利用效果 (KANAZAWA, 1993)。Gongt 等 (2000) 指出，白虾在缺乏磷脂的情况下，其对于胆固醇的需求量为饲料的 0.35%，而饲料中添加 1.5% 和 5% 的大豆磷脂，则胆固醇的需求量分别是 0.14% 和 0.05%。并不是所有的虾都出现这种现象，Chen (1993b) 和 Paibukchakul 等 (1998) 发现斑节对虾没有这种现象。

五、研究发展方向

在可预见的未来，大豆产品在水产养殖业的应用将会大大提升。与畜牧养殖业相比，水产养殖业的发展要快得多，另外，水产养殖技术也由传统向现代、粗养向精养、低密度向高密度方向转变，这种转变将会更加提高对饲料质量的需求。因为鱼类资源，包括用于制造鱼粉、鱼油的原料鱼资源已面临或达到产量极限，必须寻求新的饲料蛋白源及其他原料来满足养殖业发展的需要，而大豆及其产品容易获取，且营养价值可靠，很有发展价值。

对虾饲料而言，最重要的是找出可以替代的蛋白源。虽然大豆粕是植物性蛋白质中最有营养价值的，但大豆中含有高量的碳水化合物，这种特性对水产养殖业来说至关重要。因为，虾类和肉食性鱼类并不像陆生动物那样能够有效地利用这些碳水化合物作为能量来源，其能量可以由油类提供，而且大豆粕的碳水化合物成分中也含有一些抗营养因子 (anti-nutritional factors)，这些抗营养因子已被证实会降低鱼类对大豆的利用率。

因为水产饲料业是一个较新的领域，饲料配方的调还不完善。因渔用饲料与水生动物营养的研究还较有限，相关数据还不完全，甚至虾类等一些水生动物的营养研究还没有展开，因此，必须利用不同虾的种类或其他已经建立基本营养资料的鱼类的数据为范本，来建立虾类的营养需求模型。

目前已有的研究数据表明，与鱼类的养殖方式相比，虾类养殖可以直接使用更多的大豆粕作为蛋白源。一般情况下，虾类是采取半精养或精养方式来进行的，在这样的养殖模式中，虾苗可以摄取部分池塘中的饵料生物。有研究发现，靠近池底的虾苗可以利用脱脂豆粕作为其唯一的蛋白来源，但具体原因还有待于进一步研究。

在不同的养殖密度下，利用大豆粕作为虾饲料的全部或大部分蛋白源的研究结果，将有助于了解直接使用大豆粕的限制。毫无疑问，利用大豆浓缩蛋白可以轻易地达到虾饲料中的蛋白质需要量，而且，因为大豆浓缩蛋白中的碳水化合物部分或全部去除，故可不必考虑抗营养因子方面的问题。但是，大豆浓缩蛋白仍有一些缺点。大量的研究结果显示，大豆蛋白中补充一些氨基酸似乎是必要的。若将大豆蛋白质的必需氨基酸组成与虾组织内必需氨基酸组成进行比较后发现，可能不需要额外添加氨基酸。这种自相矛盾的说法显示，还要进一步加强对虾类必需氨基酸的需求与转换方面的研究。这些重要的氨基酸包括精氨酸、四硫氨酸和赖氨酸等。

大豆产物的利用中，大豆油和大豆卵磷脂的利用与大豆蛋白的应用相反，虾饲料中可以增加大豆蛋白的利用来满足蛋白质需求，但大豆油和大豆卵磷脂的添加却不能太多，因为虾类对大豆油脂的需求受 HUSAs 的限制，此时，虾饲料中的必需脂肪酸则由鱼油提供。虽然目前在理论上已经能够利用此方法生产出含这些必需脂肪酸的大豆，但是这将会降低大豆油在其他方面的应用价值。

将大豆油和鱼油混在一起，并添加适当的抗氧化剂，将是饲料生产者愿意去开发，且比较实际的方式。大豆卵磷脂在虾饲料中所占比例很小，虾饲料中的卵磷脂含量为2%时是最适当的；而对某些虾类而言，过高的卵磷脂含量则会降低生长率。

第三节　大豆粕在海水鱼类饲料中的使用

一、海水鱼类饲料中的大豆产品

一般而言，海水鱼类较淡水鱼类与淡水鱼类相比更偏向肉食性，因此对饲料中蛋白质的需求量较高，故在海水鱼类饲料中多添加营养价值的适口性均较高的高品质鱼粉，以达到海水鱼类所需的蛋白质含量。但由于鱼粉的供应量有限，且价格昂贵，供应也不稳定，因此，饲料生产商们便寻找鱼粉的替代品。大豆及其产品相对而言，易获得、价格低、供应稳定、营养价值高，可作为各种海水鱼类的蛋白源。

以往研究表明，大豆及其产品具有较高的营养价值，但在渔用饲料使用方面也有一些限制因素。

表16　大豆蛋白产品的一般成分　%

成分	水分	蛋白质	脂肪	纤维	灰分
大豆粕	11.0	45.0	1.2	6.1	6.1
全脂大豆粕	10.0	38.0	18.0	5.0	4.1
浓缩大豆蛋白	8.0	84.0	0.5	0.1	3.5

在这些限制因素中有以下几点：一是氨基酸组成不平衡，缺乏蛋氨酸；二是对某些鱼类而言，其适口性较差；三是含有会降低消化率及其他矿物质的生物利用率的植酸；四是含有会降低消化酶活性的胰蛋白酶抑制因子。为解决上述问题，一般采用以下几种方法加以处理：以大豆蛋白质中的蛋氨酸为例，可以补充添加蛋氨酸或添加富含蛋氨酸的原料来维持氨基酸的平衡，可以添加诱食剂来克服其适口性差的问题，可在饲料中添加植酸酶以减轻植酸的影响，或提高特定矿物质含量以及在饲料生产过程中加热等来破坏胰蛋白酶抑制因子的活性。

二、几种海水鱼类饲料的研究结果

关于在渔用饲料中用大豆及其产品替代鱼粉或全鱼的应用效果研究已有许多报道，一般评估饲料营养价值的方法是用不同量的大豆粕取代鱼粉，然后实验期间观察和记录饲养鱼的相关反应（如生长率、饲料转换率以及健康状况等）。

（一）日本牙鲆

Kakuchi（1999）以不同含量的脱脂大豆粕取代鱼粉配制成饲料后饲养日本牙鲆幼鱼，在此实验中的豆粕型饲料中含有少量的其他蛋白源，结果发现，在添加其他蛋白源及诱食剂情况下，大豆粕可以有效取代45%的鱼粉。早期有关该种鱼的营养需求研究显示，当补充适当的氨基酸后，大豆粕可以取代50%的鱼粉。

植酸是很多植物性原料的天然成分，它能抑制单胃动物包括鱼等对磷的吸收。Masumoto等（2001）曾探讨过具有水解植酸的植酸酶对大豆粕和浓缩大豆蛋白中磷的利用率，通过比较饲料中添加植酸酶或经过酶处理的大豆粕对水产动物磷的利用率，发现这两种处理方式都能促进水产动物利用磷的能力。使用浓缩大豆蛋白时，在50天的养殖实验中，发现在饲料中添加植酸酶或补充微量矿物质都可以显著地改善鱼的生长率和饲料效率。

表17　鱼粉和浓缩大豆蛋白必需氨基酸的含量
（包括半胱氨酸、酪氨酸和牛磺氨酸）

氨基酸	鱼粉（%）（占饲料）	浓缩大豆蛋白（%）（占饲料）
色氨酸（Trp）	0.731	0.771
赖氨酸（Lys）	5.572	4.278
组氨酸（His）	1.820	1.790
精氨酸（Arg）	4.673	5.004
苏氨酸（Thr）	3.036	2.742
半胱氨酸（Oys）	0.593	1.030
缬氨酸（Val）	3.795	3.353
蛋氨酸（Met）	2.268	1.554
异亮氨酸（Iie）	3.062	3.145
亮氨酸（Leu）	5.400	3.378
酪氨酸（Tyr）	2.283	2.472
苯丙氨酸（Phe）	2.705	3.392
牛磺酸（Taurine）	0.612	0.000
必需氨基酸	37.017	34.908

（二）大菱鲆

大菱鲆是原产于欧洲北部的海产比目鱼类，经济价值较高，其对蛋白质的需求量也较高。有报道显示，以浓缩大豆蛋白作为饲料主要蛋白源，分别取代饲料中0、25%、50%、75%和100%的鱼粉饲养大菱鲆，实验鱼初体重13克，实验结束后发现，以浓缩大豆蛋白取代饲料25%的鱼粉，并不会显著地降低其实验末期体重的饲料转化率；同时也发现，以不同含量的大豆浓缩蛋白取代鱼粉的饲料，都具有相同的蛋白质表观消化率。此研究还发现，在饲料中补充蛋氨酸和赖氨酸可以改善水产动物对浓缩大豆蛋白的利用率，但并没有显著差异。

（三）五条鰤

在非鲑鳟鱼类的海水鱼类中，五条鰤的饲料中大豆粕取代鱼粉研究可能是最多的一种。五条鰤是一种经济价值较高的海水鱼类，在亚洲有许多国家都在进行人工养殖，尤其是日本。传统上养殖此鱼多投喂沙丁鱼，但在过去十多年中，研究人员力图研发出取代沙丁鱼的人工配合饲料。

早期有关五条鰤的幼苗饲料营养研究中，发现脱脂大豆粕可以取代饲料中20%的鱼粉。Watanabe等（1992）探讨了以脱脂大豆粕取代饲料中0、10%、20%和30%的鱼粉，发现取代量在20%以下时，其生长率和饲料转化率与对照组相当；同时也发现，采用脱脂大豆粕的实验组，所有的实验饲料都具有相同的蛋白质表观消化率，即蛋白质表观消化率与脱脂大豆粕取代量无关。其他有关五条鰤的营养研究中发现，经过发酵处理的大豆粕较未发酵的大豆粕具有更高的营养价值；饲料中含有大豆粕及其他蛋白质来源（如玉米粉、面粉和肉骨粉）时，可改善其营养品质；大豆粕经过加热处理后可以改善蛋白质的消化率。在挤压饲料加工过程中，以全脂大豆取代30%的鱼粉，并没有影响其营养品质，鱼的生长良好。

（四）鳙鲽

鳙鲽又称大西洋大比目鱼、大西洋鳙鲽等。虽然大豆蛋白产品可以作为海水鱼类的饲料原料，但适口性和氨基酸组成不平衡两个问题限制了其应用。因此，若要评估大豆蛋白产品的价值，必须在饲料中添加诱食剂来加强其适口性，同时还要添加一些人工合成的氨基酸。Bippog等（1999）用4种饲料投喂鳙鲽（大西洋大比目鱼），其中两种饲料含有高品质鱼粉作为主要蛋白质，另外两种饲料则以浓缩大豆蛋白取代39%的鱼粉并添加0.5%人工合成的蛋氨酸；在前两种和后两种饲料中各取1种饲料，一组添加0.2%的乌贼粉作为诱食剂。每组均有3个重复，记录鱼的生长率、饲料转化率和消化吸收率；实验12周后发现，实验组的生长率并没有下降，显示以28%的浓缩大豆蛋白取代白鱼粉时（饲料中粗蛋白含量为44%），也能达到相同的生长率；含大豆蛋白的饲料效率较含鱼粉的饲料稍差，其原因可能为大豆蛋白含有较高的纤维，约为干重的3.5%～5%，而含鱼粉的和含大豆粕的饲料的脂肪和蛋白质的表观消化系数是相同的。

（五）尖吻鲈

很多亚洲国家养殖尖吻鲈已有几十年时间。饲养此鱼的饲料通常含有大量的鱼粉，从而导致养殖成本过高，养殖效益不佳。Boonyaratpalin 等（1998）探讨以各种大豆蛋白产品取代饲料中鱼粉的可行性，在一项研究中，以4种产品：溶剂萃取豆粉（solvent extracted soybean meal）、膨化全脂大豆粉（extruded full-ffat soybean meal）、蒸煮全脂豆粉（steamed full-fat soybean meal）和湿式粗全脂豆粉（soaked raw full-fat soybean meal），分别取代饲料中37.5%的鱼粉，这4种饲料中的蛋白质含量相同，投喂尖吻鲈幼鱼10周，测量其生长率、饲料效率和表观消化率，实验结束后发现，溶剂萃取豆粉的饲料实验鱼，其生长率和饲料效率与对照组没有显著差异；但含膨化全脂大豆粉和蒸煮全脂大豆粉的饲料饲养的鱼，其生长率分别较对照组的83.7%和83.3%，差异显著。此4种饲料的饲料效率和蛋白质表观消化率相同，说明含膨化全脂大豆粉的饲料低，是因为鱼的摄令率较低（适口性差）而非饲料的营养品质。投喂含湿式全脂大豆粉饲料的实验鱼，其生长率、饲料系数和消化率都显得较低。饲料的低营养价值可能是因为含有胰蛋白酶抑制因子。

（六）舌齿鲈

舌齿鲈是地中海重要的经济鱼类，在当地养殖中，饲料中的蛋白质来源也主要是鱼粉，饲料成本占有相当大的比例。Lanari 等（1998）探索了以大豆粕取代饲料中25%和50%的动物性蛋白（鱼粉、肉骨粉等动物性蛋白）对欧洲鲈鱼生长的影响，实验初始鱼的体重为50克，实验时间为97天，分别投喂含25%大豆粕的实验饲料，实验结束后发现，鱼的生长率和饲料转化率与对照组相似；但投喂含50%大豆粕的饲料组，鱼的生长率和饲料转化率较对照组差，此结果表明，在欧洲鲈鱼的饲料中，大豆粕的添加量为25%较好，此时的实验组与对照组相比，蛋白质的表观消化率分别为91%和92%。Amerio 等（1991）研究了鲈鱼饲料的营养价值，实验鱼初始体重为169克，其饲料中分别含有25%的脱脂大豆粕和28%的全脂大豆粕（补充0.8%的蛋氨酸），经过246天的饲养后，投喂含全脂大豆粕的饲料实验鱼体重与对照组没有显著差异。但投喂全脂大豆粕饲料组的实验鱼体重仅为对照组的91%。Tulli 等（2000）设计了一个90天的饲养实验，用大豆粕分别取代0、20%、40%和60%的鱼粉（额外配制以浓缩大豆蛋白取代60%鱼粉的饲料），实验鱼初始体重11.7克，研究了不同饲料对鲈鱼细胞和体液免疫反应，结果表明，大豆粕可以取代饲料中鱼粉量为40%，不会降低实验鱼的免疫力。Tulli 和 Tubaldi（2001）发现，投喂含大豆粕的饲料，其蛋白质表观消化率和能量（分别为88.9%和69.3%）均较含鱼粉的对照组（分别为97.3%和87.9%）低，但是含浓缩大豆蛋白的蛋白质消化率却较高，达97.3%。Gomeo等（1997）比较了饲料中含大豆粕（添加2.5%氨基酸混合物作为诱食剂）和鱼粉的饲料，对欧洲鲈鱼生长的影响，在实验中投喂含鱼粉饲料的各组实验鱼都获得最好的表现，但投喂含诱食剂的大豆粕型饲料组则较不含诱食剂的饲料组具有较好的摄食率和生长率。

（七）金头鲷

Robaina等（1995）研究了饲料中大豆粕取代鱼粉时，对金头鲷生长的影响。此实验分为生长性实验和消化性实验两部分。在生长性实验中，以大豆粕取代饲料中0、10%、20%和30%的鱼粉，实验时间为60天。实验发现，鱼粉取代量为20%时，并不会影响实验鱼的生长率、饲料转化率和蛋白质效率比值。当大豆粕取代30%的鱼粉时，其生长率、饲料系数和蛋白效率比值等均下降，但没有明显差异。

Nengas等（1996）做过一个类似的研究，研究以溶剂萃取大豆粕取代饲料中0、10%、20%、30%和40%的白鱼粉时对金头鲷生长的影响，结果表明，大豆蛋粕可以取代鱼粉的量为20%，其生长率和饲料转化率不受任何影响。而在另一个实验中，将含有大豆粕的饲料加热至150℃，然后在110℃条件下分别蒸煮5分钟、20分钟和40分钟后，以测定胰蛋白胰抑制因子活性下降的程度作为此抑制因子被破坏的程度，证明其被破坏的程度，随加热时间的延长而增加，加热5分钟、20分钟、40分钟后，其被破坏的程度分别为67%、73%、85%。在此实验中，以胰蛋白酶抑制因子已被破坏的大豆粕取代相当于35%的蛋白质量的鱼粉，实验鱼的末重与胰蛋白酶抑制因子被破坏的程度呈正比。当饲料中大豆粕以40分钟热化处理后，处理组实验鱼的生长率和饲料转化率与对照组相当，由此得知，当胰蛋白酶抑制因子活性下降到85%或更高时，大豆粕就更加适合作为此种鱼饲料的蛋白源。

但由Kissil等（2000）研究了浓缩大豆蛋白取代金头鲷饲料中鱼粉的可行性，以浓缩大豆蛋白取代饲料中0、30%、60%和100%的鱼粉（以可消化蛋白为基准），实验鱼的初始体重为12.1克，一直喂到每组鱼的体重均为50克为止。发现饲料中浓缩大豆蛋白含量与实验鱼的生长呈反比，因此推测，除了浓缩大豆蛋白含量最高的那一组外，其余各组的生长率下降的因素乃由于摄食率低引起，而非营养因素。

（八）平鲷（黄鳍鲷）

El-Sayed（1994）研究了大豆粕和其他原料替代平鲷饲料中鱼粉，作为饲料中主要蛋白源饲育幼鱼（Rhabdosargus sarba）的可行性。在此项研究中，给实验鱼投喂去皮脱脂烘烤大豆粕，且豆粕替代鱼粉量分别为0、25%、50%、75%、100%，在含大豆粕的饲料中添加蛋氨酸，经过60天的饲养，发现投喂含25%大豆粕的饲料所饲养的实验鱼，其生长率和饲料效率与对照组相同，但因实验鱼对大豆粕高含量型饲料的适口性低，而导致生长率低。

（九）真鲷

真鲷是日本最重要的海水养殖鱼类之一。Takagi 等（1999，2001）和 Aoki 等（1996，2000）研究了以大豆蛋白产品替代真鲷饲料中鱼粉的可行性。Aoki（1996）以 40% 浓缩大豆蛋白、10% 大豆粕、3% 玉米蛋白和 12% 肉粉替代全部鱼粉的饲料投喂体重 730 克的真鲷，得到相当的生长率和高品质有肉质。Takagi 等（2001）研究真鲷幼鱼的营养需求，幼鱼初始体重为 11 克，研究发现补充蛋氨酸和适量赖氨酸可以改善浓缩大豆蛋白的营养价值，但另一方面，以相同的饲料投喂初重为 179 克的实验鱼时，其生长率并不受氨基酸补充的影响。

（十）美国红鱼

Reigh 和 Ellis（1992）研究了饲料中以大豆粕和鱼粉对美国红鱼生长的影响情况，发现以仅含大豆蛋白或大豆蛋白添加蛋氨酸的饲料投喂美国红鱼时，其摄食率低。Davis 等（1995）设计了 4 组饲料，投喂美国红鱼 56 天或 49 天的实验，评估以大豆蛋白粉（以大豆粕和两份大豆分离蛋白），补充或不补充蛋氨酸、赖氨酸和诱食剂替代饲料中鱼粉的可行性，发现只要适当补充氨基酸（主要是蛋氨酸）和诱食剂，大豆蛋白产品可以替代美国红鱼饲料配方中的鱼粉。McGoogan 和 Gatlin（1997）证明了投喂由大豆粕提供 90% 蛋白质的饲料饲养美国红鱼，其所获得的增重与对照组相同；如果再补充 2% 的甘氨酸（Glycine），大豆粕的鱼粉替代量可以增加至 95%。

（十一）遮目鱼

遮目鱼在东南亚一带是一种受欢迎的经济鱼类，也是一种重要养殖种类。Shiau 等（1988）研究了以大豆粕作为主要蛋白源替代遮目鱼饲料（蛋白质含量约为 30% ~40%）中 0、33%、67%、100% 的鱼粉的可行性。在大豆蛋白质型饲料中添加蛋氨酸以取得氨基酸平衡，确保此种氨基酸在饲料中的适当含量，投喂遮目鱼的幼鱼，幼鱼初始重 4 克，实验期为 8 周，然后测验其蛋白质的表观消化系数和干重。结果显示，不管饲料中蛋白质含量为 30% 还是 40%，大豆粕替代 33% 以上的鱼时，其生长率和饲料转化率都较低；然而，饲料中消化率并不受大豆粕替代鱼粉量的影响，表明两种成分都具有相似的生物利用性。

三、大豆油

虽然大豆产品主要考虑作为鱼饲料中的主要蛋白源，但大豆也含有大量的脂肪可以利用。鱼粉的产量已无法满足饲料工业的需求，尤其是水产动物；同时鱼油的可利用量也在下降。在过去40年，当大豆蛋白产品全球性急速增加的同时，也大大地增加了大豆油的产量，然而有关大豆油替代鱼油的研究报道却并不多见。饲料中油脂是能量和脂肪酸的来源，虽然大豆油对水产动物而言，其脂肪酸的组成不平衡，但仍是能量的重要来源。

表18　大豆油的脂肪酸组成

脂肪酸	含量（%）
饱和脂肪酸	
月桂酸（C_{12}）	微量
肉豆寇酸（C_{14}）	微量
棕榈酸（C_{16}）	11.0
硬脂酸（C_{18}）	4.0
花生酸（C_{20}）	微量
不饱和脂肪酸	
棕榈油酸（16:1）	微量
油酸（18:1）	22.0
亚油酸（18:2）	54.0
亚麻酸（18:3）	7.5

资料来源：英国大豆协会。

但是由于缺乏多种海水鱼所需要的高度不饱和脂肪酸，因此，须要大量补充这些必须脂肪酸。Tucker 等（1997）研究了大豆油和鲱鱼油（menhaden oil）对美国红鱼幼鱼生长的影响，发现大豆油取代少量鱼油，对实验鱼的生长没有影响；然而，当大量取代油时，会阻碍实验鱼的生长，其原因是因大豆油中缺少必需脂肪酸。但在此实验中，投喂大豆油的实验鱼，其存活率明显高于投喂鱼油的实验鱼。使用大豆油在海水鱼类的饲料中，有几个方面须加以改善，其中之一为大豆油的脂肪酸含量，其他方面还包括大豆油对摄食的影响，以及大豆油对养殖产品品质的影响等，因为大豆油对鱼类而言适口性欠佳以及饲料中油脂种类和添加量过多会影响饲料中口感、味道和养殖产品保存期限等。

四、其他促进大豆产品利用的研究成果

美国大豆协会已资助了很多相关研究。尤其是在东亚一带。研究的主要内容是以大豆蛋白产品替代非鲑鳟海水鱼类饲料的有效性，这些已被研究种类包括日本鲈鱼、鲳鱼、大黄鱼、青石斑鱼和黑鳍鲷。美国红鱼已开发应用了不同大豆蛋白产品，包括幼鱼饲料、成鱼饲料和从鲜鱼转换至人工配合饲料，美国红鱼对这些饲料的利

用率都很高。

表19　在中国海水鱼类养殖实验中所使用的大豆产品饲料配方实例

成分 （含蛋白质%）	含量（%）（占饲料配方）		
	低蛋白大豆粕 （43%蛋白质）	去皮大豆粕 （43%蛋白质）	鱼粉组 （43%蛋白质）
鳀鱼粉（65%）	37.00	34.00	44.00
面粉（10%）	14.20	16.50	25.00
去皮大豆粕（47.5%）		40.00	18.50
大豆粕（43%）	35.00		
小麦蛋白粉	4.60		
玉米蛋白粉（60%）		1.00	5.00
鱼油	8.40	8.03	7.03
矿物质预混料	0.25	0.25	0.25
维生素预混剂（罗氏2118）	0.50	0.50	0.50
稳定性维生素C（35%）	0.03		
乙氧喹	0.02	0.02	0.02
总计	100.00	100.03	100.03

资料来源：美国大豆协会。

附录三　基于豆粕型饲料为基础的不同鱼类饲养实验

自1992年起，全国水产技术推广总站（NFTEC）与美国大豆协会（ASA）合作，联合我国有关水产科研院所和水产技术推广机构，在我国先后展开了基于豆粕型饲料为基础的饲料应用实验研究工作，实验主要是采用“淡水池塘80∶20模式”和“小体积高密度网箱养殖”两种方式，所有实验均根据美国大豆协会制定的实验设计方案进行。现将10多年来的实验结果汇总介绍，介绍中在尊重原文的基础上有所删减，并略掉了讨论部分，只简述基本实验条件、方法与结果，供大家参考。

一、池塘养殖实验

以“淡水池塘80∶20养殖模式”为基本养殖模式，即主养鱼的设计产量约占80%，搭配养殖的滤食性鱼类设计产量约占20%。

（一）鲫鱼类

1. 三个品系鲫鱼从鱼苗养至鱼种的生长性能

实验于1997年在浙江省淡水水产研究所进行。三个品系的异育银鲫分别为泰兴品系（方正银鲫♀×兴国红鲤♂）、大丰品系（方正银鲫♀×兴国红鲤♂）和苏州品系（方正银鲫♀×太湖鲤♂）。实验池塘分别位于渔歌养鱼场、浦口养鱼场、泰兴养鱼场和苏州漕湖养鱼场，各池塘面积从0.6～5亩①不等，但每一个养殖场内的实验池塘基本相同。

实验先用粗蛋白质含量46%的饲料作为开口饲料投喂上浮鱼苗，在孵化水槽内饲养14天；再将大规格鱼苗移至鱼种池后，投喂粗蛋白质含量为40%的破碎饲料；至幼鱼长至体重10克后，改投喂粗蛋白质含量为36%的美国大豆协会研制的“S”配方饲料，饲料直径1.5毫米，并随鱼体生长逐渐增大粒径；饲料分为沉性和浮性两种。

表1　“S”鱼种用颗粒饲料配方（粗蛋白含量36%）

原料成分	占重量（%）
鱼粉	10.00
大豆粕（含粗蛋白44%）	45.00

① 亩：非法定计量单位，1亩≈666.67平方米。

续表

原料成分	占重量（%）
油菜籽粕	5.00
玉米面筋（含粗蛋白60%）	7.00
米糠	11.00
粗麦粉（含粗蛋白12%）	18.00
盐酸赖氨酸	0.50
豆油	2.20
矿物质预混剂	0.10
维生素预混剂	0.05
维生素C包囊	0.10
磷酸二氢钙（含磷18%）	1.05
总计	100.00

表2 实验结果

养鱼场/鲫鱼品系	实验组（饲料）	鱼苗放养密度（尾/亩）	池塘规格（亩）	饲养时间（天）	收获				成活率（%）	饲料系数
					千克/亩		平均体重（克）			
					鲫鱼	鲢鱼	鲫鱼	鲢鱼		
浙淡水所/大丰	浮性	5 000	0.6	152	214		70		61	1.67
浙淡水所/大丰	沉性	5 000	0.6	152	194		71		56	1.84
浙淡水所/泰兴	浮性	5 000	0.6	152	168		64		54	1.85
浙淡水所/泰兴	沉性	5 000	0.6	152	149		56		55	2.14
浙淡水所/苏州	浮性	5 000	0.6	152	161		42		78	1.60
浙淡水所/苏州	沉性	5 000	0.6	152	135		41		66	1.72
浦口/大丰	浮性	5 000	2.0	153	80	88	49	92	33	1.63
浦口/大丰	沉性	5 000	2.0	153	80	92	49	95	33	1.62
浦口/泰兴	浮性	5 000	2.0	151	89	83	61	86	30	1.51
浦口/泰兴	沉性	5 000	2.0	151	85	82	50	86	34	1.54
浦口/苏州	浮性	5 000	2.0	148	88	96	24	100	74	1.48
浦口/苏州	沉性	5 000	2.0	148	80	101	25	104	65	1.63
泰兴/泰兴	浮性	5 000	2.0	158	239	95	52	102	91	1.38

续表

养鱼场/鲫鱼品系	实验组（饲料）	鱼苗放养密度（尾/亩）	池塘规格（亩）	饲养时间（天）	收获				成活率（%）	饲料系数
					千克/亩		平均体重（克）			
					鲫鱼	鲢鱼	鲫鱼	鲢鱼		
泰兴/泰兴	浮性+棚	5 000	2.0	154	229	80	47	105	92	1.47
泰兴/泰兴	沉性	5 000	2.0	159	211	101	51	87	90	1.56
渔歌/大丰	浮性	5 000	5.0	172	177	59	60	125	46	
渔歌/大丰	沉性	5 000	5.0	172	195	49	61	127	54	

1999 年，将饲料配方调整后，继续在泰兴水产良种场进行了相关实验。实验用鱼种为 1988 年生产的方正银鲫与兴国红鲤杂交子代。每亩放养鱼种 1 000 尾，搭配鲢鱼种 60 尾。饲养 212 天，鱼种平均规格由 63 克/尾和 44 克/尾生长到 411 克/尾和 383 克/尾；而 32 克/尾的鱼种饲养 214 天后才达到 363 克/尾。63 克/尾的鱼种饲养 150 天后就可达 250 克/尾的上市规格；44 克/尾和 32 克/尾的鱼种分别饲养 158 天和 165 天才达到上市规格。每个实验组重复 3 个池塘。饲料为全植物性蛋白源，含蛋白质 32%，含脂肪 6%。初始饲料粒径 2.5 毫米；随着鱼体的长大而逐渐增大饲料粒径。

表 3　饲料配方（含蛋白质 32%，含脂肪 6%）

饲料原料	占饲料（%）
大豆粕（含蛋白 47.5%）	52.8
小麦粉	23.6
次面粉	10.0
玉米蛋白粉（含蛋白 60%）	6.0
鱼油	3.53
大豆卵磷脂	1.0
磷酸二氢钙	2.7
维生素预混剂	0.1
矿物质预混剂	0.25
乙氧喹	0.02
合计	100.00

表4　实验结果

放养规格（克/尾）	放养密度（尾/亩）		投喂天数	鲫收获规格（克/尾）	净产量（千克/亩）		成活率（%）	饲料系数
	鲫鱼	鲢鱼			鲫鱼	鲢鱼		
63	1 000	60	212	411	323	69	94	1.61
44	1 000	60	212	383	318	69	94	1.50
32	1 000	60	214	363	310	68	92	1.57

2. 鲫鱼生长性能实验

实验是于1997年在江苏泰兴的泰兴养鱼场和天津市塘沽养鱼场（天津市水产技术推广站实验鱼场）的池塘内进行。泰兴实验用鲫鱼苗种规格相关较大，两组实验鱼的平均体重相关12%，投喂含10%鱼粉饲料的鱼种平均体重42克，而投喂不含鱼粉饲料组的鱼种平均体重为47克。天津市实验鱼种规格平均36克。

实验用饲料配方分别为“J”配方和“S”配方，J配方中粗蛋白含量为32%，含505的大豆粕，不含鱼粉；S配方中粗蛋白含量为36%，含45%的大豆粕和105的鱼粉。每组实验3个重复。

表5　饲料配方　%

原料成分	S配方	J配方
鱼粉	10.00	0.00
大豆粕（含粗蛋白44%）	45.00	50.00
棉籽粕（含粗蛋白41%）	0.00	5.00
油籽粕	5.00	0.00
玉米面筋（含粗蛋白60%）	7.00	10.00
玉米（膨化，含粗蛋白8.5%）	0.00	20.00
米糠	11.00	0.00
粗麦粉（含粗蛋白12%）	18.00	11.60
盐酸赖氨酸	0.50	0.50
豆油	2.20	1.60
矿物质预混剂	0.10	0.10
维生素预混剂	0.05	0.05
维生素C（包囊）	0.10	0.10
磷酸二氢钙（含磷18%）	1.05	1.05
总计	100.00	100.00

表6　鲫鱼从鱼种饲养至商品鱼期间的生长性能

地点	饲料	放养密度（尾/亩）		放养平均规格（克）	池塘面积（亩）	饲养天数	收获				成活率（%）	饲料系数
							净产（千克/亩）		体重（克/尾）			
		鲫	鲢	鲫			鲫	鲢	鲫	鲢		
泰兴	S－浮性	1 500	150	42	2.0	177	355	90	262	775	90	1.47
泰兴	J－浮性	1 500	150	47	2.0	177	387	98	294	800	88	1.53
天津	S－沉性	1 529	150	36	1.5	158	227	90	207	705	89	1.47
天津	J－沉性	1 529	150	36	1.5	158	189	93	189	717	90	1.76

3. 鲫鱼苗种培育实验

1999 年，美国大豆协会与浙江省水产研究所的科研人员，共同进行了利用 4 种不同放养密度和豆粕型饲料饲养鲫鱼苗种的实验，目的是确定该种饲料投喂条件下的鲫鱼苗种培育密度。实验采用 80:20 池塘养殖模式，主要是比较鲫鱼苗种培育的生长速度。结果是，当放养密度分别为 3 000 尾/亩、5 000 尾/亩、7 000 尾/亩和 9 000尾/亩时，饲养 150 天后（1999 年 6 月 1 日至 10 月 29 日），体重为 0.14 克的鱼苗分别长至 53 克、49 克、49 克、38 克。前 3 种放养密度条件下，鱼的生长速度没有明显差异，平均饲料系数为 1.83，平均成活率为 68.3%。但后一种放养密度条件下，饲料系数上升为 2.32，成活率下降到 56.7%，差异十分显著。

实验是在 12 个面积均为 0.6 亩的池塘中进行的，除鲫鱼苗的放养外，每亩池塘中搭配放养 500 尾鲢鱼苗。每组实验重复 3 次。鱼苗体重 10 克前投喂破碎料，蛋白质含量为 41%；鱼苗体重 10 克后，投喂另一种蛋白质含量为 36% 的豆粕型饲料，开始投喂时的饲料粒径 1.5 毫米。每月抽样测量 1 次鱼的生长情况。

表7　实验用饲料配方　　%

饲料原料	鱼苗饲料（含蛋白 41%，含脂肪 11%）	鱼种饲料（含蛋白 36%，含脂肪 7%）
去皮大豆粕（含粗蛋白 47.5%）	46.3	46.3
玉米蛋白（含粗蛋白 60%）	15.0	10.0
鱼是粉（含蛋白 65%，脂肪 10%）	14.0	8.0
面粉	13.0	19.0
次面粉	–	8.0
鱼油	4.03	4.58
大豆油	4.0	–

续表

饲料原料	鱼苗饲料（含蛋白41%，含脂肪11%）	鱼种饲料（含蛋白36%，含脂肪7%）
磷酸二氢钙	1.7	2.2
大豆卵磷脂	1.5	1.5
矿物质预混剂	0.25	0.25
维生素预混剂	0.20	0.15
乙氧喹	0.02	0.02
合计	100.00	100.00

表8 实验结果

放养规格（克/尾）	鲫鱼放养密度（尾/亩）	饲养天数	鲫鱼收获规格（克/尾）	成活率（%）	投资回报率（%）
0.14	3 000	150	52.8a	70.7a	1.85a
0.14	5 000	150	48.7a	66.6a	1.86a
0.14	7 000	150	49.4a	67.7a	1.80a
0.14	9 000	150	38.0b	56.7b	2.32b

注：用相同字母标记的数据之间无显著差异，但用不同字母标记的数据之间有明显差异。

1999年底，从江苏泰兴水产良种场培育的鲫鱼群体中随机筛选100尾（平均体重445克/尾）大规格雌性亲鱼和100尾（平均体重385克/尾）平均规格的雌性亲鱼，作为2000年春季繁殖用亲鱼，2000年开始鱼苗至鱼种的培育实验。实验在6个面积分别为2亩、水深2米的池塘中采用80:20养殖模式进行的。实验用饲料分别为含蛋白质/脂肪为41%/11%的鱼苗料和36%/7%的鱼种料；鱼苗重0.4克/尾至3克/尾阶段投喂鱼苗料（破碎），此后投喂鱼种料（膨化，粒径1.5毫米），饲料粒径随鱼体长大而逐渐加大，每10天调整1次投喂量，第1种饲料实验组设3个重复。

表9 实验饲料配方 %

饲料原料	鱼苗饲料（含蛋白41%，含脂肪11%）	鱼种饲料（含蛋白36%，含脂肪7%）
去皮大豆粕（含粗蛋白47.5%）	46.30	46.30
小麦粉	13.00	19.00
次面粉	–	8.00

续表

饲料原料	鱼苗饲料（含蛋白41%，含脂肪11%）	鱼种饲料（含蛋白36%，含脂肪7%）
玉米蛋白（含粗蛋白60%）	15.00	10.00
鳀鱼粉（含蛋白65%，脂肪10%）	14.00	8.00
鱼油	4.03	4.58
大豆油	4.00	-
大豆卵磷脂	1.05	1.50
磷酸二氢钙	1.70	2.20
维生素预混剂	0.20	0.15
矿物质预混剂	0.25	0.25
乙氧喹	0.02	0.02
合计	100.00	100.00

表10　实验结果

实验组	放养规格（克/尾）	放养密度（尾/亩）	投饲天数	收获规格（克/尾）		成活率（%）		饲料系数
				鲫鱼	鲢鱼	鲫鱼	鲢鱼	
大规格组	0.4	3 000	123	61.6a	101b	93.1c	97.0d	1.27e
平均规格组	0.4	3 000	123	60.6a	103b	93.6c	96.8d	1.26e

注：用相同字母标记的数据之间无显著差异（$P>0.05$）。

本实验实际操作过程中，应从鱼苗体重3克/尾开始投喂鱼种料，但实际上是从鱼种规格达14～15克/尾时才开始反喂鱼种料的；长时间投喂鱼苗料会严重抑制鱼种的生长速度。每月抽样检查出现的鱼体重的差异也许是两组实验鱼之间的差异所造成的，但这种差异却被忽视了，在此基础上调整投喂量使两组实验的投喂量在整个实验过程完全相同；由于没有根据鱼类的实际增重情况及时调整投喂量，也许影响了本实验的真实结果，抑制了两个实验组于的遗传性的生长差异。

2000年在北京市徐辛庄渔场进行了为期4个月的实验，对北京品系和苏州品系鲫鱼的鱼苗培育至鱼种的生长性能对比。实验采用80:20池塘养殖模式，采用6口各面积为5亩、水深1.5米的池塘进行饲养，每3口池塘为一个实验组，每亩放养鲫鱼苗5 000尾，搭配放养鲢鱼苗1 000尾。从放养到体重达3克/尾时，投喂含蛋白质41%、脂肪11%的饲料；此后投喂含蛋白质36%、脂肪7%的浮性膨化颗粒饲料，膨化饲料的粒径为1.5毫米。饲养122天后，北京品系鲫从体重0.6克/尾长到55克/尾；苏州品系鲫鱼苗从体重0.6克/尾长到60克/尾。实验结果表明，北京品系的鲫鱼生长速度慢于苏州品系（P <0.05）；饲料系数分别为1.42和1.34。

表11　饲料配方　　%

饲料原料	鱼苗饲料（含蛋白41%，含脂肪11%）	鱼种饲料（含蛋白36%，含脂肪7%）
去皮大豆粕（含粗蛋白47.5%）	46.30	46.30
小麦粉	13.00	19.00
次面粉	-	8.00
玉米蛋白（含粗蛋白60%）	15.00	10.00
鱼是鱼粉（含蛋白65%，脂肪10%）	14.00	8.00
鱼油	4.03	4.58
大豆油	4.00	-
大豆卵磷脂	1.05	1.50
磷酸二氢钙	1.70	2.20
维生素预混剂	0.20	0.15
矿物质预混剂	0.25	0.25
乙氧喹	0.02	0.02
合计	100.00	100.00

表12　实验结果

鲫鱼品系		北京品系	苏州品系
鲫鱼的放养规格（克/尾）		0.6	0.6
鲫鱼的放养密度（尾/亩）		5 000	5 000
投饲天数		122	122
鲫鱼收获规格（克/尾）		55a	60b
毛产量（千克/亩）	鲫鱼	253.8	268.9
	鲢鱼	98.3	101.7
鲫鱼与鲢鱼比例		72:28	73:27
鲫鱼成活率（%）		92.3c	89.7c
饲料系数		1.42d	1.34e
净收入（元/亩）		774.79	894.34
投资回报率（%）		34.2	38.7

注：用相同字母标记的数据之间差异不显著（P >0.05），不同字母标记的数据之间差异显著（P <0.05）。

4. 鲫鱼鱼苗对饲料规格的适应性实验

1999 年，美国大豆协会与浙江省淡水水产研究所合作，进行了全长 2 ~ 7 厘米的鲫鱼苗对不同规格饲料需求的适口性实验。结果是，全长 2 厘米和 3 厘米的鲫鱼苗的适合饲料直径分别为 0.5 毫米和 1.0 毫米；当鲫鱼全长达 5 厘米时，饲料的粒径可增大到 1.5 毫米的膨化浮性颗粒饲料。

刚开口的鱼苗先在 2 立方米水体的水泥池中用含 46% 蛋白的饲料饲养 2 周，自动投饵机投喂，每间隔 2 小时投喂 1 次；其后转入池塘中饲养，投喂含 41% 蛋白的膨化颗粒饲料。从上浮到全长 7 厘米的培育阶段，每 7 天抽样测量 1 次生长情况，每次随机取样 20 尾鱼。当鱼的全长在 2 ~ 7 厘米阶段时，实验鱼每增加 1 厘米时取样测量 1 次，同时对饲料粒径进行重新测定和调整 1 次。鱼摄食饲料的粒径按鱼开口口径的 50% 计算。

表 13　鱼的全长、体重、口径与摄食饲料规格的关系

鱼全长（厘米）	鱼体重（克）	鱼开口直径（毫米）	摄食饲料规格（毫米）
2	0.1	1.0	0.5
3	0.4	2.7	1.3
4	1.0	3.0	1.5
5	3.0	3.9	1.9
6	4.0	4.2	2.1
7	5.5	4.5	2.2

表 14　建议利用配合饲料饲养鲫鱼苗时的饲料粒径

鱼体全长（厘米）	建议的饲料粒径（毫米）
≥2（约 0.1 克/尾）	0.5 的破碎料
≥3（约 0.4 克/尾）	1.0 的破碎料
≥5（约 3.0 克/尾）	1.5 的膨化料

5. 鲫鱼成鱼养殖实验

此实验是 1999 年在北京市徐辛庄渔场进行的。是在上年鱼苗培育实验基础上进行的成鱼养殖实验。实验采用 80∶20 池塘养殖模式，饲料为豆粕型饲料，含蛋白质 32%、脂肪 6%，初始饲料粒径 2.5 毫米，饲料粒径随鱼体的长大而逐渐加大。实验池塘每口面积 5 亩，每个实验组设 3 个重复，两组实验分别放养规格为 43 克/尾和 48 克/尾的鲫鱼种，并搭配少量鲢鱼种。实验从 1999 年的 4 月开始，经 178 天饲养，体重 43 克和 48 克的鱼种分别达到体重 248 克/尾和 258 克/尾；两个实验组鲫鱼的平均产量为234千克/亩，鲢鱼110千克/亩。鲫鱼平均成活率95%。

表15　实验用饲料配方（含蛋白32%、脂肪6%）

饲料原料	占饲料的%
大豆粕（含蛋白47.5%）	52.8
小麦粉	23.6
次面粉	10.0
玉米蛋白粉（含蛋白60%）	6.0
鱼油	3.53
大豆卵磷脂	1.0
磷酸二氢钙	2.7
维生素预混剂	0.1
矿物质预混剂	0.25
乙氧喹	0.02
合计	100.00

表16　实验结果

放养规格（克/尾）	饲料系数	放养密度（尾/亩）		投饲天数	鲫收获规格（克/尾）	净产量（千克/亩）		成活率（%）	净收入（元/亩）	投资回报率（%）
		鲫鱼	鲢鱼			鲫鱼	鲢鱼			
43	2.20	1 000	100	178	248	234	109	96.3	890	30.8
48	2.47	1 000	100	178	258	234	111	94.0	690	21.8

2000年4月开始，在四川省成都市进行了鲫鱼成鱼养殖实验．实验设3个重复，每个池塘面积为3亩左右、水深1.5米。鱼体重在20～40克/尾阶段投喂蛋白质含量为36%、脂肪含量7%的鱼种用饲料；而当鱼种体重达到40克/尾以上后，投喂蛋白质含量为32%、脂肪含量6%的成鱼用饲料。实验采用80:20池塘养殖模式，150尾鲢鱼。

表17　饲料配方　%

饲料原料	鱼苗饲料（含蛋白41%，含脂肪11%）	鱼种饲料（含蛋白36%，含脂肪7%）
去皮大豆粕（含粗蛋白47.5%）	46.30	52.80
小麦粉	19.00	23.60

续表

饲料原料	鱼苗饲料 （含蛋白41%，含脂肪11%）	鱼种饲料 （含蛋白36%，含脂肪7%）
次面粉	8.00	10.00
玉米蛋白（含粗蛋白60%）	10.00	6.00
鱼是鱼粉（含蛋白65%，脂肪10%）	8.00	-
鱼油	4.58	3.53
大豆卵磷脂	1.50	1.00
磷酸二氢钙	2.20	2.70
维生素预混剂	0.15	0.10
矿物质预混剂	0.25	0.25
乙氧喹	0.02	0.02
合计	100.00	100.00

（二）团头鲂

1. 团头鲂的生长性能实验

此实验于1997年分别在太原和天津进行。美国大豆协会在1995年和1996年已分别进行了该项实验，效果较好，但感受到饲料配方仍需改进，故于1997年进行了改进配方后的实验。

用于实验的鱼种均为当地生产。太原的实验鱼种平均规格为57克，天津实验鱼种平均规格为62.5克。每个实验组为2个重复。

饲料均为浮性膨化颗粒饲料。其中J配方不用鱼粉，含50%的大豆粕，饲料粗蛋白含量为32%。K配方饲料中使用了10%的鱼粉和25%的大豆粕，饲料粗蛋白含量亦为32%。

表 18 试验结果

池塘号	鲫鱼放养规格（克/尾）	鲫鱼放养密度（尾/亩）	饲养天数	收获规格（克/尾）		毛产量（千克/亩）		净产量（千克/亩）		鲫鱼成活率（%）	饲料系数	净收入（元/亩）	投资回报率（%）
				鲫鱼	鲢鱼	鲫鱼	鲢 鱼	鲫鱼	鲢鱼				
7	20	2 000	164	229.9	714	441.5	150.9	401.5	128.4	96	1.48	938	30.4
8	20	2 000	164	202.2	300	383.9	111.3	343.9	73.6	95	1.73	308	10.0
9	20	2 000	164	208.8	610	392.6	150.0	352.6	127.5	94	1.68	689	23.2
平均	20	2 000	164	213.6	541	406.0	137.4	366.0	109.8	95	1.63	645	21.2

注:8 号池 8 月中旬发病,鲢鱼死亡较多。

表 19 团头鲂从鱼种饲养至商品鱼的饲料配方 %

原料成分	K 配方	J 配方
鱼粉	10.00	0.00
大豆粕（含粗蛋白 44%）	25.00	50.00
棉籽粕（含粗蛋白 41%）	12.00	5.00
油菜籽粕	5.00	0.00
玉米面筋（含粗蛋白 60%）	5.00	10.00
玉米（膨化，含粗蛋白 8.5%）	10.00	20.00
麦粉	14.00	0.00
粗麦粉（含粗蛋白 12%）	17.00	11.60
盐酸赖氨酸（0.5%）	0.50	0.50
大豆油	0.00	1.60
矿物质预混剂	0.10	0.10
维生素预混剂	0.05	0.05
维生素 C（包囊）	0.10	0.10
磷酸二氢钙（含磷 18%）	1.05	1.05
总计	100.00	100.00

表 20 团头鲂的生长性能

地点	饲料	放养密度（尾/亩）		放养平均规格（克）	池塘面积（亩）	饲养天数	收获				成活率（%）	饲料系数
							净产（千克/亩）		体重（克/尾）			
		团头鲂	鲢鱼	团头鲂			团头鲂	鲢鱼	团头鲂	鲢鱼		
太原	K－浮性	1 200	150	62.5	1.5 和 4.2	104	296	69	337	635	86	2.0
太原	J－浮性	1 200	150	62.5	1.5 和 4.2	104	288	67	311	577	96	2.0
天津	K－沉性	1 200	150	57	1.5	158	319	90	379	692	87	2.2
天津	J－沉性	1 200	150	57	1.5	158	290	88	350	697	87	12.4

2. 鱼种至商品鱼的生长性能实验

此实验是 1999 年在天津塘沽渔场的池塘中进行的，以 80∶20 的养殖模式为基本养殖方式，采用 1 种蛋白含量为 32% 和脂肪含量为 6% 的膨化浮性颗粒饲料饲养 2

种规格的鱼种。饲养时间为148天，实验初期分别放养体重为55克/尾和80克/尾的鱼种，实验结束时的平均体重分别为322克/尾和349克/尾；饲料系数分别为1.74和1.88。因饲料质量问题，商品鱼没有达到上市规格。

表21　团头鲂成鱼饲养用实验饲料配方

饲料原料	占比例（%）
去皮大豆粕（含粗蛋白47.5%）	52.8
面粉	23.6
次面粉	10.0
玉米蛋白粉（含蛋白60%）	6.0
鱼油	3.53
大豆卵磷脂	1.00
磷酸二氢钙	2.70
矿物质预混料	0.10
维生素预混料	0.25
乙氧喹	0.02
合计	100.00

表22　实验结果

放养规格（克）	放养密度（尾/亩）		投喂天数	收获团头鲂规格（克/尾）	净产量（千克/亩）		成活率（%）	饲料系数	净收入（元/亩）	投资回报率（%）
	团头鲂	鲢鱼			团头鲂	鲢鱼				
55	800	60	148	322	206	39	97.2	1.74	-277	-14.5
80	800	60	148	349	201	39	94.6	1.88	-314	-24.0

3. 杂交团头鲂商品鱼养殖实验

此实验是1999年5月开始，在广东省赤坭水产技术推广站渔场进行的，采用80:20池塘养殖模式。饲料中豆粕型膨化颗粒饲料，饲料蛋白质含量为32%，含脂肪6%。实验设3个重复，池塘保持水深150厘米左右，配备有增氧机。

表23　饲料配方

饲料原料	占比例（%）
去皮大豆粕（含粗蛋白47.5%）	52.8
面粉	23.6

续表

饲料原料	占比例（%）
次面粉	10.0
玉米蛋白粉（含蛋白60%）	6.0
鱼油	3.53
大豆卵磷脂	1.00
磷酸二氢钙	2.70
矿物质预混料	0.10
维生素预混料	0.25
乙氧喹	0.02
合计	100.00

表 24　实验结果

放养规格（克）	放养密度（尾/亩）		投喂天数	收获团头鲂规格（克/尾）	净产量（千克/亩）		成活率（团头鲂,%）	饲料系数	净收入（元/亩）	投资回报率（%）
	团头鲂	鲢鱼			团头鲂	鲢鱼				
64	800	100	184	508	293	71	85	1.97	634	16.1

4. 团头鲂鱼苗培育成鱼种的实验

此实验是1999年在江苏省泰兴水产良种场的3口面积为2亩、水深1.5米的池塘中进行的，实验采用80:20池塘养殖模式，从6月开始，至10月，共117天；探讨使用豆粕型饲料培育团头鲂鱼种的生长性能和经济性。实验鱼苗为体重0.2克/尾，放养密度为5 000尾/亩，搭配放养鲢鱼苗800尾/亩。鱼苗阶段投喂蛋白质含量41%、脂肪11%的鱼苗苗料；鱼苗体重达4~5克/尾后，投喂蛋白质含量36%、脂肪含量7%的鱼种料；时间为5天。鱼种料初始投喂时的粒径为1.5毫米。

表 25　实验用饲料配方

饲料原料	鱼苗用饲料（%）（含蛋白质41%、脂肪11%）	鱼种用饲料（%）（含蛋白质36%，脂肪7%）
大豆粕（含蛋白47.5%）	46.30	46.30
小麦粉	13.00	19.00
次面粉	–	8.00

续表

饲料原料	鱼苗用饲料（%） （含蛋白质41%、脂肪11%）	鱼种用饲料（%） （含蛋白质36%，脂肪7%）
玉米蛋白粉（含蛋白60%）	15.00	10.00
鱼是鱼粉（含蛋白65%，脂肪10%）	14.00	8.00
鱼油	4.03	4.58
大豆油	4.00	-
大豆卵磷脂	1.50	1.50
磷酸二氢钙	1.70	2.20
维生素预混料	0.20	0.15
矿物质预混料	0.25	0.25
乙氧喹	0.02	0.02
合计	100.00	100.00

5. 三角鲂鱼种至商品鱼实验

此实验是2000年在广东省花都市赤坭水产技术推广站渔场进行的，实验采用80∶20池塘养殖模式，池塘面积为3.2亩，水深1.5米，设3个重复实验。实验从5月开始，共计180天。鱼苗培育阶段投喂含蛋白质36%、脂肪7%的鱼种用颗粒饲料；鱼种体重达50克/尾后投喂含蛋白质32%、脂肪6的膨化颗粒浮性饲料。

表 26　实验结果

池号	放养规格（团:克/尾）	放养密度（团:尾/亩）	投饲天数	收获规格（克/尾）		毛产量（千克/亩）		净产量（千克/亩）		成活率（%）		饲料系数	净收入（元/亩）	投资回报率（%）
				团头鲂	鲢鱼	团头鲂	鲢鱼	团头鲂	鲢鱼	团头鲂	鲢鱼			
3	0.2	5 000	117	43.3	81.2	189.9	61.9	188.9	61.5	87.7	95.3	1.36	409	18.8
4	0.2	5 000	117	44.1	74.4	186.8	57.9	186.8	57.4	85.2	97.2	1.37	363	16.7
5	0.2	5 000	117	43.9	79.9	188.7	61.4	188.7	61.0	86.4	96.7	1.36	406	18.6
平均	0.2	5 000	117	43.8	78.5	189.1	60.5	188.1	60.1	86.4	96.4	1.36	393	18.0

表 27　饲料配方

饲料原料	鱼苗用饲料（%）（含蛋白质36%、脂肪7%）	鱼种用饲料（%）（含蛋白质32%，脂肪6%）
大豆粕（含蛋白47.5%）	46.30	52.80
小麦粉	19.00	23.60
次面粉	8.00	10.00
玉米蛋白粉（含蛋白60%）	10.00	6.00
鱼是鱼粉（含蛋白65%，脂肪10%）	8.00	-
鱼油	4.58	5.32
大豆卵磷脂	1.50	1.00
磷酸二氢钙	2.20	2.70
维生素预混料	0.15	0.10
矿物质预混料	0.25	0.25
乙氧喹	0.02	0.02
合计	100.00	100.00

此实验因饲料质量及饲养管理技术方面可能存在偏差，故难以根据实验结果做出准确的评估。

6. 三角鲂鱼苗至鱼种的生长性能实验

2000年在浙江省杭州市进行了此实验。实验使用3口面积分别为2.4亩、水深1.5米的池塘，每亩放养三角鲂鱼苗5 000尾。饲养103天，鱼体重从0.23克/尾，生长到平均25.8克/尾。平均饲料系数1.24，成活率平均78.6%。

表28　实验结果

池号	放养规格（克/尾）	放养密度（尾/亩）	投饲天数	收获规格（克/尾）		毛产量（千克/亩）		投饲量（千克/亩）	成活率（%）		饲料系数	净收入（元/亩）	投资回报率（%）
				三角鲂	鲢鱼	三角鲂	鲢鱼		三角鲂	鲢鱼			
4	25.8	800	180	423.3	707	311.9	68.9	625.9	92.0	97.4	2.15	-668.06	-14.3%
5	24.6	800	180	370.9	660	282.9	63.4	516.2	95.4	96.0	1.96	-693.02	-16.0
6	26.9	800	180	543.0	850	425.5	83.9	634.2	98.0	98.6	1.57	-733.88	15.6

表29　饲料配方

饲料原料	鱼苗用饲料（%）（含蛋白质41%、脂肪11%）	鱼种用饲料（%）（含蛋白质36%，脂肪7%）
大豆粕（含蛋白47.5%）	46.30	46.30
小麦粉	13.00	19.00
次面粉	–	8.00
玉米蛋白粉（含蛋白60%）	15.00	10.00
鱼是鱼粉（含蛋白65%，脂肪10%）	14.00	8.00
鱼油	4.03	4.58
大豆油	4.00	–
大豆卵磷脂	1.50	1.50
磷酸二氢钙	1.70	2.20
维生素预混料	0.20	0.15
矿物质预混料	0.25	0.25
乙氧喹	0.02	0.02
合计	100.00	100.00

表30　实验结果

池塘号	6	9	10	平均
三角鲂放养规格（克/尾）	0.23	0.23	0.23	0.23
三角鲂放养密度（尾/亩）	5 000	5 000	5 000	5 000
饲养天数	103	103	103	103
三角鲂收获规格（克/尾）	24.1	30.0	23.3	25.8
毛产量（千克/亩）	102.9	120.4	81.7	101.6
净产量（千克/亩）	101.7	119.2	80.5	100.5
成活率（%）	85.4	80.1	70.2	78.6
饲料系数	1.35	1.15	1.23	1.24
净收入（元/亩）	12.76	292.60	–178.12	42.41
投资历回报率（%）	0.8	17.9	012.0	2.2

注：其中两口池塘的回报率低的原因与此鱼的生长速度缓和清塘不彻底有关。

（三）草鱼

1. 草鱼的生长性能实验

此实验是1997年在河北省任丘鱼种场进行的，鱼种为该场生产，平均体重为10克。每个实验组3个重复。饲料配方：J配方不用鱼粉，含大豆粕50%，饲料粗蛋白含量为32%；K配方含有10%的鱼粉和25%的大豆粕，粗蛋白含量为32%；均为浮性膨化颗粒饲料。

表31　草鱼从鱼种饲养至商品鱼的饲料配方 %

原料成分	K配方	J配方
鱼粉	10.00	0.00
大豆粕（含粗蛋白44%）	25.00	50.00
棉籽粕（含粗蛋白41%）	12.00	5.00
油菜籽粕	5.00	0.00
玉米面筋（含粗蛋白60%）	5.00	10.00
玉米（膨化，含粗蛋白8.5%）	10.00	20.00
麦麸	14.00	0.00
粗麦粉（含粗蛋白12%）	17.00	11.60
盐酸赖氨酸（0.5%）	0.50	0.50
大豆油	0.00	1.60
矿物质预混剂	0.10	0.10
维生素预混剂	0.05	0.05
维生素C（包囊）	0.10	0.10
磷酸二氢钙（含磷18%）	1.05	1.05
总计	100.00	100.00

表32　草鱼的生长性能

地点	饲料	放养密度（尾/亩）		放养平均规格（克）	池塘面积（亩）	饲养天数	收获				成活率（%）	饲料系数
							净产（千克/亩）		平均体重（克/尾）			
		草鱼	鲢鱼	草鱼			草鱼	鲢鱼	草鱼	鲢鱼		
任丘	J-浮性	600	150	100	1.0	121	406	161	963	1 176	81	1.84
任丘	K-浮性	600	150	100	1.0	121	436	154	1 008	1 121	82	2.18

2. 草鱼鱼种至商品鱼的生长性能实验

此实验是1988—1999年在北京市徐新庄养殖鱼场进行的。实验目的是为建立用人工配合饲料养殖草鱼商品鱼提供技术参数；1999年的实验主要是对2种不同规格的草鱼种养殖商品鱼的生长速度比较研究。

实验用鱼种规格分别为100克/尾和70克/尾。饲料为膨化颗粒饲料。饲料配方采用全植物性蛋白源，粗蛋白含量为32%，脂肪含量为6%。每个实验重复3次。

表33　草鱼种饲养至商品鱼实验用饲料配方

饲料原料	占饲料组成的（%）
去皮大豆粕（含粗蛋白47.5%）	52.8
面粉	23.6
次面粉	10.0
玉米蛋白（含粗蛋白60%）	6.0
鱼油	3.53
大豆卵磷脂	1.0
磷酸二氢钙	2.7
维生素预混料	0.1
矿物质预混料	0.25
乙氧喹	0.02
合计	100.00

表34　实验结果

放养规格（克/尾）	放养密度（尾/亩）		投饲天数	草鱼收获规格（克/尾）	净产量（千克/亩）		成活率（%）	饲料系数	净收入（元/亩）	投资回报率（%）
	草鱼	鲢鱼			草鱼	鲢鱼				
100	600	100	178	827	438	113	90	1.19	449	11.7
70	600	100	178	797	429	108	92	1.22	804	24.0

2000年，在黑龙江省哈尔滨市金山堡渔场进行了用豆粕型饲料在池塘中养殖草鱼商品鱼的实验，实验设2个重复，每个池塘面积5亩，水深1.5米。饲料的蛋白质含量为32%，脂肪含量6%，膨化浮性颗粒饲料。经138天的饲养，草鱼鱼种从60克/尾长到777克/尾，成活率达91%，全植物性蛋白的饲料系数为1.54。

表35　饲料配方

饲料原料	占饲料组成（%）
大豆粕（含粗蛋白47.5%）	52.8
小麦粉	23.6
次面粉	10.0
玉米蛋白（含粗蛋白60%）	6.0
鱼油	3.53
大豆卵磷脂	1.0
磷酸二氢钙	2.7
维生素预混料	0.1
矿物质预混料	0.25
乙氧喹	0.02
合计	100.00

3. 草鱼鱼苗至鱼种的饲料实验

此实验是1999年6月开始，在黑龙江省哈尔滨市金山堡渔场的池塘中进行的，池塘面积5亩/个，设2个重复。每亩池塘放养草鱼夏花8 000尾，鲢鱼鱼苗1 000尾，实验池水深约150厘米，配备有增氧机。当草鱼苗种体重为1.5～5克阶段，投喂蛋白质含量为41%、脂肪含为11%的粉状开口用饲料，饲料粒径0.5毫米。鱼体重达到5克后，改投喂粒径为1.5毫米的浮性膨化颗粒饲料，饲料含蛋白质36%，含脂肪7%。

表 36　饲养结果

池塘号	草鱼放养规格（克/尾）	放养密度（尾/亩）	投饲天数	收获规格（克/尾）		毛产量（千克/亩）		净产量（千克/亩）		成活率（%）		饲料系数	净收人（元/亩）	投资回报率（%）
				草鱼	鲢鱼	草鱼	鲢鱼	草鱼	鲢鱼	草鱼	鲢鱼			
304	60	600	138	750	880	409.4	86	373.4	50	91.0	98.0	1.58	804	35.6
305	60	600	138	803	886	439.2	87	403.2	51	91.2	98.0	1.49	998	38.0
平均	60	600	138	777	883	424.3	86.5	388.3	50.5	91.1	98.0	1.54	896	36.8

表 37 饲料配方

饲料原料	鱼苗用饲料（%）（含蛋白质41%、脂肪11%）	鱼种用饲料（%）（含蛋白质36%，脂肪7%）
去皮大豆粕（含蛋白47.5%）	46.3	46.3
玉米蛋白粉（含蛋白60%）	15.0	10.0
鱼是鱼粉（含蛋白65%，脂肪10%）	14.0	8.0
面粉	13.0	19.0
次粉	–	8.0
鱼油	4.03	4.58
大豆油	4.0	–
磷酸二氢钙	1.7	2.2
大豆卵磷脂	1.5	1.5
矿物质预混料	0.25	0.25
维生素预混料	0.20	0.15
乙氧喹	0.02	0.02
合计	100.00	100.00

表 38 实验结果

放养规格（克/尾）	放养密度（尾/亩）		投饲天数	草鱼收获规格（克/尾）	净产量（千克/亩）		成活率（%）	饲料系数	净收入（元/亩）	投资回报率（%）
	草鱼	鲢鱼			草鱼	鲢鱼				
1.5	8 000	1 000	107	59	373	–	90	1.14	820	21.2

4. 鱼苗至鱼种的生长性能实验

此实验是1999年在北京徐辛庄渔场进行的，实验目的是利用两种不同豆粕型饲料投喂草鱼苗至鱼种，评估其生长性能，探讨当鱼种体重达25克/尾时，能否将饲料蛋白质含量由36%降到32%。从而降低饲料成本。一组实验全部投喂蛋白质含量为36%的饲料，鱼苗从0.3克/尾长到83克/尾；另一组实验是前期投喂蛋白质含量为36%的饲料，当鱼种长至25克/尾后，投喂蛋白质含量为32%的饲料，饲养至体重78克/尾。实验从1999年6月开始，每组实验设3个重复。鱼苗放养后，全部投喂蛋白质含量为41%的破碎料。当鱼种体重达5克时，全部改投喂蛋白质含量为36%的膨化浮性颗粒饲料，饲料粒径1.5毫米。当草鱼种达到体重25克/尾后，按实验设计投喂。两组实验结果表明有明显差异。第一组的实验的饲料系数为1.12，第二组实验的饲料系数为1.19。

表39　实验用饲料配方

饲料原料	鱼苗饲料（%）（含蛋白41%，脂肪11%）	鱼种饲料（%）（含蛋白36%，脂肪7%）	成鱼饲料（%）（含蛋白32%，脂肪6%）
去皮大豆粕（含蛋白47.5%）	46.3	46.3	52.8
玉米蛋白粉（含蛋白60%）	15.0	10.0	6.0
鱼是鱼粉（含蛋白65%）	14.0	8.0	-
小麦粉	13.0	19.0	23.6
次面粉	-	8.0	10.0
鱼油	4.03	4.58	3.53
大豆油	4.0	-	-
磷酸二氢钙	1.7	2.2	2.7
大豆卵磷脂	1.5	1.5	1.0
矿物质预混剂	0.25	0.25	0.25
维生素预混剂	0.20	0.15	0.10
乙氧喹	0.02	0.02	0.02
合计	100.00	100.00	100.00

表40　实验结果

饲料种类	草鱼放养密度（尾/亩）	投饲天数	草鱼收获规格（克/尾）	成活率（%）	饲料系数	净收入（元）	投资回去报率（%）
36/7	5 000	121	83a	87	1.12a	212a	7.5a
36/7+32/6	5 000	121	78b	87	1.19b	216b	8.1b

注：1. 36/7表示饲料中含蛋白质36%，含脂肪为7%；

2. 32/6表示饲料中含蛋白质32%，含脂肪为6%；

3. 用不同字母表示的数据有着显著差异（$P<0.05$）；而用相同字母表示的数据之间差异不显著（$P>0.05$）。

5. 不同饲料配主的草鱼生长性能实验

此为2000年4月开始的，在北京徐辛庄渔场进行的。利用两种含量相等、能量和纤维含量不同的人工配合饲料对草鱼的生长性能比较。一种饲料为普通淡水鲤科鱼类用的成鱼饲料，蛋白质含量为32%、脂肪含量为6%，纤维素含量2.7%；主要饲料蛋白源原料为去皮大豆粕。另一种饲料的蛋白质含量32%、脂肪含量3%、纤维素含量8%，主要蛋白源为大豆和大豆皮。两种饲料均为浮性膨化颗粒饲料。实验期为6个月，每个实验组设3个重复，每个池塘面积5亩，水深1.5米；每亩搭配放养鲢鱼种100尾，饲养174天后，投喂第一种饲料的草鱼从体重100克/尾长到825克/尾，饲料系数1.23；投喂第二种饲料的鱼体重从100克/尾长到815克/尾，饲料系数1.27。两组饲料饲养的鱼的生长性能有着显著差异，但饲料系数无显著差异。

表41　饲料配方

饲料原料	32/6成鱼饲料（%）	32/3成鱼饲料（%）
去皮大豆粕（蛋白含量47.5%）	52.80	–
普通大豆粕（蛋白含量44%）	–	50.00
小麦粉	23.60	21.00
大豆皮	–	16.00
次面粉	10.00	–
玉米蛋白粉（蛋白含量60%）	6.00	8.90
鱼油	3.53	1.30
大豆卵磷脂	1.00	–
磷酸二氢钙	2.70	2.42
维生素预混剂	0.10	0.10
矿物质预混剂	0.25	0.25
乙氧喹	0.02	0.02
合计	100.00	100.00

表42　实验结果

项目		32/6的饲料	32/3的饲料
草鱼放养规格（克/尾）		100	100
草鱼放养密度（尾/亩）		650	650
投饲天数		174	174
草鱼收获规格（克/尾）		825a	815b
毛产量（千克/亩）	草鱼	513.7	502.3
	鲢鱼	136.1	139.0
草鲢比例		79:21	78:22
成活率（%）		95.7g	94.8h
饲料价格（元/千克）		4.80j	4.19k
饲料系数		1.23i	1.27i

续表

项目	32/6 的饲料	32/3 的饲料
净收入（元/亩）	870.731	1 368.07m
投资回报率（%）	23.9n	31.7p

注：用不同字母标记的数据之间差异显著，而不同字母标记的数据之间差异不显著。

（四）青鱼的鱼种生产性实验

该实验是于1997年在黑龙江省哈尔滨市金山堡养殖场进行的。鱼苗由该场提供。饲料为含10%鱼粉和45%大豆粕的膨化颗粒饲料，分为浮性和沉性两种，饲料粗蛋白含量均为36%。

表43　青鱼鱼种苗至鱼种用饲料配方

原料成分	饲料配方（%）
鱼粉	10.00
大豆粕（含粗蛋白44%）	45.00
油菜籽粕	5.00
玉米面筋（含粗蛋白60%）	7.00
米糠	11.00
粗麦粉（含粗蛋白12%）	18.00
盐酸赖氨酸（0.5%）	0.50
大豆油	2.20
矿物质预混剂	0.10
维生素预混剂	0.05
维生素C（包囊）	0.10
磷酸二氢钙（含磷18%）	1.05
总计	100.00

表44　青鱼鱼苗至鱼种阶段的生长性能

地点	饲料	放养密度（尾/亩）			池塘面积（亩）	饲养天数	收获			饲料系数
							千克/亩		克/尾	
		青鱼	鲢鱼	鳙鱼			青鱼	鲢鱼	青鱼	
哈尔滨	S－沉性	8 000	1 000	1 000	5	110	389	161	66	1.41
哈尔滨	S－浮性	8 000	1 000	1 000	5	110	373	149	59	1.52

青鱼苗投放池塘后的两周内，用含粗蛋白质40%的颗粒饲料破碎至0.3毫米的饲料投喂；第三周投喂破碎至0.7毫米的饲料，连续投喂10天后，青鱼开始投喂浮性和沉性的S配方实验饲料。实验饲料粒径2.0毫米。放养时的鱼苗规格为体长1.3毫米。实验开始时的鱼苗体长5厘米。实验结束时的成活率：投喂沉性饲料的实验组为81%，投喂浮性饲料的实验组为79%。

（五）罗非鱼类

杂交罗非鱼的生长性能实验，此实验为1997年进行的，以此来比较杂交罗非鱼从鱼苗饲养至食用鱼的生长性能方面的差异。杂交罗非鱼苗（*Oreochromis niloticus* × *Oreochromis aureus*）是由广东省罗非鱼良种场生产的。实验开始阶段先用美国大豆协会S配方鱼种颗粒饲料，以大豆粕为主要蛋白源，含粗蛋白36%；罗非鱼苗饲养至体重约50克后，改用其他饲料配方，继续将幼鱼饲养至体重约100克，其中2个池塘投喂H配方饲料，另2个池塘投喂J配方饲料。H和J配方饲料的蛋白质含量均为32%，H配方饲料中含5%鱼粉。每种配方的饲料实验设两个重复。

表45　将杂交罗非鱼苗饲养至食用商品鱼的饲料配方　%

原料成分	S配方	J配方	H配方
鱼粉	10.00	0.00	5.00
大豆粕（含粗蛋白44%）	45.00	50.00	40.00
棉籽粕（含粗蛋白41%）	0.00	5.00	5.00
油菜籽粕	5.00	0.00	5.00
玉米面筋（含粗蛋白60%）	7.00	10.00	10.70
玉米（膨化，含粗蛋白8.5%）	0.00	20.00	0.00
米糠	11.00	0.00	20.00
粗麦粉（含粗蛋白12%）	18.00	11.60	0.00
面粉	0.00	0.00	10.50
盐酸赖氨酸（0.5%）	0.50	0.50	0.50
大豆油	2.20	1.60	2.00
矿物质预混剂	0.10	0.10	0.10
维生素预混剂	0.05	0.05	0.05
维生素C（包囊）	0.10	0.10	0.10
磷酸二氢钙（含磷18%）	1.05	1.05	1.05
总计	100.00	100.00	100.00

鱼种体重达50克前，饲料系数按1.0计，每10天调整1次投喂量，30天抽样

测量下1次生长情况。鱼种体重超过50克以后，饲料系数按1.5计，每10天调整1次投喂量。

表46　杂交罗非鱼的生长性能

地点	饲料	放养密度（尾/亩）		放养平均规格（克）	池塘面积（亩）	饲养天数	收获				成活率（%）	饲料系数
							净产（千克/亩）		平均体重（克/尾）			
		罗非鱼	鲢鱼	罗非鱼			罗非鱼	鲢鱼	罗非鱼	鲢鱼		
广州	S-浮性	2 000	100	0.6	2.1~2.5	50			49.5			0.67
广州	H-浮性	2 000	100	52	2.5	89	534	66	300	800	89	1.47
广州	J-浮性	2 000	100	47	2.2	89	486	68	255	703	95	1.40

（六）大口胭脂鱼

1. 从鱼苗至鱼种的饲养实验

此实验是1999年5月开始在黑龙江省西郊渔场的2口池塘中进行的，采用80:20池塘养殖模式。池塘配备增氧机，保持水深约150厘米。鱼体重在0.5~10阶段，投喂破碎开口饲料，饲料含蛋白质41%，脂肪11%；饲料粒径0.5毫米。在鱼体重10克/尾后，投喂粒径为1.5毫米，蛋白质含量为36%、脂肪7%的浮性膨化颗粒饲料。

表47　饲料配方

饲料原料	鱼苗用饲料（%）（含蛋白质41%、脂肪11%）	鱼种用饲料（%）（含蛋白质36%，脂肪7%）
去皮大豆粕（含蛋白47.5%）	46.3	46.3
玉米蛋白粉（含蛋白60%）	15.0	10.0
鳀鱼粉（含蛋白65%，脂肪10%）	14.0	8.0
面粉	13.0	19.0
次粉	–	8.0
鱼油	4.03	4.58
大豆油	4.0	–
磷酸二氢钙	1.7	2.2
大豆卵磷脂	1.5	1.5
矿物质预混料	0.25	0.25
维生素预混料	0.20	0.15
乙氧喹	0.02	0.02
合计	100.00	100.00

表 48 试验结果

放养规格（克/尾）	放养密度（尾/亩）		投饲天数	大口胭脂鱼收获规格（克/尾）	净产量（千克/亩）		成活率（%）	饲料系数	净收入（元/亩）	投资回报率（%）
	大口胭脂鱼	鲢鱼			大口胭脂鱼	鲢鱼				
0.5	5 000	1 000	106	60	244	62	83	0.93	4 108	114

2. 成鱼养殖实验

2000 年 5 月开始，利用上年实验培育的鱼种进行了成鱼养殖实验。实验在两口面积均为 7 亩、水深 1.5 米的池塘中进行，采用 80∶20 养殖模式，投喂蛋白质含量为 32%、脂肪含量为 6% 的豆粕型膨化浮性颗粒饲料，经 20 天的饲养，商品鱼规格平均达 464 克/尾，成活率 90.7%，饲料系数 0.99。

表 49　饲料配方

饲料原料	占饲料（%）
大豆粕（含蛋白质 47.5%）	52.80
小麦粉	23.60
次面粉	10.00
玉米蛋白粉（含蛋白质 60%）	6.00
鱼油	3.53
大豆卵磷脂	1.00
磷酸二氢钙	2.70
维生素预混剂	0.10
矿物质预混剂	0.25
乙氧喹	0.02
合计	100.00

（七）鲤鱼类

1. 成鱼养殖实验

此实验是 1999 年在四川成都市花桥渔场进行的，采用 80∶20 池塘养殖模式，以全植物性蛋白的膨化浮性饲料为基本饲料，进行成鱼饲养实验。实验从当年 6 月开始，投喂含蛋白质为 32%、脂肪含量 6% 的豆粕型膨化颗粒饲料。实验设 3 个重复，饲养 150 天后，鲤鱼种从体重 25 克/尾长到 623 克/尾，平均饲料系数 1.47，成活率 97%。

表 50　实验结果

池号	放养规格（克/尾）	放养密度（尾/亩）	投饲天数	收获规格（克/尾）		毛产量（千克/亩）		净产量（千克/亩）		成活率		饲料系数	净收入（元/亩）	投资回报率（%）
				大口胭脂鱼	鲢鱼	大口胭脂鱼	鲢鱼	大口胭脂鱼	鲢鱼	大口胭脂鱼	鲢鱼			
1	60	800	120	472	882	344	83	296	71	91.1	94	0.98	2618	83.0
2	60	800	120	456	860	329	80	281	68	90.2	93	1.00	2410	77.4
平均	60	800	120	464	871	336.0	81.5	288.5	69.5	90.7	93.5	0.99	2514	80.2

表51　饲料配方

饲料原料	占饲料（%）
大豆粕（含蛋白44%）	57.0
面粉	19.4
次粉	10.0
玉米蛋白粉（含蛋白60%）	6.0
鱼油	3.53
大豆卵磷脂	1.00
磷酸二氢钙	2.70
维生素预混剂	0.10
矿物质预混剂	0.25
乙氧喹	0.02
合计	100.00

（八）斑点叉尾鮰

1. 鱼苗至亲鱼的饲养实验

1997年，中国从美国引进了一批得克萨斯州选育品系的2日龄斑点叉尾鮰鱼苗，用于江苏泰兴水产良种场培育亲鱼。为确保亲鱼的培育成功，美国大豆协会与泰兴水产良种场合作，连续开展了3年的斑点叉尾鮰生长性能实验。实验是在池塘中进行的，采用了80∶20养殖模式；鱼苗培育前10天是在1平方米的浮式托盘中培养至上浮苗；然后将10日龄的上浮苗放养于池塘中饲养，放养密度为10 000尾/亩，同时搭配鲢鱼苗1 000尾/亩，先用蛋白质含量为40%的鱼苗用饲料饲养至平均体重2克/尾左右，再改投喂蛋白质含量为36%的鱼种用配合饲料。该实验分为三个阶段，即鱼苗至鱼种、鱼种至商品鱼、商品鱼至成熟亲鱼。第一年利用蛋白质含量为36%的豆粕型饲料投喂149天，使卵黄苗长至平均体重72克/尾；第二年使用蛋白质含量为32%的豆粕型饲料，鱼种平均体重长至926克/尾；第三年使用蛋白质含量为32%的豆粕型饲料，商品鱼长至平均体重2.15千克/尾的亲鱼。结果是饲料转化率均较高，三个阶段的饲料系数分别为1.47、1.50和1.65。

1988年的鱼种至商品鱼培育阶段是在单口面积为2亩的池塘中进行的，设6个平等实验组，每亩放养鱼种500尾，鲢鱼种40尾；将6个池塘分另两组，分别投喂含蛋白质含量36%的配合饲料，但一种饲料为全植物性蛋白源，由50%的大豆粕作为主要蛋白源；另一种饲料由40%的豆粕和5%的鱼粉作为主要蛋白源。

1999年，将2龄鱼种分别放养于6口、每个面积为2亩的池塘中培育。每亩放养斑点叉尾鮰成鱼200尾，搭配放养鲢鱼60尾。全部投喂蛋白质含量为32%、脂肪含量为6%的成鱼用膨化颗粒饲料，饲料由52.8%的去皮大豆粕作为主要蛋白源配制而成。

表52　鱼苗至鱼种阶段的饲料配方（含蛋白质36%）

饲料原料	占饲料（%）
大豆粕（含蛋白44%）	45.00
次面粉（含蛋白12%）	18.00
米糠	11.00
鱼粉	10.00
玉米蛋白粉（含蛋白60%）	7.00
菜籽粕	5.00
大豆油	2.20
磷酸氢钙（18%）	1.05
赖氨酸	0.50
矿物质预混剂	0.10
维生素C	0.10
维生素预混剂	0.05
合计	100.00

表53　鱼种至成鱼阶段的饲料配方（含蛋白质32%，占饲料（%））

饲料原料	无鱼粉	含5%鱼粉
鱼粉（含蛋白质65%、脂肪10%）	0.00	5.00
大豆粕（含蛋白44%）	50.00	40.00
玉米（膨化热化，含蛋白8.5%）	20.00	–
次粉（含蛋白12%%）	12.10	–
玉米蛋白粉（含蛋白60%）	10.00	10.70
棉籽粕（含蛋白41%）	5.00	5.00
米糠	–	20.00
面粉	–	11.00
菜籽粕	–	5.00
大豆油	1.60	2.00
磷酸二氢钙（含钙18%）	1.05	1.05

续表

饲料原料	无鱼粉	含5%鱼粉
矿物质预混料	0.10	0.10
维生素C（包膜）	0.10	0.10
维生素预混料	0.05	0.05
合计	100.00	100.00

表54　成鱼至亲鱼的饲料配方（含蛋白质32%）

饲料原料	占饲料（%）
去皮大豆粕（含蛋白47.5%）	52.8
小麦粉	23.6
次面粉	10.0
玉米蛋白粉（含蛋白60%）	6.0
鱼油	3.53
磷酸二氢钙	2.7
大豆卵磷脂	1.0
矿物质预混剂	0.25
维生素预混剂	0.10
乙氧喹	0.02
合计	100.00

2. 得克萨斯州斑点叉尾鮰品系第二代鱼苗的生长性能实验

2000年继续在江苏泰兴水产良种场进行了得克萨斯州斑点叉尾鮰品系第二代鱼苗的生长性能实验，利用1997年引进的鱼苗培育成的亲鱼繁育的3日龄苗种进行测试。采用5口面积各为2亩的池塘和80∶20养殖模式，从6月开始实验；实验用饲料：开口实验在鱼苗浮式托盘中培育时，投喂含蛋白质52%、脂肪16%的1号破碎料。粒径0.5毫米，饲养10天；此后投喂粒径0.6～1.0毫米的2号破碎料，饲料含蛋白41%、脂肪11%和3吨鱼苗用破碎料，含蛋白及脂肪与2号料相同，粒径1.1～1.5毫米，至鱼体重1.5～2.0克/尾结束；此后投喂含蛋白质36%、脂肪7%的膨化颗粒饲料，初始粒径1.5毫米，随鱼体长大而逐渐增加粒径；各培育阶段均每天投喂2次。

表 55　实验结果

年度	饲料（粗蛋白%/大豆粕%）	放养密度（尾/亩）	平均规格（克/尾）	投饲天数	收获平均规格（克/尾）	净产量（千克/亩）	成活率（%）	饲料系数
1997	鱼苗至鱼种（36%/45%）	10 000	0.1	149	72	310	43.0	1.47
1998	鱼种至成鱼（无鱼粉,32%/50%）	500	58	167	921	389	90.8	1.50
	（5%鱼粉,32%/40%）	500	58	170	930	396	91.5	1.49
1999	成鱼至亲鱼（32%/52.8%）	200	710	212	22150	280	97.8	1.65

注：普通大豆粕粗蛋白含量44%；去皮大豆粕粗蛋白含量47.5%。

表56　鱼苗开口用实验饲料配方（含蛋白52%、脂肪16%）

饲料原料	占饲料（%）
鱼粉（含蛋白68%、脂肪8%）	51.0
小麦粉	12.5
鱼油	10.5
血粉（含蛋白93%、脂肪1%）	7.5
去皮大豆粕（含蛋白47.5%）	6.0
酵母	5.0
小麦面筋	1.5
大豆卵磷脂	0.5
维生素预混剂	0.28
矿物质预混剂	0.20
稳定维生素C（35%）	0.20
乙氧喹	0.02
合计	100.00

表57　鱼苗至鱼种用配合饲料配方

饲料原料	鱼苗用饲料（%）（含蛋白质41%、脂肪11%）	鱼种用饲料（%）（含蛋白质36%，脂肪7%）
去皮大豆粕（含蛋白47.5%）	46.30	46.30
小麦粉	13.00	19.00
次面粉	–	8.00
玉米蛋白粉（含蛋白60%）	15.00	10.00
鱼是鱼粉（含蛋白65%，脂肪10%）	14.00	8.00
鱼油	4.03	4.58
大豆油	4.00	–
大豆卵磷脂	1.50	1.50
磷酸二氢钙	1.70	2.20
维生素预混料	0.20	0.15
矿物质预混料	0.25	10.25
乙氧喹	0.02	0.02
合计	100.00	100.00

表58 实验结果

池塘吨	放养规格（克/尾）	放养养密度（尾/亩）	投饲天数	收获规格（克/尾）		毛产量（千克/亩）		净产量（千克/亩）		成活率（%）	饲料系数	净收入（元/亩）	投资回报率（%）
				斑	鲢	斑	鲢	斑	鲢				
1	0.08	6 000	81	47.2	74.2	236.4	55.9	236.0	55.4	83.5	1.30	1 718	52.2
2	0.08	6 000	81	45.8	73.8	235.2	56.2	234.7	55.8	85.6	1.31	1 695	51.5
3	0.08	6 000	81	44.7	74.3	230.9	57.0	230.4	56.6	86.1	1.33	1 613	49.0
4	0.08	6 000	81	45.6	77.1	233.1	58.4	232.6	58.0	85.2	1.32	1 664	50.6
5	0.08	6 000	81	46.4	70.2	236.7	51.0	236.2	50.6	85.0	1.30	1 698	51.6
平均	0.08	6 000	81	45.9	73.9	234.5	55.7	234.0	55.3	85.1	1.31	1 677	51.0

3. 鱼苗至鱼种的生长性能对比实验

2000年，在上海和安徽同时开展了斑点叉尾鮰鱼苗到鱼种的生长性能实验。安徽的实验是在淮南市焦岗源渔场进行的，采用80∶20养殖模式，实验在每个3亩、水深1.5米的池塘中进行，7月放养，设3个重复，每亩放养斑点叉尾鮰鱼苗8 000尾、鲢鱼苗1 000尾。鱼苗开口饲料为含蛋白质52%、脂肪16%；鱼苗体重在1.5～2.0克/尾时投喂含蛋白质41%、脂肪11%的鱼苗用饲料；鱼苗体重超过2.0克/尾时，投喂含蛋白质36%、脂肪7%的鱼种用浮性膨化颗粒饲料。经101天的饲养，斑点叉尾鮰鱼苗从体重1.6克/尾长到平均49.3克/尾，成活率89.4%，饲料系数0.93。

表59　饲料配方

饲料原料	鱼苗用饲料（%）（含蛋白质41%、脂肪11%）	鱼种用饲料（%）（含蛋白质36%，脂肪7%）
去皮大豆粕（含蛋白47.5%）	46.30	46.30
小麦粉	13.00	19.00
次面粉	-	8.00
玉米蛋白粉（含蛋白60%）	15.00	10.00
鱼是鱼粉（含蛋白65%，脂肪10%）	14.00	8.00
鱼油	4.03	4.58
大豆油	4.00	-
大豆卵磷脂	1.50	1.50
磷酸二氢钙	1.70	2.20
维生素预混料	0.20	0.15
矿物质预混料	0.25	10.25
乙氧喹	0.02	0.02
合计	100.00	100.00

表60　实验结果

池塘编号		1	2	3	平均
斑点叉尾鮰放养规格（克/尾）		1.67	1.67	1.67	1.67
放养密度		8 000	8 000	8 000	8 000
投饲天数		101	101	101	101
收获规格（克/尾）	斑点叉尾鮰	54.6	43.5	49.7	49.3
	鲢	35.2	41.5	38.7	38.5

续表

池塘编号		1	2	3	平均
毛产量（千克/亩）	斑点叉尾鮰	399.3	287.0	374.3	353.5
	鲢	46.7	52.7	50.9	50.1
净产量（千克/亩）	斑点叉尾鮰	386.0	273.7	361.0	340.2
	鲢	45.9	51.9	50.1	49.3
成活率（%）	斑点叉尾鮰	91.4	82.5	94.2	89.4
	鲢	83.0	79.4	82.1	81.5
饲料系数		0.81	1.11	0.97	0.93
净收入（元/亩）		7 039.84	3 664.37	6 286.89	5 664.70
投资回报率（%）		137.8	71.4	122.8	110.7

同年还在上海南汇水产养殖场进行了相同的实验。实验亦采用80:20养殖模式，实验在每个3.5亩、水深1.5米的池塘中进行，7月放养，设3个重复，每亩放养斑点叉尾鮰鱼苗8 000尾、鲢鱼苗1 000尾。鱼苗开口饲料为含蛋白质52%、脂肪16%；鱼苗体重在1.5~2.0克/尾时投喂含蛋白质41%、脂肪11%的鱼苗用饲料；鱼苗体重达2.0克/尾以上时，投喂含蛋白质36%、脂肪7%的鱼种用浮性膨化颗粒饲料。经107天的饲养，斑点叉尾鮰鱼苗从体重0.4克/尾长到平均16.2克/尾，成活率92.3%，饲料系数1.23。饲料配方与安徽相同。

表61　实验结果

池塘编号		1	2	3	平均
斑点叉尾鮰放养规格（克/尾）		0.4	0.4	0.4	0.4
放养密度		8 000	8 000	8 000	8 000
投饲天数		107	107	107	107
收获规格（克/尾）	斑点叉尾鮰	16.5	17.0	15.0	16.2
毛产量（千克/亩）	斑点叉尾鮰	121.4	127.8	109.1	119.4
净产量（千克/亩）	斑点叉尾鮰	118.0	124.4	105.7	116.0
成活率（%）	斑点叉尾鮰	91.9	94.0	90.9	92.3
饲料系数		1.21	1.14	1.35	1.23
净收入（元/亩）		3 727.9	4 700.9	2 896.9	3 775.2
投资回报率（%）		64.0	80.7	49.7	64.8

二、小网箱养殖实验

小体积网箱是指有效养殖水体为1～6立方米的网箱。

(一) 斑点叉尾鮰

1. 生长性能实验

此实验是在1立方米网箱的小体积网箱中进行的，投喂以大豆粕为主要原料成分的三种配方颗粒饲料，测试斑点叉尾鮰的生长性能。实验于1997年进行的，其中在福建省的水库中设3个实验组，河北省的水库中设2个实验组。实验网箱的有效养殖水体为1立方米。

实验用饲料有3种，均以大豆粕这主要蛋白源，其中J配方含大豆粕50%，不含鱼粉，粗蛋白含量为32%；H配方饲料中大豆粕40%，含5%鱼粉，粗蛋白含量为32%；S配方饲料中含大豆粕45%和10%鱼粉，粗蛋白含量为36%；饲料均为浮性颗粒饲料。

表62　斑点叉尾鮰成鱼养殖用实验饲料配方

原料成分	S配方	H配方	J配方
鱼粉	10.00	5.00	0.00
大豆粕（含粗蛋白44%）	45.00	40.00	50.00
棉籽粕（含粗蛋白41%）	0.00	5.00	5.00
油菜籽粕	5.00	5.00	0.00
玉米面筋（含粗蛋白60%）	7.00	10.70	10.70
玉米（膨化，含粗蛋白8.5%）	0.00	0.00	20.00
米糠	11.00	20.00	0.00
粗麦粉（含粗蛋白12%）	18.00	0.00	11.60
面粉	0.00	10.50	0.00
盐酸赖氨酸（0.5%）	0.50	0.50	0.50
大豆油	2.20	2.00	1.60
矿物质预混剂	0.10	0.10	0.10
维生素预混剂	0.05	0.05	0.05
维生素C（包囊）	0.10	0.10	0.10
磷酸二氢钙（含磷18%）	1.05	1.05	1.05
总计	100.00	100.00	100.00

每天投喂数次，每10天按饲料系1.7数调整1次投喂量，每30天抽样测定鱼的生长情况。

表63 福建山仔水库和水口水库的实验结果

地点	饲料	放养密度（尾/米³）	放养规格（克/尾）	网箱规格（米³）	饲养天数	收获		成活率（%）	饲料系数	净收入（元/米³）	投资回报率（%）
						千克/米³	克/尾				
山仔	S－浮性	400	51	1.0	153	177	519	95	1.66	1633	70.4
山仔	H－浮性	400	51	1.0	153	197	560	97	1.67	1917	78.9
山仔	J－浮性	400	51	1.0	153	186	536	96	1.61	1876	83.5
水口	S－浮性	400	70	1.0	130	151	474	95	1.36	687	32
水口	H－浮性	400	70	1.0	130	150	457	97	1.37	670	32
水口	J－浮性	400	70	1.0	130	137	427	96	1.50	441	22
水口	S－浮性	400	100	1.0	127	174	549	97	1.46	818	31.5
水口	H－浮性	400	100	1.0	127	173	549	97	1.47	843	32.8
水口	J－浮性	400	100	1.0	127	154	496	97	1.65	590	23.4

在河北省的实验因各组实验时间上的差异太大，实验结果受到干扰，数据无法比较。

2. 饲料对比实验

此实验是1999年在福建省进行的。实验目的主要是证实在斑点叉尾鮰的饲料中无需添加鱼粉，利用大豆粕为主要饲料蛋白源饲养斑点叉尾鮰，以期获得较快的生长速度。实验有效养殖水体为1立方米的小体积网箱中进行，每个实验组重复5次。

实验用饲料：第一种是采用全植物性蛋白原料，去皮大豆作为主要蛋白源；第二种以去皮大豆作为主要蛋白源，添加5%的鱼粉；第三种饲料以鱼粉作为主要蛋白源。但3种饲料的蛋白质含量相同，均为32%，含脂肪6%。实验结果是，鱼种从平均体重69克/尾分别长到平均467克/尾、500克/尾和532克/尾，差异十分显著。三种饲料系数分别为1.45，1.34和1.25；平均成活率均为99%。

表 64　实验用饲料配方（蛋白含质含量 32%，脂肪含量 6%）　　%

饲料原料	以大豆粕为主	大豆粕+5%鱼粉	以鱼粉为主
去皮大豆粕（含蛋白 47.5%）	52.8	45.4	4.6
鳀鱼粉（含蛋白 65%/脂肪 10%）	–	5.0	25.0
面粉	23.6	24.0	20.8
次面粉	10.0	13.5	31.0
玉米蛋白（含蛋白 60%）	6.0	5.0	5.0
棉籽粕（含蛋白 41%）	–	–	10.0
鱼油	3.53	3.53	1.53
大豆卵磷脂	1.00	1.00	1.00
磷酸二氢钙	2.70	2.20	0.70
矿物质预混料	0.25	0.25	0.25
维生素预混料	0.10	0.10	0.10
乙氧喹	0.02	0.02	0.02
合计	100.00	100.00	100.00

投喂实验从 1999 年 6 月 3 日至 10 月 15 日，共计 135 天。

3. 正常体色和白色斑点叉尾鮰的生长性能对比实验

此实验是 2000 年在福建闽清水库进行的。饲料为含蛋白质 32%、6% 的豆粕型颗粒饲料，在有效养殖水体为 1 立方米的小网箱中分别饲养正常体色的白色斑点叉尾鮰两组鱼，每组实验设 3 个重复，饲养期限为 142 天。实验结束后，正常体色的鱼从体重 83 克/尾长至 494 克/尾，饲料系数 1.56；白体色的鱼从体重 83 克/尾长到 392 克/尾，饲料系数 1.67。

表 65　实验结果

饲料种类	放养密度（尾/米^3）	投饲天数	鱼收获规格（克/尾）	净产量（千克/米^3）	成活率（%）	饲料系数	净收入（元/米^3）	投资历回报率（%）
以大豆粕为主	400	135	467a	157a	99.0	1.45a	2 147a	124
大豆粕＋鱼粉	400	135	500b	171b	99.0	1.34b	2 372b	134
以鱼粉为主	400	135	532c	183c	98.9	1.25c	2 570c	139

注：用不同字母标记的数据之间有显著差异（$P<0.05$）

表 66　饲料配方

饲料原料	占饲料的（%）
大豆粕（含蛋白47.5%）	52.80
小麦粉	23.60
次面粉	10.00
玉米蛋白粉（含蛋白60%）	6.00
鱼油	3.53
大豆卵磷脂	1.00
磷酸二氢钙	2.70
维生素预混剂	0.10
矿物质预混剂	0.25
乙氧喹	0.02
合计	100.00

表 67　实验结果

鱼的种类	正常体色	白色
放养规格（克/尾）	83	83
放养密度（尾/米^3）	400	400
投饲天数	142	142
收获规格（克/尾）	493.6a	392.3b
毛产量（千克/米^3）	193.8c	148.8d
净产量（千克/米^3）	160.5e	110.3f
成活率（%）	90.4g	91.5i
饲料系数	1.56i	1.67i
销售价格（元/千克）	17.00i	22.00k
净收入（元/米^3）	1 384.20l	1 309.00m
投资回报率（%）	72.4n	70.8p

注：用不同字母标记的数据之间有显著差异（$P<0.05$），而用相同字母标记的数据之间差异不显著（$P>0.05$）。

本实验的结果与美国的研究结果相反，美国的研究结果是两种体色的鱼在生产量上无任何差异；因此，此实验结果可能是因斑点叉尾鮰近亲繁殖而造成的。

（二）罗非鱼类

1. 红罗非鱼的生长性能实验

此实验是于1997年在福建省山仔水库中的小网箱内进行的。小网箱为有效水体1立方米，每组设3个重复。鱼种为红罗非鱼。实验用饲料配方有2种，均为浮性饲料。其中J配方的饲料中含有50%大豆粕，不含鱼粉，粗蛋白含量为32%；H配方饲料含40%的大豆粕和5%的鱼粉，粗蛋白含量亦为32%。每天投喂数次，每10天按饲料系数1.7计调整1次，每30天抽样测定1次生长情况。

表68　红罗非鱼成鱼养殖用饲料配方

原料成分	H配方（%）	J配方（%）
鱼粉	5.00	0.00
大豆粕（含粗蛋白44%）	40.00	50.00
棉籽粕（含粗蛋白41%）	5.00	5.00
油菜籽粕	5.00	0.00
玉米面筋（含粗蛋白60%）	10.70	10.00
玉米（膨化，含粗蛋白8.5%）	0.00	20.00
米糠	20.00	0.00
粗麦粉（含粗蛋白12%）	0.00	11.60
面粉	10.50	0.00
盐酸赖氨酸（0.5%）	0.50	0.50
大豆油	2.00	1.60
矿物质预混剂	0.10	0.10
维生素预混剂	0.05	0.05
维生素C（包囊）	0.10	0.10
磷酸二氢钙（含磷18%）	1.05	1.05
总计	100.00	100.00

2. 投喂不同饲料饲养红罗非鱼的对比实验

此实验是1999年在福建省闽江县水口水库进行的，利用小体积网箱养殖技术和人工配合饲料，进行红罗非鱼的生长速度对比，每种饲料重复3次。实验目的主要是证实红罗非鱼不需要含有鱼粉的配合饲料，同时还证明用大豆粕为主要蛋白源的

表69 红罗非鱼的生长情况

地点	饲料	放养密度（尾/米^3）	放养规格（克/尾）	网箱规格（米^3）	饲养天数	收获		成活率（%）	饲料系数	净收入（元/米^3）	投资回报率（%）
						千克/米^3	克/尾				
山仔	H－浮性	400	51	1.0	139	169	482	99	1.76	2 047	92.3
山仔	J－浮性	400	51	1.0	139	155	443	99	1.77	1 930	95.8

饲料效果与以鱼粉为主要蛋白源的饲料会相同。两种饲料的蛋白含量均为32%。

饲养107天后，投喂大豆粕型为主要蛋白的浮性膨化颗粒饲料的红罗非鱼由实验初的体重120克/尾长至结束时的372克/尾，而以鱼粉为主要蛋白源的浮性膨化颗粒饲料组由120克/尾长到422克/尾；两种饲料的实验鱼生长差异显著；饲料系数分别为1.96和1.63；鱼的净产量分别为100千克/米^{3}和120千克/米^3；成活率分别为99%和98%。

表70　饲料配方

原料成分	以大豆粕为主（%）	以鱼粉为主（%）
去皮大豆粕（含粗蛋白47.5%）	52.8	6.6
鳀鱼粉（含蛋白65%，含脂肪10%）	–	25.0
面粉	23.6	20.8
次面粉	10.0	31.0
玉米蛋白粉（含粗蛋白60%）	6.0	5.0
棉籽粕（含粗蛋白41%）	–	10.00
鱼油	3.53	1.53
大豆卵磷脂	1.00	1.00
磷酸二氢钙	2.70	0.70
矿物质预混剂	0.25	0.25
维生素预混剂	0.10	0.10
乙氧喹	0.02	0.02
合计	100.00	100.00

3. 杂交罗非鱼生产性实验

此实验是于1997年在广东省山坑水库中的小网箱内进行的。小网箱为有效水体1立方米，每组设3个重复。鱼种为杂交罗非鱼（*Oreochromis niloticus* × *Oreochromis aureus*）。实验用饲料配方有两种，均为浮性饲料。其中J配方的饲料中含有50%大豆粕，不含鱼粉，粗蛋白含量为32%；H配方饲料含40%的大豆粕和5%的鱼粉，粗蛋白含量亦为32%。每天投喂数次，每10天按饲料系数1.7计调整1次，每30天抽样测定1次生长情况。

表 71　红罗非鱼的饲养结果

饲料种类	放养密度（尾/米^3）	投喂天数	收获规格（克）	净产量（千克/米^3）	成活率（%）	饲料系数	净收入（元/米^3）	投资回去报率（%）
以大豆粕为主	400	107	372a	100a	99.4	1.96a	591a	33.3
以鱼粉为主	400	107	422b	120a	98.3	1.63b	813b	43.5

注:用不同字母标记的数据之间差异显著($P<0.05$)。

表72 杂交罗非鱼的成鱼养殖用实验饲料配方

原料成分	H配方（%）	J配方（%）
鱼粉	5.00	0.00
大豆粕（含粗蛋白44%）	40.00	50.00
棉籽粕（含粗蛋白41%）	5.00	5.00
油菜籽粕	5.00	0.00
玉米面筋（含粗蛋白60%）	10.70	10.00
玉米（膨化，含粗蛋白8.5%）	0.00	20.00
米糠	20.00	0.00
粗麦粉（含粗蛋白12%）	0.00	11.60
面粉	10.50	0.00
盐酸赖氨酸（0.5%）	0.50	0.50
大豆油	2.00	1.60
矿物质预混剂	0.10	0.10
维生素预混剂	0.05	0.05
维生素C（包囊）	0.10	0.10
磷酸二氢钙（含磷18%）	1.05	1.05
总计	100.00	100.00

放养时的鱼种规格为平均体重52克，经136天的饲养实验，投喂H和J配方饲料的鱼平均体重分别达到550克/尾和460克/尾。投喂H配方饲料的网箱净产量为155千克/米^3，而投喂J配方饲料的净产量为144千克/米^3；成活率分别为80%和90%。因受鱼病、饲料运输时间及饲料质量方面的影响，实验结果较混乱；此外，养殖区的水质环境受传统网箱养殖的影响也较大。故很难对实验结果得出结论。

三、海水鱼类的网箱养殖实验

（一）日本鲈鱼

1. 日本鲈鱼的生长对比实验1

此实验是1999年在浙江省平阳县的海水网箱中进行的。在开始实验进行驯食，使鱼种转变为能摄食实验饲料中的一种，驯化时间为5天。实验采用6只、有效养殖水体分别为8立方米的网箱，加盖黑布箱盖，设置的投饵框。鱼粉型饲料和豆粕型饲料两种饲料分别设3个重复实验，两种饲料的蛋白质含量均为43%，脂肪含量为12%。实验从1999年6月开始。

表73　饲料配方

原料成分	以大豆粕为主（%）	以鱼粉为主（%）
去皮大豆粕（含粗蛋白47.5%）	40.0	18.5
鱼是鱼粉（含蛋白65%，含脂肪10%）	34.0	44.0
面粉	16.5	25.0
鱼油	8.03	7.03
玉米蛋白粉（含粗蛋白60%）	1.00	5.00
矿物质预混剂	0.25	0.25
维生素预混剂	0.20	0.20
乙氧喹	0.02	0.02
合计	100.00	100.00

表74　实验结果

饲料种类	放养密度（尾/米^3）	投饲天数	收获鱼规格（克）	净产量（千克/米^3）	成活经（%）	饲料系数
豆粕型	350	153	297a	50.3b	50.3c	1.53d
鱼粉型	350	153	289a	49.6b	49.5c	1.55d

注：用相同字母标记的数据之间没有显著差异（$P>0.05$）。

2. 日本鲈鱼的生长性能对比实验2

1999—2000年，在东部沿海的南麂岛进行了此实验。1999年的实验采用3.0克的日本鲈鱼鱼种，经使用鱼肉浆从早期培育至体重3克/尾。在实验开始时，实验鱼经食性转化驯养至可食饲料中的一种，食性转化是通过每天增加人工配合饲料的投喂量，而逐渐减少鱼浆的投喂量来进行，5天后不再投喂鲜鱼肉浆。实验在6只8立方米水体的网箱中进行，其中3只投喂鱼粉型配合饲料，3只投喂豆粕型配合饲料（去皮大豆粕含量为40%）。两种饲料的能量和氮含量相等，蛋白质含量均为43%、脂肪12%。两种饲料均为膨化浮性颗粒饲料。实验开始时的饲料直径1.5毫米，随鱼体的长大而逐渐增大饲料粒径。每个饲料实验设3个重复。实验从1999年6月10日至11月11日，共计153天。实验期间，投喂豆粕型饲料的鱼种从体重3克/尾长至297克/尾；投喂鱼粉型饲料的鱼种从体重3克/尾长至289克/尾；两组实验结果无显著差异。

利用上年度培育的鱼种进行日本鲈鱼的生长性能对比实验。越冬后的2000年4

月30日，以175尾/米^{3}的放养密度饲养于3只有效养殖容积为8立方米的网箱内。鱼种平均体重302克/尾。5月1日开始投喂豆粕型饲料，饲料的蛋白质含量为43%、脂肪含量为12%。2000年的实验从5月1日至7月29日，共计90天，鱼种从体重302克/尾长到527克/尾，平均饲料系数1.54。

表75　饲料配方

原料成分	以大豆粕为主（%）	以鱼粉为主（%）
去皮大豆粕（含粗蛋白47.5%）	40.00	18.50
鳀鱼粉（含蛋白65%，含脂肪10%）	34.00	44.00
小麦粉	16.50	25.00
鱼油	8.03	7.03
玉米蛋白粉（含粗蛋白60%）	1.00	5.00
矿物质预混剂	0.25	0.25
Roche2118 维生素预混剂	0.20	0.20
乙氧喹（抗氧化剂）	0.02	0.02
合计	100.00	100.00

表76　实验结果

饲料种类	放养密度（尾/米^3）	投喂天数	收获时鱼体重（克/尾）	毛产量（千克/米^3）	成活率（%）	饲料系数
1999年						
豆粕型	350	153	297a	52.3b	50.3c	1.53d
鱼粉型	350	153	289a	50.1b	49.5c	1.55d
2000年						
豆粕型	175	90	527	85.9	93.2	1.54

注：用同样字母标记的数据无显著差异（$P>0.05$）。

3. 日本鲈鱼的生长性能实验3

此实验是2000年7月3日至10月15日在象山港海区进行的。利用膨化饲料和鲜活鱼对日本鲈鱼鱼种至成鱼进行了生长性能对比实验。实验采用豆粕型膨化浮性颗粒饲料和鲜活鱼，配合饲料的蛋白质含量为43%、脂肪含为12%。野杂鱼剁碎后投喂。实验鱼种以200尾/米^{3}的密度放养于8立方米的海水网箱中，每个实验组设3个重复。饲养102天后，投喂浮性膨化颗粒饲料组的鱼从体重10.6克/尾长到138.3克/尾，饲料系数1.82，平均产量31千克/米^3；投喂鲜活鱼实验组的鱼从体重 11 克/尾长到 178.3 克/尾，饲料系数 6.78。

表 77　饲料配方

饲料原料	占饲料（%）
去皮大豆粕（含蛋白 47.5%）	40.00
鳀鱼粉（含蛋白 65%，含脂肪 10%）	34.00
小麦粉	16.50
鱼油	8.03
玉米蛋白粉（含蛋白 60%）	1.00
维生素预混剂 Roche2118	0.20
矿物质预混剂 F－1	0.25
乙氧喹	0.02
合计	100.00

表 78　实验结果

饲料种类	膨化饲料	鲜活鱼
放养密度（尾/米^3）	200	200
放养规格（克/尾）	10.6	10.6
投喂天数	102	102
收获规格（克/尾）	178.3	178.3
毛产量（千克/米^3）	31.0	29.6
净产量（克/米^3）	28.9	27.4
成活率（%）	88.2	83.3
饲料系数	1.82	6.78
净收入（元/箱）	3820	2728
净收入（元/米^3）	478	341
投资回报率（%）	62.7	40.4
生产每千克鱼的饲料成本（元）	9.46	14.92

（二）混合或多品种养殖实验

1. 利用商品饲料代替杂鱼养殖海水鱼的实验

此实验是1999年在广东饶平拓林网箱养殖场进行的，每组实验设4个重复。目的是观察海水鱼苗种能否从摄食新鲜杂鱼顺利转食人工配合浮性膨化颗粒饲料。实验鱼体重为55克/尾的鲈鱼、110克/尾的鲈鱼、150克/尾的美国红鱼和体长为5～6厘米的卵形鲳鲹。饲料含蛋白质43%，含脂肪12%，为膨化浮性颗粒饲料，食性转换过渡时间为10天。在停止投喂鲜杂鱼的第一天，1.5%的饵料鱼被膨化饲料替代；第二天增加到8%；此后膨化饲料的投喂比例逐日增加，直到饲养的鱼完全摄食膨化饲料为止；每天分4次投喂；卵形鲳鲹用的饲料糙径为1.5毫米，体重为55克/尾的鲈鱼用饲料粒径为2.0毫米，体重为110克/尾的鲈鱼和150克/尾美国红鱼用饲料粒径为4.0毫米。所有实验结果都表明转食成功。鲈鱼在转食第二天既摄食膨化饲料，卵形鲳鲹也在投喂人工配合饲料的第一天转变开始摄食膨化饲料，但美国红鱼的转食显得有些困难。

表79　饲料配方（含蛋白42%、脂肪12%）

饲料原料	占饲料的（%）
鳀鱼粉（含蛋白65%，含脂肪10%）	44.0
去皮大豆粕（含蛋白47.5%）	18.5
面粉	25.0
鱼油	7.03
玉米蛋白粉（含蛋白60%）	5.00
矿物质预混剂	0.25
维生素预混剂	0.20
乙氧喹	0.02
合计	100.00

2. 在广西北海海区进行的几种鱼类网箱养殖实验

此实验是2000年在广西北海海区进行的海水网箱养殖日本鲈鱼、黑鳍鲷和美国红鱼，从摄食鲜活鱼转为摄食膨化颗粒饲料，并用膨化颗粒饲料饲养至成鱼的实验。实验采用9只每个6.4立方米的网箱，分别饲养上述3种鱼，每种鱼的实验分别设3个重复；所放养的鱼种规格：美国红鱼平均体重117克/尾、日本鲈鱼平均体重53克/尾、黑鳍鲷平均体重61克/尾；每个网箱放养密度鱼种均为156尾/米^3。在实验开始前，美国红鱼和日本鲈鱼先投喂活鱼；实验开始后，以每天用10%的膨化浮性颗粒饲料替代鲜活鱼进行食性转化驯化，约10天后全部投喂人工配合膨化浮性颗粒饲料。黑鳍鲷的实验开始时，其食性经以驯化完毕，转为摄食人工配合浮性膨化颗粒饲料。实验以饱食投喂法，每天投喂两次。

表80 饲料配方

饲料原料	占饲料（%）
去皮大豆粕（含蛋白47.5%）	40.00
鳀鱼粉（含蛋白65%，含脂肪10%）	34.00
小麦粉	16.50
鱼油	8.03
玉米蛋白粉（含蛋白60%）	1.00
维生素预混剂 Roche2118	0.20
矿物质预混剂 F-1	0.25
乙氧喹	0.02
合计	100.00

美国红鱼的实验从2000年5月2日至9月29日，共计150天。

表81 美国红鱼的实验结果

网箱编号	1	2	3	平均
放养密度（尾/米^3）	156	156	156	156
放养规格（克/尾）	115	121	115	117
实验天数	150	150	150	150
收获时规格（克/尾）	705	727	763	732
毛产量（千克/米^3）	56.3	55.0	50.0	53.8
净产量（千克/米^3）	38.3	36.1	32.0	35.5
成活率（%）	51.1	48.6	41.9	47.2
饲料系数	2.30	2.44	2.75	2.50*
净收入（元/箱）	3 962	3 712	2 752	3 475
净收入（元/米^3）	619	580	430	543
投资回报率（%）	57.9	54.2	40.2	50.8

注：*饲料系数计算时并未将死鱼计入，将估计死鱼重量计算在内的话，采用膨化饲料的饲料系数为1.4。

日本鲈鱼的实验从2000年5月29日至9月29日，共计124天。

表82　日本鲈鱼的实验结果

网箱编号	1	2	3	平均
放养密度（尾/米^3）	156	156	156	156
放养规格（克/尾）	52	55	53	53
实验天数	124	124	124	124
收获时规格（克/尾）	362	358	365	362
毛产量（千克/米^3）	44.7	45.1	46.8	45.5
净产量（千克/米^3）	36.6	36.5	38.5	37.2
成活率（%）	79.1	80.7	82.0	80.6
饲料系数	1.79	1.84	1.70	1.77
净收入（元/箱）	3 622	3 699	4 026	3 782
净收入（元/米^3）	566	578	629	591
投资回报率（%）	73.0	74.6	81.2	76.3

黑鳍鲷的实验从2000年6月15日至9月29日，共计106天

表83　黑鳍鲷的实验结果

网箱编号	1	2	3	平均
放养密度（尾/米^3）	156	156	156	156
放养规格（克/尾）	58	60	65	61
实验天数	106	106	106	106
收获时规格（克/尾）	222	217	239	226
毛产量（千克/米^3）	18.1	17.3	18.0	17.8
净产量（千克/米^3）	9.1	7.9	7.8	8.3
成活率（%）	52.3	51.1	48.1	50.5
饲料系数	2.69	3.10	3.14	2.97 *
净收入（元/箱）	550	376	528	485
净收入（元/米^3）	85.9	58.7	82.5	75.7
投资回报率（%）	16.2	11.1	15.6	14.3

注：* 饲料系数计算时并未将死鱼计入，将估计死鱼重量计算在内的话，采用膨化饲料的饲料系数为1.5。

（三）卵形鲳鲹

此实验是1999年6月起在深圳龙岗水产研究所进行的，目的是评估网箱中养殖卵形鲳鲹时的人工配合饲料可行性，以替代新鲜野杂鱼的使用，尤其是以去皮大豆粕作为主要蛋白源的饲料性能。

实验鱼体重2.7克/尾。实验开始前，先经过驯食，将鱼种从摄食鱼肉浆转换到摄食人工配合饲料，驯食时间为5天。实验采用6口养殖水体为1.5立方米的小网箱，其中3只网箱投喂鱼粉型饲料，另3只投喂豆粕型饲料，即每个实验组设3个重复；两种饲料的蛋白质含量均为43%、脂肪12%的膨化浮性饲料；初始投喂饲料的粒径为1.5毫米。

表84 实验用饲料配方（含蛋白质43%、脂肪12%）

原料成分	豆粕型饲料（%）	鱼粉型饲料（%）
去皮大豆粕（含粗蛋白47.5%）	40.0	18.5
鳀鱼粉（含蛋白65%，含脂肪10%）	34.0	44.0
小麦粉	16.5	25.0
鱼油	8.03	7.03
玉米蛋白粉（含粗蛋白60%）	1.00	5.00
矿物质预混剂	0.25	0.25
维生素预混剂	0.20	0.20
乙氧喹	0.02	0.02
合计	100.00	100.00

表85 实验结果

饲料种类	放养密度（尾/米^3）	投饲天数	收获鱼规格（克/尾）	成活经（%）	饲料系数	净收入（元/米^3）	投资回报率（%）
豆粕型	400	150	222a	73	2.13	1558	92.2
鱼粉型	400	150	218a	71	1.23	1391	82.4

注：用相同字母标记的数据之间没有显著差异（$P>0.05$）。

（四）美国红鱼

利用人工饲料和鲜活鱼对美国红鱼鱼苗养至鱼种的生长对比实验是2000年7—8月间在宁波海区进行的。利用人工配合饲料和鲜活鱼对美国红鱼早期鱼苗饲养至体重3克/尾大小的鱼种的生长情况进行了对比。野杂鱼搅碎成鱼浆后投喂；

人工配合饲料是以3吨破碎料（粒径1.1～1.5毫米）和粒径为1.5毫米的膨化浮性颗粒饲料。36日龄的美国红鱼上浮鱼苗的放养密度为2 500尾/箱，网箱的大小为2.25立方米。平均体重0.21克/尾的鱼苗饲养24天后，投喂人工配合饲料的实验鱼长至体重3.24克/尾，饲料系数为1.43，成活率91.5%；投喂鱼肉浆的实验鱼长至3.42克/尾，饲料系数为5.17，成活率为81.0%。虽然投喂鱼肉浆的鱼生长率高于投喂人工配合饲料组5%，但后者的成活率却较高，饲料系数也较低，投资回报率较高。

表86　鱼苗至鱼种阶段的配合饲料配方（开口料：蛋白质52%、脂肪16%）

原料	占饲料（%）
白鱼粉（含蛋白68%、脂肪8%）	51.0
小麦粉	12.5
进口鱼油	10.5
血粉	7.5
大豆粕（含蛋白47.5%）	6.0
啤酒酵母	5.0
小麦蛋白粉	5.0
大豆卵磷脂	1.5
美国大豆协会维生素预混剂 F－1	0.5
美国大豆协会矿物质预混剂 T&－S1	0.28
稳定维生素 C（35%）	0.20
乙氧喹	0.02
合计	100.00

表87　成鱼饲料配方

原料	占饲料（%）
大豆粕（含蛋白质47.5%）	40.00
鳀鱼粉（含蛋白65%、脂肪10%）	34.00
小麦粉	16.50
进口鱼油	8.03
玉米蛋白粉（含蛋白质60%）	1.00
美国大豆协会矿物质预混剂 F－1	0.20

续表

原料	占饲料（%）
美国大豆协会维生素预混剂 Roche2118	0.25
乙氧喹	0.02
合计	100.00

表 88　鱼苗至鱼种培育实验结果

饲料种类	鲜活鱼	配合饲料
网箱体积（米^3）	2.25	2.25
放养密度（尾/箱）	2500	2500
实验鱼初重（克/尾）	0.21	0.21
投喂天数	24	24
实验结束鱼体重（克/尾）	3.42	3.24
成活率（%）	81.0	91.5
饲料系数	5.17	1.43

（五）大黄鱼

1. 大黄鱼生长性能的对比实验

此实验是2000年在宁波市象山港和温州市南麂岛进行的。利用浮性膨化颗粒饲料的鲜活鱼对大黄鱼鱼种饲养到面鱼的生长性能对比。膨化饲料为豆粕型，蛋白质含量为43%、脂肪含量为12%。鲜洗鱼为剁碎后投喂。实验鱼种饲养于有效养殖水体为8立方米的网箱中，分别设鲜活鱼组和膨化饲料组，其中一半的鱼种在实验早期投喂鲜活鱼肉浆（投喂鲜鲜活鱼组），另一半则投喂高蛋白含量的人工开口用饲料（豆粕型饲料组）。

在宁波的实验放养密度为200尾/米^3，每种实验设3个重复，饲养103天后，采用膨化颗粒饲料的实验鱼从体重3.2克/尾生长到37.9克/尾，饲料系数为1.69；采用鲜活鱼为饵料的实验鱼从3.4克/尾长到44克/尾，饲料系数为9.9。

在温州的实验放养密度为175尾/米^3，每种实验设3个重复，饲养62天后，投喂膨化颗粒饲料，鱼种从体重5.4克/尾长到23.4克/尾，饲料系数为1.53；投喂鲜活鱼的实验鱼从体重5.6克/尾长到25.4克/尾，饲料系数为4.98。两组实验的净收入和投资回报度几乎相同，但投喂鲜活鱼的饲料成本相对较高。

表89　饲料配方

饲料原料	占饲料的（%）
去皮大豆粕（含蛋白47.5%）	40.00
鳀鱼粉（含蛋白65%，含脂肪10%）	34.00
小麦粉	16.50
鱼油	8.03
玉米蛋白粉（含蛋白60%）	1.00
维生素预混剂 Roche2118	0.20
矿物质预混剂 F－1	0.25
乙氧喹	0.02
合计	100.00

2. 从摄食鲜活鱼到转食豆粕型膨化饲料的生长性能对比实验

此实验是2000年在宁波市象山港和温州市南麂岛进行的。对大黄鱼人食性从摄食鲜活鱼转至摄食膨化浮性颗粒饲料，并养商品鱼。实验所采用的饲料为豆粕型，含蛋白质43%、脂肪12%，饲料配方同上。实验开始时投喂鲜活鱼，但放入实验网箱后，逐渐将大黄鱼的食性从摄食鲜活鱼转至膨化饲料，转食期为10天，每天以高于10%的饲料取代鲜活鱼，直到完全摄食膨化饲料，以饱量投喂，每天投喂两次。

在宁波的实验，放养密度为75尾/米^3，设3个重复，每个网箱的体积8立方米。实验期为2000年6月15日至10月15日，共118天。

在温州的实验，放养密度为31尾/米^3，设6个重复，每个网箱的体积22.5立方米。实验期2000年5月11日至9月11日，共123天。

表 90　宁波的实验结果

饲料种类	放养密度（尾/米³）	放养规格（克/尾）	投饲天数	收获鱼规格（克/尾）	成活经（%）	饲料系数	净收人（元/米³）	投资回报率（%）
豆粕型	200	3.2	103	37.9	75	1.69	186	120
鲜活鱼	200	3.4	103	44.0	70	9.92	146	66

表 91　温州的实验结果

饲料种类	放养密度（尾/米³）	放养规格（克/尾）	投饲天数	收获鱼规格（克/尾）	成活经（%）	饲料系数	净收人（元/米³）	投资回报率（%）
豆粕型	175	5.4	62	23.4	89.1	1.53	153	48.5
鲜活鱼	175	5.6	62	25.4	87.5	4.98	156	51.5

表 92　宁波的实验结果

网箱编号	1	3	平均
放养密度（尾/米^3）	75	75	75
放养规格（克/尾）	103	103	103
投饲天数	118	118	118
收获规格（克/尾）	243	252	248.3
毛产量（千克/米^3）	16.64	18.04	17.34
净产量（千克/米^3）	8.92	10.54	9.73
成活率（%）	91.3	95.4	93.3
饲料系数	2.43	2.04	2.24
净收入（元/箱）	3 134.4	3 825.6	3 480.0
净收入（元/米^3）	391.8	478.2	435.0
投资回报率（%）	64.8	79.1	72.0

表 93　温州的实验结果

网箱编号	10	11	12	平均
放养密度（尾/米^3）	31	31	31	31
放养规格（克/尾）	164	164	164	164
投饲天数	123	123	123	123
收获规格（克/尾）	338	312	331	327
毛产量（千克/米^3）	10.19	9.47	9.87	9.84
净产量（千克/米^3）	5.08	4.43	4.74	4.74
成活率（%）	96.8	97.6	95.8	96.7
饲料系数	1.57	1.80	1.64	1.67
净收入（元/箱）	7 537.5	6 547.5	7 042.5	7 042.5
净收入（元/米^3）	335	291	313	313
投资回报率（%）	88.6	78.1	82.9	83.2

附录四　鱼类饲料日营养需求与高效膨化技术

近年来，随着世界各国水产养殖业的加快发展，对养殖水生动物营养需求与渔用饲料的研究也日益广泛和深入，这些研究成果有力地支持了渔用饲料工业和水产养殖业的良好持续发展。现将一些国内外一些最新研究成果予以整理并介绍如下。

第一节　鱼类对饲料中营养物质的需要量

本文是根据美国国家研究委员会（National Research Council，NRC）1993 年出版的《鱼类的营养需求》（Nutrient Rwquiremwnts of Fish）中部分内容撰写的。已有的研究表明，温水性鱼类、冷水性鱼类或是海水鱼类与淡水鱼类对营养的需求并没有多少差异。需要指出的是，养殖水环境中的天然生物有机体供给的饵料、投饲以及饲料成分对溶氧和其他水质因子的影响，饲料的入水稳定性和散失率、饲料营养成分溶失情况等都对饲料效果产生一定影响，这些都应的商业性饲料生产时加以考虑。

一、营养需求

NRC 第一次公布了鱼类的生产性能最好时，其所需的各种营养物质的最低需求量。

表 1　鱼类对饲料中营养物质的需求量

能量基础 （Keal DE/千克饲料）	斑点叉尾鮰 3 000	虹鳟 3 600	太平洋鲑鱼 36 000	鲤鱼 3 200	罗非鱼 3 000
粗蛋白（可消化的）（%）	32（28）	38（34）	38（34）	35（30.5）	32（28）
氨基酸（%）与脂肪酸（%）					
精氨酸	1.20	1.5	2.04	1.31	1.18
组氨酸	0.42	0.7	0.61	0.64	0.48
异亮氨酸	0.73	0.9	0.75	0.76	0.87
亮氨酸	0.98	1.4	1.33	1.00	0.95

续表

能量基础 （Keal DE/千克饲料）	斑点叉尾鮰 3 000	虹鳟 3 600	太平洋鲑鱼 36 000	鲤鱼 3 200	罗非鱼 3 000
赖氨酸	1.43	1.8	1.70	1.74	1.43
蛋氨酸+胱氨酸	0.64	1.0	1.36	0.94	0.90
苯丙氨酸+酪氨酸	1.40	1.8	1.73	1.98	1.55
苏氨酸	0.56	0.8	0.75	1.19	1.05
色氨酸	0.14	0.2	0.17	0.24	0.28
缬氨酸	0.84	1.2	1.09	1.10	0.78
n-3 脂肪酸	0.5~1	1	1~2	1	-
n-6 脂肪酸	-	1	-	1	0.5~1
常量元素（%）					
钙	R	1E	NT	NT	R
磷	0.45	0.6	0.6	0.6	0.5
钠	R	0.6E	NT	NT	NT
钾	R	0.7	0.8	NT	NT
氯	R	0.9E	NT	NT	NT
镁	400	500	NT	500	600
微量元素（毫克/千克）					
锰	2.4	13	R	13	R
锌	20	30	R	30	20
铁	30	60	NT	150	NT
铜	5	3	NT	3	R
硒	0.25	0.3	R	NT	NT
碘	1.1E	1.1	0.6~1.1	NT	NT
脂溶性维生素					
维生素 A，国际单位/千克	1 000~2 000	2 500	2 500	4 000	6
维生素 D，国际单位/千克	500	2 400	NT	NT	10
维生素 E，国际单位/千克	50	50	50	100	NT
维生素 K，毫克/千克	R	R	R	NT	NR
水溶性维生素（毫克/千克）NT					
核黄素（VB_2）	9	4	7	7	6

续表

能量基础 （Keal DE/千克饲料）	斑点叉尾鮰 3 000	虹鳟 3 600	太平洋鲑鱼 36 000	鲤鱼 3 200	罗非鱼 3 000
泛酸	15	20	20	30	10
烟酸	14	10	R	28	NT
维生素 B_{12}	R	0.01E	R	NR	NR
胆碱	400	1 000	800	500	NT
生物素	R	0.15	R	1	NT
叶酸	1.5	1.0	2	NR	NT
硫胺素（VB_1）	1	1	R	0.5	NT
维生素 B_6	3	3	6	6	NT
肌醇	NR	300	300	440	NT
维生素 C	25～50	50	50	R	50

注：1. 本表所列的需求量数值均以高纯度的原料实验确定的，这些原料的营养物质都是非常容易消化的，因此，表中所列的数值表示了几乎 100% 的生物利用率；

2. R 表示饲料需求的物质，但数量尚未确定；

NR 表示在实验条件下，饲料中并不需要这种物质；

NT 表示未测试出；

E 表示推算出来的数值。

3. 实际使用的饲料中典型的能量含量。

表中的数值是在实验条件下，鱼类生产性能最好时，对营养物质的最低需求量，而且一般都是用小规格鱼进行实验的，实验条件控制在最适宜鱼类生长范围内，当某个营养物质的需求量在不同的实验中得到的结果不一致时，NRC 的鱼类营养委员会选择一个可能合理的数值列入表中。

表中的数值没有包括因某些原因而超量添加的部分。但是，在实际生产时，为弥补加工、贮藏过程中的损失等，从安全方面考虑，需要加大添加量。确定鱼类对氨基酸、脂肪酸、维生素、矿物质等营养成分的需求量时，用的是化学成分已知的精制原料，鱼类对这些原料的消化利用率几乎可达 100%。用天然饲料原料配制鱼类饲料时，应考虑到这一前提条件，因为鱼类对这些天然物质原料的生物利用率大大低于实验所选用的原料。

表中的营养物质需求量是基于实验的饲料中的能量与该种鱼类的典型商业饲料一致时得到的数值。蛋白质需求量则根据不同鱼类饲料中的能量来进行调整的，如果饲料中的能量含量或蛋白质含量增加或减少，其他营养成分的含量也应作相应调整。

如果鱼类对某个营养物质的需求量还没有通过实验来确定，表中以 NT 表示；

如果通过实验条件下某个营养成分对鱼类来说是必需的，但具体的需要量尚未测出，则以 R 表示；如果不是必需的，则以 NR 表示；如果某种鱼类的营养需求没有实验数据，但有与其相近的鱼的需求量数值时，则以这一数据推算其所需的量，推算值以 E 表示。

二、能量

鱼类是变温动物，即冷血动物，因此，鱼类与温血动物在营养需求上的一个显著特点是，同化蛋白质时，鱼类需要的能量比温血动物少得多，因为鱼类不必消耗能量来维持体温，而且鱼类维持其在水中的位置所消耗的能量要比温血动物维持其在陆上的姿态所消耗的能量少得多。换言之，鱼类的基础代谢能量是较低的。Cho 和 Kaushik（1990）测定了虹鳟在空腹时的耗氧率和体增热（Heat production 或 Heat incremnt，过去曾称为特殊动力作用［Specific dynamic action，SDA］），单位为 kcal（即千卡，1 千卡 =4 186.8 焦耳），发现体增热 $=8.85W^{0.82}$

W——鱼体重（千克）。Smith（1989）将虹鳟直接放于热量计中，测得体增热 $=4.41W^{0.63}$ 与哺乳动物的体增热（体增热 $=701W^{0.73}$）和禽类的体增热（体增热 $=831W^{0.75}$）（Brody，1945）相比，空腹鱼类的体增热明显要低。

鱼类对饲料中能量要求低的另一个原因是，进食后鱼类热量的增加或体增热比温血动物低得多。这主要与鱼类的含氮排泄物所带走的能量与尿酸所需要的能量分别为 3.1 千卡/克氮和 2.4 千卡/克氮（Martin 和 Blaxter，1965），与此不同，氮可以很容易地排放至水中，带走的能量相对要少得多（Cowey，1975）。Smith（1989）报道，虹鳟作为热量散发掉的能量只占代谢能（ME）的 3% ~5%，而哺乳类动物则高达代谢能的 30%（Brody，1945）。

因为鱼类摄食不是自主的，而是由饲养者投喂给予定的日粮，所以，鱼类的能量需求一般用蛋能比（Protein ratio - Calorie，简写为 P/C 比）来表示。这类数据一般是通过饲养实验、对比增重而获得的。下表是对几个实验结果的总结，并列出了最适的可消化能（DE）与可消化蛋白质（DP）的比例关系；这些比例关系因实验鱼的规格不同而不同，在 81 ~112 毫克可消化蛋白质/千卡可消化能之间变动，而猪和鸡的蛋白质/代谢能（ME）之比为 40 ~60 毫克/千卡（NRC，1984，1988）。鱼类随其规格的增大，对能量与蛋白质的需求量都会下降。

表 2　几种鱼类最适当的 DP/DE 比

鱼类	DP（%）	DE（千卡/克）	DP/DE（毫克/千卡）	最终鱼重（克）	反应的标准	参考文献
斑点叉尾鮰	22.2	2.33	95	526	体重增加	Page and Andrews（1973）
	28.8a	3.07a	94	34	体重增加	Garling and Wilson（1976）
	27.0	2.78	97	10	蛋白质增加	Mangalik（1986）
	27.0	3.14	86	266	蛋白质增加	Mangalik（1986）
	24.4a	3.05a	81	600	体重增加	Li and Lovell（1992）
杂交鲈	31.5a	2.80	112	35	体重增加	Nematipour et al.（1992）
尼罗罗非鱼	30	2.90	103	50	体重增加	El - Sayed（1987）
鲤鱼	31.5a	2.90a	108	20	体重增加	Takeuchi et al.（1979）
虹鳟	33	3.5	92	90	体重增加	Cho and Kaushik（1985）
	42	4.10	105	94	体重增加	Cho and Woodward（1989）

注：DP——可消化蛋白质；
DE——可消化能；
数值后加 a 的可消化蛋白质和可消化能数值是从饲料原料成分中推算出来的。

Mangalik（1986）的研究表明，斑点叉尾鮰体重由 3 克增重到 250 克，在生长速度最大时，每 1 毫克斑点叉尾鮰每天所需要的可消化能（DE）从 168 千卡降到 50 大卡，而每天所需的蛋白质则从 16.4 克降到 4.3 克。由此可计算出，DE: DP 由 3 克时的 98 毫克/大卡降至 250 克时的 86 毫克/大卡。

鱼饲料中可被利用的能量用 DE、ME 表示。DE 等于摄入饲料的总能量减去粪能［FE］；ME 等于摄入的饲料的总能量减去粪能、尿能［UE］以及鳃分泌物带去的能量［ZE］；ME 比 DE 能更精确地表示出饲料中可以用来进行新陈代谢的能量的多少。实际上使用 ME 并不比使用 DE 好多少，因为粪能占了由排泄物带走的能量的绝大部分。鱼类除粪能以外的能量损失，包括鳃分泌物带走的能量和尿能，要比哺乳动物和禽类少得多，而且这一部分能量损失不像粪能那样，会因为饲料原料的不同而有很大差异，它的变化很小。此外，测定鱼类的 ME 值非常困难；相对而言，测定 DE 值则容易一些，实验鱼可以自由摄食。但是，要测得鱼类的 DE 值，一定要采用正确的实验方法：收集鱼类的粪便时，要保持粪便中的营养物质不会因溶解而进入水中，这一点很重要。早期的研究（Smith 和 Lovell，1973；Wimdell et al，1978）表明，不正确的采粪方法，例如粪便留在水槽中的时间过长，会使测得的消化率大大高于真实值。如果已有的资料上可以查到 DE 与 ME 值，那么 DE 与 ME 值都被列入 NRC 最新出版的《鱼类的营养需求》一书中。

因为鱼类生活的水环境中碳水化合物较少，因此，鱼类消化系统以及代谢系统可能更倾向于利用蛋白质和脂肪来获得能量，而不是利用碳水化合物。但是，温水性的草食性鱼类或杂食性鱼类，如斑点叉尾鮰、罗非鱼和鲤鱼等利用碳水化合物的能力相对较强一些，而鲑鳟鱼类利用碳水化合物的能力则弱一些。尼罗罗非鱼（Popma，1992）和斑点叉尾鮰（Wilson 和 Poe，1985）可利用未熟化的玉米淀粉所含的总能量的70%，而虹鳟则低于50%（Cho 和 Slinger，1979）。膨化加工这样的熟化过程可以使鱼类对淀粉的消化率提高，斑点叉尾鮰（Wilson 和 Poe，1985）对膨化玉米的 DE 比作硬颗粒饲料的玉米淀粉高38%。

三、蛋白质与氨基酸

由于鱼饲料中的蛋白质含量较高，所以，多数人认为鱼类对蛋白质的需求量大。其实这是一个认识上的误区，鱼饲料中的蛋能比高于畜禽饲料不是因为鱼对蛋白质的需求量大，而是由于鱼类的基础代谢能以及含氮排泄物带走的能量少于畜禽类的缘故，鱼类将饲料中的蛋白质转化为组织的效率与温血动物基本相同。因为与蛋白质的需求量相比，鱼类需要的能量低，所以，蛋白质含量高的鱼饲料的经济性要高于畜禽饲料。

许多种鱼类的幼鱼对蛋白质的需求量都已确定。蛋白质需求量其实也就是为了满足幼鱼对氨基酸的需要和使幼鱼达到最大生长速度所需的最低蛋白质含量。多种鱼类对饲料中蛋白质（CP）的需要量在25%～55%。斑点叉尾鮰对粗蛋白质的需要量为25%～45%，变动范围主要与饲料质量、鱼的大小和投喂量有关。由于鱼类分解蛋白质和氨基酸的能力较强，且有些鱼类会优先利用蛋白质和氨基酸等作为能量物质，而不是优先利用碳水化合物，从营养生理上而言，那些含蛋白质较高的饲料更具有优越性。Li 和 Lovell（1992b）用氨基酸平衡并且 DE 相同、粗蛋白质含量从26%～38%的商品饲料在池塘中养殖斑点叉尾鮰，有的池塘投饲到鱼吃饱为止，有的则限量投喂，结果是前一种养殖方式的鱼只需饲料中含26%的蛋白质即可达到最大生长速度，而后一种养殖方式的鱼随着饲料中粗蛋白质含量的增加而相应增大。

到目前为止，所有已经检测过的鱼类都需要10种必需氨基酸。这些必需氨基酸与温血动物所需的必需氨基酸种类相同。赖氨酸、蛋氨酸、精氨酸和色氨酸容易成为鱼饲料中的限制性氨基酸，虹鳟与鲷鱼对这些氨基酸的需求量也已确定。确定氨基酸需求量一般以化学成分已知的精制饲料作为测试用饲料，待测氨基酸在饲料中的含量呈各种梯度增加，最后通过测定、比较实验鱼的增重率来确定待测氨基酸的最适量。很多实验都全部使用结晶氨基酸和纯蛋白质为原料，调整配方以使饲料中的必需氨基酸的组成与理想蛋白质一致。尽管 NRC 所公布的营养需求表明，不同鱼类对同一种氨基酸的需求量不完全相同，会有较大差异，但这种差异的产生可能主要是由于实验条件如鱼的规格、投饲率不同所致，而不是因为鱼的种类不同而引起的。

表 3　鱼类的必须氨基酸需要量（日粮蛋白质%）

氨基酸	鳗鱼	鲤鱼	鲇鱼	大马哈鱼	虹鳟
精氨酸	2.1	2.1	1.5	1.8	–
组氨酸	4.0	2.6	2.6	2.2	–
异亮氨酸	5.3	3.3	3.5	3.9	–
亮氨酸	5.3	5.7	5.1	5.0	4.2～6.1
赖氨酸	3.2	3.1	2.3	4.0	2.2～3.0
蛋氨酸＋胱氨酸	0	0	0	1.0	0～0.5
苯丙氨酸	5.8	6.5	5.0	5.1	–
苯丙氨酸＋酪氨酸	0	0	0.3	0.4	–
苏氨酸	4.0	3.9	2.0	2.2	–
色氨酸	1.1	0.3～0.8	0.5	0.5	0.5～0.6
缬氨酸	4.0	3.6	3.0	3.2	–

注：Wilson，1995。

表 4　几种鱼虾的基本氨基酸需要量　　%

氨基酸	日本鳗鲡	鲤鱼	海峡鲇	大鳞鲑	齐氏罗非鱼	淡水虾	海虾
精氨酸	4.5	4.2	4.3	6.0	R	R	R
组氨酸	2.1	2.1	1.5	1.8	R	R	R
异亮氨酸	4.0	2.3	2.6	2.2	R	R	R
亮氨酸	5.3	3.4	3.5	3.9	R	R	R
赖氨酸	5.3	5.7	5.1	5.0	R	R	R
蛋氨酸＋胱氨酸	5.0	3.1	2.3	4.0	R	R	R
苯丙氨酸＋酪氨酸	5.8	6.5	5.0	5.1	R	R	R
苏氨酸	4.0	3.9	2.0	2.2	R	R	R
色氨酸	1.1	0.8	0.5	0.5	R	R	R
缬氨酸	4.0	3.6	3.0	3.2	R	R	R

注：R：表示不可缺少，但还需要量未确定。

四、必需脂肪酸与固醇类

鱼类需要从饲料中摄取某些脂肪酸，有的种类需要 n－3 系列不饱脂肪酸，而有的种类需要 n－6 系列不饱脂肪酸，有的鱼类则两种系列都需要。有的鱼类可以将

18－碳不饱和脂肪酸转化为长链的、不饱和程度高的不饱脂肪酸（HUFA）（现大都称为多不饱和脂肪酸——PUFA），但有的鱼却没有这种能力，只能从外界摄入长链高度不饱和脂肪酸，这就要求在这些鱼的饲料中添加足够量的脂肪酸。有的热带鱼类，如罗非鱼（Kanazawa et al，1980；Takeuchi et al，1983）需喂饲料中含有 n－3 系列不饱脂肪酸，并且能利用亚油酸［$C_{18\,2}$（n－6）］。冷水鱼类，如虹鳟（Castell et al，1972；Watanabe et al，1974）需饲料中含有 n－3 系列脂肪酸，可以将亚麻酸［$C_{18:3}$（n－3）］转化为 EPA［二十碳五烯酸——$C_{20:5}$（n－5）或 DHA：二十二碳六烯酸——$C_{22:6}$（n－3）］。海洋鱼类中的鲷鱼和鰤鱼需要饲料中含有 EPA 和 DHA；而鲤鱼（Watanabe et al，1975）和斑点叉尾鮰（Satoh et al，1989；Fracalossi 和 Lovell，1994）在饲料中同时含有 n－3 和 n－6 两种脂肪酸时生长良好。

投喂以缺少脂肪的饲料的鱼发育不良。但不同种类的鱼对基本脂肪酸的需要量还了解的不多。鲑科鱼类的饲料中要求含有约 1% 的 Ω－3 脂肪酸以达到最大的生长速度。温水鱼对 Ω－3 和 Ω－6 脂肪酸或高度不饱和脂肪酸的需要量似乎比冷水鱼类少（Stikney 与 Andrews，1972）。饲料中结合使用 Ω－3 和 Ω－6 脂肪酸或高度不饱和（20:5 或 20:6）的 Ω－3 脂肪酸，含量 0.5% ~1% 即可满足大多数鱼正常发育的需要。但 Ω－6 对 Ω－3 脂肪酸的比率太高会抑制温水鱼和冷水鱼鱼种的生长（Casteli，1978）。日本对虾似乎喜欢 Ω－3 脂肪酸，而印度对虾对食物的选择性不大，对 Ω－3 和 Ω－6 都需要（Read，1981）。

贝类不能合成固醇，因而饲料中必须含有正常发育所需的固醇。早期发现（Kanazawa et al，1971），日本对虾饲料中 0.5% 的胆固醇含量能满足这一需要。

五、矿物质

鱼类需要和陆生动物同样的矿物质来构成组织及完成各种代谢过程，而且鱼类还利用无机元素维持体内和水分之间的渗透平衡。尽管如此，目前还只有鱼类对 9 种矿物质元素的需求数据，即：钙（Ca）、磷（P）、铜（Cu）、碘（I）、铁（Fe）、镁（Mg）、锰（Mn）、硒（Se）和锌（Zn）。水中的矿物质能在很大程度中满足鱼类对某些矿物质的需要。多数鱼类经鳃从水中吸收它们所需要的部分钙，除非水中的溶解磷的含量比钙特别低。鱼类的饲料中磷的来源是必不可少的，因为天然水体中溶解的磷含量比钙含量低（Lovell，1978）。饲料中缺乏磷会造成海峡鲇生长速度降低、食欲减退、体内钙、磷含量减少（Lovell，1978）以及鲤鱼的背部和头部变形。海峡鲇的饲料中可利用磷的最低需要量，采用精制饲料已测定为 0.45%（Lovell，1978）。

天然饲料成分中如果矿物质损失不大，通常含有动物正常发育所需的钾、镁、钠、氯。这些元素在实用鱼类饲料中含量充足，无需添加。但动物成分低的鱼饲料中可能缺乏微量元素，所以，以植物成分为主的饲料中应添加锌、铁、铜、钴、碘、硒等微量矿物质制剂。Gatlin 和 Wilson（1984）发现，由于与植物性饲料原料中的植酸复合的原因，斑点叉尾鮰饲料中的锌含量可以在20毫克/千克~100毫克/千克范围内变动。鱼粉中锌的生物利用率与磷酸三钙的含量呈负相关关系，可能是因为消化道内可吸收的锌与磷酸钙反应生成了非溶性的复合物的缘故（Satoh et al，1987），因此，使用灰分含量高的鱼粉或饲料中鱼粉的含量很高时，应相应地提高饲料中的锌含量。

长期以来，在鱼饲料中补充矿物质被认为是不必要的。根据经验，鱼类饲料中动物副产品的含量超过10%时，再额外补充矿物质是不必要的，但对鱼鱼类而言，这样的饲料还是要补充某些矿物质，如动物副产品含量低于5%时，斑点叉尾鮰的饲料中就需要添加矿物质。关于饲料原料中矿物质的生物利用率研究资料不多，不同鱼类对不同来源的磷净吸收率见下表。

表5 几种鱼对各种饲料原料中磷的净吸收率

饲料原料	国际饲料号	斑点叉尾鮰	鲤鱼	虹鳟
动物性产品				
酪蛋白	5-01-162	90a	97b	90b
卵清蛋白	-	-	71b	-
鳀鱼粉	5-01-985	-	-	-
褐色鱼粉	-	-	24b	-
大西洋油鲱鱼粉	5-02-009	60c	-	-
白鱼粉	-	-	0~18b	66b
无机磷酸盐				
钙：（一代的）	6-01-082	94c	94b	94b
钙：（二代的）	6-01-080	65c	46b	71b
钙：（三代的）	6-01-084	-	13b	64b
钾：（一代的）	-	-	94b	98b
钠：（一代的）	6-04-288	90c	94b	98b
植物性产品				
玉米粉	4-26-023	25c	-	-
肌醇 六磷酸	-	1c	8~38b	-
米糠	4-03-928	-	25b	19b
大豆粕（去壳）	5-04-612	29c	-	-
小麦胚芽	5-05=218	-	57b	58b

续表

饲料原料	国际饲料号	斑点叉尾鮰	鲤鱼	虹鳟
粗面粉	4-05-205	28c	0	-
啤酒酵母	7-05-527	-	93b	-

注：a. 数据来源为 wilson，R. P，E. H. Robinsin，D. M. Gatin lll and W. E. Poe. 1982，Dietary phosphorus requirement of channel catfish. J. Nut，112：1 197 ~ 2 002.

b. 数据来自：Ogino，C.，T. Takeuchi，H. Takeda and T. Watanabe. 1979. Abailability of dietary phosphorus in carp and rainbow Trout. Bull. Jpn. Soc. Sci. Fish. 45：1 527 ~ 1 532.

c. 数据来自：Lovell，R. T. 1978. Dietary phosphorus requirement of channel catfidh（lctalurus punctatus）. Trans. Am. Fish，Sco. 107：617 ~ 612.

d. 数据来自：Yone，Y. and N. Toshima，1979. The utilization of phosphorus in fish meal by carp and black sea bream Bull. Jpn. Sco/Sci. Fish. 45：753 ~ 756.

六、维生素

（一）鱼类对维生素的需求量

野生的鱼类很少见到有营养性疾病发生的情况，因为天然水域中的食物的营养相当丰富；只有当鱼被投放到人工环境中接受人工喂食生长时才会出现营养缺乏症。因此，在人工养殖环境条件下，许多鱼类的饲料中都要求含有现已发现的 15 种维生素。

在 13 ~ 15 种基本维生素中，鱼因缺乏任何一种而发生的普遍症状是食欲减退和生长速度降低。此外，有几种维生素缺乏症的共同症状是红血球计数减少、颜色异常、共济官能失调、焦躁不安、出血、脂肪肝及感染。研究发现，下表中所列出的 15 种维生素是必不可少的。但并不是所有的鱼都需要这 15 种氨基酸。鳟鱼需要这 15 种氨基酸；海峡鲇需要肌醇外的 14 种氨基酸。海峡鲇、罗非鱼等温水性鱼类，它们的肠道细菌能合成某几种维生素 B，所以，饲料中对维生素 B 的需要可能有限。由于饲料成分中的维生素含量不同，以及合成维生素的成本相对较低，集中饲养的鱼类饲料中一般要添加下表中所列出的维生素，但肌醇和生物素除外，因为这两种成分通常有足够的量存在于鱼饲料原料中。

表 6　几种鱼类的维生素需要量（每千克饲料中的量）a

维生素	单位	海峡鲇	鲤鱼	鲑科鱼类
A	国际单位	1 000 ~ 2 000	Rb	2 500
D	国际单位	500 ~ 1 000	-	2 400
E	国际单位	30	R	30

续表

维生素	单位	海峡鲇	鲤鱼	鲑科鱼类
甲萘醌（K）	毫克	Rb	-	10
硫胺素（B_1）	毫克	1	1	10
核黄素（B_2）	毫克	9	8	20
吡哆醇（B_6）	毫克	3	6	10
泛酸	毫克	20	30 ~ 50	40
烟酸	毫克	14	28	150
叶酸	毫克	R	N	5
B_{12}	毫克	R	N	0.02
肌醇	毫克	N	10	400
生物素（H）	毫克	R	R	0.1
胆碱	毫克	R	4 000	3 000
抗坏血酸（C）	毫克	60	R	100

注：a：来源：NRC（1981，1983）；
b："R"表示不可缺少但需要量未确定；
"N"表示在规定的实验条件下未发现需要。

（二）鱼类维生素缺乏症

斑点叉尾鮰可以体内重新合成肌醇，即使在可控的环境中以去掉了肌醇的精制饲料投喂，也不会发生相应的缺乏症（Burtle 和 Lovell，1989）。尼罗罗非鱼（Limsuwan 和 Locell，1981）和鲤鱼（Kashiwada et al，1970）的实验表明，它们的消化道具有很强的合成维生素 B_{12}的能力，在饲料中添加 B_{12}与否，对它们不会有太大的影响。对肉食性的鱼类而言，水体中的微小生物在补充维生素上的作用并不明显（Hepher，1088）。如果饲料中含有蛋氨酸这样的甲基供体，斑点叉尾鮰可以自己合成胆碱，但是，如果饲料中蛋氨酸含量不足，则需要在饲料中补充添加胆碱（Wilson 和 Poe，1988）。

测定鱼类对维生素需求量时，一般将实验鱼饲养于可控环境中，用化学成分已知的、缺少待确定的维生素的精制饲料投喂实验鱼类，最后通过实验数据来确定。几种鱼的维生素缺乏症见下表。鱼类对维生素的需求量受鱼体规格大小、年龄、投饲率等多种环境因子的影响，以及营养物质的内在关系等因素的影响，此外，确定需求量时依据的反应标准不同，大多数维生素的需求量也会不同。例如，有好几种鱼类在最需要抵抗细菌性疾病感染时维生素 C 的需要量就比增重最快时所需的量要高得多。以不出现临床症状（如酶活性降低或组织异常）为标准所确定的维生素需求量，常常低于增长率或不出现明显缺乏症为标准时的需求量。

表7　已报道的几种鱼类维生素缺乏症

维生素	鲑鳟鱼类	斑点叉尾鮰	鲤鱼
维生素A	皮肤色素减退，眼球突出，角膜变薄，视网膜退化，水肿，腹水	眼球突出，水肿，皮肤色素减退	皮肤色素减退，眼球突出，鳃丝扭曲，局部出血
维生素D	体内钙平衡减退，骨骼肌抽搐	骨骼的灰分、钾和钙含量下降	未观察到缺乏症
维生素E	皮肤色素减退，腹水，红细胞大小不一，肌肉营养不良	皮肤色素减退，渗出性素质，肌肉营养不良，脂肪肝	眼球突出，脊柱前凸，肌肉营养不良，胰脏退化
维生素K	凝血时间延长，鳃与眼出血	表皮出血	未观察到缺乏症
硫胺素（维生素B_1）	神经失调，平衡失调，刺激感受性亢进，痉挛	体色变深，平衡失调，神经过敏	神经过敏，皮肤色素减退，皮下出血
核黄素（维生素B_2）	体色变深，脊柱畸形，畏光，鳍与眼睛出血	鱼体发育不良	畏光，皮炎，鳍、腹部出血
吡哆醇（维生素B_6）	癫痫性惊厥，刺激感受性亢进，螺旋状游动	神经失调，抽搐，螺旋状游动，体呈现淡绿色	神经失调，肝、胰转氨酶活性下降
泛酸	鳃丝黏结，鳃盖肿胀，胰脏腺泡细胞萎缩	鳃丝黏结，表皮糜烂	鳃丝黏结，眼球突出，表皮出血
烟酸	表皮、鳍与结肠损伤，对光敏感，体呈焦黑色，腹水	表皮、鳍损伤，眼球突出，颌骨畸形	表皮出血，死亡
生物素	鳃丝退化，表皮损伤，肌肉营养不良，肝脏中的乙酰辅酶A和丙酮酸羧化酶减少，胰脏腺泡细胞退化	表皮色素减退，肝脏中的丙酮酸羧化酶减少	嗜眠，表皮黏液细胞增加
叶酸	严重贫血，红细胞巨大，体色变深	轻度贫血，红细胞巨大，易感染细菌性疾病	未观察到缺乏症
维生素B_{12}	小红细胞性、低血色素性贫血，红细胞变小	生长减缓，红细胞比容变小	未观察到缺乏症
胆碱	脂肪肝，眼球突出，腹部肿大，肾脏、消化道出血	肝肿大，肾脏、消化道出血	脂肪肝，肝细胞变小
肌醇	体色变深，腹部肿大，胆碱脂酶的转氨酶活性下降	未观察到缺乏症	表皮黏液少

续表

	鲑鳟鱼类	斑点叉尾鮰	鲤鱼
抗坏血酸（维生素C）	组织出血，眼球突出、出血，鳃丝扭曲，脊柱前凸和侧凸，腹水	局部出血，骨胶原减少，脊柱前凸或侧凸	生长不良

注：普通缺乏症包括厌食、轻度贫血和生长不良，这些缺乏症状一般在表中不予说明。除非仅有这些症状可以观察到。死亡指大量的、快速的死亡，这在判断某些维生素是否缺乏时是很重要的。

鱼类营养与温血动物不同的另一个重要判别是，后者可以利用葡萄糖为原料合成维生素C或L—抗坏血酸，但迄今为止的研究表明，鱼类没有这种能力，因为鱼类体内缺乏L—古洛酸内酯（L—gulonolactone）氧化酶，这种酶在合成维生素C的过程中是必需的。因此，鱼类必须从饲料中摄取维生素C。维生素C是强氧化剂，目前已参与了一些代谢过程，包括合成胶原时对胶原的羟化作用（Sandel和Damial，1988），防止细胞膜上敏感脂类的过氧化作用（Heikkila et al，1987），促使、催化铁和叶酸的还原作用等（Lim和Lovell，1978）。饲料中缺乏维生素C很容易引进一些缺乏症。商业饲料生产所用的原料中的维生素C通常被破坏，所以，需要补充添加。在膨化制粒加工饲料时，饲料中补充的维生素C的50%被破坏，余下的部分贮存4~8周后也将会损失一半左右等（Lovell和Lim，1978）。抗坏血酸的几种衍生物比纯坏血酸稳定，这些衍生物包括L—抗坏血酸—1，2—硫酸酯和L—抗坏血酸—1—磷酸酯。某些鱼类对硫酸酯衍生物的利用能力比对磷酸酯的利用能力差（Soliman et al，1986a；Dabrowski，1990），而且对斑点叉尾鮰而言，抗坏血酸的硫酸酯衍生物的活性只有L—抗坏血酸或L—抗坏血酸—2—单磷酸酯衍生物的7%（Lovell和EINaggar，1990）。

（三）维生素需求量数据的使用方法

NRC所公布的能量以及营养物质需求量数据是，用于小规格鱼在适宜其生长条件下进行的实验，以最大增重率为标准而确定的。鱼的规格、代谢功能正常与否、饲养管理方法以及环境因子都会影响饲料中营养物质的最适含量，因此，这些数据只是近似值，使用时要慎重。此外，由于实验时所用的饲料是用化学成分已知的、高消化率的精制饲料原料配制生产而成的，因此，所公布的需求量数据是以饲料中营养物质消化率近100%为基础和前提的，这要求我们在用天然饲料原料配制实用饲料时，应根据原料中营养物质的可利用率、加工贮存过程中营养成分的损失以及原料的成本来公布的营养物质需求量。如果某些鱼类的能量与营养物质需求没有列出，可以慎重地选择与其相近的鱼类的需求量来代替。一般而言，温水性鱼类与冷水性鱼类之间、淡水鱼类与海水鱼类之间存在着营养需求上的差异。当不同鱼类的营养需求资料越来越多时，应该将鱼类营养需求量确定得更加具体，确定出各种特定情况下营养成分的推荐添加量，提高商品饲料单位成本的收益。

鱼类饲料配方的基本目标是，在饲料成本可被养殖者所接受的前提下，用多种饲料原料配制出营养平衡的、能够满足鱼类进行基础代谢、生长、繁殖和维持健康所需的各种营养成分的饲料；此外，按配方配成的混合物还要便于加工成符合物理学性状要求的饲料成品。根据配方加工出来的饲料成品应该有很好的适口性，并且要求所含的抗营养物质的量不能达到引起鱼类生产性能下降的程度。饲料应与鱼类的肉质要求一致，且饲料对养殖系统内水质的污染尽可能最小。

线性规划法常被用来研制鱼类饲料的最低成本配方，应用这一方法时要注意，因为与畜禽类相比，鱼类营养上还有很多未知的内容，例如，由于实验所用的鱼类一般都是小规格的鱼种，因此，对鱼类从小鱼到食用鱼的各个阶段的营养需求情况了解得不多；养殖管理以及环境因子对鱼类的营养需求的影响也知之甚少。此外，不同鱼类对不同饲料中能量以及各种营养成分的生物利用率不同，例如，冷水性鱼类不能利用碳水化合物作为基础能源物质，而温水性鱼类却能利用；鱼类对饲料中磷的利用率比畜禽类低，而且不同鱼类对饲料中磷的利用能力有所不同；棉籽粕中的赖氨酸可消化率也比豆粕中的低（Wilson et al，1981）。

不同饲料原料在配方中的用量有上限和下限之分，这是根据这些原料对加工、适口性等决定的。也受鱼类生产性能、肉质、环境等的限制。例如，鱼粉以及其他动物性饲料原料一般都规定了下限用量；鱼饲料中使用棉籽粕时，一般都会规定上限用量，因为棉籽粕中含有毒性的游离棉酚；类胡萝卜素的含量应加以控制，因为叶黄素会使白色鱼肉呈现不希望出现的黄色（Lee，1987）；然而，在鲑鳟鱼的饲料中，必须含有作为红色色素增色剂的原料。

NRC 的鱼类营养委员会认为，鱼类营养和投饲的某些方面还有待进一步研究。由于缺乏公开发表的关于水生甲壳动物营养需求方面的资料，最新出版的书籍中不包括水生甲壳类动物营养部分。然而，水生甲壳类动物的养殖业在全世界范围内发展最快，商业性的养殖规模迅速扩大，因此，鱼类营养委员会需要收集有关甲壳类动物营养方面资料。

第二节　鱼饲料的高效经济膨化技术

渔用膨化颗粒饲料因其所具有的优点而代表着未来渔用饲料工业的发展方向。这些优点可归纳为以下几点：一是水生动物对饲料的消化利用率会大幅提高，因为膨化加工过程中对各种饲料原料有所熟化；二是因饲料的密度可调节，尤其是浮性饲料具有易于观察水生动物的摄食情况，可有效掌握投饵量；三是对养殖水质的污染程度会大大降低，这是通过可靠的投喂量来实现的；四是有利于预防水生动物疾病，因为膨化过程中的高温、高压等，可有效杀灭饲料中的致病微生物以及抗营养物质。

饲料的膨化加工定义较为简单。Smith（1976）将其描述为：通过加压、加热及机械摩擦的联合作用，在某一管道中将经过加水、淀粉或蛋白性原料，柔化并蒸煮的机械程序。淀粉的糊化、蛋白质变性以及这些成分的物理再构造均系高温、高压及摩擦的联合作用所致。经过蒸煮的饲料团块随着通过压模孔而加工成形，再经切割成所要求的长度，以达到最后所希望的颗粒大小。

一、加工生产过程的协调性

任何类型的饲料生产都是一项包括多种学科的活动，在生产过程中需要组织和管理，需要营养技术和机械技能的综合运用。饲料生产的组织协作主要由下图 3 个方面构成。

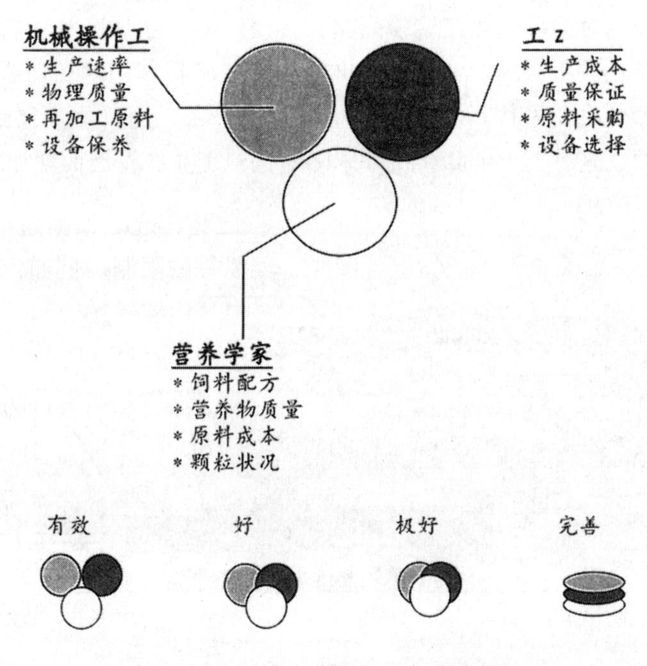

图 1　饲料生产过程的组织与学科构成

这个组织和参与过程分别由企业经理、营养学家及机构操作工来提供，他们各自考虑的重点不同，但最终目标是综合各自的努力，生产出成本最低但质量最佳的饲料。只有当三者的工作目标形成重叠时，这一过程将最为有效。三者之间的合作也是一个动态过程，需要经常性的调整和维持。

二、选择合适的生产设备

阿基米德应用螺杆进行原料传送的开发被认为是膨化原理的首次应用。但其后的数个世纪内，这一技术仍被采用得很少，进展缓慢。据文献介绍，19 世纪 30 年代意大利首先将膨化技术应用于食品工业。当时，他们应用了18世纪中期橡胶工业开发的带螺杆的膨化机来生产面类食品（Yacu，1990）。到1946年，最早膨化蒸煮食品投入商业性生产（Harper，1981）。自那时起，膨化技术取得了较快发展，至今已有多数饲料生产企业采用数种膨化设备进行饲料的生产应用。

在渔用饲料生产过程中，目前选用的部分膨化设备大体上可以分为三种类型的蒸煮膨化机械（Smith，1985）。即：压力蒸煮膨化机、干式膨化蒸煮机和乔时、高温膨化蒸煮机。

（一）压力蒸煮膨化机

这类膨化机应用了在压力作用下，对饲料混合物进行调质的概念。应用一根可以计量的高压螺杆将干混合饲料引入到加有蒸气和水的压力仓。经加热的混合物停留该仓内足够长的时间后，可使淀粉糊化，并使一些蛋白质变性。将形成的团块状饲料通过压模膨化成所需的形状；然后再由组装在旋转式切割切切成预定长度的颗粒。压力蒸煮膨化机在渔用饲料中的最早应用之一是，用于生产斑点叉尾鮰饲料。但由于某些原因，这种类型的膨化机并未随着饲料工业的发展而增加应用规模。

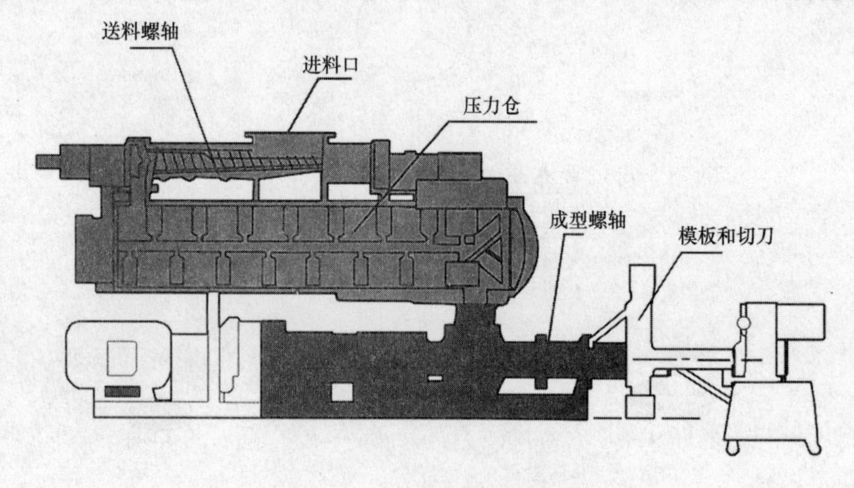

图2　压力蒸煮膨化机截面

（二）干式膨化蒸煮机

干式膨化蒸煮机则是应用相对较高的机械能以形成足够的摩擦热来蒸煮饲料，没有添加蒸气和水分。这些蒸煮机特别适用于低水分、高淀粉性的饲料。高含量的淀粉可使产品在膨化仓内形成摩擦，产生具有稳定的表面黏性的蒸煮饲料团块。由于蛋白质对摩擦的反应不同，因此，干式膨化对蛋白质含量较高的饲料的控制较为困难，这样就在一定程度上限制了干式膨化机在渔用饲料生产上的应用。

干式膨化还需要相对较高的转速来驱动膨化轴，并使饲料混合物通过膨化仓，

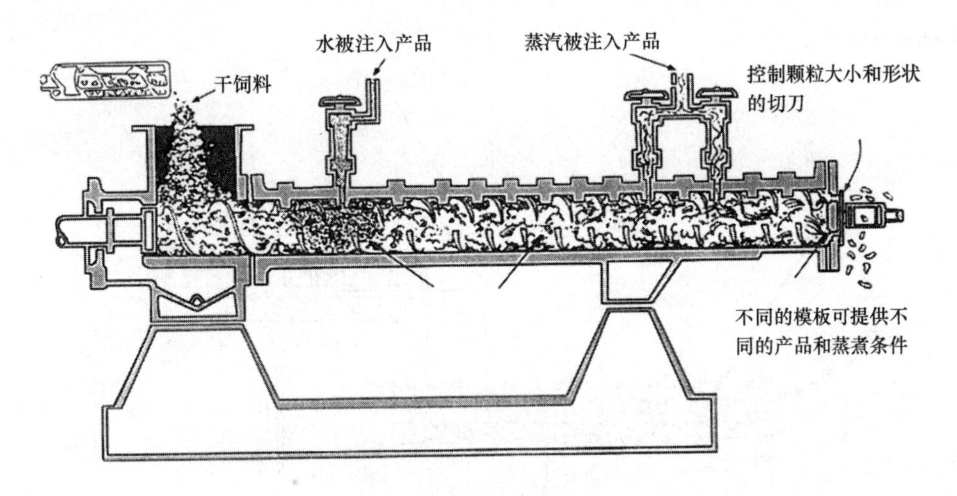

图3　典型的膨化机截面

从而使相对产量的加工成本过高，致使这类膨化机在商业性饲料生产上几乎不采用。但这类膨化机也有其优点：即最初的设备及安装成本较低，且膨化后的产品较干燥而不需要增加干燥成本。因此，这种膨化机特别适用于生产小批量低蛋白含量的饲料。

（三）短时/高温蒸煮机

短时/高温蒸煮机（ST/HT）的设计适用于较大范围的饲料生产能力。不管是单螺杆型还是双螺杆型，这类膨化机是渔用饲料生产中应用最为普遍的设备，适用于生产多种类型的饲料，从高蛋白、高脂肪的鲑鳟鱼饲料，到低蛋白、浮性的饲料，以及高密度、水中稳定性高的虾类饲料等。

ST/HT 的蒸煮过程，从某种程度上说是压力蒸煮膨化机及干式蒸煮膨化机所应用的蒸煮过程和组合。经充分粉碎的饲料混合物先经计量后进入调质器，在调质器内发生的过程中除维持有周围外压力与压力蒸煮膨化机的压力仓中发生的情况相类似。在这里，水分可渗入到原料混合物中，干的蒸气被注入并开始对产品进行蒸煮。混合物从调质器出来时的温度约为 80～95℃。然后进入膨化仓，通过转动轴（其上有一系列距离不同的螺纹）将原料推至压模。在此期间，通过加热（将蒸气直接注入膨化仓和/或间接通过蒸气箱）完成饲料的蒸煮过程。大量的热也来自于以摩擦形式应用的机械能的散逸，而摩擦的大小主要受膨化仓的设计及螺杆外形的影响。

ST/HT 加工可获得以下较好效果：淀粉糊化、蛋白质变性（包括许多有抗营养效果的酶类），并消除饲料成品中的致病菌（Williams，1991）。经过混合及蒸煮的饲料可有效地变成柔软的团块，再用压模改变饲料的密度及形状，并切割成任何所需的长度。

应用 ST/HT 处理原理已开发出数种类型的膨化机，适用于不同用途及生产能力要求。

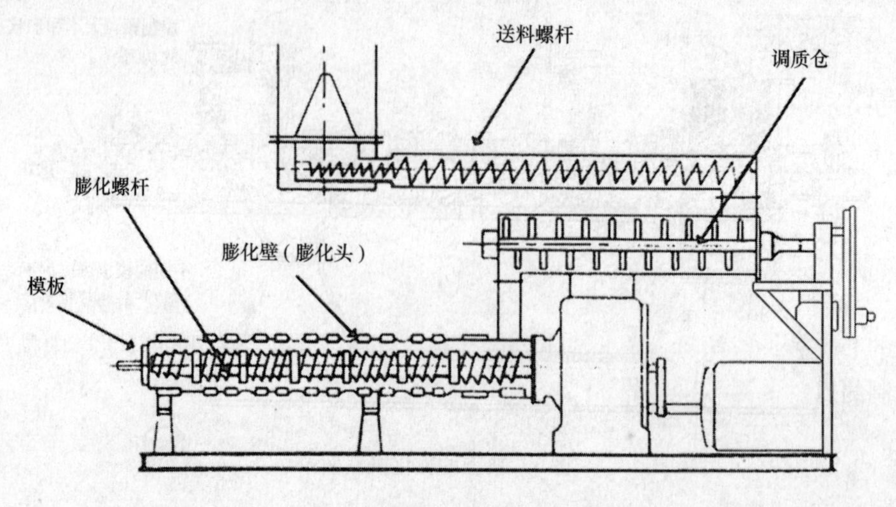

图4　短时高温膨化蒸煮机

（四）膨胀式膨化机

最简单类型的ST/HT蒸煮机是膨胀式膨化机，系单螺杆机器，能生产各种沉性和浮性渔用饲料。但是，该机器特别适用于脂肪含量低到中等的高质量浮性饲料。膨胀式膨化机可以在没有调质器的情况下进行生产。尽管这将限制其多用性，并明显地降低生产效率。在膨化仓内壁凸出的固定栓之间，由于断续性升高旋转并应用独特的螺旋线，该种蒸煮器可迅速在经调质的混合物内形成高程度的摩擦。除因迅速的运动而产生的摩擦热外，混合物进入膨化仓的压缩区之前被注入蒸气，然后再被挤向压模。膨胀式膨化机的主要优点是投资少，操作容易，其常规保养及年度检修相对简单，且极为廉价。

（五）单螺杆式膨化蒸煮机

单螺杆式膨化机的用途较多，此机械有1个高效的混合调质器，主要用于添加水、蒸气以及鱼油、卵膦脂等液体成分。经调质的混合物进入膨化器后，因产品摩擦所产生的热而完成蒸煮过程。螺杆设计及形状的多种组合加上压力控制锁、肋仓壁的利用，可以对产品的蒸煮过程以及成品的密度进行控制。这种类型的ST/HT膨化机的优点是，具有设计灵活性，在生产各种各样的产品时，生产效率高。见上图。

（六）双螺杆式膨化机

迄今为止，膨化加工可以获得的最高设备工艺水平是，双螺杆式膨化机。这些机器由两根带螺纹的轴组成，这两根轴沿着同一方向旋转且相互吻合。与单螺杆机器的脉动流相比，这种设计可使原料恒定，流动顺畅，顺利通过压模。在螺纹末端的原料回流可使螺杆转动速度得到调整，从而针对不断变化的反压力保持恒定的产量。这些操作特点使得双螺杆膨化机可以接受各种各样的产品配方，而且能将对最终质量的影响降到最低点。

双螺杆膨化机的优点是：使一些复杂的生产过程变为相对而言简单，能生产出高质量的饲料产品，加工颗粒非常细小，配方中的脂肪含量及高密度的虾饲料也能生产。而双螺杆膨化的特点是：投资及操作成本高。以每小时生产能力相对比双螺杆膨化机的主要设备的成本是单螺杆膨化机的 1.5 ~ 1.7 倍。由于机械耐久性的差异，保养成本也较高。但双螺杆膨化机所需的能耗成本却是同类生产能力的带杆膨化机的 1.5 倍（Rokey）。这些成本约束都是双螺杆膨化机在渔用饲料生产中推广应用的制约点。

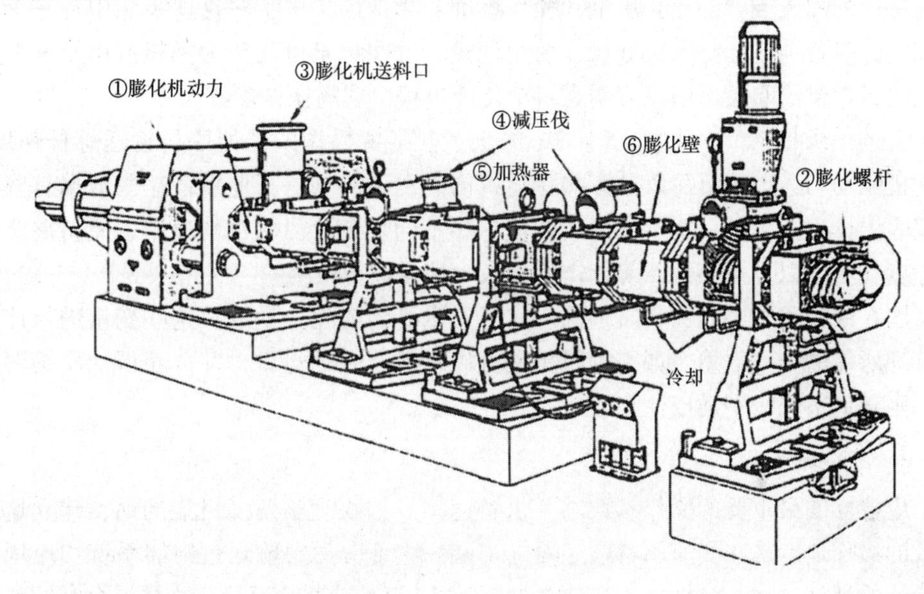

图 5　双螺杆膨化机

（七）注意事项

生产渔用饲料的最佳设备选择并非易事。要进行成功的选择，必须对可提供选择的各种设备的特点、加工能力、限制条件等有明确地了解，还有一些因素的影响难以定量。因此，要通过实验对所选择的设备情况进行比较才是最合适的方法。所以，要注意以下几个问题。

1. 原料

饲料原料的选择及其质量是整个饲料生产过程中的基础。选择良好的饲料原料，掌握饲料原料的变异性，就会使得配方和生产的任务变得容易得多，对提高成品饲料的质量稳定性具有明显的作用。

2. 饲料配方

优质原料是饲料生产的基本保证。但大部分饲料原料都存在某种程度的易变性，在鱼粉、肉骨粉及畜产品中最为明显。这些原料中的蛋白质、脂肪及灰分含量因加工企业的不同，以及一年中的不同季节而变化较大。然而，在注意膨化过程对每种原料产生影响的前提下，通过应用略为不同的原料组合来弥补某些不稳定性，仍能配制出能满足鱼类营养需求的饲料。

3. 饲料加工

有几个加工变量可以对饲料产品的质量产生极大影响。在生产过程中的每一步骤，如粉碎、混合直到包装都有提高或降低饲料质量的潜在影响。因此，有必要对每一特定的加工步骤都建立质量和操作标准。为帮助集中了解这些步骤中每一个重要细节，对各项任务都应做好操作使用记录。这些记录可用作为操作清单及参考资料，还可提供给有关部门以表明在每个生产过程出现的操作参数。

上述记录是一个膨化加工过程中的例子。某些操作条件如原料输送螺杆速度、膨化机驱动马达上的负荷以及影响膨化机内的温度均须进行监测。这些数据有些可在仪表上读出。但对一些不常用的变量，如不同加工阶段的供料速率、原料混合物的湿度和温度以及成品特点等则需通过人力抽样进行检测。

图6中描述了成品饲料质量的一些至关重要的膨化变量以及这些变量进行评价和管理所需的测量数据。如果饲料机械可以进行有效的运行，并可获得优质饲料产品，则我们不必特别加以注意。

4. 供料速率较正

应建立的最重要的操作参数之一供料速率。如物理学角度可能的话，建立这一参数的最佳地点是在变速原料输送器的末端。大部分原料输送进料器系统均应用带计量计的螺杆，这一螺杆由一变速马达驱动，100%满负载运行。这样混合时饲料讲师可基于容积进行测定，然后再进入第二螺杆。第二螺杆通常以25%的负载运行，以使原料流动畅通。如果设备安装允许饲料混合物从第二螺杆出来时绕道流动，那么原料输送器的校正可在此完成，只要用两样简单的设备，即1只空的饲料袋及手表。

在生产每一种饲料产品时，对供料速率进行校正，并按常规重复校正程序进行很重要。某些膨化机配备有加工操纵器，可使校正数据输入，以使原料输送器不管设置到什么程度，操纵器均能显示输送量。但是，在大部分情况下，必须描绘出一套产品校正曲线，以便于参考。然后，操作工可基于这些数据将任何配方及规格的饲料生产流程安排妥当，并计算出进料速率，以便在这一速率下顺着原料流进行液体添加，以获得所希望的产品成分。

5. 膨化前的调质

在加工流程中，从按容积计量的原料输送器开始，其下一步是调质。调质是加

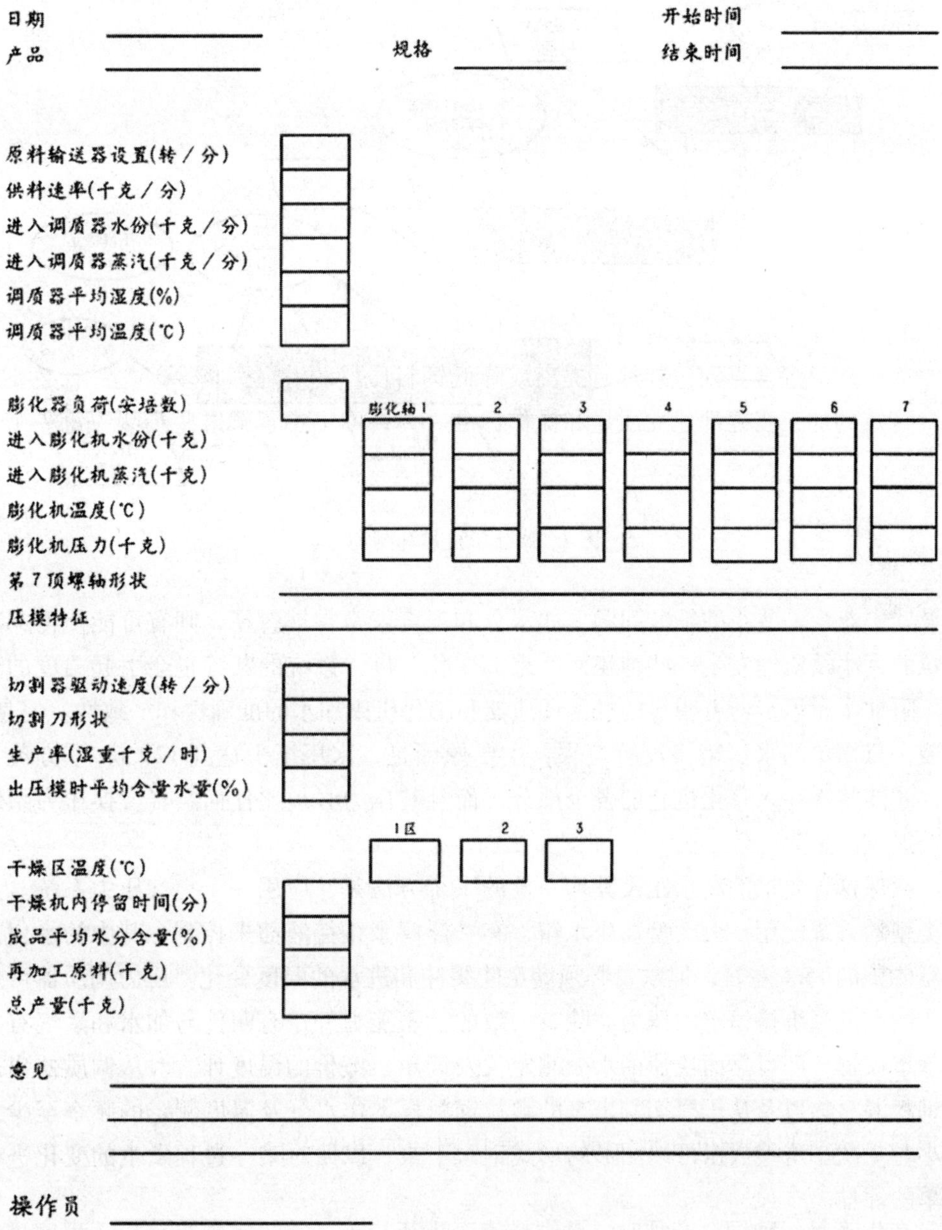

日期 ________ 开始时间 ________
产品 ________ 规格 ________ 结束时间 ________

原料输送器设置(转／分)
供料速率(千克／分)
进入调质器水份(千克／分)
进入调质器蒸汽(千克／分)
调质器平均湿度(%)
调质器平均温度(℃)

膨化器负荷(安培数)

	膨化轴1	2	3	4	5	6	7
进入膨化机水份(千克)							
进入膨化机蒸汽(千克)							
膨化机温度(℃)							
膨化机压力(千克)							

第7顶螺轴形状 ________
压模特征 ________

切割器驱动速度(转／分)
切割刀形状
生产率(湿重千克／时)
出压模时平均含量水量(%)

	1区	2	3
干燥区温度(℃)			

干燥机内停留时间(分)
成品平均水分含量(%)
再加工原料(千克)
总产量(千克)

意见 ________

操作员 ________

图6　膨化系统操作记录

工过程中特别重要的步骤，因为对原料进行适当的调质后，可极大地减少膨化步骤的动力需求，为完全糊化淀粉类物质创造条件。适当地调质还能帮助减少膨化仓上部的损耗，并增加膨化机的产量。

在调质过程中，湿度和温度是重要变量。膨化期间加入的许多水分和蒸气均被引入到调质器内，这看起来很简单，但在某些时候则是重要的环节。如果在水压系

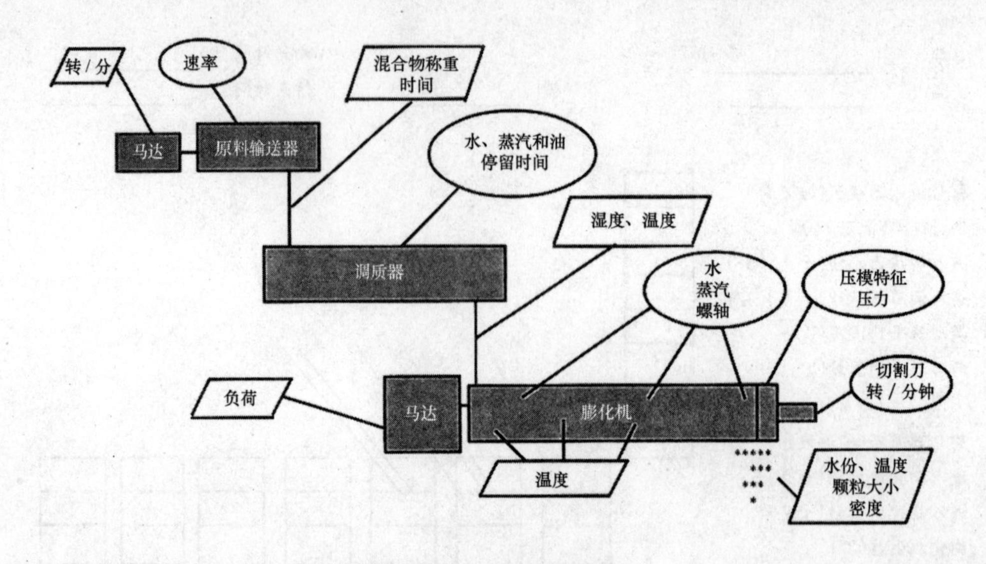

图7　膨化机变量和测定

统设计中忽视一些小的细节问题，如水分和温度就常常被忽视，则有可能使得饲料颗粒的大小及质地发生一些神秘而严重的变化。供水系统的断续也会引起温度的变化。附加水压恒定器可明显的提高调质器和膨化机中加水的准确性和一致性。但是，安装一只简单的水压箱将没有效果，主要原因是，水压至少达到125磅/平方英寸时，才能将水注入膨化机仓的各个部分，而且其压力必须比任何空气替换压力系统所能提供的更为一致。

确保这种要求的高水压及其均一性的一个方法是，应用一个空气压力系统。这种类型的系统使用一只大型高压水箱，有一浮阀来维持液面来控制。其中的水仅占水箱体积的15%左右，但水量必须满足能缓冲和进水的温度变化。压力调质器可使用压缩空气来维持恒定的压力。除有一致的计量能力外，有两件与加水和蒸气有关的基本仪器，即可靠而快速的水分测定仪及简单、廉价的温度计。对从调质器出来的饲料混合物以及从压模切割出来的颗粒饲料样本作水分及温度测定的频率至少为每小时2次。这些数据可以图形的形式记录下来，以便对某一过程发生的变化进行简单的评估。

6. 压模规格

在膨化加工中，压模的选择极其重要。从膨化机生产企业购进压模往往较贵，所以有一些饲料生产企业则从另外途径购买，这就可能因压模与膨化机整体的不匹配而产生生产能力的大小、饲料颗粒的一致性等方面的问题，甚至还会引起机械故障。所以，这一点应引起注意。

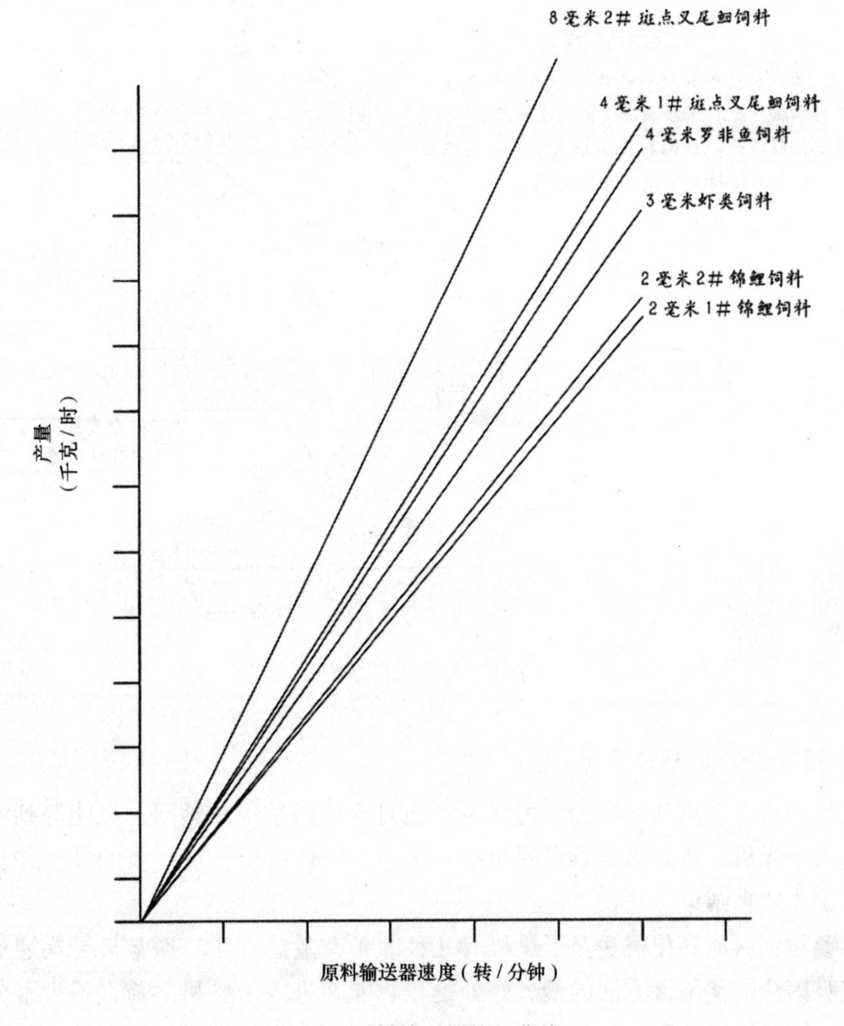

图8　原料输送器校正曲线

7. 饲料切割机的保养

影响饲料颗粒大小的一个关口，就是当饲料产品离开压模而被切刀切成颗粒的时候。这一细节也要引起注意。切割机的叶片即切刀，应能整齐地对产品进行切割，而不会使圆柱状的饲料颗粒变形。产品从压模孔出来后，切割机立即将其切割。因此，必须十分注意确保切割机顶端排列整齐，使每一切刀保持锋利并与压模保持0.05~0.06英寸的等距。对任何一项上述要求的疏忽都会导致饲料颗粒的变形、产品污染黏附在颗粒上或诸多颗粒黏在一起。

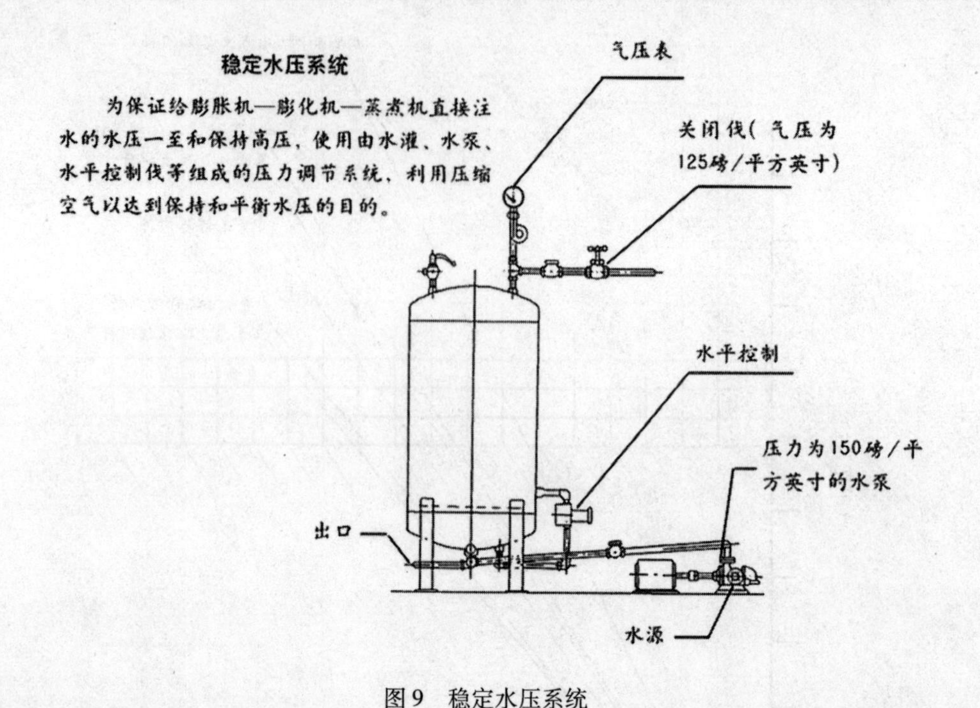

图9　稳定水压系统

8. 颗粒饲料处理与干燥

颗粒饲料一经离开压模面，可以说膨化过程已经结束。然而，只能等到湿颗粒饲料进入干燥机，将其水分含量降至某一水平，以便可以作进一步的处理并长期保存后，工作才算结束。

将颗粒饲料从膨化机送至干燥机有几种非常有效的方法。通常最受欢迎的是通过空气吸附法。使用该方法的最大好处是，它能在进入干燥机之前，不少水分即可被除去，同时还可使颗粒料的表面形成外皮层，提高颗粒饲料的耐久性，不至于黏附于干燥床上。如同膨化过程一样，在干燥过程中必须对一些重要的变量进行考虑和调控，以获得具有良好贮存稳定性及所希望的物理性状的饲料产品。对于进入干燥机的产品以及离开干燥机的成品作频繁的水分含量测定非常重要。可以通过对干燥区温度、停留时间及干燥床深度进行调整，使各种颗粒大小范围的饲料获得最佳干燥条件。

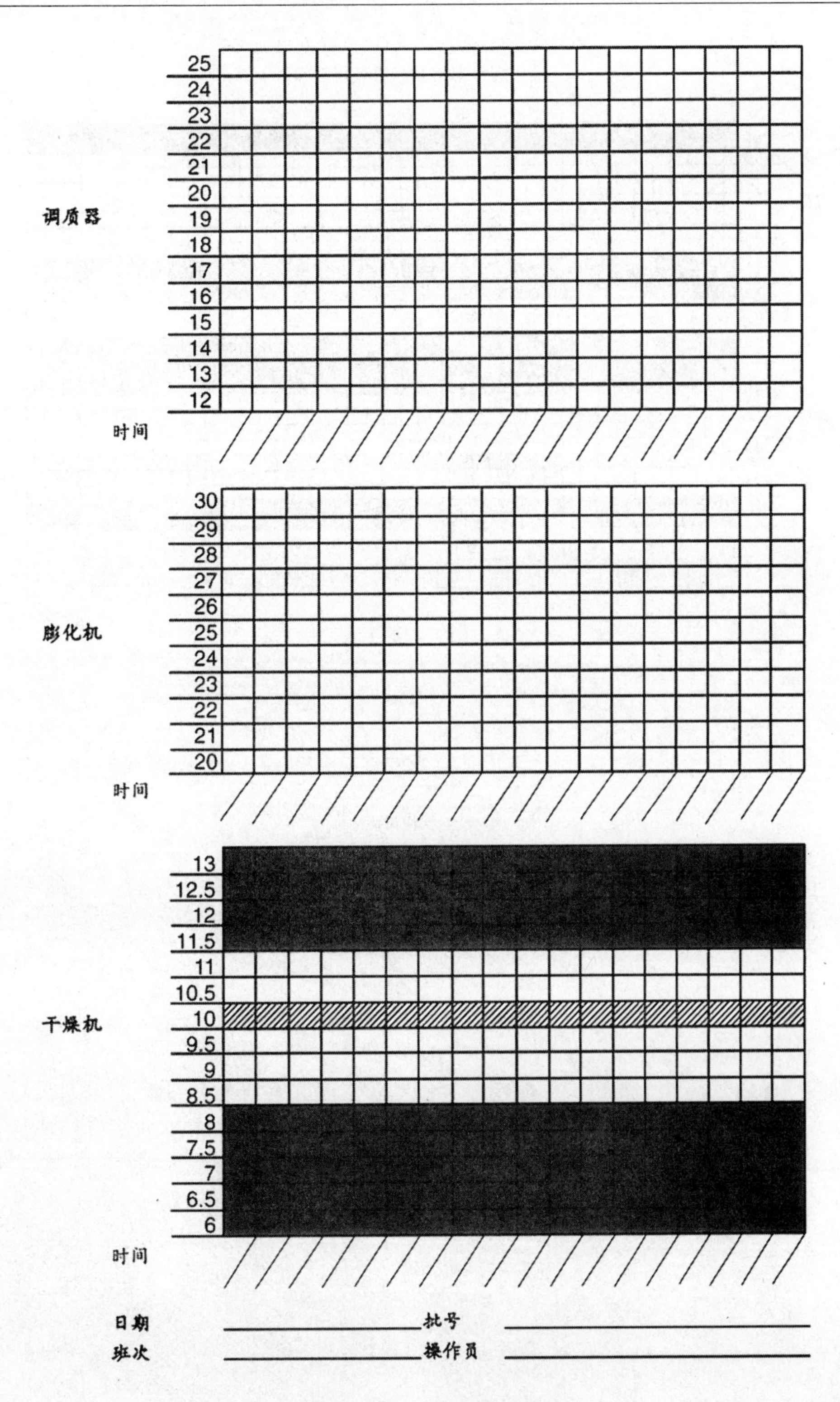

图 10　水分百分比记录样表

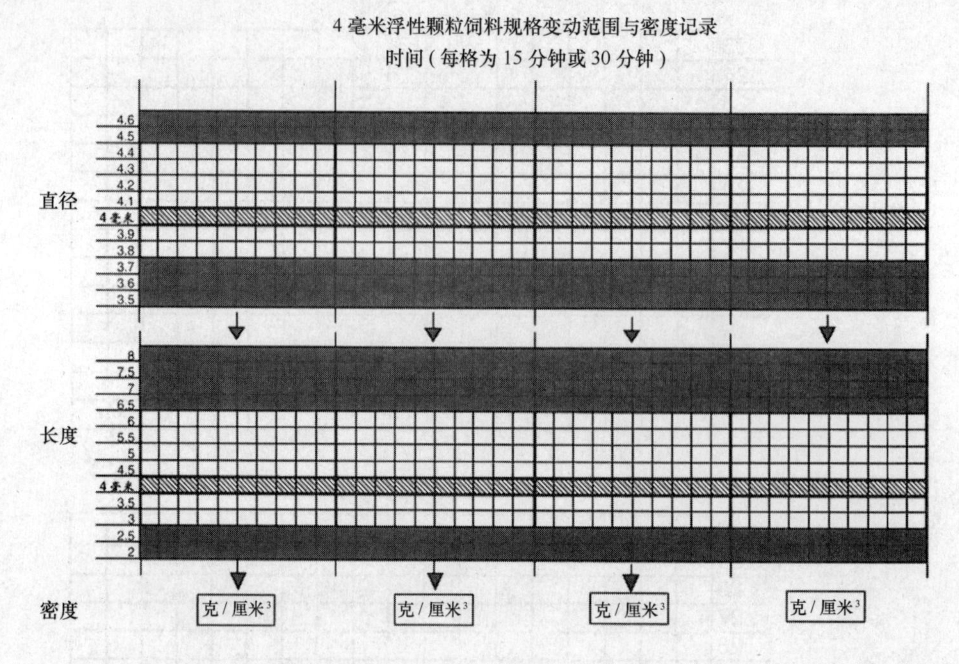

日期:

斑次:

批号:

操作员:

图11　成品饲料变量记录

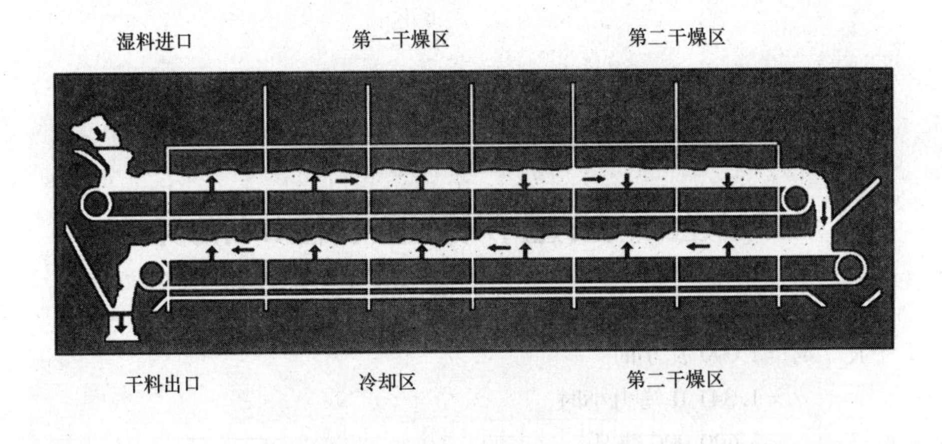

检测内容	可变因子
* 产品进入干燥机时的水分	* 干燥区温度
* 产品离开干燥机时的水分	* 停留时间
* 生产率	* 干燥床深度

加工方法	条件	产品
快速干燥	温度 120℃-100℃ 浅床 停留时间短	小颗粒 高度膨胀
中速干燥	空气流动减少 温度 100℃-80℃ 停留时间长	中颗粒 3~5 毫米
缓慢干燥	深床 低温 80℃-60℃ 停留时间长 深床	大颗粒 0~5 毫米 5 毫米 - 更大

图 12　颗粒饲料干燥检测内容

附录五 热量和能量单位的换算

1 千瓦·时 = 1 000 瓦小时

= 1.341 0 马力小时

= 3 600 000 焦耳

= 3 413 英制热单位

= 860 大卡

= 3.518 磅水在 212 ℉下蒸发所需热量

= 22.76 磅水从 62 ℉提高到 212 ℉所需热量

= 1.595 千克水在 100℃条件下蒸发所需热量

= 9.907 千克水从 20℃提高到 100℃所需热量

1 大气压 = 14.69 磅/平方英寸 = 1.02 千克/厘米^2

1 卡路里 = 0.002 9 英制热单位

1 英国热单位 = 252 卡路里（克）（15℃）

= 1 磅水升高 1 ℉所需热量

= 0.000 39 马力小时

1 英国热单位/分 = 17.6 瓦

1 立方英寸 = 0.016 39 升

1 瓦 = 0.001 34 马力

1 焦耳 = 1 瓦·秒

1 马力 = 746 瓦

附录六　常用术语和名词的英文缩写符号

BHA——丁基羟基茴香醚
BHT——丁基化羟基甲苯
AME——表观消化率
TIA——抗胰蛋白酶活性
UA——尿素酶活性
TIU——抗胰蛋白酶单位
AOCS——美国油脂化学协会
PDI——蛋白质分散度
NSI——氮溶指数
NPU——净蛋白利用率
BV——生物学利用率
PER——蛋白效率比
NRC——美国国家研究委员会
ARC——英国国家研究委员会
INRA——法国畜牧生产使用中心
AME——表观代谢率
ME——代谢能
GE——总能量
TME——真代谢能
TMEn——氮校正真代谢能
DE——消化能
NEm——维持净能
NEg——净增重能
NIi——泌乳净能
SBOM ——豆粕
RFFSB——生全脂大豆
FFFSB——膨化全脂大豆
EFST——含有少量抗胰蛋白酶的膨化全脂大豆
FFSBTF——含有少量抗胰蛋白酶和低脂肪的膨化全脂大豆

TI——抗胰蛋白酶
TAAA——真氨基酸有效性
NE——净能
FE——粪能
UE——尿能
ZE——鳃排泄能
SE——体表排泄能
RE——恢复能
ADMD——氨基酸表观消化率
APD——蛋白质表观消化率
AMD——矿物质表观消化率
EAA——基本氨基酸
SQ——新鲜的鱿鱼内脏
SH——新鲜的虾头
SQS——酸贮的鱿鱼内脏
SHS——酸贮的虾头
FAMES——脂肪酸甲酯
FCR——饲料转化率（饲料系数）
LODOS——低溶氧综合症
Ala——丙氨酸
Arg——精氨酸
Asn——天门冬酰胺
Asp——天门冬氨酸
Cys——半胱氨酸
Gln——谷氨酰胺
Glu——谷氨酸
Gly——甘氨酸
His——组氨酸
Hyp——羟脯氨酸
Ile——异亮氨酸
Leu——亮氨酸
Lys——赖氨酸
Met——蛋氨酸
Phe——苯氨酸
Pro——脯氨酸
Ser——丝氨酸

Thr——苏氨酸

Trp——色氨酸

Tys——酪氨酸

Val——缬氨酸

参考文献

李爱杰，王东石．1998. 中国水产学会动物营养与饲料研究会论文集（第一集）．北京：海洋出版社.

林文辉，等．2010. 发酵豆粕生产工艺与产品质量及其稳定性的关系．渔业现代化，3：51－54.

美国夏威夷海洋研究所．2008. 大豆粕在非鲑鳟类海水鱼饲料中的使用．中国水产，12：81－85.

潘军．2007. 浅谈发酵豆粕的定位与价值．南方农村报，12：37.

杨勇，等．2004. 鱼粉在水产饲料中的应用研究．水产学报，25（5），573－578.

Douglas E. Conklin. 2009. 大豆粕在海水虾类饲料上的应用（一）．中国水产，1：85－86.

Douglas E. Conklin. 2009. 大豆粕在海水虾类饲料上的应用（二）．中国水产，2：85－86.

Douglas E. Conklin. 2009. 大豆粕在海水虾类饲料上的应用（三）．中国水产，3：85－86.

Rondld W. Hardy. 2009. 大豆粕在鲑鳟鱼类饲料中的利用（一）．中国水产，4：86－87.

Rondld W. Hardy. 2009. 大豆粕在鲑鳟鱼类饲料中的利用（二）．中国水产，5：87－88.

Rondld W. Hardy. 2009. 大豆粕在鲑鳟鱼类饲料中的利用（三）．中国水产，6：86－88.